Kabel-Herstellung

Kabelaufbau, Werkstoffe Verfahrenstechnik

Von

Dr. Walther Ehlers

Dozent für Elektrotechnik an der Techn. Universität
von New South Wales, Sydney (Australien)

Überarbeitet und ergänzt

von

Dr.-Ing. Hermann Lau

Forschungsingenieur bei den Hackethal-Draht- und
Kabel-Werken A.G. und a. pl. Professor an der
Technischen Hochschule Hannover

Mit 353 Abbildungen

Springer-Verlag

Berlin / Göttingen / Heidelberg

1956

ISBN-13: 978-3-642-92671-6   e-ISBN-13: 978-3-642-92670-9

DOI: 10.1007/978-3-642-92670-9

Vorwort des Verfassers

Seit dem Erscheinen der „Kabeltechnik" von M. KLEIN [1] sind zwanzig Jahre vergangen, welche für die Kabeltechnik in mancher Hinsicht bedeutungsvoll waren. Die Aufgabe, die Ergebnisse dieser Entwicklung zusammenfassend aufzuzeigen, stellte mich vor die Wahl, entweder das gesamte Gebiet der Theorie, Berechnung, Herstellung, Messung, Garnituren und Montage in dem von M. KLEIN vorgezeichneten Rahmen unter Berücksichtigung der neueren Entwicklung in beschreibender Form zu bearbeiten oder mich im Thema zu beschränken, um dann die Möglichkeit eingehender Erörterung zu gewinnen. Für die Entscheidung zugunsten des zweiten Weges war vor allem der Umstand maßgebend, daß das Schwergewicht der kabeltechnischen Neuerungen auf dem Verfahrensgebiet liegt, und zwar in erster Linie in der Form des Einsatzes neuer Werkstoffe. Da ferner diese Entwicklung wohl erst in ihren Anfängen steht, ist ein abschließendes Urteil über den kabeltechnischen Wert der verschiedenen Lösungswege noch nicht möglich. Hieraus ergibt sich die Notwendigkeit, auch solche Verfahren zu erörtern, die sich praktisch noch nicht durchgesetzt haben, aber im Zuge der voraussichtlichen weiteren Entwicklung eine Bedeutung erlangen können.

Wenn nun auch die Betonung der Verfahrenstechnik bei der Kabelherstellung den Verzicht auf die Behandlung von Theorie, Konstruktion, Garnituren, Montage und Meßmethoden erfordert, so ergibt sie andererseits jedoch die Möglichkeit, das Gesamtgebiet aller isolierten Drähte, Leitungen und Kabel gemeinsam zu erörtern, d. h. ohne Beschränkung auf die Kabel im engeren Sinne, insbesondere auf die Bleikabel. Es wurde infolgedessen die übliche Einteilung des Stoffes nach Kabeltypen verlassen und versucht, die Grundlagen unter Gesichtspunkten herauszuarbeiten, die für alle Arten von Drähten, Leitungen und Kabeln möglichst allgemein anwendbar sind.

Außer dem genannten Buch von M. KLEIN sei aus der deutschen Literatur noch besonders hingewiesen auf „Neumeyer-Hilfsbuch für Kabel und Leitungen" von W. DROSTE [2], welches in der zweiten Auflage als „Das Neumeyer-Buch" [3], leider nur für Fernmeldekabel, erschienen ist und das eine umfassende Darstellung aller theoretischen Unterlagen und des kabeltechnisch wichtigen Zahlenmaterials enthält. Über das Spezialgebiet der Starkstrombleikabel ist ein praktisch sehr wertvolles Werk von H. MÜLLER: „Die Herstellung papierisolierter Starkstromkabel [4]", im Springer-Verlag erschienen.

Ausgewertete Fachbücher, Zeitschriftenaufsätze und Patentschriften sowie Originalbeiträge von Firmen und Fachleuten sind jeweils durch Quellenangabe im Text gekennzeichnet und ebenfalls im Anhang (soweit möglich, nach Autoren bzw. Erfindern geordnet) zusammengestellt. Herr Direktor Chr. Bussmann hat durch Bereitstellung der Bibliothek und des kabeltechnischen Archivs der Elektrischen Licht- und Kraftanlagen AG. meine Arbeit wesentlich gefördert.

Eine Reihe führender Kabelwerke und Kabelmaschinenfabriken des In- und Auslandes haben mich (wie aus Text und Abbildungen ersichtlich) mit sachlichen Angaben und Bildmaterial tatkräftig unterstützt. Allen gebührt meine dankbare Anerkennung.

Das Buch ist im wesentlichen vor meiner Übersiedlung nach Australien im Jahre 1948 abgefaßt worden. Die noch erforderliche Durcharbeitung und Ergänzung des Textes und der Abbildungen sowie die Druckkorrekturen sind von Herrn Professor Dr.-Ing. Hermann Lau vorgenommen worden. Ihm bin ich daher zu besonderem Dank verpflichtet, desgleichen der Leitung der Hackethal Draht- und Kabel-Werke AG., die Herrn Professor Dr. Lau die Durchführung dieser umfangreichen Arbeit und die Beschaffung des zusätzlichen Bildmaterials ermöglicht hat. Zu erwähnen ist ferner die unermüdliche Mitarbeit von Fräulein U. von der Ecken bei der Abfassung des Buches und der Bearbeitung der Korrekturen.

Trotz mancher Schwierigkeiten ist es dem Springer-Verlag gelungen, durch fachmännische Sorgfalt bei der Drucklegung und Bildbearbeitung meinem bescheidenen Beitrag zur Kunst der Kabelherstellung eine gute äußere Form zu geben. Ich spreche dem Verlage dafür meinen aufrichtigen Dank aus.

Sydney, im Juli 1955

Walther Ehlers

Vorwort des Bearbeiters

Als ich im Jahre 1952 vom Springer-Verlag gebeten wurde, das Manuskript des Buches von Dr. WALTHER EHLERS einer Durchsicht zu unterziehen und auf den neuesten Stand zu bringen, war ich mir nicht bewußt, daß noch soviel Arbeit damit verbunden sein würde. Die Entwicklung der letzten 7 Jahre ist auf vielen Gebieten sehr stürmisch gewesen und hat zu mancherlei neuen Lösungen Anlaß gegeben, die im Buch aufgenommen werden mußten. Dabei wollte ich an der ursprünglichen Anlage des Buches sowenig wie möglich ändern, um der Absicht Dr. EHLERS' gerecht zu werden, ein Buch zu schreiben, das nicht nur den augenblicklichen Stand der Kabeltechnik, sondern die verschiedenen Möglichkeiten der Verfahrensdurchführung aufzeigen soll.

Ein unglücklicher Umstand führte zu dem Verlust von etwa zwei Dritteln aller schon fertiggestellten Druckstöcke für die Abbildungen. Ich war deshalb gezwungen, neue Abbildungen zu beschaffen. Ich fand dafür bei den meisten Kabelwerken und Kabelmaschinenlieferanten ein weitgehendes Entgegenkommen, für das ich auch an dieser Stelle allen danken möchte.

Bei der Durchsicht des Manuskripts haben mich meine Mitarbeiter bei den Hackethal-Draht- und Kabel-Werken, insbesondere die Herren Dr. F. GLANDER und Dr. A. HARTMANN, weitgehend unterstützt.

Dem Verlag bin ich für die unendliche Geduld, die er mir gegenüber erwiesen hat, zu großem Dank verpflichtet, da ich mich infolge vieler anderer Verpflichtungen nicht immer mit dem von ihm gewünschten Nachdruck der Fertigstellung des Manuskripts widmen konnte.

Hannover, im Herbst 1955

Hermann Lau

Inhaltsverzeichnis

Abkürzungen

AEG	Allgemeine Elektricitäts-Gesellschaft Kabelwerk Oberspree (s. auch KWO), Berlin-Oberschöneweide.
AIMCO	American Insulating Machinery Co. Philadelphia (Pennsylv.) USA.
AMA	Gesellschaft für Apparate, Maschinen und Armaturen m.b.H., Berlin-Spandau, Rauchstr. 43.
Berkenhoff & Drebes	Berkenhoff & Drebes Maschinenfabrik AG., Herborn (Dillkreis).
Berstorff	Hermann Berstorff Maschinenbau-Anstalt GmbH., Hannover.
BSS	British Standard Specification.
Carter	Carter & Co., Ltd., Albion Works, Waterloo Street, Bolton (England).
DIN	Deutsche Industrie-Norm.
F & G	Felten & Guilleaume Carlswerk AG., Köln-Mülheim.
F & R	Froitzheim & Rudert, Maschinenfabrik (früher Berlin-Weißensee, Langhansstr. 126—131), Berlin-Reinickendorf-West, Saalmannstr. 7—11.
Glover	W. I. Glover & Co., Ltd., Manchester.
Grusonwerk	VEB Ernst Thälmann, (früher Maschinenfabrik „Krupp-Gruson" AG.), Magdeburg-Buckau.
Hackethal, HDK	Hackethal-Draht- und Kabel-Werke A.G., Hannover.
Henley	W. T. Henley's Telegraph Works Co., Ltd., London.
Horn	Maschinenfabrik Stirka, Alfeld (jetziger Lizenzträger. Früher: Guido Horn, Maschinenfabrik, Berlin-Weißensee, Langhansstr. 123.
ICI	Imperial Chemical Industries, London.
KMN	Kabel- und Metallwerke Neumeyer AG., Nürnberg.
Kopex	Kopex Maschinen A.G. Zürich
Kraft	J. A. Kraft, Maschinenfabrik, Olpe (Westf.).
Kratos-Werke	Kratos-Maschinen Vertriebs-Ges. m.b.H., Berlin-Reinickendorf-West, Saalmannstr. 7—11.
Krupp-Gruson	(s. Grusonwerk).
KWO	VEB Kabelwerk Oberspree (früher im Verbande der AEG, s. diese), Berlin-Oberschöneweide.
Niehaus	Maschinenfabrik K. A. Niehaus, Düsseldorf-Rath.
Nordkabel	Norddeutsche Kabelwerke AG., Berlin-Neukölln.
NRM	National Rubber Machinery Co., Akron 8 (Ohio) USA.

NSW	Norddeutsche Seekabelwerke AG., Nordenham.
OKD	Osnabrücker Kupfer- und Drahtwerk AG., Osnabrück.
Ostermann	W. & M. Ostermann, Flecht- und Kabelmaschinenbau, Wuppertal-Barmen.
Pirelli-M.	Pirelli Società per Azioni, Mailand, Viala Abruzzi 94.
Pirelli-G.	Pirelli-General Cable Works Ltd., Southampton.
Du Pont de Nemours	E. I. du Pont de Nemours & Co., Inc., Wilmington (Delaware), USA.
Reifenhäuser	A. Reifenhäuser, Maschinenbau, Troisdorf (Bez. Köln).
Schneller	Willy Schneller, Berlin-Britz.
S & H	Siemens & Halske AG., Berlin-Siemensstadt.
SSW	Siemens-Schuckertwerke AG., Kabelwerk, Berlin-Siemensstadt (Gartenfeld).
Südkabel	Süddeutsche Kabelwerke AG., Mannheim, Zweigniederlassung der Ver. Dt. Metallwerke AG.
VDE	Verband Deutscher Elektrotechniker.
Vogel	VEB Kabelwerk Köpenick, (früher C. J. Vogel Draht- und Kabelwerke AG.), Berlin-Köpenick.
Wallram	Wallram-Hartmetall GmbH., Essen (Ruhr).
W & P	Werner & Pfleiderer, Maschinenfabriken und Ofenbau, Stuttgart-Feuerbach.
Wieland-Werke	Wieland-Werke A.G., Ulm (Donau).

A. Aufbau (und Verwendung) der Kabel

I. Begriffsfestlegung
und allgemeine Grundanforderungen

Begriffsfestlegung

Unter der allgemeinen Bezeichnung „Kabel" sollen im vorliegenden Buche alle Arten von isolierten elektrischen Leitern verstanden werden, d. h. außer den Kabeln im engeren Sinne, insbesondere den Bleikabeln, auch isolierte Drähte und Leitungen aller Art. Nichtisolierte Freileitungen für die Energieübertragung und Nachrichtenübermittlung hingegen stellen ein Sondergebiet dar, das außerhalb des Rahmens des vorliegenden Buches liegt.

Das wichtigste Element eines für die elektrische Übertragung bestimmten Kabels ist der im allgemeinen aus einem *Leitmetall* bestehende Leiter. Der Leiter kann aus einem einzelnen metallischen Draht bestehen oder auch zur Erhöhung der Biegsamkeit und gegebenenfalls zur Herabsetzung der Wirbelstromverluste aus mehreren oder vielen Einzeldrähten zusammengesetzt sein. Im zweiten Falle spricht man bei starken Einzeldrähten von Leiterseilen, bei schwachen von (Leiter-) Litzen.

Zur Vermeidung von Übertragungsverlusten und zum Schutz spannungsführender Leiter gegen Berührung werden die Leiter mit einer isolierenden Hülle umgeben. Das Gebilde Leiter plus Isolierung wird mit *Ader* oder *Einzelader* bezeichnet.

Im allgemeinen gehören zwei, drei oder vier solcher Adern zu einem elektrischen Übertragungssystem. Man bezeichnet die Gesamtheit dieser elektrisch zusammengehörigen und meist auch für sich miteinander verseilten Adern mit *Adergruppe*, und zwar, je nachdem es sich um zwei, drei, vier oder sehr selten acht Leiter handelt, mit *Paar, Dreileitergruppe, Vierer* und *Achter.*

„Isolierte Drähte" bestehen in der Regel nur aus einem einzigen Leiter, welcher mit einer dem Verwendungszweck angepaßten einfachen Isolierung umgeben ist. *Isolierte Leitungen* und *Schnüre* enthalten dagegen eine, zwei oder mehrere höherwertige isolierte Adern, welche gegebenenfalls miteinander verseilt oder verflochten und meist mit einem leichten mechanischen Schutz umgeben sind. Schnüre sind hochflexible Leitungen, welche im Gebrauch dauernden Biegungsbeanspruchungen ausgesetzt sind.

Mit *Kabel* im engeren Sinne bezeichnet man stärkere, gegen mechanische Beschädigungen, Feuchtigkeit und Korrosion besonders geschützte Leitungsgebilde. *Starkstromkabel* enthalten in der Regel nur eine Gruppe aus Adern großen Querschnitts, „Fernmeldekabel" dagegen meist mehrere oder viele Adergruppen verhältnismäßig kleiner Durchmesser, die lagenweise zu einem Seil, der *Kabelseele*, zusammengefaßt werden.

Da praktisch fast alle Isolierstoffe in ihren Eigenschaften mehr oder weniger durch den Einfluß von Wasserdampf verschlechtert werden, besitzen elektrisch hochwertige Kabel über ihrer Seele eine besondere Hülle zur Verhinderung des Eindringens von Feuchtigkeit und auch anderen Dämpfen, Gasen und Flüssigkeiten. Diese in der Regel aus Metall, insbesondere Blei, bestehenden *Feuchtigkeitsschutzmäntel* werden erforderlichenfalls gegen chemische und mechanische Angriffe mit weiteren Umhüllungen versehen, die man mit *Bewehrung* oder *Armierung* bezeichnet.

Damit sind alle Elemente, aus denen das eigentliche Kabel aufgebaut ist, kurz gekennzeichnet. Da im allgemeinen die Entfernung der Punkte, zwischen denen eine elektrische Kabelverbindung hergestellt werden soll, größer ist als eine in einem Stück herstellbare Kabellänge, so müssen mehrere oder viele *Einzellängen* mit Hilfe von *Verbindungsmuffen* zusammengeschaltet und an den Enden mit *Endverschlüssen* abgeschlossen werden. Die Gesamtheit der Einzellängen, Muffen und Endverschlüsse bezeichnet man als *Kabelanlage*.

Außer den reinen Verbindungsmuffen gibt es noch verschiedene Arten von Sondermuffen, wie beispielsweise *Sperrmuffen* (zur Regelung des Ölflusses in Hochspannungsölkabeln) und *Kondensatormuffen* (zum Ausgleich von Kapazitätsunsymmetrien in Fernsprechkabeln). Im Zuge einer Fernsprechkabelanlage können ferner noch in regelmäßigen Abständen Induktionsspulen (*Pupinspulen*, magnetische Belastungsspulen) zur Herabsetzung der Dämpfung der einzelnen Leitungskreise eingeschaltet und in Spulenkästen oder Spulenmuffen untergebracht sein.

Gegenstand des vorliegenden Buches ist jedoch nur die Herstellung der einzelnen Kabellänge.

Grundanforderungen

Das augenfälligste Merkmal jedes Kabels, das im Zweck des Kabels selbst begründet liegt, ist die große Länge im Verhältnis zu den Querschnittsabmessungen und das meist völlig gleichmäßige Querschnittsbild an jeder Stelle der Gesamtlänge. In der Regel genügt es daher, sich bei Betrachtungen über den Kabelaufbau mit dem Querschnitt an einer beliebigen Stelle zu befassen.

Mechanisch müssen alle Kabel und ihre Aufbauelemente vor allem zwei Anforderungen genügen: Biegsamkeit und Festigkeit gegen Zug und Druck.

Die Einzellängen eines Kabels werden so groß wie möglich gewählt, um bei der Herstellung der Gesamtanlage mit einem Minimum an Zwischenverbindungsstellen auskommen zu können. Die obere Grenze für die Länge des Einzelkabels ergibt sich dabei aus dem durch Werktransport, Versand und Verlegung beschränkten Höchstgewicht oder -volumen. Da solche Längen von mehreren hundert oder tausend Metern nicht starr transportiert werden können, muß das Kabel auf ein kleines Volumen zusammengefaßt, d. h. gebogen werden. Diese Biegung erfolgt durchweg stetig über die ganze Länge, d. h. durch Aufwickeln zu Ringen oder Spulen. Grundsätzlich ist auch ein unstetiges Zusammenlegen denkbar (kurze starre Stücke mit biegsamen Zwischengliedern).

Voraussetzung für die Biegsamkeit eines Körpers ist eine ausreichende Beweglichkeit seiner Elemente gegeneinander. Sie kann bei einem Kabel konstruktiv durch Verschiebbarkeit seiner makroskopischen Einzelteile, d. h. durch Verseilung, Bewicklung od. ä., oder werkstoffmäßig durch Wahl elastischer oder plastischer Stoffe erreicht werden.

Neben der Biegsamkeit sind Zug- und Druckfestigkeit die wichtigsten, an das Kabel zu stellenden mechanischen Anforderungen. Bereits bei der Herstellung sind die einzelnen Drähte, Adern und Adergruppen starken Beanspruchungen ausgesetzt. Hierauf wird bei der Besprechung der einzelnen Herstellungsverfahren näher eingegangen werden. An fertige Leitungen und Kabel werden besonders beim Einziehen in Schutzrohre (Isolierrohre, Stahlpanzerrohre), Zementkanäle u. a. sowie bei der Verlegung auf Schiffen, in Bergwerken, als isolierte Freileitungen und selbsttragende Luftkabel an Masten usw. hohe mechanische Anforderungen gestellt. Den stärksten Zug- und Druckbeanspruchungen sind Seekabel ausgesetzt.

In manchen Fällen kann die mechanische Widerstandsfähigkeit der Seele selbst durch besondere Maßnahmen erhöht werden, so z. B. die Zugfestigkeit durch Verwendung von Stahleinlagen in den Leitern (Feldkabellitzen, Staku-Drähte) oder von zugfesten und doch hochleitfähigen Legierungen für die Leiter (Kadmium-Kupfer statt Kupfer, Aldrey statt Aluminium). In der Regel erfordern jedoch die mechanischen Anforderungen zusätzliche Bewehrungshüllen um die Seele, meist in Form von Umwicklungen oder Beflechtungen mit Band oder Draht aus Faserstoffen oder Metallen.

Feuchtigkeitsschutzmäntel aus Blei gewähren nur einen sehr bedingten mechanischen Schutz. Bleikabel werden daher ebenfalls oft mit einer Armierung aus Stahl- oder Bronzebändern oder -drähten umgeben oder in Schutzrohre oder -kanäle verlegt.

Bei Seekabeln macht der Wasserdruck von außen, bei Hochspannungskabeln der Druck von innen besondere Stützkonstruktionen für den Bleimantel erforderlich, welche meist in Form von Druckschutzwendeln aus Metall- oder Kunststoffdraht oder -band unter bzw. über dem Bleimantel ausgeführt werden. Druckschutzwendeln unter dem Bleimantel werden auch bei normalen Fernsprechbleikabeln zur Stützung besonders dünner Bleimäntel verwandt (s. S. 352 und Abb. 298 bis 301). In allen Fällen muß der Bleimantel zum Schutz gegen mechanische Beschädigungen und zur Verteilung des Auflagedruckes durch ein genügend starkes Polster von den Druckschutzwendeln und Metallarmierungen getrennt sein. Eine gewisse Erhöhung der Zug- und Druckfestigkeit der Bleimäntel läßt sich durch Verwendung zweier Bleimäntel oder von Bleilegierungen erzielen.

In neuerer Zeit sind Kabelmäntel aus Aluminium und Aluminiumlegierungen sowie aus Kupfer, Messing, Zink und Eisen entwickelt worden, welche keines zusätzlichen mechanischen Schutzes mehr bedürfen.

Maßgebend für die Gestaltung der eigentlichen Kabelseele sind in erster Linie die Anforderungen an die *elektrischen* Übertragungseigenschaften. Die sich daraus ergebende Verschiedenheit des Aufbaus von Starkstromkabeln einerseits und Fernmeldekabeln andererseits ist am ausgeprägtesten bei längeren Hauptsträngen zur Übertragung großer Energiemengen bzw. einer großen Anzahl von Ferngesprächen und Telegrammen. Bei Leitungen und isolierten Drähten für Anschlüsse und Schaltungen über kurze Entfernungen sind dagegen die Unterschiede zwischen Starkstrom- und Fernmeldeübertragung meist weniger auffällig.

Die Aufgabe der Starkstromkabel ist es,

1. große Energiemengen
2. mit einem Minimum an Energieverlusten
3. auf eine gewisse Entfernung

zu übertragen. Demgegenüber sollen Fernmeldekabel

1. gleichzeitig über dasselbe Kabel eine möglichst große Anzahl elektrischer Zeichen, d. h. bestimmte Schwingungsbilder,
2. unverändert, d. h. mit einem Minimum an Verzerrung und äußeren Störungen,
3. auf jede beliebige Entfernung

übertragen.

Große Energiemengen für die Starkstromübertragung heißt hohe Spannungen und/oder große Stromstärken. Große Stromstärken erfordern starke Leiterquerschnitte, hohe Spannungen beträchtliche Isolierungsstärken mit hoher Durchschlagfestigkeit.

Bei Fernmeldeübertragungen spielt die Erhaltung der Energiemengen eine untergeordnete Rolle, da bei großen Entfernungen neue Energie durch Verstärker zugeführt werden kann. An Stelle *einer* Leitergruppe für große Stromstärken und hohe Spannungen tritt hier eine große Anzahl in einem Kabel gleichzeitig untergebrachter Adergruppen je mit kleinen Leiterquerschnitten und geringen Isolierungsstärken, an deren Durchschlagsfestigkeit keine hohen Anforderungen gestellt werden.

Bei Starkstromkabeln erstrebt man eine möglichst hohe spezifische Strombelastung der Leiter, um die Gesamtquerschnitte und damit die Kabelabmessungen und -kosten möglichst gering zu halten. Starke Strombelastung entwickelt beträchtliche Wärmemengen, die von den Isolierschichten und Kabelhüllen abgeführt werden müssen. Die Bemessung des Leiterquerschnittes für eine bestimmte Stromstärke ist daher weitgehend von dem Wärmeableitungsvermögen der Leiterumgebung abhängig.

Bei Fernmeldekabeln dagegen sind die Stromstärken so gering, daß man in Hinblick auf die Erwärmung mit ganz geringen Leiterstärken auskommen könnte. Der wesentliche Einfluß des Leiterwiderstandes liegt hier in einer Erhöhung der Dämpfung, d. h. Verminderung der Reichweite der Leitungskreise für die Zeichenübertragung.

Das wichtigste und schwierigste Kapitel sowohl der Starkstrom- wie der Fernmeldekabelübertragung sind die dielektrischen Verluste. Bei Starkstromkabeln ist in erster Linie das Ansteigen der Verlustenergie mit dem Quadrat der *Spannung* von Bedeutung. Die dielektrischen Verluste in Hochspannungskabeln führen zu einer Erwärmung der Isolierhüllen, welche sich zu der Erwärmung durch die Leiter addiert und zu dauernden Veränderungen der Isolierschichten und damit zu Durchschlägen führen kann. Im Gegensatz dazu besteht die Wirkung der dielektrischen Verluste auf die Fernmeldekabel in ihrer *Frequenz*abhängigkeit, d. h. sowohl in einer starken Dämpfung der Übertragung hoher Frequenzen an sich wie auch in einer Verzerrung der übertragenen Schwingungsbilder (Sprache, Zeichen usw.) durch verschieden starke Dämpfung verschiedener Frequenzen.

Die Güte einer Hochspannungskabellänge hängt vor allem von der Beschaffenheit der schwächsten Stelle ihrer Isolierung ab. Fehler im Aufbau, in der Trocknung, Imprägnierung usw. an *einer* Stelle machen die ganze Kabellänge unbrauchbar. Die Qualität einer Fernsprechkabellänge dagegen beruht überwiegend auf der Gleichmäßigkeit der *Mittelwerte* ihrer verschiedenen Eigenschaften. Anders werden die Verhältnisse bei Hochfrequenzkabeln, wenn die übertragene Wellenlänge bereits in oder unterhalb der Größenordnung der einzelnen Kabellänge liegt und örtlich beschränkte Abweichungen in Aufbau oder elektrischen Werten Übertragungsstörungen durch Reflexion der Wellen verursachen können.

Bei Starkstromkabeln ist die Übertragungsentfernung maximal gleich dem Abstand Energiequelle:Verbraucher, praktisch jedoch in der Regel nur ein Teil der Entfernung, da große Entfernungen heute meist noch mit Hochspannungsfreileitungen überbrückt werden. Lediglich, wo Gelände und Witterungsverhältnisse die Verwendung von Freileitungen erschweren (Gebirge, Gewässer, Ortschaften, Flugplätze), herrscht schon heute das Kabel vor. Für den Transport großer Energiemengen auf weite Entfernungen (z. B. Seekabel) ergibt die Übertragung mit sehr hoher Gleichspannung eine höhere Spannungsbelastbarkeit der Kabel unter Beschränkung der Ladeleistung und dielektrischen Verluste auf die Schaltvorgänge.

Ganz anders liegen die Verhältnisse bei Fernmeldekabeln. Die Überbrückung großer Entfernungen ist hier Selbstzweck. Die hierfür bestimmten Übertragungsleitungen werden ausschließlich in Kabeln untergebracht. Freileitungen findet man nur noch in dünnbevölkerten Ländern. Für Landverbindungen gibt es im Fernsprechfernverkehr technisch keine Entfernungsgrenzen mehr. Der Überseeverkehr erfolgt meist noch drahtlos, obgleich auch schon eine Anzahl Fernsprechtiefseekabel in Betrieb sind.

Unter Berücksichtigung der unterschiedlichen Übertragungsentfernungen und -frequenzen ergibt sich der allgemein wichtige Gesichtspunkt, daß selbst ausgedehnte Starkstromübertragungsleitungen im Vergleich zur übertragenen Wellenlänge „kurz" sind, während Fernmeldekabelstrecken wesentlich länger sein können als die Länge der übertragenen elektrischen Wellen. Daraus folgt, daß für die praktische Planung von Fernmeldekabelanlagen die Wellennatur der Wechselstromfortpflanzung berücksichtigt werden muß, nicht aber für Energieübertragungskabel mit Ausnahme des Sonderfalls der Hochfrequenzenergiekabel (z. B. Senderspeisekabel).

II. Der Aufbau der isolierten Leitungen und Drähte

a) Allgemeines

Ihrer Bedeutung entsprechend, soll der Aufbau der „Kabel" im engeren Sinne für Starkstromübertragung und Fernmeldezwecke in besonderen Kapiteln behandelt werden. Gummikabel, auch Gummibleikabel, sind den Starkstromleitungen weitgehend ähnlich. Ebenso unterscheiden sich die Faserstoff- und Gummikabel für Fernmeldeanlagen nicht grundsätzlich von den entsprechenden Leitungen, so daß diese Kabel zusammen mit den ähnlich aufgebauten Leitungen besprochen werden können.

Leiter. Für den Aufbau und die Bemessung der Leiter sind vor allem zwei Gesichtspunkte maßgebend: die mechanischen Anforderungen an Festigkeit und Biegsamkeit einerseits und die Höhe der zu übertragenden Stromstärke andererseits. Alle Leiter müssen aus Festigkeitsgründen eine gewisse Mindeststärke besitzen, auch wenn sie zu mehreren oder in größerer Anzahl in einem Kabel untergebracht werden. Eine Ausnahme bilden isolierte Drähte zur Herstellung von Spulenwicklungen, d. h. zur Herstellung formfester Körper, die im Betrieb nur als Ganzes mechanisch beansprucht werden. Außerdem kann von dieser Forderung abgesehen werden, wenn die Leiter — wie bei hochflexiblen Schnüren — nicht selbsttragend sind, sondern um einen Faserstoffaden als Träger gewickelt werden.

Die Frage, ob und wie weitgehend ein Leiter unterteilt, also aus einzelnen Drähten zusammengesetzt sein muß, hängt von den Anforderungen an den Grad und die Häufigkeit der Biegungsbeanspruchungen ab, welche die Leitung bei der Verlegung und im Betriebe erleidet. Bei stärkeren Leitern ist eine Unterteilung in jedem Fall erforderlich, um die Leitung überhaupt biegsam zu machen oder um bei Biegungen die Leiterhüllen nicht zu beschädigen. Werden Leitungen einmal fest verlegt, d. h. nach der Verlegung nicht mehr gebogen, so bedürfen sie keiner sehr weitgehenden Unterteilung. Dagegen müssen Leiter, die im Betriebe dauernd stark gebogen werden — wie vor allem Schnüre —, besonders fein unterteilt werden. Die Erhöhung der Biegsamkeit eines Leiters hat natürlich nur einen Sinn, wenn auch die Leiterhüllen und das Kabel konstruktiv oder werkstoffmäßig eine entsprechende Biegsamkeit aufweisen.

Für die Festlegung des Leiterquerschnittes entsprechend der Höhe der übertragenen Stromstärke ist die Höchsttemperatur bestimmend, die der Leiter ohne Schädigung der Isolierhüllen im Dauerbetrieb annehmen darf. Bei gleicher Stromstärke, gleicher spezifischer Leitfähigkeit des Leitermetalls und gleichem Leiterquerschnitt ist die im Dauerbetrieb erreichte Temperatur um so geringer, je besser das Wärmeableitungsvermögen aller Isolier- und Schutzschichten und der Umgebung der Leitung ist. Ein Leiterquerschnitt kann also um so geringer bemessen werden, je besser das spezifische Wärmeableitungsvermögen und die Dauertemperaturbeständigkeit der Isolierstoffe sind und je geringer die Dicke der Isolierhülle gewählt werden darf.

Umhüllung. Die Umhüllung der Leiter dient im wesentlichen drei verschiedenen Zwecken: der elektrischen Isolation, dem mechanischen Schutz der isolierten Ader und dem Schutz der Leitung gegen Feuchtigkeit, atmosphärische Einwirkung und andere chemische Angriffe (Korrosion). Im allgemeinen werden für diese verschiedenen Aufgaben verschiedene Werkstoffe in aufeinanderfolgenden Hüllen verwendet. Es gibt jedoch auch Stoffe, die diesen Ansprüchen in gewissem Umfange gleichzeitig gerecht werden, wie insbesondere einige synthetische Isoliermaterialien.

Aufbau und Bemessung der eigentlichen elektrischen *Isolierschicht* richtet sich in erster Linie nach den elektrischen Anforderungen, die an die Leitung gestellt werden, vor allem an Isolationswiderstand und Durchschlagsfestigkeit. Ebenso wie bei den Leiterabmessungen ist auch bei der Isolierhülle aus mechanischen Gründen im allgemeinen[1] eine gewisse Mindestdicke erforderlich, um Beschädigungen von außen (Eindrücken der mechanischen Schutzschichten, Druck- und Zugbeanspruchungen beim Verlegen und im Betriebe) und durch den Leiter (bei Biegungen) zu vermeiden.

b) Faserstoff- und lackisolierte Drähte, Leitungen und Kabel

Bei manchen Leitungen (wetterfeste Freileitungen, Nulleiter) wird überhaupt keine Isolierfähigkeit von den Schutzhüllen verlangt, sondern nur eine Schutzwirkung gegen atmosphärische oder andere korrodierende Einflüsse. In Deutschland werden solche Leitungen zum Unterschied von den eigentlichen *isolierten Leitungen* als „umhüllte Leitungen" bezeichnet[2]. Solche Leitungen besitzen nur eine mit geeigneten Imprägniermassen[3] getränkte Faserstoffumhüllung (Papier, Jute, Garn, Baumwolle)[4,5].

---

[1] Eine Ausnahme bilden z. B. genügend harte und zähe Lackschichten, die mit dem Leiter als Träger ausreichend fest zu einer mechanischen Einheit verbunden sind.

[2] Siehe VDE 0252 Vorschriften für umhüllte Leitungen.

[3] Als Imprägniermassen kommen Bitumenmassen mit hohem Tropfpunkt (s. S. 149) (Sonnenbestrahlung!) sowie vor allem Leinöl-Mennige-Massen (Hackethal) (s. S. 143) in Frage.

[4] Unter „Baumwolle" ist hier wie im folgenden auch Zellwolle zu verstehen.

[5] Als Faserstoffträger für Bitumenmassen dienen meist zwei oder auch drei Lagen Baumwollgeflecht. Die *Hackethal-Drähte* werden zunächst mit zwei Papierlagen umwickelt, die in Leinöl, Mennige oder anderen Massen vorimprägniert

Auch echte Isolierschichten, die nur sehr geringen Spannungsbeanspruchungen ausgesetzt sind, können ausschließlich aus Faserstoffen aufgebaut sein, die im allgemeinen imprägniert oder in Vergußmassen eingebettet sind. In solchen Fällen dient die Faserstoffhülle im wesentlichen als Abstandhalter und als Träger für die isolierende Tränkmasse. Für Sonderfälle (z. B. Schnüre) in trockenen Räumen wird eine Faserstoffisolierung (Seide[1], Baumwolle) ohne jegliche Imprägnierung verwendet.

Solche nur mit Faserstoff isolierten Leitungen finden vor allem für Fernmeldezwecke Verwendung. Für Starkstromzwecke benutzt man sie nur als „isolierte Drähte" zum Wickeln von Spulen in elektrischen Apparaten und Maschinen, bei denen benachbarte Windungen nur geringe Spannungsdifferenzen aufweisen (z. B. Dynamodrähte). Eine Verbesserung der Faserstoffisolierung läßt sich dadurch erzielen, daß man den Leiter vor dem Aufbringen der Faserstoffe mit einer Lackschicht überzieht. Für Spulenwicklungen werden auch lackierte Drähte ohne weitere Umhüllung mit Faserstoffen verwendet.

Fernmeldedrähte, -kabel und -schnüre mit Faserstoff- und Lackisolierung. Der VDE[2] unterscheidet a) *Schaltleitungen* zum Beschalten und Zusammenschalten von Geräten,

b) *Schnüre* und c) *Schlauchleitungen* zum Herstellen bewegbarer Verbindungen ortsveränderlicher Fernmeldegeräte,

d) *Installationsleitungen* zur festen Verbindung verschiedener Geräte auf einem Grundstück,

e) *Außenkabel* zum Verbinden von Fernmeldeeinrichtungen in räumlich getrennt liegenden Gebäuden oder Grundstücken.

Alle diese Fernmeldeleitungen, mit Ausnahme der Außenkabel für größere Entfernungen, die auf S. 52ff. besprochen werden, können mit Faserstoff- und Lackisolierung versehen werden. Diese Isolierung wird allerdings in zunehmendem Maße durch Kunststoffisolierung ersetzt (s. S. 10). Sie hat jedoch noch ihre Bedeutung dort, wo es auf besonders geringe Dicke der Isolierung, auf Verwendung bei hohen Umgebungstemperaturen oder auf geringen Preis ankommt.

---

wurden, und darüber mit einer oder zwei Lagen Baumwollgeflecht versehen, die je für sich mit *Hackethal-Masse* durchimprägniert werden.

Die meisten imprägnierten Geflechte werden zum Schluß noch mit einer besonderen Masse *geglättet.*

In neuerer Zeit werden umhüllte Leitungen auch mit korrosions- und abriebfesten Kunststoffen (PVC oder PVC-Mischpolymerisaten, s. S. 124 bis 127) an Stelle der imprägnierten Faserstoffhülle umgeben. Im Gegensatz zu den unter c) zu besprechenden Kunststoff-*Isolier*schichten handelt es sich hierbei jedoch um Schutzschichten, für die Gummi, seiner Oxydationsfähigkeit wegen, nicht geeignet ist.

Wenn es sich dagegen darum handelt, gummi*isolierte* Leitungen [s. unter c)] wetterfest zu schützen, dann enthält die Leitungshülle zunächst Gummi zur Isolierung und darüber eine der wetterfest imprägnierten Faserstoffschutzschichten.

[1] Für gute Isolationswerte kommt vorzugsweise Naturseide oder Triazetatseide in Frage.

[2] Siehe VDE 0890 Merkblatt über den Aufbau und die Verwendung isolierter Leitungen und Kabel in Fernmeldeanlagen.

Typische VDE-mäßige Kombinationen[1] zur Isolierung von Fernmeldedrähten sind z. B. bei den Schaltleitungen wachsgetränkte Seidenbaumwollbespinnung (SB-Draht), Lackdraht mit Papierbespinnung und getränkter Baumwollumflechtung (L-P-Draht), seidenumsponnener Draht mit Lacküberzug (SL-Draht) sowie Lackdraht mit Bespinnung oder Umflechtung aus Seide und äußerer Lackierung (LSL-, LUL-, LSUL-Draht). Zur Erzielung höherer Nebensprechdämpfung können die Seidenlackdrähte auch mit statischem Schirm hergestellt werden (z. B. LSL [St]-Draht). Für bewegliche Verbindungen wird an Stelle eines einfachen Drahtes eine Litze mit entsprechender Isolierung genommen (z. B. LiSUL-Seidenlacklitze). Draht und Litze werden im allgemeinen verzinnt, um sie leichter löten zu können. Schaltkabel enthalten Adern mit Lack-Papier- oder Lack-Kordel-Papier-Isolierung.

Die für *Installationsleitungen* verwendeten „Innenkabel" können entweder eine Gummi- und Kunststoffisolierung oder eine Isolierung aus Papier oder Lack-Papier-Baumwolle (getränkt) besitzen (z. B. Innenkabel LPBiKe mit Textilbeflechtung).

Unter „Kabel" versteht man hier mehrere zu einem runden oder flachen Bündel zusammengefaßte Einzeladern (Leiter und Isolierung) mit einer gemeinsamen Umhüllung. Die Adern können dabei zu Adergruppen (Paare, Vierer usw.) verseilt sein. Um die richtige Aufteilung der verschiedenen Adergruppen und Einzeldrähte an den Verbindungs- und Schaltstellen zu ermöglichen, werden die einzelnen Adern und Adergruppen durch verschiedene Färbung der äußeren Isolierhüllen oder durch Beigabe besonderer Kennfäden oder Verzinnen einzelner Leiter gekennzeichnet.

Zum Schutz gegen Feuchtigkeit können diese in Innenräumen verlegten Kabel mit einem schwachen Bleimantel umpreßt sein.

Alle diese Kabel dienen nur zur Herstellung kurzer Schaltverbindungen oder Installationen im Inneren von Ämtern usw. Zur Herstellung längerer Verbindungen dienen ausschließlich elektrisch höherwertige Metallmantelkabel mit trockener Papier- oder Kunststoffisolierung, deren Verbindungen und Enden feuchtigkeitssicher abgeschlossen sind.

Als einfache billige Installationsleitung ist noch der Baumwollwachsdraht (BW-Draht) für Klingel- und Rufleitungen in Gebrauch, während alle übrigen Installationsleitungen Gummi- oder Kunststoffisolation enthalten.

Bei den *Schlauchleitungen* ist die Schlauchleitung mit Seidenisolierung (und Gummimantel) die einzige Leitung mit Textilisolierung (SH-Leitung).

Ein besonderes Gebiet der Leitungen bilden die *Schnüre*, die mit Faserstoffisolierung nur für Fernmeldezwecke, mit Gummiisolierung (s. S. 20/22) für Fernmelde- und Starkstromanlagen verwendet werden.

Der VDE unterscheidet eine Reihe von Fernmeldeschnüren, deren Aufbau genormt ist (s. DIN 47401 ··· 47408 und DIN 47450 ··· 47456 sowie VDE 0890/2.51 Tab. 6 und Tab. 7). Es sind Klingelschnüre, Anschlußschnüre, Schalt- und Meßschnüre, Rundfunkschnüre, Geräteschnüre, Hebdrehwählerschnüre und Stöpselschnüre. Alle Schnüre

---

[1] Siehe hierzu sowie zu weiteren VDE-Vorschriften die klassischen Erläuterungen von R. ABT [7].

haben über dem Litzenleiter eine Seidenbespinnung, um die Litze auch bei Bruch einzelner Leiter zusammenzuhalten. Darüber liegt als weitere Isolierung Seide, die auch getränkt sein kann (Seidenschnur) oder Gummi (Gummischnur). Als äußere Umhüllung dient eine Textilbeflechtung oder ein Gummimantel. Für mechanisch geringer beanspruchte Schnüre genügen Drahtlitzenleiter, die aus 0,10 mm starken Einzeldrähten bestehen (Klingelschnüre, Anschlußschnüre). Schalt- und Meßschnüre sind aus besonders feindrähtigen Litzen (315 × 0,05 mm) gefertigt. Alle anderen Schnurarten dagegen besitzen sogenannte *Lahnlitzen*, die aus dünn (0,02 mm) ausgewalzten, schmalen (0,3 mm breiten) Metallstreifen (Kupfer) bestehen, die auf Textilfäden (Baumwolle) spiralig aufgewickelt sind. Die erforderliche Anzahl solcher Gespinstfäden (9 bis 21) wird durch Verseilen oder Verwürgen zu einem Leiter vereinigt, der zur Erzielung einer besonders hohen mechanischen Widerstandsfähigkeit noch mit feinen Kupferdrähten umsponnen sein kann. Diese Leiter sind im allgemeinen mit Baumwolle oder Naturseide umsponnen und darüber mit Baumwolle beflochten. Die Schnüre werden durch eingelegte Hanfschnüre oder geflochtene Einlagen von Zugbeanspruchungen auf die Adern entlastet.

c) Gummi- oder kunststoffisolierte Drähte, Leitungen und Kabel

Isolierte Fernmeldedrähte und Fernmeldekabeladern für höhere Anforderungen an Isolierfähigkeit und Feuchtigkeitsbeständigkeit sowie alle Adern für isolierte Starkstromleitungen müssen mit fugenlosen Gummi- oder Kunststoffhüllen isoliert sein.

Die Gummidrähte der Fernmeldeleitungen unterscheiden sich im Prinzip nur unwesentlich von den entsprechenden Starkstromleitungen, die im folgenden beschrieben werden. Die Wandstärke der gummi- oder kunststoffisolierten Fernmeldeadern ist in der Regel jedoch geringer als die der Starkstromleitungen. Zur Verminderung der Fremdbeeinflussung sind einige Ausführungsarten mit statischem Schirm vorgesehen.

Unter den Starkstromleitungen gibt es entsprechend den sehr verschiedenartigen Verwendungszwecken eine große Zahl verschieden aufgebauter Typen[1]. In den Abb. 1 bis 8 und 17 bis 20 sind einige Beispiele *gummi*- und *kunststoff*isolierter Leitungen wiedergegeben, welche nach den VDE-Normen [7] aufgebaut sind. Die Abb. 1 bis 8 zeigen Leitungen für feste Verlegung, die Abb. 17 bis 20 Beleuchtungskörperleitungen und die Abb. 21 bis 24 bewegliche Leitungen zum Anschluß an ortsveränderliche Stromverbraucher. Jede Leitung hat einen charakteristischen Namen, der auf ihr eigentliches Anwendungsgebiet hinweisen und den Einsatz ungeeigneter Typen und damit Unfälle nach Möglichkeit verhindern soll.

---

[1] Siehe VDE 0250 Vorschriften für isolierte Starkstromleitungen; s. auch B.S.S. 7 (British Standard Specification) Rubber-insulated Cables and Flexible Cords for Electric Power and Lighting.

1. Leitungen für feste Verlegung

α) **Zum Einziehen in Schutzrohre.** Der einfachste und häufigste Typ einer Leitung für feste Verlegung ist die *NGA-Leitung*[1]. Sie dient vorwiegend zur Weiterleitung elektrischer Energie innerhalb von Gebäuden und wird meist in feste Rohrsysteme (Isolierrohr, Stahlpanzerrohr) eingezogen, seltener auf Isolatoren verlegt. Da der Aufbau der NGA-Leitung auch für manche andere Gummileitungstypen und Gummibleikabel grundlegend ist, soll darauf näher eingegangen werden.

Die Kupferleiter werden verzinnt, um eine Wechselwirkung zwischen dem Kupfer und der Kautschukumhüllung auszuschließen. Gleichzeitig erleichtert die Verzinnung die Herstellung eventueller Lötverbindungen. Deshalb wird auch bei Verwendung von Kunststoffen zur Isolierung mitunter eine Verzinnung beibehalten.

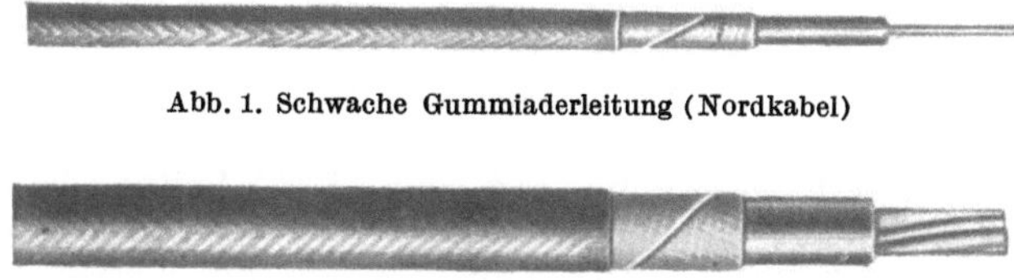

Abb. 1. Schwache Gummiaderleitung (Nordkabel)

Abb. 2. Starke Gummiaderleitung (Nordkabel)

Die elektrische Isolierung besteht aus einer vulkanisierten Kautschukmischung, die entweder in zwei verschiedenen Lagen nach dem Längsbedeckungsverfahren aufgebracht oder in einer einzigen Schicht um den Leiter gepreßt wird.

Der mechanische Schutz bei Leitern größer als 6 mm² besteht aus einem um die Gummihülle bereits vor der Vulkanisation gewickelten imprägnierten Gewebeband oder Film sowie einer nach der Vulkanisation darüber aufgebrachten und imprägnierten Beflechtung mit Faserstoffen, meist Baumwolle u. ä.

Das imprägnierte Gewebeband soll die Gummihülle bereits im erweichten Zustande während der Vulkanisation mechanisch fest zusammenhalten und sie vor Querschnittsänderungen (z. B. Druckstellen durch benachbarte Windungen und Abplattungen) schützen. In mehradrigen Leitungen und Kabeln werden die Gewebebänder zur Kennzeichnung der Adern verschieden gefärbt.

Die Beflechtung dient als weiterer mechanischer Schutz — vor allem gegen die Verlegungsbeanspruchungen beim Einziehen der NGA-Leitungen in die Rohre — sowie als Träger für die Imprägniermasse, welche die Gummihülle vor Feuchtigkeit, Sauerstoff und Licht schützt[2].

Leitungen, die mit abrieb- und korrosionsfesten Kunststoffen isoliert sind, bedürfen dagegen keiner Schutzhüllen. Sie werden als

---

[1] NGA bedeutet Normen-Gummi-Ader.
[2] Kriegsnotlösungen haben bewiesen, daß auch bei gummiisolierten NGA-Leitungen auf die Beflechtung erforderlichenfalls verzichtet werden kann.

NYA-Leitungen bezeichnet und haben heute die NGA-Leitungen schon
in großem Umfange verdrängt (s. Abb. 3).

NGA- und NYA-Leitungen sind meist einadrig. Sie werden in der
erforderlichen Anzahl parallel in das Rohrsystem eingezogen.

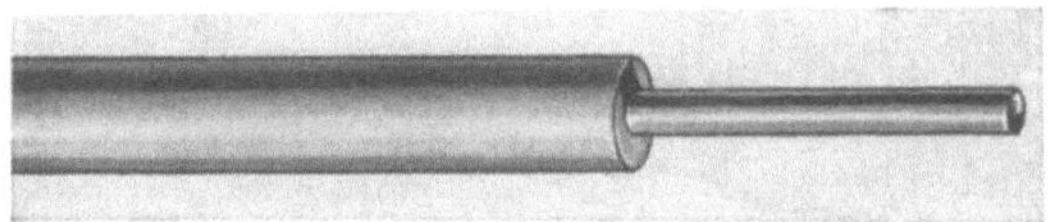

Abb. 3. Kunststoffaderleitung (HDK)

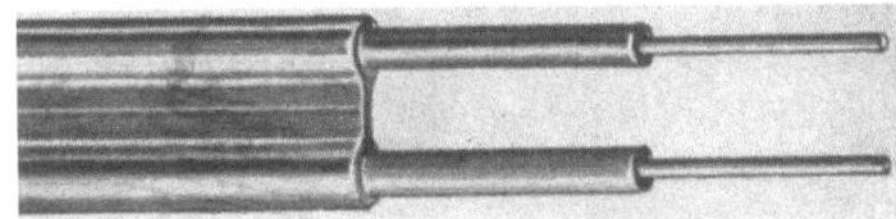

Abb. 4. Stegleitung (HDK)

Die auf Abb. 1 dargestellte schwächere NGA-Leitung besitzt einen
eindrähtigen, die stärkere in Abb. 2 wiedergegebene Leitung einen aus
sieben Einzeldrähten verseilten Leiter. Macht die Verlegungsart eine
erhöhte Biegbarkeit erforderlich, so werden die Leiter feiner unterteilt.
Man unterscheidet dann *biegsame* NGA-Leitungen (NGAB) und sehr
feindrähtige (NGAF).

β) **Mit eigener Metallschutzhülle.** Die in den Abb. 5 bis 8 sowie 12
bis 14 dargestellten Leitungstypen sind ʼdemgegenüber für freie Verlegung, d. h. ohne besondere Schutzrohre oder Isolatoren, bestimmt.
Sie enthalten daher alle für das benutzte Übertragungssystem erforderlichen Adern innerhalb einer stärkeren metallischen Schutzhülle, welche
die Isolierschichten gegen mechanische Beschädigung schützt und
Spannungsberührungen verhindert.

Metallumflochtene Leitungen. Bei der in Abb. 5 wiedergegebenen
Panzerader NPAF[1] besteht der mechanische Schutz in einer Hülle
aus Metalldrähten oder Bändern, die um die isolierten Adern derart

Abb. 5. Flexible Panzerader (Nordkabel)

geflochten oder gewickelt sind, daß das Kabel gut biegsam bleibt und
mit kleinem Krümmungsradius verlegbar ist (Krananlagen). Zur Erhöhung der Biegsamkeit sind bei der abgebildeten NPA-Type „F" die
Leiter fein unterteilt. Trotzdem darf aber die NPAF-Leitung nicht

---

[1] Normen-Panzer-Ader flexibel, die in den neueren Vorschriften nicht mehr
enthalten ist.

als bewegliche Leitung für den Anschluß ortsveränderlicher Stromverbraucher benutzt werden, da die Beflechtungsdrähte oft reißen, durchscheuern usw. und dann die Isolierschicht durchstoßen und die ganze äußere Metallhülle unter Spannung setzen können.

Metallbandlängsbedeckte Leitungen. Eine andere, in Abb. 6 dargestellte Leitungsform für feste freie Verlegung in Gebäuden ist der *Rohrdraht*, der sich in Deutschland vor allem für nachträgliche Installationen in Wohnräumen großer Beliebtheit erfreut, im Ausland

Abb. 6. Blanker Rohrdraht mit Erdungsleiter (Nordkabel)

dagegen weniger bekannt ist[1]. Beim Rohrdraht ist die erforderliche Zahl isolierter Adern in ein isolierendes, mechanisch genügend widerstandsfähiges Polster aus Gummi, Bitumen, Papier oder Kunststoffen eingehüllt und mit einem Metallband umgeben, das längs um die Adern gelegt und an seinen Kanten durch einen Falz rohrförmig geschlossen ist (s. Abb. 314). Der Falz ist *nicht* feuchtigkeitsdicht. Zur Verwendung in feuchten Räumen, Ställen u. ä. bedarf der Metallmantel einer besonderen feuchtigkeits- und korrosionsschützenden Umhüllung, etwa aus imprägniertem Papier und Faserstoffgeflecht (Antygronleitungen SSW).

Das charakteristische Merkmal des Rohrdrahts ist seine Steifheit. Ein nur mit wenigen Schellen an der Wand befestigter Rohrdraht hängt daher nicht durch. Wird der Mantel aus rostgeschütztem Stahlband, Zinkband oder Aluminiumband glatt hergestellt, so bedarf es zur Herstellung der erforderlichen Krümmungen bei der Verlegung besonderer Werkzeuge. Man kann jedoch die Biegsamkeit durch eine Querrillung des Metallmantels erhöhen (Rillrohrdraht; s. Abb. 315) und dann die Rohrdrähte von Hand biegen.

Blei ist seiner Weichheit wegen nicht zur Herstellung eines Falzrohres geeignet. Außerdem wird das Blei natürlich wirkungsvoller zu nahtlosen, feuchtigkeitsdichten[2] Mänteln verarbeitet, d. h. zu Bleimantelleitungen bzw. Gummi- oder Kunststoffbleikabeln.

Beim Rohrdraht in Abb. 6 ist ebenso wie bei den Bleimantelleitungen in den Abb. 7 und 8 unmittelbar unter dem Metallmantel ein nicht isolierter, aber erforderlichenfalls (bei Gummi) verzinnter Draht angebracht, der zur Erdung[3] des Mantels dienen kann (Erdleiter für Rohrdraht in Räumen mit Hochfrequenzanlagen).

---

[1] In neuerer Zeit hat der Rohrdraht auch als *Fernsprechleitung* (z. B. GRZ) und mit hochwertiger Kunststoffisolierung (Polyisobutylen, Polyäthylen) als Hochfrequenzvollkabel Verwendung gefunden [8].

[2] Die absolute Feuchtigkeitsdichtigkeit der Bleimantelleitungen und die Steifigkeit des Rohrdrahtes werden neben einer überlegenen Biegefähigkeit nur durch die auf S. 15 beschriebene und in Abb. 9 bis 11 dargestellte Isotraxleitung *gleichzeitig* erreicht.

[3] Die früher übliche Verwendung des Mantels als Nulleiter ist heute nicht mehr zulässig.

Bleimantelleitungen. Bei der in Abb. 7 dargestellten Bleimantelleitung[1] ist der Bleimantel zum Schutz gegen Korrosion mit einer imprägnierten Beflechtung umhüllt, während die Bleimantelleitung in Abb. 8 außerdem noch einen aus einer Eisenbandwicklung[2] bestehenden mechanischen Schutz außerhalb der Beflechtung besitzt.

Im Gegensatz zu den eigentlichen Gummiblei*kabeln* sollen die Bleimantelleitungen nur ein Installationsmaterial sein, das nicht für unterirdische Verlegung bestimmt ist. Die Schaffung des Sondertyps einer

Abb. 7. Umflochtene Bleimantelleitung mit Erdungsleiter (Nordkabel)

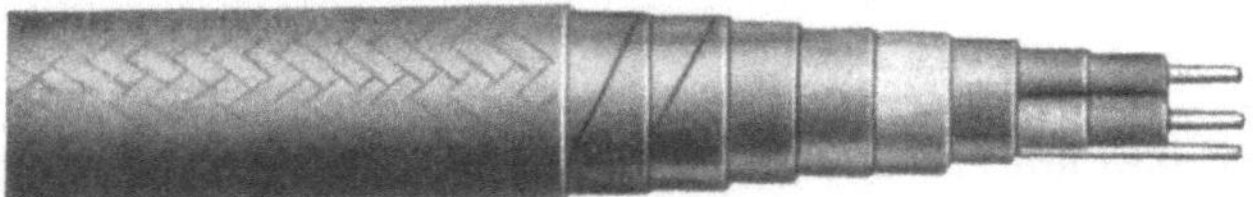

Abb. 8. Eisenbandarmierte umflochtene Bleimantelleitung (Nordkabel)

Bleimantelleitung entsprang aber wohl mehr wirtschaftlichen Erwägungen, so daß zwischen Bleimantelleitungen und Gummibleikabeln kein grundlegender technischer Unterschied gesucht zu werden braucht.

Gummibleikabel[3]. Man verwendet Gummibleikabel, d. h. einen Bleimantel über der gummiisolierten und gegebenenfalls mit Gummi, Bitumenregenerat od. ä. ummantelten Seele, um die Kautschukisolierung vor Korrosion und vor allem Alterung durch Sauerstoffeinfluß zu schützen und auch um die Seele elektrisch abzuschirmen. *Gummi*bleikabel werden an Stelle der überwiegend üblichen *Papier*bleikabel für solche Verlegungsverhältnisse angewandt, wo das Kabel bei der Verlegung um sehr kleine Durchmesser gebogen werden muß, wo aus Raummangel die Anbringung von Endverschlüssen nicht möglich ist und wo eine Verletzung des Bleimantels nicht ohne weiteres zu Isolationsstörungen führen darf. Das Hauptanwendungsgebiet der Gummibleikabel (und der Bleimantelleitungen) sind daher Berg- und Schiffbau, Landwirtschaft und chemische Betriebe.

Als Adern für VDE-mäßige Gummibleikabel werden NGA- oder NSGA-Leitungen ohne Beflechtung verwendet. Mehradrige Kabelseelen werden unter dem Bleimantel mit einer getränkten Baumwollbandbewicklung umgeben. Bewehrte Gummibleikabel besitzen meist eine Bandeisenarmierung, nur in Ausnahmefällen (Kriegsschiffe) der größeren Biegefähigkeit wegen eine Stahldrahtbeflechtung.

Die Kautschukelastizität der Gummiisolierung wird bei Kabeln, Leitungen und isolierten Drähten nur dann ausgenützt, wenn auch die

---

[1] Type NBU = **N**ormen-**B**leimantelleitung-**u**mflochten.

[2] Type NBEU = **N**ormen-**B**leimantelleitung-**E**isenband-**u**mflochten.

[3] Siehe VDE 0265 Vorschriften für Gummibleikabel und Kunststoffbleikabel in Starkstromanlagen.

anderen Elemente des Kabels usw. eine entsprechende Biegsamkeit
besitzen, d. h. keinesfalls bei Kabeln mit einem Bleimantel oder einem
anderen rohrförmig geschlossenen Metallmantel. Der Vorteil der
Gummiisolierung von Bleikabeln liegt vielmehr nur in den oben erwähnten Eigenschaften, insbesondere der größeren Feuchtigkeitsbeständigkeit und damit der Möglichkeit, auch ohne feuchtigkeitssichere Endverschlüsse auszukommen und die Montage erheblich zu
vereinfachen. Beständigkeit gegen Feuchtigkeit sowie gegen atmosphärische und chemische Angriffe ist jedoch manchen Kunststoffen, wie
Polyvinylchlorid, Polyäthylen oder Polyisobutylen, in weit höherem
Maße eigen. Für feuchtigkeitssichere Leitungen und Kabel für *feste*
Verlegung setzen sich daher diese Isolierstoffe mehr und mehr durch,
soweit sie preislich den Kautschukmischungen wettbewerbsfähig sind
(s. z. B. Abb. 15, 16 u. 37).

Leitungen mit nahtlosen Mänteln aus anderen Metallen als Blei. Ein
Beispiel einer besonders zweckmäßigen Anwendung synthetischer
Isolierstoffe für metallummantelte Leitungen und Kabel ist das noch
in der Entwicklung befindliche sogenannte *Isotraxkabel*[1] [*131*][2], dessen
Herstellung im Zusammenhang mit den Verfahrensgrundlagen eingehender beschrieben wird (s. S. 322 u. 326). Das Isotraxverfahren
erlaubt die Verarbeitung
der Kunststoffe *ohne*
Weichmacher, d. h. mit
besonders guten elektri-
schen, thermischen und
mechanischen Eigenschaf-
ten, sowie die Verwendung
von Aluminium, Zink,
Kupfer u. a. zur Herstel-
lung völlig nahtloser[3]

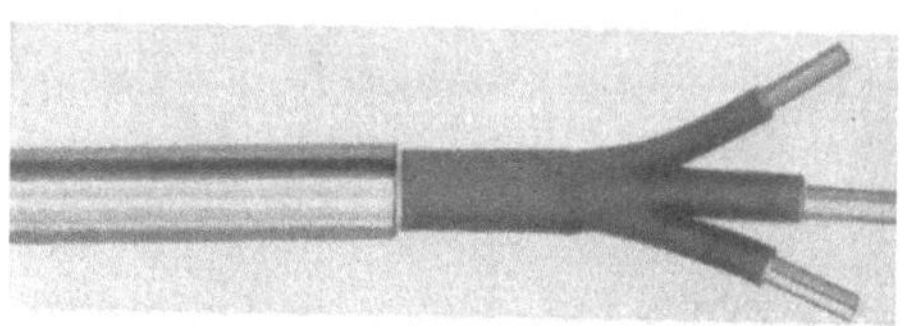

Abb. 9. Dreiadrige Isotrax-Leitung mit Polyvinylchlorid-Isolierung und gemeinsamer isolierender und
metallischer Ummantelung der Adern (Wieland-Werke)

Metallmäntel. Die Abb. 9 zeigt eine dreiadrige Isotrax-Metallmantellei-
tung mit weichmacherfreier Polyvinylchloridisolierung und gemeinsamer
PVC-Ummantelung der je für sich isolierten Adern sowie einem gemeinsamen äußeren Mantel aus Aluminium. In dem in Abb. 10 dargestellten
Querschnitt ist jede der drei Adern mit einem Aluminiummantel umgeben.
Besonders zweckmäßig ist die Verwendung je für sich mit Metall umman-
telter Adern auch für Eisenbahnsicherungskabel, bei denen dann jede
Ader ohne Abzweigungskabel und -garnituren bis an den Bestimmungs-
ort geführt werden kann. Ein solches Kabel ist aus Abb. 11 ersichtlich.

Metallarmierte Kunststoffkabel. Beispiele von Kunststoffkabeln ohne
metallisch geschlossenen Mantel, aber mit Metallarmierung, sind in
den Abb. 12 bis 14 aufgeführt.

---

[1] In- und Auslandspatente erteilt bzw. angemeldet.

[2] Die in eckigen Klammern (kursiv) gesetzten Ziffern verweisen auf das
Literaturverzeichnis S. 407.

[3] Im Gegensatz zu nahtgelöteten oder -geschweißten Hüllen z. B. gemäß
British Standard Specification (BSS) 7/1953, Ziffer 18, der die Isotraxkabel
natürlich ebenfalls voll entsprechen.

Die Abb. 12 und 13 zeigen Kabel mit einer Polyvinylchloridader-
isolierung und einer Ummantelung aus einer Bitumenregeneratmischung.
Abb. 12 stellt wieder ein 12 adriges Eisenbahnsicherungskabel dar und
Abb. 13 ein dreiadriges Niederspannungskabel.

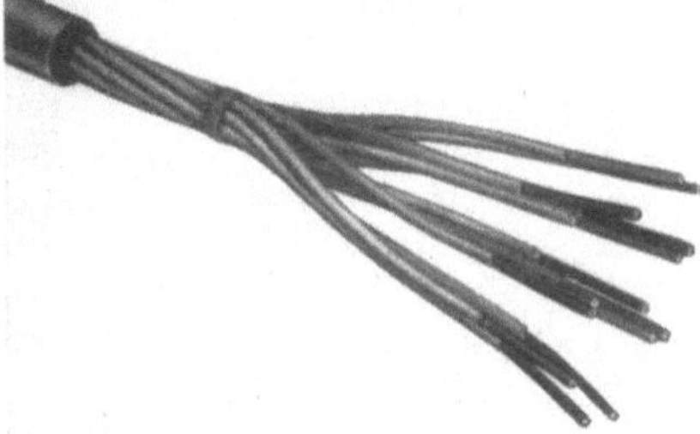

Abb. 10. Querschnitt eines dreiadrigen
Isotrax-Kabels mit je für sich metall-
ummantelten Adern　(Wieland-Werke)

Abb. 11. 12 adriges Sicherungskabel mit einzeln
ummantelten, nach dem Isotrax-Verfahren hergestellten Adern (Wieland-Werke)

In den Abb. 14a und b sind zwei Ausführungsformen eines Marine-
kunststoffkabels wiedergegeben, deren Adern und Mäntel aus Kunstkautschuk hergestellt sind, um das Kabel für die schwierige Verlegung
auf Kriegsschiffen besonders biegsam zu machen. Die große Biegsamkeit
der Kunstkautschukhüllen kann in diesem Falle ausgenützt werden,
da kein rohrförmig geschlossener Metallmantel vorhanden ist und die
Armierung aus einem sehr biegsamen Metalldrahtgeflecht besteht. Der
besondere Vorteil dieser Marine-Kunststoffkabel liegt in der großen
Gewichtsersparnis gegenüber Bleikabeln, die einen merklichen Prozentsatz der Gesamttonnage ausmachen kann (etwa 2 bis 4%) [9].

γ) **Ohne Metallschutz.** *Gummi- bzw. Kunststoffmantelkabel für feste
Verlegung.* Alle vorbeschriebenen Starkstromleitungen für feste Verlegung mit gummiisolierten Adern sind zum mechanischen Schutz
entweder beflochten oder mit einem Metallmantel umgeben. Im Ausland sind nun bereits seit längerer Zeit auch für feste Verlegung gummiisolierte Leitungen in Gebrauch, deren mechanischer Schutz ebenfalls
aus Gummi, und zwar aus einem Gummimantel großer Zähigkeit[1],
besteht. Solche TRS-Kabel werden vielfach flach ausgeführt, wobei
die zwei oder drei Adern in einer Ebene parallel nebeneinanderliegen.

Analog den Ausführungen auf S. 14 wird auch in diesem Falle die
Kautschukelastizität der Gummihülle ebensowenig ausgenützt wie die
der gummiisolierten Adern, insbesondere wenn die Leiter, wie in diesem
Falle üblich, gar nicht oder nicht weiter unterteilt sind als etwa NGA-
Leitungsleiter. Der Vorteil liegt hier in der außerordentlich bequemen
Installation.

In Deutschland sind die aus den schweren Gummischlauchleitungen
(s. S. 21) entwickelten Kabel mit Gummiisolierung und Gummimantel

---

[1] tough Rubber Sheath.

Abb. 12. 12adriges Reichsbahnsicherungskabel mit Polyvinylchlorid-isolierten Leitern
und Bitumen-Regenerat-Mantel (KWO)

Abb. 13. Dreileiter-Kunststoffkabel für 1 kV, 3 × 240 mm² r/s Al (KWO),
(oval-sektor-förmige Aluminiumleiter), Aderisolierung: PVC, Mantel: Bitumen-Regenerat,
Bewehrung: Flachdraht mit Band-Gegenwendel

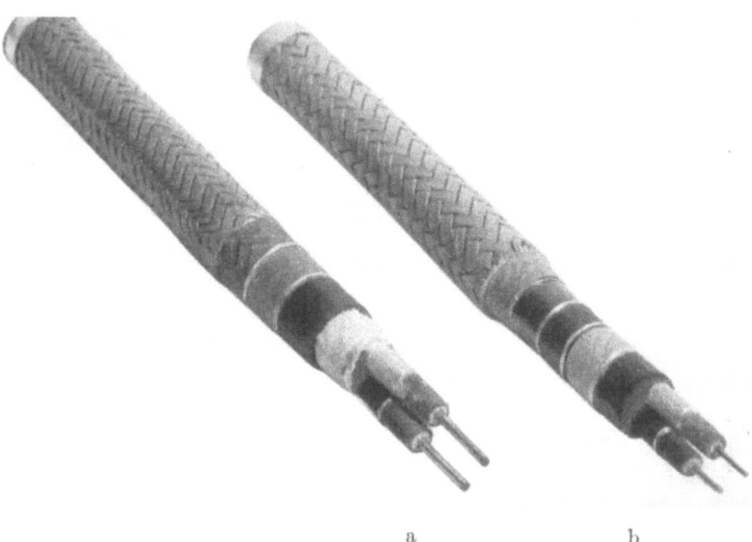

Abb. 14a u. b. Marinekunststoffkabel [9] (KWO) mit Aderisolierung aus Buna S
und Perbunanmantel, a) ältere Bauart ohne Zwickelausspritzung, b) neuere Bauart
mit Zwickelausspritzung

Abb. 12—14. Metallarmierte Kunststoffkabel mit nichtmetallischem Feuchteschutz

(NGG) für Spannungen bis 1 kV zugelassen[1]. Für höhere Spannungen eignen sich aus Naturkautschuk hergestellte Kabel schlecht, weil schon geringe Spuren von Ozon zu Rißbildungen Anlaß geben.

In den USA werden deshalb — neben den schon jahrelang hergestellten Kabeln aus Naturkautschuk — Kabel aus Butylkautschuk (s. S. 134) verwendet.

Werkstoffgerechter und gegen Sauerstoff und andere Einflüsse der Umgebung unempfindlicher sind jedoch die in Deutschland ebenfalls nur bis 1 kV zugelassenen Kabel mit Kunststoffisolierung [193] und Kunststoffmantel[2] NYY. Abb. 15 zeigt ein solches Kabel[3].

Abb. 15. Kabel mit Kunststoffisolation und Kunststoffmantel. Protodurkabel (SSW)

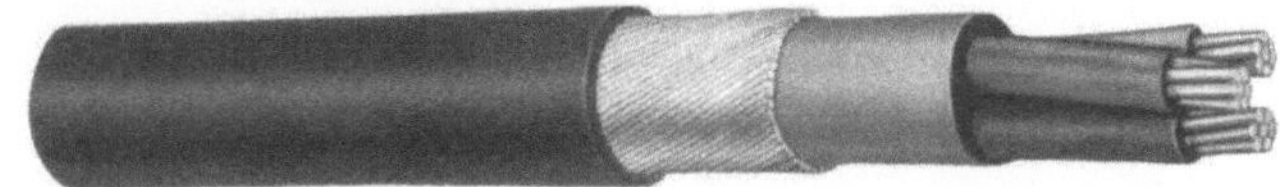

Abb. 16. Kabel mit Kunststoffisolation und Kunststoffmantel sowie elektrostatischer Abschirmung durch eine Drahtlage. Protodurkabel (SSW)

Für höhere Spannungen wird man auch hier auf den statischen Schirm für die Hochspannung, der bei den Metallmantelkabeln durch den Mantel gebildet wird, nicht verzichten können, damit eine Berührung der Hochspannung bei Beschädigung des Kabels ohne gleichzeitigen Erdschluß unmöglich ist. Bei dem Kabel in Abb. 16 wird dieser statische Schirm durch eine Lage aus Kupferdraht hergestellt. Die verhältnismäßig hohen dielektrischen Verluste von Polyvinylchlorid beschränken die Verwendung dieses in Deutschland gebräuchlichen Kunststoffes für Aderisolierungen auf Spannungen bis 10 kV. Darüber hinaus kommt Polyäthylen in Betracht [166, 224].

Stegleitungen. Ein Kunststoffleitungstyp für feste Verlegung ohne Rohre oder Isolatoren, d. h. an Stelle metallumhüllter Rohrdrähte oder Bleimantelleitungen, sind die in Deutschland in größerem Umfang eingeführten „Stegleitungen" NIF und NYIF (s. Abb. 4 auf S. 12), bei denen zwei oder drei parallele Leiter gleichzeitig mit Gummi oder neuerdings nur noch mit weichmacherhaltigem Polyvinylchlorid isoliert und in einem gewissen Abstand gehalten werden[4]. Die bandförmigen

---

[1] Siehe VDE 0271 Vorschriften für Kabel mit Gummiisolierung und Gummimantel oder mit Kunststoffisolierung und Kunststoffmantel für Starkstromanlagen.

[2] Siehe Fußn. 3, S. 14.

[3] Protodurkabel der Firma SSW.

[4] Nicht zu verwechseln mit einer Gummiaderschnur aus zwei parallel nebeneinanderliegenden Litzenleitern, die gemeinsam mit elastischem Kunststoff in 8förmigem Querschnitt umgeben und zur Installation an den Enden leicht in zwei Einzeladern auftrennbar sind. Diese Schnüre werden nur offen zum Anschluß leichter ortsveränderlicher Stromverbraucher verwendet.

Stege zwischen den Adern dienen zur Befestigung der Leitung mit Drahtstiften an Wänden, und zwar auch unter Putz. Die billige und bequeme Installation hat zu einer steigenden Beliebtheit dieser Stegleitungen geführt. Der bei den früher gebräuchlichen Installationsrohren vorhandene Schutz gegen mechanische Beschädigung (z. B. durch Einschlägen von Nägeln) ist hier weggefallen. Bedenken bezüglich Spannungsfestigkeit und Korrosion bestehen dagegen nicht, da das Polyvinylchlorid selbst im weichmacherhaltigen Zustand wenig feuchteempfindlich und sehr beständig gegen chemischen Angriff ist.

Für symmetrische Hochfrequenzleitungen ist eine ähnliche Ausführung in Gebrauch (s. Abb. 27). Dort dient der Steg aus hochwertigem Isolierstoff (Polyäthylen) in erster Linie zur Herabsetzung der Kapazität. Diese Leitungen müssen zur Verringerung der Erdkapazitäten frei verlegt werden.

2. Leitungen für Beleuchtungskörper

Ein besonderer Leitungstyp mit gummiisolierten Adern ist für Beleuchtungskörper entwickelt worden. Mit Rücksicht auf die künstlerische Formgebung der Beleuchtungskörper hat man die äußeren Dimensionen dieser Leitungen soweit wie möglich beschränkt. Diese Leitungen dürfen jedoch nur in oder unmittelbar an Beleuchtungskörpern installiert werden, da sie hier verhältnismäßig gut mechanisch geschützt und keinen dauernden Biegebeanspruchungen unterworfen sind.

Bei den VDE-mäßigen Fassungsadern (NFA) darf der massive oder mehrdrähtige Kupferleiter einen kleineren Querschnitt ($0{,}75\ \mathrm{mm}^2$) besitzen als die NGA-Leitungen ($1{,}5\ \mathrm{mm}^2$). Auch die Gummiwandstärke der Isolierung ist mit $0{,}6$ mm geringer gehalten als bei NGA-Leitungen. Ferner fällt gegenüber NGA-Leitungen die Baumwollbespinnung bei mehrdrähtigen Leitern sowie das gummierte Band über der Gummihülle fort. Die Beflechtung besteht aus imprägnierter Baumwolle wie bei NGA-Leitungen oder aber aus Eisengarn (Glanzgarn) oder Kunstseide.

Abb. 17 zeigt eine einadrige Fassungsader, Abb. 18 eine Fassungsdoppelader (NFA fl), die aus zwei parallel nebeneinanderliegenden nackten Fassungsadern besteht, welche gemeinsam beflochten sind.

Die in Abb. 19 dargestellte Fassungsdoppelader dagegen ist aus zwei je für sich beflochtenen Einzeladern verseilt.

Eine andere für Beleuchtungskörperinstallationen viel benutzte Leitungsart ist die Pendellitze (NPL rd) oder Pendelschnur, an welcher leichtere Beleuchtungskörper fest oder mit beweglichem Schnurzug aufgehängt werden. Diese Leitung muß daher besonders biegsam und zerreißfest sein. Sie ist zu diesem Zweck mit einer oder mehreren Tragschnüren versehen.

Die Abb. 20 zeigt eine zweiadrige Pendelschnur, bei der die beiden Adern mit der Tragschnur zusammen verseilt sind. Dieses Seil ist in weiches Füllmaterial (Baumwolle) eingebettet und mit Baumwolle, Eisengarn oder Kunstseide beflochten.

2*

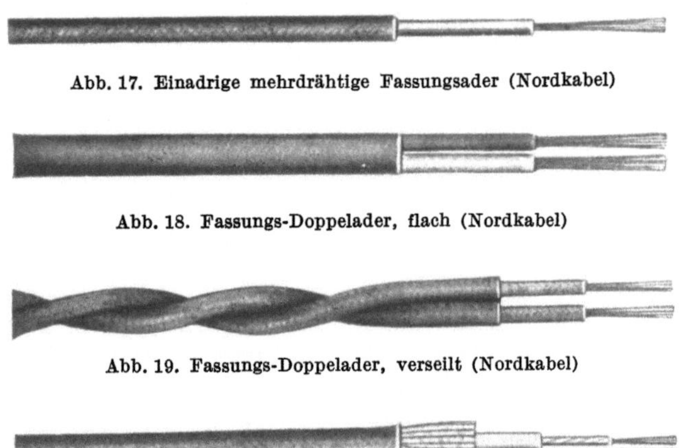

Abb. 17. Einadrige mehrdrähtige Fassungsader (Nordkabel)

Abb. 18. Fassungs-Doppelader, flach (Nordkabel)

Abb. 19. Fassungs-Doppelader, verseilt (Nordkabel)

Abb. 20. Pendelschnur, rund (Nordkabel)

Abb. 17—20. Isolierte Starkstromleitungen für Beleuchtungskörper nach den VDE-Normen

3. Leicht bewegbare Leitungen
zur Herstellung ortsveränderlicher Verbindungen

Allgemeines. Dauernd bewegte Leitungen erfordern eine große Dauerbiegsamkeit, d. h. fein unterteilte Leiter (ferner Vorkehrungen, daß die feinen Einzeldrähtchen nicht brechen und die Isolierung durchstechen), hochelastische Isolationshüllen sowie mechanische Schutzhüllen entsprechend hoher Dauerbiegsamkeit. Diese Forderungen gelten gleichermaßen für Fernmeldeschnüre wie für Starkstromschnüre.

Die Leiter der Starkstromlitzen besitzen niemals weniger als 0,75 mm² Querschnitt und sind aus Einzeldrähten von höchstens 0,20 mm Durchmesser zusammengesetzt. Starke Leiter über 6 mm² Querschnitt dürfen etwas stärkere Einzeldrähte (0,4 mm) enthalten.

Die Leiter der gummi- oder kunststoffisolierten Fernmeldeschnüre sind aus noch feineren Einzelleitern aufgebaut, und zwar entweder aus im allgemeinen 0,10 mm (selten 0,15 oder 0,05 mm) starken Drähten oder aus Lahnfäden (Kupferbänder 0,3 × 0,02 mm auf Gespinstfäden, d. h. entsprechend den faserstoffisolierten Fernmeldeschnüren).

Die Leiter der meisten feineren Litzen[1] werden durch sogenanntes Verwürgen hergestellt, d. h. durch gleichzeitiges Zusammendrehen aller in einem Bündel zusammengefaßten Drähte.

Um die Drähte gut zylindrisch zusammenzuhalten und ein Ausspringen einzelner Drähte aus der Litze zu verhindern, kann der Litzenleiter mit einer Seidenbespinnung in dicht aneinanderliegenden geschlossenen Windungen umhüllt werden. Die Weiterverarbeitung nichtumhüllter feindrähtiger Litzen kann an der Gummi-Längsbedeckungsmaschine Schwierigkeiten durch Einscheren oder Abscheren einzelner Drähtchen ergeben.

Als Isoliermaterialien sind auf dem Gebiet der dauernd bewegten Leitungen Gummi und andere kautschukelastische Stoffe unübertroffen. Bei Verwendung von Thermoplasten[2] wird versucht, diese

---

[1] Unter 4 mm² Querschnitt.   [2] Vorzugsweise PVC, s. S. 124 bis 127.

durch reichlichen Zusatz von Weichmachern oder geeignete Beschränkung des Polymerisationsgrades oder Mischpolymerisation u. a. bei Raumtemperatur möglichst flexibel zu machen.

In Fällen, in denen Starkstromschnüre in den Wirkungsbereich elektrischer Heizgeräte (z. B. Bügeleisen) kommen, versagen jedoch alle bisher bekannten Kautschukmischungen auf längere Dauer. Man versucht daher, durch hitzebeständige äußere Umhüllung (s. Abb. 21 NHU) und durch geschickte Gerätesteckerkonstruktion diesen Schwierigkeiten Herr zu werden. Ob die neuen kautschukelastischen Silikonearten (s. S. 117/122) hier mit Vorteil eingesetzt werden können, erscheint im Hinblick auf die ebenfalls äußerst scharfen mechanischen Anforderungen (Kerbzähigkeit), welchen die Leitung gerade an dieser Übergangszone zum Stecker ausgesetzt ist, noch etwas zweifelhaft.

Der mechanische Schutz der hochflexiblen Gummileitungen besteht bei allen Fernmelde- und Starkstromschnüren aus einer oder mehreren Beflechtungen. Bei den Gummischlauchleitungen übernimmt der Gummimantel diesen Schutz. Besonders leichte Gummischlauchleitungen werden wegen des besseren Aussehens in Wohnräumen mit einer äußeren Beflechtung aus Glanzgarn oder Kunstseide versehen. Die übrigen Gummischlauchleitungen besitzen über dem Gummi keine weitere Hülle.

Bei Verwendung von Kunststoffen kann ein besonderer mechanischer Schutz auch bei Schnüren entfallen.

Starkstromschnüre. Die leichtesten Starkstromschnüre sind die *Gummiaderschnüre* oder *Zimmerschnüre* (NSA) (s. Abb. 22), die für geringe mechanische Beanspruchung nur in trockenen Räumen verwendet werden dürfen, und zwar meist als Lampenanschlußschnüre[1] und gleichzeitig innerhalb der Lampen an Stelle von Fassungsadern. Bei Gummiaderschnüren können die Adern auch gemeinsam beflochten sein.

Für stärkere mechanische Beanspruchung in Wohnräumen (z. B. Staubsauger) sowie in feuchten Räumen (Küchen, Kellern, Baderäumen) sollen Gummischlauchleitungen verwendet werden.

Gummischlauchleitungen. Mechanisch und elektrisch besonders zuverlässig sind Gummischlauchleitungen, bei denen die Adern gemeinsam mit einem Gummimantel (leichte und mittlere Gummischlauchleitung) oder zwei Gummimänteln (starke Gummischlauchleitung) umgeben sind. Da diese Mäntel der Seelenform gut angepaßt, d. h. die Zwickel zwischen den Adern voll ausgefüllt sein müssen, spricht man richtiger von „Gummimantelleitungen". Mit dem Begriff „Schlauch" ist leicht die irrige Vorstellung eines losen Überzuges verbunden.

Die VDE-Vorschriften unterscheiden bei Gummimantelleitungen zwischen einer besonders leichten Ausführung (NLG)[2] für kleine Stromverbraucher (Elektrouhren, Tischlampen, Rundfunkgeräte, kleine Handgeräte) und geringe mechanische Beanspruchung, einer leichten Ausführung (NLH) zum Anschluß von leichten

---

[1] Vor allem in flacher Ausführung auch mit nicht weiter umhüllter Kunststoffisolierung (s. Fußn. 4 auf S. 18).

[2] Diese Leitung soll neuerdings fortfallen.

Handgeräten und Elektrowärmegeräten, ebenfalls für geringe mechanische Beanspruchung, einer mittleren Ausführung (NMH) zum Anschluß von Küchen- und kleinen Werkstattgeräten (Wasserkocher, Heizplatten, Handbohrmaschinen) für mittlere mechanische Beanspruchung, sowie einer starken Ausführung (NSH) für besonders hohe mechanische Beanspruchung (schwere Werkzeuge, fahrbare Motoren, landwirtschaftliche Geräte).

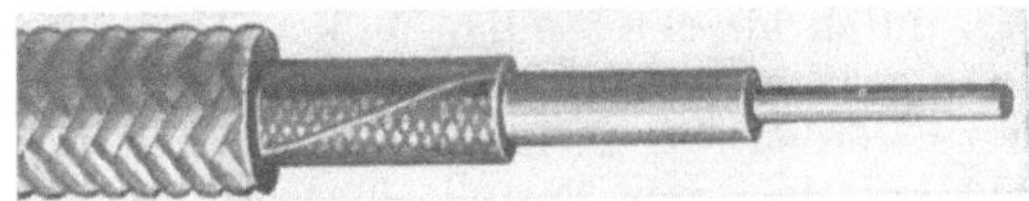

Abb. 21. Leitung mit Flammschutz (HDK)

Abb. 22. Gummiaderschnur (Nordkabel)

Abb. 23. Leichte Gummischlauchleitung mit Glanzgarn-Beflechtung (Nordkabel)

Abb. 24. Mittlere Gummischlauchleitung (Nordkabel)

Abb. 21—24. Isolierte Starkstromleitungen
zum Anschluß an ortsveränderliche Stromverbraucher, nach den VDE-Normen

Abb. 23 zeigt eine besonders leichte und Abb. 24 eine mittlere „Gummischlauchleitung".

Für starke mechanische Zugbeanspruchungen von Gummimantelleitungen ist zu beachten, daß auch eine stärkere und zähe Gummihülle die Leiter nicht zugentlastet [6], da die hohe Festigkeit einer Kautschukmischungshülle erst bei Dehnungen wirksam wird, welche den Leitern nicht mehr zugemutet werden dürfen. Höhere Zugbeanspruchungen müssen daher durch Beflechtungen oder Tragschnüre u. ä. abgefangen werden.

Für dauernd bewegte Leitungen sollten jedoch keine *Metall*drahtbeflechtungen verwendet werden, da die Isolierung durch gebrochene Drähte schadhafter Beflechtungen verletzt und die ganze Beflechtung unter Spannung gesetzt werden kann. Eine Ausnahme bilden Leitungen für Autolicht wegen der niedrigen Spannungen[1].

Leitungstrossen und sonstige bewegliche Starkstromleitungen. Für besonders hohe mechanische Beanspruchung (Bagger- und Schleppkabel), die häufig auf- und abgewickelt werden, sollen Leitungstrossen

---

[1] Siehe DIN 72551.

(NT) Verwendung finden. Diese können Tragseile aus verzinkten oder verzinnten Stahldrähten enthalten. Bei starken Zugbeanspruchungen ist eine Bewehrung aus Runddrähten, Flachdrähten oder aus verzinkten Stahldrahtlitzen vorgesehen.

Hohe Biegsamkeit und Betriebssicherheit wird auch von Aufzugsteuerleitungen (NFL) verlangt. Erhöhte elektrische Beanspruchung oder Sicherheit (provisorische Installationen, wie Theaterleitungen) erfordern hohe Wandstärken.

Für höhere Spannungen und/oder Frequenzen bestimmte Kunststoffleitungen — leicht bewegbare und für feste Verlegung (Neonlicht) — werden an Stelle des sonst meist üblichen Polyvinylchlorids vorzugsweise mit polymeren Paraffinen (Polyäthylen oder Polyisobutylen; (s. S. 122ff.) isoliert und mechanisch mit einer zähen Polyvinylchloridhülle geschützt.

Für Kraftfahrzeuge und Flugzeuge, Schiffe, Bergwerke u. a. gibt es den Sonderbedingungen entsprechend eine große Anzahl von Konstruktionen, auf die jedoch im Rahmen dieses Buches nicht näher eingegangen werden kann. Erwähnt werden soll nur die Forderung der Treibstoff- und Ölfestigkeit für die meisten dieser Leitungen.

4. Sonderformen beweglicher Fernmelde- und Hochfrequenzleitungen

Grundsätzlich sind gummi- und kunststoffisolierte *Fernmeldeleitungen* genauso aufgebaut wie die entsprechenden Starkstromleitungen (s. S. 10). Infolge der geringen Stromstärken und Span-

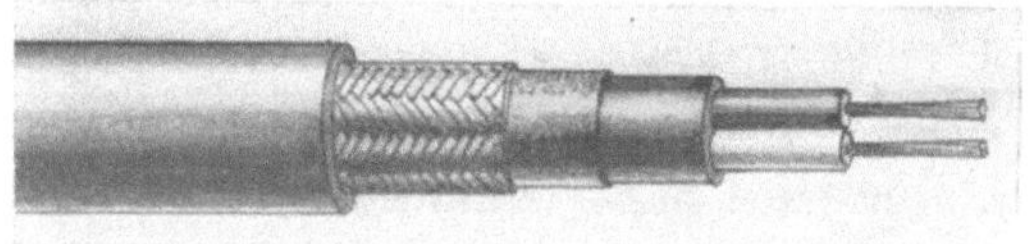

Abb. 25. Geschirmte Gummischlauchleitung in Fernmeldeanlagen (HDK)

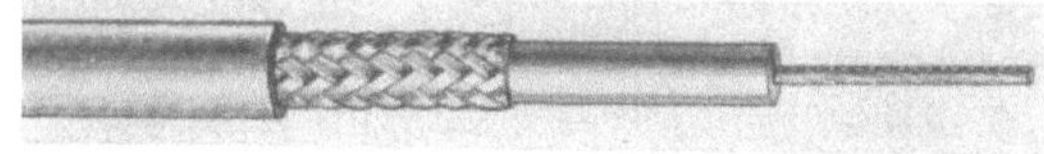

Abb. 26. Unsymmetrische Hochfrequenzleitung mit Vollisolation (HDK)

nungen sind jedoch die Leiter- und Isolierungsstärken schwächer gehalten als bei den Starkstromleitungen[1]. Zur statischen Abschirmung sind manche Fernmeldeleitungen mit Kupfergeflechten versehen.

Dazu gehören z. B. der geschirmte Gummidraht G(St)U und die geschirmte Gummischnur mit Gummimantel nach DIN 47408 bzw. DIN 47456, sowie die geschirmten Gummischlauchleitungen GHCH I bzw. GHCH II (s. Abb. 25). Die Kurzzeichen bedeuten hier: G = Gummihülle, H = Gummimantel, C = Schirm[1].

---

[1] Siehe im einzelnen: VDE 0890, Merkblatt über den Aufbau und die Verwendung isolierter Leitungen und Kabel in Fernmeldeanlagen.

Das Kupfergeflecht wird dabei in der Regel aus 0,15 mm starken verzinnten Drähten hergestellt.

Für *Hochfrequenzzwecke* sind gummiisolierte Leiter wegen der hohen dielektrischen Verluste und der hohen Dielektrizitätskonstante des Gummis nicht zu verwenden. An ihre Stelle treten Kupferleiter mit Isolierungen aus verlustarmen Kunststoffen (Polyäthylen, Polyisobutylen, Polystyrol u. a.; s. Abb. 26 bis 28). Zur weiteren Herabsetzung der dielektrischen Verluste und der Kapazität nimmt man statt einer Vollisolation nur Stützkonstruktionen aus hochwertigen Isolierstoffen (s. Abb. 28; s. S. 80 und Abb. 103 bis 112).

Die Hochfrequenzleitungen werden als symmetrische oder unsymmetrische Leitungen hergestellt. Symmetrische Leitungen mit zwei gleichartigen Leitern sind z. B. die als UKW-Empfangsleitungen vielfach verwendeten Stegleitungen (s. S. 19 und Abb. 27).

Abb. 27. Symmetrische Hochfrequenzleitung ohne Abschirmung (HDK)

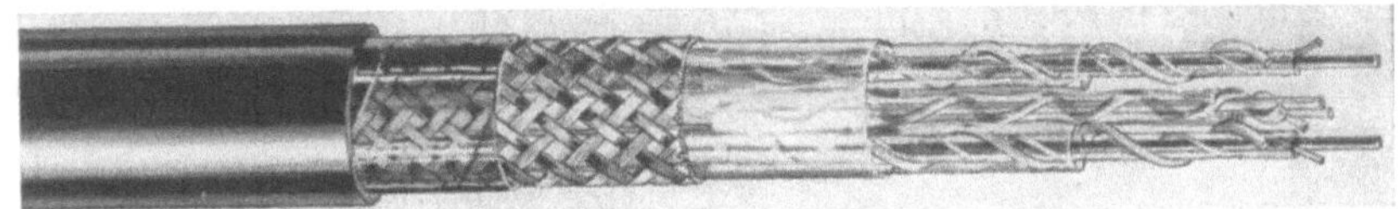

Abb. 28. Symmetrische Hochfrequenzleitung mit Abschirmung (HDK)

Da diese Leitungen nicht abgeschirmt sind, sind sie empfindlich gegen Störfelder und gegen die Annäherung geerdeter Teile von Mauern, Wänden u. dgl. Die Stege aus Polyäthylen sind überdies empfindlich gegen Ultraviolettstrahlung. Durch Beimischung undurchsichtiger Teilchen (z. B. Aluminiumpulver oder Ruß) läßt sich die Einwirkung des UV-Lichtes allerdings stark herabsetzen. Am besten ist die kostspieligere Verwendung einer Abschirmung aus Kupfergewebe oder Kupferfolien, die ihrerseits durch einen Mantel aus wetterfestem Kunststoff geschützt wird (s. Abb. 28).

Bei der unsymmetrischen Leitung wird ein Leiter als Hinleitung und die Abschirmung als Rückleitung benutzt. Eine elektrisch völlig dichte Abschirmung läßt elektrische Felder weder von innen nach außen noch in umgekehrter Richtung durch.

Die große Bedeutung der Anpassungswiderstände in der Hochfrequenztechnik hat dazu geführt, Leitungen mit ganz bestimmten, festgelegten Wellenwiderständen anzufertigen, die eine verhältnismäßig geringe Dämpfung aufweisen. Da das Dämpfungsminimum für ein

Vollkabel mit hochwertiger Kunststoffisolation etwa bei einem Aufbau mit einem Wellenwiderstand von $Z = 50$ Ohm, für Hohlkabel mit vorwiegend Luftisolation dagegen bei einem Aufbau mit $Z = 70$ Ohm liegt, wurde der Sollwert in Deutschland auf $Z = 60$ Ohm festgelegt [*168*]. Symmetrische Leitungen werden mit Wellenwiderständen von $Z = 120$ Ohm und $Z = 240$ Ohm ausgeführt.

Spezialleitungen mit besonders hohem Wellenwiderstand finden als Verzögerungsleitungen in Fernseh- und Funkortungsschaltungen steigende Verwendung. Sie enthalten neben der wie üblich als Rückleitung dienenden Abschirmung einen zur Erhöhung der Induktivität auf einen Träger wendelförmig aufgewickelten Kupferdraht als Hin-

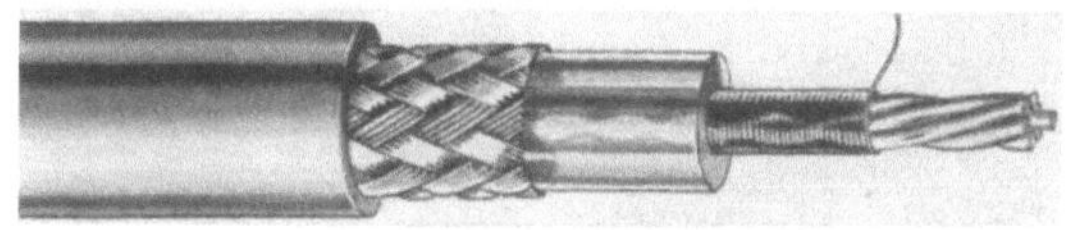

Abb. 29. Hochohmleitung mit einem Wellenwiderstand von 1000 Ohm (HDK)

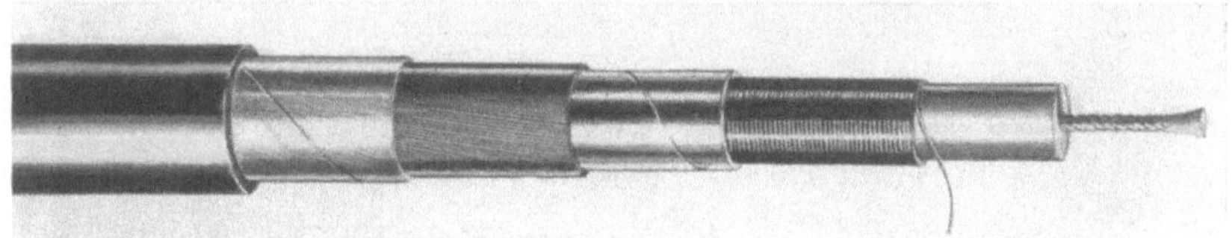

Abb. 30. Hochohmleitung mit einem Wellenwiderstand von 2500 Ohm (HDK)

leitung [*174, 175, 211*]. Der Träger kann vorteilhafterweise aus ferromagnetischem Material [*212*] mit geringen Verlusten aufgebaut sein (s. Abb. 29 und 30).

Hochfrequenzfernleitungen und Hochfrequenzenergieleitungen werden im Anschluß an die hochwertigen Fernmeldekabel behandelt (s. S. 79).

d) Leitungen mit Mineralpulverisolierung

Außer den besprochenen Isolierschichten aus zusammenhängendem Material, wie Faserstoffen, Gummi, Kunststoffen u. ä., gibt es nun noch einen Leitungstyp mit einer Isolierung aus Pulver. Auch ein aus spröden Einzelteilchen bestehendes Pulver kann der Grundanforderung der Biegsamkeit genügen, wenn es fest in eine Hülle eingepreßt ist (*quasiplastischer Pulverfluß*; s. S. 322). Hiervon wird bei der Herstellung der *Pyrotenax*- [*132*] bzw. *Ibrenit*-[1] [*133*] Leitungen Gebrauch gemacht, um hochwärmebeständige Mineralien, wie vor allem Ma-

---

[1] „Ibrenit" ist abgeleitet von „I brenn nit" und wird von den Süddeutschen Kabelwerken als Bezeichnung für die von ihnen in Deutschland hergestellten Pyrotenax-Leitungen benutzt.

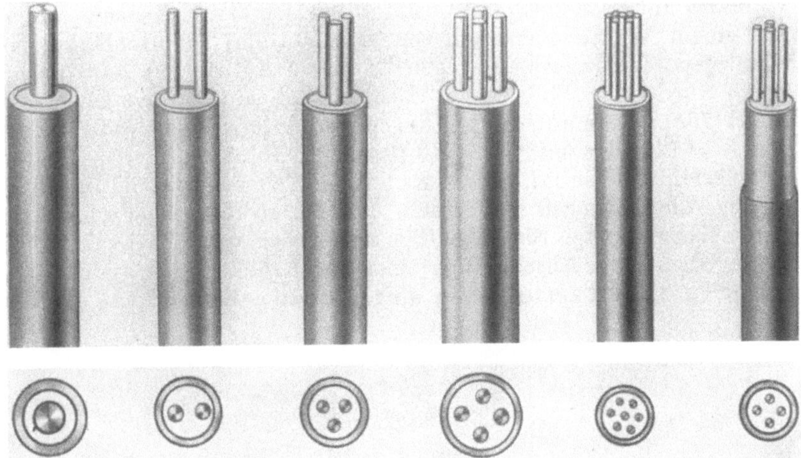

Abb. 31. Verschiedene Formen von Pyrotenax-Leitungen (Südkabel)

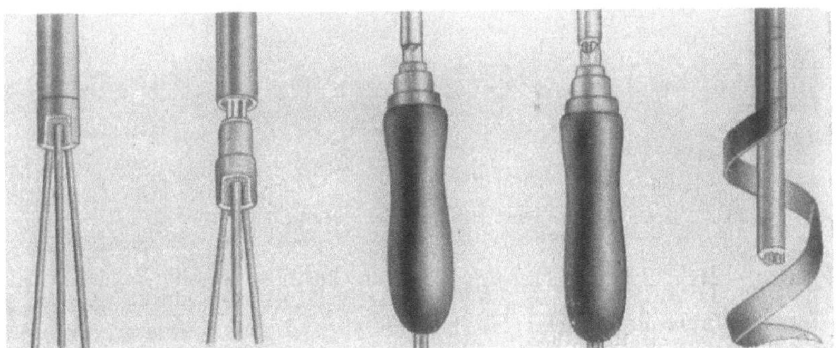

Abb. 32. Der Abschluß der Enden der Pyrotenax-Leitungen (Südkabel)

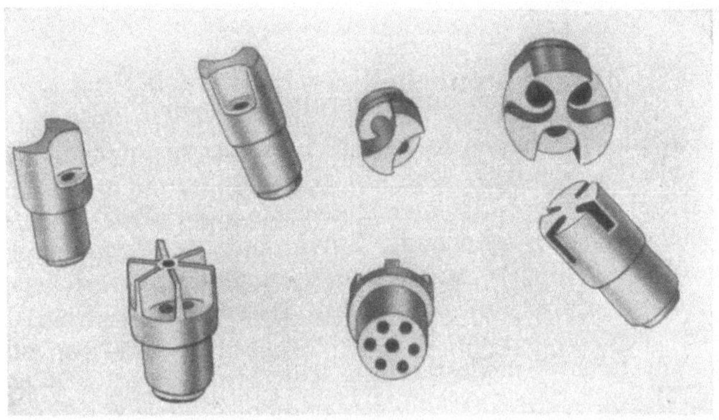

Abb. 33. Isolatoren für den Abschluß von Pyrotenax-Leitungen (Südkabel)
Abb. 31—33. Hochwärmebeständige Pyrotenax- bzw. Ibrenit-Leitungen

gnesia, zur Isolierung hitzebeständiger Kabel verwenden zu können. Auf die Herstellung dieser Leitungen wird bei der Besprechung der Verfahrensgrundlagen näher eingegangen werden.

Die Abb. 31 zeigt einige Pyrotenax-Ibrenit-Leitungstypen.

Die obere Grenze der Temperaturbelastbarkeit dieser Leitungen hängt nicht mehr vom Isoliermaterial, sondern von der Dauerwärmebeständigkeit der verwendeten Metalle, vor allem der Außenhülle ab, insbesondere bei Kupferhüllen von der Oxydationsanfälligkeit.

Da das Isolierpulver nicht völlig dicht ist, sondern von sehr feinen Kapillaren durchsetzt wird, ist die Durchschlagsfestigkeit solcher Leitungen denen der Gummi- oder Kunststoffleitungen für gleiche Abmessungen unterlegen. Der Isolationswiderstand dagegen kann durch vollständigen Wasserentzug (Trocknen bei Glühtemperaturen) sehr hoch gehalten werden. Der pulverförmige Zustand der Isolierung erfordert jedoch einen feuchtesicheren Abschluß der Enden bei der Verlegung, d. h. besondere Verfahren, Werkzeuge und Zubehörteile, wie sie in Abb. 32 und 33 dargestellt sind.

III. Der Aufbau der Starkstromkabel[1, 2, 3]

a) Allgemeines

1. Leiter

Zahl und Bemessung der Leiter. Starkstromkabel besitzen im allgemeinen nur eine aus 1 bis 4 Leitern bestehende Adergruppe, weil eine Aufteilung der Transporte gleichartiger Energie in mehrere Übertragungssysteme innerhalb ein und desselben Kabels sinnlos wäre. Die Aufteilung von Leitern ein und desselben Übertragungssystems in zwei je für sich isolierte kommt allerdings vor („Spaltleiter" für Selektivschutzschaltungen).

Umgekehrt jedoch findet man bei Hochspannungskabeln (aber auch bei Fernsprechkabeln) eine Verteilung des gleichen Übertragungssystems auf mehrere Kabel; insbesondere verwendet man drei getrennte Einleiterkabel für eine Drehstromübertragung, wenn die Zusammenfassung in ein gemeinsames Kabel zu schwere und nicht genügend biegsame Gebilde ergeben würde. Zur Vermeidung zu hoher Induktionsverluste in den Bleimänteln und in der Bewehrung verwendet man in diesem Falle jedoch Kabel ohne Stahlarmierung und bündelt sie bei der Verlegung in Dreiecksform, falls nicht aus Wärmeableitungsgründen eine parallele Verlegung mit Abstand bevorzugt wird.

Die Bemessung der Leiterquerschnitte eines Starkstromkabels erfolgt derart, daß sich im Betriebe des Kabels ein stabiles Gleich-

---

[1] Hierunter sind nicht nur die altherkömmlichen Bleikabel zu verstehen, sondern ebenfalls Kabel mit fugenlosen (nahtlosen) Mänteln aus Aluminium, Stahl usw.

[2] [5] und [165].

[3] VDE 0255 Vorschriften für Papier-Blei-Kabel in Starkstromanlagen und BSS 480 Impregnated Paper insulated Cables for Electricity Supply.

gewicht zwischen Wärmeerzeugung und Wärmeabgabe einstellen kann, das genügend weit unterhalb Temperaturen liegt, die schädliche, irreversible Änderungen der Isolation hervorrufen können. Wärmeerzeugende Faktoren im Starkstromkabel sind:

1. die Erwärmung der Leiter durch den elektrischen Strom,
2. die Erwärmung der Isolierung durch dielektrische Verluste und
3. die Erwärmung in Bleimantel und Armierung durch Wirbelstrom- und Hystereseverluste [185].

Für die Wärmeableitung sind nicht nur das spezifische Wärmeleitvermögen und die Stärke der Isolierschichten und Kabelhüllen, sondern vor allem auch ihre Formgebung (Oberflächen) von Einfluß. Besonders wichtig sind ferner das Wärmeableitungsvermögen und die Temperatur der Kabelumgebung (Erdboden, Luft, Kanäle usw.) sowie die Frage, ob und in welcher Anzahl sich noch weitere wärmeabgebende Starkstromkabel in der Nachbarschaft befinden.

Form und *Oberfläche.* Bei zwei- und mehradrigen Kabeln können durch kreissektor- oder kreissegmentförmige Gestaltung der Leiterquerschnitte (vgl. z. B. Abb. 35 bis 40) die Zwischenräume (Zwickel) zwischen den Adern verringert, der Kabeldurchmesser verkleinert und der Materialaufwand für die Gürtelisolierung, Bleimantel und Schutzhüllen herabgesetzt werden. Mit Rücksicht auf die Erhöhung der Spannungsgradienten an den Kanten der Sektoren und auf die mechanische Beanspruchung starker Isolierschichten bei der älteren Sektorverseilungsart ohne Rückdrehung hat man früher Sektoren nur für Spannungen bis etwa 10 kV angewendet. Zwei neuere Verfahren, die Sektorvorverdrallung und die Sektorformung während der Verseilung, ermöglichen heute, die Ersparnisse der sektorförmigen oder sektorähnlichen ovalen Leiterquerschnittsform auch für Hochspannungskabel auszunutzen (vgl. Abb. 57, 62b und 64).

Je ungleichmäßiger die Leiteroberfläche, um so mehr konzentrieren sich die Kraftlinien auf die hervorstehenden Spitzen, d. h. um so größer wird an diesen Punkten die spezifische Spannungsbelastung. Leiter für Hochspannungskabel werden daher mit einer möglichst gleichmäßig glatten, zylindrischen Oberfläche hergestellt, und zwar entweder durch entsprechende plastische Formung der Oberfläche des Leiterseils oder durch zusätzliche biegsame Hüllen, insbesondere Bleirohre, Kupferbänder oder perforierte oder unperforierte metallisierte, graphitierte [10] oder rußhaltige [164] Papiere. Abb. 40 und 64 zeigen Kabel, deren Leiterseile durch einen Walz- oder Ziehprozeß eine glatte Oberfläche erhalten haben. Die gleiche Wirkung ist in dem in Abb. 45 und 47 dargestellten Kabel durch eine Außenlage aus Flachdrähten erzielt. In Abb. 65 ist ein bleiumhüllter Leiter im Querschnitt dargestellt[1].

---

[1] Ein solcher Bleimantel würde den Imprägnierungsvorgang, der sich teilweise durch die Zwischenräume im Leiterseil vollzieht, behindern. Im vorliegenden Falle handelt es sich jedoch um ein nichtimprägniertes Gasdruckkabel. Auch für vorimprägnierte Gasdruckkabel (GLOVER [14]) kann eine undurchlässige Oberflächenschicht (wie unperforiertes metallisiertes Papier) gewählt werden.

Anordnung der Leiter. Der Aufbau eines Kabels aus zwei oder mehreren Leitern kann auf drei grundsätzlich verschiedene Arten erfolgen:

1. Alle Leiter werden je für sich isoliert und die so erhaltenen Adern miteinander zur Kabelseele verseilt, oder

2. Leiter- und Isolierschichten werden abwechselnd konzentrisch um die Kabelachse herum aufgebaut, oder

3. zwei je für sich isolierte und miteinander verseilte Adern werden konzentrisch von der dritten umgeben.

Die zweite Form (konzentrisches Kabel) ergibt durch ihren geometrischen Aufbau eine rein radiale, d. h. senkrecht zu den Isolierschichten liegende Spannungsbeanspruchung. Im Gegensatz zu anderen Ländern ist dieser Typ jedoch in Deutschland in der Praxis aufgegeben worden, in erster Linie wegen der schwierigeren Herstellung und der unsymmetrischen Kapazitäts- und Induktivitätsverteilung in den Phasen. Es ist jedoch zu erwarten, daß neuere Kabelherstellungsverfahren[1] die Verwendung konzentrischer Starkstromkabel auch in Deutschland wieder beleben werden.

2. Isolierung

Werden stärkere Leiter, wie sie bei Starkstromkabeln allgemein vorkommen (vgl. Abb. 34), mit verhältnismäßig dünnen Schichten, d. h. für geringe Spannungen, isoliert, dann ist die spezifische mechanische Beanspruchung[2] dieser Schichten außerordentlich groß, und zwar um so größer, je stärker der Leiter ist. Für Niederspannungskabel

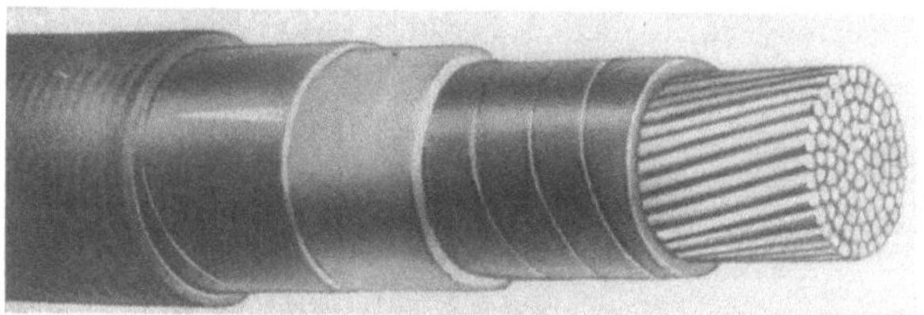

Abb. 34. Einleiterkabel ohne Bewehrung, asphaltiert (Pirelli-M)

muß daher die Isolierschichtstärke aus mechanischen Gründen größer genommen werden, als es mit Rücksicht auf die Durchschlagsfestigkeit erforderlich wäre; und zwar muß die Isolierschichtdicke mit dem Leiterquerschnitt steigen. Bei Hochspannungskabeln dagegen sind die Isolierschichtstärken zur Erzielung der Spannungsfestigkeit wesentlich größer, als sie aus mechanischen Gründen zu sein brauchten. Da bei gleicher Spannung die spezifische Spannungsbelastung (Spannungsgradient)

---

[1] Isotraxverfahren, s. S. 322.

[2] Auch die Betriebskapazität ist dann ungewöhnlich hoch. Siehe hierzu auch die einfachen Formeln zu ihrer Berechnung von E. MARDERWALD [11] und H. LAU [176].

mit steigendem Leiterdurchmesser (Krümmungsgrad) fällt, kann auch
die Isolierschichtstärke mit steigendem Leiterdurchmesser verringert
werden, falls nicht mechanische Gründe dem entgegenstehen.

Geschichtete Isolierung. Die Isolierung der Starkstrom-Gummi- und
-Kunststoffkabel besteht aus einer mechanisch und elektrisch einheitlichen Schicht, deren Biegsamkeit durch die Elastizität bzw. Plastizität
des Werkstoffes selbst gewährleistet ist. Eine gewisse „Schichtung"
liegt bei den im Längsbedeckungs- oder im Bewicklungsverfahren
hergestellten Isolierungen bereits darin, daß zwei (zur Kontrolle ver-
schiedenfarbige) oder mehrere Gummibänder übereinandergelegt und
zusammenvulkanisiert werden. Hierdurch wird vermieden, daß sich
ein Fehler im Gummiband über die gesamte Dicke der Isolierung
erstrecken und zum Durchschlag führen kann. Für hohe Spannungen
sind solche Isolierhüllen jedoch nicht geeignet, da Gummi nicht ozonfest ist (s. S. 94).

Bei den Starkstrom-Papierkabeln, welche den weitaus größten Teil
aller Starkstrom- und vor allem Hochspannungskabel [*171*, *172*] ausmachen, ist nun das Prinzip der Schichtung sehr viel weiter geführt.
Eine Hochspannungskabel-Papierisolierung [*12*] kann aus 100 bis
200 verschiedenen, übereinanderliegenden Papierschichten bestehen.
Der Wert dieser Schichtung ergibt sich aus drei ganz verschiedenen
Gesichtspunkten:

1. Werkstoffe besitzen besonders hohe Durchschlagsfestigkeit,
wenn sie der Bewegung der Ionen (s. S. 86) und Elektronen einen
großen Widerstand entgegensetzen, d. h. besonders dann, wenn sie
sich im festen Zustand (s. S. 89 ff.) befinden. Von Sonderverfahren[1]
abgesehen, sind nun aber die meisten Isolierstoffe im festen Zustand
schwer oder — wie im Falle der Zellulose (s. S. 125) — gar nicht
plastisch verformbar. Man ist daher zur Herstellung von Kabel-
isolierschichten aus festen Stoffen auf die Verfahren der Verarbeitung
wickelbarer Werkstoffe angewiesen, die nur in dünnen Schichten biegsam sind. Zur Herstellung der erforderlichen Isolationsstärke bedarf
es schon aus diesem werkstoffmäßigen Grunde einer mehr oder weniger
großen Anzahl übereinanderliegender Schichten, die beim Biegen der
isolierten Kabelader aneinander gleiten und den Formänderungen beim
Biegen folgen können.

2. Die Bänder aufeinanderfolgender Lagen solcher Schichten entstammen nun verschiedenen Bandrollen, und es ist bei einer genügenden
Anzahl Lagen nach den Wahrscheinlichkeitsgesetzen praktisch unmöglich, daß sich vereinzelte Fehler im Papier (Metallteilchen aus den
Papiermaschinen, Löcher u. a.) in allen Lagen auf dem gleichen Radius
der Kabelader befinden und eine zusammenhängende Fehlerkette vom
Leiter zum Mantel herstellen.

Eine richtig ausgeführte Schichtung ist also ein sehr sicheres Mittel,
um vereinzelte Materialfehler unwirksam zu machen.

---

[1] Isotraxverfahren, Verarbeitung weichmacherfreier Hochpolymerer (s. u. a.
S. 322 u. 327).

3. Die Schichten benachbarter Lagen liegen durch den Wickelprozeß fest aufeinander. Die dazwischenliegenden, sehr dünnen Luft- oder meist Ölfilme haben in radialer, d. h. in Feldrichtung nur äußerst geringe Ausdehnung, die sich in Feldrichtung bewegenden Ionen daher nur eine sehr kleine Weglänge. Von größerer Bedeutung sind dagegen die Lücken zwischen den Bandkanten benachbarter Windungen derselben Lage. Diese Kanten müssen im gestreckten Kabel einen gewissen Abstand gegeneinander besitzen, damit sie sich beim Biegen an der Innenseite der Biegung etwas zusammenschieben können. Die Abmessung dieser Hohlräume in Richtung eines radialen Feldes ist etwa gleich der Dicke des Isolierstoffbandes, d. h. wesentlich größer und daher gefährlicher als der Abstand der Bänder benachbarter Lagen. Ihr Einfluß kann durch Herabsetzung der Isolierstoffbandstärke vermindert werden. Da die elektrische Feldstärke in der Nähe der Leiter am größten ist, werden für die Bewicklung von Hochspannungskabeladern die ersten Lagen auf dem Leiter aus besonders dünnen Papieren hergestellt.

System Papier-Öl. Die ölimprägnierte Papierisolierung ist bereits vor 60 Jahren in die Kabeltechnik eingeführt und seitdem weitgehend verfeinert, aber nicht grundsätzlich geändert worden. Der Grund liegt in der Vereinigung leichter Verarbeitbarkeit und ausgezeichneter technischer Eigenschaften mit geringen Materialkosten.

Der Grundstoff der Papier-Öl-Isolierung ist das geschichtete Papier. Die nach dem Aufbringen und Trocknen im Papier noch enthaltenen 30 bis 50 Volumprozente werden mit Öl ausgefüllt, um vor allem die elektrische Durchschlagsfestigkeit zu erhöhen und auch den Wiedereintritt von Feuchtigkeit an Montage- und Schadensstellen zu erschweren. Die Isolation, Dielektrizitätskonstante und dielektrischen Verluste werden dadurch jedoch gegenüber der trockenen Papier-Luft-Isolierung verschlechtert.

Elektrisch könnte man das System Papier-Öl auch als Ölisolierung auffassen, bei der die vielen quer zu den Kraftlinien eingeschalteten Papierbarrieren durch starke Einengung der Ionenbeweglichkeit im Öl und Verhinderung der Bildung elektrisch leitender Brücken die Durchschlagsfestigkeit stark erhöhen.

3. Mantel

Die meisten für eine Hochspannungsisolierung in Betracht kommenden Materialien sind feuchtigkeitsempfindlich. Sie bedürfen also eines feuchtigkeitsdichten Mantels [181]. Als solcher hat sich seit den Anfängen der Kabelherstellung der Bleimantel bewährt.

Er läßt sich verhältnismäßig einfach über die Seele pressen (s. S. 263), ist biegsam und unter vielen Verlegungsbedingungen korrosionsfest (s. S. 107). Nachteilig ist sein hohes Gewicht und seine Erschütterungsempfindlichkeit (s. S. 109).

Die beiden letzteren Nachteile besitzt der Aluminiummantel nicht. Da er außerdem sehr gut leitet, wird in zunehmendem Maße seine Verwendung als Erdleiter propagiert. Nachteilig ist seine geringe Biegsamkeit (s. die große Trommel in Abb. 113) und große Korrosionsanfälligkeit, die eine besondere äußere Schutzschicht notwendig macht. Das Schweißen von Aluminium erfordert einige Übung. Das unmittelbare Pressen des Mantels auf die Seele kann nur mit Spezialpressen (s. S. 270) durchgeführt werden, die mit sehr hohen Drücken und hohen Temperaturen arbeiten.

Daneben ist es immer noch üblich, Kabelseelen — insbesondere wärmeempfindliche Hochfrequenzkabel — nachträglich in fertiggepreßte Aluminiumrohre einzuziehen (s. Abb. 201 und 202) und die Mäntel dann erst auf den endgültigen Durchmesser zu ziehen bzw. durch Wellung fest auf die Seele zu pressen (s. Abb. 260) [*220, 221*].

Die Wellung, die zuerst bei den Stahlwellmänteln [*163*] angewandt wurde, verfolgt nicht nur den Zweck, die Seele gut zu fassen, sondern erhöht außerordentlich die Biegsamkeit des Mantels. Ein ungewellter Stahlmantel ließe sich auch bei den geringen notwendigen Stahldicken (0,3 ··· 0,4 mm) nicht biegen. Er erhält durch die gewölbeartige Wirkung der einzelnen Wellen außerdem eine sehr hohe Festigkeit gegen Außen- oder Innendrücke (Innendruckkabel s. S. 40 ff.). Stahlmäntel[1] können nicht — wie Blei- und Aluminiummäntel — auf die Kabelseele unmittelbar nahtlos gepreßt werden. Sie werden aus Stahlblech gebogen und dann gefalzt, gelötet oder geschweißt (s. S. 251). Es kommt dafür Widerstandsschweißung oder auch Lichtbogenschweißung unter Schutzgas in Betracht.

Schwachgewellte dünne Aluminiummäntel mit Polyäthylenüberzug sind unter dem Namen „Alpeth" in den USA sehr verbreitet. Eine erhöhte Korrosionssicherheit bieten die „Stalpeth"-Mäntel. Bei ihnen liegt über dem gewellten Aluminium ein dünner, überlappt gelöteter, leichtgewellter Stahlmantel, der seinerseits einen Polyäthylenüberzug besitzt.

Metallose Kunststoffmäntel haben sich bei feuchtigkeitsempfindlichen Seelen nicht bewährt. Einen wesentlich erhöhten Widerstand gegen Feuchtigkeitsdurchgang geben zwischengelegte dünne Metallfolien (s. S. 33). Reine Kunststoffmäntel genügen, wenn auch die Adern mit Kunststoff oder Gummi isoliert sind[2].

Für höhere Spannungen ist aus Sicherheitsgründen in jedem Fall ein statischer Schirm, der z. B. aus einer Kupferdrahtlage bestehen kann, vorzusehen, wenn kein geschlossener Metallmantel vorhanden ist (s. S. 18 und Abb. 16).

4. Äußere Schutzhülle und Bewehrung

Als äußere Schutzhülle erhalten erdverlegte Kabel in der Regel eine Schicht aus zähflüssiger Masse (Bitumen) und vorgetränkter Jute. Kunststoffmäntel werden auch unmittelbar in die Erde gelegt, obgleich bisher noch langjährige Erfahrungen über diese Verlegungsart fehlen. Möglicherweise wandert der Weichmacher allmählich aus dem Mantel in das Erdreich und läßt dadurch die Polyvinylchloridmäntel verspröden

---

[1] Siehe S. 33, Fußn. 2, S. 320.

[2] Siehe VDE 0271 Vorschriften für Kabel mit Gummiisolierung und Gummimantel oder mit Kunststoffisolierung und Kunststoffmantel für Starkstromanlagen.

Stahlmäntel und Aluminiummäntel bedürfen eines sehr zuverlässigen Korrosionsschutzes. Neben den für Bleimäntel fast ausschließlich benutzten Bitumenschichten, die hier nicht ausreichen, werden Sonderteere mit Zusätzen[1] sowie geschlossene Mäntel aus Kunststoffen (Polyvinylchlorid oder Polyäthylen) verwandt.

Ein mechanischer Schutz wird Kabeln durch die Bewehrung gegeben. Wenn keine Zugbeanspruchungen vorliegen, genügt eine Stahlbandbewehrung. Bei geringen Zugbeanspruchungen wird eine Flachdraht-, bei stärkerer Beanspruchung eine Runddrahtbewehrung angewandt[2]. Das gilt insbesondere für Seekabel, Schachtkabel in Bergwerken, Rohrkabel usw. (s. z. B. Abb. 36 und 42).

Innerhalb von Gebäuden sollen keine brennbaren äußeren Umhüllungen vorhanden sein. Stahlbandbewehrungen und Rund- oder Flachdrahtbewehrungen werden dann entweder verzinkt oder lackiert. Bitumenschichten können durch besondere flammerstickende Zusätze am Weiterbrennen gehindert werden. Polyvinylchloridhüllen können bei einem zu hohen Gehalt an brennbaren Weichmachern durch Brand gefährdet sein. Besonders gut brennen Polyäthylenhüllen.

b) Massekabel

Die ältere und für geringere Spannungen auch heute noch allgemein übliche Form eines dreiadrigen Starkstromkabels besteht in drei je für sich isolierten und dann miteinander verseilten Adern, die, wie z. B. aus Abb. 35 bis 39 ersichtlich, gemeinsam mit einer weiteren Isolierhülle, der *Gürtelisolierung*, umgeben sind. Die Stärke der Gürtelisolierung ist heute im allgemeinen geringer als die der einzelnen Aderisolierung (*unsymmetrisches Gürtelkabel*; s. Abb. 40 und 41). Das Gürtelkabel genügt jedoch nicht den für höhere Spannungen zu stellenden Anforderungen, da es nicht möglich ist, die Isolierung in den Zwischenräumen (*Zwickeln*) zwischen den gleichmäßig isolierten Adern und dem ebenfalls gleichmäßig gewickelten Gürtel ebenso einwandfrei herzustellen. Diese Zwickel und vor allem die Übergangszonen von der Ader zu den Zwickeln sind elektrisch schwach und müssen bei Hochspannungskabeln entweder ganz vermieden oder aus dem elektrischen Feld herausgebracht werden. Eine Ausschaltung der Zwickel aus dem elektrischen Feld ist nun dadurch möglich, daß die drei Adern eine verstärkte Isolierung erhalten und je für sich mit Metallhüllen umgeben werden, die auf Nullpotential gehalten und unter sich und mit dem Bleimantel leitend verbunden werden.

Die Konstruktion von M. Höchstädter [*13*] besteht in einer sogenannten *dielektrischen Verlötung* dieser Metallhüllen mit der Aderisolierung zur Vermeidung der Ausbildung ionisierbarer Hohlräume zwischen Aderisolierung und Metallhülle. Nach Höchstädter wird die

---

[1] Siehe z. B. die Korrosionsschutzmasse „Polyment“ der Firma Hackethal [*163*].

[2] Einzeladern in Wechselstromanlagen dürfen keine Stahlhüllen oder Stahlbewehrungen erhalten, weil der induktive Spannungsabfall sowie die Wirbelstrom- und Hystereseverluste eine unzulässige Höhe erreichen.

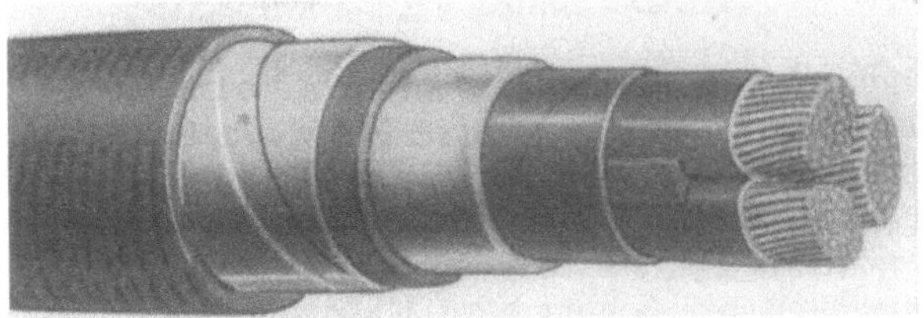

Abb. 35. Dreileiter-Sektorkabel, eisenbandarmiert (Pirelli-M)

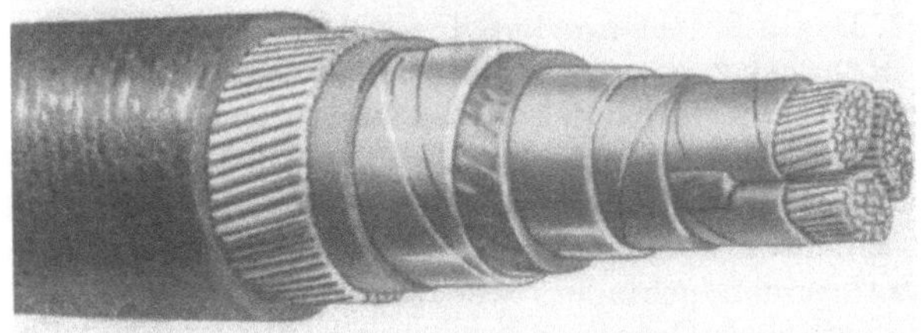

Abb. 36. Dreileiter-Sektorkabel, drahtarmiert (Pirelli-M)

Abb. 37. Dreileiter-Sektorkabel mit Kunststoffisolation und Aluminiumbalgenmantel (OKD)

Abb. 38. Dreileiter-Sektorkabel mit Papierisolation und Aluminiumbalgenmantel (OKD)

Abb. 39. Dreileiter-Sektorkabel mit Papierisolation, Stahlwellmantel
und äußerer Kunststoffhülle (HDK)
Abb. 35—39. Starkstromkabel für Niederspannung

metallische Abschirmung dadurch gebildet, daß die äußerste Papierlage mit einer perforierten Metallschicht (Aluminiumfolie) plattiert ist. Die Perforierung ist erforderlich, um den Trocken- und Tränkvorgang für die Aderisolierung nicht durch die Metallschicht zu behindern (s. Abb. 52, 53 und 59).

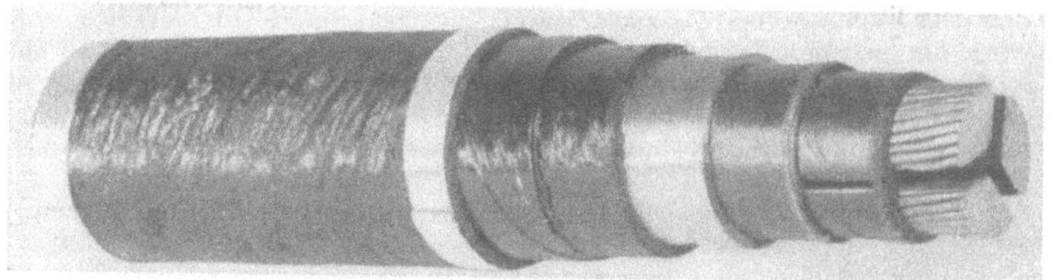

Abb. 40. Dreileiter-Massekabel für 6 kV mit gepreßten Sektorleitern,
3 × 150 mm² Kupferleiter (KWO)

Abb. 41. Verseiltes Dreileiterkabel mit Gürtelisolierung, eisenbandarmiert (Pirelli-M)

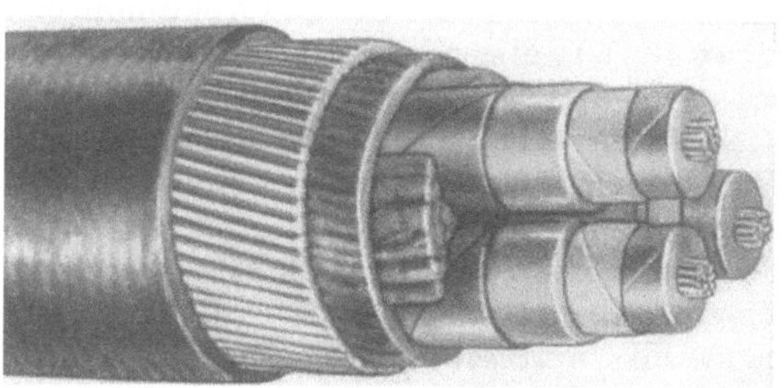

Abb. 42. Dreimantelkabel (Schachtkabel) für 15 kV mit Eisendrahtarmierung (Pirelli-M)
Abb. 40—42. Starkstromkabel für Mittelspannung

Neuere Hochspannungskabel besitzen meist jedoch nicht einen gemeinsamen Bleimantel um alle drei Adern, sondern je einen Bleimantel entsprechend geringerer Wandstärke um jede einzelne Ader. Die HÖCHSTÄDTER-Metallisierung wird trotzdem oft beibehalten, um Hohlräume zwischen Aderisolierung und Bleimantel aus dem elektrischen Feld auszuschalten (s. Abb. 42). Diese „Dreimantelkabel"-Konstruktion hat den Vorteil leichterer Handhabung im Trocken-,

Tränk- und Bebleiungsprozeß und größerer Biegsamkeit des fertigen Kabels. Erschwert ist die Verseilung der schweren bebleiten Adern, für die besonders kräftige und große Verseilmaschinen benötigt werden (s. Abb. 332 bis 334).

Bei Verwendung je für sich metallisierter, aber nicht bebleiter Einzeladern ist eine Ersparnis an Füllstoffen für die Zwickel und an Blei dadurch möglich, daß dem gemeinsamen Bleimantel eine dreiecksähnliche Querschnittsform gegeben wird, für die noch der besondere Vorteil einer erhöhten Beweglichkeit in radialer Richtung (*Membranwirkung*; s. S. 44) von Bedeutung ist. Eine eventuelle Armierung paßt sich dann der Bleimantelform an. Die Anwendung des gleichen Prinzips auf Gürtelkabel[1] hat den Nachteil einer Erhöhung der elektrischen Beanspruchung in den verkleinerten Zwickelräumen. Dreimantelkabel besitzen meist eine im Querschnitt dreiecksähnliche Armierung, die nicht nur Material für Zwickel und Armierung erspart, sondern auch die Biegsamkeit des Kabels erhöht.

Ionisierungsvorgänge im Massekabel. Das für Massekabel verwendete Öl wird durch Zusatz von Naturharzen oder Kunststoffen so hoch viskos gemacht, daß es zwar bei den Imprägnierungstemperaturen in die Papiere eindringen, nicht aber bei Raumtemperatur oder Betriebstemperatur aus den Kabelenden oder eventuellen Schadensstellen ausfließen kann. Mehrere getrocknete und derart getränkte Papierlagen flach übereinandergeschichtet weisen eine *Momentandurchschlagsfestigkeit* von etwa 50 kV/mm auf. Unter den Bedingungen im Kabel (Stoßfugen, größere Fläche, unvermeidliche Unregelmäßigkeiten) werden etwa 40 kV/mm erzielt. Dieser Wert sinkt jedoch bei Dauerspannungsprüfungen unter etwa 15 kV/mm. In einem frisch hergestellten (jungfräulichen) Kabel bleibt in diesem Spannungsbereich der *Verlustverlauf* in Abhängigkeit von der Spannung bei gleichbleibender Temperatur zunächst fast konstant. Wird jedoch das Kabel entsprechend den praktischen Betriebsbedingungen abwechselnd Erwärmungen auf maximale Betriebstemperatur (65° C)[2] und Abkühlungen auf Erdbodentemperatur (etwa 10° C) unterworfen, so zeigt sich mit steigender Spannung bei etwa 5 ··· 7 kV/mm ein Knick der Verlustkurve und ein starkes Anwachsen der Verluste infolge einsetzender Ionisationsvorgänge. Der Grund hierfür liegt in der Differenz des thermischen Ausdehnungskoeffizienten der Masse und des Bleimantels. Die Masse dehnt sich bei Erwärmung von 10° auf 65° um etwa 4 Vol.-% aus, der Umfang des Bleimantels nur um 0,13%, d. h. sein Inhalt um 0,26%. Die sich ausdehnende inkompressable Masse übt daher einen hohen Druck auf den Bleimantel aus, dem dieser nicht elastisch folgen kann. Er wird vielmehr plastisch auf einen größeren Durchmesser aufgeweitet. Beim Wiedererkalten zieht sich die Masse wieder auf das ursprüngliche Volumen zusammen, ohne daß der aufgeweitete Bleimantel folgt. In-

---

[1] SONNENFELD, HUGO: SO-Kabel [*215*].

[2] Die VDE-mäßig maximal zulässige *Über*temperatur beträgt für Kabel bis 6 kV 45° C, bis 20 kV 35° C und über 20 kV 25° C, d. h. bei einer Umgebungstemperatur von +15° C im Mittel wären hier nur 40° C Betriebstemperatur zulässig. Im Ausland sind zum Teil höhere Betriebstemperaturen zulässig. Praktisch werden auch in Deutschland höhere Betriebstemperaturen erreicht, da allgemein die geringe Wärmeleitfähigkeit von trockenen Böden und Beton- sowie Mauerwerk bei den zulässigen Stromstärken nicht genügend beachtet wird.

folgedessen bilden sich innerhalb der Isolierung Hohlräume, die nur mit
Luftresten aus der Papierisolierung oder Dämpfen niedrig siedender
Ölbestandteile unter sehr geringem absolutem Druck angefüllt sind.
Diese Gase oder Dämpfe werden nun beim Wiedereinschalten der Span-
nung, bevor sich das Kabel wieder erwärmen kann, in Ionen aufgespal-
ten, die direkt oder durch ultraviolette Strahlung Öl[1] und Papier zer-

Abb. 43. Einleiter-Kabel für Hochspannung (Pirelli-M)

Abb. 44. Einleiter-Höchstspannungskabel mit Vergrößerung des Leiterdurchmessers (Pirelli-M)

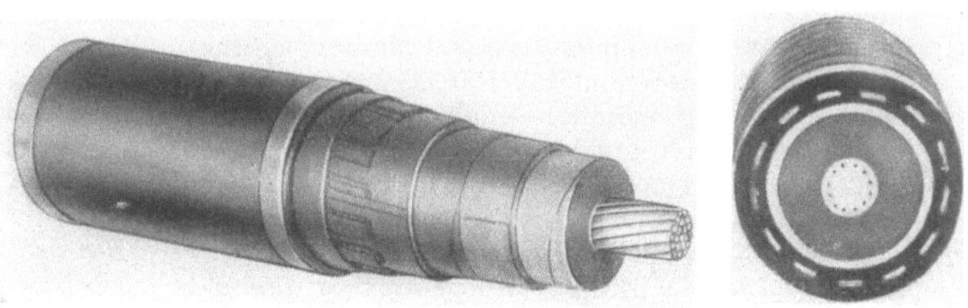

Abb. 45a u. b. Einleiter-Massekabel für 220 kV Gleichspannung, 1 × 150 mm²
Aluminiumleiter, Isolierung 12 mm, offene Profildraht-Armierung (KWO).
Abb. 43—45. Massekabel für Hochspannung

setzen und damit im Laufe der Zeit die Durchschlagsfestigkeit des
Kabels stark herabmindern [*167*]. Das hat zur Folge, daß ein normales
Massekabel nur mit einem maximalen Spannungsgradienten (an der

---

[1] Über die polymerisierende Wirkung der Ionisation s. S. 91, Fußn. 1.

Leiteroberfläche) von etwa 5 kV/mm belastet werden darf[1] (s. die erhebliche Isolierungsstärke in Abb. 43 bis 45).

Massekabel mit erhöhtem Luftgehalt. Für die Herstellung von Hochspannungskabeln nach dem Massekabelprinzip ergibt sich aus den geschilderten Vorgängen die Erkenntnis, daß die Wärmezyklen im Betriebe eines Hochspannungskabels Hohlräume im Dielektrikum erzeugen, die einen um so geringeren Druck aufweisen, je sorgfältiger die Imprägniermasse vorher entgast wurde und je „besser", d. h. höher, das Vakuum beim Imprägniervorgang war. Je niedriger der Druck in den Hohlräumen ist, um so geringerer Spannung bedarf es zum Einsetzen der Ionisierung (s. S. 86 ff.), die das Kabel unbrauchbar macht. Mit anderen Worten: Besonders *sorgfältig* hergestellte Massekabel sind für Hochspannungen besonders ungeeignet. Es erscheint vielmehr erstrebenswert, die Kabel zwar sorgfältig unter Vakuum zu trocknen, aber ohne Anwendung von Vakuum derart zu imprägnieren, daß in der Isolierung eine genügende, aber nicht zu große Menge feinverteilter Hohlräume verbleibt, die unter einem ausreichenden Gasdruck stehen. Dieses Ziel ist jedoch mit dem üblichen Verfahren der Tränkung der fertig isolierten Ader im Kessel nicht zu erreichen.

Ein von der W. T. Glover & Co.[2] [*14*] entwickeltes Verfahren löst diese Schwierigkeit durch Kombination des Isolierverfahrens mit dem Tränkvorgang, und zwar unter Verwendung bereits vorimprägnierter Papierbänder zum Bespinnen der Ader. Diese Papierbänder werden auf das Leiterseil innerhalb heißer, unter *Atmosphärendruck* stehender Imprägniermasse aufgebracht und die Kabelseele, ohne abzukühlen, mit einem Bleimantel umgeben. Die unter Atmosphärendruck eingebrachte Masse enthält dann so viel und nur so viel Luft, daß sich nach dem Abkühlen der Kabelseele unter Blei in den etwa 1 mm breiten Zwischenräumen zwischen benachbarten Papierbändern derselben Lage feinverteilte Hohlräume ausbilden, die bei Raumtemperatur unter 0,7 bis 0,85 atü Druck stehen und bei Betriebserwärmungen die Volumenzunahme der Imprägniermasse aufnehmen können. Beim betriebsmäßigen Erwärmen und Wiederabkühlen stellen sich die gleichen Verhältnisse reversibel wieder ein, die während des bei über 65° C erfolgten Bleiummantelungsvorganges und nach Abkühlen der Imprägniermasse unter Blei vorlagen (*Prinzip der thermischen Reversibilität* [*15*]). Diese für mittlere Hochspannung einfache und wirksame Lösung genügt jedoch des verhältnismäßig geringen Gasdrucks wegen nicht den Anforderungen, welche bei Höchstspannungen (über 60 kV) an die Ionisierungssicherheit der Isolierung gestellt werden müssen.

---

[1] Sehr kurzzeitige Überspannungen, wie Stoßspannungen, beeinträchtigen die Isolation nur ausnahmsweise. Vielmehr wirken sich die dabei stark anwachsenden Verluste eines Massekabels durch Dämpfung der Wanderwellen und Abflachen ihrer steilen Wellenfront günstig aus.

[2] Nach einem dem Verfasser von der W. T. Glover & Co. Ltd. entgegenkommenderweise überreichten Sonderdruck.

c) Höchstspannungskabel

Die im folgenden beschriebenen Kabelarten sind nun auch bei hohen Betriebsspannungen thermisch stabil, und zwar auf Grund zweier grundsätzlich verschiedener Prinzipien:

1. Vermeidung jeglicher Hohlraumbildung, d. h. Aufrechterhaltung einer idealen Füllung des Dielektrikums unter allen Betriebsbedingungen, oder

2. Erhöhung des Drucks im Dielektrikum auf solche Beträge (14 bis 17 atü), daß die Hohlräume ionisierungsfrei werden.

Zwischen beiden Methoden gibt es Übergänge.

1. Ölkabel

Seiner weitverbreiteten Anwendung und Bedeutung für höchste Spannungen wegen soll das „Ölkabel" zuerst besprochen werden. Mit „Ölkabel" bezeichnet man papierisolierte Hochspannungskabel, deren Isolierhülle mit auch bei Betriebstemperaturen dünnflüssigem Öl getränkt ist (im Gegensatz zu den *Massekabeln*, deren Imprägnierung aus einem bei Gebrauchstemperaturen zähflüssigen Öl oder einer Öl-Harz-Mischung besteht). Bei Erwärmung des Kabels im Betriebe fließt der überschüssige Teil des sich ausdehnenden Öls durch im Kabel vorgesehene Kanäle aus den Enden des Kabels in besondere, etwas höher gelegene Ausdehnungsgefäße, die in bestimmten Abständen längs der Kabelstrecke angeordnet sind, und in denen sich elastische luftgefüllte Zellen befinden. Bei Abkühlung des Kabels und Nachlassen des Öldrucks in der Isolierhülle drücken die Schwerkraft und der Druck in den Zellen das Öl wieder in die Kabelisolierung zurück.

Die Erfindung und praktische Durchbildung des Ölkabelprinzips sind das unumstrittene Verdienst von L. EMANUELI [16]. Von L. EMANUELI vor etwa dreißig Jahren veröffentliche Abhandlungen über die Bedeutung einer vollkommenen Tränkung waren grundlegend für die moderne Entwicklung der Höchstspannungskabel. EMANUELI hat darin zuerst nachgewiesen[1], daß die bei Herstellung im Kabel zurückbleibenden Gasrückstände sich sofort oder später als Gasblasen oder Gasfilme im Innern der Isolierung befreien und Ursache einer Zerstörung in Betrieb stehender Hochspannungskabel werden können, da in solchen Gasräumen Ionisation hervorgerufen wird. Die von EMANUELI entwickelten Verarbeitungs- und Kontrollmethoden ermöglichten die Heraufsetzung der Betriebsspannungen von Höchstspannungskabeln in das Gebiet über 100 kV bis 240 kV. Während die maximale Betriebsbeanspruchung von Massekabeln auf etwa 5 kV/mm begrenzt ist, sind bei Ölkabeln 10 kV/mm und mehr zulässig [178]. Die Isolierschichtstärke kann daher entsprechend herabgesetzt werden. Damit steigt das Wärmeableitungsvermögen der Isolierhülle. Da die Gefahr der Hohl-

---

[1] Die folgenden Ausführungen sind einer Originalmitteilung von L. EMANUELI für das vorliegende Buch entnommen.

raumbildung bei Ölkabeln entfällt, ist bei diesen außerdem eine höhere Übertemperatur des Dielektrikums zulässig. Aus beiden Gründen kann daher eine höhere spezifische Strombelastung der Leiter und infolgedessen ein geringerer Leiterquerschnitt als beim Massekabel zugelassen werden. Ölkabel können also mit einem geringeren Seelendurchmesser konstruiert werden, der an sich auch einen geringeren Verbrauch an Blei und Armierungsmaterial zur Folge hat.

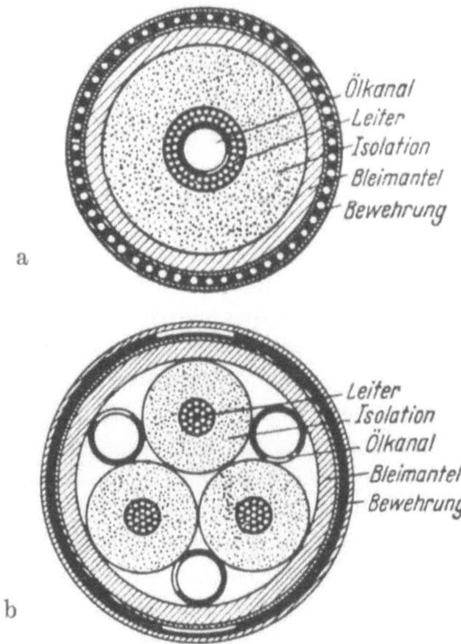

Abb. 46a u. b. Schematische Querschnittszeichnungen von Ölkabeln (F & G)

Die Kabelhüllen bedürfen jedoch des Öldrucks wegen einer gewissen Verstärkung, die aber des verhältnismäßig geringen Überdrucks (bis 1 atü) wegen nicht so groß zu sein braucht wie bei den später beschriebenen Kabeln mit Überdrücken von etwa 15 atü. Die zusätzlichen Aufwendungen für Ausdehnungsgefäße und Zubehör (in der Größenordnung von 15 bis 20% des Kabelpreises) beschränken die Anwendung des Ölkabels auf Höchstspannungsanlagen.

In den Abb. 46 bis 48 und 50 bis 53 sind verschiedene Ölkabeltypen dargestellt. Bei Einleiterkabeln dient der hohle Leiter (s. Abb. 49) als Ölkanal. Für hohe Leistungen und Spannungen und unebenes Gelände kommen vorwiegend solche Einleiterkabel in Frage, von denen dann für Drehstromübertragung drei parallel nebeneinander verlegt werden (s. Abb. 54 und 55). Mittelstarke Kabel können auch zu Dreimantelkabeln verseilt werden. Abb. 51 bis 53 zeigen ein Dreileiterkabel für geringere Leistung mit gemeinsamem Bleimantel bzw. Stahlwellenmantel. In einem solchen Kabel können die Ölkanäle, wie ersichtlich, in den Zwickeln untergebracht werden. Dem Stahlwellmantel kommt seine hohe Innendruckfestigkeit gegenüber dem Bleimantel zugute.

Abb. 47—53. Ölkabel

Abb. 47. Einleiter-Ölkabel für 220 kV Gleichspannung,
Leiter: selbsttragendes Aluminium-Hohlseil 150 mm², Isolierung: 10 mm (KWO)

Abb. 48. Einleiter-Ölkabel für 230 kV, Leiter: 350 mm², um Stützwendel verseilt,
2 Bleimäntel mit dazwischenliegender Stützarmierung (Pirelli-M)

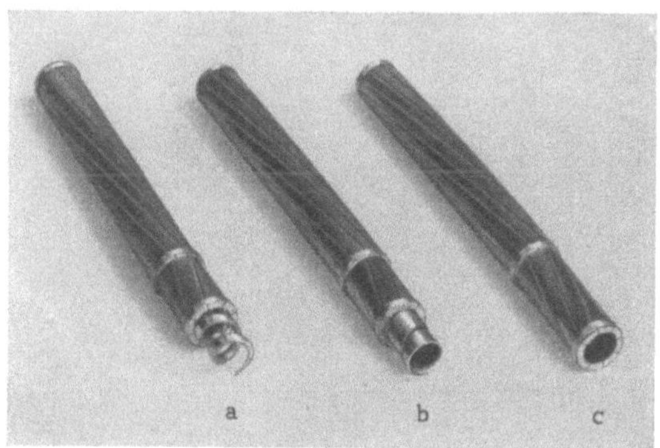

Abb. 49. Entwicklung der Hohlleiter-Konstruktion für Einleiter-Ölkabel,
a) mit Stützwendel aus Halbrunddraht, b) mit Stützwendel aus Kupfer- bzw. Eisenband,
c) Stützwendellose Konstruktion (SSW)

Abb. 50. Dreimantel-Ölkabel 50 kV
für Seeverlegung, Baujahr 1937,
Ölkanal in den drei Leitern (SSW)

Abb. 51. Dreileiter-Ölkabel für
40 kV Drehspannung, mit Ölkanälen in den Zwickeln. Äußere
Stahldraht-Armierung (Pirelli-M)

Abb. 52. Dreileiter-Ölkabel für
60 kV Drehspannung, mit Ölkanälen in den Zwickeln,
Baujahr 1952 (SSW)

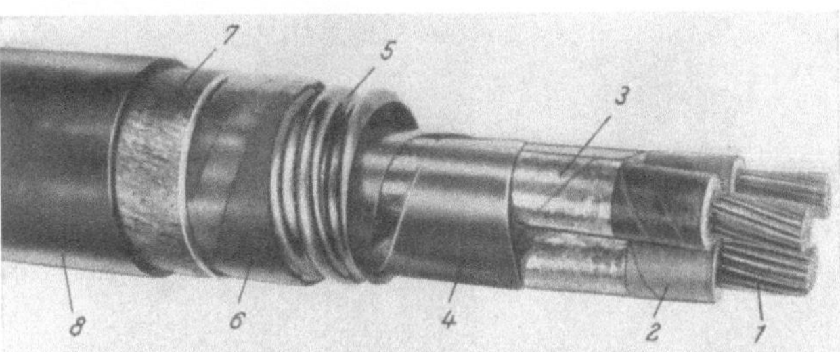

Abb. 53. Dreileiter-Ölkabel für 60 kV Drehspannung, mit Ölkanälen in den Zwickeln,
Stahlwellmantel und äußerer Kunststoffhülle, Baujahr 1955 (HDK). Es bedeuten:
1 Leiter; *2* Aderplattierung; *3* Höchstädter Papier; *4* Kupferband; *5* Stahlwellmantel;
6 Polyment und Azetatfolie; *7* Polsterung; *8* Kunststoffhülle

Abb. 54. Dreileiter-Endverschlüsse für 150 kV Ölkabel der Strecke Rotterdam–Den Haag (KWO)

Abb. 55. 150 kV Freiluft-Endverschlüsse an einem Ölkabel für ein chemisches Werk
in Norwegen, Baujahr 1944 (SSW)

Abb. 56 zeigt die Unterteilung einer in unebenem Gelände verlegten Ölkabelanlage durch Sperrmuffen, ohne welche zu hohe Öldrücke in den tiefer gelegenen Teilen der Anlagen auftreten würden.

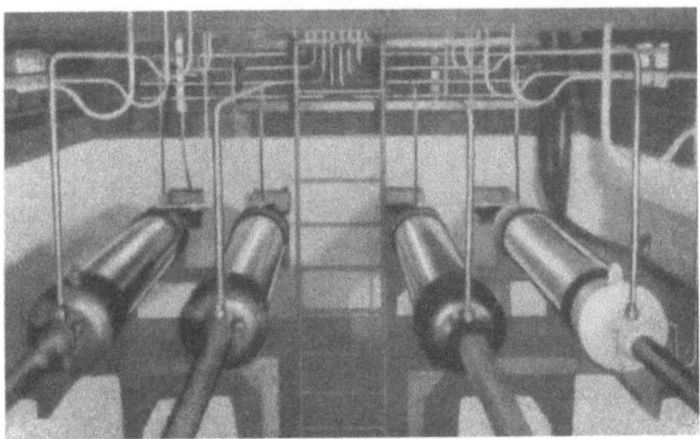

Abb. 56. Sperr- und Speisemuffen für 150 kV Einleiter-Ölkabel (KWO)

2. Membrankabel

Die beiden nun folgenden Kabeltypen sind „Membran"-Kabel, bei welchen der Kabelmantel[1] dem Ausdehnungsbestreben der Kabelseele beim Erwärmen nachgibt und beim Abkühlen unter der Wirkung eines *von außen* wirkenden Drucks wieder in seine Anfangslage zurückgeht. Die Membraneigenschaft des Kabelmantels wird dabei durch einen von der Kreisform abweichenden Querschnitt ermöglicht. Beim Flachkabel werden die drei Kabeladern nebeneinandergelegt; dadurch ist

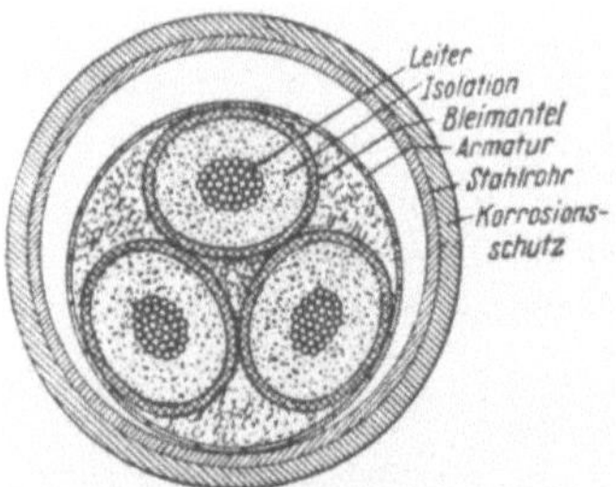

Abb. 57. Massedruckkabel mit einzelbebleiten Adern ovalen Querschnitts und kreiszylinderförmiger Flachdrahtbewehrung (F & G)

Abb. 58. Dreileiter-Massedruckkabel für 150 kV Leiter: 3 × 150 mm² in Stahlrohr mit Korrosionsschutz (F & G)

eine flache Ausbildung des Mantels gegeben; beim Druckkabel werden durch Abflachung der Seiten für dreiadrige Kabel ein dreieckähnlicher und für Dreimantelkabel ein ovaler Kabelmantelquerschnitt geschaffen (s Abb. 57 und 58).

---

[1] Der Kabelmantel besteht dabei aus Blei, Aluminium oder auch aus geeigneten hochpolymeren Nichtmetallen.

Die maximale Ausbiegung der Membran beim Erwärmen des Kabels ist in beiden Fällen kleiner als 1 mm. Die Druckwirkung wird beim Flachkabel mechanisch durch eine federnde Metallumhüllung, beim Druckkabel durch Druckluft erzeugt. Da das Flachkabel auch als Ölkabel ausführbar ist, soll es zunächst beschrieben werden[1].

Flachkabel. Das von JOHS. MØLLERHØJ [17] entwickelte Flachkabel der A/S Nordiske Kabel- og Traadfabriker, Kopenhagen[2], kann als Einleiter- und als Mehrleiterkabel ausgeführt werden. In der Ausführung als Mehrleiterkabel liegen die einzelnen abgeschirmten Adern nebeneinander. In beiden Ausführungen ist das Kabel mit einem flachen Bleimantel umpreßt, dessen beide Flächen in ihrer vollen Breite mit wellenförmigen, federnden Bändern (vorzugsweise aus Bronze) verstärkt sind, die durch ein kräftiges Schnüren (vorzugsweise mittels Kupfer- oder Bronzedraht) festgehalten werden. Die flachen Seiten des Kabels üben nun durch ihre Membranwirkung eine ähnliche Funktion aus wie die Ölausdehnungsgefäße bei normalen Ölkabelanlagen. Ein solches Kabel benötigt keine Ölausdehnungsgefäße mehr, da die flachen Seiten des Bleimantels den Volumenschwankungen des Öls im Betrieb des Kabels ohne weiteres folgen können. Das Isolieröl braucht also nicht während seiner Ausdehnung und Zusammenziehung durch die ganze Länge des Kabels zu wandern. Während das Bronzeband eine bleibende Verformung des Bleimantels verhindert, wird durch den Bronzedraht eine bestimmte Kompressionskraft auf das Kabel ausgeübt. Die den Belastungs- und Druckvariationen entsprechenden Ausbiegungsvariationen sind so klein (gewöhnlich ein kleiner Bruchteil von 1 mm), daß das elastische Gebiet der federnden Bänder nicht überschritten wird.

Gleichzeitig ist das Kabel auf Grund der Wellenform der federnden Bänder sehr biegsam (der erforderliche Mindestkrümmungs-

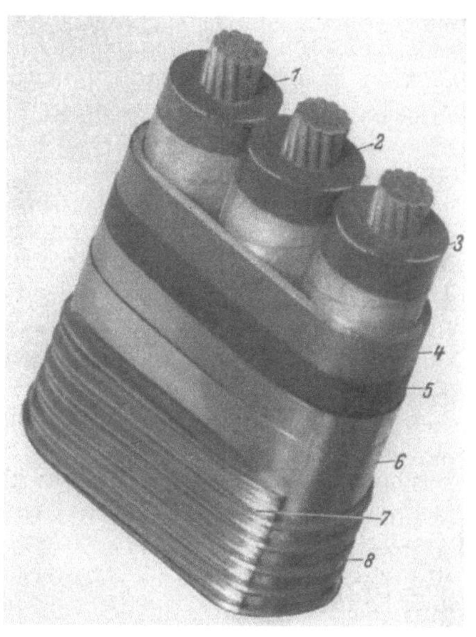

Abb. 59. Hochspannungsflachkabel 3 × 95 mm², für 66 kV Betriebsspannung nach JOHS. MØLLERHØJ (Nordiske Kabel- og Traadfabriker, Kopenhagen). Es bedeuten: *1—3* Adern, mit metallisiertem Papier (Höchstädter), bewickelt; *4* flacher Bleimantel; *5* Polster (asphaltiertes Gewebe oder Papier); *6* zwei dünne überlappte Bronzebänder; *7* wellenförmige, federnde Bronzeband-Verstärkung; *8* Bronzedraht-Verschnürung

[1] Nach einer Mitteilung von Oberingenieur JOHS. MØLLERHØJ.
[2] Deutscher Lizenznehmer: Kabelwerk Duisburg.

radius ist in der Querrichtung zu den Flachseiten nur die Hälfte wie bei entsprechenden runden Kabeln). Die Drahtverschnürung gibt ferner eine wesentliche Verstärkung der Naht- und Schweißstellen des Bleimantels, die sich hier in der Mitte der stark gebogenen schmalen Seiten des Kabels befinden und von der Verschnürung festgehalten und unbeweglich eingespannt sind, und zwar auch während der Membranbewegungen der Flachseiten. Zur weiteren Stützung ist der Bleimantel unter den Wellbändern noch mit asphaltiertem Gewebe oder Krepppapier sowie mit zwei dünnen Bronzebändern, die einander überlappen, spiralförmig umwickelt.

Für die beschriebene Ausführung als Ölkabel wird wie beim eigentlichen Ölkabel dünnflüssiges Öl verwendet. Das Flachkabel kann jedoch als Massekabel gebaut, d. h. mit dickflüssiger Öl-Harz-Mischung getränkt sein. In diesem Falle ist die Wirkung die gleiche wie beim Massedruckkabel.

Abb. 59 zeigt ein als Ölkabel ausgeführtes 3×95 mm²-Flachkabel für 66 kV.

Druckkabel. Das „Druckkabel" im engeren Sinne ist ebenso wie das Flachkabel ein Membrankabel, und zwar die älteste Ausführungsform des Membranprinzips. Verwendet werden Massekabel, deren Bleimantel — ebenso wie beim Flachkabel — *von außen* unter Druck gesetzt wird, um eine Hohlraumbildung zu vermeiden oder gebildete Hohlräume unter höheren Druck zu setzen. Zu diesem Zweck sind die nur mit Blei ummantelten Massekabel in Druckrohren untergebracht, die beim ursprünglichen Druckkabel von F. & G. [*18, 19*] aus starren Stahlrohren, bei der Ausführung der Enfield Cables Ltd. aus einem zweiten äußeren, durch Kupfer- oder Bronzebänder längs- und querverstärkten Bleirohr bestehen. Diese zweite Ausführungsform gestattet, das gesamte Kabel verlegungsfertig in der Fabrik herzustellen, aufgetrommelt zu versenden und auf übliche kabeltechnische Weise zu installieren. Enfield hat Einleiterkabel mit ovalen Innenbleimantel für 264 kV hergestellt [*19*].

Ein Druckkabel im korrosionsgeschützten Stahlrohre ist in Abb. 58 dargestellt.

Von den nun folgenden Gasdruckkabeltypen unterscheiden sich die Membrankabel dadurch, daß die Membran jede Berührung des Dielektrikums mit den Druckgasen verhindert, allerdings unter zusätzlichem Aufwand von besonderen Membranrohren aus Blei, Aluminium oder auch Kunststoffen.

3. Innendruckkabel

Für Höchstspannungen macht sich der durch die Ausdehnungsgefäße und Zubehör beim „Ölkabel" bzw. durch die druckfesten Blei- oder Stahlrohranlagen beim „Druckkabel" bedingte Mehraufwand ohne weiteres bezahlt. Dagegen hat man für mittlere Hochspannungen nach anderen Lösungswegen gesucht, die eine höhere Belastbarkeit als bei Massekabeln unter geringerem Aufwand als bei Öl- und Druckkabeln ermöglichen. Dieser Anforderung entsprechen Kabel, bei denen sich das Druckmedium — im allgemeinen ein Gas ohne Gehalt an freiem

Sauerstoff — *innerhalb* des Kabelmantels befindet. Dabei ergeben sich theoretisch die folgenden Ausführungsmöglichkeiten:

I. Die Kabeladern sind wie Massekabel gebaut und das Druckmittel befindet sich zwischen Adern und Mantel, und zwar entweder

a) in Längsrichtung frei beweglich

1. als kompressibles Gas ohne besondere Ansdehnungsgefäße. Dieser Fall wird praktisch nicht ausgeführt, weil abfließende Masse die Gaswege verstopfen würde;

2. als Öl mit Ausdehnungsgefäßen [Öldruckkabel (Oilo-static Cable)]; oder

b) in Zellen eingeschlossen [Gaspolsterkabel (Gas Cushion Cable)].

II. Die Kabeladern sind so gebaut, daß das Druckmedium zwischen die Papierschichten selbst eindringen kann. Das Papier darf in diesem Falle entweder nur

a) schwach oder

b) gar nicht imprägniert sein.

III. Der theoretisch mögliche Fall, daß auch die geschlossene Papierbewicklung fortfällt und — wie bei Fernmeldekabeln — nur Abstandhalter zur Zentrierung der Leiter vorgesehen sind, kommt praktisch nicht in Frage, weil ohne die Barrierenwirkung der Papierschichten unwirtschaftlich große Abmessungen oder zu hohe Drücke erforderlich wären, und weil zum anderen die Oberflächenleitfähigkeit der radialen Begrenzungsflächen der Abstandhalter zu Durchschlägen führt.

Im Falle II a muß das Druckmittel offenbar ein Gas sein; im Falle II b kommt man mit Gas als Druckmedium zum reinen Papier-Gas-Kabel oder mit dünnflüssigem Öl wieder zum Ölkabel, sofern man von einer technisch minderwertigeren Verwässerung des Ölkabelprinzips durch Gaseinschlüsse absieht.

Alle Innendruckkabel erfordern für den Bleimantel einen Druckschutz, der seiner Bedeutung entsprechend unbedingt korrosionsfest ausgeführt werden muß[1].

Als Vorteil der Gaskabel gegenüber den Ölkabeln wird noch geltend gemacht, daß im Falle von Beschädigungen das ausfließende Öl leicht brennbar, das Gas jedoch feuerlöschend ist.

In der Reihenfolge: vollimprägnierte — schwach *trocken* imprägnierte — unimprägnierte Isolierung verringern sich Kapazität (Lade-

---

[1] Die Konstruktion der mit mehr oder weniger starken Innendrücken arbeitenden Höchstspannungskabeltypen wird im Laufe der weiteren Entwicklung voraussichtlich dadurch eine Vereinfachung erfahren, daß das Blei als Mantelwerkstoff durch Aluminium oder Stahl ersetzt wird und besondere Stützkonstruktionen für den Bleimantel oder Stahlrohranlagen in Fortfall kommen können. Gasdruckseekabel, wie z. B. Fjordkabel, bedürfen auch für einen Bleimantel keines zusätzlichen Innendruckschutzes mehr, wenn der äußere Wasserdruck den inneren Gasdruck übersteigt.

leistung) und dielektrische Verluste, aber auch die Stoß-Spannungs-Festigkeit.

Vollimprägnierte Papierisolierung: Öldruckkabel (Oilo-static Cable). Beim *Öldruckkabel* wird die Anwendung von Öldruck auf eine normale Massekabelseele in der Form verwirklicht, daß das Kabel ähnlich wie beim *Druckkabel* in Stahlrohre eingezogen wird, die jedoch statt mit Gas mit dünnflüssigem Öl gefüllt werden. Es handelt sich dabei trotzdem um ein membranloses *Innendruckkabel*, weil beim Einziehen der Bleimantel abgezogen wird und somit das Stahlrohr als Kabelumhüllung dient. Da sich das Öl bei Erwärmung des Kabels im Betrieb ähnlich wie beim *Ölkabel* ausdehnt, muß es an den Enden der Kabelanlage im Vorratsbehälter aufgenommen und beim Abkühlen wieder in die Stahlrohre hineingedrückt werden. Diese Lösung verbindet also in einer etwas komplizierten Weise die Gedanken des Ölkabels mit denen des Druckkabels, scheint sich aber trotzdem praktisch zu bewähren (USA).

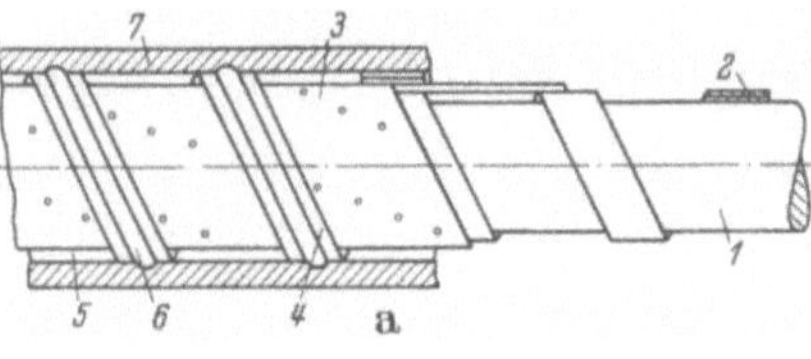

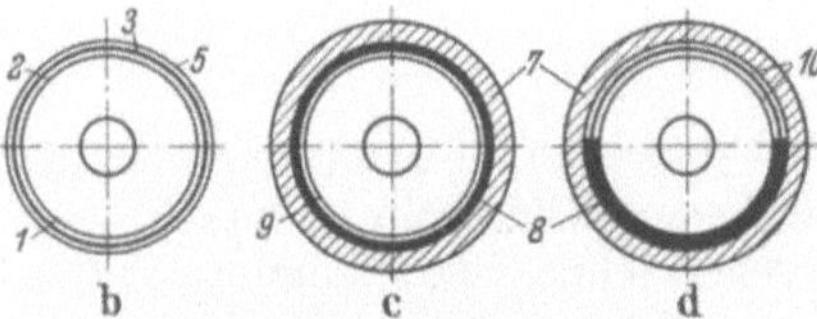

Abb. 60a—d. Gaspolsterkabel nach
P. DUNSHEATH [*21*]

a Längsansicht; b Querschnitt vor Bebleiung; c Querschnitt nach der Bebleiung; d Querschnitt nach Abschluß der Gaskammern; *1* metallisierter Kabelkern; *2* innerer Abstandhalter, zwei übereinanderliegende metallisierte Papiere, 200% Zwischenraum; *3* eine Lage perforiertes, metallisiertes Papier mit Stoßkante auf der Mitte der Abstandhalter; *4* äußere Abstandhalter, zwei metallisierte Papiere, auf inneren Abstandhaltern aufliegend; *5* Raum zwischen Mantel und perforiertem Papier *3*; *6* plattiertes Bronze-Abschlußband; *7* innerer Bleimantel; *8* Abschlußmasse; *9* Zwischenraum für Gasfüllung; *10* Gas unter Druck

Gaspolsterkabel (Gas Cushion Cable). Eine geniale Lösung zur Aufrechterhaltung eines dauernden Gasdruckes auf eine normale zähflüssige Massekabelisolierung ist das von P. DUNSHEATH [*21*] entwickelte, in Abb. 60 skizzierte „Gaspolsterkabel" (*Gas Cushion Cable* [*182*],). Das Herstellungsverfahren ermöglicht die Bildung je für sich vollständig abgeschlossener, über die ganze Kabellänge gleichmäßig verteilter Gasdruckzellen (Polster).

Trocken imprägnierte Papierisolierung: Gasdruckkabel. Diese im engeren Sinne mit „Gasdruckkabel" bezeichnete Kabeltype hat nicht nur für mittlere, sondern auch für höchste Spannungen große praktische Anwendung gefunden. Sie ist besonders wirtschaftlich, weil für die erzielbare Spannungserhöhung gegenüber dem normalen Massekabel keine besonderen zusätzlichen Einrichtungen, wie Druckausgleichgefäße oder Druckrohre, erforderlich sind. Vielmehr wird die Anlage von den Enden (bei langen Strecken zum Teil auch von Zwischenpunkten) aus mit Gas aus Gasflaschen gefüllt. Weiteres Nachfüllen ist nur erforderlich, wenn der Druck aus besonderen Gründen nachläßt.

Dieses Ergebnis wird dadurch erreicht, daß

1. dem Druckgas der Durchfluß durch die Kabel, Verbindungsmuffen und Endverschlüsse dadurch ermöglicht wird, daß

a) die Zwickel in den Kabeln und die Verbindungsmuffen und Endverschlüsse (s. Abb. 61) massefrei gehalten werden und

b) ein Abwandern der Masse vor allem bei Höhendifferenzen aus der Aderisolierung in diese Gaswege durch eine massearme Imprägnierung verhindert wird, und daß

2. trotzdem die Ionisation vermieden und die Durchschlagsfestigkeit aufrechterhalten wird

a) durch Vorimprägnieren der Papiere und des Leiterseils mit Massen, die durch Polymerisation eindicken und am Abwandern verhindert werden, und

b) durch Erhöhung der Barrierenwirkung des Papiers durch Wahl dünner Papiere in der Höhe der Leiteroberfläche.

Die Dielektrizitätskonstante solcher *trocken* imprägnierten Isolierhüllen beträgt nur etwa 2,8 bis 3,0 gegenüber 3,4 bis 4,0 bei vollimprägnierten Masse- oder Ölkabeln.

Die Entwicklung dieser Kabel ist besonders von der British Insulated Calanders' Cable Ltd. (L. S. BRAZIER [*19*]) und dem Kabelwerk Oberspree (s. Abb. 62 bis 64) (E. DÖRFEL [*23*]) vorangetrieben worden (s. auch [*228*]).

Abb. 61. Gasdruckkabel-Endverschlüsse für zwei parallele Dreileiter-Gasdruckkabel für 30 kV [*23*] (KWO). Es bedeuten: *1* Aufteilungsgehäuse; *2* Einzelader; *3* Endverschluß; *4* Stickstoffflasche; *5* Druckventile; *6* Kontaktmanometer

Unimprägnierte Papier-Gas-Isolierung. Gegenüber den beschriebenen Ausführungsformen mit voller oder „trockener" Imprägnierung hat das völlig unimprägnierte Gasdruckkabel neben hoher thermischer Stabilität vor allem den Vorteil, daß alle mit der Tränkmasse zusammenhängenden Schwierigkeiten (Wärmeausdehnung, Lösung von Gasen, Abfließen der Masse in nicht horizontaler Kabellage) in Fortfall kommen [*20*]. Der Hauptnachteil des nichtimprägnierten Kabels ist seine geringe Stoß-Spannungs-Festigkeit.

Abb. 65 zeigt den Querschnitt einer Gasdruckkabelausführung der BICC [*19*]. Der Leiter ist mit einem Bleimantel umpreßt, um eine glatte Oberfläche zu erzielen, und der Außenmantel mit Aussparungen versehen, um das Strömen des Druckgases in Längsrichtung zu er-

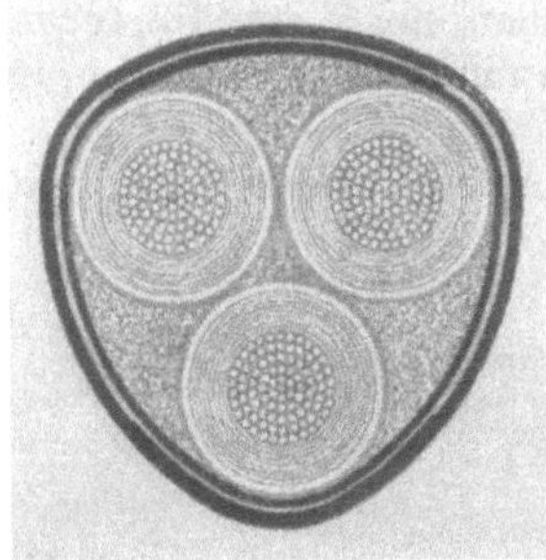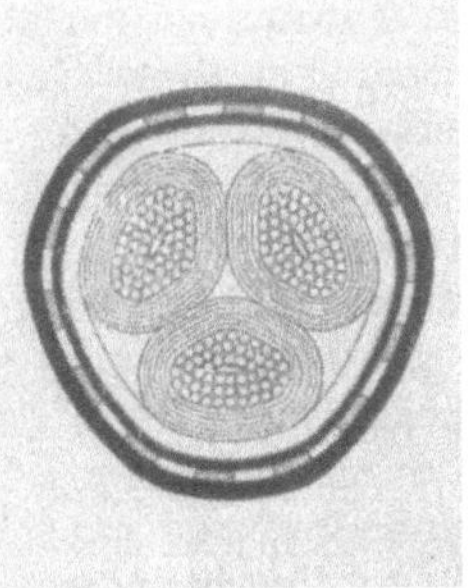

a   b

Abb. 62a u. b. Vergleich a) Massekabel — b) Gasdruckkabel
gleicher Übertragungsleistung (KWO). Schematische Querschnittszeichnungen

Abb. 63. Einleiter-Gasdruckkabel für 110 kV Wechselspannung,
1×150 mm² Kupferleiter, Isolierung 16 mm (KWO)

Abb. 64. Dreileiter-Gasdruckkabel für 35 kV Wechselspannung,
3×95 mm² Kupferleiter, Isolierung 6,3 mm (KWO)

leichtern. Durch geringe Papierbandstärken wird die Ausdehnung der Gasräume in Feldrichtung herabgesetzt.

Allgemein gilt für alle Kabel,
die mit hohen Innendrucken betrieben werden, daß das verlegte
Kabel vor Unterdrucksetzen fest
verankert werden muß, da das
Kabel unter dem hohen Innendruck stark arbeitet und sein
Volumen zu vergrößern und sich
zu strecken versucht, wo es in
Bogen verlegt ist.

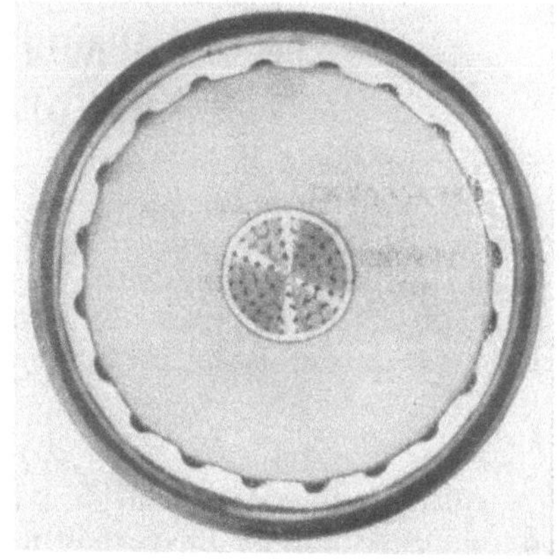

Abb. 65. Querschnitt eines reinen Gaskabels
nach L. G. BRAZIER [19]

4. Höchstspannungs-Gleichstromkabel[1]

Durch die mit dem Quadrat der Spannung wachsenden dielektrischen Verluste und die damit verbundene Erwärmung des Kabels ist die
mögliche verkettete Betriebsspannung für Wechselstrom-Hochspan-
nungskabel auf 300 bis 400 kV begrenzt. Die Entwicklung zu höheren
Übertragungsspannungen für Kabel und damit die Überbrückung
größerer Entfernungen (z. B. 1000 km) scheint nur durch Übergang auf
Gleichstromübertragung möglich und wirtschaftlich zu sein. Bei Anwendung von hochgespanntem Gleichstrom kann die Spannung im
Verhältnis zu Wechselstrom auf das Zwei- bis Dreifache gesteigert werden, wobei gleichzeitig die bei langen Wechselstromleitungen auftretenden Schwierigkeiten der Spannungsregulierung fortfallen. Ein Gleich-
stromkabel von der Stärke eines 220 kV-Wechselstrom-Ölkabels kann
mit etwa 600 kV betrieben werden. Der Gradient der Betriebsspannung
wird dabei auf etwa 40 kV/mm erhöht, bei dreifacher Sicherheit gegen
Gleichstromüberspannungen. Da in derartig langen Kabelübertragungs-
anlagen keine Freileitungen mehr eingeschaltet sind, kommen Stoß-
beanspruchungen durch atmosphärische Überspannungen nicht mehr
in Betracht.

Derartige Gleichstrom-Höchstspannungskabel können in den Er-
dungsstellen starke Störungen verursachen, wenn sie wie Gleichstrom-
Niederspannungskabel mit Erdrückleitung betrieben werden. Man empfiehlt daher, für ein Übertragungssystem zwei Einleiterkabel ohne Erdrückleitung zu verwenden. Bei Seekabeln kann die Wasserstrecke selbst
als zweite Leitung verwendet werden [230].

---

[1] Siehe u. a. P. MÜLLER [22].

IV. Der Aufbau der Fernmeldekabel[1]

a) Allgemeines

Entsprechend ihrer Aufgabe, eine große Zahl von Nachrichten zu gleicher Zeit zu übertragen, sind die Fernsprechkabel meist aus einer großen Anzahl von Adergruppen zusammengesetzt. Eine Ausnahme bilden die Abzweigungsleitungen für die einzelnen Sprechstellen bei Fernsprechverbindungen. Ebenso besitzen Signal- und Fernmeldeleitungen in der Regel geringere Leiterzahlen.

1. Leiter

Allen Fernmeldekabeln ist, wie bereits erörtert, der kleine Leiterdurchmesser und die im Verhältnis zu Starkstromkabeln geringe Stärke der Isolierhüllen gemeinsam. Eine Unterteilung der einzelnen Leiter in mehrere oder viele Einzeldrähte ist aus mechanischen Gründen (Biegefähigkeit) daher selten erforderlich. Bei schwer zugänglichen Kabelanlagen (Seekabeln) wird eine Unterteilung aus Sicherheitsgründen vor allem dann vorgenommen, wenn das Kabel nur einen oder wenige Leiter enthält.

Einzelne *Hochfrequenz*leitungen mit einem einzigen Leiter oder Leitungskreis besitzen vielfach stark unterteilte Leiter, deren Einzeldrähte gegeneinander isoliert sind, um die durch Stromverdrängung in massiven Leitern verursachte Widerstandserhöhung zu vermeiden. Bei Kabeln mit mehreren oder vielen Leitungskreisen verbietet sich jedoch diese Maßnahme, weil die Weichheit und leichte Verbiegungsfähigkeit der stark unterteilten Leiter einen mechanisch unstabilen Aufbau der Adergruppen und damit Lageänderungen während der Herstellung und Verlegung der Kabel zur Folge haben würde.

2. Isolierung

Mit Rücksicht auf den großen Einfluß der Kapazität und der dielektrischen Verluste auf die Übertragungseigenschaften der Leitung wird die Isolierung der Leiter in längeren Fernmeldekabeln durchweg mit einem möglichst geringen Anteil aus festen Stoffen hergestellt, so daß der größte Teil der dielektrisch wirksamen Hüllen mit trockener Luft (oder Gasen)[2] angefüllt ist. Mit Ausnahme der Leitungen für sehr hohe Frequenzen wird dabei als Isoliermaterial (ebenso wie bei den meisten Starkstromkabeln) Papier verwandt. Die Gründe hierfür sind auf S. 135 eingehender erörtert. Für höhere Frequenzen werden Stoffe mit geringerer Dielektrizitätskonstante und vor allem sehr kleinen dielektrischen Verlusten benötigt (Polystyrol, Polyäthylen, Polyisobutylen, keramische Hochfrequenzmaterialien). Bei diesen kann man dann in manchen Fällen auf den Gasanteil in der Isolierung ganz ver-

---

[1] Hierunter sind nicht nur die altherkömmlichen Bleikabel zu verstehen, sondern ebenfalls Kabel mit fugenlosen (nahtlosen) Mänteln aus Aluminium und Stahl, sowie feuchtigkeitsdichten Kunststoffen, wie insbesondere Polyäthylen.

[2] Andere Gase als Luft werden praktisch kaum angewendet, da für Fernsprechkabel der Sauerstoffgehalt der Luft unbedenklich ist.

zichten (Hochfrequenzvollkabel) (s. Abb. 100 und 101 sowie 314 [*8*]), vor allem, wenn höhere Spannungen übertragen werden sollen.

Die Papierisolierung für Fernsprechkabel wird durchweg in der hohlraumhaltigen Form ausgeführt. Für kürzere Verbindungskabel (Teilnehmeranschlußkabel), bei denen keine sehr große Genauigkeit in der gegenseitigen Lage der Leiter erforderlich ist, genügt zur Hohlraumbildung eine lockere Bewicklung mit Papierband oder eine Bedeckung mit einem lockeren Filz aus Papierfasern. Für alle längeren Kabel jedoch ist eine äußerst genaue Zentrierung der Leiter in der Isolierhülle besonders wichtig. Diese Aufgabe wird heute allgemein konstruktiv durch Zwischenschalten von Abstandhaltern zwischen Leiter und geschlossener Isolierhülle gelöst. Die Verwendung stark hohlraumhaltiger einheitlicher Isoliermassen, d. h. eine materialmäßige Lösung der Aufgabe, ist in den letzten Jahren stark vorangetrieben worden (Abb. 66 u. 67a-d).

Das Aufbringen einer Kunststoffmasse auf den Leiter, die nachträg-

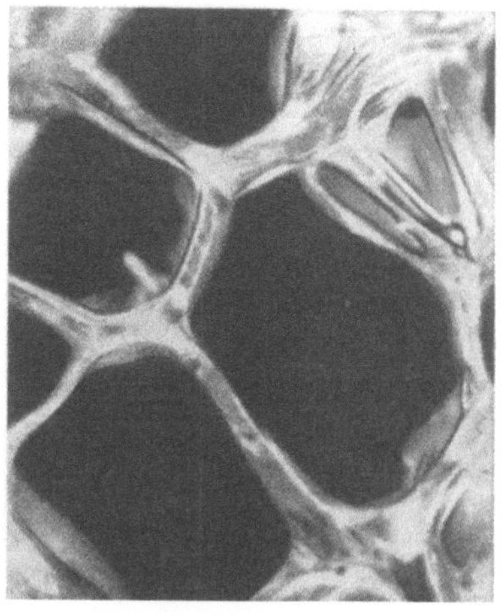

Abb. 66. Wabenförmiges Schaum-Igelit, weichmacherhaltig (Dynamit A G., Troisdorf). (Vergr. 150 fach)

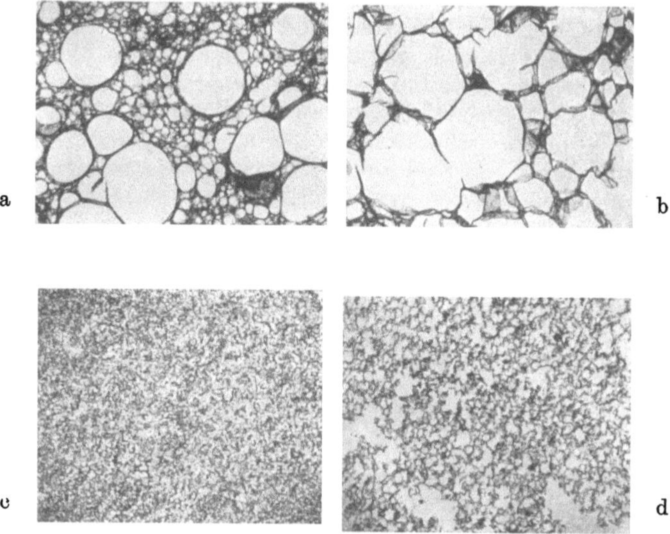

Abb. 67a—d. Porenverteilung und Porengröße von 4 verschiedenen Polystyrolschaumstoffen, nach F. Heitzmann [*216*] (Südkabel). (Vergr. 8 fach)

lich aufgeschäumt wird und dann einen gegebenen Hohlraum ausfüllt, steht erst am Anfang der technischen Entwicklung.

Dagegen ist es F. Heitzmann bei den Süddeutschen Kabelwerken in Mannheim gelungen, aus vorher aufgeschäumtem Polystyrol Bänder zu schneiden, die, mit einem spezifischen Gewicht von 0,05 um den Einzelleiter gewickelt (s. Abb. 282, S. 343), eine relative Dielektrizitätskonstante von nur 1,08 und einen Verlustwinkel tg δ kleiner als $1 \cdot 10^{-4}$ besitzen. Diese Schaumstoffisolation ist für hochwertige Trägerfrequenzkabel (s. Abb. 99) und für Hochfrequenzkabel gut geeignet [216, 217]. Wie die Kurve der Abb. 68 zeigt, wird die resultierende Dielektrizitätskonstante von Hohlraumisolierungen um so geringer, je weiter der Anteil an festen Isolierstoffen aus dem dichtesten Felde in der Nähe des Leiters heraus in die äußere Aderzone verlegt wird.

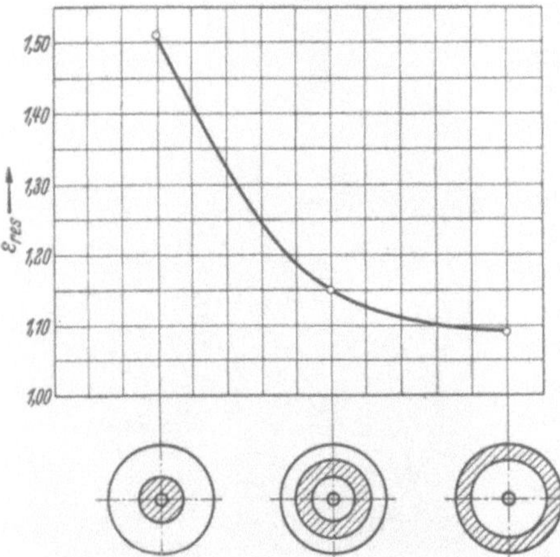

Abb. 68. Resultierende Dielektrizitätskonstante (ε) in Hohlraumader-Konstruktionen bei verschiedener Lage des festen Dielektrikums gleicher Schichtstärke innerhalb des Gesamtdielektrikums [24] (Zeichnung Nordkabel)

Der übliche Weg zur Herstellung einer mechanisch stabilen Hohlraumaderkonstruktion aus Papier besteht darin, daß, wie Abb. 274 u. 275 zeigen, der Leiter zunächst in offener Spirale (besser *Wendel*) mit einer Papierkordel umwickelt und darüber mit einer geschlossenen Lage eines Papierbandes umhüllt wird. Die wirksame Dielektrizitätskonstante der Gesamtisolation beträgt etwa 1,3 $\cdots$ 1,5 gegenüber 2,0 $\cdots$ 2,5 bei fester, trockener Papierisolierung.

In ähnlicher Weise wird für hochwertige Trägerfrequenzkabel eine Isolierung aus einer Styroflexkordel und einer geschlossenen Lage dünnen Styroflexbandes hergestellt, deren wirksame Dielektrizitätskonstante etwa 1,3 beträgt.

Eine andere Möglichkeit der Herstellung einer stabilen Hohlraumkonstruktion besteht in der wendelförmigen Aufeinanderschichtung dünner Styroflexfolien, die aus Abb. 291 auf S. 348 erkennbar ist [218, 219].

3. Der Aufbau der Adergruppen

Die elektrisch zu einem Leitungskreis (Sprechkreis) oder einer Leitungskreisgruppe gehörenden Adern werden in der Regel[1] auch mechanisch zunächst für sich zu Adergruppen zusammengefaßt, und zwar im

---

[1] Es ist grundsätzlich auch möglich, alle Einzeladern zunächst lagenweise zum Kabel zu verseilen und nebeneinander oder auch diagonal gegenüberliegende Adern durch Schaltung zu Sprechkreisen zu gruppieren. Zur Vermeidung von

allgemeinen durch gemeinsames Verseilen (Zusammenschlagen) in Gruppenverseilmaschinen.

α) **Einleitergruppen.** Einleitergruppen mit Rückleitung über Erde bzw. Seewasser können nur verwendet werden, wenn eine gegenseitige Beeinflussung benachbarter Stromkreise im gleichen Kabel oder Störungen durch Starkstromfelder nicht zu befürchten sind, d. h. bei Gleichstromsignal- oder Meßstromkreisen oder Fernwirkanlagen (Uhren) oder auch bei Einleiterseekabeln, die mit niedrigeren Frequenzen betrieben werden. Im allgemeinen werden besondere Telegraphieadergruppen nicht mehr hergestellt, da die moderne Wechselstromtelegraphie über normale Fernsprechadergruppen betrieben wird.

Alle übrigen Adergruppen bestehen aus 2 oder 4 Adern, selten 8 oder sogar 16 Einzeladern. Man bezeichnet sie entsprechend mit *Paaren, Vierern, Achtern* oder *Sechzehnern.*

β) **Zweileitergruppen.** Eine besondere Form der Zweileitergruppe ist der *konzentrische Zweileiterkreis*, bei dem ein äußerer Leiter hohlzylindrisch achsengleich um einen inneren unter Zwischenschaltung einer Isolierschicht herumgelegt ist. Derartige konzentrische Leiteranordnungen haben wir schon bei den Starkstromkabeln kennengelernt, und zwar auch mit drei und vier Leitern. Mechanisch bereitet ihre Herstellung mit den heute üblichen Verfahren gewisse Schwierigkeiten, für die jedoch im Zuge der weiteren Entwicklung neue Lösungswege zur Verfügung stehen[1]. Elektrisch spricht bei beiden Kabelarten die kapazitive Unsymmetrie gegen die Umgebung (Abschirmung, Bleimantel) gegen die Verwendung der konzentrischen Leiteranordnung. Für Fernmeldekabel, insbesondere für Hochfrequenzübertragung, hat die konzentrische Zweileitergruppe jedoch gegenüber der „symmetrischen" (mit zwei nebeneinanderliegenden gleichartigen Adern) den besonderen, äußerst wichtigen Vorteil, daß sie außerhalb des Außenleiters kein elektromagnetisches Feld besitzt. Solche für sehr hohe Frequenzen (Fernsehen, 1 bis 6 Megahertz) benutzte koaxiale Zweileitergruppen sind in den Abb. 80, 100, 101, 103 bis 105, 110 und 111 dargestellt[2].

Kopplungen. Die zu einer *symmetrischen Adergruppe* zusammengefaßten Adern sind dagegen völlig gleich. Man könnte nun zwei Adern zu einem Paar in der Weise zusammenfassen, daß man die Adern einfach parallel nebeneinander legt und z. B. durch gemeinsame Umwicklung mit einem Baumwollfaden in dieser Lage zueinander festhält. Wenn keine anderen Leitungskreise oder Starkstromfelder in der Nähe sind, ist nichts dagegen einzuwenden. Wird jedoch der aus der Zweileitergruppe gebildete Stromkreis von dem magnetischen Feld einer anderen

---

Nebensprechen müssen jedoch in solchen Fällen die zu einem Sprechkreis oder einer Sprechkreisgruppe zusammenzuschaltenden Adern in regelmäßigen, genügend kurzen Abständen untereinander gekreuzt werden. Die theoretisch gegebenen Möglichkeiten sind u. a. von F. A. BECKER erschöpfend, aber in der Formulierung nicht ganz leichtverständlich, behandelt worden [*28*].

[1] Siehe Isotraxverfahren, S. 125 und 322.

[2] In manchen Fällen werden auch 2 koaxiale Zwei-Leiter-Gruppen zu *einem* symmetrischen Stromkreis zusammengeschaltet. In diesem Falle dienen die beiden Außenleiter der konzentrischen Gruppen nur als Schirmung.

benachbarten Adergruppe durchsetzt, so wird in der ersten Zweileitergruppe ein Störstrom der gleichen Frequenzzusammensetzung elektro-
magnetisch induziert, d. h. z. B. die in der zweiten Adergruppe übertragene Sprache ist in der ersten hörbar. Die beiden Leitungskreise sind
magnetisch gekoppelt. Das Gespräch geht von einer Adergruppe in die
andere über (magnetisches *Übersprechen*). Das Übersprechen in der
gestörten Leitung ist um so größer, je stärker die *Stromstärke* und damit
das elektromagnetische Feld der zweiten störenden Leitung ist.

Befinden sich in der Nähe der störenden Leitung Metallmassen
genügender Ausdehnung (z. B. Bleimantel), so werden auch in diesen
geschlossene Stromkreise (Wirbelstrombahnen) induziert, die ihrerseits
wieder auf einen anderen Leitungskreis induzierend wirken können. Aus
diesem Grunde können auch starke, das störende magnetische Feld
absorbierende *Metallschirme* zwischen zwei derartigen Leitungskreisen
die störende Beeinflussung nicht verhindern, da die im Schirm induzier-
ten Ströme wieder ein magnetisches Störfeld aufbauen. Nur magnetische Schirme hohen elektrischen Widerstandes und magnetischer
Permeabilität würden einen genügenden Schutz gegen die magnetische
Beeinflussung eines Sprechkreises durch den anderen ergeben, aber
selbst wieder durch ihre stromstärkenabhängigen Hystereseverluste
eine Amplitudenverzerrung der übertragenen Ströme hervorrufen. Man
muß also schon einen ferromagnetischen Schirm zwischen zwei nicht-
magnetische Metallschirme einfügen, um eine einwandfreie magnetische
Entstörung zu erzielen. Das wird nun auch tatsächlich gemacht, um
einen Teil der Gruppen eines ganzen Kabels gegen einen anderen abzuschirmen. Für eine magnetische Trennung zweier einzelner Adergruppen
gegeneinander ist aber der Material- und Platzaufwand viel zu groß.

Dazu kommt, daß die magnetische Kopplung nicht die einzige zwischen zwei derartigen Leitungen ist. Jeder der beiden Leiter eines
Paares hat gegen jeden der beiden Leiter des anderen eine gewisse
Kapazität (Teilkapazität), die vom Durchmesser und Abstand der Leiter
und dem dazwischenliegenden dielektrischen Material (wirksame *Dielektrizitätskonstante*) abhängig ist. Ist nun die Differenz der Kapazitäten
eines Leiters eines Paares gegen die beiden anderen des zweiten nicht
gleich der Differenz der Kapazitäten des anderen Leiters des ersten
Paares gegen die Leiter des zweiten Paares, so beeinflussen sich die
beiden Paare; d. h. sie sind *kapazitiv gekoppelt*. Das kapazitive Übersprechen ist um so größer, je höher die *Spannung* in der störenden
Leitung ist. Im Gegensatz zur magnetischen Kopplung läßt sich nun
aber die kapazitive durch Zwischenschalten dünner Metallschirme völlig
ausschalten. Abgesehen von dem zusätzlichen Material- und Arbeitsaufwand, erhöhen solche Metallschirme jedoch auch die Kapazität (Betriebskapazität) zwischen den beiden Leitern ein und desselben Sprechkreises. Das heißt, bei einer vorgegebenen Betriebskapazität sind die
Dimensionen einer geschirmten Adergruppe größer zu wählen als bei
einer ungeschirmten.

Auch eine elektrische Abschirmung sucht man daher für normale
Tonfrequenzleitungen zu vermeiden. Man wendet sie nur an, wo es auf

höchste Nebensprechfreiheit ankommt, z. B. für sehr lange Verbindungen (Weitestverkehrsleitungen) und Rundfunkleitungen[1]. Außerdem bedarf die magnetische Kopplung auf alle Fälle einer Abhilfe.

Beide Kopplungsarten lassen sich nun dadurch weitgehend herabsetzen, daß man die Lage der beiden Adern eines Paares gegenüber den Nachbargruppen innerhalb genügend kurzer Abstände vertauscht.

Wie die Abb. 82 erläutert, ist eine solche Vertauschung allerdings unwirksam, wenn die Nachbarleitungen in gleichen Abständen und an denselben Punkten die Lage ihrer Adern wechseln. Sind jedoch, wie in Abb. 82 dargestellt, die Vertauschungspunkte um genau die Hälfte der Entfernung zweier solcher Punkte versetzt, so kann theoretisch eine vollständige Entkopplung der beiden Sprecherkreise gegeneinander erzielt werden. Betragen jedoch, wie in Abb. 83a und b erläutert, die Vertauschungsabstände des zweiten Paares das Doppelte des ersten, dann findet theoretisch immer eine vollständige Entkopplung statt. Geringe, praktisch unvermeidliche Abweichungen von dem genauen Verhältnis 1:2 der Vertauschungsabstände führen jedoch zu größeren Kopplungen, vor allem zu großen Kopplungsabschnitten (s. S. 67ff.). Man vermeidet daher in der Praxis auch das Verhältnis 1:2 und — vor allem für Sternviererdralle — auch das Verhältnis 1:3.

Die Vertauschung der Lage der beiden Adern eines Paares kann nun, wie bisher stillschweigend angenommen, in bestimmten Abständen punktförmig, d. h. unstetig, vorgenommen werden. Man bezeichnet diese in der Kabelherstellung selbst praktisch seltene Vertauschungsart mit *Kreuzen*. Das Hauptanwendungsgebiet des Kreuzens ist der Ausgleich restlicher Kopplungen beim Verbinden der Einzellängen untereinander während der Montage der Gesamtanlage [*157*].

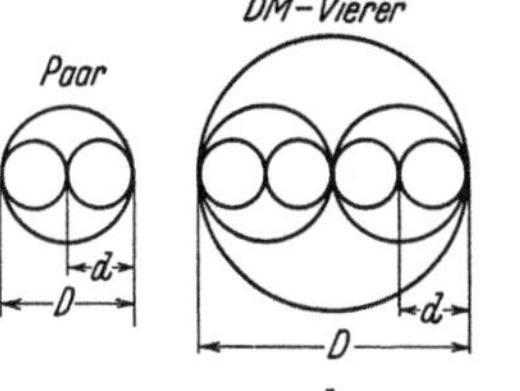

Abb. 69a—c. Vergleich zwischen a) Paar, b) DM-Vierer und c) Sternvierer (F & G)

	Paar	DM-Vierer	Sternvierer
Theoretischer Durchmesser	$D_{th} = 2d$	$D_{th} = 4d$	$D_{th} = 2,4d$
Wirksamer Durchmesser .	$D_w = 1,9d$	$D_w = 2,8d$	$D_w = 2,4d$
Zahl der Sprechkreise. . .	1	3	3
Wirksamer Platzbedarf je Sprechkreis . . . . . . (relative Zahlen)	100	73	53

Bei der Herstellung der einzelnen Kabellänge wird die Lageänderung dagegen in der Regel kontinuierlich durch einen gegenseitigen Verwindungsvorgang bewerkstelligt, den man mit *Verdrallen, Zusammen-*

---

[1] Siehe Abb. 86, Paare 1 und 2, sowie Abb. 93, Paare 47 bis 50.

schlagen oder *Gruppenverseilung* bezeichnet. Auch bei diesem Verfahren können dünnere, mit verhältnismäßig langem Verseilschlag, d. h. großer *Drallänge*, zusammengefaßte Adern sich automatisch streckenweise parallel legen, um dann bei Anwachsen der Verseilspannung mehr oder weniger punktförmig, d. h. doch wieder unstetig, ihre gegenseitige Lage zu wechseln. Soweit nichts Besonderes bemerkt ist, soll jedoch im folgenden immer an gleichmäßig zu Gruppen verseilte Adern gedacht werden, da dieser Fall bei hochwertigen Gruppen meist vorliegt. Abb. 69 a und 70 a zeigen eine solche verseilte Zweileitergruppe (Paar).

γ) **Vierleitergruppen (Vierer).** Außer dem bisher bevorzugt behandelten Paar kommen nun — wie erwähnt — auch Vierleitergruppen (*Vierer*) und, selten, Gruppen noch höherer Aderzahl vor. Sind alle Adern einer solchen Gruppe, wie beim Paar, durch einen einzigen Verseilvorgang mit dem gleichen Drall miteinander vereinigt, dann bezeichnet man die Gruppe als *Einfachgruppe* im Gegensatz zu *Mehrfachgruppen*, bei denen zwei oder mehrere Einfachgruppen (*Untergruppen*) mit besonderer Schlaglänge zu Gruppen höherer Ordnung zusammengefaßt sind. Von den beiden wichtigsten Vierergruppen ist der „Sternvierer" eine Einfach-, der *DM-Vierer* eine Mehrfachgruppe.

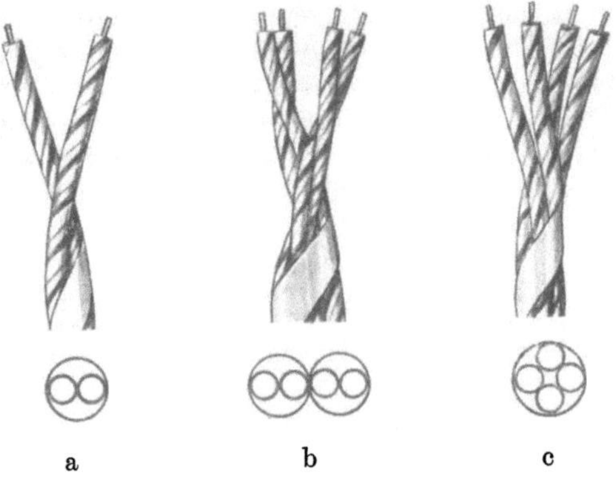

a   b   c

Abb. 70 a—c. Adergruppe für Fernsprechkabel (Zeichnung HDK)
a Paar; *b* DM-Vierer; *c* Sternvierer

Der Zweck der Mehrfachgruppen ist im allgemeinen[1] der, innerhalb eines gegebenen Kabelquerschnittes eine größere Anzahl von Sprechkreisen unterzubringen, als es bei paariger Verseilung möglich ist.

Der *DM-Vierer* (Abkürzung von *Dieselhorst-M*artin-Vierer [*25*]) besteht — wie Abb. 69 b und 70 b zeigen — aus zwei je für sich verseilten Paaren, die mit einer besonderen Schlaglänge gemeinschaftlich verseilt

---

[1] Für höhere Frequenzen (Trägerfrequenzen) hat überdies der Sternvierer in Viererschaltung den großen Vorzug gegenüber Paaren, daß er — ähnlich der koaxialen Leitergruppe — kein symmetrisches äußeres magnetisches Feld besitzt und infolgedessen weit weniger störanfällig ist [*44*].

sind. Der Sinn dieser Maßnahme ist, eine Mehrfachausnützung der Aderpaare durch eine geeignete Schaltung[1] zu ermöglichen. Diese mit Hilfe von Übertragern aufgebaute Schaltung ist in Abb. 71 skizziert: Je ein aus den Adern a und b gebildetes Paar wird als *Stamm-Sprechkreis* I bzw. II verwendet. Außerdem wird durch Parallelschaltung der Adern jedes Paares aus einem Paar die Hin-, aus dem anderen die Rückleitung eines dritten Sprechkreises III gebildet, den man als „Phantomkreis" bezeichnet, da er nur aus Schaltung und nicht aus eigenen Leitern besteht.

Infolge der Mehrfachverseilung benötigt der DM-Vierer mehr Platz im Kabelquerschnitt als zwei Paare, wenn die Stamm-Betriebskapazitäten gleich den Paar-Betriebskapazitäten gewählt werden,

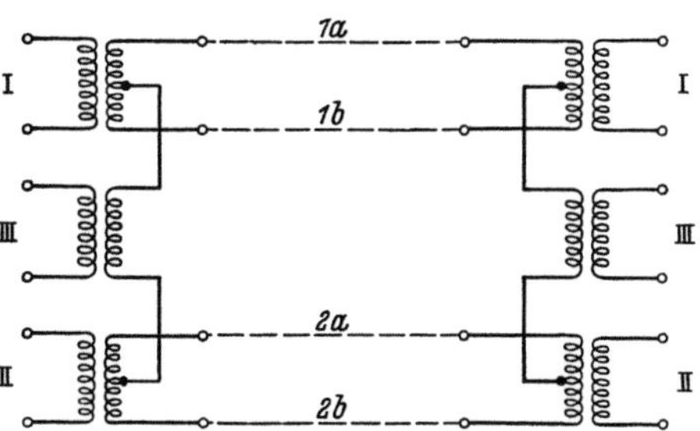

Abb. 71. Phantomschaltung eines Fernsprechvierers nach W. RIHL [*42*].
1a u. *1b* Adern des ersten Paares; *2a* u. *2b* Adern des zweiten Paares; I Erster Stammsprechkreis; II Zweiter Stammsprechkreis; III Phantomsprechkreis

jedoch weniger (etwa 30%) als drei Paare, wobei als weiterer Vorteil noch hinzukommt, daß zwar die Betriebskapazität des DM-Phantomkreises um etwa 60% größer ist als die der Paare, der wesentlich mehr ins Gewicht fallende Leiterwiderstand jedoch infolge der Parallelschaltung je zweier Leiter nur halb so groß. Aus diesen Gründen sind für längere Leitungen (Fernkabel), bei denen die zusätzlichen Schaltungskosten nicht ins Gewicht fallen, die DM-Vierer viele Jahre lang bevorzugt verwendet worden.

Erkauft werden die Vorteile der Mehrfachschaltung allerdings durch die Gefahr zusätzlicher Kopplungen zwischen den Stammkreisen und dem Phantomkreis desselben Vierers. Für normale Tonfrequenztelephonie lassen sich diese Kopplungen jedoch durch geeignete Maßnahmen bei der Herstellung — beim DM-Vierer vor allem durch geeignete Drallwahl (s. S. 66) — in genügend geringen Grenzen halten. Die wesentlich schärferen Anforderungen des Betriebes bei höheren Frequenzen (Trägerfrequenztelephonie) jedoch haben die Vorrangstellung des DM-Vierers für Fernkabel zugunsten des nunmehr zu besprechenden „Sternvierers" gebrochen.

Der *Sternvierer* entsteht dadurch, daß die vier Adern alle gleichzeitig in einem einzigen Verseilvorgang zu einer Einfachgruppe derart zusammengefaßt werden, daß die vier Adermittelpunkte im Querschnitt in den Ecken eines gleichseitigen Rhombus [*89*] liegen, üblicherweise in den Ecken eines Quadrats (s. Abb. 69c und 70c).

Die beiden Sprechkreise, die aus je zwei einander diagonal gegenüberliegenden Adern eines solchen Sternvierers gebildet werden können, sind nicht gekoppelt, wenn die Verbindungsgeraden der Adermittel-

---

[1] Nicht zu verwechseln mit einer Mehrfachausnützung durch Frequenzüberlagerung (Trägerfrequenzbetrieb).

punkte der beiden Stromkreise *genau* aufeinander senkrecht stehen. Es kommt also bei der Herstellung kopplungsfreier Sternvierer darauf an, den Aufbau der Adern (s. S. 341 ff.) und die Verseilung zum Vierer (s. S. 386 bis 394) so sorgfältig auszuführen, daß diese Bedingung erfüllt ist. Diese Schwierigkeit hat dazu geführt, daß der Sternvierer sich nur langsam für Ortskabel an Stelle der paarigen Verseilung (E. FISCHER [26]), und wesentlich später für Fernkabel an Stelle des DM-Vierers (H. JORDAN [27]), im Zuge der Vervollkommnung der Herstellungsverfahren durchsetzen konnte.

Gegenüber der paarigen und der DM-Verseilung hat der Sternvierer den Hauptvorteil[1] des geringeren Querschnittsbedarfs bei gleicher Betriebskapazität der Stammleitungen (etwa 30% gegenüber paariger Verseilung und etwa 15% gegenüber DM-Verseilung). Da jedoch die Viererkapazität beim Sternvierer das etwa 2,6fache der Stammkapazität beträgt (gegenüber dem etwa 1,6fachen beim DM), so ist seine Phantomausnützung (d. h. die Viererausnützung gleichzeitig mit den Paaren) mit Schwierigkeiten verbunden.

Die auf Grund des symmetrischen Aufbaus optimalen kapazitiven Verhältnisse im Stern haben dazu geführt, auch DM-Vierer in Sternform herzustellen, wobei dann nicht zwei diagonal gegenüberliegende, sondern je zwei nebeneinanderliegende Adern ein Paar bilden, d. h. als sogenannter *falscher Stern* geschaltet sind. Nach dem auf S. 55 ff. Gesagten sind die derart geschalteten Paare sehr stark untereinander gekoppelt[2]. Theoretisch ist eine Entkopplung durch Kreuzen möglich[3] [28] und auch von H. JORDAN und O. HAUGWITZ [29] praktisch bis zu einem gewissen Grade. im J-H-Vierer[4] verwirklicht worden.

♂) Achtleitergruppen. Unter den Fernsprechadergruppen mit mehr als vier Adern hat nur der von K. FISCHER [31] entwickelte, sogenannte *Doppelstern* praktische Bedeutung erlangt. Beim Doppelstern liegen vier *Paare* derart mit ihren Achsen in den Ecken eines Quadrats, wie beim einfachen Stern die vier Adern. Diese Paare bilden die Stammkreise und je zwei diagonal gegenüberliegende Paare je einen Phantomkreis. Das Bemerkenswerte dieser Anordnung ist die verhältnismäßig niedrige Phantomkapazität, welche die der Stämme nur wenig überschreitet.

---

[1] Die Vor- und Nachteile des Stern- und DM-Vierersystems für Tonfrequenzfernkabel sind ausführlich von H. JORDAN und von F. LÜSCHEN [30] behandelt worden.

[2] Diese Kopplung ist von E. FISCHER [45] bewußt ausgenützt worden, um bei der Herstellung entstandene Kopplungen zwischen den Paaren echter Sternvierer durch Vertauschen zweier Adern längs einer kurzen Strecke innerhalb derselben Kabellänge auszugleichen. (Bekannt unter: „Kukirol"-Verfahren: „Heilen ohne zu schneiden".)

[3] Analog Abb. 82b.

[4] Nicht zu verwechseln mit dem DMH- (DIESELHORST-MARTIN-HAUGWITZ-) Vierer, der einen echten DM-Vierer darstellt und nur verfahrenstechnisch infolge Verwendung eines Sternvierer-Verseilkorbes an den Stern erinnert (s. S. 391 bis 394).

4. Der Aufbau der Kabelseele

Ein[1] Fernsprechkabel ist in der Regel aus einer größeren Anzahl einzelner Adergruppen aufgebaut. Die größte Anzahl (bis zu mehreren Tausend) finden wir in Ortskabeln für Großstadtzentren. Die Abb. 73, 75b und 76 stellen solche hochpaarigen Fernsprechkabel für Innerortsverbindungen dar.

Bei nicht zu großer Gruppenzahl und nicht zu dünnen Leitern werden alle Gruppen in aufeinanderfolgenden *konzentrischen Lagen* zum Gesamtkabel verseilt. Nur bei einer sehr großen Anzahl dünner Gruppen ist es wirtschaftlicher und auch technisch zur Vermeidung von Drahtrissen empfehlenswert, kleinere Einzelseile getrennt herzustellen und diese Seile dann zum Gesamt*kabelbündel* zu vereinigen[2] (s. Abb. 72).

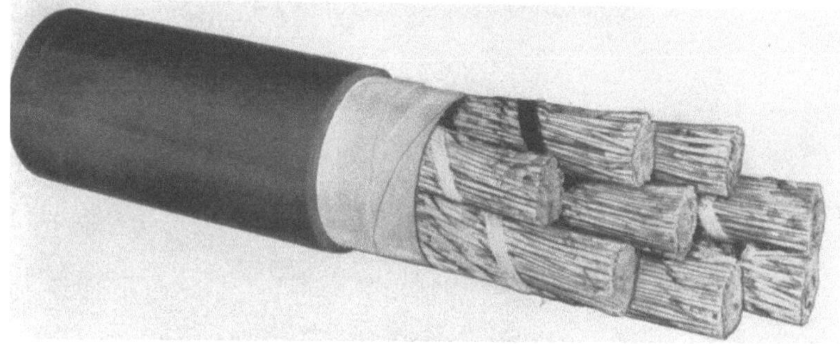

Abb. 72. Hochpaariges Fernsprechbündelkabel mit blankem Bleimantel (HDK)

In der Regel werden aufeinanderfolgende Lagen in verschiedener Richtung und mit verschiedener Schlaglänge verseilt, und zwar nach alten Drahtseilregeln zunächst aus mechanischen Gründen zur Vermeidung von „Korbbildung", d. h. Auseinanderklaffen beim Biegen. Gleichzeitig wird damit erreicht, daß sich Gruppen benachbarter Lagen nur an den punktförmigen Überkreuzungsstellen berühren und daher einer geringeren (aber oft unterschätzten) Kopplungsgefahr unterworfen sind als bei dauernder Nebeneinanderführung. Dafür werden aber *alle* Gruppen einer Lage mit *allen* Gruppen der Nachbarlagen in Berührung gebracht und damit die Anzahl der möglichen „Lage/Lage-Kopplungen" außerordentlich hoch getrieben.

---

[1] Für Vierdrahtverkehr mit gesonderten Leitungen für jede der beiden Gesprächsrichtungen (s. S. 73ff. und Abb. 85) werden oft *zwei* getrennte Kabel, je eins für jede Gesprächsrichtung verwendet. Das gilt besonders für Trägerfrequenzleitungen zur Vermeidung des dabei besonders gefährlichen Nebensprechens (d. h., es verbleibt in jedem Kabel nur das weniger kritische „Gegennebensprechen").

[2] An Stelle zweier Kabel kann man auch bei den in Fußn. 1 erwähnten Gegenrichtungskabeln zwei je für sich verseilte und gebührend abgeschirmte Bündel zu einem Gesamtkabel zusammenfassen.

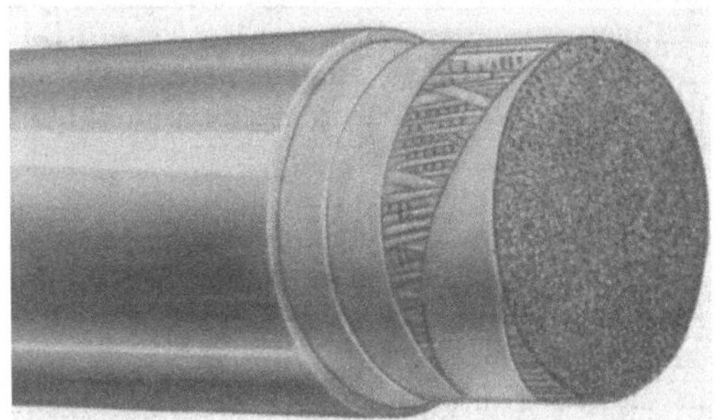

Abb. 73. Hochpaariges blankes Fernsprechkabel (Pirelli-M)

Abb. 74. Eisenbahn-Signal- und Fernsprechkabel mit Zwischenbleimantel und Gummi-Isolierung auf dem Außenmantel — Korrosionsschutz — (Pirelli-M)

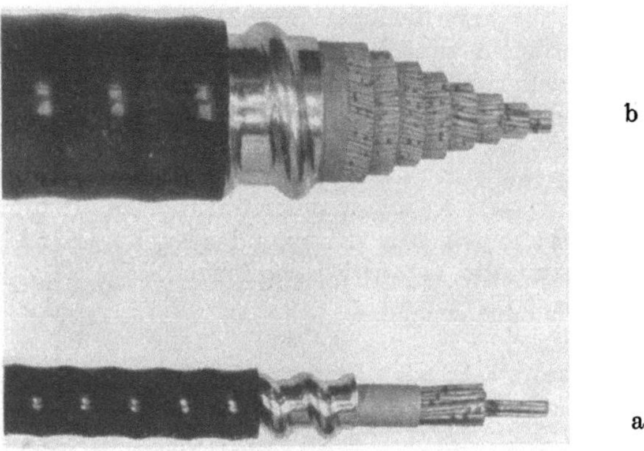

Abb. 75a u. b. Fernsprechkabel mit Aluminiumbalgenmantel (OKD).
a) niederpaariges Ortsanschlußkabel,   b) hochpaariges Ortsverbindungskabel

Abb. 76. 500-paariges Fernsprechkabel mit Stahlwellmantel und äußerer Kunststoffhülle (HDK)

Abb. 72—76. Fernsprechkabel in Ortsnetzen

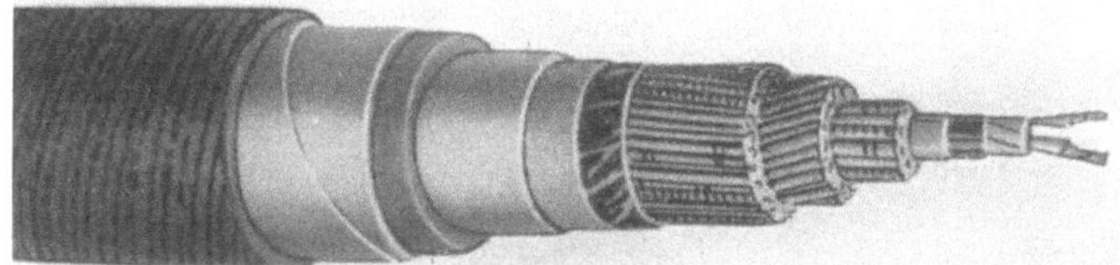

Abb. 77. Normales Fernkabel mit einem geschirmten Paar für Rundfunk (Pirelli-M)

Abb. 78. Eisenbahn-Fernkabel mit Zwischenbleimantel und Gummi-Isolierung
auf dem Außenmantel — Korrosionsschutz — (Pirelli-M)

Abb. 77 u. 78. Fernkabel

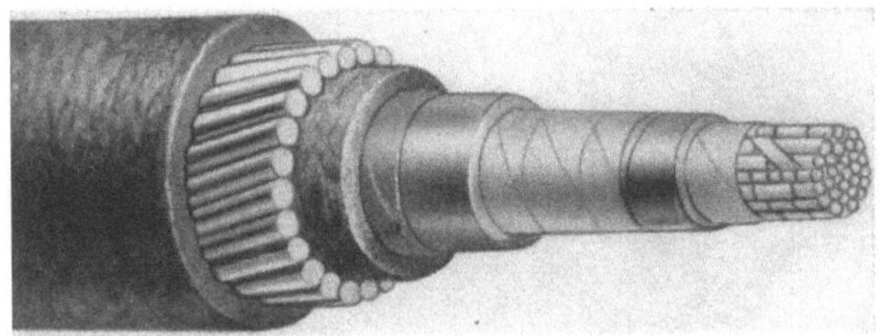

Abb. 79. Untersee-Fernsprechkabel für große Tiefe mit Stahlwendel
unter dem Bleimantel (Pirelli-M)

Abb. 80. Koaxiales Unterseekabel mit Pigutta-Isolierung (Pirelli-M)

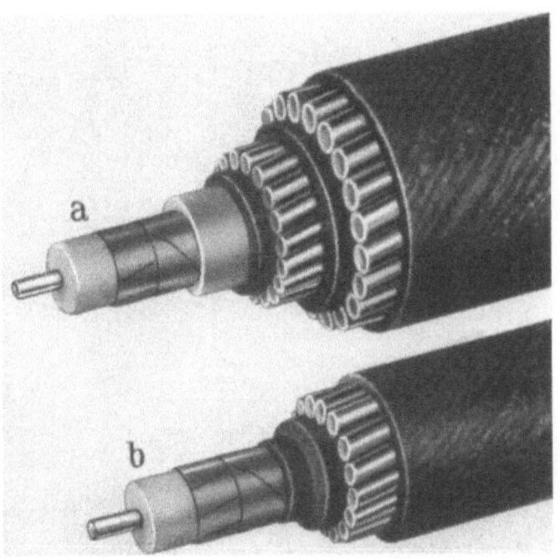

Abb. 81a u. b. Konzentrisches Polyäthylen-Seekabel, verlegt zwischen
Schweden und Finnland, Baujahr 1951 (F & G).
a) Küstenkabel mit isoliertem Rückleiter;   b) Hauptkabel (außerhalb der Küstenstrecke)

Abb. 79—81. Unterseekabel

Diese Verseilung in Lagen wechselnder Schlagrichtung bedingt nun einen besonderen Verseilkorb für jede Lage, d. h. die verschiedenen Lagen müssen zeitlich nacheinander im gleichen Korb oder räumlich hintereinander in verschiedenen Körben gleichzeitig (Tandemverseilung) hergestellt werden.

Bei der von W. EHLERS und O. HAUGWITZ bei der Hackethal-Draht- und Kabel-Werke AG. entwickelten EH-Verseilung (s. S. 395 und Abb. 352) besitzen alle Lagen gleiche Drallrichtung und Drallänge, d. h., benachbarte Adergruppen verschiedener Lagen bleiben benachbart und legen sich mechanisch sauber und gleichmäßig aneinander. Sperrige Kreuzungen der Gruppen benachbarter Lagen kommen nicht vor. Daraus ergibt sich der praktisch wesentlichste Vorteil der EH-Verseilung: geringerer Raumbedarf bei gleichen Betriebskapazitäten. Die einzelnen Lage/Lage-Kopplungen sind der längeren Nebeneinanderführung wegen höher als beim normal verseilten Kabel, die Anzahl der möglichen Lage/Lage-Kopplungen dafür aber größenordnungsmäßig geringer.

In den Abb. 72 bis 78 und 86 bis 89 sind einige Kabeltypen für Fernsprechfrequenzbetrieb in Ansicht und Querschnitt wiedergegeben und ausführlich erläutert.

Abb. 79 bis 81 zeigt vier Untersee-Fernsprechkabeltypen. Bei dem in Abb. 79 dargestellten Fernsprechbleikabel muß der Bleimantel des hohen Wasserdrucks wegen durch eine Stahlwendel gestützt werden (s. S. 352 und 353/354 hierzu). Die Abb. 80 und 81 zeigen den — grundsätzlich älteren — Lösungsweg einer druckfesten Vollisolierung (s. auch S. 80 u. Abb. 100 und 101) ohne Bleimantel.

5. Die Auswahl der Gruppen- und Lagendralle

Wie erwähnt, ist zur Herstellung ausreichend kapazitiv und vor allem magnetisch kopplungsarmer Fernsprechkabel eine sorgfältige Abstimmung der Dralle aller Untergruppen, Gruppen und Lagen aufeinander erforderlich.

Die Verseilung benachbarter Gruppen mit gleicher Schlaglänge und mit um 90° verschobener Phase zwischen den beiden Drallen gemäß Abb. 82 b ist nur für die gegenseitige Entkopplung *zweier* Paare durchführbar und wird deshalb praktisch nur für die beiden Paare innerhalb eines DM-Vierers angewandt.

Um mehr als zwei Gruppen gegenseitig zu entkoppeln, müssen für die einzelnen Gruppen und Untergruppen verschiedene passend gewählte Verseilschlaglängen benutzt werden. Welches Schlaglängenschema für einen bestimmten Kabelaufbau die günstigsten Ergebnisse erzielt, ist auch heute noch in der Hauptsache eine Angelegenheit der praktischen Erfahrung, obwohl die theoretische Berechnung durch die Veröffentlichungen von K. SIEBER und K. SCHLUMP [32] sowie von H. SCHILLER [33] stark gefördert worden ist[1]. Der wesentliche Grund

---

[1] Eine neuere Arbeit von H. BREMICKER [173] ergänzt die Theorie durch Berechnung der Kopplungsamplitude unter Berücksichtigung der schraubenlinienförmigen Leiteranordnung.

hierfür liegt in der Schwierigkeit, theoretisch errechnete Drallängen praktisch auf den Gruppenverseilmaschinen *genau* herzustellen und bei der weiteren Kabelherstellung insbesondere der Lagenverseilung *genau* zu erhalten[1]. Geringe Abweichungen vom berechneten Drall können aber schon den Erfolg vereiteln.

In der Praxis errechnet man daher meist nicht für jeden einzelnen neuen Kabelaufbau die günstigsten Drallängen, sondern beschränkt sich

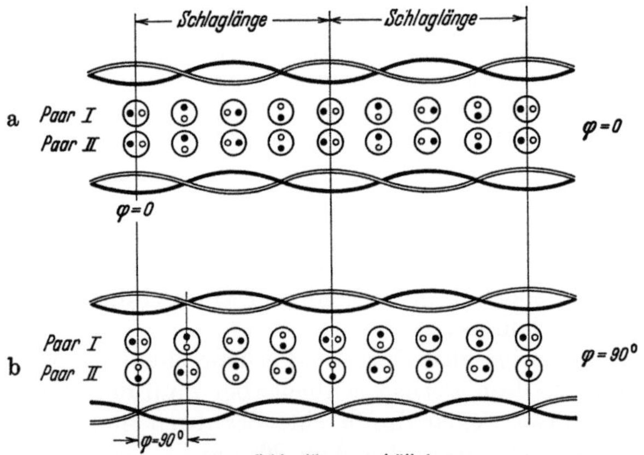

Abb. 82a u. b. Schlaglängenverhältnis 1 : 1 (F & G) a) = 0; b) = 90°

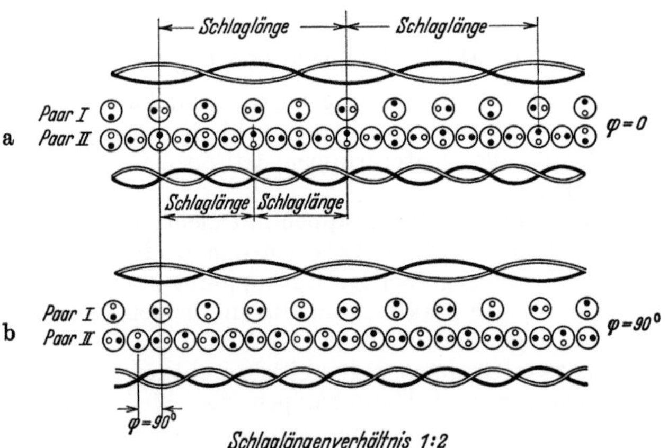

Abb. 83a u. b. Schlaglängenverhältnis 1 : 2 (F & G) a) = 0; b) = 90°

Abb. 82 u. 83. Einfluß des Schlaglängenverhältnisses benachbarter Paare
auf ihre gegenseitige Kopplung (Zeichnungen F & G)

dabei auf die Vermeidung rechnungsmäßig ungünstiger Drallverhältnisse. Im übrigen bedient man sich einer Anzahl von Standarddrallen,

---

[1] Vgl. hierzu die Ausführungen auf S. 386 bis 394.

die sich für die gleiche Gruppenart und Leiterstärke bei ähnlichen Kabelaufbauten praktisch bewährt haben, stellt Probekabel (*Vorlauflängen*) mit einer größeren Anzahl verschiedener Dralle her, als notwendig sind, und wählt dann die für den neuen Aufbau kopplungsmäßig günstigste Kombination für die Massenfertigung heraus.

Unter Standarddrall ist in diesem Sinne zu verstehen, daß nicht nur die Drallänge festliegt, sondern auch die Maschine und der bestimmte Zahnradsatz, mit dem die Gruppe gefertigt wird, da auch die kleinste Änderung in den praktischen Herstellungsbedingungen die wirklich erzielte Drallänge ändern kann.

Auf die Drallberechnung selbst als Konstruktionsmittel kann im Rahmen dieser Einführung nur kurz eingegangen werden:

Mit Drallänge bezeichnet man die Strecke, auf welcher die verseilten Elemente einmal um volle 360° miteinander verwunden sind, d. h. diejenige Entfernung vom Ausgangspunkt, nach der die Ausgangsstellung der Verseilelemente erstmalig wieder erreicht ist. Diese Länge ist nicht eindeutig, sondern hängt vom Betrachtungspunkt, d. h. mathematisch gesprochen, vom Koordinatensystem ab. Die Drallänge, wie sie dem im Raum feststehenden Beschauer bei der Herstellung der Gruppe in der Verseilmaschine erscheint, wird mit *Herstellungsdrall* oder *Raumdrall* bezeichnet. Gegenüber einer anderen im gleichen Kabel verseilten Gruppe kann die Drallänge jedoch vom Raumdrall verschieden sein. Als Bezugsrichtung für die Feststellung des Verdrehungsmaßes der Verseilelemente der Gruppe gilt in diesem Falle der *Lagenvektor*, d. h. die radiale Verbindungslinie zwischen der Kabelachse und der Gruppenachse im Kabelquerschnitt. Diese für die Kopplungen zwischen den Gruppen wirksame Drallänge nennt man den „wirksamen Drall".

Werden die Gruppen derart zur Lage verseilt, daß die Gruppenhaspelachse fest mit dem Verseilkorb verbunden ist, d. h. immer die gleiche Richtung zur Achse beibehält, dann wird der wirksame Drall gleich dem Herstellungsdrall, d. h., die gegenseitige Lage der Adern verschiedener Gruppen wird durch den Lagendrall nicht beeinflußt[1]. Man nennt eine solche Lagenverseilung im Gegensatz zu der im folgenden beschriebenen eine *Verseilung ohne Rückdrehung* (s. Abb. 335).

Werden dagegen die Gruppen so zur Lage verseilt, daß ihre Lage im Raum erhalten bleibt, dann bedarf es einer „Rückdrehung" der Haspelachsen im Verseilkorb, um einer Verdrehung der Haspellage im Raum infolge der Drehung des Verseilkorbs entgegenzuwirken. Diese Rückdrehung kann vollständig (100 %ig) oder nur unvollständig (z. B. 80 %ig) sein. Da sie die gegenseitige Lage der Gruppen im Kabel verändert, muß sie bei der Berechnung des wirksamen Dralls berücksichtigt werden. Findet die Lagenverseilung in gleicher Richtung statt wie die Gruppenherstellung, dann wirkt die Rückdrehung in entgegengesetzter Richtung, d. h., sie dreht das Gruppenseil teilweise wieder auf, verlängert also die wirksame Drallänge der Gruppe in der Lage. Umgekehrt werden

---

[1] Dagegen wird der Raumdrall durch die zusätzliche Verdrehung im Raum geändert.

die wirksamen Dralle durch Lagenverseilung in entgegengesetzter, d. h. Rückdrehung in gleicher Richtung, verkürzt.

Betrachtet man zunächst zwei Gruppen in *derselben Lage* in einem bestimmten Ausgangskabelquerschnitt und dann — in Richtung des Lagendralls fortschreitend — in den darauffolgenden Querschnitten, so erhält man das gleiche Bild der relativen Lage aller Adern der beiden Gruppen zueinander erstmalig erst dann wieder, wenn man in Richtung des Lagendralls sowohl eine ganze Anzahl Z_1 von ganzen Drallängen der ersten Gruppe wie auch eine ganze Anzahl Z_2 von ganzen Drallängen der zweiten Gruppe, d. h. aber das kleinste gemeinsame Vielfache beider Drallängen, durchlaufen hat. Man nennt diese Kabelstrecke, innerhalb der das relative Querschnittsbild zweier betrachteter Gruppen erstmalig wiederkehrt, den *Kopplungsabschnitt erster Ordnung* oder die *Periodenlänge des Abstandsverlaufs* in bezug auf die beiden Gruppen.

Eine der wichtigsten Regeln der Dralltheorie ist nun, daß ein Kopplungsabschnitt erster Ordnung entkoppelt ist, wenn Z_1 eine gerade und Z_2 eine ungerade Zahl ist, oder umgekehrt.

In jedem der aufeinanderfolgenden Kopplungsabschnitte einer Gesamtkabellänge ist der Verlauf der gegenseitigen Lage der Adern der beiden betrachteten Gruppen der gleiche und bei geeigneter Drallwahl die gegenseitige Beeinflussung ein Minimum. Da nun aber eine beliebige — z. B. auch auf der Montagestrecke geschnittene — Gesamtkabellänge nie genau einem Vielfachen aller Kopplungsabschnitte entsprechen kann, so bleiben immer am Ende unvollständige Kopplungsabschnitte übrig, welche nicht entkoppelt sind. Es kommt daher praktisch darauf an, alle Kopplungsabschnitte durch geeignete Drallängenwahl so kurz zu machen, daß ein unvollständiger Abschnitt keine unzulässig hohen Restkopplungen in der Gesamtlänge beläßt.

Betrachtet man die gegenseitige Beeinflussung zweier Gruppen in *verschiedenen Lagen*, so gelten bei gleicher Schlagrichtung der beiden Lagen ähnliche Überlegungen. Bei entgegengesetzter Schlagrichtung der beiden Lagen spielen jedoch die Kreuzungs- oder „Knotenpunkte" eine wesentliche Rolle, in welchen die beiden betrachteten Gruppen die größte Annäherung und damit die größte gegenseitige Beeinflussung aufweisen. In diesem Falle ist eine vollständige Entkopplung nur innerhalb eines „Kopplungsabschnittes zweiter Ordnung" möglich, der das kleinste Vielfache von Kopplungsabschnitten erster Ordnung *und* Knotenpunktsabständen enthält. Dabei ist zu beachten, daß wegen der verschiedenen Richtung und Länge der beiden Lagendralle die auf die Kabelachse projizierten Drallängen der Gruppen in Rechnung gestellt werden müssen, d. h. Drallängen, die um den Verseilfaktor[1] kürzer sind als die wirksamen Drallängen.

Befindet sich in der Achse des Kabels eine einzige „Kerngruppe", die also nicht lagenverseilt ist, dann verhält sich diese Gruppe kopplungsmäßig gegenüber den Gruppen jeder beliebigen Lage so, als ob sie in die betreffende Lage selbst mit eingeseilt wäre.

---

[1] Der Verseilfaktor ist der Faktor, um den die verseilten Elemente länger sind als die Verseilachse („Einseilung").

Für die Entkopplung von Gruppen in pupinisierten (s. S. 71) Kabeln zur Tonfrequenzübertragung genügt der Drallabgleich zwischen benachbarten Gruppen der gleichen oder benachbarter Lagen, da nichtbenachbarte Gruppen kapazitiv durch die dazwischenliegenden Gruppen abgeschirmt und die magnetischen — stromabhängigen — Kopplungen von untergeordneter Bedeutung sind, sobald die Gruppen nicht unmittelbar nebeneinanderliegen. Anders liegen die Verhältnisse bei nichtpupinisierten Trägerfrequenzleitungen, da bei diesen die magnetische Beeinflussung auch nichtbenachbarter Gruppen noch merklich ist. In diesem Falle müssen *alle* wirksamen Dralle im Kabel verschieden und aufeinander abgestimmt sein. Für den Fall einer Lagenverseilung ohne Rückdrehung, bei der die wirksamen Dralle gleich den Herstellungsdrallen sind, heißt das, daß alle Herstellungsdralle verschieden gewählt werden müssen. Dasselbe gilt für eine Lagenverseilung mit Rückdrehung und gleicher Schlagrichtung und -länge (EH-Verseilung). Für den Fall einer Lagenverseilung mit Rückdrehung und verschiedener Schlaglänge und/oder -richtung der Lagen dagegen erhalten nach dem oben Gesagten Gruppen gleicher Herstellungsdralle in verschiedenen Lagen verschiedene wirksame Dralle. Infolgedessen brauchen nur die Herstellungsdralle aller Gruppen derselben Lage verschieden gewählt zu werden, falls die Rückdrehung allgemein 100 %ig ist. Mit noch weniger Herstellungsdrallen kommt man auch beim Trägerfrequenzkabel aus, wenn man in derselben Lage teils mit 100 %iger Rückdrehung und teils mit geringerer oder ohne Rückdrehung verseilt.

Die Tab. 1 auf S. 70 gibt ein praktisches Beispiel der Drallängen eines ohne Rückdrehung lagenverseilten 542 paarigen Sternviererkabels mit 1,2 mm-Leitern für Tonfrequenzübertragung. Die Drallängen sind in englischen Zoll (wie im Original) angegeben, da dann die Einfachheit des der Theorie entsprechenden Drallschemas besser ins Auge fällt. Die Längen in Millimetern sind in Klammern danebengesetzt.

6. Mantel, äußere Schutzhülle und Bewehrung

Praktisch gelten hier die gleichen Gesichtspunkte wie bei den Starkstromkabeln (s. S. 31 ff.). Die außerordentlich feuchtigkeitsempfindliche Seele verlangt einen dichten Mantel. Für eine definierte Kapazität der einzelnen Paare ist ein metallischer statischer Schirm um die gesamte Seele erforderlich, für den allerdings schon eine dünne Folie genügt[1].

Als Mäntel werden glatte Blei- und Aluminiummäntel und gewellte Stahl- und Aluminiummäntel ausgeführt (s. Abb. 72 bis 78 und 97 bis 99).

Für die bei Fernsprechkabeln vielfach übliche Verlegung in Betonrohren sind gut eingefettete blanke Bleikabel oder Stahlwellenmantelkabel bzw. Aluminiumkabel mit äußerer Schutzhülle aus glattem, abriebfestem Kunststoff (PVC oder Polyäthylen) geeignet (s. Abb. 75[2],

---

[1] Siehe Alpeth-Mantel und Stalpeth-Mantel auf S. 32.
[2] „Alplast"-(Aluminium-Plastic-) Kabel des Osnabrücker Kupfer- u. Drahtwerks [*221*].

Tabelle 1. *Richtung*
in einem 542paarigen Fernsprechkabel in Sternver-

Lage	Kern	1. Lage	2. Lage
Drallrichtung der Vierer und Lagen	links	rechts	links
Länge der Viererdralle[1] in engl. Zoll (mm in Klammern)			
1. Vierer (Zählvierer)	5 (127)	$5^1/_2$(140)	5 (127)
2., 4. usw. Vierer	6 (152)	$6^1/_2$(165)	6 (152)
3., 5. usw. Vierer	8 (203)	$5^1/_2$(140)	5 (127)
letzter Vierer (Richtungsvierer)	7 (178)	$7^1/_2$(191)	7 (178)
Länge der Lagendralle in engl. Zoll (mm in Klammern)	18 (457)	18 (457)	18 (457)

98 und 107). Bleimäntel sind unzweckmäßig, wenn — wie auf Brücken — mit starken Erschütterungen gerechnet werden muß, da sie dann durch interkristalline (Schwingungs-) Korrosion zu Bruch gehen.

Für Erdverlegungen und bei Zug- und Druckbeanspruchungen werden die gleichen äußeren Umhüllungen und Bewehrungen wie bei den Starkstromkabeln (s. S. 32 und 33) angewandt.

Sollen Fernsprechkabel neben elektrischen Vollbahnen oder Starkstromleitungen verlegt werden, so müssen sie zur Verminderung der Starkstrombeeinflussung einen gut leitenden Mantel und eine geschlossene starke Bandstahlbewehrung aus hochpermeablem Material erhalten [*169*].

Einzelheiten über den Aufbau der verschiedenen Kabel entnehme man dem „Merkblatt über den Aufbau und die Verwendung isolierter Leitungen und Kabel in Fernmeldeanlagen" (VDE 0890).

b) Fernkabel

1. Magnetisch belastete Fernsprechkabel

Die Aufgabe der Fernsprechkabelanlagen ist, Nachrichten auf beliebig große Entfernungen unverändert, d. h. mit einem Minimum an Verzerrungen und äußeren Störungen, zu übertragen. Die Reichweite homogener Kabelleitungen ist nun aber durch den Widerstand der Kupfer- (oder Aluminium-) Leiter, die betriebsmäßige Kapazität des Sprechkreises und die sogenannte „Ableitung" begrenzt, welche sich aus dem reziproken Wert des Gleichstrom-Isolationswiderstandes und den dielektrischen Verlusten der Isolierschichten zusammensetzt. Bei guten trockenen Papier-Luftraum-Isolierschichten ist allerdings der Isolationswiderstand so hoch, daß er außer Betracht gelassen werden kann.

---

[1] Da die Sternvierer ohne Rückdrehung zu Lagen verseilt werden, geben die angegebenen Längen der Viererdralle nicht nur die Herstellungslängen, sondern auch die wirksamen Drallängen wieder.

und Längen der Dralle
seilung mit 1,2 mm-Leitern (nach J. E. Deering [34]).

3. Lage	4. Lage	5. Lage	6. Lage	7. Lage	8. Lage	9. Lage
rechts	links	rechts	links	rechts	links	rechts
/₂ (140)	5 (127)	5¹/₂ (140)	5 (127)	5¹/₂ (140)	5 (127)	5¹/₂ (140)
/₂ (165)	6 (152)	6¹/₂ (165)	6 (152)	6¹/₂ (165)	6 (152)	6¹/₂ (165)
/₂ (140)	5 (127)	5¹/₂ (140)	5 (127)	5¹/₂ (140)	5 (127)	5¹/₂ (140)
/₂ (191)	7 (178)	7¹/₂ (191)	7 (178)	7¹/₂ (191)	7 (178)	7¹/₂ (191)
(610)	24 (610)	24 (610)	30 (762)	30 (762)	36 (914)	36 (914)

Eine Erhöhung der Reichweite durch Vergrößerung der Leiterdurchmesser und des Leiterabstandes (Herabsetzung der Betriebskapazität) ist wirtschaftlich nur in beschränktem Maße möglich, da beide Mittel den Durchmesser des Kabels stark erhöhen. Damit steigt nicht nur der Verbrauch an Leitmetallen, Blei und Armierungsmaterial, sondern das Kabel wird bei Verwendung der gewünschten größeren Anzahl von Sprechkreisen so schwer und unhandlich, daß Herstellung, Transport und Verlegung praktisch undurchführbar werden.

Durch zwei Maßnahmen ist trotzdem eine Reichweitenerhöhung und damit ein Fernsprechweitverkehr möglich geworden: die magnetische Belastung der Kabelanlagen, d. h. Erhöhung der Selbstinduktivität der Sprechkreise, und die Verstärkung der Sprechströme bzw. der Trägerströme für Fernsprechfrequenzen. Wenn auch die magnetische Belastung, soweit sie außerhalb der Kabeleinzellängen vorgenommen wird, und die Verstärker nicht zum eigentlichen Thema dieses Buches gehören, so muß doch deshalb kurz darauf eingegangen werden, weil diese Maßnahmen auch für den Aufbau der Kabeleinzellänge selbst von wesentlichem Einfluß sind.

Die Möglichkeit einer Vergrößerung der Reichweite von Fernsprechkabeln durch Selbstinduktionserhöhung der Sprechkreise, auf die O. Heaviside [35] grundsätzlich erstmalig hingewiesen hat, ist praktisch nach zwei Richtungen hin entwickelt worden:

1. Erhöhung der Selbstinduktivität der einzelnen Sprechkreise in der Kabellänge selbst durch Einschalten magnetischen Materials in das magnetische Feld des Sprechkreises, deren praktische erfolgreiche Durchführung vor allem C. E. Krarup [36] zu verdanken ist, und die daher mit „Krarupierung" bezeichnet wird, sowie

2. Einschalten von Induktionsspulen in größeren Abständen von 1,5 bis 2 km *zwischen* die Kabeleinzellängen, welche in Deutschland mit „Pupinisierung" bezeichnet wird nach M. J. Pupin [37], der erstmalig genaue Berechnungsgrundlagen für die Bemessung der Induktivitäten und Spulenabstände angegeben hat.

Die *Krarupierung* besteht darin, daß die Leiter des Sprechkreises mit Eisendraht oder Eisenband in einer oder mehreren enggeschlossenen Windungen umgeben werden. Es handelt sich dabei also um eine gleichmäßige (kontinuierliche) magnetische Belastung des Sprechkreises längs der ganzen Kabellänge. Mit ihrer Hilfe ist innerhalb der wirtschaftlich tragbaren Grenzen eine Reichweitenerhöhung gegenüber dem unbelasteten Kabel nur um etwa das Doppelte möglich, da zur Aufrechterhaltung der gleichen Betriebskapazitäten trotz der Einschaltung elektrisch leitenden Materials in das Feld zwischen den Leitern des Sprechkreises eine erhebliche Querschnittserhöhung der Adergruppe und damit des gesamten Kabels, d. h. ein entsprechender Mehrverbrauch an Blei und Armierungsmaterial, erforderlich ist. Gleichmäßig belastete Kabel werden daher nur verwendet, wo die Einschaltung von Pupinspulen überhaupt oder in den erforderlichen regelmäßigen Abständen auf Schwierigkeiten stößt, wie z. B. bei Tiefseekabeln oder kürzeren Kabelstücken in Verbindung mit Freileitungen, wie sie in gewässerreichen Gebieten (Schären), bei Durchführung durch Tunnels oder bei der unterirdischen Einführung von Freileitungen in Städte vorkommen. Dabei wirkt es sich günstig aus, daß der charakteristische Scheinwiderstand (Wellenwiderstand) eines Krarupsprechkreises (im Gegensatz zu dem sehr viel höheren Wellenwiderstand einer mittelschwer belasteten Pupinleitung; s. S. 74), etwa dem der angeschlossenen Freileitungen gleicht und daher eine Zusammenschaltung ohne Zwischenüberträger möglich ist.

Die Herstellung der Krarupumspinnung bzw. -bewicklung ist auf S. 346 beschrieben.

Die *Einschaltung von Pupinspulen* bewirkt je nach Größe der kilometrischen Induktivität eine Reichweitenvergrößerung der Kabelleitungen bis zu etwa dem Vierfachen. Durch die Pupinisierung werden die Spannungen erhöht und die Stromstärken gegenüber den Verhältnissen im unbelasteten homogenen Kabel herabgesetzt. Daraus folgt unter Berücksichtigung der Ausführungen auf S. 56, daß der Einfluß der kapazitiven Kopplungen beim Pupinkabel besonders groß ist, während den magnetischen Kopplungen geringere Bedeutung zukommt.

Außerdem werden bei Pupinleitungen an die Gleichmäßigkeit der Betriebskapazitäten der Sprechkreise besonders hohe Anforderungen gestellt, da die Gesamtbetriebskapazität eines Sprechkreises in jedem Kabelabschnitt zwischen je zwei Spulenpunkten genau gleich sein muß.

Auf den Aufbau und die Herstellung der Pupinspulen selbst kann im Rahmen des vorliegenden Buches, das sich ausschließlich mit den eigentlichen Kabeln selbst zu befassen hat, nicht eingegangen werden[1].

---

[1] Eine orientierende Übersicht geben u. a. die klassischen Arbeiten von B. SPEED und C. W. ELMEN [*38*], F. HÖRNING [*39*], W. DEUTSCHMANN [*40*], sowie einige zusammenfassende Darstellungen des Verfassers [*88*] über die physikalischen Grundlagen der Herstellung moderner Magnetkerne für Schwachstromzwecke.

Zur Frage der Berechnung von Pupinkabelanlagen und der sich daraus ergebenden Konstruktionsdaten für die Kabel selbst sei vor allem auf die bereits erwähnten theoretischen Bücher von H. W. DROSTE ([*2*] und [*3*]) verwiesen. — Ferner sei auf die übersichtliche Arbeit von K. DOHMEN [*41*] über „Kabel und Spulen im Fernkabelnetz" besonders hingewiesen.

2. Fernsprechverstärker

Die Anwendung des bekannten Röhrenverstärkers auf Fernsprech-
leitungskreise wird dadurch erschwert, daß ein Verstärkerrohr die
Sprechströme nur in *einer* Richtung verstärkt und den Durchgang in
der anderen Richtung vollständig unterbricht. Zur Überwindung dieser
Schwierigkeit werden zwei verschiedene Schaltungen praktisch angewandt: die Zweidrahtverbindung und die Vierdrahtschaltung.

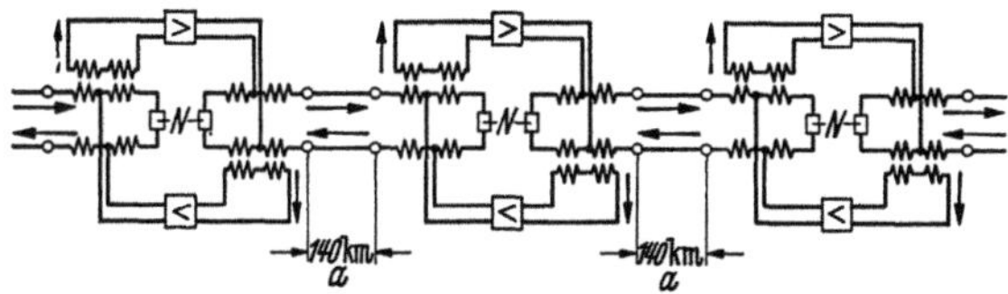

Abb. 84. Verstärkerschaltung mit Gabelschaltung in jedem Verstärkerpunkt

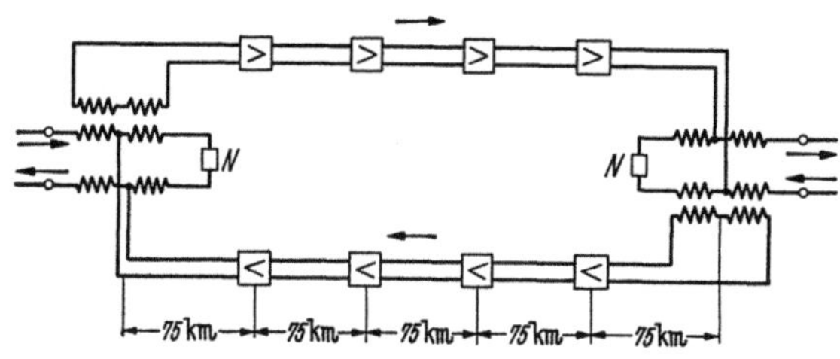

Abb. 85. Verstärkerschaltung mit Gabelschaltung nur an den Enden der Anlage

Abb. 84 u. 85. Verstärkerschaltungen nach W. RIHL [42]

Soll das Gespräch über eine einzige Doppelleitung übertragen werden, d. h. über eine *Zweidrahtverbindung*, dann wird an jedem einzelnen
Verstärkungspunkt die Doppelleitung in zwei Zweige „gegabelt", deren
einer den Verstärker für die eine Richtung und deren anderer Zweig
den Verstärker für die andere Richtung enthält (s. Abb. 84). Um zu
verhindern, daß sich der Strom über die beiden Zweige ringförmig
schließt und der Verstärker als Sender starker Pfeiflaute wirkt, ist die
in Abb. 84 dargestellte Brückenschaltung unter Verwendung einer
künstlichen Leitungsnachbildung erforderlich. Diese Nachbildung erfüllt nur dann ihren Zweck (Vermeidung der Pfeifgeräusche), wenn die
Kabel selbst in ihrer Charakteristik der Nachbildung ausreichend genau
gleichen, d. h. vor allem, wenn die Betriebskapazität (bei Pupinleitungen: Spulenfeldkapazität) aller Sprechkreise im gesamten Abschnitt
zwischen zwei Verstärkern (Verstärkerfeld) genügend gleichmäßig sind.
Trotzdem verbleiben praktisch immer noch gewisse Nachbildungs-
fehler (z. B. durch Temperaturdifferenzen im Verstärkerfeld), welche
die Anwendung hoher Verstärkungen unmöglich machen.

Für sehr große Entfernungen verwendet man daher *Vierdraht-
schaltungen*, bei denen für jede Gesprächsrichtung eine besondere Doppelleitung *längs der ganzen Strecke* (also nicht nur im Verstärkerpunkt

selbst) verwendet wird (vgl. Abb. 85). Da hierbei Nachbildungen und Brückenschaltungen nur an den Enden der Gesamtstrecke erforderlich sind, können die dazwischenliegenden Verstärker (Zwischenverstärker) in größerer Anzahl und mit höherem Verstärkungsgrad angewandt werden. Aus diesem Grunde kann man für den Vierdrahtverkehr sehr viel dünnere Leiter und infolgedessen kleinere Gruppendurchmesser verwenden als für den Zweidrahtverkehr, so daß per Saldo die Kosten der Gesamtanlage etwa dieselben sind.

3. Leitungsarten im Deutschen Fernkabelnetz

Die Bemessung der Induktivität der Pupinspulen bleibt praktisch immer unterhalb des für die Reichweite optimalen Wertes der „starken Pupinisierung", weil innerhalb der wirtschaftlich vertretbaren Grenzen der Spulenpunktabstände die für die Naturtreue erforderlichen höheren Sprechfrequenzen nicht mehr durchgelassen würden. Man beschränkt sich daher für nicht zu lange Leitungen auf eine sogenannte „mittelschwere" Belastung. Für besonders große Entfernungen bereitet jedoch auch noch die mittelschwere Belastung Schwierigkeiten, da die Übertragungsgeschwindigkeit so gering ist, daß bei diesen Entfernungen Einschwingungsvorgänge und Echoerscheinungen störend in Erscheinung treten, welche außer durch besondere Hilfsmaßnahmen (Phasenausgleich, Echosperrer) durch Steigerung der Übertragungsgeschwindigkeit vermittels leichter Pupinisierung (*L-Leitungen*) behoben werden. Außerdem wird durch diese Maßnahme der übertragbare Frequenzbereich nach oben hin so erweitert, daß ein oberhalb der Sprechfrequenzen liegendes Trägerfrequenzband mitübertragen werden kann, das dadurch entsteht, daß man ein Sprechfrequenzband am Anfang der Leitung durch eine zusätzlich zugeführte Trägerfrequenz (Modulation) in einen höheren Frequenzbereich verlegt. Am Ende der Leitung wird dann dieses Trägerfrequenzband durch Demodulation (nochmaliges Hinzusetzen der Trägerfrequenz) wieder in den ursprünglichen Bereich zurückgebracht.

Eine noch weitere Verringerung der induktiven Belastung führt zur S-Leitung (sehr schwach pupinisierte Leitung), mit der eine Vierfachausnützung der Adergruppe möglich ist, sowie infolge der hohen Übertragungsgeschwindigkeit in Vierdrahtschaltung die Überbrückung von Entfernungen bis zu 15000 km [*42*].

Bei den U-Leitungen (unbespulte Fernkabelleitungen) mit 1,2 mm ⌀ Kupfer- oder 1,55 mm ⌀ Aluminiumleitern in Sternviererverseilung wurde schließlich die Pupinisierung vollständig fortgelassen. Diese Leitungen erlauben die Übertragung von 12 verschiedenen Trägerfrequenzbändern in Vierdrahtschaltung (V12-System), d. h. ein gleichzeitiges Sprechen zwischen 12 Teilnehmerpaaren in einer Richtung, während für die Gegenrichtung ein zweites Kabel oder ein zweites, sorgfältig abgeschirmtes Bündel in demselben Kabel erforderlich ist. Die 12 Kanäle mit dem breiten Frequenzband $300 \cdots 3400$ Hz werden in der Frequenzlage 12,3 · · · 59,4 kHz[1] übertragen. Theoretisch läßt sich eine Reichweite von 20000 km erreichen. Tatsächlich wird durch die hohe Zahl der Zwischenverstärker — etwa einer je 35 km — das Rauschen schon bei geringeren Entfernungen störend. Innereuropäische Verbindungen können jedoch auf jeden Fall mit den U-Leitungen überbrückt werden [225].

B-Leitungen (Breitbandkabelleitungen) sind für die Übertragung eines sehr breiten Frequenzbereiches gedacht. Infolge der relativ geringen Ableitung und der dadurch auch bei hohen Frequenzen erträglichen Dämpfung sind die koaxialen Hochfrequenzkabel, deren Konstruktion auf S. 79 bis 85 näher erläutert ist, für diesen Zweck hervorragend geeignet. Sie können — neben der Verwendung als Fernsehkabel im Frequenzbereich über 1 MHz[2] — von 90 · · · 690 kHz für 200 Fernsprechkanäle in Vierdrahtschaltung ausgenutzt werden (seit 1951 werden zum Teil auch 300 Gespräche im Bereich von 90 · · · 1020 kHz übertragen). Nach den Empfehlungen des CCIF (Comité Consultatif International Téléphonique) kann das koaxiale Kabel auch ausschließlich für Ferngespräche mit 16 Übergruppen von je 60 Trägerfrequenzkanälen — also mit insgesamt 960 Vierdrahtstromkreisen — im Bereich von 60 · · · 4028 kHz verwendet werden. Während die älteren deutschen Breitbandkabel aus einem Innenleiter von 3 mm ⌀ und einem Außenleiter mit einem inneren Durchmesser von 18 mm aufgebaut waren (s. Abb. 90 bis 93), hat der vom CCIF empfohlene Kabeltyp, der im Ausland schon seit einiger Zeit bevorzugt wurde, den Aufbau 2,6/9,4 mm ⌀ (s. Abb. 96).

Um die Zahl der Verstärker geringer halten zu können als bei den U-Leitungen, wurden Leitungen aus 1,2 mm ⌀ Kupfer oder 1,55 mm ⌀ Aluminium in kurzen Abständen (425 m) mit geringer Bespulung (1 mH) versehen (s. z. B. das Fernkabel Form 8 in Abb. 88). Diese K-Leitungen erlauben den Einsatz von 12-Kanal-Systemen bis 60 kHz. Besitzen diese K-Kabel statt der Papierisolierung eine Styroflexisolierung, so werden zur Bespulung in 283 m Abständen Pupinspulen von 1,75 mH eingeschaltet. Im Zweikabelbetrieb kommt man dann auf eine Verstärkerfeldlänge von 120 km.

Die Tf (Trägerfrequenz)-Weitverkehrskabel wurden zunächst als 24paarige (in der Ostzone Deutschlands auch 32paarige) Sternviererkabel mit Papierisolation hergestellt (s. Abb. 94, 95 und 98).

Die Stammkapazität wurde für die 24paarigen (3 Sternvierer im Kern, 9 Sternvierer in der darüberliegenden Lage) mit höchstens 28 nF/km vorgeschrieben. Besonderer Wert wurde auf einen gleichmäßigen Wellenwiderstand für alle Kabel einer Strecke gelegt, um unerwünschte Reflexionen an den Stoßstellen zu vermeiden [226]. Die hohen Ansprüche an das Nah- und Fernnebensprechen bis zu 250 kHz hinauf verlangen ein sorgfältig durchkonstruiertes Kabel mit lauter verschiedenen Viererschlaglängen. Die Kabel werden im Bereich von

---

[1] 1 Kilohertz = 1000 Schwingungen je Sekunde.
[2] 1 Megahertz = 10^6 Schwingungen je Sekunde.

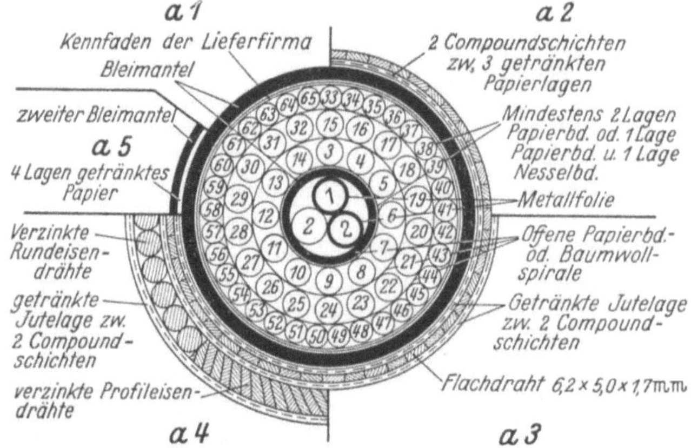

Abb. 86. 130 paariges Deutsches Fernkabel in DM-Verseilung mit verschiedenen Bewehrungsarten

Aufbau der Kabelseele:

> *Kern:* Aderpaare 1 ··· 2, 1,4 mm Cu, geschirmt;
> Viererseil 2, 1,4 mm DM, Cu;
>
> *1. Lage:* Viererseile 3 ··· 14, 1,4 mm DM, Cu;
> *2. Lage:* Viererseile 15 ··· 32, 1,4 mm DM, Cu;
> *3. Lage:* Viererseile 33 ··· 65, 0,9 mm DM, Cu.

Es bedeuten:

> *130 a 1* = unbewehrtes Röhrenkabel;
> *130 a 2* = mit Flachdraht bewehrtes Röhrenkabel;
> *130 a 3* = Erdkabel, mit Flachdraht und Korrosionsschutz;
> *130 a 4* = Flußkabel, mit Profileisen (Z-Draht) oder Rundeisen;
> *130 a 5* = unbewehrtes Röhrenkabel mit doppeltem Bleimantel

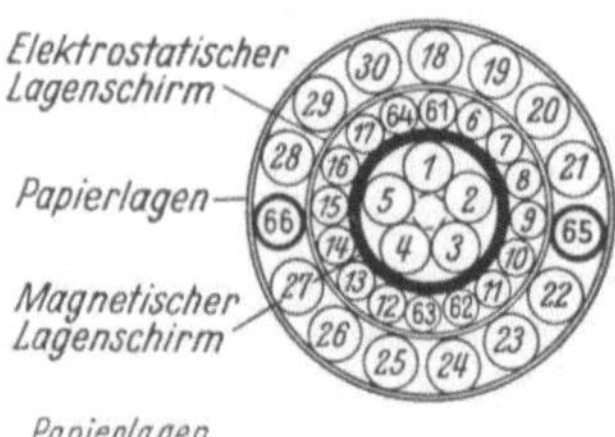

Abb. 87. 66 paariges Deutsches Fernkabel in gemischter Stern- und DM-Verseilung

Aufbau der Kabelseele:

> *1. Lage:* Viererseile 1 ··· 5, 1,2 mm Stern, Cu;
> *2. Lage:* Viererseile 6 ··· 17, 1,15 mm DM, Al;
> Aderpaare 61 ··· 64, 1,4 mm Cu;
> *3. Lage:* Viererseile 18, 20, 23 26, 29 1,2 mm Stern, Cu;
> Viererseile 19, 21, 22, 24, 25, 27, 28, 30 1,8, DM, Al;
> Aderpaare 65 und 66 1,4 mm Cu mit Tietgenschutz

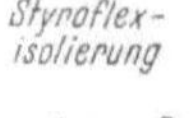

Abb. 88. Fernkabel Form 8h (Post)

Aufbau der Kabelseele:

> *1. Lage:* Viererseile 1 ··· 4, 1,2 mm Cu, Stern

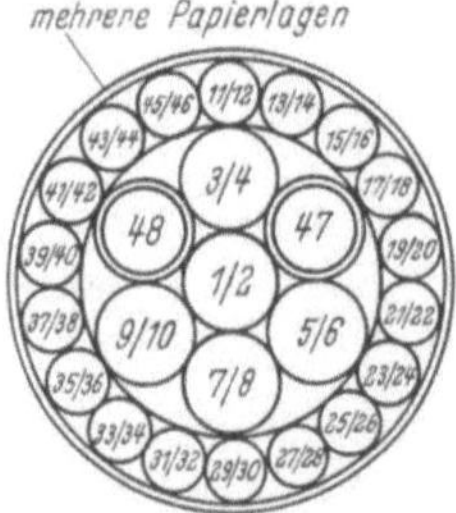

Abb. 89. Bezirkskabel 48 paarig (Reihe 2) (Post)

Aufbau der Kabelseele:

> *1. Lage:* Viererseil 1 (1/2) 1,4 mm DM, Cu;
> *2. Lage:* Viererseil 2 (3/4) 1,4 mm DM, Cu;
> Aderpaar 47 1,4 mm Cu mit Tietgenschutz (Lackisolierung)
> Viererseile 3 ··· 5 (5/6—9/10) 1,4 mm DM, Cu;
> Aderpaar 48 1,4 mm Cu mit Tietgenschutz
> *3. Lage:* Viererseile 6 ··· 23 (11/12—45/46) 0,9 mm DM, Cu

Abb. 86—89. Querschnitte Deutscher Fernkabel und Bezirkskabel nach K. DOHMEN [41] und nach Mitt. der Deutschen Bundespost

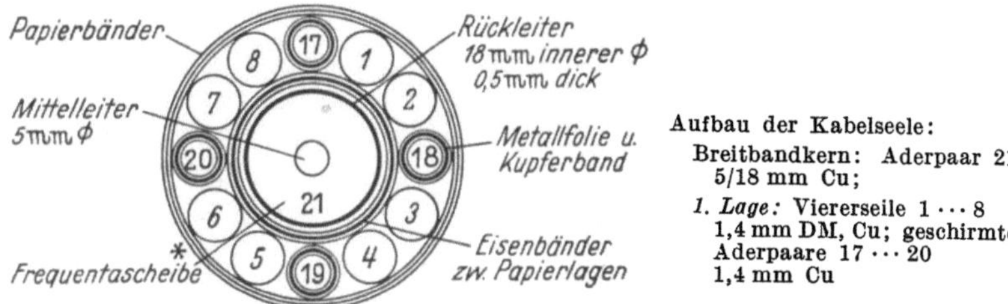

Aufbau der Kabelseele:
Breitbandkern: Aderpaar 21
5/18 mm Cu;
1. Lage: Viererseile 1 ··· 8
1,4 mm DM, Cu; geschirmte
Aderpaare 17 ··· 20
1,4 mm Cu

Abb. 90. 21 paariges Fernkabel mit Breitbandkern und 8 mittelschwer bespulten
DM-Viererseilen mit 1,4 mm Kupferleitern für Zweidrahtbetrieb

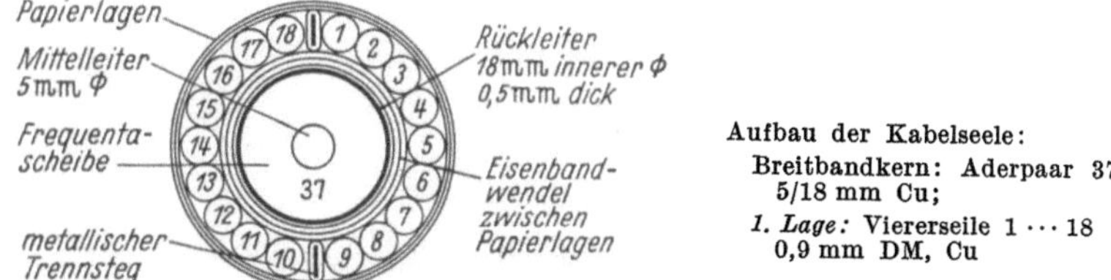

Aufbau der Kabelseele:
Breitbandkern: Aderpaar 37
5/18 mm Cu;
1. Lage: Viererseile 1 ··· 18
0,9 mm DM, Cu

Abb. 91. 37 paariges Fernkabel mit Breitbandkern und 18 leicht bespulten DM-Viererseilen
mit 0,9 mm Kupferleitern für Vierdrahtbetrieb.
Die beiden Gesprächsrichtungen sind durch metallische Schirme (Stege) getrennt

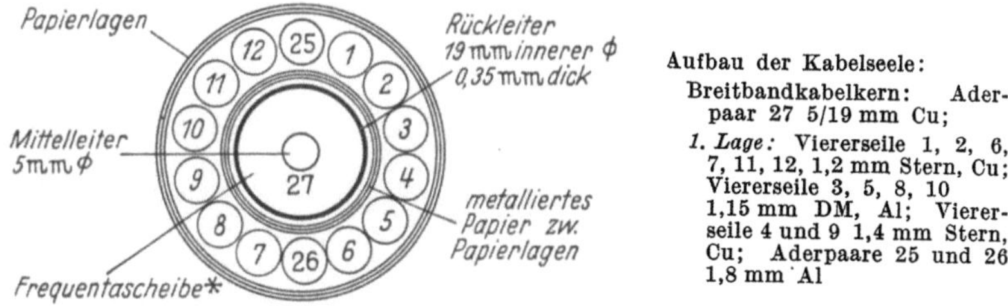

Aufbau der Kabelseele:
Breitbandkabelkern: Aderpaar 27 5/19 mm Cu;
1. Lage: Viererseile 1, 2, 6,
7, 11, 12, 1,2 mm Stern, Cu;
Viererseile 3, 5, 8, 10
1,15 mm DM, Al; Vierer-
seile 4 und 9 1,4 mm Stern,
Cu; Aderpaare 25 und 26
1,8 mm Al

Abb. 92. 27 paariges Fernkabel mit Breitbandkern und unbelasteten Stern-Vierern

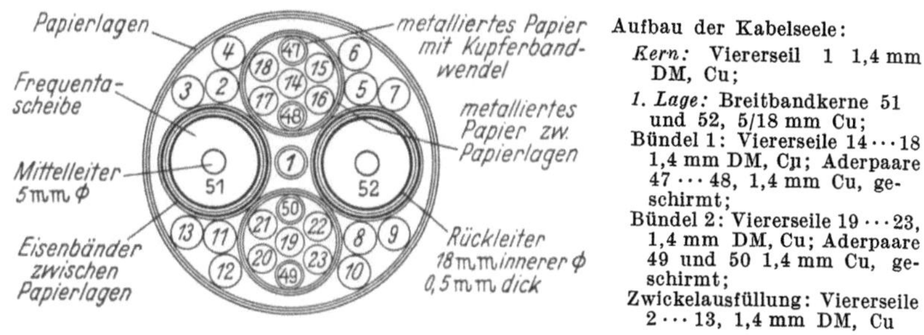

Aufbau der Kabelseele:
Kern: Viererseil 1 1,4 mm
DM, Cu;
1. Lage: Breitbandkerne 51
und 52, 5/18 mm Cu;
Bündel 1: Viererseile 14 ··· 18
1,4 mm DM, Cu; Aderpaare
47 ··· 48, 1,4 mm Cu, ge-
schirmt;
Bündel 2: Viererseile 19 ··· 23,
1,4 mm DM, Cu; Aderpaare
49 und 50 1,4 mm Cu, ge-
schirmt;
Zwickelausfüllung: Viererseile
2 ··· 13, 1,4 mm DM, Cu

Abb. 93. 52 paariges Fernkabel mit zwei Breitbandkernen für den Gegenrichtungsverkehr
in demselben Kabel. Aufrundung durch Bündel aus Viererseilen und Aderpaaren

Abb. 90—93. Querschnitte von älteren Fernkabeln der Deutschen Post nach K. DOHMEN [41

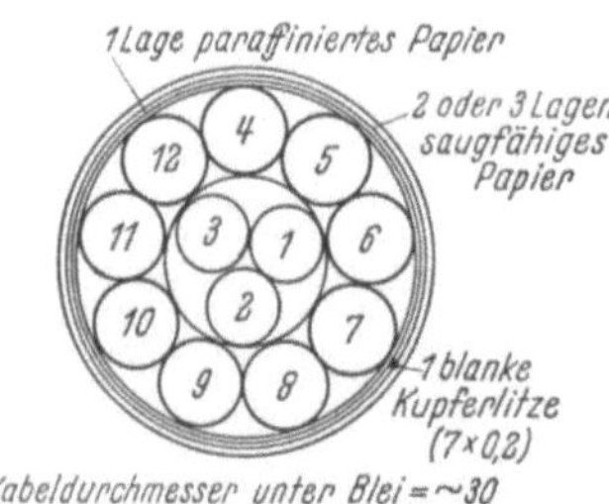

Abb. 94. Trägerfrequenz-Fernkabel Form 24b
der Deutschen Bundespost (Post).
Aufbau der Kabelseele:
  1. *Lage:* Viererseile 1 ··· 3 1,2 mm Stern,
  Cu;
  2. *Lage:* Viererseile 4 ··· 12 Stern, Cu

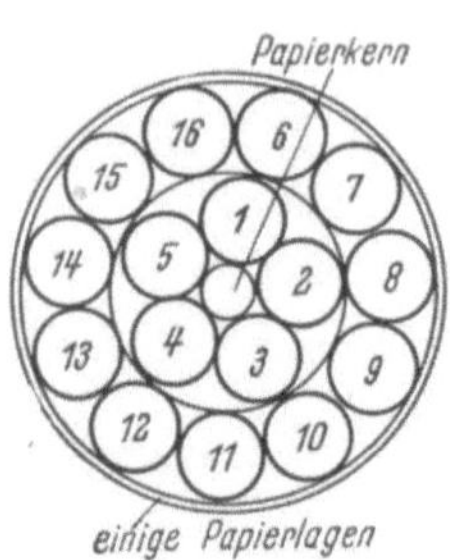

Abb. 95. Trägerfrequenz-Fernkabel Form 32
der Deutschen Post (Ostzone) (Post)
Aufbau der Kabelseele:
  1. *Lage:* Viererseile 1 ··· 5 1,2 bzw.
  1,3 mm Stern, Cu;
  2. *Lage:* Viererseile 6 ··· 16 1,2 bzw.
  1,3 mm Stern, Cu

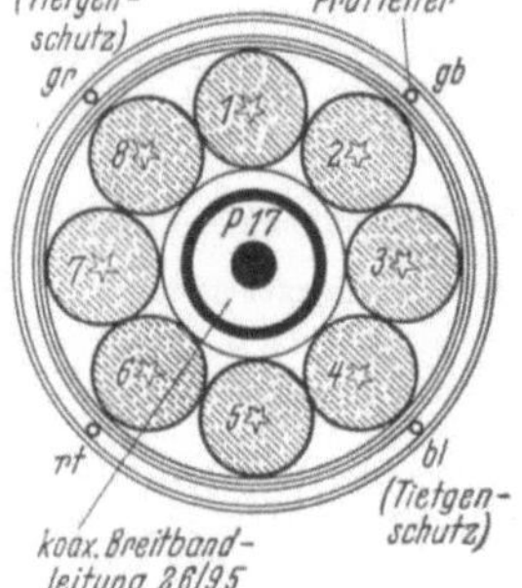

Abb. 96. Trägerfrequenz-Fernkabel Form 17a der
Deutschen Bundespost (Post).
Aufbau der Kabelseele:
  1. *Lage:* Kern: Koaxiale Breitbandleitung 2,6 mm Cu
      Innenleiter, Isolierscheiben aus Polystyrol, Dicke:
      1,9 mm, Abstand: ca. 30 mm, Cu Außenleiter 9,5 mm
      Innendurchmesser, Stärke 0,25 mm, 2 Kupferbänder
      1,17 × 0,10;
  2. *Lage:* 8 Tf-Viererseile 1,3 mm Stern, Cu, mit Styro-
      flexisolierung,   darüber   Kunststoffband;   zwischen
      Papierlagen: 4 Prüfadern 0,5 mm Cu

Abb. 94—96. Querschnitte von Trägerfrequenz-Fernkabeln der Deutschen Post,
aus der Zeit nach 1950

12 ··· 252 kHz mit 60 Kanälen je Stamm belegt (V60-System). Sie
gestatten damit die gleichzeitige Übertragung von 1440 Gesprächen im
Zweikabelbetrieb. Um das Eindringen von Feuchtigkeit (etwa durch
Mantelfehler) schnell zu erkennen, wurden außen um die Seele zwischen
Papierlagen Prüfleiter eingelegt, deren Isolationswiderstand absinkt,
bevor die eigentliche Seele betroffen ist.

Eine weitere Erhöhung der Übertragungsfrequenz läßt sich mit
papierisolierten Sternvierern noch bis etwa 500 kHz durchführen. Jedoch ist es wegen der ungünstigen Ableitung des Papiers bei hohen
Frequenzen zweckmäßiger, eine hochwertigere Isolation zu verwenden
(s. die Polystyrol-Schaumstoffisolierung in Abb. 99).

Für das neue Tf-Weitverkehrskabel Form 17, das einen koaxialen
Kern und darüber 8 Sternvierer mit 1,3 mm ⌀ Kupferadern besitzt
(s. Abb. 96), wurde für die Isolierung der Sternvierer deshalb von
vornherein Styroflex vorgesehen (s. Abb. 106 und 107). Die Sternvierer
des Kabels werden mit 120 Kanälen in den Frequenzbändern 12 bis

252 kHz und 312 ⋯ 552 kHz belegt (V120-System). Versuche sind im
Gange, durch Anheben der Amplitude leiserer Sprache und Absenken
der Amplitude lauterer Sprache — also Zusammenpressen des Amplitudenbereichs[1] — den bei noch höheren Frequenzen störenden Einfluß
des Nebensprechens so weit herabzumindern, daß man nochmal 60 Kanäle im Frequenzgebiet bis etwas über 800 kHz unterbringen kann.

Für noch höhere Frequenzen lassen sich Sternvierer nicht mehr verwenden. Es kommen dann koaxiale Paare — u. U. sogar zu mehreren
in einem Kabel verseilt — in Betracht, die im folgenden Kapitel näher
beschrieben werden.

Die Deutsche Bundespost unterscheidet im wesentlichen 3 Kabeltypen:

a) Ortskabel in Sternverseilung aus papierisolierten Vierern mit
0,4 mm ⌀, 0,6 mm ⌀ und 0,8 mm ⌀ Kupferadern.

b) Bezirkskabel (früher auch Fernleitungskabel und Netzgruppenkabel genannt) mit in der Regel 2 abgeschirmten Paaren (1,4 mm ⌀ Cu)
für Rundfunkübertragungszwecke und einer Anzahl DM-verseilter
papierisolierter Vierer mit 0,9 mm ⌀ bzw. 1,4 mm ⌀ Cu-Adern
(s. Abb. 89). Die niederfrequent ausgenutzten 1,44 mm ⌀ Cu-DM-
Vierer können im Bedarfsfalle auch durch 1,2 mm ⌀ Cu-Tf-Sternvierer
mit Papierisolierung ersetzt werden.

c) Fernkabel, die neuerdings vorwiegend als Trägerfrequenzkabel
mit 7 styroflexisolierten Tf-Sternvierern oder mit einem Koaxialkern
und 8 styroflexisolierten Tf-Sternvierern hergestellt werden (s. Abb. 106
und 107 sowie Abb. 96). Die Abb. 86 und 87 zeigen als Beispiel Querschnitte älterer Fernkabel der Deutschen Reichspost. In Abb. 88 ist
das Fernkabel Form 8 wiedergegeben, das mit einigen Trägerfrequenzkanälen belegt ist. Abb. 89 zeigt das Querschnittsbild eines typischen
Bezirkskabels der Deutschen Bundespost. Querschnitte älterer Kabel
mit koaxialem Kern sind in den Abb. 90 bis 93 zu finden, während die
Abb. 94 bis 96 neuere Trägerfrequenzfernkabel enthalten.

Die Ansicht eines normalen Fernkabels mit einer abgeschirmten
Rundfunkleitung im Kern ist in Abb. 77 und die eines Trägerfrequenzkabels in den Abb. 97 bis 99 gegeben.

c) Hochfrequenzkabel

Die Übertragung von Frequenzen über etwa 200 kHz setzt die
Verwendung eines Isoliermaterials mit äußerst geringen dielektrischen
Verlusten voraus. Solche Stoffe (s. S. 115ff.) sind in erster Linie keramische Sondermassen (Frequenta), Polystyrol (in biegsamer Form als
Styroflex), Polyäthylen [224], Polyisobutylen (Oppanol) bzw. Mischungen aus diesen Stoffen, sowie das praktisch noch nicht eingeführte
Polytetrafluoräthylen [241].

Hochfrequenzleitungen werden meist in der koaxialen Zweileiter-
Gruppenform ausgeführt, da diese kein äußeres magnetisches Feld be-

---

[1] „Companding" = compressing + expanding [247].

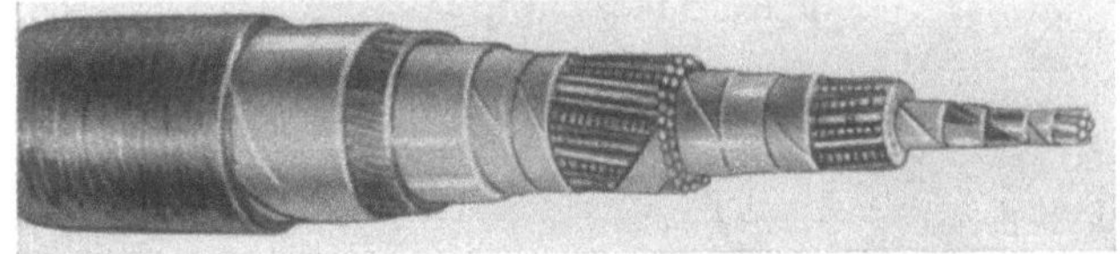

Abb. 97. Fernkabel mit Zwischenschirm für Trägerfrequenz-Telephonie (Pirelli-M)

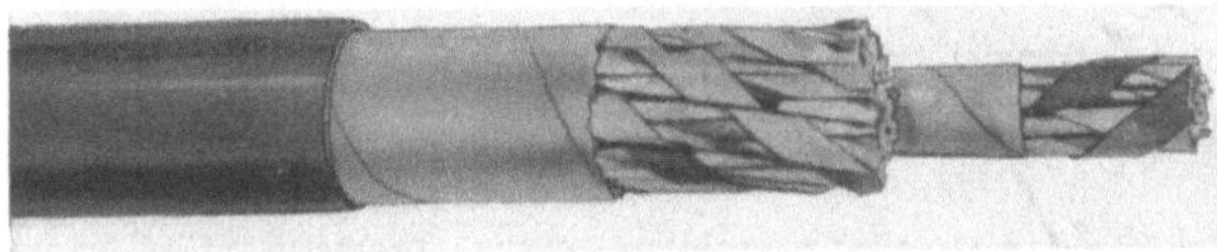

Abb. 98. Fernkabel Form 24 mit Papierisolation und blankem Bleimantel (HDK

Abb. 99. Fernkabel Form 24 mit Schaumstoffisolation der Süddeutschen Kabelwerke
und Stahlwellmantel der Fa. Hackethal (HDK)

Abb. 97—99. Trägerfrequenz-Fernkabel

sitzt und sich auch verhältnismäßig einfach sehr gleichmäßig mit
genügend großem Abstand zwischen den Leitern herstellen läßt.

Abb. 100 bis 102 zeigen Hochfrequenzkabel mit Vollisolierung dieser
verschiedenen Ausführungsarten, wie sie als Verbindungskabel von
Hochfrequenzapparaten [8], -sendern usw. und mit nahtlosem Mantel
auch als Seekabel verwendet werden (s. auch Abb. 81).

In Abb. 103 ist eine symmetrische Zweileitergruppe dargestellt, deren
Isolierung im wesentlichen aus Luft besteht. Die Leiter werden durch
Fäden in ihrer Lage gehalten[1].

Demgegenüber zeigen die Abb. 104 bis 112 die beiden meist üblichen
Ausführungsarten von Hochfrequenzleitungen in Fernkabelanlagen.

Abb. 104 bis 107 stellen die diskontinuierliche Isolierungsform (siehe
S. 330, Abb. 267 und Abb. 268) [44] mit Abstandhaltern dar, welche
im Falle der Abb. 104 aus verlustarmen keramischen Stoffen (siehe
S. 115), im Falle der Abb. 105 bis 107 aus einem hochpolymeren thermoplastischen Kohlenwasserstoff (s. S. 122ff.) bestehen.

In den Abb. 108 bis 112 sind Beispiele der ausschließlich in Deutschland entwickelten Hochfrequenzisolierung aus Styroflex [73], [159], [218]
wiedergegeben. Der Aufbau der älteren Isolierung aus der sogenannten

---

[1] „Fadenkabel" s. S. 344.

Abb. 100. Hochfrequenz-Vollkabel mit drei Isolierschichten aus einer Polyisobutylen-Mischung mit stützenden Trennschichten aus Isolierfolie, sowie Metallmantel aus Metalldrahtgeflecht (Nordkabel)

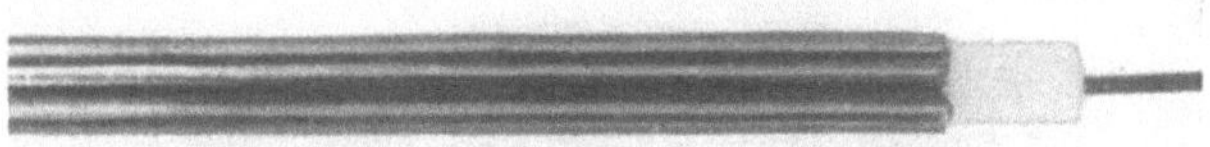

Abb. 101. Hochfrequenz-Vollkabel mit Mantel aus gefalztem Metallband (Nordkabel)

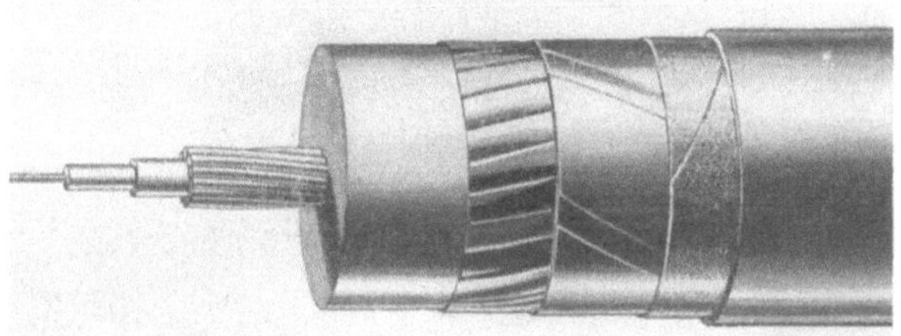

Abb. 102. Hochfrequenz-Energiekabel mit äußerem Leiter aus Kupferbändern (HDK)

Abb. 100—102. Hochfrequenzkabel mit Vollisolation

Styroflex *Kombi*-Kordel ist aus den Abb. 108 und 109 ersichtlich. Diese Isolierung ist in den Kabeln der Abb. 110 und 111 angewandt, von denen Abb. 110 den Breitbandkern eines Fernkabels [*160*] und Abb. 111 ein Hochfrequenzenergiekabel darstellen. Für Energiezwecke ist um 1950 bei Felten & Guillaume das Styroflex-Bandwendelkabel entwickelt worden (s. Abb. 112 und Abb. 291 [*218*]). Über den Innenleiter aus Kupfer wird eine aus vielen Styroflexfolien aufgebaute Wendel herumgesponnen. Die mit einer geschlossenen Styroflexfolie versehene Seele wird in ein etwas weiteres Aluminiumrohr (Abb. 113) eingezogen

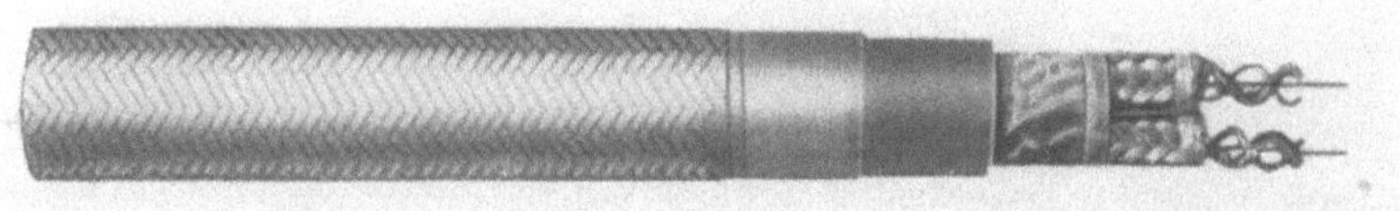

Abb. 103. Zweiadriges Hochfrequenz-Fadenkabel (Nordkabel)

(Abb. 201) und dann durch Nachziehen auf den richtigen Durchmesser gebracht. Etwa zur gleichen Zeit wurde bei den Hackethal-Draht- und Kabelwerken das Stahlwellmantel-Hochfrequenz-Energiekabel entwik-

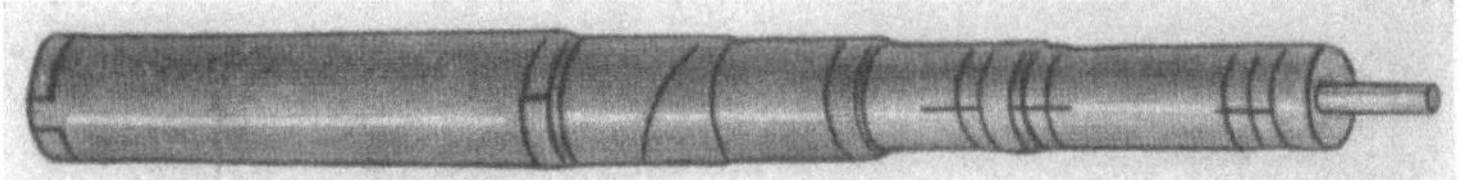

Abb. 104. Rohrkabel mit Frequenta-Scheiben-Abstandhaltern (KWO)

Abb. 105. Fernkabel mit vier Koaxial-Adern und einer Lage papierisolierter Fernsprechvierer.
Abstandhalter der Koaxial-Adern: Polyäthylen-Scheiben (Pirelli-M)

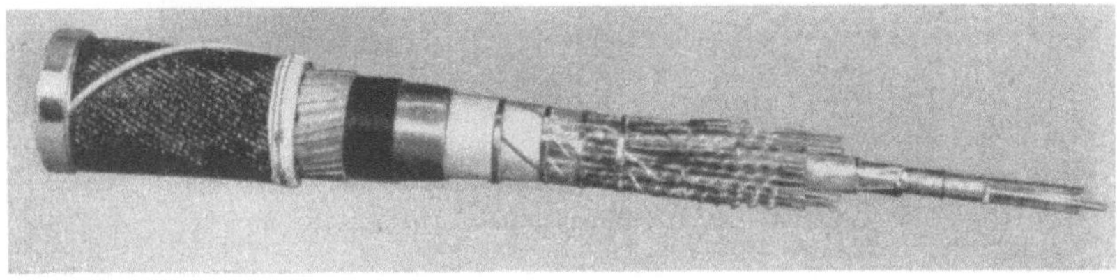

Abb. 106. Trägerfrequenzkabel Form 17a mit einer Koaxialleitung und 8 Styroflex-
Sternvierern, Bleimantel mit Flachdrahtbewehrung (HDK)

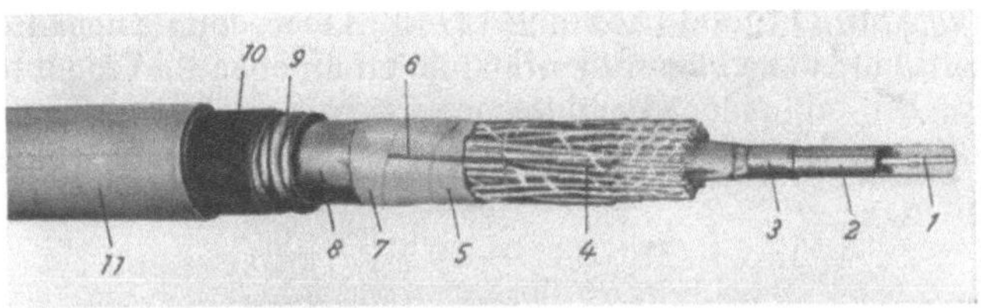

Abb. 107. Trägerfrequenzkabel Form 17a mit einer Koaxialleitung
und 8 Styroflex-Sternvierern, Kupferfolie und Stahlwellmantel (HDK)

1 Innenleiter, darüber Abstandhalter; *2* Kupferband, längs gefaltet, Außenleiter; *3* Kupfer-
bandwendel, Außenleiter; *4* Trägerfrequenz-Vierer; *5* Plattierung; *6* Prüfdraht; *7* Kunst-
stoffband; *8* Kupferband; *9* Stahlwellmantel; *10* Polymentschicht; *11* Kunststoffmantel

Abb. 104—107. Trägerfrequenzkabel mit diskontinuierlicher Isolierung unter Verwendung
von scheibenförmigen Abstandhaltern

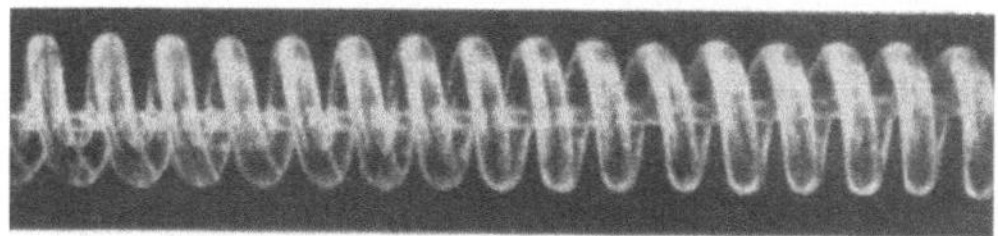

Abb. 108. „Kombi"-Kordel aus Styroflexwendel mit zentralem Styroflexdraht zur Zugentlastung für die Wendel [65] (F & G)

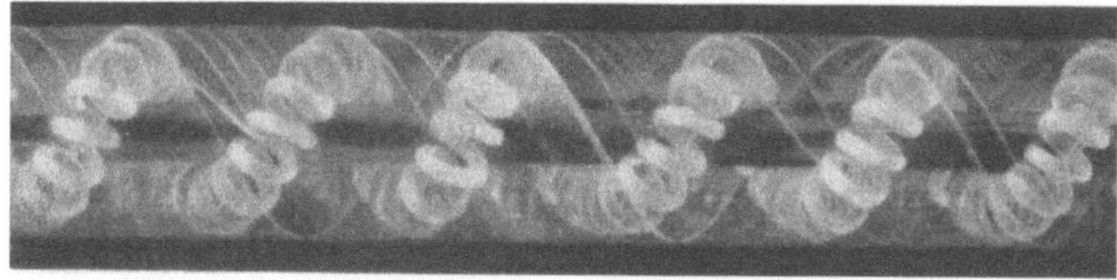

Abb. 109. Hochfrequenzleiter, isoliert mit einer offenen Wendel aus Kombi-Kordel und zwei Lagen Styroflexband (F & G)

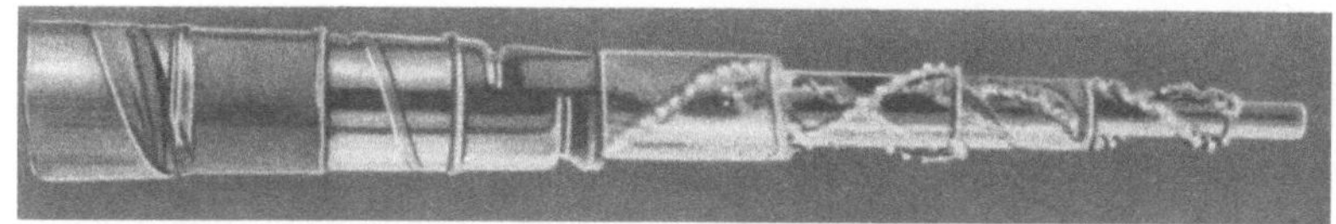

Abb. 110. Koaxiale Breitbandleitung mit einer zweischichtigen Styroflex-Isolierung, bei der jede Schicht aus zwei Kombi-Wendeln und darüberliegender Styroflex-Bandierung besteht. Der Außenleiter besteht aus gesickten Kupferbändern (F & G)

Abb. 111. Hochfrequenz-Energiekabel mit dreischichtiger Styroflex-Isolierung (F & G)

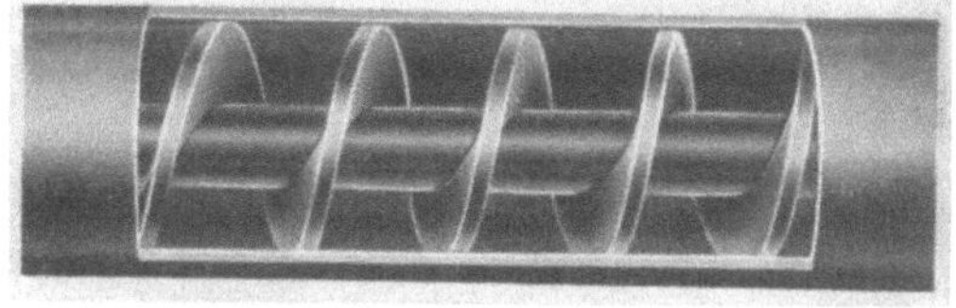

Abb. 112. Hochfrequenz-Energiekabel mit Styroflexbandwedel-Isolierung und Aluminiummantel (F & G)

Abb. 108—112. Hochfrequenzkabel mit kontinuierlicher Isolierung unter Verwendung von Styroflexkordeln und -bändern

kelt (s. Abb. 114 und 115). Es enthält über dem Kupferinnenleiter eine massive Wendel aus Polyäthylen. Darüber wird durch Widerstands-

Abb. 113. Aluminiummantel eines Hochfrequenz-Energiekabels mit Styroflexbandwendel-Isolierung (F & G)

schweißung (s. S. 364) und anschließendes Wellen (s. S. 315) ein innen kupferplattiertes Stahlband aufgebracht, dessen Kupfer als Außenleiter dient.

Sowohl das Styroflex-Bandwendelkabel wie das Stahlwellmantel Hf-Kabel sind für Frequenzen bis über 2000 MHz verwendbar, können also für den gesamten Kurzwellen-, Ultrakurzwellen-, Fernseh- und Dezimeterfunkbereich als Energieübertragungskabel benutzt werden.

Wellenleiter (Hohlleiter). Die Konstruktion des Wellenleiters (Wave Guide) beruht auf dem physikalischen Gesetz, daß für höhere Frequenzen der eigentliche Träger der elektrischen Energie das Dielektrikum ist und der Leiter lediglich eine Feldbegrenzung darstellt. Bei genügend hohen Frequenzen erfolgt die Fortpflanzung der elektrischen Energie überhaupt nicht mehr durch den Leiter. In einem Hohlleiter fließt die Energie durch den leeren Innenraum. Solche Hohlleiter sind als Kabel anzusehen, wenn sie biegsam sind[1].

Das Hauptanwendungsgebiet für Wellenleiterkabel ist die Radartechnik, bei der außerordentlich große momentane Impulsleistungen vom Sender zur Antenne übertragen werden müssen.

Abb. 114. Hochfrequenz-Energiekabel mit Polyäthylen-Bandwendel und verkupfertem Stahlwellmantel mit Kunststoffhülle (HDK), wirksamer Durchmesser 17/44 mm

____

[1] Siehe Definition S. 3.

Nach A. R. ANDERSON und A. M. MINCHELL [*43*] müssen Frequenzen bis herauf zu 1500 MHz noch mit koaxialen Kabeln (nach Art der in Abb. 114 dargestellten) übertragen werden, da die Abmessungen für Wellenleiter zu groß würden. Zwischen 1500 und 10000 MHz können sowohl koaxiale Kabel wie auch Wellenleiter Anwendung finden. (Symmetrische Hochfrequenzleiter sind für diesen Zweck nicht brauchbar.) Bei

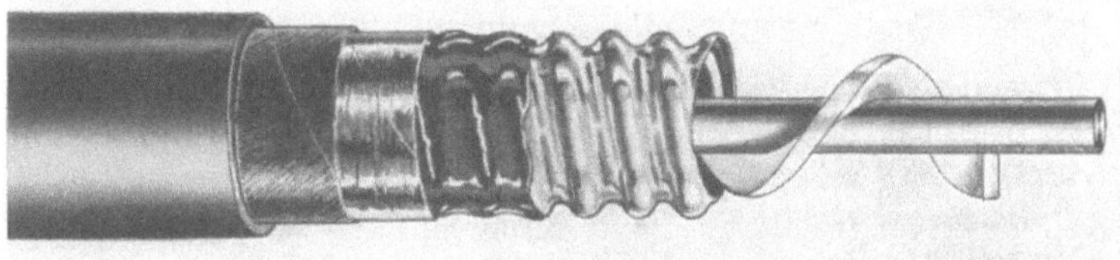

Abb. 115. Hochfrequenz-Energiekabel mit Polyäthylen-Bandwendel und verkupfertem Stahlwellmantel mit Kunststoffhülle (HDK), wirksame Durchmesser 9/22 mm

der in der Radartechnik meist angewandten Frequenz von 10000 MHz und darüber werden praktisch ausschließlich Wellenleiter verwendet, d. h., der Anwendungsbereich der Wellenleiter liegt hauptsächlich in dem Wellenlängenbereich von 1 bis 10 cm.

Die Form der Wellenleiter ist meist rechteckig, seltener kreisrund im Querschnitt. Ein Wellenleiterkabel, d. h. eine biegsame Wellenleitung, ist zur Erzielung der Biegsamkeit mit ringförmig geschlossenen Wellen versehen, ähnlich der Abb. 114 bzw. Abb. 195, jedoch mit dem Unterschied, daß die Wellung nicht schraubenförmig, sondern parallel geschlossen verläuft. Die durch die Wellung verursachte Reflexion ist gering in ihrer Gesamtwirkung, da die einzelnen Reflexionen sich weitgehend aufheben.

B. Die Verarbeitungseigenschaften der Werkstoffe

I. Allgemeiner Teil

Es gibt wohl kaum einen industriellen Rohstoff, der nicht auch in der Kabeltechnik Anwendung findet oder für eine zukünftige Verwendung in Betracht kommen könnte. Eine ausführliche Behandlung aller dieser Stoffe würde daher einer vollständigen Werkstoffkunde gleichkommen, die Aufgabe und Rahmen dieses Buches weit überschreitet[1]. Ich möchte mich daher auf eine Erörterung derjenigen Fragen beschränken, die für die Kabelherstellungsverfahren von besonderer Bedeutung sind. Da einerseits Stoffe gleicher oder ähnlicher chemischer Zusammensetzung je nach ihrem Zustand ganz verschiedene Verarbei-

---

[1] Eine Werkstoffkunde dieser Art ist in [*170*] enthalten.

tungseigenschaften zeigen und andererseits im chemischen Aufbau völlig unterschiedliche Werkstoffe sich in ihrem mechanischen und elektrischen Verhalten [66] überraschend ähneln, soll versucht werden, durch Einteilung der Stoffe nach gleichen oder ähnlichen *Verarbeitungseigenschaften* den Überblick über ihre Einsatzmöglichkeiten zu erleichtern.

a) Feinstruktur

Die verschiedenen Eigenschaften der zahlreichen Werkstoffe lassen sich zum Teil verhältnismäßig einfach und allgemeingültig aus ihrer Feinstruktur (Atom- und Molekülbau) ableiten. Die Behandlung der Werkstoffeigenschaften kann daher durch ein kurzes Eingehen auf diese Feinstruktur vereinfacht werden.

Das Bauelement der Materie ist das *Atom*, das aus einem positiv geladenen Kern besteht, der von schwingenden, negativ elektrischen Elementarquanten, den Elektronen, umgeben ist. Die Hauptmasse des Atoms (Atomgewicht) liegt im Kern, der aus ungeladenen Neutronen sehr kleiner Masse und positiv geladenen Protonen großer Masse zusammengesetzt ist.

Die *Elektronen* können als elektrische Wellen betrachtet werden, die in konzentrischen Schalen verschiedenartiger Symmetrie um den Atomkern schwingen. Die chemischen und physikalischen Eigenschaften der Stoffe werden nun durch die Zahl und Anordnung der Elektronen der äußersten, energiereichsten Schale bestimmt. Die Elektronen, die in dieser Schale schwingen, werden mit „Valenzelektronen" bezeichnet. Ihre Zahl und Anordnung ist für die Valenzkräfte ausschlaggebend, welche die Atome untereinander verbinden.

Bei neutralen Atomen ist die negative Ladung aller Elektronen gleich der positiven Ladung des Atomkerns, d. h., die Zahl der Elektronen ist gleich der Anzahl der Protonen im Kern. Es ist aber möglich, daß einzelne Atome einen höheren oder geringeren Betrag an Elektronen in ihren Schalen aufweisen, als der Protonenzahl des Atomkerns entspricht. Dadurch entstehen nach außen wirkende negative oder positive Ladungen. Diese geladenen Atome bezeichnet man mit *Ionen*. Die Bewegung der Ionen im elektrischen Feld ist die Ursache der Ionenleitfähigkeit und des Teils der dielektrischen Verlustenergie, der aus der molekularen Reibung der sich hin und her bewegenden Ionen mit der Umgebung resultiert.

Entgegengesetzt geladene Ionen ziehen sich an und vereinigen sich zu einem Molekül ohne Änderung der Schwingungsflächen ihrer äußeren Valenzelektronen; d. h., jedes Ion behält seine Elektronenbahnen ganz für sich. Eine solche Bindung zwischen entgegengesetzt geladenen Ionen bezeichnet man mit *Ionenbindung* oder *heteropolarer* Bindung. Sie ist verhältnismäßig schwach und kann durch Dissoziation des Moleküls in einem Lösungsmittel wieder getrennt werden. Verbindungen, die — mindestens teilweise — auf solcher Ionenbindung der Atome beruhen, sind vor allem Salze, Säuren und Basen, d. h. Elektrolyte, die durch Wasser (Feuchtigkeit) wieder zu geladenen Ionen dissoziiert werden, auf welche ein elektrisches Feld eine bewegende Kraft ausübt. Deshalb sind solche Verbindungen der größte Feind der Kabelisolierung, und alle Isolierstoffe müssen daher auf Freiheit von Elektrolyten geprüft und gegebenenfalls gewaschen (s. S. 99, 130 und 139) werden.

Im Gegensatz zur Ionenbindung werden bei der *neutralen* oder *homöopolaren* Bindung die Atome durch *gemeinsame* Valenzelektronenbahnen zum Molekül zusammengehalten. Diese Bindung ist besonders fest und eine notwendige, aber nicht hinreichende Bedingung für den Charakter eines Stoffes als Isolierstoff.

Die Elektronenhüllen dieser Atome können im elektrischen Feld eine Verschiebung relativ zu den Atomkernen erleiden. Die Schwerpunkte der positiven und negativen Ladungen fallen dann nicht mehr zusammen, so daß ein sonst neutrales Teilchen *im elektrischen Feld* zwei voneinander getrennte, entgegengesetzt gleiche Ladungen aufweist (*induziertes* Dipolmoment). Die polarisierende Wirkung ist um so größer, je stärker das Feld ist (Hochspannungskabel). Es gibt nun auch Fälle, in denen die Moleküle bereits *ohne äußeres elektrisches Feld* einen elektrischen Dipol (*permanentes* Dipolmoment) besitzen. Diese permanenten Dipole sind im allgemeinen erheblich größer als induzierte.

Im Wechselfeld werden die Dipole mit der Frequenz des Feldes dauernd umorientiert. Sie verbrauchen dabei zur Überwindung der molekularen Reibung mit der Umgebung Energie, die sich in Wärme umsetzt und als *dielektrischer Energieverlust* in Erscheinung tritt.

Eine dritte Bindungsart von Atomen zum Molekül, die *metallische Bindung*, ist charakteristisch für alle Metalle und einige metallähnliche Stoffe. In den Metallen kann sich ein Teil der Elektronen von den zugehörigen Atomkernen entfernen und innerhalb des Gesamtmoleküls (Kristalle) frei bewegen. Da ein Metallkristall mikroskopische oder sogar makroskopische Größe besitzt, befinden sich in ihm eine sehr große Anzahl freier Elektronen, die eine *Wolke* oder ein *Gas* negativer elektrischer Elementarquanten bilden, durch welche die positiven Metallionen eingehüllt und zusammengehalten werden.

Da sich nun die Elektronen der Elektronenwolke auf bestimmten Energieflächen frei innerhalb des Kristalls bewegen können (Elektronenleitfähigkeit), rufen sie beim Anlegen einer elektrischen Spannung einen Elektronenstrom hervor. Die negativen Elektrizitätsquanten haben dabei die Richtung vom Minus- zum Pluspol der angelegten elektrischen Spannung, d. h. also entgegengesetzt der klassischen Anschauung über den elektrischen Strom.

Können sich diese freien Elektronen nur in engeren Bereichen oder in geringerer Zahl bewegen, so handelt es sich um halbleitende Stoffe (z. B. Graphit).

Verschiedenartige Metallatome (z. B. Kupfer und Zink, oder Kalzium und Aluminium) oder Metalle und Metalloide (Silizium, Kohlenstoff) können aber auch durch die sehr viel stärkeren, oben erwähnten homöopolaren Bindungen vereinigt sein und dann höheren Schmelzpunkt, größere Härte und geringere Verformbarkeit und elektrische Leitfähigkeit aufweisen als in der metallischen Bindung.

Man bezeichnet nun alle diese genannten Bindungen der Atome, die zur Molekülbildung führen, d. h. besonders stark sind und daher eine große Annäherung der Atome aneinander bewirken, mit „primären" Bindungen oder *Hauptvalenzbindungen*, weil sie auf der Bindungskraft von Valenzelektronen beruhen. Dabei kommt jeder bestimmten chemischen Hauptvalenz ein bestimmter Abstand zwischen den durch diese Valenz miteinander verknüpften Atomen zu, und zwar weitgehend unabhängig davon, welche Substituenten die beiden miteinander verbundenen Atome tragen. Verschieden festen Bindungen entsprechen verschieden große Atomschwerpunktsabstände. Diese Hauptvalenzbindungsabstände liegen in der Größenordnung von 1,5 bis 3,3 Å[1].

Nach K. H. Meyer [*46*] sollen nun *alle* Atomgruppen, deren Atome *nur* durch Hauptvalenzen zusammengehalten werden, mit *Molekül* bezeichnet werden. Demzufolge wird also auch ein Diamant, ein Metallkristall oder ein dreidimensional vernetztes großes Polykondensatstück als ein einziges Molekül angesehen werden. Auch eine vulkanisierte Kautschukmischung ist ein einziges, sehr großes, lockeres Netzmolekül mit eingeschlossenen Füllstoffen, die jedoch *nicht* zum Molekül gehören.

Die Hauptvalenzbindungsabstände sind, wie betont, die Abstände zwischen den Atomschwerpunkten, d. h. den Zentren, um die die Atome im Molekül schwingen, und zwar sowohl in Richtung der Hauptvalenzkräfte (Valenzschwingungen) als auch senkrecht dazu (Deformationsschwingungen). Bei größeren organischen Molekülen, bei welchen freie Drehbarkeit um einfache Hauptvalenzbindungen besteht, finden unter dem Einfluß der thermischen Stöße der Umgebung auch Rotationen und Schwingungen ganzer Molekülteile statt.

Mit steigender Temperatur erhöht sich die Bewegungsenergie der Atomgruppen so lange, bis die Bewegungsenergie auch zur Trennung der Hauptvalenzbindungen ausreicht und größere Moleküle in kleinere zerlegt werden (z. B. Depolymerisation) oder sich zersetzen. Zunächst findet bei einer Temperaturerhöhung meist jedoch erst eine Trennung der *Nebenvalenzbindungen* oder sekundären Bindungen statt, von denen im folgenden die Rede sein wird.

Der Zustand der Materie ist also bei jeder Temperatur die resultierende Wirkung des Wechselspiels zwischen atomaren und molekularen Anziehungskräften einerseits und der Wärmebewegung andererseits.

Nach Absättigung der molekülbildenden Hauptvalenzen sind die entstehenden Teilchen immer noch in der Lage, auf gleich- oder verschiedenartige Teilchen noch weitere Kräfte auszuüben, die jedoch meist wesentlich schwächer sind als die Hauptvalenzkräfte und die mit *Nebenvalenzkräften* oder *sekundären Bindungskräften* oder *Van der Waalsschen* Kräften bezeichnet werden. Die Atomabstände der Nebenvalenzbindungen sind daher wesentlich größer als die einer Hauptvalenz entsprechenden Werte.

---

[1] Ångström; 1 Ångström = 10^{-4} mm.

Die Nebenvalenzen sind nun für den Aufbau fester und flüssiger Stoffe aus den — in sich hauptvalenzmäßig zusammengefügten — Molekülen von ausschlaggebender Bedeutung.

b) Aggregatzustand

Im Gaszustand ist die kinetische Energie der Moleküle bzw. Atome (Metalle und Edelgase) zu groß, als daß ihre gegenseitige Anziehungskraft zur Wirksamkeit kommen könnte. Wenn jedoch höherer Druck herrscht oder durch Abkühlung die kinetische Energie der Moleküle herabgesetzt wird, wird infolge der gegenseitigen Anziehungskraft ihr freies Hin- und Herjagen durch eine begrenzte vibrierende Fortbewegung ersetzt, d. h., der Stoff wird flüssig. Weiterer Wärmeentzug führt zur Herabsetzung der Schwingungsamplitude, bis beim *Gefrierpunkt* die Moleküle bzw. Atome in Schwingungen um feste Zentren *einschnappen*. Ein solcher unstetiger Übergang vom flüssigen in den festen Aggregatzustand ist vor allem für die Metalle und andere vollständig kristallisierende Stoffe kennzeichnend und wird bei hochpolymeren Isolierstoffen meist durch einen mehr oder weniger breiten Temperaturbereich ersetzt.

Bei Metallen sind die Zustände *fest* und *flüssig* klar gegeneinander abgegrenzt. Metalle werden mit „fest" bezeichnet, wenn sie kristallisiert, d. h. die Atome durch die metallische Bindung in Kristallen geordnet sind. Nach einem Vorschlag von TAMMANN wird vielfach der Kristallzustand ganz allgemein als Kennzeichen des festen Körpers angesehen, d. h. alle nichtkristallinen, amorphen Körper den Flüssigkeiten zugeordnet. Zur Deutung der physikalischen Eigenschaften offenbar fester amorpher glasartiger Körper wird der Begriff *unterkühlte Flüssigkeit* oder *Glaszustand* herangezogen. Für den Kabeltechniker, der außer mit Metallen vor allem mit der Vielfalt hochpolymerer Stoffe zu tun hat, ist diese Auffassung zum mindesten unpraktisch:
Die das Gefüge des Festkörpers aufbauenden Kristallite sind bei den Metallen und Silikaten mikroskopisch sichtbar, bei den organischen Hochpolymeren liegen sie jedoch unterhalb der mikroskopischen Auflösbarkeit (kristalline Mizelle), oder es ist überhaupt keine kristallinische Ordnung festzustellen. Zwischen kristallinischen und nichtkristallinischen organischen Hochpolymeren besteht nun aber keineswegs ein solcher Unterschied, daß man die kristallinischen generell zu den Festkörpern und die nichtkristallinischen generell zu den Flüssigkeiten rechnen könnte.
Innerhalb der Gruppe der gesättigten hochpolymeren Kohlenwasserstoffe z. B. sind Polyäthylen, Polyvinylalkohol, Polyvinylchlorid (zu Fäden ausgezogen) stets kristallinisch. Polyisobutylen zeigt ein Faserdiagramm nur im gedehnten Zustand, und Polyvinylazetat, Polystyrol sowie alle Mischpolymerisate sind mit Sicherheit nicht kristallin, Polystyrol auch nicht im gedehnten Zustand (Styroflex) [*46*].

Für den praktischen Gebrauch ist es auch unerheblich, zwischen *fest* und *flüssig* eine scharfe Grenze zu ziehen. Bei vielen Hochpolymeren ist es schon deshalb überhaupt unmöglich, weil sie nicht aus einem einheitlichen Stoff gleicher Kettenlänge bestehen, sondern aus einem Gemisch von Makromolekülen sehr verschiedener Kettenlänge und demzufolge verschiedenem physikalischen Verhalten. Es erscheint daher zweckmäßig und anschaulich, das Gebiet zwischen offensichtlich fest und offensichtlich flüssig mit *weich* oder *erweicht* [*47*] zu bezeichnen. Die

Grenze zwischen *fest* und *weich* ist dann identisch mit der Grenze zwischen Kalt- und Warmverformung und bei den Hochpolymeren durch den *Einfrierbereich* [48] definiert.

Flüssigkeiten, die eine große Affinität zu hochpolymeren Festkörpern haben, können die direkten Nebenvalenzkräfte, welche die Moleküle des hochpolymeren Festkörpers zusammenhalten, überwinden und durch Nebenvalenzbindungen zwischen Flüssigkeit und Festkörpermolekülen ganz oder teilweise ersetzen. Dieser Vorgang kann je nach Art und Menge der Flüssigkeit zur Erweichung oder Lösung des Festkörpers führen. Bleiben jedoch die Festkörpermoleküle durch Hauptvalenzbindungen (Brücken; vulkanisierter Kautschuk) zu einem lockeren netzartigen Makromolekül verbunden, oder sind sehr lange Kettenmoleküle ineinander verschachtelt oder durch kristallisierte Bereiche miteinander verschweißt (Zellulose), so kann das Eindringen der Flüssigkeit zu einem Quellzustand führen.

Der Vorgang der Erweichung spielt für die Verarbeitung hochpolymerer Stoffe bei der Kabelherstellung eine bedeutende Rolle und wird im Anschluß an die Besprechung der Polymeren eingehender behandelt werden (s. S. 97).

c) Metalle und Hochpolymere

Die kabeltechnisch wichtigsten Stoffe sind für elektrische Leiter, Feuchtigkeitsschutz und mechanischen Schutz Metalle; und für elektrische Isolierung, Korrosionsschutz und ebenfalls mechanischen Schutz hochpolymere organische Verbindungen. Aufbau und Eigenschaften der Metalle und Polymeren sollen daher eingehender behandelt werden, und zwar auch vergleichend, da diese beiden Werkstoffklassen im Kabel nicht nur nebeneinander, sondern bei bestimmten Herstellungsverfahren auch gleichzeitig miteinander verarbeitet werden.

Wie bereits erwähnt, ordnen sich die Metallatome aus der Schmelze bei Erreichung des Erstarrungspunktes im Kristallgitter, in dem positive Metallionen um genau definierte Zentren schwingen und innerhalb eines Kristalls gemeinschaftlich in eine frei bewegliche Wolke der zugehörigen Elektronen eingehüllt sind. Die Lage dieser Schwingungszentren ist nun bei den verschiedenen Kristallformen verschieden. Die den Kabeltechniker hauptsächlich interessierenden Metalle Kupfer, Blei und Aluminium kristallisieren in kubisch flächenzentriertem System. Die Schwingungszentren der Ionen liegen hier in den acht Ecken eines Würfels und den Mittelpunkten jeder der sechs Würfelflächen. Zink dagegen, das in der Praxis besondere Verarbeitungsschwierigkeiten bereitet, kristallisiert im hexagonalen System.

Die Metalle verdanken ihre Vorrangstellung in erster Linie der Tatsache, daß viele von ihnen zwei technisch wichtige, aber im allgemeinen divergente Eigenschaften in sich vereinigen: Festigkeit und Verformbarkeit. Dazu kommt das besondere Leitvermögen für Elektrizität und Wärme. Diese Eigenschaften sind nicht den Metallatomen an sich eigen, sondern ihrer Gruppierung in metallischem Zustand, denn Metallatome in heteropolarer oder homöopolarer, d. h. nichtmetallischer Bindung mit anderen Metallen oder mit Nichtmetallen zeigen ein völlig abweichendes Verhalten.

Unter *Hochpolymeren* versteht man chemische Verbindungen, bei denen eine große Zahl gleicher oder gleichartiger Atomgruppen (auch *Monomere* genannt) durch homöopolare Hauptvalenzen miteinander verbunden sind. Gemeinsame Züge im Bau hochpolymerer Verbindungen führen auch dann zu Ähnlichkeiten in ihrem physikalischen Verhalten, wenn sie chemisch nicht miteinander verwandt sind.

Hochpolymere können nur aus Molekülen (*Monomeren*) aufgebaut werden, die mit mindestens zwei anderen Molekülen hauptvalenzmäßig zusammentreten können. Bifunktionelle Monomere besitzen zwei solcher Bindungsmöglichkeiten und führen zu Linear- oder Kettenpolymeren; Tri-, tetra- bzw. polyfunktionelle Monomere besitzen drei, vier bzw. viele Hauptvalenzbindungsmöglichkeiten und führen zu flächen- und raumvernetzten Polymeren.

Die größte Zahl der dreidimensionalen Bindungen führt zu harten, nichtdeformierbaren Stoffen (härtenden Kunststoffen, z. B. Phenoplasten). Auch wenn die Netze sehr lose sind, d. h. z. B. nur aus an wenigen Stellen verbundenen Ketten bestehen, unterscheiden sich ihre Eigenschaften grundsätzlich von denen reiner Kettenpolymerer. Die Ketten können dann durch mechanische Einwirkung nicht mehr plastisch, sondern nur noch elastisch gegeneinander verschoben werden, und das ganze Polymerisat ist als einziges Riesenmolekül aufzufassen. Die Vernetzung der Ketten kann dabei nachträglich, d. h. nach der Linearpolymerisation der Ketten, durch andere Reaktionen als der eigentlichen Polymerisation bewirkt werden (z. B. Schwefelbrückenbildung bei der Kautschukvulkanisation). Im weiteren Sinne sollen jedoch alle homöopolaren Bindungsvorgänge zwischen monomeren oder bereits polymerisierten Molekülen, d. h. z. B. auch die Vulkanisation, mit *Polymerisation* bzw. *Polykondensation* bezeichnet werden, je nachdem, ob es sich um reine Anlagerungsreaktionen, z. B. unter Übergang von doppelten Bindungen in einfache, oder ob es sich um Reaktionen handelt, die unter Abspaltung eines energiearmen Nebenproduktes (z.B. H_2O, HCl usw.) verlaufen.

d) Polymerisation und Polykondensation

Bei Polykondensaten handelt es sich mit wenigen Ausnahmen (Linearkondensate, wie Polyamide und Silikone) um im Endzustand starre, nichtbiegsame Stoffe und bei den reinen Polymerisaten meist um plastische oder elastische Stoffe. Daher sind die Polymerisate für die Kabelherstellung in erster Linie von Bedeutung.

Von vereinzelten Ausnahmen abgesehen, wird die eigentliche Polymerisation nicht bei der Kabelherstellung selbst angewandt[1], sondern die fertigpolymerisierten

---

[1] Eine unbeabsichtigte Polymerisationserscheinung auf dem Kabelgebiet sei hier am Rande erwähnt: die Bildung eines wachsähnlichen Stoffes, *Kabelkäse* genannt, der in Höchstspannungs-Papier-Öl-Kabeln unter der Wirkung starker Ionisierung (s. S. 31 und 36) aus dem Öl gebildet wird, und dessen örtliche Verteilung in den Isolierschichten einen Fingerzeig über die genaue Lage der ionisierten Bereiche gibt.

Erzeugnisse werden unverändert verarbeitet oder depolymerisiert. Da jedoch mit einer Ausweitung der Anwendung der eigentlichen Polymerisation im Kabelherstellungsverfahren selbst zu rechnen ist, soll hierauf kurz eingegangen werden:

Während bei der Polykondensation sich das Wachstum der Makromoleküle in gleichartig aufeinanderfolgenden Schritten (etwa ähnlich der Metallkristallbildung aus einer Schmelze) vollzieht (Stufenreaktion), ist die eigentliche Polymerisation eine Kettenreaktion mit kleiner Anfangsgeschwindigkeit und anschließender Wachstumsreaktion mit größerer Geschwindigkeit. Einige monomere Moleküle müssen zunächst durch Licht oder Wärme in Anwesenheit geeigneter Katalysatoren angeregt (aktiviert) werden, dann setzt sich die Reaktion als Kettenreaktion selbständig fort, bis entweder die monomere Masse vollständig polymerisiert ist oder ein Abbruch der Reaktion (Stabilisierung) eintritt. Die Polymerisation geht unter Abgabe von Wärme vor sich, die zu einem explosiven Verlauf führen kann (Akrylate).

Bei der Polymerisation kann sich das Monomere in drei verschiedenen Ausgangsformen befinden: in reiner flüssiger Phase ohne Verdünnungsmittel (*„Blockpolymerisation"*) oder in Lösung (*Lösungspolymerisation*) oder emulgiert (meist in Wasser; *Emulsionspolymerisation*) bzw. suspendiert (*Suspensionspolymerisation*).

Das Produkt von Emulsionspolymerisationen, die milchartige Emulsion (oder „Kunstlatex", im Gegensatz zum Naturkautschuklatex) kann unmittelbar zur Herstellung dünner Isolierschichten verwendet werden (s. S. 130). Im allgemeinen wird jedoch das Polymerisat durch Eindampfen des Emulgierungsmittels als Pulver gewonnen und in dieser Form den Kabelwerken zur Verarbeitung angeliefert[1]. Die Pulverform des Emulsionspolymerisats eignet sich besonders für die weitere Verarbeitung in Mischungen mit Weichmachern od. a. und für die Ausnützung der günstigen quasiplastischen Eigenschaften der Pulver (s. S. 125 und 322).

Die festere Bindung benachbarter Moleküle im Blockpolymerisat vereinfacht und erleichtert andererseits die Verformung des Polymeren als kompakte Masse.

Die Lösungspolymerisation wird nur zur Herstellung niederer und mittlerer Polymerisationsstufen angewandt, da Lösungsmittel im allgemeinen als Kettenbrecher wirken, d. h. die Kettenreaktion abbrechen, bevor es zur Bildung hoher Polymerisationsstufen kommt.

Allgemein gilt, daß bei der Polymerisation die Moleküle enger zusammenrücken und als Ganzes im polymerisierten Zustand weniger Raum einnehmen. Diese Schwindungserscheinungen müssen berücksichtigt werden, da sie sonst zu inneren Spannungen, Hohlräumen, Rissen und Trübungen führen können. Das gilt besonders für unvollständig polymerisierte Körper, die zur Nachpolymerisation neigen.

Eine technisch wichtige Form der Polymerisation ist die Mischpolymerisation. Sie beruht darauf, daß ein aktiviertes Molekül sowohl mit gleichartigen als auch mit andersartigen Molekülen zusammentreten kann. Mischpolymerisate kristallisieren nicht, und ihre Erweichungstemperatur liegt niedriger als die der Homopolymeren aus gleichartigen Resten. Ihre plastische Verformung ist daher technisch einfacher (Mipolam, Vinylite; s. S. 126/127).

Die Eigenschaften des Polymerisats sind weitgehend von der Länge der gebildeten Makromolekülketten abhängig; je länger die Ketten werden, um so geringer wird seine Plastizität. Man erhält nun aber bei einem Polymerisationsvorgang niemals eine ganz gleichmäßige Kettenlänge. Es ist vielmehr immer eine mehr oder weniger große Streuung vorhanden. Geringe Anteile besonders kurzer Ketten können die Wärmebeständigkeit erheblich herabsetzen. Sie wirken gewissermaßen als Weichmacher. Besonders lange Ketten dagegen beeinträchtigen die Verformbarkeit des gesamten Polymerisats. Langsame Polymerisation

---

[1] Siehe hierzu das Beispiel der PVC-Gewinnung, S. 124.

ergibt gleichmäßigere und größere Kettenlängen als schnelle. Die längsten Ketten sind durch Emulsionspolymerisation zu erzielen. Die Gleichmäßigkeit eines Polymerisats kann nachträglich dadurch etwas verbessert werden, daß die besonders langen Ketten durch vorsichtige Wärmeeinwirkung abgebaut werden.

Auch die *Polykondensation* führt anfangs meist zur Bildung von Kettenmolekülen, d. h. zu einem plastisch verformbaren Zwischenprodukt. Das Fortschreiten der Reaktion ergibt dann jedoch in der Regel eine räumliche Vernetzung der Makromoleküle und damit feste, harte, nicht mehr plastisch verformbare Produkte, die auch im allgemeinen nicht mehr biegsam genug sind, um als eigentliche Kabelteile Verwendung finden zu können. Auch bei Verwendung der noch plastischen Zwischenprodukte ist mit einer unbeabsichtigten Nachreaktion, d. h. einer allmählichen Überführung in einen spröden Zustand, zu rechnen. Eine Ausnahme bilden die Linearkondensate, wie z. B. Polyamide und einige Silikone, die daher auch kabeltechnische Verwendung finden.

e) Vulkanisation

Unter Vulkanisation im engeren Sinne versteht man eine chemische Reaktion zwischen dem Kautschuk und Schwefel, bei welcher die Kautschukkettenmoleküle durch *Schwefelbrücken* miteinander verbunden werden. Dadurch wird die freie Beweglichkeit der Ketten aneinander aufgehoben, und an Stelle der Plastizität der unvulkanisierten Mischung tritt die Hochelastizität des Vulkanisats. Bei einer schwachen Vulkanisation kommen einige Schwefelatome auf eine Hauptvalenzkette, d. h., die Ketten sind nur sehr lose miteinander verknüpft.

Die Schwefelbrückenbildung finden jedoch nicht nur zwischen verschiedenen Ketten statt (intermolekulare Brückenbildung), sondern auch zwischen verschiedenen Teilen desselben Makromoleküls (intramolekulare Brückenbildung) und setzt damit die Flexibilität der einzelnen Ketten in sich herab, ohne die mechanische und thermische Stabilität des Vulkanisats zu erhöhen. Mit wachsender Anzahl der Schwefelbrücken steigt die Festigkeit daher nicht im gleichen Maße, wie die Dehnbarkeit sinkt.

Der Schwefel wird bei der in der Kabeltechnik ausschließlich angewandten Heißvulkanisation als elementarer Schwefel der Kautschukmischung beigegeben. Thiurampolysulfide (s. S. 94) vulkanisieren auch ohne Schwefelzusatz.

Eine Vernetzung der Kautschukmolekülketten kann auch durch reine *Adsorptionsvorgänge* an Ruß oder Metalloxyden[1], d. h. nicht durch homöopolare Bindungen, sondern durch sehr starke Nebenvalenzbindungen, bewirkt werden. In der Regel sind beide Erscheinungen, Brückenbildung und Adsorption, an dem Vernetzungsvorgang bei der Kautschukvulkanisation beteiligt.

Der Vulkanisationsvorgang kann durch besondere Zusätze beschleunigt werden. Die erwähnten Adsorptionserscheinungen an Metalloxyden (vor allem ZnO) tragen bereits wesentlich zur *Beschleunigung der Vulkanisation* bei. Bei den eigentlichen Beschleunigerstoffen unter-

---

[1] Zum Beispiel „bound rubber" [*208, 209*].

scheidet man nach der Wirksamkeit gewöhnliche Beschleuniger (wie Guanidinderivate und Aldehydamine), Semiultrabeschleuniger (wie Merkaptobenzothiazol) und Ultrabeschleuniger (wie Thiurampolysulfide).

In der Regel kombiniert man heute zwei oder drei verschieden schnell wirkende Beschleuniger in einer Mischung, um ein schnelles Anvulkanisieren (zur Vermeidung von Formänderungen bei der *Freiheizung*) und ein langsameres Durchvulkanisieren zu ermöglichen.

Die kontinuierliche Vulkanisation, unmittelbar im Anschluß an die Spritzmaschine, erfordert eine schnelle Gesamtvulkanisation ausschließlich mit Ultrabeschleunigern, d. h. eine besonders sorgfältige Abstimmung von Mischung, Temperaturbehandlung und Arbeitsgeschwindigkeit gegeneinander.

Eine Vernetzung der Ketten in ungesättigten polymeren Kohlenstoffverbindungen durch Brückenbildung durch andere Elemente als Schwefel kann auch hauptvalenzmäßig, vor allem durch *Sauerstoff*, erfolgen. Eine solche Vernetzung führt ebenfalls zu einer Herabsetzung der Plastizität, Löslichkeit und Quellbarkeit und wird daher manchmal zum Schutz gegen chemische Agenzien bewußt und gesteuert angewandt. Die unbeabsichtigten und unerwünschten Wirkungen des Luftsauerstoffs und besonders des Ozons führen zu den bekannten Versprödungserscheinungen an den Vulkanisaten, an denen oft nicht nur Vernetzungs-, d. h. Polymerisationserscheinungen, sondern auch Abbau-, d. h. Depolymerisationserscheinungen, beteiligt sind, wie sie im folgenden eingehender besprochen werden sollen.

f) Depolymerisation

Unter Depolymerisation versteht man den Abbau polymerer Stoffe zu niedrigeren Polymerisationsgraden oder ganz zurück zum Monomeren. Nicht alle Stoffe, die sich polymerisieren lassen, sind depolymerisierbar, insbesondere nicht die gehärteten, dreidimensional eng vernetzten Polykondensate.

In anderen Fällen geht der Molekülabbau andere Wege als der Aufbau, beispielsweise beim vulkanisierten Kautschuk. Das Depolymerisationsprodukt (*Regenerat*) besteht in diesem Falle nicht aus den unvernetzten Kettenmolekülen, sondern aus kleinen Netztrümmern.

Vollständig reversibel polymerisierbare Stoffe finden sich unter der Gruppe der gesättigten Kohlenwasserstoffe, wie z. B. Polystyrol und Polymethylmethakrylat. Da man bei solchen Stoffen durch geeignet gesteuerte Wärmeprozesse den Polymerisationsgrad und damit ihre Verarbeitungseigenschaften, wie Härte, Plastizität, Viskosität usw., in großem Ausmaße in beiden Richtungen verändern kann, scheinen für ihre Anwendung in der Kabelfertigung bisher praktisch noch unausgenützte Entwicklungsmöglichkeiten zu bestehen.

Während man im allgemeinen bestrebt ist, zur Erleichterung der Verarbeitung einen niedrigeren Polymerisationsgrad einzustellen als im fertigen Kabel, kommt — beispielsweise beim Isotraxverfahren — auch der umgekehrte Fall praktisch vor.

Besonders häufig werden Depolymerisationsverfahren angewandt, um hochpolymerisierte Werkstoffe überhaupt erst verarbeitbar zu machen. In anderen Fällen ist mit einer Aufbereitung oder Umwandlung von Werkstoffen ein unbeabsichtigter Depolymerisationsvorgang unvermeidbar verbunden (Zellulose).

Das klassische Beispiel einer Plastizierung durch Aufbrechen schwächerer Vernetzungen ist das *Mastizieren* oder Brechen des Naturkautschuks auf Walzwerken mit Friktion, d. h. durch starke mechanische Wirkung, wobei aber auch eine chemische Wirkung des Luftsauerstoffs (oxydativer Abbau) eine Rolle spielt. Auch manche Kunstkautschukarten, wie Perbunan sowie hochpolymeres Polyisobutylen, müssen ihrer verzweigten Kettenstruktur wegen gebrochen werden. Die Abb. 159 zeigt das Mastizieren von Perbunan in einem stark gekühlten Walzwerk geringer Friktion, um die durch den mechanischen Arbeitsaufwand hervorgerufene Erwärmung des Werkstoffes in mäßigen Grenzen (unter etwa 60 bis 70° C) zu halten.

Bei manchen Kunstkautschukarten, wie Buna S, ist jedoch die zur Vornahme der Mischung (Aufnahme der Füllstoffe) und zur plastischen Formung erforderliche Plastizität mit solchen mechanischen Verfahren nur schwer, d. h. nur mit unwirtschaftlichem Energieaufwand, zu erreichen. Man kommt hier einfacher und schneller durch Wärmeeinwirkung, d. h. mit dem „thermischen Abbau", zum Ziel, der am Beispiel des Buna S bereits hier besprochen werden soll, da er grundsätzlich auch für andere hochpolymere Werkstoffe anwendbar ist.

Erhitzt man Buna S auf 130 bis 140° C unter Luftdruck oder einigen Atmosphären Luftüberdruck, so wird der stark elastische Rohbuna in eine plastische und klebrige Masse übergeführt. Der Grad der Plastizität (Abbaugrad) hängt von der Dauer der Wärmeanwendung ab. Da sich ein höherer Abbaugrad, d. h. größere Weichheit, für den Mischvorgang und die Formung im Kalander und der Spritzmaschine, sowie für das Verschweißen der Nähte und Lagen beim Längsbedeckungsverfahren günstig auswirkt, andererseits aber Zerreißfestigkeit, Elastizität und Modulus des Vulkanisats mit zunehmendem Abbau verschlechtert werden, muß das thermische Abbauverfahren sorgfältig auf eine optimale Zwischenstufe eingestellt werden. Statt dessen kann man auch verschiedene Abbaugrade miteinander mischen oder thermoplastische Stoffe, wie z. B. PVC-Paste, hinzufügen.

Durch Verwendung besonderer abbaufördernder Zusätze, die als Sauerstoffüberträger wirken, kann man, insbesondere beim Perbunan, Abbautemperaturen oder -zeiten herabsetzen und auch in einer Siebspritze kontinuierlich abbauen [90]. Neuere Bunaarten (Buna S 4) werden bereits mit geringerem Polymerisationsgrad hergestellt und bedürfen keines thermischen Abbaus.

In diesem Zusammenhang sei auch der ölplastizierte Buna OP erwähnt, der durch Einbau von ungesättigten Ölen in das Kettenmolekül wesentlich an Plastizität gewonnen hat, so daß unter Umständen (je nach der beabsichtigten Weiterverarbeitung) auf einen mechanischen oder thermischen Abbau verzichtet werden kann [194].

Der geschilderte thermische Abbau ist an die Anwesenheit von Luft (Sauerstoff) gebunden, d. h. mit einem oxydativen Abbau gekoppelt. Für seine Durchführung ist daher ausreichende Frischluftzufuhr und Luftzirkulation erforderlich.

Nach dem Abbau „erholt", d. h. verstrammt, sich der Buna wieder etwas, besonders innerhalb der ersten 24 Stunden. Die Plastizitätskontrollmessungen werden daher meist erst nach dieser Zeit vorgenommen. Im Laufe längerer Lagerzeiten, insbesondere in nichtgekühlten Lagerräumen, können sogar erhebliche Polymerisationserscheinungen und Vernetzungen auftreten. Anscheinend wirkt eine teilweise Depolymerisation ganz allgemein anregend für Polymerisations- und Vernetzungsvorgänge.

Unbeabsichtigte und unerwünschte oxydative Abbauerscheinungen spielen bei zu langem Mastizieren (*Totwalzen*), zu starkem Vulkanisieren (*Übervulkanisieren*) und der *Alterung* des Kautschuks eine Rolle.

Die *Alterung des Gummis* macht sich zunächst durch Klebrigkeit der Gummihüllen und später durch Hartwerden und Brüchigkeit bemerkbar. Festigkeit, Abriebfestigkeit und Kerbzähigkeit nehmen stark ab. Die Alterung wird durch Übervulkanisation und durch bei der Vulkanisation noch nicht chemisch gebundenen *freien* Schwefel stark gefördert.

Zur Vermeidung vorzeitiger Alterungserscheinungen muß auch die direkte Berührung der Kupferleiter mit der Kautschukhülle vermieden werden, da Kupfer als *Kautschukgift* wirkt. Mechanische Spannungen im Gummi und Licht beschleunigen ebenfalls die Alterung. Besonders stark wirkt Ozon (Hochspannung). Gewisse Zusatzstoffe verzögern die Alterung (*Alterungsschutzmittel*), wie z. B. organische Amine.

g) Zersetzung

Gleichzeitig mit einer Depolymerisation, d. h. einer Trennung der Hauptvalenzverbindungen zwischen den einzelnen Kettengliedern oder Netzknoten der Hochpolymeren, kann eine Trennung der Hauptvalenzbindungen innerhalb der einzelnen Glieder selbst, d. h. eine chemische Zersetzung des Grundstoffes selbst, auftreten. Wenn man nicht — wie etwa zur Entwicklung gasförmiger Stoffe (Schaumisolierung) — eine solche Zersetzung polymerer Stoffe beabsichtigt, muß man bei Depolymerisationsvorgängen daher äußerst vorsichtig zu Werke gehen.

Bei manchen Stoffen, wie z. B. beim PVC, tritt eine Zersetzung unter üblichen Erwärmungsbedingungen bereits auf, ehe sich eine Depolymerisation (Erhöhung der Plastizität bei Raumtemperatur) bemerkbar macht. Der Verfasser konnte jedoch am Beispiel des PVC nachweisen, daß die Temperatur-Zeit-Kurven beginnender Depolymerisation und beginnender Zersetzung nicht gleichartig zu verlaufen brauchen, d. h. z. B. sich überschneiden können. Durch kurzzeitige Behandlung im Temperaturbereich zwischen 250 und 320° C ist danach eine überraschende Erhöhung der Plastizität des PVC bei Raumtemperatur ohne die geringste Zersetzung (Braunfärbung) möglich. Dieses Verfahren ergibt[1] plastisch-elastisch biegsame Isolierhüllen, die

---

[1] Zum Beispiel bei Isotraxkabeln (s. S. 125 und 322)

infolge des Fehlens jeglicher Weichmacherzusätze außerordentlich gute elektrische Eigenschaften und Wärmebeständigkeit besitzen.

Der Zersetzungsgefahr ausgesetzte Werkstoffe, wie PVC, können durch Zusatz wärmestabilisierender Mittel unempfindlicher gegen Überhitzung gemacht werden. Da die bei beginnender Zersetzung entstehenden Zersetzungsprodukte die weitere Zersetzung fördern, kann man solche Stoffe als Stabilisatoren verwenden, welche diese ersten Zersetzungsprodukte sofort neutralisieren oder — besser — absorbieren und sie damit als Keime einer weiteren Zersetzung unschädlich machen. Bekannte Mittel gegen die Zersetzung von PVC sind Bleiverbindungen wie basisches Bleikarbonat, basisches Bleisulfat und Bleistearat. Ferner kann die Wärmebeständigkeit des PVC, wie der Verfasser nachgewiesen hat, durch Zusatz einer Reihe anderer Hochpolymerer, organischer und anorganischer, erheblich gesteigert werden.

h) Erweichen und Lösen

1. Weichmachung

Durch die Technik der Weichmachung können harte und oft auch spröde hochpolymere Stoffe für einen gewünschten Verwendungszweck genügend weich und biegsam gemacht werden. Nach K. ÜBERREITER [50][1] bezeichnet man einen Stoff, der wie ein Lösungsmittel nur *zwischen* die Makromoleküle des Hochpolymeren eindringt und durch teilweise Neutralisierung der direkten sekundären Bindungskräfte zwischen den Makromolekülen die Beweglichkeit dieser Moleküle gegeneinander erhöht, als *äußeren* Weichmacher im Gegensatz zu *inneren* Weichmachern[2], die durch den Vorgang der Mischpolymerisation (s. S. 92) *in* die Makromoleküle selbst eingebaut werden und dadurch die Biegsamkeit und Beweglichkeit des Makromoleküls selbst vergrößern (s. auch S. 125). Der vorliegende Abschnitt behandelt jedoch lediglich die äußere Weichmachung als besondere Form einer unvollständigen Lösung[3].

Mit der weichmachenden Wirkung solcher Stoffe[4] ist jedoch eine Reihe meist unerwünschter Nebenwirkungen verbunden. Daraus ergibt

---

[1] Siehe auch F. WÜRSTLIN [48].

[2] Wie z. B. Akrylate, Butadien, Isobutylen, Isopren u. a.

[3] Man spricht in diesem Zusammenhang von der Gelierung des PVC mit Weichmachern und versteht darunter die auf sekundären Bindungskräften beruhende Wechselwirkung zwischen dem Polymeren und dem Weichmacher. Stoffe, welche diese chemische Affinität zum Hochpolymeren nicht besitzen, sondern nur mechanisch durch Schmierwirkung Verarbeitungsvorgänge erleichtern, nennt man „Verteiler" [98] (s. S. 218).

[4] Gelierende Weichmacher für PVC sind nur solche, die mindestens eine polare Gruppe enthalten. Besonders wirksam hat sich in dieser Beziehung die Estergruppierung erwiesen, so daß es sich bei den praktisch verwendeten Weichmachern in der Mehrzahl um Ester der Phthalsäure oder aliphatischer Karbonsäuren handelt. Die Gelierfähigkeit der einzelnen Weichmacher ist recht unterschiedlich. Die Gelierung erfolgt grundsätzlich bei erhöhter Temperatur, und zwar ist zur Erreichung eines optimalen Geliergrades und damit auch optimaler

sich der Grundsatz, die Menge des zugesetzten Weichmachers so weitgehend zu beschränken, wie es im Hinblick auf den gewünschten Zweck
angängig ist, und Weichmacher großer spezifischer Wirkung zu verwenden. Falls möglich, sollte überhaupt ohne Weichmacher gearbeitet
werden, was aber wegen der Sprödigkeit des Hart-PVC nur in Ausnahmefällen möglich sein wird[1].

Solche unerwünschten Nebenerscheinungen sind unter anderem
Verringerung der Feuchteundurchlässigkeit, Wärmebeständigkeit, Zerreißfestigkeit und Ölbeständigkeit[2], Erhöhung der Brennbarkeit und
vor allem Herabsetzung der elektrischen Isolierfähigkeit und Steigerung der dielektrischen Verluste. Diese Nachteile können aber durch
geeignete Wahl des Weichmachers für einen bestimmten gewünschten
Zweck oder besser noch durch Kombination zweier oder mehrerer
Weichmacher gemildert werden. Man kann von *einem* Weichmacher
nicht in jeder Beziehung optimale Wirkungen verlangen. Für hohe
elektrische Anforderungen[3] eignet sich z. B. besonders Trikresylphosphat. Diäthylhexylphthalat ist jedoch wesentlich kältebeständiger
als Trikresylphosphat.

Weitere wichtige Forderungen an einen Weichmacher sind *Verträglichkeit* mit den Hochpolymeren und anderen Mischungsbestand-
teilen, wie z. B. weiteren Weichmachern, Wärmestabilisatoren, Farbstoffen usw., sowie geringe Verdampfung unter Herstellungs- und
Betriebsbedingungen. Unverträglichkeit (oder bei Zellulosederivaten
auch ein Übermaß an Weichmacher) führt zum Ausschwitzen des
Weichmachers und Starrwerden des Hochpolymeren[3].

Da die thermoplastischen Kunststoffe, wie Polyvinylchlorid, bei
Temperaturen bis etwa 200° C verarbeitet werden müssen, muß sich
die Verdampfung des Weichmachers bei kurzzeitiger Erwärmung auf

---

Eigenschaften des Produktes die Anwendung einer Mindesttemperatur erforderlich. Allgemein darf als Faustregel gelten, daß leicht — also bei verhältnismäßig
niederer Temperatur — gelierende Weichmacher eine geringere weichmachende
Wirkung (schlechtere Kältefestigkeit) besitzen als jene Weichmacher, die zur
Gelierung einer vergleichsweise höheren Temperatur bedürfen [*187, 207*].

[1] Wie z. B. durch das Isotraxverfahren; s. S. 125 und 322.

[2] Die meisten Weichmacher sind öllöslich.

[3] Für die *elektrische Güte* eines Weichmachers ist, wie F. WÜRSTLIN überzeugend gezeigt hat [*49*], weniger das Verhalten des reinen Weichmachers maßgebend. Bei aus Hochpolymeren plus Weichmachern bestehenden Massen ist
nämlich, wie WÜRSTLIN am Beispiel des Polyvinylchlorid nachgewiesen hat, die
Ionenleitfähigkeit größer, als es sich additiv aus den Leitfähigkeiten der
Mischungsbestandteile ergeben würde. Der Grund liegt nach WÜRSTLIN darin,
daß durch die — an sich erwünschte — Herabsetzung der Viskosität des Hochpolymeren eine durch Grenzflächenpotentiale hervorgerufene zusätzliche Leitfähigkeit auftritt. Daraus ergibt sich, daß zur Beurteilung der elektrischen Güte
eines Weichmachers außer seinem Isolationswiderstand in der Mischung seine
spezifische erweichende Wirkung in Rechnung gestellt werden muß. Das heißt,
man muß zum Vergleich der elektrischen Güte zweier Weichmacher den Isolationswiderstand von weichgemachten Mischungen gleicher Weichheit (nicht gleichen
Weichmachergehalts) untersuchen, um nicht Gefahr zu laufen, einen Weichmacher nur deshalb als elektrisch höherwertig anzusprechen, weil er eine geringere
spezifische erweichende Wirkung besitzt, also ein schlechter Weichmacher ist.

solche Temperaturen in so geringen Grenzen halten, daß keine Verarmung des Hochpolymeren an Weichmachern und keine Blasenbildung oder Hohlraumbildung durch verdampfenden Weichmacher entsteht.

2. Lösen

Im allgemeinsten Sinne bezeichnet man mit Lösen den Vorgang einer vollständigen homogenen Mischung zweier Stoffe, von denen die folgenden Zustandskombinationen kabeltechnisch am wichtigsten sind:

Lösung von Gasen in Flüssigkeiten. Bei der Lösung von Gasen in homöopolaren Flüssigkeiten wird in der Regel Wärme frei, die Löslichkeit ist bei höheren Temperaturen geringer, und solche Flüssigkeiten (wie Isolieröl) können durch Erhitzen entgast werden, vorzugsweise unter Anwendung von Vakuum, da die gelöste Gasmenge mit fallendem Druck abnimmt.

Demgegenüber steigt die Löslichkeit von Gasen mit der Temperatur in Metallschmelzen, und eine Entgasung von flüssigen Metallen muß bei möglichst niedrigen Temperaturen oberhalb des Erstarrungspunktes angestrebt werden[1].

Lösung von Gasen in festen Körpern. Gase können auch in festen Körpern, vor allem bei höheren Temperaturen gelöst werden. So kann z. B. Wasserstoff vermöge seines kleinen Molekularvolumens in die interkristallinen Zwischenschichten glühenden Kupfers eindringen und durch Reduktion des Kupferoxyduls „Wasserstoffkrankheit" hervorrufen.

Lösung zweier Flüssigkeiten ineinander. Polare und nichtpolare Flüssigkeiten sind im allgemeinen nicht ineinander löslich und daher sind auch polare und nichtpolare Weichmacher meist nicht miteinander verträglich.

Lösung fester Körper in Flüssigkeiten. Verfahrenstechnisch kommt für die Kabelherstellung selbst (Lackieren von Drähten und beflochtenen Kabeln) nur die Lösung Hochpolymerer in organischen Lösungsmitteln in Frage[2]. Die dabei auftretenden Verhältnisse unterscheiden

---

[1] Dabei ist zu beachten, daß im allgemeinen Verarbeitungsschwierigkeiten nicht auftreten, solange sich die Gase wirklich im gelösten Zustand, d. h. in feinster Verteilung, im Metall befinden, sondern erst dann, wenn die gelösten Gase beim Abkühlen frei werden und als versprödende Gasbläschen im Metall verbleiben. Man ist daher bestrebt, solche Gaseinschlüsse durch Warmbearbeitung (Warmwalzen von Kupfer z. B.) wieder fein zu verteilen und zu verdichten oder zu beseitigen.

Ferner übt die Oberfläche fester Körper freie Anziehungskräfte (sekundäre Valenzkräfte) auf Gase und Flüssigkeiten aus, die zu einer Adsorbierung dünner (oft nur eine Molekülschicht dicker) Oberflächenschichten führen, die sehr stark festgehalten und verdichtet werden, und deren Beseitigung, z. B. in Trocknungs- und anderen Verdampfungsverfahren sowie beim Mischen plastischer und pulverförmiger Stoffe großer spezifischer Oberflächen, besondere Schwierigkeiten bietet.

[2] Bei der Werkstoffaufbereitung dagegen werden zur Beseitigung wasserlöslicher Verunreinigungen (s. S. 87) Waschverfahren angewandt, und zwar vorzugsweise mit destilliertem Wasser, beispielsweise bei Kautschuk (S. 130), synthetischen Koagulaten (S. 124) und Papier (S. 129).

sich weitgehend von denjenigen niedrigmolekularer Lösungen, da die große Länge des einzelnen gelösten, sich in seiner Form dauernd verändernden Makromoleküls eine größere Vielfältigkeit der Eigenschaften dieser Lösungen bedingt.

Dieser Unterschied gegenüber den Lösungen niedermolekularer Stoffe wird schon dann deutlich, wenn man versucht, den Begriff des guten oder schlechten Lösungsmittels in bezug auf die Lösung Hochpolymerer quantitativ zu erfassen. Während zur Lösung niedermolekularer Stoffe dasjenige Lösungsmittel das beste ist, das die größte Menge des zu lösenden Stoffes in sich aufzunehmen vermag, wobei eben diese Mengenangabe als Ausdruck des Lösevermögens gilt, wird bei der Lösung hochmolekularer Stoffe in den meisten Fällen gar kein Löslichkeitsgleichgewicht erreicht, sondern das Hochpolymere ist entweder mit dem Lösungsmittel in jedem Verhältnis mischbar oder es ist darin völlig unlöslich.

Die Einstellung eines Löslichkeitsgleichgewichtes wird jedoch dann erkennbar, wenn zur Lösung, die eine bestimmte Menge eines Hochpolymeren enthält, eine mehr oder weniger große Menge eines Nichtlösungsmittels (Fällungsmittel) zugegeben wird. Bei einem jeweils charakteristischen Mengenverhältnis von Lösungs- zu Fällungsmittel tritt dann als Anzeichen dafür, daß das Löslichkeitsgleichgewicht erreicht ist, eine schwache Trübung auf. Bei weiterer Zugabe von Fällungsmitteln findet schließlich vollständige Abscheidung des Hochpolymeren statt [*188, 189*].

Darauf ist bei Verwendung von *Verdünnern* in der Lackierungstechnik besonders zu achten. Zur Herstellung von Draht- und Kabellacken nimmt man nämlich in der Regel zur Verbesserung der Fließeigenschaften (Herabsetzung der Oberflächenspannung) neben Lösungsmitteln noch Verdünner. Es ist nun nach dem oben Gesagten wichtig, daß im Trockenofen die Lösungsmittel nicht überwiegend vor den Verdünnern verdampfen (Hinzufügen von Verdampfungsverzögerern für das Lösungsmittel).

In diesem Zusammenhang soll kurz erwähnt werden, daß Hochpolymere, die sich nur schwierig oder gar nicht in Lösung bringen lassen (Polytetrafluoräthylen, Polymonochlortrifluoräthylen, PVC), auch in nichtgelöster bzw. im wesentlichen[1] nichtgelöster Form zu Lacken verarbeitet werden, und zwar als kolloidale Suspension in nichtlösenden Verdünnern. Nach Verdampfen des Verdünners verschweißen sich die feinen kugelförmigen Teilchen des Hochpolymeren durch Wärme zu einem zusammenhängenden Film.

Lösung fester Körper in festen Körpern. Feste Lösungen finden wir vor allem bei Metallegierungen. Voraussetzung für den Zustand einer „Lösung" ist dabei, daß das gelöste Metall im Kristallgitter des lösen-

---

[1] Es ist nämlich zu berücksichtigen, daß die meisten Überzüge auf biegsamen Werkstücken Weichmacher enthalten müssen, die im Organosol das Hochpolymere bis zu einem gewissen Grade anlösen und die Filmbildung erleichtern. Die Weichmacher müssen dabei natürlich mit dem Verdünner verträglich sein.

den Metalls eingebaut ist und Mischkristalle — nicht selbständige Kristalle — bildet.

Wenige in einem Metallgitter gelöste Fremdatome können die mechanischen und elektrischen Eigenschaften des Basismetalls erheblich ändern. Selbst Atome weicherer Metalle können in Lösung im Gitter eines härteren dieses noch härter machen. Die Leitfähigkeit wird durch wenige Fremdatome im Gitter eines Leitmetallkristalls (z. B. Kupfer) selbst dann herabgesetzt, wenn das Fremdmetall (wie Silber) im reinen Zustande ein besserer Leiter ist.

i) Korrosion

Mit Korrosion bezeichnet man im allgemeinen eine durch unbeabsichtigten Angriff des umgebenden Mediums hervorgerufene Zerstörung von Werkstücken. Bei Metallen handelt es sich dabei meist um chemische oder elektrochemische Angriffe, deren Produkt im allgemeinen auf der Oberfläche verbleibt und Rückschlüsse auf die Natur des Angriffs erlaubt. Eine den Kabeltechniker besonders interessierende Form der Metallkorrosion ist ferner die durch mechanische Schwingungen verursachte, mit „Schwingungskorrosion" bezeichnete Zerstörung von Bleimänteln, auf die ihrer besonderen Bedeutung wegen im speziellen Bleikapitel noch näher eingegangen werden soll.

Bei der Korrosion kann es sich um einen gleichmäßigen Angriff der gesamten Oberfläche handeln, der verhältnismäßig ungefährlich ist, oder aber um die Zerstörung örtlich eng begrenzter Stellen, die kabeltechnisch besonders in ihrer Wirkung auf Feuchtigkeitsschutzhüllen gefährlich ist.

Mechanische Spannungen unterstützen immer die Korrosionsgefahr, sowohl bei Metallen (Spannungskorrosion) wie auch bei hochpolymeren Stoffen (z. B. beim Angriff von Sauerstoff und Ozon auf Gummihüllen).

1. Metallkorrosion

Es liegt auf der Hand, daß gerade Kabel in besonderem Maße der Korrosion ausgesetzt sind [59], vor allem, soweit sie im Erdboden, Seewasser, an der Küste, in der Nähe von chemischen Betrieben, in Bergwerken usw. verlegt sind. Dabei liegt die Schwierigkeit für Korrosionsschutzmaßnahmen vor allem darin, daß der Kabelhersteller oft nicht weiß, wo seine Kabel verlegt werden.

Von besonderer Bedeutung für die Kabeltechnik ist dabei die elektrochemische Korrosion, d. h. die Reaktion der Kabelumhüllung in Elektrolyten wie Wasser, wäßrigen Lösungen, Säuren und Alkalien. Metalle gehen dabei als positive Ionen in Lösung, wobei primär die elektrolytische Lösungstension gemäß der elektrolytischen Spannungsreihe der Metalle maßgeblich ist, jedoch nicht immer in der praktischen Wirkung, da sekundäre Reaktionen, insbesondere die Bildung schützender Deckschichten (z. B. beim Aluminium und Zink) den Korrosionsvorgang wesentlich beeinflussen können.

Die folgende Tab. 2 gibt eine Übersicht über das Verhalten einiger für die Kabeltechnik wichtiger Metalle gegenüber verschiedenen korrodierenden Einflüssen. Dabei ist jedoch zu beachten, daß die kabeltechnisch bevorzugten besonders reinen Metalle chemisch korrosionsbeständiger sind. Alle Arten von Verunreinigungen im Metall selbst sowie Fremdeinschlüsse[1] erhöhen die Korrosionsgefahr, ebenso wie jede Vergrößerung der Oberfläche, d. h. der Angriffsfläche für das korrodierende Medium, etwa in Form von allgemeiner Rauhigkeit, Poren, Lunkern, Ziehriefen und anderen Oberflächenfehlern.

Tabelle 2. *Verhalten von Metallen gegen korrodierende Medien*
Auszug aus Hütte, Taschenbuch der Stoffkunde [*51*]

Einwirkendes Reagens	Aluminium[2] handelsüblich	Aluminium[2] eloxiert	Blei	Eisen handelsüblich	Kupfer[2] handelsüblich	Zink	Zinn
Atmosphäre	1	1	1	2	2	1	1
Seeluft	4	2	2	3	4	3	2
Rauchgase	1	1	1	3	4	3	1
Chlor, trocken	1	1	1	1	2	2	1
Chlor, feucht	5	5	3	5	5	5	4
Schwefeldioxyd	1	1	1	5	4	4	1
Schwefelwasserstoff	1	1	1	5	4	2	1
Destilliertes Wasser	3	1	3	4	2	3	1
Weiches Wasser	3	1	5	3	2	5	1
Hartes Wasser	1	1	1	2	2	1	1
Seewasser	4	2	2	4	4	5	3
Grubenwasser, sauer	3	2	1	4	5	4	2
Chlorwasser	5	5	3	5	5	5	4
Gips	3	2	2	3	2	4	2
Zement	4	4	4	1	3	4	2

In Tab. 2 bedeuten:

    1 = Werkstoff gut verwendbar,
    2 = Werkstoff genügend beständig,
    3 = Werkstoff noch verwendbar,
    4 = Werkstoff nur bedingt verwendbar,
    5 = Werkstoff nicht verwendbar.

Aluminium ist besonders unbeständig gegen alkalische Lösungen und starke, *nicht* oxydierend wirkende Säuren.

Blei (s. S. 108) wird durch eine alkalisch wirkende Umgebung gefährdet (Zement, Beton), ferner durch weiches, kohlensäurefreies Wasser.

Eisen ist ebenso wie Aluminium gegen nichtoxydierende Säuren (Salzsäure, Schwefelsäure) unbeständig. Rostgefahr besteht in wäßrigen Lösungen und in feuchter Luft und wird durch Anwesenheit von Chlorionen erhöht.

---

[1] Hierher gehören z. B. Kupferteilchen in Aluminiumdrähten, die besonders häufig vorkommen, wenn Kupfer und Aluminium auf demselben Walzwerk gewalzt werden. In diesem Falle muß der Aluminiumwalzdraht gebeizt werden.

[2] Hierbei ist zu beachten, daß die kabeltechnisch bevorzugten sehr reinen Metalle beständiger gegen korrodierende Agenzien sind.

Im Gegensatz zu Aluminium und Eisen ist Kupfer gegen *oxydierend* wirkende Säuren und andere Agenzien unbeständig, gegen *nicht-oxydierende* Säuren dagegen beständig.

Zink ist in feuchter Luft unbeständig, wenn sie Schwefeldioxyd oder Chloride enthält, ferner gegen schwache Säuren und Alkalien sowie gegen chlorid- und sulfathaltige Lösungen.

Zinn dagegen ist verhältnismäßig beständig gegen schwache Säuren, aber unbeständig gegen alkalische Lösungen und starke Säuren.

2. Korrosion an Hochpolymeren

Auch beim Angriff von Flüssigkeiten und Gasen auf Hochpolymere spricht man von *Korrosion* [52, 53], wenn sich auch die Vorgänge bei hochpolymeren Stoffen von denen bei Metallen oft weitgehend unterscheiden. Bei der Korrosion von Kunststoffen u. ä., d. h. vor allem bei den gesättigten Kohlenwasserstoffpolymeren, handelt es sich selten um eine chemische Reaktion und nie um elektrochemische Vorgänge. Während bei Metallen die Angriffsgeschwindigkeit weitgehend durch die Art und Schutzwirkung der Reaktionsprodukte bestimmt wird, welche auf der metallischen Oberfläche gebildet werden, haben solche Bedeckungsvorgänge bei Hochpolymeren meist keine Bedeutung.

Demgegenüber ist bei Hochpolymeren der Korrosionsvorgang nur selten auf die Oberfläche beschränkt; vielmehr greifen die angreifenden Medien oft tief in das Innere des Stoffes hinein, dank der gegenüber Metallen meist wesentlich lockeren Struktur der Hochpolymeren.

Die hierbei wichtigste Erscheinung ist die Quellung (Weichmachung) und im Grenzfall Lösung des Hochpolymeren unter der Einwirkung des angreifenden Mediums. Dabei müssen zwei verschiedene Arten unterschieden werden: die Quellung durch Wasser bzw. Wasserdampf und durch Quellungs- oder Lösungsmittel, die meist dann eine starke Wirkung ausüben, wenn sie dem angegriffenen Hochpolymeren chemisch nahestehen.

Die schädlichen Wirkungen der Quellungsmittel auf das Hochpolymere sind bei der Behandlung ihrer Nutzanwendung (s. S. 98) bereits besprochen worden. In diesem Zusammenhang soll jedoch noch auf die Gefahr hingewiesen werden, die dem im Hochpolymeren eingebauten Weichmacher selbst durch andere organische Lösungsmittel droht, gegen die Weichmacher oft weniger beständig sind als das Hochpolymere selbst. Werden die Weichmacher durch Lösungsmittel oder auch durch Säuren oder Laugen ganz oder auch nur teilweise ausgewaschen, so wird das Hochpolymere nicht nur hart, sondern auch porös und spröde.

Die Quellung durch Wasser ist in ihrer Wirkung auf die mechanischen Eigenschaften kabeltechnischer Werkstoffe im wesentlichen nur für zellulosehaltige Stoffe von Bedeutung (s. S. 136). Für die elektrischen Eigenschaften (Dielektrizitätskonstante, dielektrische Verluste, Gleichstromisolationswiderstand) dagegen ist das Eindringen von Wasser bzw. Wasserdampf auch bei anderen Werkstoffen, wie

z. B. Gummi, schädlich, vor allem wenn der Werkstoff, wie auf S. 86 betont wurde, Elektrolyte — wenn auch nur in geringsten Spuren — enthält.

Für wäßrige Lösungen gilt, daß die schädigende Wirkung auf die Eigenschaften des Hochpolymeren mit steigender Temperatur und — soweit keine chemische Wirkung auftritt — mit abnehmender Konzentration der wäßrigen Lösung zunimmt.

Eine weitere Art der Korrosion, die besonders an Polyäthylen zu beobachten ist, ist die Licht-Rißbildung. Das Material wird unter dem Einfluß ultravioletter Strahlen, also z. B. bei Einwirkung von Sonnenlicht, spröde und rissig. Ein Zusatz von etwa 2% Gasruß hat sich hiergegen als sehr wirksam erwiesen, wobei auf eine möglichst geringe Partikelgröße und gleichmäßige Verteilung des Rußes im Polyäthylen zu achten ist. Eine Rißbildung wurde bei Polyäthylen, insbesondere bei niedermolekularen Mol.-Gew. <20000, auch in Gegenwart von chemischen Verbindungen mit polaren Gruppen (z. B. Alkohole, Metallseifen) beobachtet. Voraussetzung sind hierbei wie auch bei der Rißbildung durch UV-Licht äußere oder innere mechanische Spannungen [190].

k) Einheitlichkeit, Reinheit und Reproduzierbarkeit der Werkstoffe

Die Werkstoffe, die der Kabeltechniker zur Verarbeitung erhält, sind niemals von immer gleicher Beschaffenheit. Selbst ganz reine Werkstoffe können je nach den oft zufälligen und unbeabsichtigten Bedingungen und Nebenbedingungen ihrer Herstellung verschiedenen strukturellen Aufbau und verschiedenen inneren Spannungszustand besitzen. Das gilt vor allem für die vorangegangenen mechanischen und thermischen Beanspruchungen (Vorgeschichte), für welche viele Werkstoffe ein „Erinnerungsvermögen" besitzen.

Bei hochpolymeren Stoffen kommt hinzu, daß — wie erwähnt — der Polymerisationsgrad im Mittel und vor allem die Abweichungen der Kettenlänge der einzelnen Moleküle vom Mittel von Lieferung zu Lieferung stark schwanken.

Nun sind aber alle technischen Werkstoffe niemals ganz rein, und selbst geringe Spuren von Fremdstoffen können bereits beträchtliche Veränderungen in den mechanischen, thermischen, elektrischen und gegebenenfalls magnetischen Eigenschaften infolge Veränderung (bei Metallen meist Vergrößerung) der inneren Spannungszustände, durch katalytische Wirkung, elektrolytische Dissoziation u. a. hervorrufen. Besonders bei Naturprodukten, wie Kautschuk und Zellulose, schwanken Art und Menge der Verunreinigungen stark mit der geographischen Lage und sonstigen besonderen Bedingungen des Wachstums. Zur Erzielung gleichmäßiger Verarbeitungs- und Erzeugniseigenschaften empfiehlt es sich daher oft, die Herkunftsquellen genau festzulegen.

Dazu kommt noch, daß Transport- und Lagerungseinflüsse (Temperatur — z. B. beim Schiffstransport durch tropische Zonen —, Feuchtigkeit, Erschütterungen — z. B. Entmischung — und manchmal auch Licht) den Zustand von Werkstoffen verändern können.

Zur Frage der laboratoriumsmäßigen Vorprüfung von Werkstoffen die an sich außerhalb des Rahmens dieses Buches liegt, soll in diesem Zusammenhang nur kurz darauf hingewiesen werden, daß vor allem bei nichtmetallischen Werkstoffen der Zusammenhang zwischen den üblichen physikalischen und chemischen Meßergebnissen und den praktischen Verarbeitungseigenschaften nur selten genügend bekannt ist; d. h. daß größere Neulieferungen vor ihrem Großeinsatz durch einen direkten Verarbeitungsversuch geprüft werden sollten, wobei kleine, wenig Werkstoff verbrauchende Modellmaschinen im Laboratorium oft hervorragende und schnelle Dienste leisten.

II. Spezieller Teil

a) Metalle

Die beiden wichtigsten metallischen Werkstoffe der Kabeltechnik sind Kupfer für Leiter und Blei für Ummantelungen. Sie sollen daher zunächst besprochen werden, um anschließend die Möglichkeit und eventuellen Vorteile des Einsatzes anderer metallischer Werkstoffe erörtern zu können.

1. Kupfer

Zwei Eigenschaften verleihen dem Kupfer seine Vorrangstellung als Leiterwerkstoff: elektrisch seine besonders hohe Leitfähigkeit ($58 \text{ m}/\Omega\text{mm}^2$), die nur noch vom Silber ($62 \text{ m}/\Omega\text{mm}^2$) übertroffen wird, und mechanisch die hervorragende Warm- und Kaltverformbarkeit [54], insbesondere Kaltziehbarkeit zu Drähten kleinster Durchmesser ($0,02 \text{ mm}$).

Auch für elektrische Abschirmungen sowie für Feuchtigkeits- und mechanische Schutzhüllen werden Kupfer oder Kupferlegierungen vielfach angewandt. Für Kabel ist neben der großen Zerreißfestigkeit und -dehnung des Kupfers vor allem seine Zähigkeit auch deshalb von Bedeutung, weil sie die ungewöhnlich hohe Biegebeanspruchbarkeit von weichgeglühten Kupferdrähten usw. ermöglicht. Zur Kabelherstellung wird das Kupfer meist weichgeglüht verwandt, da es dann besonders schmiegsam ist, d. h. leicht in eine gewünschte Lage gebracht werden kann und diese Lage ohne Rückfederung beibehält.

Das für Leitzwecke vorwiegend verwendete Kupfer mit mindestens $99,9\%$ Kupfergehalt wird auf dünnen Mutterblechen aus reinstem Kupfer elektrolytisch niedergeschlagen (Kathodenkupfer) und zu Barren (Electrolyt Wire Bars) umgeschmolzen, und zwar in neutraler Atmosphäre, wenn für Sonderzwecke ganz sauerstofffreies Kupfer hergestellt werden soll (OFHC-Kupfer, USA). Normales Elektrolytkupfer enthält etwa $0,02$ bis $0,05\%$ Oxyd, das jedoch als solches keinen nachteiligen Einfluß auf die Leitfähigkeit oder die mechanischen Eigenschaften des Kupfers ausübt.

Wird das Kupfer jedoch unter höherer Temperatur (bei zu hohen Blankglühtemperaturen zum Beispiel) dem Einfluß von Wasserstoff ausgesetzt, so werden die Kupferoxydteilchen zu reinem Kupfer unter Bildung von Wasserdampf und Hohlräumen reduziert. Das Kupfer verliert seine Verformbarkeit und ist wertlos (s. Abb. 147).

Kupfer, das bei seiner Verarbeitung (Schweißen) oder bei seiner Verwendung derartigen Bedingungen ausgesetzt werden soll, muß daher völlig sauerstofffrei sein.

Da flüssige Metalle besonders stark Gase absorbieren, verzichtet man besser ganz auf den erwähnten Umschmelzvorgang und stellt durch heißes Pressen körnigen Kathodenkupfers in reduzierender Atmosphäre Formlinge her, die sich zur Weiterverarbeitung in der Strangpresse eignen (Coalesced Copper) [68].

Man kann auch das sauerstoffhaltige Kupfer desoxydieren (desoxydiertes Kupfer), und zwar entweder so, daß

1. das Desoxydationsmittel (wie z. B. Kalziumborat) durch den Prozeß völlig verbraucht wird oder

2. ein kleiner überschüssiger Teil im Kupfer verbleibt (z. B. Phosphor).

a) In dem letztgenannten, praktisch viel angewandten Fall wird die Leitfähigkeit nicht beeinträchtigt, wenn der verbleibende Phosphorgehalt weniger als etwa 0,01% beträgt.

b) Prozentgehalte bis etwa 0,03% setzen die Leitfähigkeit herab, erhöhen aber die mechanische Festigkeit (Freileitungen) bedeutend.

Kupferlegierungen. Die Herstellung von Kupferlegierungen ist in der eigentlichen Kabelfertigung auf Spezialgebiete beschränkt. Messing in Bandform und Bronzen in Band- und Drahtform werden für Kabelschutzhüllen zwar verwendet, aber selten selbst hergestellt.

Unter *Bronzen* versteht man Legierungen des Kupfers mit Zinn, Zink, Kadmium, Magnesium oder Beryllium. Durch diese Legierungszusätze wird die Zugfestigkeit wesentlich erhöht, aber die Leitfähigkeit herabgesetzt. Sogenannte Leitungsbronzen mit verhältnismäßig hoher, die Bedingungen für reines Kupfer aber weit unterschreitender Leitfähigkeit werden in erster Linie für Freileitungen verwendet, wo es auf große Zugfestigkeit ankommt. Als verfestigender Zusatz für Leitungsbronzen hat sich Kadmium besonders bewährt, weil es die Leitfähigkeit des Kupfers am wenigsten herabsetzt. Zugfeste Kabelleiter (Feldkabel) aus einer 0,1prozentigen Silberlegierung oder 0,1- bis 0,25prozentigen Kadmiumlegierung haben W. EHLERS und F. GLANDER [6] beschrieben. Derartige sehr niedrigprozentige Legierungen erreichen unter geeigneten Herstellungsbedingungen die Leitfähigkeitsgrenzen für reines Kupfer. Sie sind in ihrer gegenüber reinem Kupfer wesentlich erhöhten Zugfestigkeit vollkommen unempfindlich gegen die bei der Verzinnung und Vulkanisation auftretenden Wärmeeinflüsse (s. S. 177 u. Abb. 145).

2. Blei

Blei ist heute der bei weitem wichtigste Werkstoff zur Herstellung von Feuchtigkeitsschutzmänteln für Starkstrom- und Fernmeldekabel. Seine Bedeutung liegt darin, daß es bei Temperaturen, die den Kabelisolierstoffen noch nicht schaden, zu metallisch geschlossenen Rohren in beliebigen Längen um die Kabelseele gepreßt [*69*] und im fertigen Zustand mit der Kabelseele zusammen mühelos wiederholt um ausreichend kleine Durchmesser gebogen werden kann. Da das Blei auch bei Raumtemperatur durch die Biegungen nicht wie die meisten anderen Metalle gehärtet wird, so ist unter günstigen konstruktiven Bedingungen die Zahl der möglichen Biegungen ohne Bruch praktisch unbegrenzt.

Von besonderer Bedeutung für die Kabeltechnik ist ferner die verhältnismäßig gute Korrosionsbeständigkeit des Bleis (s. S. 108 ff.). Sein Hauptnachteil liegt in dem hohen spezifischen Gewicht von 11,3 g/cm³. Ferner macht seine geringe Zug- und Druckfestigkeit meist zusätzliche mechanische Verstärkungen (Armierung der Kabel) erforderlich. Es wird ferner geltend gemacht, daß die Bleivorkommen auf der Erde sich in absehbarer Zeit erschöpfen. Sicher erscheint jedenfalls, daß die Weltbleierzeugung kaum mehr gesteigert werden kann.

Für Kabelmäntel wird Reinblei (Hüttenweichblei) mit mindestens 99,9% Bleigehalt verwendet, und zwar entweder direkt verarbeitet oder nach Legierung mit geringen härtenden Zusätzen zur Erhöhung der Zug-, Druck- und Schwingungsfestigkeit.

Bleilegierungen. Als Legierungsbestandteile werden heute in erster Linie Antimon (0,5 bis 1%) und Zinn [*70*] (1 bis 3%) verwendet, und zwar in Deutschland getrennt als Zweistofflegierungen, im Ausland weitgehend zusammen als Dreistofflegierungen. In neuerer Zeit hat sich Tellur (0,05%) als härtender Zusatz sehr bewährt. Außerdem werden Kalzium, Magnesium und Lithium in der Literatur erwähnt. Alle erwähnten Zusätze erhöhen nicht nur die Härte des Bleimantels im fertigen Zustand, sondern erschweren auch den Preßvorgang. Ein Kupferzusatz (0,06%) soll die Verpreßbarkeit von Blei-Antimon-Legierungen erleichtern [*197*], [*231—234*].

Bleikorrosion. Den am Blei auftretenden Korrosionserscheinungen kommt deshalb eine besondere Bedeutung zu, weil das Blei der wichtigste Werkstoff für Kabelumhüllungen ist, die weitgehend ohne weiteren äußeren Schutz verlegt werden. Chemische Angriffe können auch bei Umhüllungen mit getränkten Faserstoffen gefährlich werden, wenn die Herstellung dieser Schutzlage nicht sachgemäß[1] erfolgt. Ferner gibt es gegen die interkristalline Schwingungskorrosion überhaupt keinen Schutz durch Schutzschichten [*59*].

Bedingung für das Auftreten einer rein chemischen Korrosion („Selbstkorrosion") ist die Anwesenheit von Feuchtigkeit und Sauerstoff. Befinden sich Kabel ganz unter Wasser, so wird der Zutritt des Sauerstoffs erschwert. Wasser festhaltende Stoffe (wie z. B. Tonböden) begünstigen die Korrosion, ohne selbst korrosiv zu sein. Sandböden sind ganz ungefährlich. Schlechter wirkt sich ein Sandboden mit Lehm-

---

[1] Das heißt, sie müssen auch nach den Beanspruchungen auf der Strecke vollständig dicht, porenfrei und rißfrei sein.

untermischung aus und noch schlechter mit leichtem Humusgehalt. Am gefährlichsten sind jedoch Kalkböden, ferner Asche und Schlacken (mit Schlacken belegte Wege). Zementkanäle verursachen Korrosion, wenn der Kalk schlecht gebunden ist. Ferner führen Solquellen und an Weichen gestreutes Viehsalz zu chemischem Angriff, desgleichen Eichenholz (Gerbsäure).

Bei der Herstellung der Kabel müssen phenol- und kresolhaltige Steinkohlen- und Braunkohlenteere vermieden werden. Bei der Armierung der Kabel sollten daher nur Teere mit einem Siedepunkt über 240° C verwendet werden.

Die Korrosionserscheinungen an Bleimänteln sind besonders eingehend in langjähriger Beobachtung der Reichspostanlagen von O. HÄHNEL [191] beobachtet worden. Eine gründliche Untersuchung liegt auch von der schweizerischen Postverwaltung vor [192], s. a. [198]. An Fernsprechkabeln tritt die Wirkung von Korrosionen leichter in Erscheinung als bei Starkstromkabeln, weil sich die geringste Undichtigkeit in einem sofortigen Absinken der dauernd unter Kontrolle stehenden Isolation der Anlage bemerkbar macht. Nach HÄHNEL kann man im allgemeinen aus dem Zersetzungsprodukt auf die Natur der Korrosion wie folgt schließen:

Bleioxyd, Bleihydroxyd, Bleikarbonat und basisches Bleikarbonat lassen auf chemischen Angriff schließen.

Dagegen ist eine elektrolytische Zersetzung mit Sicherheit anzunehmen, wenn an der Korrosionsstelle Bleichlorid gefunden wird. Fast überall im Erdboden sind genügend Chlorionen vorhanden, um eine lokale Elektrolyse zu ermöglichen, *wenn* überhaupt Fremdströme auftreten.

Solche Fremdströme sind jedoch häufiger, als meist angenommen wird. Sie werden verursacht in erster Linie durch Straßenbahnen (Schienenrückstrom) oder andere Gleichstrombahnen, Starkstrom- (Gleichstrom-) Kabel mit fehlerhafter Isolierung sowie auch Erdausgleichströme (magnetische Störungen durch die Sonne). Bleimantelströme können aber auch Begleiterscheinungen einer Selbstkorrosion sein.

Auch wenn überwiegend Bleisulfat, Bleinitrat oder Bleisuperoxyd gefunden wird, ist elektrolytische Korrosion wahrscheinlich. Diese Stoffe treten bei chemischer Korrosion nur in geringen Gehalten auf.

Als *Gegenmaßnahme* gegen beide Korrosionsarten seitens des Kabeltechnikers[1] kommt in der Fabrik[2] nur ein Mittel in Frage: fugenloses Einbetten des Mantels in eine chemisch indifferente, wasserabweisende, nichtversprödende (Risse!) und elektrisch isolierende Masse. Am ge-

---

[1] Starkstromseitig sind eine Reihe von Maßnahmen möglich, um das Auftreten von Fremdströmen (vagabundierenden Strömen) überhaupt zu unterbinden, vor allem eine gute elektrische Durchverbindung von Gleichstrombahnschienen und Isolierung der Schienen.

[2] Bei der Montage der Kabelanlagen kommen in Frage: Verlegung in mindestens 100 m Abstand von allen Gleichstrombahnen, Anhängen von in Grundwasser geerdeten Zinkplatten an die Bleimäntel u. a.

eignetsten sind nahtlose Umpressungen oder verschweißte Bandierungen aus Gummi (s. Abb. 74) oder Kunststoffen. Auch eine mit Bitumen getränkte Jute- oder Kreppapierlage leistet gute Dienste, aber nur, wenn der Trägerstoff auch nach dem Transport und der Verlegung des Kabels eine fugenlose geschlossene Hülle garantiert. Die sonst ausgezeichneten korrosionsfesten Lacke (wie z. B. Chlorkautschuklacke) sind der mechanischen Beanspruchung beim Verlegen nicht gewachsen und würden ihrerseits wieder eines mechanischen Schutzes bedürfen.

Unlegiertes Blei ist sehr empfindlich gegen mechanische Wechselbeanspruchungen, die leicht zur *Schwingungskorrosion* führen können, d. h. zu Rekristallisationserscheinungen und Rissen längs der Korngrenzen (interkristalliner Bruch).

Solchen Dauerschwingungsbeanspruchungen ist der Kabelbleimantel vor allem in Bahndämmen, auf Brücken, an viel befahrenen Straßen sowie bei Verlegung als Luftkabel ausgesetzt. Daß dabei außer Querschwingungen auch Längsschwingungen verantwortlich sind, ergibt sich aus der Tatsache, daß solche Korrosionen vor allem an den Bremsstrecken von Bahnen und Autostraßen auftreten.

Aber auch schon starke Wechselbeanspruchungen beim Transport des Kabels können dem Bleimantel schaden, und zwar um so mehr, je reiner, d. h. „besser", das Blei ist. Die dabei entstehenden Bleikristallite können Korngrößen von 0,3 mm bis einigen Zentimetern erreichen.

Nach HÄHNEL ergibt Zinnblei mit 1% Zinn eine dreifache, mit 3% Zinn eine siebenfache Schwingungsfestigkeit als Reinblei. Auch die bereits erwähnten Bleilegierungen mit Antimon, Antimon plus Zinn, Tellur und Kalzium werden zur Vermeidung der Schwingungskorrosion in steigendem Umfang angewandt.

Das wichtigste Austauschmetall sowohl für Kupfer als Leiterwerkstoff als auch für Blei als Mantelwerkstoff ist das Aluminium. Ferner kommen für beide Anwendungszwecke auch Zink und Eisen in Frage.

3. Aluminium

a) **Aluminium als Leiterwerkstoff.** Als Austauschwerkstoff zur Herstellung von Leitern [58] *an Stelle des Kupfers* betrachtet, spricht zugunsten des Aluminiums in erster Linie sein geringes spezifisches Gewicht von 2,7 g/cm³ gegenüber 8,9 g/cm³ beim Kupfer. Da die Leitfähigkeit des Aluminiums für elektrotechnische Zwecke (Leitaluminium) mit über 36 m/Ωmm² etwa das 0,63fache der des Kupfers beträgt, wiegt ein Aluminiumleiter nur etwa die Hälfte wie ein Kupferleiter gleicher Gesamtleitfähigkeit. Das spielt vor allem bei Freileitungen eine große Rolle, der Grund für die bevorzugte Verwendung des Aluminiums (oder von Aluminiumlegierungen) für Freileitungen auch dort, wo genügend Kupfer zur Verfügung steht. Bei Kabeln dagegen wird diese Gewichtsersparnis am Leiter durch die mit der Durchmessererhöhung[1] der Leiter verbundenen Mehraufwendungen für Isoliermaterial und vor allem für den Bleimantel und die Armierung teilweise wiederaufgehoben; denn der Querschnitt eines dem Kupferleiter leitwertsgleichen Aluminiumleiters beträgt etwa das 1,6fache des Kupferleiters und der Leiterdurchmesser etwa das 1,27fache.

Die elektrische Leitfähigkeit von Aluminiumdrähten ist weit mehr als die der Kupferdrähte von der vorausgegangenen mechanischen und thermischen Behandlung abhängig. Das heißt zunächst, daß Aluminiumdrähte um so leitfähiger sind, je weicher sie sind. Aber auch bei gleicher Härte schwanken die Leitfähigkeitswerte je nach der mechanisch-thermischen *Vorgeschichte.* Dieser Umstand bereitet besonders bei der Herstellung von Leitern für Fernsprechkabel-Adergruppen Schwierigkeiten, wo es auf genau gleiche Härte (Biegungswiderstand bei der Gruppenverseilung) *und* genau gleichen elektrischen Widerstand aller Adern derselben Gruppe ankommt.

Mit Rücksicht auf die geringe Streckgrenze sehr weicher Aluminiumdrähte und auf die damit verbundene Gefahr unkontrollierbarer Durchmesserverminderungen in den Isolier- und Verseilmaschinen werden Aluminiumdrähte trotz der geringeren spezifischen Leitfähigkeit für alle Kabel halbhart hergestellt, d. h. mit einer Zerreißfestigkeit zwischen 10 und 16 kg/mm² *.

Weichgeglühte Aluminiumdrähte beanspruchen überdies der Oxydhaut wegen alle Drahtführungen sehr viel stärker als härtere und nach dem Glühen gezogene Drähte (Schleifwirkung harter Pulver auf weichem Träger). Umgekehrt besteht die Gefahr einer mechanischen Beschädigung der weichen Aluminiumdrähte in Drahtführungen[2]. Da überdies Aluminiumdrähte viel kerbempfindlicher sind als Kupferdrähte, muß die Herstellung von Kabeln mit Aluminiumleitern mit besonderer Sorgfalt vorgenommen werden.

β) **Aluminium als Mantelwerkstoff.** Wesentlich günstiger liegen die Verhältnisse bei Betrachtung des Aluminiums als Mantelwerkstoff [*56*], [*112*], [*177*] *an Stelle von Blei.* Auf diesem Gebiet ist das Aluminium nicht mehr als Ersatzwerkstoff, sondern als ein neues, dem Blei in Gewicht, mechanischer Festigkeit und — soweit es für Mäntel in Frage kommt — elektrischer Leitfähigkeit weit überlegenes Material anzusehen. Wichtig ist ferner, daß Aluminium im Gegensatz zum Blei in unbegrenzter Menge (in dem Oxydhydrat Bauxit und anderen) zur Aufbereitung zur Verfügung steht.

---

[1] Beim Ersatz von Kupfer- durch Aluminiumleiter ist diese Durchmesservergrößerung allerdings im vollen Maße nur erforderlich, wenn für die Übertragung der zulässige Höchstwiderstand maßgebend ist. Das gilt vor allem für Fernsprechkabel. Bei Starkstromkabeln dagegen handelt es sich meist um die Aufgabe, eine bestimmte Energie oder Stromstärke zu übertragen, wobei es auf den entstehenden Spannungsabfall weniger ankommt. In diesem Falle wirkt sich die mit der größeren Oberfläche von Leitern und Kabel verbundene bessere Wärmeableitung so günstig aus, daß eine um etwa 10% höhere Strombelastbarkeit und damit eine entsprechende Durchmesserverminderung möglich ist.

[2] Bereits beim Ziehen können Aluminiumdrähte auf den Abzugscheiben beschädigt werden (s. S. 318).

* Sehr weiches Aluminium besitzt eine Zerreißfestigkeit von nur 7 bis 8 kg/mm².

Ein Aluminiummantel gleicher Wandstärke besitzt nur etwa $^1/_4$ des *Gewichts* eines Bleimantels. Hinzu kommt, daß Aluminiummäntel ihrer größeren Festigkeit wegen mit geringerer Wandstärke hergestellt werden können als Bleimäntel (40 bis 75% der Bleimantelstärke), und daß aus demselben Grunde in vielen Fällen auf eine Armierung verzichtet werden kann. Das geringere Gewicht wirkt sich vor allem beim Transport in der Fabrik und zum Verlegungsort sowie für die Verlegung selbst aus und ist in Verbindung mit der höheren Zerreiß- und Dauerschwingungsfestigkeit vor allem für Luftkabel (größerer Abstand der Maste), Schachtkabel und zur Verwendung in Fahrzeugen, Flugzeugen und Schiffen von besonderer Bedeutung; denn bei solchen meist dünneren Kabeln kann das Bleimantelgewicht bis zu etwa 80% des Gesamtkabelgewichts betragen.

Die gegenüber Blei wesentlich höhere *Druckfestigkeit* ermöglicht es bei Ölkabeln (Innendruck) und Seekabeln (Außendruck) ohne besondere Druckschutzmaßnahmen auszukommen.

Die beiden besonders ins Gewicht fallenden Nachteile gegenüber Blei liegen in der Verfahrensschwierigkeit, fugenlose Hüllen über wärmeempfindliche Kabelseelen herzustellen, und in der geringeren chemischen Beständigkeit. In beiden Punkten ist das neuerdings bevorzugt für Aluminiummantel verwendete Reinstaluminium mit über 99,99% Aluminiumgehalt dem üblichen technischen Aluminium mit 99,5 bis 99,9% Aluminiumgehalt überlegen.

Die *Verfahrensschwierigkeiten* — auf die im Hauptteil dieses Buches näher eingegangen werden soll — liegen in den für die Warmverformung (Umpressen) bzw. Umhüllung mit Bändern (Schweißen) erforderlichen, für fast alle Isolierstoffe schädlichen Temperaturen, sowie darin, daß das Aluminium bei diesen Temperaturen die Werkzeugstähle[1] angreift und beschädigt und dabei selbst verunreinigt wird. Das gilt besonders für die Verarbeitung flüssigen Aluminiums bei mindestens etwa 750° C.

Die *chemische Beständigkeit* des an sich chemisch sehr aktiven Aluminiums wird durch seine sich nach jeder Formung und Verformung unmittelbar bildende Oxydhaut außerordentlich verbessert. Dadurch wird Aluminium korrosionsfest gegenüber dem Luftsauerstoff und sauerstoffhaltigem Wasser. Karbonate, Sulfate und Nitrate im Erdboden befördern die Oxydhautbildung und sind daher unschädlich.

Dagegen sind Schwefelwasserstoff, Chloride, Eisenoxyd (in Wasser) sowie vor allem Mörtel und Zement (Neubauten) dem Aluminium schädlich. Falls man — wie üblich — nicht genau weiß, wo ein Kabel verlegt werden soll, empfiehlt sich daher immer eine Korrosionsschutzhülle über Aluminiummänteln, z. B. aus dem Universalschutzmittel der Kabeltechnik Bitumen u. ä. oder aus Kunststoffen[2]. Dasselbe gilt gegenüber dem Angriff organischer Säuren (Moorboden), gegen die Blei jedoch ebenfalls sehr empfindlich ist.

---

[1] Von Aluminium auch bei höheren Temperaturen nicht angreifbare Werkzeugstähle sind in Entwicklung.

[2] Siehe die Polyvinylchloridhülle der „Alplast"-Kabel des Osnabrücker Kupfer- u. Drahtwerks [*221*].

In der elektrolytischen Spannungsreihe liegt das Aluminium infolge der isolierenden Eigenschaften seiner Oxydhaut in der Nähe des Zinks. Kupfer, Blei und Zinn nehmen daher gegenüber Aluminium eine verhältnismäßig hohe Spannung (1,3 bis 1,8 Volt) an, die in Anwesenheit von Feuchtigkeit (also nicht in trockenen Räumen) zu einer elektrolytischen Zersetzung (Kontaktkorrosion) führen kann, wenn Aluminium mit diesen Metallen in Verbindung gebracht wird. Das gilt vor allem für Verbindungsstellen zwischen Aluminium und Kupfer im Freien und für Lötstellen mit Aluminiumweichloten. Im Kontakt mit Zink und Eisen dagegen besteht bei Betriebstemperaturen keine Gefahr. (Wichtig vor allem für kombinierte Aluminium-Stahl-Seile im Freileitungsbau.)

γ) **Aluminiumlegierungen.** Neben der großen Zahl von Aluminiumlegierungen sehr hoher Festigkeit und geringerer elektrischer Leitfähigkeit für konstruktive Zwecke (Flugzeugbau u. a.) sind für elektrotechnische Zwecke einige Legierungen entwickelt worden, die neben einer vor allem für Freileitungen wichtigen erhöhten Zerreiß- und Schwingungsfestigkeit noch eine verhältnismäßig gute elektrische Leitfähigkeit aufweisen. Diese Legierungen enthalten im wesentlichen Silizium und Magnesium und werden durch besondere Wärmebehandlung[1] auf das gewünschte optimale Verhältnis von Festigkeit und Leitfähigkeit gebracht. Die wichtigste dieser Legierungen („Aldrey") besteht aus 0,4 bis 0,5% Magnesium, 0,4 bis 0,6% Silizium und 0,2 bis 0,4% Eisen, Rest Aluminium. Sie besitzt eine gegenüber harten Reinaluminiumdrähten (20 bis 23 kg/mm²) wesentlich erhöhte Zerreißfestigkeit (über 30 kg/mm²), dafür aber nur eine Leitfähigkeit von etwa 30 m/Ωmm².

Kabeltechnisch kommen solche Legierungen für Dynamodrähte in solchen Fällen in Frage, wo es auf besonders geringes Gewicht der Maschinen und Transformatoren ankommt und reines Aluminium den Herstellungsbeanspruchungen beim Wickeln nicht standhält. Die dadurch gegenüber Kupferdrähten erzielte Gewichtsersparnis kann — in diesem Falle geringer Spannungsbeanspruchung und meist nachträglicher Imprägnierung — durch Isolierung der Drähte vermittels künstlicher Oxydation der Oberflächen (Eloxalverfahren; s. S. 235) voll erhalten werden.

4. Zink

Zink ist ein Metall, das sich seiner etwas schwierigen Verarbeitung wegen nur geringer Beliebtheit in Kabelkreisen erfreut. Wie bereits erwähnt, ist das besondere Verhalten des Zinks auf seine hexagonale

---

[1] Die Drähte werden geglüht, abgeschreckt und angelassen (künstliche Aushärtung). Aldrey wird nach dem Glühen und Abschrecken nochmals einer sehr starken Kaltverformung durch Ziehen unterworfen, welche die Temperatur des Entfestigungsbeginns beim darauffolgenden Anlassen herabsetzt. Das Anlassen bewirkt daher bei diesem Herstellungsverfahren eine Entfestigung, aber gleichzeitig eine für diese Legierungszusammensetzung optimale Erhöhung der Leitfähigkeit.

Kristallstruktur zurückzuführen. Die Kabelmacher haben außerdem noch nicht die schlechten Erfahrungen vergessen, die sie mit der bei nicht sehr reinem Zink auftretenden interkristallinen Brüchigkeit machen mußten. Das auf seiner geringen Dauerstandfestigkeit beruhende *Kriechen* des Zinks führt zu Lockerungen von Klemmverbindungen, die nur durch besondere Klemmenkonstruktionen mit großer Reibung der Klemmbacken und Nachfederung behoben werden können. Bei den bei Starkstromübertragungen auftretenden erhöhten Temperaturen von 60° C und mehr besteht auch bei Verwendung von Feinzink die Gefahr einer Versprödung durch Grobkornbildung. Außerdem ist die Leitfähigkeit des Zinks (16,5 gegenüber 58 m/Ωmm^2 bei Kupfer und 36 m/Ωmm^2 bei Aluminium) keineswegs verlockend für seine Anwendung als *Leitmetall* [60], solange Kupfer und Aluminium zur Verfügung stehen.

Trotzdem scheint das Zink einer stärkeren Beachtung wert zu sein, und zwar als *Mantelmaterial* für Fernsprechkabel oder andere Kabel und Leitungen, die keinen höheren Temperaturen ausgesetzt sind. Das Feinzink[1] übertrifft das Aluminium vor allem in der kabeltechnisch wichtigsten mechanischen Eigenschaft, der Biegefähigkeit. Es wird ähnlich wie Blei durch Biegebeanspruchungen nur wenig gehärtet und erweicht in kurzer Zeit bei Raumtemperatur wieder. Es treten daher bei Zinkmänteln auch nach häufigen Biegungsbeanspruchungen keine Härtungen und Brüche des Mantels auf.

Die gefürchteten Verarbeitungsschwierigkeiten können durch werkstoffgerechte Behandlung [55] weitgehend vermieden werden. Die beim Zink gegenüber Aluminium wesentlich einfachere Lötbarkeit, wenn auch des niedrigen Schmelzpunktes des Zinks (419° C) wegen Vorsicht beim Löten geboten ist, erleichtert die Verbindung der Kabelmäntel; Klemmverbindungen kommen für Mäntel nicht in Frage.

Eine Vermeidung der Grobkornbildung und damit eine Verwendung auch bei erhöhten Temperaturen sowie erhöhte Dauerstandfestigkeit wird durch geringe *Legierungszusätze* von Aluminium und Kupfer[2], oder Eisen[3], ermöglicht, allerdings auch mit einer geringeren Kaltziehbarkeit und Biegefähigkeit erkauft. Auch die für Mäntel weniger wichtige Leitfähigkeit wird durch solche Legierungszusätze vermindert.

Ähnlich dem Aluminium wird auch das Zink gegen atmosphärischen und geringeren chemischen Angriff durch sich anfangs bildende, festhaftende Deckschichten (Hydroxyde oder basische Karbonate) vor weiterer Zerstörung geschützt.

Die gegenüber Aluminium geringere Korrosionsfestigkeit des Zinks vor allem gegen Säuren fällt nicht so sehr ins Gewicht, da man auch Aluminiumkabel mit einer Korrosionsschutzhülle umgeben muß, wenn man nicht die Verlegungsverhältnisse im voraus genau kennt.

---

[1] Feinzink (99,99 % Reingehalt).
[2] u. a. ZnO 10 (ZnAl 1) mit 0,7 bis 0,9 % Aluminium und 0,35 bis 0,5 % Kupfer.
[3] u. a. Feinzink (99,99 % Reingehalt) mit 0,13 % Fe [57].

5. Eisen

Ebenso wie Zink kommt Eisen als *Leiterwerkstoff* nur in Notfällen in Frage. Die höchste Leitfähigkeit hat reines Eisen mit etwa $10\,\text{m}/\Omega\text{mm}^2$ Für Freileitungen seiner großen Zugfestigkeit wegen verwendeter hartgezogener Flußstahl hat etwa $7\,\text{m}/\Omega\text{mm}^2$ Leitfähigkeit. Bei Wechselstrom höherer Frequenzen (Fernmeldeleitungen) kommt eine starke Widerstandserhöhung durch die magnetischen Verluste im Eisen hinzu. Dagegen werden Stahldrähte oft zur Erhöhung der Leiterfestigkeit mit Kupfer- oder Aluminiumdrähten zu einer Litze oder einem Seil kombiniert. Das Eisen übernimmt jedoch in solchen Fällen keinen wesentlichen Anteil der elektrischen Übertragung.

Ein besonderes Einsatzgebiet für Eisen im Kabelbau selbst ist die künstliche Erhöhung der Induktivität durch *magnetische Belastung,* der Leiter mit feinen Eisenbändern, -drähten oder (praktisch selten) -pulvern (kontinuierliche Belastung, Krarupierung (s. S. 71)). Bei diesen Eisensorten kommt es auf hohe magnetische Permeabilität bei sehr kleinen Feldstärken (Anfangspermeabilität) und großen elektrischen Widerstand (zur Beschränkung der Wirbelstromverluste) an. Die Hystereseverluste spielen keine Rolle wegen der sehr geringen Feldstärken (im Gegensatz zu Magnetkernen für Pupinspulen mit stark konzentriertem magnetischen Feld). Für die magnetische Belastung von Fernsprechleitern verwendet man daher Sonderstähle mit sehr hohen Nickelgehalten (Perinvar, Permalloy) oder für geringere Anforderungen Siliziumstähle (mit etwa 3% Si) mit höherem elektrischen Widerstand.

Die induktivitätserhöhende Wirkung von Eisenbandumwicklungen spielt zur Herabsetzung des Kabelreduktionsfaktors oder *Kabelschutzfaktors* von Fernmeldekabeln im Störungsfeld von Starkstromanlagen eine Rolle, bei denen induzierte Starkstromstörungsspannungen in den Adern durch die kompensierende induktive Schutzwirkung des Bleimantels vermindert werden sollen [*169*].

Für Kabel bestimmte Eisendrähte sind zum Schutz gegen Korrosion meist verzinkt. Stahldrähte für Freileitungen müssen verzinkt sein. Zur Armierung von Kabeln verwendete Stahldrähte werden meist verzinkt. Bandeisen wird dagegen in der Regel unverzinkt mit einer Asphalt-Bitumen-Masse bedeckt.

In neuerer Zeit wird Eisen (Tiefziehbandeisen) auch zur Herstellung metallisch geschlossener *Feuchtigkeitsschutzmäntel* verwendet (Wellmantelkabel der Hackethal-Draht- und Kabel-Werke AG[1] (s. S. 320 u. 364). Das Hauptanwendungsgebiet für Eisen und Stahl im Kabelbau ist jedoch der *mechanische* Schutz durch Stahldrahtlagen oder Eisenbandbewicklungen.

---

[1] Als kupferplattierter Stahlwellmantel dient er gleichzeitig als Rückleiter in Hochfrequenzenergiekabeln (s. Abb. 114).

b) Isolierstoffe

Als feste und plastische Isolierstoffe[1] kommen fast ausschließlich
zwei verschiedene große Klassen hochpolymerer Verbindungen in
Frage, die je eine unübersehbare Anzahl von Gruppen verschiedenster
Zusammensetzung und Eigenschaften enthalten:

1. Verbindungen mit Silizium-Sauerstoff Hauptvalenzketten und
2. Verbindungen mit Kohlenstoff Hauptvalenzketten.

Bei der ersten Klasse werden die Makromoleküle durch starke
Si-O-Si-Bindungen, in der zweiten durch C-C-Bindungen zusammengehalten. Die Si-O-Bindung ist wesentlich fester und daher beständiger
gegen chemische und thermische Einflüsse als die C-C-Bindung. Es
ist bekanntlich üblich, chemische Verbindungen, die neben Kohlenstoff nur nichtmetallische Elemente enthalten, mit *organisch* im
Unterschied zu den übrigen *anorganischen* zu kennzeichnen. Danach
ergeben sich für die Silizium-Sauerstoff-Klasse zwei formal verschiedene
Gruppen: die anorganischen *Silikate* und die organischen *Silikone*.

Gute Isolatoren sind ferner noch die Oxyde derjenigen Metalle,
die dem Silizium im Periodischen System am nächsten stehen, d. h.
vor allem Aluminium- und Magnesiumoxyd. Beide sind jedoch — ähnlich wie die meisten Silikate — spröde und für den Kabelbau nur in
Form sehr dünner, auf dem Metall oder anderen Unterlagen als Träger
haftender Schichten oder als Pulver (s. S. 325) zu verwenden.

1. Silizium-Sauerstoff-Verbindungen

a) **Anorganische Silikate.** *Keramische Stoffe.* Unter den Silikaten
haben die keramischen Werkstoffe in der allgemeinen Elektrotechnik
als Isolatoren größte Bedeutung. Sie sind jedoch ihrer Sprödigkeit
wegen für die Kabel selbst nur beschränkt anwendbar, weitgehend
jedoch für Starkstromkabel-Endverschlüsse.

Als keramische Stoffe bezeichnet man meist tonhaltige Massen, die im nassen
Zustande verformt und anschließend bei so hohen Temperaturen gebrannt sind,
daß auch die chemisch gebundenen Wassermengen entfernt und alle Poren vollständig geschlossen sind. Für elektrotechnische Zwecke kommt in erster Linie
Hartporzellan in Frage mit 40 bis 60% Tonsubstanz, 25 bis 30% Quarz und 16 bis
30% Feldspat, die bei etwa 1400° gebrannt werden. Porzellane besitzen eine hohe
Zug- und Druckfestigkeit. Oberflächenwiderstand, Dielektrizitätskonstante und
dielektrische Verluste sind jedoch denen hochwertiger organischer Isolierstoffe
unterlegen.
Wesentlich bessere dielektrische Verluste zeigen keramische Isolierstoffe aus
Magnesiumsilikat (Steatit, Calit, Frequenta), die aus Speckstein oder Talkum
mit wenigen Zuschlagstoffen hergestellt sind und im fertiggebrannten Zustand
ein einheitliches kristallines Gefüge mit nur wenig glasigen Bestandteilen besitzen.
Dieser Aufbau kann nach W. Soyck physikalisch als Ursache der gegenüber dem
Hochspannungsporzellan besseren mechanischen und elektrischen Eigenschaften
angesehen werden[2].

---

[1] Siehe auch die übersichtlichen Arbeiten von H. Heering [*62*], P. Nowak [*63*]
und K. Zöhrer [*64*] sowie das Buch von H. Stäger [*229*].

[2] In DIN 40685 sind die für Kondensatoren entwickelten titanhaltigen Silikate
hoher Dielektrizitätskonstante aufgeführt, die für die Kabeltechnik bisher keine
Bedeutung besitzen.

Glimmer und Talkum. Während es sich bei den genannten keramischen Stoffen um vollkommen starre, spröde Körper handelt, zeigen vor allem Glimmer und in geringerem Grade auch Talkum eine gewisse Elastizität und Biegsamkeit in Blattform. Beide sind aus Schichtgittern aufgebaut, deren einzelne durch Hauptvalenzkräfte festgefügte Schichten nur durch schwache Nebenvalenzkräfte oder Sauerstoffbrücken zusammengehalten werden. Daraus erklärt sich ihre lamellenartige Struktur und ihre leichte Spaltbarkeit in feinste Blättchen, die sich als Bestandteile elektrisch hochwertiger Isolierungsmischungen oder als Puderstoffe zum Verhindern des Aneinanderklebens klebriger Oberflächen besonders eignen.

Durch niedrigschmelzendes Glas gebundener Glimmer ergibt eine Preßmasse, die zäher und biegsamer ist als beide Komponenten für sich.

Asbest und Glas. Von den sonstigen Silikaten sind Asbest und Glas für die Kabeltechnik der Biegsamkeit ihrer Fasern wegen von besonderer Bedeutung.

Die *Asbest*faser besteht aus Magnesiumsilikat. Sie ist verhältnismäßig temperaturbeständig (Hornblendeasbest bis 300° C, Serpentinasbest bis über 300° C), aber stark hygroskopisch, d. h., sie bedarf einer Imprägnierung, die ebenfalls temperaturbeständig (s. S. 121) sein muß, wenn die Vorteile des Asbestes nicht wieder verlorengehen sollen. Zur Herstellung einer Drahtisolierung werden die Asbestfasern entweder zusammen mit Baumwolle (15 %) zu genügend festen Garnen gesponnen und um den Leiter gewickelt oder aber als Fasermasse mit einem Lack auf den Draht aufgebracht.

Das zweite biegsame und daher für die Kabelherstellung geeignete Silikat ist *Glas* in sehr feiner, künstlich hergestellter Faserform. Ebenso wie die Asbestfaser bedarf die Glasfaser einer Imprägnierung, da sie nur geringe Abriebfestigkeit besitzt.

Die meist zur Isolierung benutzte Glasseide wird nach einem der Kunstseidenherstellung entsprechenden Spinnverfahren angefertigt. Ferner können zur Isolierung in Verbindung mit Lacken auch Glaswolle und Glaswatte verwendet werden, die durch Zerblasen bzw. Auseinanderschleudern eines Glasflusses hergestellt werden.

Elektrotechnisch am günstigsten ist das aus reiner Kieselsäure bestehende Quarzglas. Die üblichen technischen Gläser enthalten außer Kieselsäure noch alkalische Flußmittel und Erdalkalien und haben einen geringen Oberflächenwiderstand, weil Spuren der Oberfläche sich zersetzen, in den anhaftenden Feuchtigkeitshäuten in Lösung gehen und insbesondere bei erhöhter Temperatur (für welche das Glas ja als Isolierung vorzugsweise geschätzt wird) eine beträchtliche Ionenleitfähigkeit verursachen.

Zu erwähnen ist noch das *Wasserglas,* das durch Schmelzen von Sand mit alkalischen Flußmitteln gewonnen wird und in Wasser quellbar und löslich ist. Es wird zur Dichtung der Poren in porösen Metallüberzügen verwendet (Eloxalschicht auf Aluminium; s. S. 235), genügt aber den Anforderungen an Korrosionsschutz oder Isolation für Kabel nur in Verbindung mit Isolierlacken oder hochwertigen Imprägniermitteln.

β) **Organische Silikone.** Wir wenden uns nunmehr den organischen Silizium-Sauerstoff-Verbindungen, den Silikonen, zu, die erst in neuerer Zeit eine technische Bedeutung erlangt haben, vor allem durch die Entwicklungsarbeiten der Dow Corning Corp. (*Silelastic*) und der General Electric Co. (*Silicone Rubber*)[1]. Silikone bestehen aus einem hochpolymeren Si-O-Si-Grundskelett, dessen große Wärmebeständigkeit bereits vom Asbest her bekannt ist. Die Silikone werden nun deshalb als organische Stoffe betrachtet, weil die freien Valenzen der Si-Atome durch organische Molekülreste abgesättigt sind; d. h., an Stelle eines oder mehrerer Sauerstoffatome, wie sie im SiO_2 einem Siliziumatom angeschlossen sind, treten organische Gruppen. Die Vielfältigkeit der Produkte der Silikonechemie ist der der Kohlenwasserstoffe ähnlich und umfaßt alle Aggregatzustände von Flüssigkeiten über plastische linearpolymere Körper zu glasähnlichen, dreidimensional vernetzten Kunststoffen.

Die linearpolymeren Silikone nach Art des in Tab. 3, C II (s. S. 120) skizzierten Silikonegummis sind reine Thermoplaste und nicht im herkömmlichen Sinne vulkanisierbar, da ihre Fadenmoleküle keine ungesättigten Glieder enthalten, an die sich Schwefel-, Sauerstoff- oder andere Brücken anhängen könnten. Trotzdem ist eine Vernetzung der Ketten zur Erzielung einer Kautschukelastizität unter der Einwirkung von Vernetzungsmitteln möglich und notwendig. Die Silikonevernetzung erfordert höhere Temperaturen (zirkulierende Luft, 250° C) und längere Zeiten als die Kautschukvulkanisation. Anscheinend handelt es sich dabei um eine vorübergehende teilweise Depolymerisation (Abbau) der Ketten und eine anschließende netzbildende Polymerisation nach Art der in Tab. 3, C II skizzierten Form. Nach der Vernetzungspolymerisation sind alle Glieder wieder abgesättigt und (im Gegensatz zu vulkanisiertem Kautschuk) gegen chemischen Angriff (Sauerstoff, Alterung) immun.

Tabelle 3. *Chemische Struktur einiger kabeltechnisch wichtiger, hochpolymerer Stoffe*

A. Gesättigte hochpolymere Kohlenstoffverbindungen

    I. *Polymere Paraffine*

       a) Einfache Paraffinpolymere
       Polyäthylen (Handelsbezeichnungen z. B. Lupolen, Polythene, Alkathene)

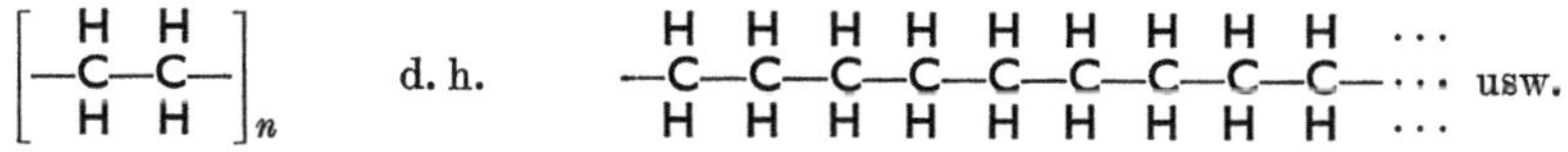

$$\left[\begin{array}{c} H\ \ H \\ -C-C- \\ H\ \ H \end{array}\right]_n \qquad \text{d. h.} \qquad \begin{array}{c} H\ \ H\ \ H\ \ H\ \ H\ \ H\ \ H\ \ H\ \ H \cdots \\ -C-C-C-C-C-C-C-C-C-\cdots \text{ usw.} \\ H\ \ H\ \ H\ \ H\ \ H\ \ H\ \ H\ \ H\ \ H \cdots \end{array}$$

       b) Verzweigte Paraffine
       Polyisobutylen (Handelsbezeichnung z. B. Oppanol, Vistanex)
       schematisch:

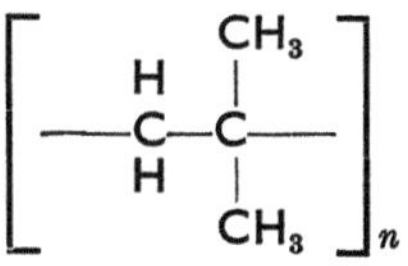

$$\left[\begin{array}{cc} & CH_3 \\ H & | \\ -C-C- \\ H & | \\ & CH_3 \end{array}\right]_n$$

---

[1] In Deutschland sind Silikone durch die Firmen Farbenfabriken Bayer und Wacker, München, zu beziehen.

Tabelle 3. (Fortsetzung)

Strukturelle Skizze [46], welche die Schwierigkeiten der plastischen Verformung deutlicher macht:

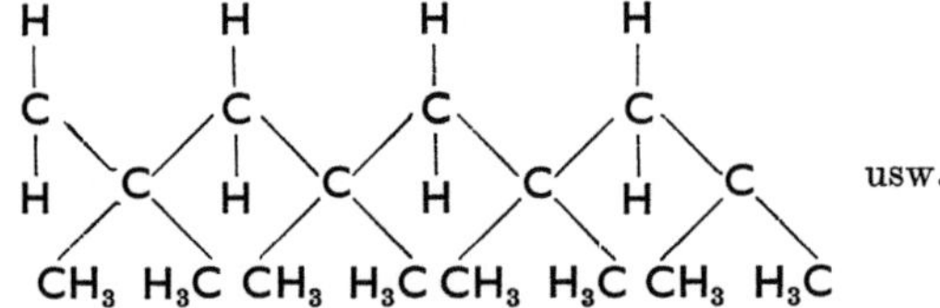

usw.

II. *Halogenierte Paraffine*

a) Polytetrafluoräthylen (Handelsbezeichnung Teflon)

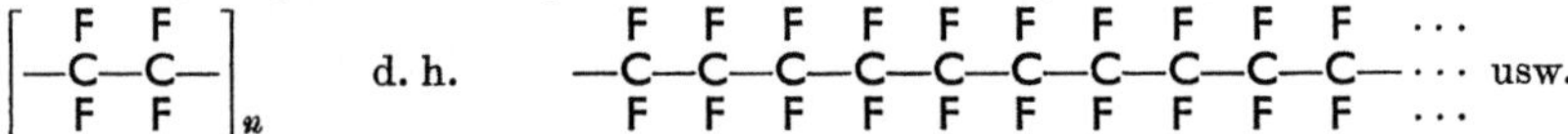

d. h.   usw.

woraus die Abschirmwirkung der Fluoratome auf die **C**-Kette erhellt.

b) Polyvinylchlorid (Handelsbezeichnungen Vestolit, Vinnol, PVC)

Die im Gegensatz zu den Fluoratomen des Polytetrafluoräthylens unsymmetrische Lage der **Cl**-Atome im PVC bewirkt den Dipolcharakter des PVC und damit seine gegenüber Polytetrafluoräthylen sehr viel höheren dielektrischen Verluste, vor allem im nichteingefrorenen Zustand. Sind dagegen *zwei* Chloratome an ein und dasselbe Kohlenstoffkettenatom in jedem Monomer gebunden, dann erhält man das Polyvinylidenchlorid, das vor allem in Mischpolymerisation oder Legierung mit Polyvinylchlorid wertvolle Eigenschaften aufweist.

III. *Polyakrylate*

a) Polymethylakrylat (Handelsbezeichnung: Plexigum)

b) Polymethylmethakrylat (Handelsbezeichnungen: Plexiglas, Perspex, Diacon)

IV. *Polystyrol* (Handelsbezeichnungen: Trolitul, biegsam: Styroflex)

Dabei bedeutet

Tabelle 3. (Fortsetzung)

d. h. einen angehängten „Benzolring", der wegen seiner Starrheit die plastische Verformung erschwert.

V. *Polyvinylkarbazol* (Handelsbezeichnung: Luvican)

$$\left[\begin{array}{c}\overset{\displaystyle H\ \ H}{-C-C-}\\\text{(Carbazolring mit N)}\end{array}\right]_n$$

B. **Ungesättigte, vulkanisierbare hochpolymere Kohlenstoffverbindungen**

I. *Polyisoprene*, schematisch allgemein:

$$\left[-\overset{H}{\underset{H}{C}}-\overset{}{\underset{CH_3}{C}}=\overset{}{\underset{H}{C}}-\overset{H}{\underset{H}{C}}-\right]_n$$

a) Guttapercha („trans-Form" [46]):

b) Naturkautschuk („cis-Form" [46]):

II. *Buna S* (Mischpolymerisat)
(s. dazu Erläuterung zu Formel A, IV, Polystyrol)

Butadien

$$\left[-\overset{H}{\underset{H}{C}}-\overset{H}{C}=\overset{H}{C}-\overset{H}{\underset{H}{C}}-\right]_{n_1}$$

Butadien-Styrol

$$\left[-\overset{H}{\underset{H}{C}}-\overset{H}{C}=\overset{H}{C}-\overset{H}{\underset{H}{C}}-\overset{H}{\underset{C_6H_5}{C}}-\right]_{n_2}$$

III. *Perbunan* (Mischpolymerisat)

Butadien

$$\left[-\overset{H}{\underset{H}{C}}-\overset{H}{C}=\overset{H}{C}-\overset{H}{\underset{H}{C}}-\right]_{n_1}$$

Butadien-Akrylnitril

$$\left[-\overset{H}{\underset{H}{C}}-\overset{H}{C}=\overset{H}{C}-\overset{H}{\underset{H}{C}}-\overset{H}{\underset{CN}{C}}-\right]_{n_2}$$

Tabelle 3. (Fortsetzung)

IV. *Neopren*

$$\left[-\overset{\overset{\text{H}}{|}}{\underset{\underset{\text{H}}{|}}{\text{C}}}-\overset{\text{H}}{\underset{\underset{\text{Cl}}{|}}{\text{C}}}=\text{C}-\overset{\overset{\text{H}}{|}}{\underset{\underset{\text{H}}{|}}{\text{C}}}- \right]_n$$

V. *Butylkautschuk* (Mischpolymerisat)

Isobutylen   Isopren

$$\left[-\overset{\overset{\text{H}}{|}}{\underset{\underset{\text{H}}{|}}{\text{C}}}-\overset{\overset{\text{H}_3\text{C}}{|}}{\underset{\underset{\text{H}_3\text{C}}{|}}{\text{C}}}- \right]_{n_1} \qquad \left[-\overset{\overset{\text{H}}{|}}{\underset{\underset{\text{H}}{|}}{\text{C}}}-\overset{\text{H}}{\underset{\underset{\text{CH}_3}{|}}{\text{C}}}=\overset{\text{H}}{\text{C}}-\overset{\overset{\text{H}}{|}}{\underset{\underset{\text{H}}{|}}{\text{C}}}- \right]_{n_2}$$

VI. *Thiokol*

$$\text{HS}-\overset{\overset{\text{H}}{|}}{\underset{\underset{\text{H}}{|}}{\text{C}}}-\overset{\overset{\text{H}}{|}}{\underset{\underset{\text{H}}{|}}{\text{C}}}-\overset{\overset{\text{S}}{\|}}{\underset{\underset{\text{S}}{\|}}{\text{S}}}-\text{S}-\overset{\overset{\text{H}}{|}}{\underset{\underset{\text{H}}{|}}{\text{C}}}-\overset{\overset{\text{H}}{|}}{\underset{\underset{\text{H}}{|}}{\text{C}}}-\overset{\overset{\text{S}}{\|}}{\underset{\underset{\text{S}}{\|}}{\text{S}}}-\text{S}- \cdots \text{ usw.}$$

oder:

$$\left[-\overset{\overset{\text{H}}{|}}{\underset{\underset{\text{H}}{|}}{\text{C}}}-\overset{\overset{\text{H}}{|}}{\underset{\underset{\text{H}}{|}}{\text{C}}}-\text{O}-\overset{\text{H}}{\underset{\underset{\text{H}}{|}}{\text{C}}}-\text{O}-\overset{\overset{\text{H}}{|}}{\underset{\underset{\text{H}}{|}}{\text{C}}}-\overset{\overset{\text{H}}{|}}{\underset{\underset{\text{H}}{|}}{\text{C}}}-\overset{\overset{\text{S}}{\|}}{\underset{\underset{\text{S}}{\|}}{\text{S}}}-\text{S}- \right]_n$$

C. Lineare Polykondensate

I. *Polyamide* (Handelsbezeichnungen: Nylon, Perlon)

a) Nylon
$$\left[-\overset{\text{O}}{\overset{\|}{\text{C}}}(\text{CH}_2)_4-\overset{\text{O}}{\overset{\|}{\text{C}}}\overset{\text{H}}{\underset{\underset{\text{H}}{|}}{\text{N}}}-(\text{CH}_2)_6\text{N}- \right]_n$$
b) Perlon
$$\left[-\overset{\text{O}}{\overset{\|}{\text{C}}}-(\text{CH}_2)_5-\overset{\text{H}}{\text{N}}- \right]_n$$

II. *Silikone* (Handelsbezeichnungen: Silelastic, Silicone Rubber)

$$\left[-\overset{\overset{\text{CH}_3}{|}}{\underset{\underset{\text{CH}_3}{|}}{\text{Si}}}-\text{O}- \right]_n$$

b) Bei der *Vulkanisation* wird ein CH_3 durch ein brückenbildendes Sauerstoffatom ersetzt:

etwa:
$$\left[-\overset{\overset{\text{CH}_3}{|}}{\underset{\underset{\text{CH}_3}{|}}{\text{Si}}}-\text{O}-\overset{\overset{\text{CH}_3}{|}}{\underset{\underset{\text{O}}{|}}{\text{Si}}}-\text{O}- \right]_n$$

D. Zellulose und Zellulosederivate

I. *Zellulose*

Die Zellobiose — die man als eine Art Zellulosemonomer auffassen kann — besteht aus *zwei* β-Glukose-Resten, die — ebenso wie die Monomeren zum Makromolekül — durch Sauerstoffbrücken miteinander verbunden sind.

Tabelle 3. (Fortsetzung)

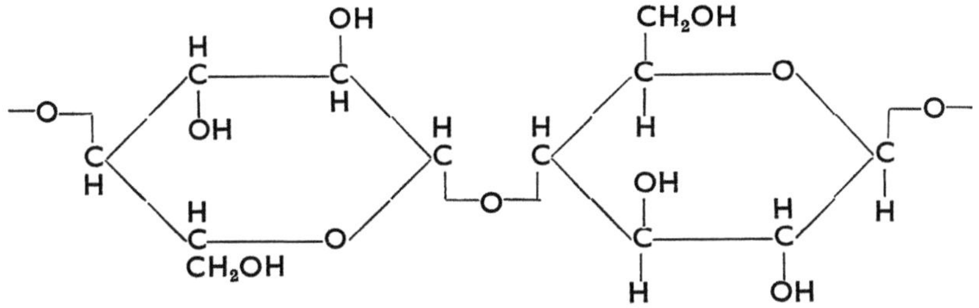

II. *Zellulosediazetat*

Zwei der wasseranziehenden **OH-** (Hydroxyl-) Gruppen sind durch Veresterung unschädlich gemacht (bei Triazetat alle drei).

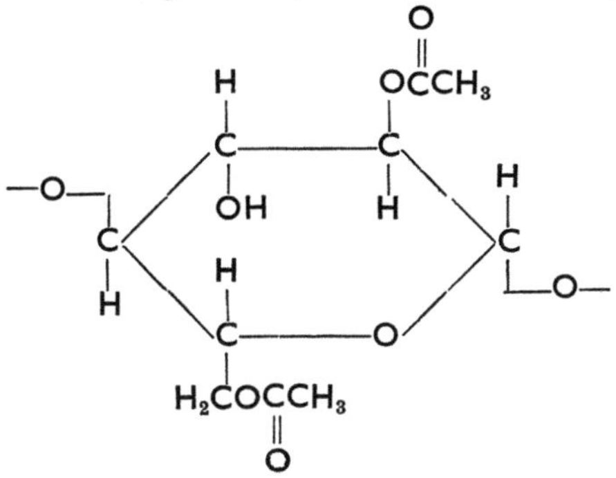

Die Silikone nehmen kein Wasser auf und sind beständig gegen Öl und UV-Strahlung und Koronaentladung. Ihr geringer dielektrischer Verlustwinkel macht sie zu elektrisch ausgezeichneten Isolierstoffen. Ihr Hauptnachteil gegenüber den hochpolymeren Kohlenwasserstoffen scheint in ihrer geringen mechanischen Festigkeit, vor allem Kerbzähigkeit und Abriebfestigkeit, zu liegen. Dem Verfasser ist an einigen Proben eine ungewöhnlich starke Abhängigkeit der Festigkeit von der Verformungsgeschwindigkeit aufgefallen.

Zu dem technisch wichtigsten Punkt, der *Wärmefestigkeit*, werden in der Literatur [71] folgende Angaben gemacht:

Mit flüssigen Silikonen imprägnierte Isolierhüllen aus Glas- oder Asbestfaser (Motorwicklungen) waren für Tausende von Stunden bis zu 310° C beständig. Sie sind in USA für Betriebstemperaturen bis 180° C zugelassen. Die Dynamodrähte können daher höher belastet, d. h. für eine gegebene Leistung dünner gewählt und damit die Maschinen kleiner ausgeführt werden. Besonders günstig erscheint der Einsatz der silikoneisolierten Drähte, Leitungen und Kabel für heiße oder feuergefährliche Betriebsbedingungen. Als günstigste bisher erreichte Kältefestigkeit (Erhaltung der plastisch-elastischen Eigenschaften von gummiartigen und der Schmierfähigkeit von flüssigen Silikonen) wird —60° C angegeben. Die Verwendung von Silikonen kann daher auch als flüssige Phase einer hochkältebeständigen Schicht-isolierung von Interesse sein.

Silikone sind ihrer chemischen Natur nach mit Kohlenwasserstoffen unverträglich und daher als Trenn- und Puderstoffe zum Verhindern des Zusammenklebens von Kohlenwasserstoffen untereinander und ihres Haftens an Metallen (Matrizen, Walzen) auch in dünnster kol-loidaler Verteilung hervorragend geeignet.

Die große Wärmebeständigkeit der flüssigen Silikone ermöglicht ihre Verwendung für Heizbäder, die gegenüber Metall- oder Salzbädern den Vorteil chemischer Inaktivität und mechanischen Nichtanhaftens und gegenüber Ölbädern den Vorteil höherer Wärmebeständigkeit besitzen.

2. Hochpolymere Kohlenwasserstoffe

a) **Gesättigte Hochpolymere.** *Polymere Paraffine.* Unter den linear-polymeren reinen Kohlenwasserstoffen haben die hochpolymeren Paraffine die einfachste Struktur. *Polyäthylen* (Lupolen, Polythene, Alkathene) besitzt lange, bewegliche, wenig verzweigte Kettenmole-küle, die leicht aneinandergleiten und bei nicht zu hohen Polymeri-sationsgraden eine plastische Verformung (s. S. 322) des Polyäthylens auch schon bei Raumtemperatur ermöglichen. Demgegenüber ist das hochpolymere, wegen der starken Verzweigung sterisch behinderte Paraffin *Polyisobutylen* (Oppanol, Vistanex) seiner teilweise vernetzten Struktur wegen mechanisch sehr viel schwerer verarbeitbar. Die Strukturformel beider Stoffe ist in Tab. 3 A I (s. S. 117) gegenüber-gestellt.

Beiden hochpolymeren Paraffinen ist nun eine Reihe von mecha-nischen und elektrischen Eigenschaften gemeinsam, die sie für die Verwendung als Kabeldielektrikum, vor allem für Hochfrequenzkabel und ozonfeste Leitungen, hervorragend geeignet erscheinen lassen:

Mechanisch grundlegend wichtig ist zunächst ihre leichte Biegsam-keit ohne jeden Zusatz von Weichmachern, und zwar herunter bis zu Temperaturen von unter' —40° C.

Die Widerstandsfähigkeit von Polyäthylen und Polyisobutylen gegen chemische Agenzien und vor allem Ozon ist außergewöhnlich. Jedoch sind diese beiden hochmolekularen Verbindungen wegen ihrer Verwandtschaft zu den Paraffinen (nach dem Prinzip: Similia similibus solventur) in niedrig-molekularen Paraffinen, Wachsen und Mineral-ölen löslich und daher als verdickende Zusätze zu Imprägniermassen verwendbar (s. S. 245). Ferner sind beide brennbar und in dieser Be-ziehung den chlorierten und fluorierten Paraffinen unterlegen.

Von besonderer Bedeutung für die Kabeltechnik sind nun vor allem die dielektrischen Eigenschaften, d. h. die geringe Dielektrizitäts-konstante (2,2) und die niedrigen dielektrischen Verluste (tg$\delta \approx 2 \cdot 10^{-4}$) auch bei hohen Frequenzen. Ähnlich gute Werte zeigt Polystyrol. Jedoch besteht der grundsätzliche Unterschied in der Anwendung der hochpolymeren aliphatischen Kohlenwasserstoffe einerseits und des

Polystyrols andererseits darin, daß erstere auch als massive, starkwandige Isolierhüllen ausgezeichnet biegsam und daher für eine Hochfrequenzmassivisolierung verwendbar sind, während das Polystyrol auch im flexiblen, gedehnten Zustand (s. S. 298) als massive Hülle nicht genügend elastisch und gar nicht plastisch ist. Dagegen eignet sich Polystyrol seiner hohen Formfestigkeit wegen hervorragend zum Aufbau von Hohlraumisolierschichten (s. Abb. 108 bis 111) und damit in Verbindung mit der kleinen werkstoffeigenen Dielektrizitätskonstanten zur Herstellung sehr kapazitätsarmer Kabel. Die bei Raumtemperatur geringe Formbeständigkeit („kalter Fluß") des Polyisobutylens dagegen erlaubt überhaupt keine konstruktive Hohlraumbildung mit diesem Material allein. Mit Polyäthylen hingegen ist auch eine konstruktive Hohlraumbildung möglich (s. Abb. 105 und 114), jedoch unter Verwendung stärkerer Dimensionen und damit unter größerem Gehalt an Feststoff, d. h. mit einer größeren wirksamen Dielektrizitätskonstanten. Bei der Verarbeitung von Polyäthylen ist besonders seine ungewöhnlich starke Volumen-Temperatur-Abhängigkeit zu beachten (s. S. 298).

Die ungewöhnliche Wasserdampfundurchlässigkeit der paraffinähnlichen Hochpolymeren macht sie auch für Feuchtigkeitsschutzhüllen von Kabeln besser geeignet als viele andere Hochpolymeren. Sie sind die einzigen nichtmetallischen Stoffe, die einen Bleimantel praktisch ersetzen können; und zwar wird Polyisobutylen dafür vorteilhaft mit gleichen Teilen Ruß und Graphit („ORG" = Oppanol-Ruß-Graphit) unter Zusatz von etwas Paraffin oder Polyäthylen vermischt, wodurch nicht nur die Wasserdampfdurchlässigkeit erhöht, sondern auch die mechanische Verarbeitbarkeit erleichtert wird. Dem Polyisobutylen kommt dabei sein außerordentlich großes Aufnahmevermögen für Füllstoffe zugute.

Wie bereits erwähnt, erschwert die vernetzte Struktur des Polyisobutylens seine Verarbeitbarkeit. Das für Isolierhüllen vorwiegend in Frage kommende Polyisobutylen mit einem Molekulargewicht in der Größenordnung von 200000 (Oppanol B 200) muß für die Weiterverarbeitung auf kalten Walzen *gebrochen* oder *abgebaut*, d. h. bis zu einem gewissen Grade depolymerisiert werden. Es kann dann im Innenmischer, auf der Mischwalze, Kalander und Spritzmaschine weiterverarbeitet werden. Die Kalandrierung reinen Polyisobutylens erfordert hohe Temperaturen von etwa 200° C. Durch Gleitmittel kann die Verarbeitung erleichtert und die Arbeitsgeschwindigkeit erhöht werden.

Nach dem Prinzip des Optimums der Eigenschaften durch Werkstoffkombination kann die Flexibilität des Polyisobutylens und seine Eignung zur Herstellung massiver — d. h. elektrisch durchschlagfester — Isolierhüllen mit der Dauerstandfestigkeit des Polystyrols durch Mischung beider Stoffe vereinigt werden.

Zu erwähnen ist im gleichen Zusammenhang die Verwendung der hochmolekularen Paraffine in Mischung mit Kautschuk zur Erhöhung der dielektrischen Werte, Ozonbeständigkeit und Wasserfestigkeit der

Kautschukmischungen. Ferner werden Polyäthylen und Polyisobutylen vorzugsweise geringerer Polymerisationsgrade (Molekulargewicht in der Größenordnung von 50000) zur Erhöhung der Viskosität und Verbesserung der Wasserdampfundurchlässigkeit und elektrischen Eigenschaften von Imprägnier- und Vergußmassen eingesetzt, in denen sie, wie erwähnt, löslich sind.

Halogensubstituierte Paraffine. Die Einfachheit im Aufbau des linearen Makromoleküls, die beim Polyäthylen die leichte Verarbeitbarkeit und die ausgezeichnete Biegsamkeit beim Gebrauch ermöglicht, bleibt auch bei den beiden wichtigsten, im folgenden beschriebenen halogensubstituierten Paraffinpolymeren erhalten, dem Polytetrafluoräthylen und dem Polyvinylchlorid (vgl. hierzu Tab. 3, Formeln A II a und b; s. S. 118).

Polytetrafluoräthylen. Das Polytetrafluoräthylen ist ein erst in den letzten Jahren von der Firma E. I. Du Pont de Nemours & Co. unter dem Handelsnamen *Teflon* entwickelter und großtechnisch eingesetzter Kunststoff, über dessen praktische Anwendungen noch verhältnismäßig wenig veröffentlicht ist. Seine ungewöhnliche chemische und thermische Stabilität wird damit erklärt, daß durch den Austausch der Wasserstoffatome durch Fluor die C-C-Bindungen der Kohlenstoffkette stabiler werden, was schon dadurch zum Ausdruck kommt, daß der Abstand der Kohlenstoffatome erheblich geringer ist als bei entsprechenden Kohlenwasserstoffen. Im Gegensatz zu Polyäthylen ist Polytetrafluoräthylen unlöslich in Paraffinen, Wachsen und Mineralöl und unbrennbar. Es ist wie die paraffinähnlichen Polymeren auch bei den größten, praktisch vorkommenden Kältegraden biegsam, aber weit hitzebeständiger, d. h. bis zu etwa 275° C. Mit Polyisobutylen hat es einen starken kalten Fluß gemeinsam, der durch Beimischen von sehr feinpulvrigem Glas vermindert wird. Besonders bemerkenswert ist, daß Polytetrafluoräthylen an keinem anderen Stoff haftet.

Seine dielektrischen Verluste liegen in der Größenordnung von Polyäthylen und Polystyrol.

Die Verarbeitbarkeit des Polytetrafluoräthylens bereitet noch gewisse Schwierigkeiten, insbesondere hinsichtlich der Spritzbarkeit [*241, 242*]. Der Haupthinderungsgrund für einen Großeinsatz in der Kabelherstellung liegt vorläufig jedoch noch in dem hohen Preis.

Eine leichtere Verarbeitbarkeit besitzt das ebenfalls neu entwickelte Polymonochlortrifluoräthylen[1], das jedoch seines unsymmetrischen Aufbaus wegen höhere dielektrische Verluste aufweist und daher für Hochfrequenzzwecke weniger geeignet ist als das Polytetrafluoräthylen.

Polyvinylchlorid. Das Polyvinylchlorid (Vinnol der Fa. Wacker, PVC der BASF und Vestolit der Fa. Hüls) ist der in der Kabelindustrie heute wohl am meisten verwendete Kunststoff. Seine Makromolekülstruktur ist aus Tab. 3, Formel A II b (s. S. 118) ersichtlich. Durch den Einbau des Chloratoms in das Molekül wird, ähnlich wie beim Tetrafluoräthylen, die Löslichkeit in Paraffinen, Wachsen und Mineralölen aufgehoben.

---

[1] *Hostaflon* der chemischen Werke Hüls, s. a. [*243*].

Reines PVC ist unbrennbar. Es zersetzt sich vielmehr bei starker
Erhitzung unter Bildung feuerlöschender HCl-Dämpfe. Die auf üb-
lichem Wege kabeltechnisch hergestellten PVC-Isolier- und -Mantel-
schichten sind jedoch infolge ihres Weichmachergehalts meist mehr
oder weniger brennbar.

Der Weichmachergehalt ist außerdem von maßgeb-
lichem Einfluß auf die mecha-
nischen und elektrischen
Eigenschaften des PVC[1].
Weichmacherfreies PVC be-
sitzt eine ungewöhnliche Zug-
und Abriebfestigkeit und
Zähigkeit, guten Isolationswiderstand und eine aus-
gezeichnete Durchschlags-
festigkeit. Wie sehr das weich-
macherfreie dem weich-
macherhaltigen Polyvinyl-
chlorid in den dielektrischen
Eigenschaften überlegen ist,
zeigen die Abb. 116 und 117
[72], aus denen erhellt, daß
die steilen Maxima der Tem-
peraturkurven von Dielektrizitätskonstante und dielektrischen Verlusten bei Fortfall
des Weichmachers aus den
kabeltechnisch in Frage
kommenden Gebrauchstem-
peraturen herausgerückt sind,
und daß der Isolationswiderstand weichmacherfreier PVC-
Isolierschichten größenordnungsmäßig höher liegt als
der weichmacherhaltiger bei
gleichen Temperaturen. Daraus erklären sich die über-

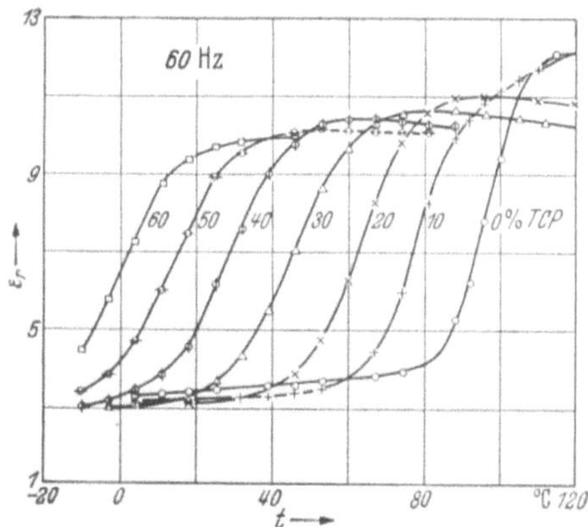

Abb. 116. Abhängigkeit der Dielektrizitätskonstante
von der Temperatur bei 60 Hz für ein stabilisiertes
PVC-Trikresylphosphatsystem nach DAVIES,
MILLER u. BUSSE [72]

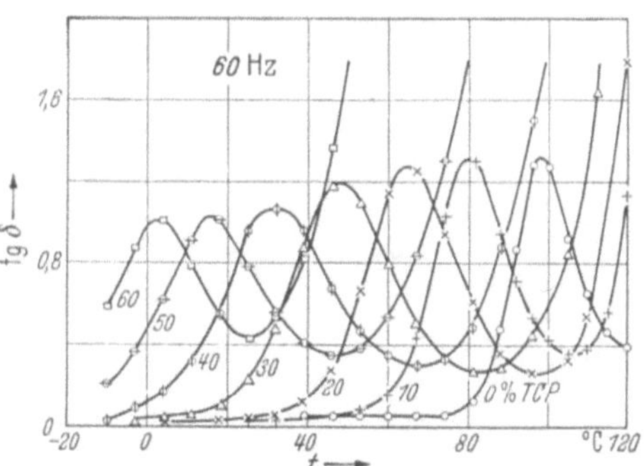

Abb. 117. Abhängigkeit des Verlustfaktors von der
Temperatur bei 60 Hz für ein stabilisiertes PVC-
Trikresylphosphatsystem nach DAVIES, MILLER
u. BUSSE [72]

legenen elektrischen Werte der weichmacherfreien PVC-Isolierschichten
der Isotraxkabel (s. S. 15 und Abb. 9 bis 11).

Die dielektrischen Verluste des PVC setzen sich zusammen aus den
Verlusten durch Dipolrotation (s. S. 87) und Ionenleitfähigkeit (s. S. 86),
welche beide durch den Einbau innerer und äußerer Weichmacher
(s. S. 97) vergrößert werden. Der Einfluß der Ionenleitfähigkeit kann jedoch weitgehend durch Zusatz von Stabilisatoren (s. S. 98) beseitigt
werden, welche die Entwicklung von HCl bei beginnender Zersetzung
verhindern oder verzögern oder gebildete Salzsäure neutralisieren [206].

---

[1] s. a. [193], [203—205].

Aus den sehr regelmäßig verlaufenden Kurven der Abb. 117, 118 und 119 läßt sich die für den praktischen kabeltechnischen Gebrauch interessante Faustregel ableiten, daß im allgemeinen eine Änderung von 10° in der Temperatur etwa die gleiche Wirkung auf die dielektrischen Eigenschaften des PVC hat, wie 6% Änderung im Weichmachergehalt oder eine Frequenzänderung um zwei Zehnerpotenzen, genügend thermisch stabilisiertes Material voraussetzt.

Die Verarbeitungseigenschaften der PVC-Sorten sind entsprechend den verschiedenen Herstellungsverfahren etwas unterschiedlich.

Bei der Emulsionspolymerisation[1] (s. S. 92) wird das Vinylchlorid in eine Seifenlösung gedrückt, die mit den nötigen Puffersubstanzen und Katalysatoren versehen ist. Die anfallende Milch (Emulsion) wird nun entweder auf einem Escher-Wyss-Walzentrockner eingedampft und der entstandene Film durch Passieren einer Siebmaschine auf die gewünschte Korngröße gebracht, oder aber nach dem Nubilosaverfahren in Türmen verdüst und das Wasser durch Heißdampf entfernt.

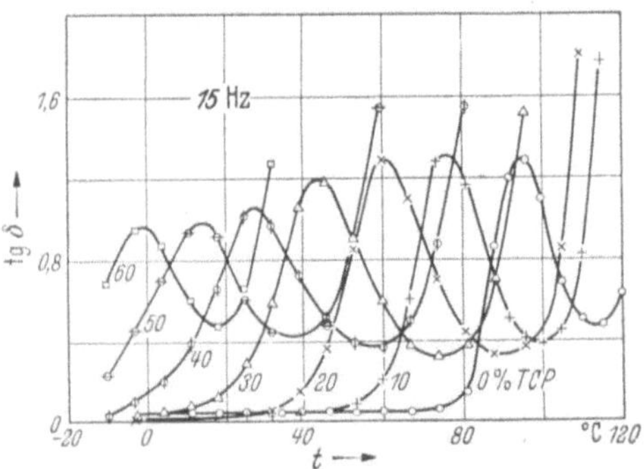

Abb. 118. Abhängigkeit des Verlustfaktors von der Temperatur bei 15 Hz für ein stabilisiertes PVC-Trikresylphosphatsystem nach DAVIES, MILLER u. BUSSE [72]

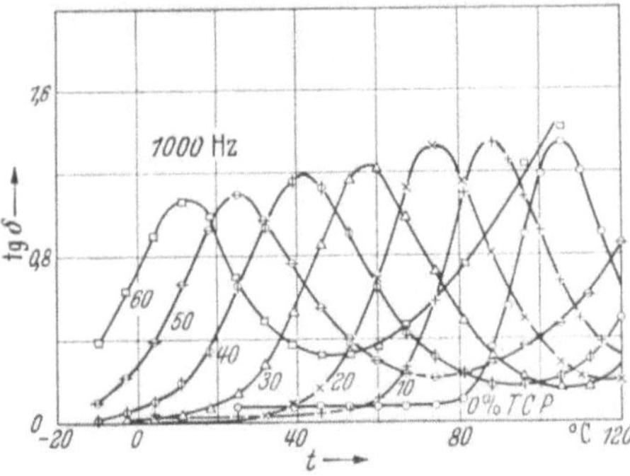

Abb. 119. Abhängigkeit des Verlustfaktors von der Temperatur bei 1000 Hz für ein stabilisiertes PVC-Trikresylphosphatsystem nach DAVIES, MILLER u. BUSSE [72]

Es leuchtet ein, daß durch das zweite Verfahren besonders gleichmäßige, kugelförmige Teilchen erzielt werden, die ein kleineres Schüttvolumen (140 bis 175 cm³ je 100 g) ergeben als die nach dem erstgenannten Verfahren hergestellten Pulver (225 bis 450 cm³ je 100 g). Dieser Unterschied macht sich besonders bemerkbar, wenn das Pulver quasiplastisch (s. S. 325) verformt wird.

Kabeltechnisch interessant ist auch ein unter dem Namen „Vinylite"[2] bekanntes *Vinylchlorid-Vinylazetat-Mischpolymerisat*, da es infolge der „inneren Erweichung" durch die Vinylazetatglieder nur verhältnismäßig geringe Mengen äußeren Weichmachers benötigt. Ein anderes

---

[1] Nach Originalmitteilungen der IG Farben.
[2] Hergestellt von der Carbide and Carbon Chemicals Corp., New York.

durch Mischpolymerisation oder Legierung von Polyvinylchlorid mit Polyvinylidenchlorid enthaltenes Produkt (Saran) ist kabeltechnisch seiner äußerst geringen Feuchtigkeits- und Gasdurchlässigkeit wegen interessant.

Polyakrylate (s. Tab. 3, A III 3, s. S. 118). Alle reinen Polyakrylsäure- und Polymethakrylsäureester sind glasklar, durchsichtig und gut durchlässig für ultraviolette Strahlung.

Poly*akrylsäureester* haben als Kabelmantelwerkstoffe vorwiegend in Mischungen mit vulkanisierbaren Stoffen Verwendung gefunden (Stabol, KWO).

Ein Mischpolymerisat von Vinylchlorid und Akrylsäureester, Mipolam, hat vor allem zu Beginn der Verwendung von Thermoplasten in der Kabelindustrie eine besondere Bedeutung erlangt, da es — wie allgemein Mischpolymerisate — eine niedrigere Erweichungstemperatur besitzt als die homopolymeren Komponenten und daher auf den üblichen Kautschukverarbeitungsmaschinen verarbeitbar ist.

Poly*methakrylsäuremethylester* ist als Plexiglas allgemein durch seine Verwendung als nichtsplitterndes Glas bekannt. Seine mechanischen Eigenschaften lassen jedoch auch seine Verwendung in der Kabeltechnik *nur* in Verbindung mit anderen Isolierstoffen aussichtsreich erscheinen.

Ein halbleitendes, sehr ölbeständiges Mischpolymerisat aus Akrylsäurenitril und Butadien zeichnet sich wegen seiner kautschukähnlichen Eigenschaften aus (IG Farben: Perbunan) und wird daher mit den anderen Kautschukarten zusammen besprochen werden (s. S. 133).

Polystyrol. Neben Polyvinylchlorid hat das Polystyrol (Tab. 3, Formel A IV) in der Kabeltechnik in Deutschland die größte Bedeutung erlangt, und zwar vorwiegend wegen seiner sehr kleinen frequenzunabhängigen Dielektrizitätskonstanten ($\varepsilon = 2{,}3$) und seiner bis zu höchsten Frequenzen außerordentlich niedrigen dielektrischen Verluste ($\mathrm{tg}\,\delta$ in der Größenordnung von 0,0002).

Monostyrol ist eine bei der Teerdestillation anfallende oder synthetisch hergestellte Flüssigkeit, die nach einiger Zeit von selbst polymerisiert. Dieser Vorgang kann durch Katalysatoren, durch Erwärmen oder Bestrahlen mit ultraviolettem Licht beschleunigt werden. Technisch wird das Polystyrol entweder durch Blockpolymerisation gewonnen und in gröberer Körnung zur weiteren Verarbeitung angeliefert oder aber durch Emulsionspolymerisation mit darauffolgender Gewinnung eines feinen Pulvers aus der Latex. Dem blockpolymerisierten Polystyrol wird eine bessere Warmreckbarkeit, dem emulsionspolymerisierten eine höhere Wärmebeständigkeit nachgesagt.

Polystyrol besitzt eine bemerkenswerte Widerstandsfähigkeit gegen chemische Agenzien. Das völlige Fehlen hydrophiler und polarer Gruppen erklärt seine ausgezeichneten elektrischen Eigenschaften. Es ist auch im gedehnten Zustande amorph und daher frei von Kristallgrenzen und ähnlichen Lockerstellen. Das bei Raumtemperatur spröde Polystyrol wird durch Recken (Ausrichten der Makromoleküle) biegsam (Styroflex) [73]. Zur Herstellung einer in beiden Flächenrichtungen biegsamen Folie ist eine Reckung in beiden Richtungen erforderlich[1].

---

[1] Siehe Herstellung einer Styroflexfolie, S. 301 und Abb. 238.

Gereckte Polystyrolfäden und -folien werden vor allem zum Aufbau der Isolierung von Hochfrequenzleitern (Breitbandkabeln; s. Abb. 108 bis 112) verwendet. Auch als aufgeschäumtes Material findet Polystyrol in der Kabelindustrie Verwendung (s. Abb. 99), und zwar besonders wegen der sehr niedrigen Dielektrizitätskonstanten ε bei gleichzeitig niedrigem Verlustwinkel δ [216],[217]. Die beiden handelsüblichen Sorten —Troporit (mit Ammoniumkarbonat aufgeschäumt) der Dynamit A.G. in Troisdorf und Styropor (mit organischen Stoffen aufgeschäumt) der B.A.S.F. in Ludwigshafen — verhalten sich etwas unterschiedlich [227] (s. auch Abb. 67a bis d auf S. 53). Troporit hat ein ε von 1,14 mit Schwankungen von $\pm 3\%$, ist grobporiger und etwas hygroskopisch. Der gute Verlustwinkel von $1 \cdot 10^{-4}$ im trockenen Zustand geht nach längerer Lagerung in normaler Luftfeuchtigkeit auf $10 \cdots 20 \cdot 10^{-4}$ herauf. Das Material ist bei höherer Temperatur wie auch bei höherem Druck formbeständiger als Styropor. Styropor hat dagegen ein ε von $1{,}09 \pm 3\%$. Der Verlustwinkel bleibt auch nach tagelanger Lagerung bei $1 \cdot 10^{-4}$. Abgelagertes Material sintert bei Temperaturen von $90°$ schnell zusammen. Gegenüber kleinen Drücken (bis etwa $3\,\text{kg/cm}^2$) ist es formbeständiger als Troporit.

Der Einsatz von Polystyrol und besonders gerecktem Styroflex in der Kabelherstellung erfordert besondere Vorsichtsmaßregeln zum Schutz gegen Überhitzung, da die Wärmebeständigkeit des Polystyrols allgemein gering ist und gerecktes Styroflex unter Wärmeeinwirkung leicht wieder versprödet.

Bei Erhitzen auf Temperaturen über $150° C$ tritt eine Depolymerisation zu Styrol auf. Die Reversibilität des Polymerisationsprozesses und die einfache Durchführung von Polymerisation und Depolymerisation ermöglichen die Anwendung beider Verfahren unter üblichen kabeltechnischen Herstellungsbedingungen.

In Mischpolymerisation mit Butadien wird Styrol zur Herstellung eines verhältnismäßig gut isolierenden Kunstkautschuks (Buna S) verwendet (s. S. 133; s. auch Tab. 3, Formel B II, s. S. 119).

Polyvinylcarbazol. Polyvinylcarbazol (Luvican der B.A.S.F.) ist in seinen Eigenschaften, insbesondere den geringen dielektrischen Verlusten, denen des Polystyrols ähnlich, wenn auch nicht gleichwertig. Seine sehr viel höhere Wärmebeständigkeit eröffnet ihm jedoch spezielle Anwendungsmöglichkeiten in der Kabeltechnik (s. hierzu Tab. 3, Formel A V).

β) **Ungesättigte, vulkanisierbare hochpolymere Kohlenwasserstoffe.** *Kautschuk*[1] *und Guttapercha.* Das gemeinsame Kennzeichen der bisher besprochenen Kohlenwasserstoffe ist ihre chemische Inaktivität und der daraus folgende Widerstand gegen chemische Agenzien und insbesondere Oxydation (Alterung). Diese Eigenschaft hat den Stoffen dieser Gruppe in neuerer Zeit eine überragende Bedeutung in der Kabeltechnik verliehen. Physikalisch gesehen bedeutet die vollständige chemische Absättigung ihrer Makromoleküle, die keiner Hauptvalenz-

---

[1] Mit „Kautschuk" soll der reine ungemischte Kohlenwasserstoff bezeichnet werden, mit „Gummi" dagegen die fertige Kautschukmischung.

bindungen untereinander mehr fähig sind, daß sie bei einer Erwärmung, bei der die Wärmebewegung die VAN DER WAALSschen Kräfte überwiegt, immer wieder in einen plastischen Zustand übergehen. Man bezeichnet diese Stoffe daher mit Thermoplasten im Gegensatz zu den Vulkanisaten, die nunmehr behandelt werden sollen.

Alle Hochpolymeren, die einer echten Vulkanisation fähig sind, besitzen ungesättigte Molekülteile, die eine viel höhere chemische Reaktionsfähigkeit gegenüber den Nachbarmolekülteilen und ihrer sonstigen Umgebung aufweisen als die gesättigten. Daraus ergibt sich einerseits für eine Reihe solcher Stoffe die technische Möglichkeit einer quantitativ einstellbaren Vernetzung der Makromoleküle untereinander, vorwiegend unter Bildung von Schwefel- oder Sauerstoffbrücken, andererseits aber für alle Stoffe dieser Gruppe eine Neigung zu unbeabsichtigten chemischen Reaktionen, vor allem mit dem Sauerstoff der Atmosphäre, d. h. zu einer Verschlechterung der physikalischen Eigenschaften durch Alterung. Zu dieser Werkstoffgruppe gehören die ältesten Kabelisolierstoffe: die Guttapercha und der Naturkautschuk.

Kautschuk, Guttapercha und Balata sind aus Isopren aufgebaute Polyprene.

Guttapercha. Im Gegensatz zum Kautschuk wird die Guttapercha in der kabeltechnischen Anwendung meist nicht vulkanisiert, obgleich sie ebenfalls einer Vulkanisation fähig ist. Die leichte Verarbeitbarkeit der Gutta, ihre gute elektrische Isolierfähigkeit und mechanische Widerstandsfähigkeit bei niedrigen Gebrauchstemperaturen sind der Grund ihrer frühzeitigen Anwendung in der Kabeltechnik. Die starke Neigung zur Oxydation und Versprödung in Luft, die durch Licht beschleunigt wird, beschränkt jedoch ihre heutige Verwendung auf Unterwasserkabel, vor allem Tiefseekabel.

Kautschuk. Demgegenüber hat sich der Kautschuk (in der Form von Natur- oder Kunstkautschuk) trotz der geschilderten Vorzüge der Thermoplasten ein weites Anwendungsgebiet in der Kabeltechnik erhalten können [*199*]. Der Grund hierfür liegt vor allem in seiner „Kautschukelastizität", d. h. in der Eigenschaft, starken Formänderungsbeanspruchungen elastisch nachzugeben und nach Aufhören der deformierenden Kraft seine ursprüngliche Form weitgehend wieder einzunehmen. Diese Eigenschaft macht die Kautschukmischungen für die Isolierung solcher Kabel und Leitungen besonders geeignet, welche im Gebrauch dauernd stark gebogen werden, wie z. B. Anschlußleitungen für bewegliche elektrische Apparate und Maschinen.

Nun sind zwar auch die aus gesättigten Kohlenwasserstoffen bestehenden Thermoplaste z. T. in einem bestimmten Temperaturbereich kautschukelastisch, dann aber oft mangels räumlicher Vernetzung mechanisch nicht widerstandsfähig genug; abgesehen davon, daß dieser Temperaturbereich sehr begrenzt ist und meist nicht im Gebiet der Gebrauchstemperaturen liegt. Bei anderen Thermoplasten (z. B. Polyisobutylen) erlahmt das Rückformungsvermögen unter Dauerbeanspruchungen (kalter Fluß). Der Wert der Vulkanisate liegt demgegenüber in der Fähigkeit praktisch vollständiger elastischer Rück-

formung auch nach sehr starken und andauernden Verformungsbeanspruchungen.

Verfahrenstechnisch ist die Verwendung vulkanisierbarer Werkstoffe in der Kabeltechnik deshalb von so großer praktischer Bedeutung und richtungweisend auch für ganz andere Werkstoffarten,
weil sie die Möglichkeit an die Hand gibt, die Herstellung der Isolier- und
Schutzhüllen in einem leicht verarbeitbaren, vor allem leicht mechanisch verformbaren Zustande durchzuführen und anschließend eine
Zustandsänderung vorzunehmen, die den Werkstoff vor weiteren unbeabsichtigten Verformungen beim Gebrauch des Kabels schützt.

Der Naturkautschuk-Kohlenwasserstoff findet sich im Milchsaft
(*Latex*) gewisser Pflanzen in Form feiner emulgierter Tröpfchen. Auch
die durch Emulsionspolymerisation gewonnenen Kunstkautschukarten
liegen zunächst in ähnlicher Form vor, die deshalb ebenfalls mit Latex
bezeichnet wird. Es liegt nun nahe, die Herstellung von Gummi-
überzügen auf Kabelleitern oder metallischen Hüllen durch *direkte
Verarbeitung dieser Latizes* vorzunehmen, d. h. vorzugsweise durch
Auftragen der Latex und Verdampfen des Emulgierungsmittels
(Wasser), analog den Tauchverfahren in der allgemeinen Gummi-
industrie. Auf diese Weise lassen sich jedoch nur sehr dünne, für Kabel
elektrisch und mechanisch nicht ausreichende Überzüge wirtschaftlich
herstellen.

Es besteht ferner die Möglichkeit, die in der Latex suspendierten
Kautschukteilchen durch elektrischen Strom (Elektrophorese) auf
metallischen Leitern niederzuschlagen. Jedoch dürfte auch dieses Verfahren nur für sehr dünne Überzüge wirtschaftlich durchführbar sein.

Im allgemeinen wird daher der Kautschuk zunächst aus der Latex
ausgefällt (*koaguliert*), gewaschen[1] und als *Crepe* oder geräuchert als

Abb. 120. Blöcke aus Naturkautschuk und Bunaballen (im Vordergrund links)
im Anlieferungszustand und zerteilt (rechts) (KWO)

---

[1] Kautschuk zur Herstellung dielektrisch besonders hochwertiger Isolierschichten wird nochmals in der Kabelfabrik gewaschen, und zwar mit destilliertem
Wasser auf geriffelten Walzen, und anschließend bei niedrigen Temperaturen
unter Vakuum getrocknet.

„Smoked Sheet" in Form *gepreßter Ballen* zum Verbrauchsort versandt. Die Abb. 120 zeigt eine Aufnahme solcher Ballen. Die Eigenschaften des Naturkautschuks sind stark abhängig von der Wahl der Sorten (Wildkautschuk, Plantagensorten und -lagen). Da die Außenlagen der Ballen oft durch Schmutz und Verpackungsreste (Holzsplitter) verunreinigt sind, werden sie vor der Verarbeitung entfernt und nach Reinigung (Strainer = Siebpresse) nur für nichtisolierende Hüllen (mechanische Schutzhüllen) verwendet.

Alle Naturkautschuk- und einige Kunstkautschuksorten sind im Anlieferungszustande nicht ohne weiteres zur plastischen Formung geeignet, da sie infolge einer gewissen Vernetzung der Makromoleküle noch zäh elastisch sind und daher zur Weiterverarbeitung erst „gebrochen" werden müssen. Zu diesem Zwecke werden die Ballen zunächst durch schwere Schneidevorrichtungen (s. Abb. 121) in kleinere

Abb. 121. Schwere Schneidevorrichtung für die Zerteilung von Naturkautschukblöcken und -ballen (KWO)

Stücke zerlegt, auf starken Reißwalzen (s. Abb. 122) zerkleinert und auf glatten Walzen (s. Abb. 159) „mastiziert" bis zur Erreichung einer optimalen Plastizität zur Aufnahme von Füllstoffen und zur plastischen Formung.

Im allgemeinen werden beim Naturkautschuk zunächst die Erweicher eingemischt, deren Verwendung auf das für die Verarbeitbarkeit unbedingt erforderliche Maß beschränkt bleiben sollte. Schwefel oder Beschleuniger werden meist erst unmittelbar vor der Formung eingemischt, um ein Anvulkanisieren der Mischung während der Herstellung und Lagerzeit zwischen Mischen und Formen zu verhindern. Zur Beseitigung von nicht genügend zerkleinerten Bestandteilen, Fremdkörpern, Füllstoffklümpchen oder anvulkanisierten Teilchen wird die fertige Mischung zweckmäßigerweise durch ein feines Sieb gedrückt (Siebspritze, Strainer).

Naturkautschukderivate. Die Empfindlichkeit des Naturkautschuks gegen Sauerstoff, Mineralöl, Treibmittel u. a. infolge seines Aufbaues aus ungesättigten Molekülen kann dadurch gemindert werden, daß man die Doppelbindungen mit verschiedenen Substanzen absättigt. Am bekanntesten und wirksamsten ist die Absättigung mit Chlor (Pliofilm, Parlon, Rubbone u. a.), welche nichtbrennbare treibstoff- und -ölfeste sowie ziemlich wasserundurchlässige Derivate ergibt, die sich besonders zur Anwendung für Marinekabel (korrosionsfeste Lacke) eignen. Eine kontrollierte Oxydation (Zyklokautschuk) führt zu guttaperchaähnlichen Derivaten, die als Bindemittel von Gummi an Metall, als Versteifungsmittel in Kabelisolierstoffen, z. B. in Mischung mit Naturkautschuk als Balataersatz und in Mischung mit Polyisobutylen als Hochfrequenzisolierstoffe, Verwendung finden.

Abb. 122. Zerreißwalze für Rohkautschuk (KWO)

Kunstkautschuk. Alle auf dem Markt befindlichen sogenannten Kunstkautschukarten sind in ihrer chemischen Konstitution vom Naturkautschuk mehr oder weniger verschieden. Die Synthese dem Naturkautschuk chemisch genau gleicher polymerer cis-Polyprene ist bisher nicht gelungen. Die verschiedenen Kunstkautschukarten sind vielmehr Kettenpolymere mit kautschuk*ähnlichen Eigenschaften.*

Im allgemeinen sind die Kunstkautschukarten dem Naturkautschuk in ihren Verarbeitungseigenschaften, der Elastizität des Fertigfabrikats und der elektrischen Isolierfähigkeit unterlegen. Sie besitzen jedoch meist eine geringere Empfindlichkeit gegen Sauerstoff, Mineralöle und Wärme (Überheizung beim Vulkanisieren), sind (mit Ausnahme von Neopren) durch Ruß mehr zu verbessern als Naturkautschuk und bei hohen Rußgehalten abriebfester. Von Bedeutung für die Kabeltechnik sind u. a. das als Buna S oder GR-S bekannte Mischpolymerisat von Butadien und Styrol, ein mit Perbunan bezeichnetes Mischpolymerisat von Butadien und Akrylnitril, polymerisiertes 2-Chlorbutadien (Neopren), ein Mischpolymerisat aus Isobutylen und (etwa $1\cdots3\%$) Isopren (Butylkautschuk) und das mit dem Kautschuk gar nicht verwandte Polyäthylentetrasulfid Thiokol.

Buna S (s. Tab. 3, S. 119, Formel B II). Buna S[1], GR-S[2] oder Polysar S[3] sind Mischpolymerisate aus 75% Butadien und 25% Styrol[4]. Während bei dem ersten großtechnisch durchgeführten Polymerisationsverfahren (der früheren I. G. Farben A.G.) eine Reaktionstemperatur von etwa 50° C notwendig ist (*hot rubber*), gelang es den Amerikanern mit Hilfe deutscher Patente nach 1947, die Reaktion bei wesentlich tieferer Temperatur (um 0° C und tiefer) durchzuführen (*Tieftemperaturkautschuk* oder *cold rubber*). Der Tieftemperaturkautschuk GR-S 100 besitzt eine einheitlichere chemische Struktur [*196*] und läßt sich daher leichter — d. h. ohne Abbau — verarbeiten.

Buna S kommt in Form dünner *Felle* in den Handel, wie sie in Abb. 120 zu erkennen sind. Wie bereits erwähnt, bedarf Buna S zur weiteren Verarbeitung eines thermisch-oxydativen Abbaus. Das Abbauverfahren, insbesondere der Zutritt des Luftsauerstoffes, kann durch Zerkleinern (Schnitzeln) der Felle in feine Streifen erleichtert werden.

Die Herstellung der Mischungen erfolgt ähnlich wie beim Naturkautschuk. Abgebauter Buna läßt sich besonders gut im Innenmischer (Kneter, Banbury) verarbeiten. Der Kraftverbrauch von Mischwalzen oder Innenmischern liegt für Buna S-Mischungen jedoch höher als für Naturkautschukmischungen. Besondere Schwierigkeiten macht die Nahtbindung bei der Längsbedeckung. Sie kann durch sorgfältigen Abbau und die Klebrigkeit erhöhende Zusätze verbessert werden.

Buna OP. Die Notzeit des Krieges machte es notwendig, die vorhandenen Buna S-Vorräte zu strecken. Man benutzte dazu Öl und stellte dann fest, daß das ölplastifizierte Buna S nicht nur wesentlich billiger, sondern in manchen Eigenschaften sogar besser war als Buna S [*194*].

Das mit geeigneten Ölen behandelte Buna S3 hat in Deutschland den Namen Buna OP bekommen [*200*]. Das amerikanische GR-S-X-628 enthält 25 Gewichtsteile Öl in 100 Gewichtsteilen „cold rubber".

Buna OP braucht nicht mehr thermisch abgebaut zu werden. Es läßt sich stärker füllen als Buna S3 und zeigt nach dem Spritzen eine größere Maßhaltigkeit.

Perbunan (s. Tab. 3, S. 119, Formel B III). Während Buna S mehr oder weniger als Ersatz für Naturkautschuk in Anwendung auf Kabelisoliermischungen anzusehen ist, hat sich das Perbunan seine Stellung gegenüber Naturkautschuk auch im freien technischen Wettbewerb für öl- und treibstoffeste *Mantel*mischungen behauptet. Das Perbunan ist elektrisch ein Halbleiter und daher für Isoliermischungen nicht verwendbar.

---

[1] **Butadien-Kautschuk mit Natriumkatalysator** (= Buna der früheren I. G. Farben A.G.) — S (= Styrol-Mischpolymerisat).
[2] Government Rubber (USA).
[3] Polymer Corporation in Sarnia (Kanada).
[4] Für Sonderzwecke kommen auch andere Prozentzahlen in Frage.

Gegenüber Thermoplasten besitzen die vulkanisierten Perbunanmäntel den Vorteil besserer Druckbeständigkeit und Biegsamkeit. Diese Eigenschaften in Verbindung mit guter Alterungs- und Wärmebeständigkeit begründen die Anwendung des Perbunans als Kabelmantelwerkstoff für Schiffskabel an Stelle von Blei. Die dadurch erzielbare Kabelgewichtsersparnis beträgt je nach Kabeltype 28 bis 60%.

Bei der Verarbeitung des Perbunans ist zu beachten, daß die Gefahr der Anvulkanisation besonders groß ist. Da sich überdies Perbunan auf den Mischwalzen besonders stark erwärmt, müssen die Walzen sorgfältig gekühlt werden, so daß das Fell etwa 70° C nicht überschreitet. Geringe Walzenfriktion, enger Walzenspalt und mäßige Beschickung erleichtern die Vermeidung zu hoher Temperaturen, ebenso wie die frühzeitige Einmischung erheblicher Weichmachermengen, die bei Perbunan ohne Qualitätsverschlechterung möglich ist. Auch beim Kalandrieren sind die Temperaturen verhältnismäßig niedrig zu halten (30 bis 50° C).

Neopren (s. Tab. 3, S. 120, Formel B IV). Auch bei dem in England entwickelten Neopren [*74*], [*201*], [*202*] sind besondere Vorsichtsmaßregeln zur Vermeidung der Anvulkanisation erforderlich. Da als eigentliches Vulkanisationsmittel nicht Schwefel, sondern Metalloxyde, insbesondere Zinkoxyd verwendet werden, sind nur solche Mischungen längere Zeit lagerfähig, denen das Zinkoxyd noch nicht beigemischt ist. Es wird empfohlen, den Neoprenmischungen auf 100 Gew.-Teile Neopren außer 10 Gew.-Teilen Zinkoxyd immer 10 Gew.-Teile Magnesia zur Verhinderung der Anvulkanisation beizufügen. Für Kabelmischungen kann man den Widerstand gegen Wasser durch Bleioxyd erhöhen. Magnesia und Zinkoxyd sind dann nicht mehr erforderlich. Man kann außer Zinkoxyd auch noch Schwefel zugeben und dadurch die Festigkeit des Vulkanisats erhöhen, läuft dann aber bei ungenügenden Mengen Magnesia Gefahr der Anvulkanisation.

Um eine Anvulkanisation während des Lagerns zu vermeiden, wird ferner empfohlen, die gemischten Felle dünn auszuziehen und vor dem Lagern besonders sorgfältig zu kühlen.

Butylkautschuk (s. Tab. 3, S. 120, Formel B V). Das bei der Standard Oil Co. in den USA entwickelte Butylkautschuk [*195*] ist ein Mischpolymerisat aus Isobutylen und Isopren, wobei der Isoprengehalt sehr niedrig bei nur 1—3% liegt. Dieser geringe Gehalt an ungesättigtem Isopren genügt, um eine Vernetzung durchzuführen und damit kautschukelastische Eigenschaften zu erzielen. Er ist die Ursache dafür, daß Butylkautschuk kaum anfällig ist gegen Licht, Ozon, Säuren und Alkalien. Butylkautschuk ist sehr gasfest und biegsam bis —65° C. Seine Rückprallelastizität ist allerdings geringer als die von Buna S oder Naturkautschuk. Seine guten elektrischen Eigenschaften (hohe Durchschlagsfestigkeit) auch nach längerer Wasserlagerung lassen ihn in Verbindung mit seiner Ozonfestigkeit als hervorragend geeignet erscheinen für Hochspannungskabelisolierungen. Nachteilig ist seine schlechte Verarbeitbarkeit, die eine besondere Form der Kunststoffpressen erforderlich macht. Butylkautschuk wird in größeren Mengen bisher nur in Amerika unter dem Namen GR-I[1] (s. Fußn. 2 auf S. 133) bzw. Polysar Butyl (s. Fußn. 3 auf S. 133) hergestellt.

Thiokol (s. S. 144; s. Tab. 3, S. 120, Formel B VI). Thiokol ist wenig wasserdurchlässig, öl- und ozonbeständig und ungewöhnlich lösungsmittelbeständig. Der Hauptnachteil besteht in dem starken unangenehmen Geruch, der besonders bei der Verarbeitung störend wirkt, sich aber auch bei in Innenräumen fertig verlegten Kabeln bemerkbar macht. Da Thiokol kein sehr guter Isolator ist, wird es vorwiegend für Mantelmischungen verwendet, wobei Ruß ähnlich verstärkend wirkt wie auf Naturkautschuk. Trotzdem bleiben auch die mechanischen Eigenschaften des Thiokols weit unterhalb denen des Naturkautschuks.

3. Hochpolymere Faserstoffe

a) **Zellulose und Zellulosederivate.** Die dritte große Gruppe der festen Isolierstoffe der Kabeltechnik sind die Zellulose und ihre Derivate. Während die erste Gruppe, die Thermoplaste, dauernd plastisch verformbar bleiben und die zweite Gruppe der kautschukelastischen Vulkanisate vor der Vulkanisation plastisch ist, sind die Werkstoffe aus *nativer* Zellulose im allgemeinen überhaupt nicht plastisch verformbar, sondern nur in Form wickelbaren Materials verwendbar. Von den Zellulosederivaten lassen sich die meisten nur mit Weichmachern, einzelne (Zellulosepropionat und Benzylzellulose) auch ohne Weichmacher plastisch verformen.

Das mechanische Verhalten der Zellulose läßt sich leicht aus ihrem Aufbau erklären.

Die Zellulose, wie sie in der Natur vorkommt (native Zellulose), ist immer aus vielen feinen Fasern aufgebaut. Jede solche Zellulosefaser setzt sich nun wieder aus einer großen Anzahl feinster, ebenfalls paralleler Fäserchen zusammen, die mit *Fibrillen* bezeichnet werden und die kleinsten Elemente darstellen, in welche eine Zellulosefaser mechanisch aufgespalten werden kann. Die Struktur dieser Fibrillen ist nun maßgebend für das Verhalten der nativen Zellulose:

Die linearen Zellulosekettenmoleküle (s. Tab. 3, Formel D I) sind *im wesentlichen gestreckt* und in größerer Zahl zu parallelen Bündeln zusammengefaßt, die mit *Mizellen* bezeichnet werden. Die parallelen Makromoleküle sind nun innerhalb der Mizelle durch kristalline Bereiche fest miteinander vereinigt, aus denen jedoch nichtkristalline Teile der Makromoleküle wie Fransen herausragen. Man spricht daher auch von Fransenmizellen.

Das kristalline Gefüge der Mizellen ist so dicht und fest, daß die Mizellenkristalle durch mechanische Verformungsbeanspruchungen nicht zerkleinert und nicht deformiert werden, sondern nur als Ganzes *in beschränktem Umfange* gegeneinandergleiten und sich besser orientieren können. Und auch das ist nur möglich, wenn die große Reibung infolge der Anziehungskräfte zwischen den Hydroxylgruppen benach-

---

[1] I = (Isopren-Mischpolymerisat).

barter Ketten durch Feuchtigkeit oder andere Weichmacher gemindert wird.

Eine *plastische* Deformierbarkeit[1] ergibt sich aber erst durch Abbau
der langen Zelluloseketten, denn Feuchtigkeit und solche Weichmacher,
welche nicht gleichzeitig die Zellulose abbauen, können nicht in die
kristallinen Bereiche selbst, sondern nur zwischen die Mizellen und
in die nichtkristallinen Fransenbereiche der Mizelle eindringen.

Für die native Zellulose ergibt sich also:

1. Da die Makromoleküle bereits praktisch gerade gerichtet sind,
ist die weitere Streckung des Moleküls selbst durch verformende Kräfte
nicht mehr möglich.

2. Da die geradegerichteten und parallel gelagerten Moleküle durch
unverformbare kristalline Bereiche fest miteinander verbunden sind,
ist auch eine Verschiebung der verschiedenen Moleküle gegeneinander
nicht möglich.

Der geschilderte Aufbau der Zellulosefaser aus Fibrillen und Mizellen hat nun noch eine andere wichtige Folge, nämlich eine außerordentlich große innere Oberfläche. Der in die Zwischenräume zwischen
den Mizellkristallen innerhalb der Fibrillen und zwischen die Fibrillen
innerhalb der Faserwandung eindringende Wasserdampf kondensiert
als Flüssigkeitshaut auf dieser gesamten inneren Oberfläche, die für
ein Kubikzentimeter Faservolumen einige hundert Quadratmeter beträgt. Hieraus erklärt sich die Fähigkeit der Zellulose, große Wassermengen (bis etwa 25%) aufzunehmen. Die feste Verbindung der Mizell-
kristalle untereinander durch nichtkristalline Makromolekülketten ist
der Grund dafür, daß die Zellulose dabei nur aufgequollen, nicht aber
gelöst wird.

Der Aufbau einer zusammenhängenden Hülle um Drähte oder
Kabel aus Zellulosefasern kann auf zwei verschiedene Arten erfolgen
(die natürlich für alle Faserstoffe anwendbar, d. h. nicht auf Zellulose
beschränkt sind):

1. Formung der Fasern zu Papier, Garnen, Zwirnen, Geweben u. a.
wickelbarem Material und Aufbringen durch Umspinnen, Umflechten u. a. auf den Draht oder das Kabel.

2. Direktes Aufbringen der Fasern auf Drähte oder Kabel, wobei
die Fasern entweder durch Verflechten (Verfilzen) oder durch Lacke
oder andere Mittel zu einer zusammenhängenden Hülle vereinigt
werden.

Papier. Der für die Kabeltechnik wichtigste Werkstoff aus Zellulose
ist das Papier. Der Grund für die bevorzugte Verwendung des Papiers
liegt vor allem in seiner Billigkeit. Außerdem ist es seiner Festigkeit,
Biegsamkeit und Geschmeidigkeit wegen bequem verarbeitbar und
im trockenen Zustande ein dielektrisch recht guter Isolierstoff. Der
Hauptnachteil des Papiers liegt in der Empfindlichkeit seiner mecha-

---

[1] Dagegen können natürlich Zellulosefasern als Füllstoffe plastischer Massen
dienen, ohne selbst verformt zu werden.

nischen und vor allem elektrischen Eigenschaften gegen Feuchtigkeit [223]. Die Papierisolierung der meisten Stark- und Schwachstromkabel wird daher durch Metallhüllen gegen Feuchtigkeitsaufnahme geschützt.

Papiere aus Lumpen oder Hadern von Leinen, Baumwolle, Flachs, Hanf u. a. sind fest und doch sehr weich und schmiegsam und daher für die Verarbeitung in Kabelmaschinen mechanisch besonders geeignet. Sie werden jedoch ihres verhältnismäßig hohen Preises wegen meist nur für mechanisch stark beanspruchte Teile der Isolierschichten, d. h. vor allem die äußersten Decklagen, verwendet. Preislich und in den elektrischen Eigenschaften überlegen sind dagegen aus Holzzellstoff hergestellte Papiere. Mechanisch *und* elektrisch ausgezeichnete Papiere werden daher durch Zumischung von Manilafasern und auch Baumwollfasern zum Holzzellstoff erhalten (Prinzip der Werkstoffkombination).

Zur Herstellung des Holzzellstoffes wird das zerkleinerte Holz, insbesondere von harzarmen Fichten nördlicher Breitengrade (lange Fasern), *aufgeschlossen*, d. h. bei erhöhten Temperaturen (120° C) und Druck mit Natronlauge oder Natriumsulfat (zur Herstellung von „Natronzellstoff" oder „Sulfatzellstoff") oder mit schwefliger Säure (zur Herstellung von „Sulfitzellstoff") behandelt und dadurch von Lignin, Harzen und Salzen befreit.

Die mit „Kraftzellstoff" bezeichneten Natron- und Sulfatzellstoffe sind vor allem ihrer höheren Wärmebeständigkeit (Trocken- und Imprägnierprozeß) wegen für die Kabelherstellung besser geeignet als Sulfitzellstoff.

Die so erhaltene Rohzellulose wird in der Papierfabrik zunächst im Kollergang zerkleinert, mit Wasser versetzt und im *Holländer* durch Messerwalzen *gemahlen*. Da der *Mahlungsgrad* eine wesentliche Bedeutung für die Papiereigenschaften besitzt, ist seine Kenntnis für den Kabeltechniker wichtig, auch wenn die Papierherstellung selbst noch nicht zur Kabelfertigung gehört. Bei einem geringeren Mahlungsgrad bleiben die einzelnen Fasern noch unversehrt (*rösch* gemahlenes Papier). Bei stärkerer Mahlbeanspruchung werden sie mehr und mehr zerstört und in Fibrillen zerlegt und bei langer Mahlung schließlich in eine schleimige Masse verwandelt (*schmierig* gemahlenes Papier).

Rösch gemahlenes Papier enthält sehr viel Luftzwischenräume zwischen den Fasern, ist daher luftdurchlässig (für den Trockenprozeß) und saugfähig (für Imprägniermassen) und besitzt eine größere Zerreißfestigkeit und geringere wirksame Dielektrizitätskonstante. Schmierig gemahlenes Papier hat einen höheren spezifischen Zellulosegehalt (geringeres Aufnahmevermögen für Öl und andere Imprägniermassen), höhere Dielektrizitätskonstante und elektrische Durchschlagsfestigkeit. Für Fernsprechkabel kommt daher nur rösch gemahlenes Papier in Frage, während für Starkstromkabel, vor allem Höchstspannungskabel, den jeweiligen Anforderungen am besten entsprechende Zwischenstufen sorgfältig ausgewählt werden müssen. In der Nähe des Leiters zieht man im allgemeinen ein mehr schmierig gemahlenes, in den äußeren Lagen ein mehr rösch gemahlenes Papier vor.

Ein durch Kalandrieren besonders stark verdichtetes, rösch gemahlenes Papier verhält sich ähnlich wie schmierig gemahlenes, besitzt aber höhere Reißfestigkeit. Eine geringe Verdichtung des rösch gemahlenen Papiers von 0,8 auf 0,9 spezifisches Gewicht ergibt bereits eine merkliche Erhöhung der Durchschlagsfestigkeit (30%). Die Verdichtung des Papiers durch Kalandrieren darf nicht zu hoch getrieben werden, da es sonst für das sich ausdehnende Öl im System Papier-Öl nicht mehr durchlässig genug ist.

Die Vorteile des schmierig (fein) gemahlenen Papiers (Durchschlagsfestigkeit) können (nach dem Prinzip der Werkstoffkombination) mit denen des rösch gemahlenen (Zerreißfestigkeit) durch geeignete Mischung beider Zellstoffmahlungsgrade in einem Papier vereinigt werden.

Der Vorgang der Verfilzung oder besser Verflechtung der einzelnen Zellulosefasern zum *Papierblatt* wird im allgemeinen in großen Papiermaschinen durchgeführt. Da die Kabelindustrie dieses Verfahren jedoch auch für den unmittelbaren Auftrag von Zellulosefasern auf Leiterdrähte [*92*] verwendet, wird das Prinzip im Anschluß an das Flechtverfahren im Rahmen der kabeltechnischen Herstellungsgrundlagen besprochen werden (s. S. 371 und 372).

Die *mechanischen Eigenschaften* des fertigen Papiers sind nun eine Funktion der Einzelfasereigenschaften und der Art der Verflechtung zum Papierblatt. Bei einer *Zug-Dehnungs*-Beanspruchung erhält man geringere Zerreißfestigkeiten und höhere Dehnungen, als es den Werten der Einzelfasern entsprechen würde. Die Zerreißfestigkeit ergibt sich aus der Haftfestigkeit der Fasern aneinander und ist im feuchten Zustande geringer, da die Feuchtigkeit als Schmiermittel wirkt und das Gleiten der Fasern aneinander erleichtert. Wie oben bereits erwähnt, ist die Zerreißdehnung der Einzelfaser infolge der parallel gerichteten Orientierung der Zellulosemoleküle und ihrer festen Verschweißung in kristallinen Bereichen außerordentlich gering. Im Papier ergibt sich eine zusätzliche Dehnungsmöglichkeit durch Verlagerung der Fasern im Filzgefüge. An dieser Bewegung nimmt nur ein kleiner Teil der gesamten unter Zugspannung stehenden Papierlänge in unmittelbarer Nähe des späteren Risses teil.

Von besonderer Wichtigkeit für die Verarbeitung in den Kabelmaschinen, insbesondere Aderisoliermaschinen, ist die *Geschmeidigkeit* des Papiers, welche am besten durch Falzprüfungen ermittelt wird. Die erstaunlich hohe Falzbarkeit guter Papiere erklärt sich u. a. aus der außerordentlich feinen Unterteilung der Zellulosefaser — ähnlich der Biegsamkeit fein unterteilter Drahtlitzen. Hierfür ist jedoch eine gewisse Gleitfähigkeit der Elemente gegeneinander, d. h. ein wenn auch sehr geringes Maß von Feuchtigkeitsgehalt, erforderlich. Der völlige Entzug von Feuchtigkeit durch *Übertrocknung* oder Verwendung zu heißer Imprägniermassen führt zu einer irreversiblen Versprödung des Papiers.

Für den Trocknungsvorgang bei Fernmelde- und Starkstromkabeln ist eine ausreichende Luftdurchlässigkeit von besonderer Bedeutung. Für zu imprägnierende Isolierungen, insbesondere Starkstrom- und

vor allem Hochspannungskabel, sind ferner wichtig Öldurchlässigkeits-
und Ölansaugvermögen, sowie der Wärmeausdehnungsbeiwert, der
allerdings nur wenig beeinflußbar ist und leider beim Papier weitaus
niedriger liegt als bei Metallen sowie Ölen und anderen Imprägniermassen.

Die Bedeutung der *Luftdurchlässigkeit* oder Porosität für Hoch-
spannungskabelpapier ist vor allem von L. EMANUELI[1] betont worden.

EMANUELI entwickelte eine Vorrichtung zur Messung der Porosität [77] der
angelieferten Papiere, die sich in der Praxis ausgezeichnet bewährt hat: Mit Hilfe
dieser Vorrichtung wird dem zu prüfenden Papier ein Muster bestimmter Flächen-
größe entnommen und mit einer aus einem genau geeichten Kapillarröhrchen
bestehenden Porositätsnormalen verglichen. Zu diesem Zwecke läßt man hintereinander durch das Papier und die Normale einen Luftstrom gehen und bestimmt
das Verhältnis der beiden Druckgefälle, welches dem umgekehrten Verhältnis
der beiden Porositäten entspricht. Man ermittelt also die Porosität des Papiers
aus der Standardporosität der Normalen und rechnet sie auf die Einheit der
Oberfläche und Stärke um. Auf Grund des Studiums der Papierdurchlässigkeit
konnte EMANUELI Beziehungen zwischen Durchschlagsfestigkeit und Porosität
der verschiedenen Papiere ermitteln. Der Kurvenverlauf Festigkeit-Undurch-
lässigkeit beim trockenen Papier ähnelt dem des getränkten Papiers. Beim getränkten Papier steigt die Durchschlagsfestigkeit selbstverständlich zu höheren
Werten. Die Kenntnis dieses Kurvenverlaufs gestattete EMANUELI nun die Auswahl von Papierbändern verschiedener Durchschlagsfestigkeit für die verschiedenen
Lagen einer Aderisolierung, d. h. die Herstellung einer Isolierung mit abgestufter
Durchschlagsfestigkeit, nnd zwar mit Papieren, die vom Leiter gegen den Bleimantel hin eine zunehmende Luftdurchlässigkeit besitzen. Bei dieser Bauart ist
ferner die Tränkung leichter durchführbar als bei Anwendung ein und desselben
Papiertyps hoher Durchschlagsfestigkeit für die gesamte Isolationsdicke.

Auf die allgemeine Bedeutung eines geringen Gehalts an mineralischen und wasserlöslichen Stoffen zur Erzielung optimaler *elektrischer
Eigenschaften* ist im allgemeinen Teil bereits hingewiesen worden
(s. S. 85).

Für die sehr hygroskopischen Zellulosestoffe und vor allem das
sorgfältig zu trocknende Papier der Fernsprech- und Hochspannungskabel ist ein möglichst geringer Elektrolytgehalt auch schon zur Vermeidung von Trocknungsschwierigkeiten anzustreben [*183*].

Die Firma Pirelli[2] hält es daher für zweckmäßig, das aus der Fabrik
kommende Papier in destilliertem Wasser zu waschen, weil dadurch
offenbar jede Spur löslicher und hydrolysierbarer Salze entfernt wird,
welche im Papier enthalten sind und wahrscheinlich aus dem für die
Herstellung des Papiers verwendeten Wasser stammen. Nach L. EMA-
NUELI bewirkt diese Papierwaschung vor allem bei höheren Temperaturen (80 bis 90° C) auffallend niedrige Verlustwinkelwerte getränkter Starkstromkabel-Papierisolierungen, d. h. einen flachen Verlauf
der Verlustwinkel-Temperatur-Kurve.

Die wirksame Dielektrizitätskonstante des lufthaltigen Papiers beträgt etwa 2,0 bis 2,5 gegenüber 5 bis 6 des Zellulosegrundstoffes. Sie

---

[1] Nach einem für das vorliegende Buch von Herrn Generaldirektor
L. EMANUELI freundlichst zur Verfügung gestellten Originalbeitrag.

[2] Nach einem Originalbeitrag von Herrn L. EMANUELI. Das Pirelli-Papier-
waschverfahren (Ital. Pat. 323 183, 1934) ist von den meisten Kabelwerken und
manchen Papierfabriken übernommen worden.

schwankt stark mit dem Mahlungsgrad der Fasern und der Durch-
führungsart der Blattbildung. Die hohen Anforderungen, welche sowohl
bei Fernsprechkabeln, vor allem Fernkabeln, wie auch bei Starkstrom-,
vor allem Hochspannungskabeln, an die mechanische und elektrische
Gleichmäßigkeit der Aderisolierung gestellt werden, können nur durch
Papiere erfüllt werden, welche eine äußerst gleichmäßige Stärke und
einen über die ganze Papierbahn ganz gleichmäßigen Gehalt an Zellulose-
grundstoff (scheinbare Dichte) besitzen.

Garne und Gewebe. Garne und Gewebe aus nativer Zellulose haben
ihre umfassende Bedeutung als elektrische *Isolierstoffe* in der Kabeltechnik in den letzten Jahrzehnten stark eingebüßt. Infolge der Feuchteempfindlichkeit ihres Isolationswiderstandes und ihrer dielektrischen
Eigenschaften werden sie heute meist nur noch zur Isolierung von
Leitungen in trockenen Räumen (z. B. Fernmeldeschnüren) verwendet,
sowie von Drähten (Dynamodrähten zum Beispiel), welche später in
einer Feuchtigkeitsschutzmasse imprägniert werden.

Wesentlich umfangreicher ist nach wie vor der Einsatz von Faserstoffen aus nativer Zellulose für *mechanische Schutzhüllen* um Leitungen
und Kabel und als Trägerstoffe für Lacke, Imprägnier- und Streich-
massen u. ä. Baumwolle, Leinen, Hanf, Ramie u. a. dienen als Garne
oder Zwirne zum Umflechten beweglicher Leitungen, Jute als Garn
zum Umspinnen von Bleimänteln und Stahlarmierungen zur Polsterung und als Träger von Korrosionsschutzmassen, wie Bitumen.
Die besondere Eignung *nativer* Zellulosefasern für den mechanischen
Schutz von Kabeln, Leitungen und isolierten Drähten beruht u. a.
darauf, daß die Naßfestigkeit der Naturfasern ihre Trockenfestigkeit
kaum unterschreitet, manchmal sogar überschreitet, während bei
Kunstfasern die Naßfestigkeit oft erheblich unter der Trockenfestigkeit
liegt und vor allem ihre Abreibefestigkeit im feuchten Zustande den
Gebrauchsbedingungen nicht genügt. Der Grund liegt darin, daß
Naturfasern, wie Baumwoll-, Flachs- und Ramiefasern aus sehr langen
Molekülketten aufgebaut sind, die durch Bruch der Ketten und nicht
durch Abgleiten der Ketten aneinander reißen. Demgegenüber ist das
Reißen der Fasern von Kunstseiden und abgebauten Zellulosen auf
ein Abgleiten zurückzuführen, das durch Feuchtigkeit begünstigt wird.

Werkstoff aus regenerierter Zellulose. Viskosekunstseiden und -zell-
wollen und die Cellophanfolien werden nach dem Viskoseverfahren
hergestellt.

Dabei läßt man Schwefelkohlenstoff auf Natronzellulose unter Bildung einer
wasserlöslichen Verbindung einwirken, aus deren wäßriger Lösung sich durch
Säuren wieder Zellulose regenerieren läßt. Praktisch wird hochwertiger Zellstoff
durch Behandlung mit etwa 17prozentiger Natronlauge in Natronzellulose übergeführt, die — nach dem Abpressen der Lauge und Zerfasern — der Luft zur „Vor-
reife" ausgesetzt wird, d. h. einem oxydativen Abbau unter Ausbildung von
Karboxylgruppen. Durch Behandlung mit Schwefelkohlenstoff wird dann die
Alkalizellulose in die wasserlösliche Viskose übergeführt. Beim *Spinnprozeß* wird
die Viskoselösung durch feine Düsen in ein saures Spinnbad gedrückt, in dem
sie zu feinen Fäden koaguliert. Dabei müssen Spinnlösung und Fällbad, Spinn-
düsenform, Abzugsgeschwindigkeit und Temperatur genau aufeinander abgestimmt werden.

Das sogenannte *Cuprophan* ist eine nach dem Kupferkunstseideverfahren hergestellte Folie. Beim Kupferkunstseideverfahren wird vorbehandelte native Zellulose in ammoniakalischer Kupferoxydlösung zu einer viskosen Lösung aufgelöst, aus der sich durch Behandlung mit Säuren oder Alkalien wieder Zellulose regenerieren läßt.

Die Werkstoffe aus regenerierter Zellulose sind als Isoliermaterialien nur brauchbar, wenn sie vor Feuchtigkeit geschützt werden (Kunstseide- und Zellwollumspinnung oder -umflechtung von Dynamodrähten). Da die Kettenlänge der Makromoleküle durch den an der nativen Zellulose vorgenommenen Abbauprozeß stark herabgesetzt worden ist, ist — wie erwähnt — die Naßfeuchtigkeit der aus regenerierter Zellulose hergestellten Garne usw. verhältnismäßig gering und ihr Wert als mechanischer Kabelschutzstoff demzufolge begrenzt.

Dagegen lassen sich die sehr dünnen Cellophan- und Cuprophanfolien sehr gut als *Trennfolien* verwenden, z. B. zwischen Kupferleiter und Kautschukmischung (um Wechselwirkungen zwischen Kupfer, Kautschuk und Schwefel zu verhindern) oder zwischen einer Kautschukisolierung und einer äußeren Imprägniermasse (um deren Eindringen in die Kautschukhülle zu erschweren). Durch Wärme und Druck lassen sich umwickelte Cellophanbänder zu geschlossenen Trennhüllen verschweißen. Bei feinen Kupferlitzen kann man durch Verwendung von Trennfolien an Stelle einer Verzinnung aller Einzeldrähte einen sehr weichen, biegsamen Zustand der Litzen erreichen, da unverzinnte Drähte nach dem Verlitzen geglüht werden können.

Zellulosederivate. Kabeltechnisch bedeutungsvoller als regenerierte Zellulose sind die durch chemische Umwandlung der Zellulose erhaltenen Zellulosederivate.

Unter den Zelluloseestern kommen praktisch hauptsächlich die Zelluloseazetate (s. Tab. 3, Formel D II) für die Kabeltechnik in Frage, da die auf anderen Gebieten in besonders großem Maße angewandten Zellulosenitrate für die Verwendung bei Kabeln und Leitungen zu feuergefährlich sind. Azetylzellulose läßt sich mit verschiedenem Veresterungsgrad und verschiedener Molekülkettenlänge herstellen. Nach K. H. MEYER [46] werden die Löslichkeit und Verträglichkeit mit Weichmachern durch den Veresterungsgrad, die Viskosität und mechanischen Eigenschaften durch die Kettenlänge bestimmt. Zelluloseazetat wird in Form von Kunstseide, Zellwolle, Folien und Lacken zur Kabelherstellung verwendet. Plastische Verformung ist nur mit Weichmachern möglich (Triphenylphosphat, Phthalsäuredibutylester).

Kabeltechnisch interessant ist ferner die Möglichkeit, native Zellulosefasern in Baumwollgarnen und im Papierverband unter Aufrechterhaltung der Faserstruktur zu azetylisieren. Bei Verwendung wasserfreier Säuren kann man dabei eine Quellung der Fasern vermeiden. Beim azetylierten Papier nimmt mit zunehmendem Essigsäuregehalt die Sprödigkeit des Papiers zu. Jedoch sind vom Verfasser an Papieren mit 20 % Essigsäuregehalt (Papierfabrik Osnabrück, vorm. Gebr. Kämmerer) noch beachtliche Falzzahlen gemessen worden. Abgesehen von einer Herabsetzung der dielektrischen Verluste, dürfte der wesentliche

Vorteil einer Azetylierung des Kabelpapiers in einer Verzögerung der Feuchtigkeitsaufnahme einer getrockneten Papierisolierung, z. B. bei der Montage, liegen. Bei einer Dauereinwirkung von Feuchtigkeit bietet auch eine Azetylierung keinen Schutz gegen das Absinken des Isolationswiderstandes.

Triazetatseide und *-folie* sind ihrer guten dielektrischen Eigenschaften wegen zur Herstellung von Isolierhüllen besonders geeignet. Zellulosetriazetat ist auch in Gegenwart von Feuchtigkeit brauchbar, weil in ihm *alle* OH-Gruppen durch CH_3COO-Gruppen ersetzt sind. Trotzdem ist die Wasseraufnahme auch des Zellulosetriazetats noch immer etwa 100 mal größer als die des Polystyrols.

Als Lackrohstoff für Isolierlacke wird auch der Mischester Zelluloseazetobutyrat seiner geringen Feuchtigkeitsempfindlichkeit und guten dielektrischen Eigenschaften wegen empfohlen.

Verfahrenstechnisch nehmen, wie erwähnt, unter den Zelluloseestern das Zellulosepropionat und unter den Zelluloseäthern die Benzylzellulose eine besondere Stellung ein, weil sie neben guten elektrischen Eigenschaften ohne Weichmacherzusatz plastisch verformbar sind.

Begleitstoffe der Zellulose. Im Anschluß an die Erörterung der Zellulose sei noch kurz erwähnt, daß auch die Begleitstoffe der Zellulose, wie die Hemizellulosen und das Lignin, technisch in zunehmendem Maße ausgenützt werden und ihrer Billigkeit als Abfallprodukte wegen vielleicht auch für die Kabelherstellung eingesetzt werden können. Lignin ist in seinem Aufbau der Zellulose ähnlich, besitzt jedoch wesentlich kleinere Moleküle und amorphe Struktur, die es zur Herstellung plastischer Massen befähigen.

β) Fibrilläre Proteine. Unter den Naturfaserstoffen besitzen neben den Zellulosefasern die aus Eiweiß aufgebauten Stoffe die größte allgemein technische Bedeutung, d. h. vor allem das Seidenfibroïn (Naturseide) und die Keratine (Wolle, Haare, Naturhorn).

Kabeltechnisch findet nur die *Seide* größere praktische Anwendung, wenn auch Wolle schon gelegentlich für Schutzhüllen verwendet worden ist.

Der Aufbau der Naturseidenfaser ähnelt dem der Kunstseide und der Fasern aus nativer Zellulose:

Lange Polypeptidketten liegen *parallel* in Faserrichtung nebeneinander und sind durch gittermäßig geordnete Kristallite stellenweise miteinander verschweißt. Dementsprechend ähneln sich auch die mechanischen Eigenschaften: hohe Zerreißfestigkeit und geringe Dehnung und sonstige Verformungsfähigkeit.

Der Wert der Seide gegenüber Faserstoffen aus nativer Zellulose liegt in ihrer Faserfeinheit und -festigkeit und demzufolge Verspinnbarkeit zu sehr feinen Garnen, die sich besonders zum Isolieren sehr dünner Drähte für kleinste Spulen eignen. Ein weiterer Vorteil der Seide liegt in ihrer verhältnismäßig geringen Feuchteempfindlichkeit im nichtimprägnierten Zustand. Nichtimprägnierte feine Drähte und Litzen (Schnüre) werden daher zweckmäßigerweise mit Seide umsponnen und/oder umflochten. Nach sorgfältiger Trocknung imprägnierte Baumwolle ist jedoch der Seide im Isolationswiderstand überlegen.

Im nichtimprägnierten Zustand ist *Wolle* sehr hygroskopisch und für Kabelisolierungen nicht verwendbar. Für Schutzhüllen stehen im allgemeinen preiswertere Faserstoffe oder plastische Massen zur Verfügung. Trotzdem mag das eigenartige, von Seide und Zellulosefasern völlig abweichende und an Kautschuk erinnernde *elastische* Verhalten des Wollhaares auch kabeltechnisch noch Anwendungsgebiete für Füll- und Polsterschichten und anderes eröffnen, abgesehen von den Möglichkeiten, die durch diese Elastizität in Verbindung mit der Schuppenstruktur der Wollhaaroberfläche für eine leichte unmittelbare Verfilzung der Haare um einen Leiter herum gegeben sind.

4. Sonstige Polymere

Eine große Zahl weiterer verschiedenartiger Polymere soll hier nur kurz zusammenfassend behandelt werden, da ihre kabeltechnischen Anwendungen nur geringere Bedeutung besitzen als die der beschriebenen drei großen Klassen oder sich noch in der Entwicklung befinden. Man kann nach K. H. MEYER [*46*] das einheitliche Prinzip dieser Polymeren, Äther, Ester, Sulfide, Amide, Phenoplaste, Anilinoplaste usw. darin sehen, daß viele kürzere Kohlenstoffketten durch Brückenatome zusammengehalten werden. Die Reaktionen, die hier zur Polymerisation führen, sind chemisch verschiedenartig und können sowohl in eigentlichen Polymerisations- wie auch Kondensationsreaktionen bestehen.

a) **Hochpolymere aus fetten Ölen, Linoxyn und Faktis.** *Leinöl* wird in Mischung mit Metalloxyden, vor allem Bleimennige, als wetterfeste Imprägnierung und Anstrich von isolierten Drähten, Leitungen und Kabeln verwendet. Bei längerer Einwirkung des Luftsauerstoffes und unter der Wirkung des Lichts (Sonne, ultraviolette Strahlung) bildet sich ein unlöslicher, haltbarer Film aus Linoxyn. Vermutlich überlagern sich dabei zwei Erscheinungen: die Vernetzung durch Sauerstoffbrücken und eine Polymerisation an den Doppelbindungen (ähnlich der Polymerisation des Styrols oder Butadiens). Sauerstoff und Licht, die Feinde so vieler Isolierstoffe, wirken in diesem Falle also fördernd auf die Alterungsbeständigkeit der durch Leinölmennige geschützten Leitungen und Kabel. Die Herstellung wetterfester isolierter Drähte nach diesem Prinzip ist bereits 1900 von L. HACKETHAL [*76*] vorgeschlagen worden und hat den Grundstein für den Aufbau der bekannten Hackethal-Draht- und Kabel-Werke A.G. gelegt.

Ein anderes kabeltechnisch bedeutsames Anwendungsgebiet des Linoxyns ist ein allgemein mit *Varnished Cambric* bezeichnetes Ölgewebe, das ähnlich wie Papier in Bandform um die zu isolierenden Leiter oder Kabel herumgewickelt wird. Zur Herstellung von Varnished Cambric wird ein Trägerstoff, meist ein Baumwollgewebe, für feine Sorten Seidengewebe und für sehr feste Sorten Leinengewebe, mit Varnish imprägniert und beiderseitig mit einem Varnishfilm bedeckt. Varnish besteht aus gekochtem Leinöl mit gummiartigen, harzigen oder bituminösen Massen und Trockenmitteln. Zur Herstellung hochwertiger Starkstrom-Kabelisolierungen wird die Varnished Cambric-Bewicklung mit schweren Mineralölen getränkt.

Faktis wird als weißer und brauner Faktis in der Kabeltechnik als Zusatz zu Kautschukmischungen verwendet. Weißer Faktis wird analog der Kaltvulkanisation von Kautschuk durch Einwirkung von Schwefelchlorür auf Rüböl oder Rizinusöl erhalten, brauner Faktis dagegen analog der Heißvulkanisation von Kautschuk durch Einwirkung von Schwefel auf trocknende oder halbtrocknende Öle bei erhöhten Temperaturen (140 bis 160° C).

β) **Polysulfide, Thiokol.** Das bereits im Zusammenhang mit den anderen Kunstkautschukarten auf S. 135 erwähnte Thiokol ist ein Polyäthylentetrasulfid, das durch Erhitzen mit Zinkoxyd oder Kupferoxyd — ähnlich der Heißvulkanisation von Kautschuk (Neopren) — in ein kautschukelastisches Produkt umgewandelt werden kann.

γ) **Polymere Amide.** *Lineare Polymere.* Kabeltechnisch am interessantesten sind die linearen Polymeren, die durch Kondensationsreaktion zwischen Dikarbonsäuren und Diaminen hergestellt werden und deren bekannteste *Perlon* und *Nylon* sind. Bei geeigneter Kettenlänge kann man Perlon und Nylon warm und kalt plastisch verformen. Ihre verhältnismäßig große Wasseraufnahmefähigkeit macht die Polyamide zwar für elektrisch hochwertige Isolierhüllen weniger geeignet, aber ihre außerordentliche Festigkeit, vor allem im gedehnten Zustande, und ihre Zähigkeit und Abriebfestigkeit ergeben mechanisch ausgezeichnete Kabelschutzhüllen sowie Isolierhüllen mit geringeren Anforderungen an Isolationswiderstand, die durch Umspinnen oder Umflechten mit Fäden, vorwiegend aber durch nahtloses Umpressen (Umspritzen) hergestellt werden.

Aminoplaste. Kondensationsprodukte aus Formaldehyd und Harnstoff (Aminoplaste) lassen sich plastisch verformen und unter Druck zu festen, aber dann nicht mehr biegsamen Körpern nachhärten. Ihre Anwendungsmöglichkeit für Kabelanlagen erscheint daher auf starre Körper begrenzt sowie in nichtauspolymerisierter Form auf die Herstellung von Lacken und die Imprägnierung von Zellulosefäden.

δ) **Hochpolymere Kondensationsprodukte aus Formaldehyd und Anilin (Anilinoplaste)** härten beim Erhitzen nicht nach, sondern sind thermoplastisch. Sie sind bezüglich Wärmebeständigkeit den meisten Thermoplasten überlegen, in ihren elektrischen Eigenschaften jedoch unterlegen.

ε) **Kondensationsprodukte aus Formaldehyd und Phenolen (Phenoplaste)** sind vor allem unter dem Namen *Bakelite* weitgehend in die Technik zur Herstellung starrer Körper eingeführt. Niedrige Kondensationsgrade (Bakelite A) können für die Herstellung von Lacken verwendet werden, mittlere (Bakelite B) sind formbar, neigen aber zum Nachhärten und sind daher für Kabel selbst nicht zu empfehlen.

η) **Gießharze.** Ungesättigte Polyester (ungesättigte Fettsäuren und Alkohole) polymerisieren zusammen mit polymerisierbaren Monomeren (z. B. Styrol) zu einem durchsichtigen Gießharz (z. B. Gießharze P der B.A.S.F.). Bei den Äthoxylinharzen (z. B. Araldit der CIBA in

Basel) ist Epichlorhydrin der wichtigste Reaktionspartner. Alle diese „Gießharze" zeichnen sich dadurch aus, daß sie schon in kaltem oder mäßig warmem Zustand und ohne Druck oder mit wenig Druck unter

Abb. 123. Gießharzendverschluß (HDK)

Wärmeentwicklung aushärten [229]. Katalysatoren leiten den Vorgang ein, und Beschleuniger sorgen für den schnellen Ablauf. Zu schnelle Härtung ergibt innere Spannungen in den Formstücken. Die Zusammensetzung der Ausgangsmaterialien kann die Eigenschaften (Härte, Sprödigkeit, Brennbarkeit) stark beeinflussen.

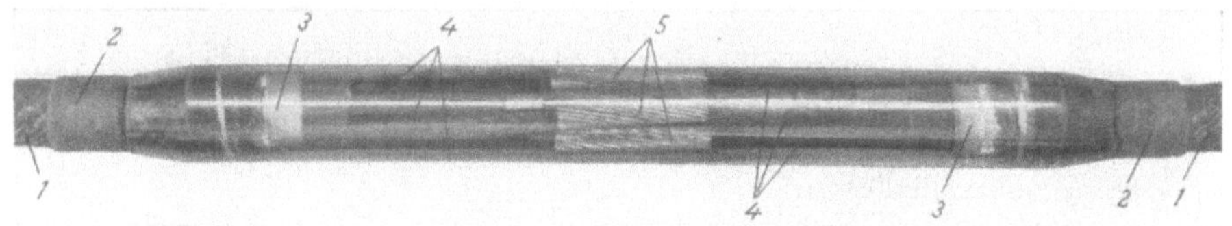

Abb. 124. Gießharzmuffe (HDK)
1 Anschließendes Kabel;   *2* Densobinde zum Abschluß;   *3* Blanker Bleimantel;   *4* Isolierte Einzelader   *5* Blankes Leiterseil unter dem Gießharz

Verwendung finden die Gießharze weniger bei der Kabelherstellung als bei der Herstellung von Kabelverbindungen (Muffen) und -endverschlüssen (s. Abb. 123 und 124). Sie können dazu mit Füllstoffen (Quarzsand u. a.) gestreckt werden, ohne ihre guten Eigenschaften zu verlieren. Ihre Wärmeableitung wird dadurch sogar verbessert.

5. Sonstige Isolierstoffe und Schutzstoffe

Von den nichthochpolymeren Isolierstoffen interessieren den Kabeltechniker im wesentlichen nur solche Stoffe, die in Verbindung mit einem Träger verwendet werden, d. h. die Imprägnierstoffe, Anstrichfarben und Lacke. Auch diese Stoffe enthalten zum Teil jedoch entweder (z. B. als *Lacksubstanz*) bereits einen oder mehrere der bereits behandelten Hochpolymeren oder werden (wie z. B. die trocknenden Öle) im Verlauf des Anwendungsverfahrens in einen polymeren Zustand übergeführt.

α) **Isolieröle.** Hierunter versteht man vorzugsweise Mineralöle, die im fertigen Kabelzustand flüssig bleiben und in flüssigkeitsfeste Hüllen eingeschlossen werden müssen, um ein Auslaufen und den Eintritt von Feuchtigkeit zu verhindern [*236*].

Besonders hohe Anforderungen werden an Isolieröle gestellt, die in Verbindung mit einer Papierbandbewicklung zur Isolierung von Starkstrom- und insbesondere Hochspannungskabeln verwendet werden [*184*], [*222*]. Wie bereits erwähnt, werden für Massekabel dickflüssige, für Ölkabel dünnflüssige Erdölabkömmlinge verwendet. Wie im Verfahrensteil im einzelnen auseinandergesetzt werden soll, kommt es bei den Massekabelölen darauf an, daß ihre Viskosität an sich oder in Verbindung mit viskositätserhöhenden Zusatzstoffen (natürlichen oder künstlichen Harzen, wie Oppanol) einen solchen Temperaturverlauf besitzt, daß das Öl oder Ölgemisch bei den Imprägniertemperaturen die dichte Papierbandwicklung einwandfrei durchdringt und bei den Verlegungstemperaturen nicht sofort ausläuft, aber flüssig genug bleibt, um ein Gleiten der Papierbänder aufeinander beim Biegen des Kabels zu ermöglichen.

Bei der Verwendung vorimprägnierter Papiere (Glover; s. S. 38) können höherviskose Öle verwendet werden, da hierbei die Rücksicht auf die Durchdringungsfähigkeit durch starke, dichte Papierschichten fortfällt [*14*].

Für Ölkabel werden dagegen Öle benutzt, die auch bei Betriebstemperaturen dünnflüssig sind, um ein leichtes Fließen beim *Atmen* des Kabels unter den Temperaturschwankungen bei wechselnder Belastung zu ermöglichen.

Wesentlich für Hochspannungskabel ist der Verlustfaktor der Öle und vor allem der Temperaturverlauf der dielektrischen Verluste. Mineralöle hoher Viskosität haben im Vergleich zu Öl-Harz-Mischungen ziemlich niedrige Verlustfaktoren. Auch der Zusatz von Kunstharzen (Polyisobutylen, Oppanol B) zu niedrig viskosen Mineralölen gibt günstige Verlustwinkel, jedoch sollen die Kunstharze auf die Dauer zur Entmischung neigen. Bei Zusatz von Naturharzen (s. S. 147) wird das Minimum der Verluste nach höheren Temperaturen verschoben. Es besteht dann aber die Gefahr einer übermäßigen Verluststeigerung bei hohen Betriebstemperaturen. Bei mäßigen Betriebstemperaturen tritt allerdings der Verlustfaktoranteil der üblichen hochwertigen Hochspannungskabelisolieröle am Gesamtverlust hinter dem des Papiers zurück, steigt aber bei höheren Temperaturen infolge der stark temperaturabhängigen Leitfähigkeit der im Öl immer vorhandenen Ionen.

Ferner können während langer Betriebszeiten durch Wechselwirkungen zwischen Öl und Kupfer und Öl und Blei Metallverseifungen auftreten, welche die dielektrischen Verluste des Öls erhöhen. Hierauf ist bei der Auswahl des Öls zu achten.

Im Laufe langer Zeiten (ein Jahrzehnt oder mehr) neigen manche Isolieröle dazu, sich unter Einwirkung von Glimmentladungen zu polymerisieren (X-Wachs-Bildung). Feuchtigkeit scheint dafür ein wichtiger Katalysator zu sein. Welche Bestandteile der Öle die Polymerisation begünstigen, ist noch immer nicht geklärt. Es wird behauptet, daß paraffinkohlenwasserstoffhaltige Öle eher dazu neigen als naphthenkohlenwasserstoffhaltige Öle. Paraffinkohlenwasserstofföle führen mit Harz gemischt nach längerer Oxydation zu schlammartigen Abscheidungen. Paraffinkohlenwasserstofföle haben ungealtert meistens geringere Verlustwinkel als Naphthenkohlenwasserstofföle. Einige Öltypen neigen unter der Wirkung des starken elektrischen Feldes in Hochspannungskabeln zu Gasentwicklung (meist Wasserstoff) und sollten daher für Hochspannungskabel nicht verwendet werden. Andere Öle dagegen weisen diese Unannehmlichkeit nicht auf, sondern neigen vielmehr zur Aufnahme von Gasen, mit denen sie im elektrischen Feld in Berührung kommen. Um festzustellen, ob eine Ölsorte Gas entwickelt oder aufnimmt, hat die Firma Pirelli-Mailand[1] besondere Prüfverfahren entwickelt, bei denen die Ölmuster in Spezialvorrichtungen sehr hohen Spannungsdifferenzen bei 40 bis 50 Hz unterworfen werden. Nach L. EMANUELI kann dem Gasentwicklungsübel durch Zusatz kleiner Mengen bestimmter Kohlenwasserstoffe hohen Molekulargewichts, wie z. B. Naphthalin, abgeholfen werden[2].

Bei der Erdölraffination anfallende Gemische aus Kohlenwasserstoffen und festen Paraffinen werden als Vaseline bzw. Petrolatum bezeichnet. Sie sind als Isoliertränkmittel brauchbar, haben jedoch den Nachteil, einen ziemlich definierten Schmelzpunkt, hohe Schmelzwärme und große Ausdehnung beim Übergang in den dünnflüssigen Zustand zu besitzen. Sie kristallisieren bei niedrigen Temperaturen eher als andere Isolieröle.

β) Harze. Natürliche und auch künstliche Harze werden Isolierflüssigkeiten zugesetzt, um deren Viskosität zu erhöhen. Eine wichtige Anwendung finden die ·Harze bei der Erhöhung der Viskosität von Isolierölen für Starkstrom-Papier-Massekabel (s. S. 33ff.). Je nach ihrer Herkunft (von welcher Holzart, vom Stamm oder der Wurzel, destilliert oder nicht) können die Harze außerordentlich verschieden zusammengesetzt sein. Das vielfach verwendete, als Rückstand bei der Destillation von Konipherenbalsam entstehende Kolophonium enthält vorwiegend Abietinsäuren ($C_{20}H_{30}O_2$). Trotz ihrer geringen Menge sind die sonstigen Begleitstoffe von großem Einfluß auf die Oxydationsfähigkeit des Harzes. Sie beeinflussen auch die in Isoliermassen unerwünschte Kristallisation der Abietinsäuren. Bei der Oxydation der Harzsäuren bilden sich sogenannte „Oxysäuren", die wegen ihrer schlechteren Löslichkeit eine Erhöhung der Verlustwinkel der Isoliermassen zur Folge haben [229]. Bei höheren Temperaturen zersetzen sich die Oxysäuren unter Abspaltung von Wasser, das seinerseits katalytisch die gefürchtete X-Wachs-Bildung (Polymerisation von Isolierölmolekeln) zu fördern scheint.

---

[1] Die Ausführungen sind einer mir von Herrn L. EMANUELI freundlichst für das vorliegende Buch zur Verfügung gestellten Originalmitteilung entnommen.

[2] L. EMANUELI hat eine *Kur* dieser Art erfolgreich an Ölkabeln durchgeführt, die einige Jahre in Betrieb waren und für die bei der Herstellung seitens einer anderen Firma eine nicht auf Gasentwicklung geprüfte Ölsorte verwendet worden war.

Je nach der gewünschten Viskosität wird den Isolierölen 20 bis 40% Harz zugesetzt. Höherschmelzende Harze erfordern eine geringere Menge zur Einstellung der gleichen Viskosität. Sie ergeben gleichzeitig eine steilere Viskositäts-Temperatur-Abhängigkeit. Besonders niedrige Verlustwinkel zeigen Harze, die im Vakuum destilliert worden sind [*235*]. Natürliche Harze werden auch für Lacke (s. S. 150) verwendet. Neuerdings werden sie hier allerdings mehr und mehr durch Kunstharze ersetzt.

γ) **Plastische isolierende Imprägniermassen.** Unter dieser Bezeichnung sollen die nichthochpolymeren Isoliermassen zusammengefaßt werden, welche in Verbindung mit einem Träger (meist Faserstoff) ähnliche plastisch biegsame und feuchtigkeitsabweisende Eigenschaften aufweisen wie die bereits behandelten plastischen Hochpolymeren ohne besondere Trägergerüste. Im Gegensatz zum Isolieröl und Öl-Harz-Gemischen bedürfen diese Isolierstoffe keiner flüssigkeitsdichten Hüllen oder zum mindesten keiner flüssigkeitsfesten Abschlüsse solcher Hüllen. Ihr Hauptanwendungsgebiet sind daher die isolierten Drähte und Leitungen.

Im Zuge der Entwicklung der Hochpolymeren und ihrer einfachen Verarbeitungsverfahren und oft überlegenen mechanischen, thermischen[1], feuchtigkeitsabweisenden und elektrischen Eigenschaften werden jedoch diese klassischen Kabelisoliermassen mehr und mehr durch die Hochpolymeren verdrängt, soweit nicht preisliche Erwägungen dem — vorläufig wenigstens noch — entgegenstehen.

Zu dieser Gruppe gehören in erster Linie mineralische, wachsartige Stoffe wie *Ozokerite* und die von ihnen abgeleiteten *Ceresine*, *Montanwachs* sowie *Paraffine* und *Paraffinwachs*, gegebenenfalls in Mischung mit Naturharzen, pflanzlichen oder mineralischen Ölen und Kunststoffen. Auch *Bienenwachs* wird gelegentlich verwendet.

Die Imprägnierung des Trägers (meist Baumwolle bzw. Zellwolle in Form von Umspinnungen, Umflechtungen oder Gewebebandierungen) erfolgt im heißen, dünnflüssigen Zustande.

Je nach den Anforderungen bei Betriebstemperatur wird die Härte der meist aus einer Reihe verschiedener Rohstoffe gemischten Massen sorgfältig eingestellt. Die Beflechtung isolierter Leitungen z. B. wird zunächst mit einer weicheren Masse imprägniert und mit einer härteren *geglättet*.

δ) **Feuchtigkeits- und korrosionsschützende Imprägniermassen.** Ein wirksamer Feuchtigkeits- und Korrosionsschutz setzt voraus, daß keinerlei flüssige oder dampfförmige Stoffe die Schutzhülle durchdringen können. Das heißt aber in diesem Zusammenhang, daß die Imprägniermassen sehr fest auf dem Träger kleben und in sich auch bei niedrigen Verlegungstemperaturen nicht reißen oder Poren bilden.

---

[1] Unter Betriebserwärmungen und Witterungseinflüssen (Sonnenbestrahlung, Regen) laufen praktisch alle nichtpolymeren Imprägniermassen teilweise wieder aus dem Träger aus. Wirklich wetterbeständig sind daher nur polymerisierte Imprägniermassen, wie zu Linoxyn polymerisiertes Leinöl und geblasene oder vulkanisierte Bitumina.

Diesen Anforderungen werden die obengenannten Stoffe nur beschränkt gerecht. Sie sind außerdem für die Anwendung als reine Schutzstoffe, d. h. vorzugsweise für Kabelarmierungen, zu wertvoll.

Die wichtigsten kabeltechnischen Schutzstoffe in diesem Sinne sind Teer, Bitumen und Asphalte, deren Geruch für die Kabelwerke so charakteristisch ist.

Teere entstehen als ölige Kondensate, wenn Steinkohle, Braunkohle u. a. unter Luftabschluß auf hohe Temperaturen erhitzt werden („trockene Destillation"). Bei Besprechung der Bleikorrosion (s. S 108) ist bereits darauf hingewiesen worden, daß phenol- und kresolhaltige, niedrigsiedende Teere für die Armierung von Bleikabeln vermieden werden müssen. Auch höhersiedende (über 240° C) Teere werden heute selten zur Imprägnierung der Schutzschichten, sondern nur zur Vorimprägnierung der Faserstoffträger (Jute, Papier, Kreppapier) angewandt, obgleich Sonderteere infolge ihres großen Temperaturbereichs der Plastizität und ihrer Wasserundurchlässigkeit sich sehr gut als Korrosionsschutzschichten eignen[1] [*163*].

Bitumina sind hochsiedende Mineralöle, die entweder rein oder in Verbindung mit festen mineralischen Stoffen als „Naturasphalt" vorkommen oder bei der Erdölaufbereitung als (im Gegensatz zu Teeren) chemisch unveränderte Rückstände („destilliertes" Bitumen, zur Unterscheidung von dem im folgenden erwähnten „geblasenen" Bitumen) verbleiben. Ihre außerordentliche Korrosionsbeständigkeit (auch gegen Säuren) und ihre bemerkenswerte Klebkraft an allen Stoffen, insbesondere auch an Metallen, macht die Bitumina neben dem billigen Preis zu dem beliebtesten Korrosionsschutzmittel der Kabeltechnik. Dazu kommt, daß die Bitumina für die verschiedenen einzelnen Verfahrens- und Betriebsbedingungen in einer großen Zahl verschiedener Variationen zur Verfügung stehen. Ihrem hohen Siedepunkt entsprechend haben die Bitumina höhere Schmelzpunkte und Tropfpunkte als die oben erwähnten wachsartigen Massen. Der Imprägniervorgang muß daher in der Regel bei entsprechend höheren Temperaturen vorgenommen werden. Trotzdem sind geeignet ausgewählte Bitumina bei Verlegungs- und Betriebstemperaturen noch plastisch und klebrig (zum Leidwesen der Kabelarbeiter), d. h. ihr Plastizitätsintervall zwischen Tropfpunkt und Brechpunkt ist recht groß.

Mehr noch als für Naturasphalte und destillierte Bitumina gilt das für *geblasene* Bitumina [*78*], d. h. Erdölrückstände, die mit Luft bei 180 bis 300° C oder in neuerer Zeit auch mit Chlor geblasen werden, gegebenenfalls in Anwesenheit von beschleunigenden Katalysatoren. Dabei finden — neben einer teilweisen Aufspaltung[2] — unter Aufnahme von Sauerstoff Oxydations- und Polymerisationsvorgänge statt, die durch einen hohen Schwefelgehalt des Rohöls gefördert werden.

---

[1] Siehe Korrosionsschutzmasse „Polyment" der Firma Hackethal (s. S. 33).
[2] Siehe hierzu auch parallele Vorgänge bei der Depolymerisation und Polymerisation, S. 94ff.

Man kann auch Bitumina direkt unter Schwefelzusatz heiß vulkanisieren wie Kautschuk, wobei allerdings Erzeugnisse geringerer Elastizität, Dehnbarkeit und Wärmebeständigkeit als Gummi für dünne Überzüge erhalten werden. Nach C. J. BEAVER [*14*] werden die Bitumenmischungen in besonderen Behältern oder Innenmischern *vor*vulkanisiert, um sie für die Verarbeitung auf den üblichen Gummimaschinen brauchbar zu machen. Einen noch brauchbareren Gummiersatz erhält man durch Zufügen von Kautschukregeneraten. Solche Bitumen-Regenerat-Mischungen (s. Abb. 29) haben zu Zeiten großer Kautschukknappheit auch in Deutschland eine erhebliche praktische Rolle gespielt.

ε) Filmbildende Überzugstoffe (Lacke [*67*]). Unter den filmbildenden Überzugstoffen unterscheiden sich Lacke von einfachen Firnissen durch ihren Gehalt an Harzen (und auch Verdünnern, die in einfachen Firnissen nicht vorkommen), welche außer der Haftung und Härte des Films vor allem den kabeltechnisch wichtigen Wasserwiderstand verbessern. Kabeltechnisch werden daher für dünne Überzüge praktisch nur Lacke[1] verwendet, und zwar Öllacke oder Kunstharzlacke oder eine Verbindung beider für die Drahtisolierung, Zelluloselacke für die Herstellung von Filmüberzügen auf beflochtenen Kabeln und Chlorkautschuk- und auch Asphaltlacke zum Korrosionsschutz von Metallarmierungen. Hierauf wird im Verfahrensteil näher eingegangen werden (s. S. 235 ff.).

Außer den eigentlichen Filmbildnern (Öl, Zellulose) und den Harzen enthalten die Lacke eine je nach gewünschtem Härtegrad und Verarbeitungsverfahren eingestellte Menge von Weichmachern, ferner Verdünner zur Herabsetzung der Viskosität beim Auftragen, d. h. zur Erleichterung der Bildung eines dünnen, gleichmäßigen Films. Diese Verdünner können reine, d. h. nicht lösende, Verdünner sein oder aktive Lösungsmittel, wie vor allem im Falle der Kunstharzlacke und Zelluloselacke. Besonders bei Öllacken kommen dann noch Trockner zur Verkürzung der Filmbildungszeit und Alterungsschutzmittel zur Vermeidung von Überoxydation und oxydativen Nachwirkungen hinzu.

Während die Filmbildung bei den Zelluloselacken nur durch die Verdampfung der flüchtigen Bestandteile erfolgt, sind für Öllack- und Kunstharzlackfilme anschließende Polymerisations- und Polykondensationsvorgänge wesentlich.

C. Allgemeine Verfahrensfragen

Die Verfahren der Herstellung der Kabel aus den Werkstoffen sind weitgehend von den räumlichen und zeitlichen Bedingungen abhängig, unter denen sie durchgeführt werden, sowie von dem Zustand der Werkstoffe während ihrer Verarbeitung. Auf diese Bedingungen muß daher vor der Besprechung der einzelnen Verfahren zum Aufbau der Kabel und seiner Elemente etwas näher eingegangen werden.

---

[1] Leinöl-Mennige-Firnis ist kabeltechnisch ein Imprägnierungsmittel.

I. Räumliche Anordnung

Zum Verständnis aller für die Herstellung von Kabeln, isolierten Leitungen und Drähten üblichen oder möglichen Verfahren muß man sich vor Augen halten, daß die herzustellenden Gebilde praktisch immer als sehr groß in einer Dimension im Vergleich zu dem zur Verfügung stehenden Fabrikationsraum anzusehen sind[1]. Die Werkstücke müssen daher zu ihrer Verarbeitung und zum Transport innerhalb der Werkstätten auf einen im Verhältnis zu ihrer Länge kleinen Raum zusammengefaßt werden. Die einfachste und in der überwiegenden Zahl der Fälle wirtschaftlichste Form einer solchen räumlichen Zusammenfassung ist das Aufwickeln auf zylindrische bzw. konische Wickelkörper zu *Ringen* oder auf Spulen oder Trommeln, die alle im folgenden mit *Haspeln* bezeichnet werden sollen. Um das Werkstück auf- und abhaspeln zu können, muß es, ohne Schaden zu erleiden[2], um den inneren Kern der Haspel gebogen und wieder gestreckt werden können, d. h. der Kerndurchmesser der Haspel muß der Biegefähigkeit des Werkstückes angepaßt sein. Die Abmessungen der Haspel werden einerseits durch diesen Mindestdurchmesser des Kerns und durch Durchmesser und Länge der auf einer Haspel unterzubringenden Werkstücklänge bestimmt, andererseits aber durch das mit Rücksicht auf Transport und Fertigungsvorrichtung maximal zulässige Volumen und Gewicht begrenzt.

a) Verfahren am aufgewickelten Werkstück

In vielen Fällen ist es nun möglich, die kabeltechnischen Verfahren direkt an den zu Ringen, Spulen usw. aufgewickelten Werkstücken vorzunehmen. Die Durchführung der meisten Verfahren erfordert jedoch ein Abwickeln des Werkstückes von dem Ring, der Spule usw., ein Geraderichten und Hindurchführen durch die Vorrichtung und ein Wiederaufhaspeln, d. h. ein Durchlaufen des Werkstückes in seiner ganzen Länge durch die Vorrichtung (*Durchlaufverfahren*). Da dieser besondere Umwickelvorgang zusätzliche Vorrichtungen erfordert und nur bei genügend großer Durchlaufgeschwindigkeit wirtschaftlich durchführbar ist, hat man früher nach Möglichkeit der Verfahrens-

---

[1] Es gibt allerdings auch Verfahren zur Herstellung isolierter elektrischer Verbindungen, die nicht an die beschränkte räumliche Ausdehnung einer Werkstätte gebunden sind, z. B. die Verlegung starrer isolierender Rohrleitungen, z. B. aus Porzellan oder Bakelite und darauffolgendes Einziehen blanker Leiter in diese Kanäle. Man kann ein solches Gebilde aber nicht als *Kabel* bezeichnen, sondern nur als in isolierender Umgebung verlegte blanke Drähte und Seile. Im übrigen sind wiederholten Versuchen zur Herstellung der Kombination Leiterisolierung bzw. Leiterisolierungsschutzhülle während der Montage, d. h. außerhalb der Werkstätte, bisher keine nennenswerten Erfolge beschieden gewesen, weil diese Methoden gegen den Grundsatz, die Fertigung soweit irgend möglich in der Werkstatt zu vollenden, verstoßen und daher unwirtschaftlich und technisch minderwertig sein müssen. Der einzige zwingende Grund für die Herstellung oder Zusammensetzung eines *Kabels* außerhalb der Werkstätte sind Transportschwierigkeiten in unwegsamem Gelände (wie im Hochgebirge).

[2] Siehe hierzu die Ausführungen über Mindestbiegedurchmesser, S. 162.

durchführung an *aufgewickelten* Werkstücken den Vorzug gegeben. In neuerer Zeit werden jedoch vor allem aus qualitativen Gründen Durchlaufverfahren auch in Fällen bevorzugt, in denen eine Behandlung des Werkstückes in aufgewickelter Form möglich ist und bisher üblich war.

Die Kennzeichen des aufgewickelten Zustandes des Werkstückes sind

1. die geringen Gesamtabmessungen und

2. die durch die Zusammenfassung vieler Windungen auf einen kleinen Raum gegebene Tatsache, daß die meisten Windungen innerhalb mehrerer oder vieler Lagen anderer Windungen eingebettet und von der Umgebung abgeschlossen sind, während die äußeren Lagen direkt mit der Umgebung in Berührung sind.

Zu 1. Die *geringen Gesamtabmessungen* der aufgewickelten Werkstücke vereinfachen ihre Unterbringung in geschlossenen Behältern, Öfen u. ä., d. h. z. B. ihre Behandlung unter Luftabschluß, insbesondere unter Vakuum oder in neutralen Gasen. Die kompendiöse Anordnung der Werkstücke macht alle Erwärmungsvorrichtungen einfach und die Durchführung von Verfahren unter erhöhter Temperatur besonders wirtschaftlich. Materialzustandsänderungen, wie Glühen und Vulkanisieren sowie das Trocknen der Werkstücke, werden daher in der Regel an aufgewickelten Werkstücken vorgenommen. Behandlungen, die längere Zeit erfordern, wie z. B. das Trocknen stärkerer Isolierschichten oder Kabel, sind auch im Durchlaufverfahren kaum denkbar.

Dagegen können oft die Behandlungszeiten beim Glühen und Vulkanisieren durch Erhöhung der Behandlungstemperaturen sowie beim Vulkanisieren vor allem durch die Verwendung von beschleunigenden Agenzien so weit herabgesetzt werden, daß auch die Anwendung des Durchlaufverfahrens wirtschaftlich möglich wird. Die Begründung für diese Tendenz zur Anwendung des Durchlaufverfahrens an Stelle der Behandlung aufgewickelter Werkstücke liegt nun in dem unter Punkt 2 aufgeführten Kennzeichen des aufgewickelten Zustandes:

Zu 2. Die *eingebetteten Windungen* stehen mechanisch unter dem Windungsdruck der darübergewickelten Windungen oder unter dem Druck des Gewichts des darüberliegenden Materials. Sie werden außerdem thermisch durch die dazwischenliegenden Lagen gegen den Behälter oder Ofen abgeschirmt. Der mechanische Druck kann beim Glühen von aufgespulten Kupferdrähten zu einem Verschweißen sich berührender Oberflächen und damit zum Verkleben der Windungen führen (s. S. 179). Bei der Vulkanisation aufgewickelter gummiisolierter Drähte oder -ummantelter Kabel verursacht der Druck benachbarter Windungen gegeneinander Verformungen der Gummihüllen, wenn nicht besondere Vorsichtsmaßregeln dagegen getroffen werden (s. S. 194). Ferner ergeben sich aus der Abschirmung der inneren Lagen durch die äußeren Schwierigkeiten in der Erzielung gleichmäßiger Glühbedingungen.

Noch wesentlich engere Grenzen sind der Behandlung aufgewickelter
Werkstücke gesetzt, wenn das Verfahren die Hinzufügung oder Entfernung von Stoffen oder die Formänderung des Werkstückes bezweckt.
Ein Hinzufügen oder Entfernen von Stoffen im aufgewickelten Zustand des Werkstückes ist offenbar auf Stoffe geringer Viskosität beschränkt, d. h. auf Gase, Dämpfe (Wasser) oder Flüssigkeiten, sowie
feindispergierte feste Körper (Pulver, Aero- und Hydrosole). Diese
Stoffe müssen entweder die Zwischenräume zwischen den Windungen
und Lagen durchdringen und dann in das Werkstück eindringen bzw.
es verlassen oder aber von den Enden des (beispielsweise metall-
ummantelten) Werkstückes aus das Werkstück in seiner Länge durchfließen können. Die wichtigsten Anwendungsbeispiele sind das Trocknen
und Imprägnieren von Kabeln.

b) Durchlaufverfahren

Von diesen Imprägnierverfahren abgesehen, werden praktisch alle
Verfahren zum Aufbau eines Kabels aus seinen Elementen im Durchlauf durchgeführt, d. h. das Werkstück durchläuft die Vorrichtung
in seiner Längsrichtung (axialen Richtung), und zwar meist horizontal
oder vertikal, seltener in geneigter Richtung.

1. Verfahrensrichtung

Kabelmaschinen nennt man im allgemeinen[1] *liegend* oder *stehend*,
je nachdem sie von dem Werkstück oder auch Werkstoff im Augenblick der Verfahrensdurchführung in horizontaler oder vertikaler
Richtung durchlaufen werden. Grundsätzlich sind die stehenden Maschinen den liegenden überlegen, weil Werkstück und aufzubringende
Werkstoffe bezüglich Schwerkraft und Wärmeströmung für alle zur
Werkstückachse symmetrisch liegenden Punkte gleichen Bedingungen
unterworfen sind. Dadurch wird die Herstellung gleichmäßiger Hüllen
aus flüssigem oder plastischem Material und die Schaffung gleicher
Erwärmungs- und Abkühlungsverhältnisse längs des ganzen Umfangs
solcher Hüllen erleichtert. Beispiele bilden das Stranggußverfahren
(s. S. 223), das Verzinnen (s. S. 228) und Lackieren von Drähten
(s. S. 235 ff.) und Kabeln (s. S. 241) und das Umpressen von Werkstücken mit Metallen (s. S. 263) und plastischen Nichtmetallen
(s. S. 284). Stehende Maschinen haben überdies gegenüber liegenden
den Vorteil geringeren Grundflächenbedarfs, jedoch den Nachteil
größerer Bauhöhe und entsprechender Erschwerung der Bedienung.
Schwere Maschinen zur Herstellung starker Kabel aus schweren oder
vielen Elementen (Verseilmaschinen) oder Kombinationsmaschinen
mit einer größeren Anzahl hintereinandergeschalteter Einzelvorrich-
tungen (Hochspannungskabelader-Maschinen, Armiermaschinen) müssen
daher liegend ausgebildet werden.

---

[1] Eine Ausnahme bildet die stehende Bleipresse, bei der nicht die Werkstück-
richtung, sondern der Werkstofffluß zunächst vertikal verläuft.

Eine *geneigte Verfahrensrichtung* kommt gelegentlich vor, z. B. wo verfahrenstechnisch eine vertikale wünschenswert wäre, aber zur Verminderung der Bauhöhe und Erleichterung der Bedienung ein Kompromiß gemacht ist (schwere Verzinnungsmaschinen) oder wo in horizontalen Öfen eine gewisse Kaminwirkung erzielt werden soll (Drahtlacköfen).

Relativität der Verfahrensrichtung, Prinzip der Umkehrbarkeit der Bewegungen. Soweit die Erdschwere keine Rolle spielt, ist grundsätzlich nur die relative Bewegung der Maschinenteile, Werkstücke und Werkstoffe gegeneinander von Bedeutung. Bei vielen Verfahren, auf die jeweils hingewiesen werden wird, können daher die Rollen des bewegten und des feststehenden Teils gegeneinander vertauscht werden.

2. Der Transport des Werkstücks durch die Maschine

Maschinen, die nach dem Durchlaufverfahren arbeiten, bestehen aus der eigentlichen Vorrichtung zur Ausführung des kabeltechnischen Verfahrens selbst und der Transportanlage zur Führung des Werkstücks durch diese Vorrichtung. Solche Transportvorrichtungen sind bei allen Kabelmaschinen ähnlich.

Abb. 125. Aufwickeln eines besonders schweren Kabels auf eine Versandtrommel, die auf einem Spezialwagen montiert ist (F & G)

Sie können überdies ohne Verfahrensvorrichtung, d. h. nur zum Transport, angewandt werden, insbesondere wenn es sich um sehr lange und schwere Kabel handelt, deren Transport auf Trommeln Schwierigkeiten bereitet. Ein solches Kabel wird z. B. nach dem Umpressen mit Blei oder nach dem Armieren ohne Anwendung von Trommeln in Ring- oder 8-Form gelegt (*aufgeschossen*) und als *endloses Band* dem Transportschiff (Seekabel) oder einem Spezialwagen für besonders schwere Trommeln zugeführt. Abb. 125 zeigt, wie ein schweres Kabel auf diese Weise aus der Fabrik auf einen Spezialwagen verladen wird.

Die Transportanlage zur Führung des Werkstücks durch eine Vorrichtung besteht aus vier wesentlichen Teilen:

1. Abwickelvorrichtung, um das aufgewickelt in die Maschine eingesetzte Werkstück zur Bearbeitung auszustrecken und alle Punkte seiner ganzen Länge für das Werkzeug zugängig zu machen;

2. Lenkvorrichtungen, die den Verlauf des Werkstücks durch die Maschine genau festlegen;

3. Abzugsvorrichtung, die die Bewegung des Werkstücks durch die Maschine bewirkt;

4. Aufspulvorrichtung, die dem Werkstück wieder eine für den Werktransport oder Versand geeignete kompendiöse Form erteilt.

Ihrer Bedeutung wegen sollen die Abzugsvorrichtungen zuerst besprochen werden.

α) Abzugvorrichtungen. Im allgemeinen wird das Werkstück durch die Vorrichtung gezogen, da es in der Regel zwar eine hohe Zerreißfestigkeit, aber nur eine geringe Steifigkeit besitzt.

Es ist grundsätzlich möglich, daß die Aufspulvorrichtung das Werkstück durch die Vorrichtung zieht. Praktisch stehen dem jedoch wesentliche Bedenken entgegen, und zwar in erster Linie der Umstand, daß zum Abrollen des Werkstücks von der gebremsten Abspulvorrichtung und zur Führung um die Lenkvorrichtungen, gegebenenfalls auch noch zum Abzug von Materialspulen od. ä., recht hohe Zugspannungen erforderlich sind, unter denen auch das Werkstück aufgespult würde. Es besteht dann die Gefahr, daß das Kabel beim Aufspulen auf der Unterlage flachgedrückt oder gewaltsam zwischen zwei nicht ganz geschlossene Windungen der vorhergehenden Lage gepreßt oder durch den sich summierenden Windungsdruck darauffolgender Windungen deformiert wird. Der Aufwickelzug wird daher nur gerade so stark gewählt, daß ein sauberes lagenweises Aufwickeln möglich ist. Ein zu niedriger Aufwickelzug hat jedoch lose sitzende Windungen zur Folge, die sich beim Transport gegeneinander verschieben und ein glattes Abspulen unmöglich machen.

Ein zweiter Grund zur Verwendung einer besonderen Abzugvorrichtung neben der Aufspulvorrichtung liegt darin, daß bei einer sich mit gleicher Winkelgeschwindigkeit drehenden, über Achse oder Flansch angetriebenen Aufwickelhaspel die Geschwindigkeit des auflaufenden Werkstücks mit zunehmender Füllung der Spule, d. h. mit zunehmendem Umfang der Windungslängen, steigt. Die ordnungsmäßige Durchführung fast aller Kabelherstellungsverfahren hat aber eine gleichmäßige Durchlaufgeschwindigkeit des Werkstücks durch die Vorrichtung zur unbedingten Voraussetzung.

Eine gleichmäßige Geschwindigkeit ist bei unmittelbarem Abzug durch die Aufwickelhaspel nur zu erzielen, wenn der Antrieb der Auflaufhaspel über die Wicklung selbst erfolgt, etwa mit Hilfe eines Antriebsbandes, wie es aus Abb. 126 ersichtlich ist. In diesem Falle wird der auf den aufzuwickelnden Draht auszuübende Zug teilweise direkt vom Transportband übernommen, so daß für feste Werkstücke, wie z. B. verzinnte Drähte, keine Bedenken gegen einen solchen Abzug durch die Aufhaspelvorrichtung bestehen, falls das Antriebsband saubergehalten wird.

In einigen Fällen (Walzen, Metallpressen, Vorschubspinner) wird die Transportbewegung des Werkstücks durch das Werkzeug bewirkt, so daß sich bei diesen Maschinen besondere Abzugvorrichtungen erübrigen.

Abb. 126. Aufspulvorrichtung für verzinnte Drähte mit Oberflächenantrieb der Spulen (F & R) *1* Drahtlagenoberfläche; *2* Antriebsband; *3* Verlegearm; *4* Verlegespindel; *5* u. *6* Steueranschläge; *7* Umschaltvorrichtung

Wie bereits erwähnt, soll der Abzug das Werkstück mit der nötigen Kraft bei stets gleichbleibender, gut fein einstellbarer Geschwindigkeit durch die Maschine ziehen, ohne das Werkstück selbst zu deformieren. Erstrebenswert erscheint dabei eine maschinelle Nachahmung des gleichmäßigen Durchziehens des Kabels von Hand (s. Abb. 150), d. h. die Schaffung einer Vorrichtung, die das Werkstück fest greift, ohne es gleiten zu lassen, aber auch, ohne es zu deformieren, mit konstanter Geschwindigkeit abzieht, ohne es zu biegen, und es dann ohne Zug an die Aufnahmevorrichtung weitergibt. Dieses Ziel kann praktisch verwirklicht wer-

Abb. 127. Leichter Raupenabzug an einer Spinnmaschine für Aluminium-Profildraht (F & R)

len durch *Raupenabzüge*
mit zwei geeignet profilierten endlosen Transport-
bändern oder -ketten, die
das Werkstück fest, aber
weich umfassen und, ohne
es zu biegen oder zu bremsen, weitergeben. Die Ab-
bildung 127 zeigt einen
leichten Raupenabzug mit
keilriemenartigen Raupen
für Lackkabel mit Alumi-
nium-Profildraht-Umwick-
lung, Abb. 128 einen
schweren und Abb. 129
einen mittleren Abzug für
stärkere Kabel.

In manchen Fällen
werden auch einfache *endlose Transportbänder* als
Abzug benutzt, z. B. bei
Gummi- oder Kunststoff-
Umpreßmaschinen. Der er-
forderliche Auflagedruck
wird dann durch das Ge-
wicht eines nicht angetriebenen Druckrades bewirkt.
In diesem Falle ist die gesamte Mitnahmereibung
auf den Wirkungsbereich
des Druckrades konzen-
triert, so daß bei zu niedrigen Drucken die Gefahr
von Schlupf und Abrieb
und bei zu hohen Drucken
die einer Deformation des
Werkstückes besteht. Ab-
bildung 130 zeigt eine moderne, zweckentsprechende
Ausführungsform eines solchen Transportbandes.

Für den allgemeinen
Gebrauch sind solche Ab-
züge jedoch viel zu kom-
pliziert und unnötig. Man
verwendet dafür soge-
nannte *Abzugscheiben*, d.h.
kräftige, zylinderförmige,

Abb. 128. Schwerer Raupenabzug für Kabelmaschinen
(Ostermann)

Abb. 129. Mittlerer Raupenabzug (Ostermann)

meist leicht konische Scheiben, wie sie in Abb. 131 und 132 dargestellt
sind. Das Werkstück läuft an der Stelle des größten Umfangs des
Konus oder an dem gerundeten Übergang des Zylinders zu einem erhöhten Rand auf und wird nach der Seite kleineren Umfangs hinab-
gedrängt, so daß für die nachfolgenden Teile der Länge wieder Platz
zum Auflaufen geschaffen wird. Das seitliche Abdrängen kann bei
schwächeren Kabeln und stark konischen Scheiben oder gerundeten

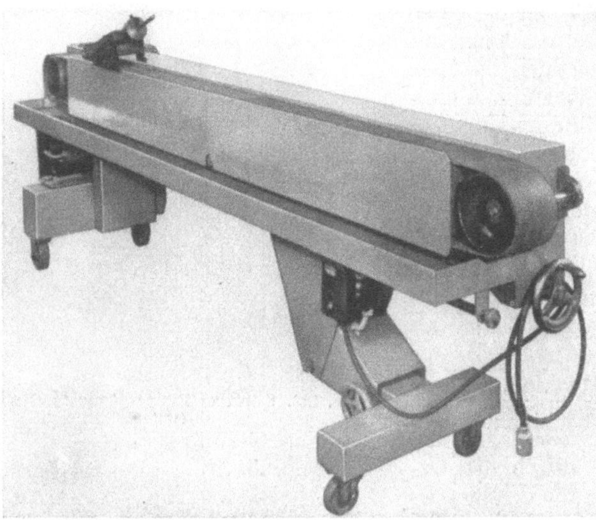

Abb. 130. Endloses Transportband zum Abzug von Werkstücken aus einer Umpreßmaschine
(Spritzmaschine) für Kautschukmischungen oder Thermoplaste (NRM)

Scheibenrändern durch die nachfolgenden Kabelteile selbst bewirkt
werden, wenn das Werkstück ausreichend unempfindlich gegen die dabei auftretenden Druckbeanspruchungen ist.

Legt man jedoch Wert darauf[1], daß das abzuziehende Werkstück
möglichst wenig beansprucht wird, so wird entweder ein feststehendes
Abstreifmesser oder ein mitlaufender Abweisring angebaut. Das feststehende Abweismesser ist so eingerichtet, daß es infolge seiner Schrägstellung das Werkstück seitlich drückt. Empfindliche Werkstücke
können jedoch durch die zwischen Messer und Werkstück vorhandene
Reibung beschädigt werden.

Diesem Übelstand hilft ein mitlaufender Abweisring ab, ein in
einer breiten Rille geführter und zur Abzugscheibe schräg gestellter
Ring, der von der Abzugscheibe mitgenommen wird, also die gleiche
drehende Bewegung wie die Scheibe ausführt. Dabei ändert der Abweisring seine Stellung zur Abzugscheibe bei jeder Umdrehung der
Scheibe, was durch Führungsrollen bewirkt wird, die für eine mehr
oder weniger große Schrägstellung einstellbar sind.

---

[1] Nach einer Originalmitteilung der Maschinenfabrik J. A. Kraft, Olpe (Westf.).

Abb. 131. Abzugscheibe an einer großen Dreileiter-Verseilmaschine. Zwischen Verseilkorb und Abzugscheibe befindet sich die Bandspinneranlage zur Umwicklung des Seils (F & G)

Abb. 132. Abzugscheibe und Aufwickeltrommel an einer Drahtseilmaschine mit 3 Verseilkörben zum gleichzeitigen Verseilen mehrlagiger Kupferseile und unmittelbar anschließendem Isolieren (KWO)

Abb. 131 u. 132. Abzug durch einfache schwere Abzugscheiben

Nach einigen Windungen wird das Werkstück von der Abzugscheibe herunter und der Aufwickelvorrichtung zugeführt, und zwar unter einer mäßigen Zugspannung, die erforderlich ist, um die nötige Reibung des Werkstücks auf der Abzugscheibe und damit die Wirksamkeit der Abzugscheibe überhaupt zu ermöglichen. Wie bereits erwähnt, ist eine solche mäßige Zugspannung auch erforderlich, um ein sauberes, geordnetes Aufwickeln des Werkstücks auf die Aufnahmevorrichtung zu gewährleisten.

Anders liegen die Verhältnisse, wenn das Werkstück nicht auf eine Haspel fest aufgewickelt, sondern in losen Windungen in ein flaches Trocken-, Tränk- oder Vulkanisiergefäß (Pfanne) *eingeschossen* werden soll. In diesem Falle muß zwischen Abzugscheibe und Aufnahmebehälter noch eine Vorrichtung eingeschaltet werden, die dem Werkstück die für die Abzugscheibe erforderliche Zugspannung erteilt. Das kann mit Hilfe eines schwachen Raupenabzugs geschehen. Der leichte Raupenabzug dient hier nicht zur Bewegung des Kabels durch die Maschine, sondern nur dazu, das Werkstück auf der schweren Abzugscheibe stramm aufliegen zu lassen. Eine moderne Lösung des Grusonwerks ist in Abb. 133 dargestellt. Hierbei wird dem von der Hauptabzugscheibe ablaufenden Kabel die nötige Spannung durch eine gleichachsige, der Hauptscheibe voreilende *Hilfsscheibe* vermittelt. Dabei wird die letzte Windung des die Abzugscheibe in mehreren Windungen umfassenden Kabels so abgelenkt, daß sie die schmale Hilfsabzugscheibe umfaßt. Die Hilfsabzugscheibe wird unter Einschaltung einer Schleifkupplung so angetrieben, daß sie bei nicht schleifender Kupplung etwa 20% voreilen würde. Das Kabel wird mittels einer Gummirolle gegen die Scheibe gedrückt.

Im Gegensatz zum Raupenabzug läßt sich bei der Abzugscheibe ein Gleiten des Werkstücks in seiner Längsrichtung nie ganz vermeiden; denn die Wirkungsweise der Abzugscheibe beruht ja auf der Gleit

Abb. 133. Abzug mit Hilfsscheibe
(Krupp-Gruson)

möglichkeit sowie auf einer allmählichen Verkürzung des Umfangs der aufgelaufenen Windungen, die sich zusammen in einer axialen Gleitbewegung (*Schlupf*) auswirken müssen. Dieser Schlupf beeinflußt natürlich die tatsächliche Bewegungsgeschwindigkeit des Werkstücks in der Maschine. Er kann unter konstanten Reibungs- und Spannungsbedingungen ziemlich gleichmäßig gehalten und dann auch empirisch in Rechnung gestellt werden. Wo jedoch sehr hohe Ansprüche an die Einhaltung rechnerisch ermittelter Verhältnisse gestellt werden, wie

z. B. bei der Verseilung von Fernkabeladergruppen (s. S. 386), vereiteln Schlupfschwankungen die praktische Realisierbarkeit theoretischer Konstruktionen.

Von dem Schlupf des Werkstücks auf der Abzugscheibe kann positiver praktischer Gebrauch gemacht werden, um die abzuziehende Werkstücklänge einem nachgeschalteten Aufwickel- oder Fertigungsvorgang anzupassen bzw. eine nachgeschaltete Strecke spannungsfrei zu machen; denn der Abzug fördert nur, wenn auf das ablaufende Ende ein Zug ausgeübt wird. Als *Zwischenabzüge* verwendet, fördern solche Abzüge nur, was ihnen von den nachgeschalteten Abzügen abgenommen wird. Dabei ist allerdings die Gefahr einer ungleichmäßigen, ruckförmigen Förderung nicht immer zu vermeiden.

Verwendet man anstatt *einer* Abzugscheibe *zwei* hintereinandergeschaltete, genau zylinderförmige, parallel gerillte Scheiben, wie sie in Abb. 134 dargestellt sind,

Abb. 134. Abzug aus zwei gerillten Scheiben (Krupp-Gruson)

oder zwei Sätze nebeneinanderliegender Umlenkrollen, so kann man das Werkstück in ovaler oder 8-förmiger Wendel über beide Rillensysteme führen und dann ohne Schlupf abziehen, wenn eines der beiden Rillensysteme angetrieben wird. Es genügt auch, wenn nur einer der beiden Zylinder gerillt ist bzw. aus einzelnen Umlenkrollen zusammengesetzt ist und der andere Teil aus einer normalen, aber genau zylindrischen, angetriebenen Abzugscheibe besteht. Mit anderen Worten, die einzelnen Windungen auf der Abzugscheibe werden von der Scheibe herunter jeweils über nicht angetriebene Umlenkrollen oder über eine nicht angetriebene gerillte Scheibe geführt, die einen geringeren Durchmesser haben können als die eigentliche Abzugscheibe, deren Mindestabmessungen aber den im folgenden genannten, für alle Umlenkvorrichtungen gültigen Regeln entsprechen müssen.

Gegen die Verwendung der doppelten Abzugscheiben für starke Kabel wird geltend gemacht, daß die Kabel für jede volle Windung zweimal, d. h. im ganzen etwa 6- bis 10mal, gebogen und zwischendurch immer wieder geradegestreckt werden.

β) **Umlenkvorrichtungen.** In vielen Fällen wird das Werkstück von der Ablaufhaspel zum Abzug ohne weitere Biegungen durch die Vorrichtung selbst hindurchgeführt. Das gilt vor allem für dicke, steife Werkstücke, bei denen man Biegungen nach Möglichkeit vermeidet, wie z. B. für papierisolierte Hochspannungskabeladern sowie für Kabel unter Blei. Bei Maschinen einfachen Aufbaus, wie Spinn- und Flechtmaschinen, sind Umlenkungen zwischen Ablaufhaspel und Abzugscheibe auch bei dünnen Werkstücken nicht nötig und üblich. Bei Drahtziehmaschinen, Verzinnungsanlagen, Drahtlackiermaschinen, Längsbedeckungsmaschinen und Verseilmaschinen läßt sich jedoch eine Umlenkung der Werkstücke zwischen Ablauf- und Abzugvorrichtung nicht ganz vermeiden. Außerdem macht bei fast allen Maschinen die Verlegung des Kabels auf die Aufnahmevorrichtung ein Biegen des Werkstücks zwischen Abzug und Aufwickelhaspel erforderlich.

Zur Umlenkung wird das Werkstück meist über leicht drehbar gelagerte Scheiben oder Rollen geführt, seltener über feststehende gekrümmte glatte Gleitflächen. Es ist allgemein bekannt, daß besonders druckempfindliche Werkstücke, wie z. B. hohlraumisolierte Fernsprechkabeladern oder -adergruppen, nicht zu stark und unter zu großer Zugspannung gekrümmt werden dürfen. Haspelkerne, Abzugscheiben und Umlenkvorrichtungen werden daher für solche Werkstücke so groß im Durchmesser gewählt, wie es die Maschinenkonstruktion zuläßt. Nicht genügend beachtet wird dagegen oft, daß auch leicht biegsame blanke oder isolierte Drähte durch zu starke Biegebeanspruchungen leiden.

Die mit der Biegung eines Drahtes oder Rohres verbundene *plastische Verformung* hat zwei Folgen:

1. Eine *Härtung* des Metalls, sofern es sich um eine Kaltverformung handelt, d. h. bei Raumtemperatur bei Kupfer und Aluminium, nicht jedoch bei Blei und nur in geringem Maße bei Feinzink. Mit der an sich schon meist unerwünschten Härtung ist überdies eine Erhöhung des *spezifischen* elektrischen Widerstandes verbunden, vor allem bei Aluminium.

2. Eine *Verlängerung* des Drahtes oder Rohres, sofern das Werkstück auf einer Unterlage, z. B. einer Umlenkscheibe, unter Zugbelastung gebogen wird. Eine Verlängerung tritt dagegen nicht auf, wenn das Werkstück frei, d. h. ohne Zugbeanspruchung, gebogen wird. Die Verlängerung hat natürlich eine entsprechende Querschnittsverminderung zur Folge und damit auch eine Herabsetzung des elektrischen *Gesamt*leitwertes, die bei den in der Praxis manchmal vorkommenden, viel zu starken und zu häufigen Krümmungsbeanspruchungen bis zu einigen Prozenten betragen kann. Das Verlängerungsmaß steigt mit dem Verhältnis Werkstückdurchmesser zu Krümmungsradius und mit der Zugspannung, unter der das Werkstück gebogen wird. Werden — im allgemeinen durch die elektrischen Kontrollmessungen — solche Durchmesseränderungen festgestellt, so wird in der Praxis der Grund oft nur in einer zu hohen Zugspannung gesucht, welche die Streckgrenze des Werkstückmaterials übersteigt und demzufolge das Werkstück dehnt. Das mag gelegentlich vorkommen, wenn grobe Bedienungsfehler (Bremsen) vorliegen oder Maschinen verwendet werden, die für das Werkstück zu schwer sind. Meist liegt jedoch der Grund in einem zu kleinen Krümmungsradius der Werkstückbiegungen. Grundsätzlich kann man nach dem oben Gesagten zwar auch bei sehr

kleinem Biegeradius eine Verlängerung des Werkstücks durch Verringerung der Zugspannung auf einen sehr kleinen Wert vermeiden.
Wie bereits erwähnt, ist aber eine gewisse Mindestspannung für ein
ordnungsmäßiges Auf- und Abwickeln und den Abzugvorgang fast
immer erforderlich. Diese Zugspannung sollte jedoch nie mehr als
einen Bruchteil der Werkstückmaterialstreckgrenze betragen. Unter
dieser Bedingung sollte der Krümmungsradius, um den ein weicher
Draht in der Maschine gebogen wird, mindestens etwa das Hundert-
fache des Drahtdurchmessers betragen, wenn merkliche Änderungen
des Leitwertes vermieden werden sollen.

Diese Überlegungen gelten für den Fall, daß sich die Krümmung
des Werkstücks dem Radius der Umlenkrolle tatsächlich anpaßt.
Werden die Umlenkvorrichtungen jedoch nur auf einer sehr kurzen
Strecke berührt, wie meist bei harten Drähten oder bei Rollenricht-
vorrichtungen, so ist nur die tatsächliche Krümmung des Werkstücks, während es mit Druck auf der Umlenkvorrichtung aufliegt,
in Rechnung zu stellen. Für mit genügend geringer Schlaglänge ge-
schlagene Seile und Litzen ist der Durchmesser des Einzeldrahtes
maßgebend.

γ) Abwickelvorrichtungen. Die Frage der Einführung des Werkstücks in die Vorrichtung ist der Frage der Zuführung wickelbarer
Werkstoffe sehr ähnlich und soll im Zusammenhang mit der Verarbeitung wickelbarer Werkstoffe besprochen werden (s. S. 332ff.).
Für das vorliegende Problem des Werkstückstransports soll nur vorweggenommen werden, daß zur Erzielung eines gleichmäßigen, geordneten

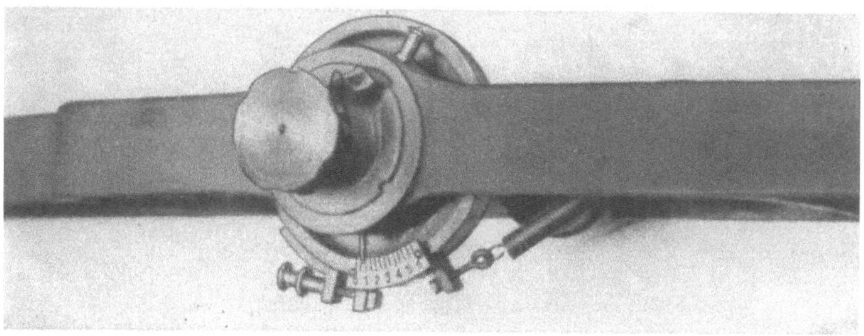

Abb. 135. Bandbremse mit Bremsdynamometer im Spulenrahmen
von Fernsprechkabel-Verseilmaschinen (Krupp-Gruson)

Ablaufs eines Werkstücks oder eines wickelbaren Werkstoffs von
einer Haspel eine *Bremsung* der Haspel (Abb. 135) erforderlich ist,
insbesondere um ein Voreilen der rotierenden Haspel und damit eine
Lockerung und ein Verschieben der Windungen und ein Stillstehen
und ruckweises Wiederanziehen zu vermeiden. Das Werkstück oder
der wickelbare Werkstoff laufen also in der Regel bereits unter einer
gewissen Spannung, d. h. geradegestreckt, in die Vorrichtung ein.

Daraus ergibt sich die Möglichkeit, *automatische Kontaktvorrichtungen* anzubringen, die im Falle des Bruchs eines Werkstücks oder wickelbaren Werkstoffs, d. h. im Falle eines Nachlassens der Spannung bzw. einer Abweichung vom geradlinigen Verlauf, betätigt werden und die Maschine sofort stillsetzen.

Es gibt jedoch auch Fälle, in denen zur Vermeidung jeder Vorspannung oder nur der Einfachheit halber das einlaufende Werkstück, in diesen Fällen meist ein blanker Draht, von einem losen, nicht unter Wickelspannung stehenden Ring — wie Abb. 136 zeigt — *über Kopf* ohne Bremsung abgezogen wird.

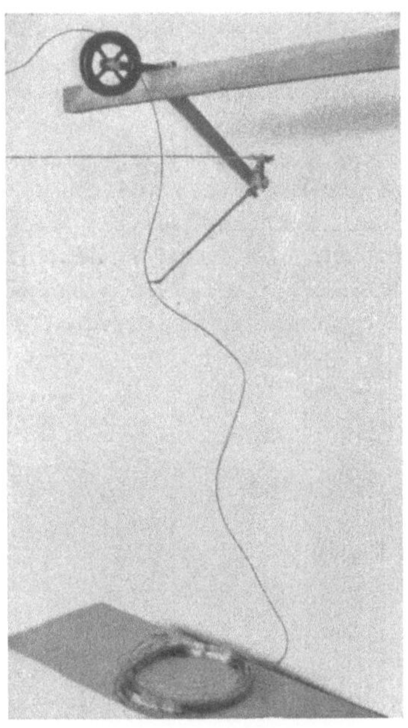

Abb. 136. Abzug von feststehendem Drahtring und feststehender Spule, ohne Führung (F & R)

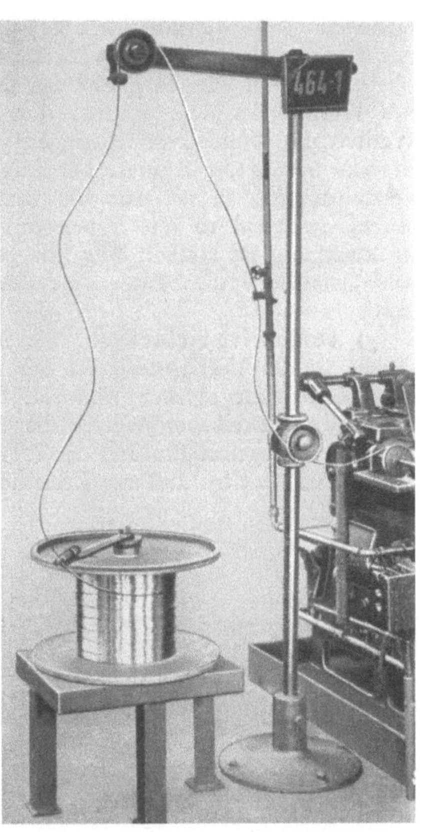

Abb. 137. Abzug von feststehendem Drahtring und feststehender Spule, mit Führung durch umlaufende Führungsrolle (HDK)

Um einen ununterbrochenen kontinuierlichen Werkstückdurchfluß zu erhalten, wird das Ende einer auslaufenden Vorratseinheit (Spule, Trommel, Ring u. a.) mit dem Anfang der darauffolgenden Einheit so rechtzeitig verbunden, daß keine Unterbrechung des Durchflusses entsteht. So können z. B. Ende und Anfang aufeinanderfolgender Drahtringe beim Einlaufen in Zieh- und Verzinnungsmaschinen u. ä. miteinander verschweißt werden. Bei Verwendung von Ablauf-

haspeln[1] werden dabei die feststehenden Haspeln „über Kopf" abgezogen. Man kann das von innen herausgeführte Ende in Ruhe mit
dem Anfang der nächsten Haspel verbinden. Abb. 137 zeigt die Führung des abgezogenen Drahtes durch einen umlaufenden Nippel.

δ) **Aufwickelvorrichtungen.** Es wurde bereits erwähnt, daß das
Werkstück mit einer ausreichenden, aber nicht zu großen Spannung
auf einer Haspel aufgewickelt oder ohne Zugspannung in flache
Pfannen eingeschossen wird. In Abb. 150 ist eine solche Pfanne dargestellt, in die eine Hochspannungskabelseele eingelegt wird.

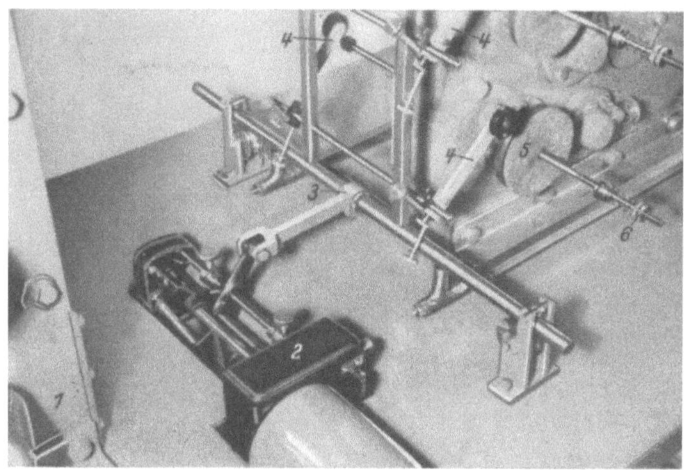

Abb. 138. Lackdraht-Verlege- und -Spul-Vorrichtung (AMA)
1 Abzuggestell;   *2* einstellbarer Verlegeantrieb;   *3* u. *4* Verlegevorrichtung;   *5* Filzscheibe
für Friktionsantrieb des Spulenflansches;   *6* Feder mit Stellmutter zur Regulierung des An-
lagedrucks der (nicht eingesetzten) Spulen gegen die Friktionsscheibe

Da das Werkstück mit gleichbleibender Geschwindigkeit der
Aufnahmehaspel zugeführt wird, muß die Umdrehungszahl der Aufnahmehaspel je Zeiteinheit mit zunehmender Lagenzahl vermindert
werden. Praktisch geschieht das in der Regel mit Hilfe einer Reibungs-
kupplung der Haspel mit dem Hauptantrieb. Bei gleichbleibender
Kupplungseinstellung verringert sich die Aufwickelspannung mit zunehmender Lagenzahl infolge der Verzögerung des Hebelarms (s.
Abb. 138).

Die saubere, lagenweise Verlegung des Werkstücks auf der Haspel
geschieht durch eine Verlegevorrichtung, wie sie z. B. in der Abb. 126
(*3* bis *7*) erkennbar ist. Das Werkstück wird durch eine Gabel geführt,
die in der Breite der Haspel mit solcher Geschwindigkeit hin und her
geführt wird, daß das Werkstück sich genau Windung neben Windung legt.

Die beiden Führungen der Gabel bestehen meist aus kugelgelagerten
Zylindern, um die Reibung des durchlaufenden Werkstücks an der

---

[1] Zum Beispiel für kontinuierliche Vulkanisation oder Pulpisolierung.

Verlegevorrichtung möglichst herabzusetzen und eine zu schnelle Abnutzung der Verlegegabel und damit eine Beschädigung des Werkstücks zu vermeiden. Da das Werkstück um diese Verlegezylinder gebogen wird, ist ihr Durchmesser genügend groß zu wählen.

Abb. 139. Achswickler mit unveränderlicher Mittenhöhe und automatischer Verlegung (Ostermann)

In den Abb. 139 bis 141 sind drei Aufwickelvorrichtungen dargestellt, und zwar in Abb. 139 für mittelschwere, in Abb. 140 für schwere und in Abb. 141 für sehr schwere Trommeln.

Abb. 139 zeigt einen Achswickler mit unveränderlicher Mittenhöhe und automatischer Verlegung. Der dargestellte Aufwickler wird von einem Elektromotor angetrieben. Auswechselbare Zahnräderpaare ermöglichen die Einstellung der Verlegung in dem praktisch vorkommenden Bereich.

Abb. 140 stellt einen Achswickler mit veränderlicher Mittenhöhe für schwere Trommeln dar. Mittels eines kleinen Hilfsmotors können die Muttern der beiden Gewindespindeln der beiden Lager der Trommelachse in der einen oder anderen Richtung gedreht und dadurch die Spindeln mit den Lagern der Trommelachse mit der Trommel gehoben und gesenkt werden. Gleich-

Abb. 140. Achswickler mit veränderlicher Mittenhöhe für schwere Trommeln (Niehaus)

zeitig kann auch die Mutter der dritten Gewindespindel des Lagerkörpers, in
dem der Antrieb gelagert ist, gedreht werden. Wenn die Vorrichtung in Verbindung mit einer Verseilmaschine angewandt wird, erfolgt der Antrieb vom
Abzug der Verseilmaschine unter Einschaltung einer einstellbaren Schleifkupplung
derart, daß das Kabel mit der seinem Querschnitt und seiner Biegsamkeit
angepaßten Spannung auf die Aufwickeltrommel aufläuft.

Abb. 141 zeigt einen Unterwalzenachsenwickler der Grusonwerke für sehr
schwere Trommeln. Die Aufwickeltrommel ruht mit den Flanschen auf zwei
Walzen und mit der Achse in Lagern. Die Lager ruhen unter Zwischenschaltung
von Druckfedern auf zwei Gewindespindeln und können durch Drehen der
Muttern der Spindeln (die mittels eines Hilfsmotors in der einen oder anderen

Abb. 141. Unterwalzenachsenaufwickler für sehr schwere Trommeln (HDK)

Richtung gedreht werden können) gehoben und gesenkt werden. Die Druckfedern sind dem Gewicht der Trommeln angepaßt, da sie auch durch das Gewicht der größten und schwersten vollbewickelten Trommel noch nicht ganz zusammengedrückt werden dürfen. Während des Aufwickelns des Kabels auf die
Aufwickeltrommel werden sie so angespannt, daß das Gewicht der Trommeln
zum Teil von den Walzen, zum Teil von den Achslagern bzw. den Druckfedern
aufgenommen wird. Die Verteilung des Gewichtes erfolgt so, daß einerseits die
Drehung der Trommel zustande kommt, wenn die Walzen gedreht werden, daß
aber andererseits die Trommelflanschen nicht zu hoch beansprucht werden. Eine
im Antrieb der Vorrichtung angeordnete Schleifkupplung ermöglicht die Anpassung der Zugspannung des auf die Aufwickeltrommel auflaufenden Kabels an
die Verhältnisse des Kabels. Die Lager der Trommelachse werden neuerdings
so ausgeführt, daß man die Trommel durch Anheben der Lager auswerfen kann.

In der Abb. 142 ist eine Aufwickelvorrichtung dargestellt, bei der
die Spannung des Werkstücks selbst die Umdrehungsgeschwindigkeit
der Aufnahmetrommel durch Hebelübertragung einreguliert. Solche
Vorrichtungen sind nach einem Vorschlag von O. HAUGWITZ [81] zum
Aufwickeln dünner Bleikabel hinter der Bleipresse mit Erfolg eingeführt worden, bei der ein maschinelles Aufwickeln besondere Schwierigkeiten bereitet. Die Abb. 143 zeigt eine ähnliche Vorrichtung an

einer von der Maschinenfabrik Froitzheim & Rudert hergestellten Umwickelmaschine für Drähte.

Damit sind die wesentlichsten Gesichtspunkte kurz behandelt worden, die zum Verständnis derjenigen kabeltechnischen Verfahren notwendig sind, die an kontinuierlich durch die Vorrichtung laufenden, sehr langen Werkstücken ausgeführt werden.

Abb. 142. Automatischer Aufwickler für dünne Bleikabel nach O. HAUGWITZ (Krupp-Gruson)

Abb. 143. Umspulvorrichtung für Drähte (F & R)

II. Zeitliche Folge

Neben den grundlegenden Raumfragen, insbesondere Problemen des inneren Transports, ist vom Gesichtspunkt der allgemeinen Verfahrensgrundlagen aus der zeitliche Ablauf der Verfahren von besonderem Interesse. Hierher gehören vor allem die Fragen der Gleichzeitigkeit mehrerer Verfahren (Verfahrenskombination) und die der Vor- und Nachbehandlung. Da zur Erörterung dieser Fragen jedoch die Kenntnis der Einzelheiten der Formungsverfahren vorausgesetzt werden muß, soll dieses Kapitel bewußt unsystematisch im Anschluß an die Grundlagen der Formung behandelt werden (s. S. 396).

III. Wirkungen der Wärme und des Druckes auf Werkstoff und Werkzeug

Neben den sich aus Raum- und Zeitfragen ergebenden Verfahrensgrundlagen spielen die Zustandsbedingungen für alle Verfahren eine äußerst wichtige Rolle.

a) Temperatur

Die Temperaturbehandlung von Werkstoffen bezweckt nun entweder

A. den Werkstoff für die Dauer des betreffenden Verfahrens, d. h. vorübergehend, in einen zur Durchführung des Verfahrens günstigen Zustand zu bringen, oder aber

B. Zustand oder Struktur des Werkstoffs (bleibend) zu verändern.

Der Fall A betrifft also im wesentlichen die Herstellung und Aufrechterhaltung der Temperaturbedingung eines Formungsverfahrens, während die Temperaturbehandlungen im Fall B im allgemeinen nicht mit einer Formung von Werkstück oder Werkstoff verbunden sind. Es handelt sich dabei vielmehr meist um die Behandlung des Werkstücks in denjenigen Fertigungsanlagen, die im Gegensatz zu den eigentlichen Formungsmaschinen unter dem Begriff „Behälter und Öfen" zusammengefaßt werden.

Strukturänderungen von Stoffen können grundsätzlich auch auf anderem Wege als durch thermische Einwirkung eingeleitet werden (chemische Prozesse, wie z. B. Kaltvulkanisation, mechanische Bearbeitung, Ultraschall- und elektrische Wellen), wobei jedoch im allgemeinen ebenfalls Temperaturänderungen auftreten. In der Kabeltechnik werden jedoch fast ausnahmslos lediglich mechanische und thermische Mittel zur Erzielung von Strukturänderungen angewandt.

Bei der Besprechung der einzelnen Werkstoffe ist bereits auf ihre Temperaturabhängigkeit hingewiesen worden, so daß wir uns im folgenden auf die verfahrenstechnischen Fragen und die temperaturabhängigen Eigenschaften der Werkzeuge beschränken können, die sich im wesentlichen auf die folgenden Punkte konzentrieren:

1. Wie kann das für eine bestimmte, gewünschte Wirkung erforderliche Temperaturniveau unter technisch und wirtschaftlich günstigen Bedingungen erreicht werden?

2. Wie kann das Temperaturniveau für die Dauer der Durchführung des Verfahrens mit ausreichender Genauigkeit und Gleichmäßigkeit gehalten werden?

3. Wie können unerwünschte Nebenwirkungen der Temperatur vermieden werden, und zwar

a) auf den behandelten Werkstoff selbst,
b) auf andere Werkstoffe und
c) auf die Werkzeuge.

1. Wärmeerzeugung

In kabeltechnischen Verfahren spielen alle drei Hauptarten der Wärmeerzeugung eine Rolle: die chemische, die mechanische und die elektrische. Die Erwärmung des Werkstücks oder Werkstoffs kann dabei in allen drei Fällen direkt durch Wärmeerzeugung im Werkstück oder Werkstoff oder indirekt durch Wärmeerzeugung außerhalb und Übertragung durch Leitung oder Strahlung erfolgen. Das Eingehen auf diese zunächst sehr allgemein erscheinenden Fragen im Rahmen der Erörterung von kabeltechnischen Fragen ist deshalb interessant, weil gerade die Kabeltechnik besonders günstige Gelegenheiten bietet, direkte Erwärmungsverfahren mit technischem und wirtschaftlichem Erfolg anzuwenden.

Chemische Wärmeerzeugung. Eine *unmittelbare* Erwärmung eines Werkstücks oder Werkstoffs durch chemische Reaktionen kommt kabeltechnisch kaum vor, ist aber denkbar, bei Isolierstoffen z. B. durch Polymerisation und bei Metallen durch Oxydation[1].

Zur *mittelbaren* Erwärmung sind dagegen Oxydationsvorgänge an Brennstoffen[2] von allgemeinster Bedeutung. Bei den eigentlichen kabeltechnischen Verfahren handelt es sich dabei selten um eine direkte Wärmeübertragung vom verbrennenden Stoff zum *Werkstück* oder *Werkstoff*, wie z. B. bei der Erwärmung von Leitern oder Metallhüllen im Durchzugsverfahren durch Gasflammen. Auf die gleiche Weise werden gelegentlich auch Oberflächen von thermoplastischen Stoffen, wie Bitumen, zur Nachbehandlung (Glättung) erwärmt. Beim Schmelzen von Metallen dagegen spielt die direkte Beheizung durch Flammen eine bedeutende Rolle.

Eine unmittelbare Erwärmung von *Werkzeugen* durch Gas kommt kabeltechnisch vor, u. a. bei der Heizung von Preßköpfen und Matrizen zum Umpressen mit Blei, Thermoplasten und Kautschukmischungen. Die allgemeine Tendenz ist jedoch, in solchen Fällen die Gasbeheizung durch Elektrowärme zu ersetzen, vor allem der Sauberkeit und Temperaturfeineinstellung wegen.

Dagegen wird die weitverbreitete Gasbeheizung von *Behältern und Öfen* aller Art auch weiterhin das Feld behaupten, wo verhältnismäßig *hohe* Temperaturen erreicht werden sollen und wo das Gas billig zur Verfügung steht. Das gilt z. B. für Bleischmelzkessel, die Schmelzwanne von Verzinnungsbädern, Glüh- oder Vorwärmöfen für Walzbarren, Grobdrähte u. a.

Zur Erzielung *geringerer* Temperaturstufen dagegen ist die Verwendung eines Wärmeübertragungsmediums geeigneter Eigentemperatur zweckmäßiger, d. h. vor allem eine Beheizung mit Dampf oder Heißwasser. Das gilt besonders für die beiden kabeltechnisch sehr häufig angewandten Temperaturbereiche:

---

[1] Wärmeerzeugung durch Oxydation ist z. B. vom Verfasser zur Trocknung feiner Metallpulver praktisch angewandt worden [*79*].

[2] Feste und flüssige Brennstoffe verbrennen nicht unmittelbar, sondern vergasen erst.

1. in der Größenordnung von 80° C für die Verarbeitung unvulkanisierter Mischungen, die bei höheren Temperaturen anvulkanisieren, oder zum Trocknen von Thermoplasten;

2. im Gebiet von 120 bis 140° C für alle anderen Trockenprozesse sowie für die Vulkanisation in Kesseln und für die meisten Imprägniervorgänge.

Ein weiterer für die Verarbeitung der üblichen Thermoplaste oft vorkommender Temperaturbereich liegt zwischen 140 und 250° C und auch höher. Hierfür sind zusätzlich oder ausschließlich mittelbare oder unmittelbare elektrische Heizverfahren erforderlich.

Mechanische Wärmeerzeugung. Eine unmittelbare Erwärmung von Werkstück oder Werkstoff durch mechanische Bearbeitung spielt — gewollt oder als unvermeidliches Übel — bei den meisten Arten plastischer Formung und Verformung eine bedeutende Rolle. Beispiele einer erwünschten Erwärmung durch Reibung innerhalb des Werkstoffs und an den verarbeitenden Maschinenteilen sind die Vorwärmwalze für Kautschukmischungen und Thermoplaste und die Aufheizung von Thermoplasten durch die Triebwendel in Spritzmaschinen. Ein unerwünschter, aber unvermeidlicher Reibungsvorgang ist dagegen die Reibung eines Drahtes im Ziehstein, die nur bei guter Kühlung nicht zu unzulässigen Erwärmungen führt.

Elektrische Wärmeerzeugung. Die elektrische Beheizung von Maschinen und Werkzeugen, Öfen und Behältern spielt — wie bereits angedeutet — in einem mittleren Temperaturbereich eine bedeutende Rolle, in dem direkte Gasbeheizung noch nicht anwendbar und Dampfheizung nicht mehr ausreichend ist. Ferner wird elektrische Beheizung auch auf anderen Temperaturgebieten angewandt, wo es auf genaue Temperatureinhaltung und besondere Sauberkeit ankommt. Im übrigen ist die Frage: *Gas oder elektrisch* natürlich von den örtlichen Versorgungsverhältnissen und wirtschaftlichen Gesichtspunkten aus zu beantworten.

Im Gebiet von Verfahrenstemperaturen zwischen etwa 150 und 250° C erfolgt die *Wärmeübertragung* vom Erzeugungsort (Heizwicklungen, Tauchelemente u. ä.) zum Verfahrensort entweder durch direkte Wärmeleitung, durch Wärmestrahlung, umlaufende Gase (Luftkonvektion) oder Flüssigkeiten (Öl). Wärmestrahlung mit Ultrarotlampen findet für Trockenverfahren und Lösungsmittelverdunstungsverfahren auch für geringere Temperaturbereiche Anwendung. Ölbeheizte Maschinen (Triebwendelpressen) und Behälter (Bitumenimprägniergefäße) eignen sich vor allem für thermoplastische Natur- und Kunststoffe.

Von besonderem Interesse, vor allem auch für die weitere Entwicklung, erscheint die Erwärmung von Werkstück, Werkstoff oder Werkzeug durch *direkten* elektrischen Stromdurchgang oder im elektromagnetischen Feld, vorzugsweise Hochfrequenzfeld. Da das Werkstück immer aus einem elektrischen Leiter, und zwar meist einem isolierten Leiter besteht, erscheint die Stromerwärmung für die Kabelherstellung besonders verlockend. Sie findet heute jedoch praktisch nur als zusätzliche (innere) Beheizung von Starkstrom- und Fernmeldepapierkabeln innerhalb der ebenfalls beheizten Trockenkessel allgemeine Anwendung, um die Aufheizzeit zu verkürzen. Fernsprechkabelseelen werden auch vollelektrisch mit Strom vor Einsatz in die Trockenkessel vorgetrocknet, um die Trockenkessel zu entlasten. Ferner werden Fernsprech-Vierer- und -Kabelseelen nach Aufbringen jeder einzelnen Lage zu Meßzwecken (s. S. 403 und 404) mit Strom auf einen mäßigen Trockengrad gebracht.

Im Falle der Erwärmung eines isolierten Leiters oder Kabels durch elektrischen Stromdurchgang ist der Höhe der anwendbaren Temperatur durch die Wärmeempfindlichkeit der Isolierstoffe eine Grenze gesetzt. Dabei ist jedoch zu bedenken, daß alle Stoffe kurzzeitig Temperaturen ausgesetzt werden können, die erheblich über ihrer Dauerwärmebeständigkeitsgrenze liegen. Hartgezogene Kupfer- und Aluminiumdrähte können daher innerhalb der meisten kabeltechnisch üblichen Isolierhüllen zwar nicht rekristallisiert, aber entspannt werden. Dasselbe gilt für Metallmäntel aus Kupfer, Aluminium u. a.

Alle elektrisch genügend *leitenden Werkstoffe* können außerdem in Wechselfeldern ausreichend hoher Frequenz durch *Induktionsströme* (Wirbelstromverluste) und *magnetische* Werkstoffe überdies bei genügend großen Feldstärken durch *Hystereseverluste* erwärmt werden.

Für *Isolierstoffe* kommt grundsätzlich auch eine Erwärmung durch *dielektrische Verluste* in Hochfrequenzfeldern in Frage, insbesondere für die schnelle und gleichmäßige Durchwärmung von Isoliermassen *vor* ihrer plastischen Formung, z. B. durch Preß- (Spritz-) Maschinen. Für fertige Kabel oder Halbzeuge erscheint die Anwendung der Hochfrequenzbeheizung verlockend, weil das gesamte Isoliermaterial gleichzeitig von innen heraus erwärmt wird; ein Vorteil, der besonders für die Trocknung und Strukturumwandlung (z. B. Vulkanisation) stärkerer Isolierschichten ins Gewicht fallen würde. Leider stehen der praktischen kabeltechnischen Anwendung der Hochfrequenzbeheizung heute noch eine Reihe von Schwierigkeiten entgegen:

Die durch ein elektrisches Feld im Isoliermaterial erzeugte Wärmemenge ist proportional dem Quadrat der Feldstärke sowie proportional der Frequenz des Wechselstromes, der Dielektrizitätskonstanten und dem Verlustwinkel. Dielektrizitätskonstante und Verlustwinkel werden nun aber in der Kabeltechnik möglichst niedrig gehalten, so daß nur sehr hohe Feldstärken und Frequenzen eine genügende Wärmemenge erzeugen können[1]. Die Feldstärkenhöhe ist aber durch die Durchschlagsfestigkeit der zu behandelnden Stoffe begrenzt, die gerade vor der Behandlung (Trocknung) verhältnismäßig gering ist. Werden der Einfachheit halber die Leiter oder Leiter und Metallmantel als Elektroden verwendet, dann ist die Feldstärke in der Nähe der Leiter immer größer und damit die Wärmeerzeugung doch wieder ungleichmäßig und der Leiterstromerwärmung nicht mehr überlegen. Bei den hohen in Frage kommenden Frequenzen (bis etwa 10^9 Hz) sind auch in Längsrichtung des Kabels große Feldstärken und damit Temperaturunterschiede unvermeidbar. Ein Verzicht auf die Verwendung der Leiter als

---

[1] Das gilt besonders für die wertvollen, sehr verlustarmen Stoffe, wie Polyäthylen, Polyisobutylen, Polytetrafluoräthylen und Polystyrol, deren Hochfrequenzbeheizung daher praktisch nicht möglich ist.

Elektroden würde aber die Wirtschaftlichkeit der Anwendung des an sich heute
noch sehr kostspieligen Verfahrens für Erwärmungszwecke noch mehr in Frage
stellen.

Für die Papierisolationen von Hochspannungskabeln, deren Verlustwinkel nicht so extrem niedrig liegen wie die der verlustarmen Kunststoffe, haben K. BRINKMANN und E. MARDERWALD [237] bei dem
Osnabrücker Kupfer- und Drahtwerk eine Einrichtung zur dielektrischen Trocknung geschaffen, die mit gedämpften Schwingungen
von etwa 600 kHz arbeitet. Zur Schwingungserzeugung wird eine Blas-
funkenstrecke nach MARX benutzt, die es gestattet, mit erträglichem
Kostenaufwand die notwendige Hochfrequenzenergie zu erzeugen. Bei
600 kHz ist die Dämpfung über die Kabellänge noch gering genug,
um eine gleichmäßige Trocknung zu erreichen, zumal durch Reflexionen
am Kabelende eine Spannungserhöhung auftritt. Die Trocknungszeiten können mit diesem Verfahren wesentlich (bis auf 6···10 Std.)
verkürzt werden.

Die Temperaturbehandlung eines Werkstücks oder Werkstoffs,
etwa zum Zwecke der Erhöhung der Plastizität oder Wiedererweichung
nach mechanischen Verformungen, führt nur dann zu befriedigenden
Ergebnissen, wenn alle Teile *gleichmäßig* behandelt werden. Verschieden
noch erwärmte Partien innerhalb einer Masse ergeben bei der plastischen Formung oder Verformung fehlerhafte Erzeugnisse infolge
des ungleichmäßigen Materialflusses. Ungleichmäßig geglühte Drähte
sind an verschiedenen Stellen verschieden weich und führen beim
Isolieren und Verseilen zu Fehlern, die sich vor allem in der Fern-
sprechkabelherstellung sehr unangenehm bemerkbar machen können.

2. Einhaltung eines Temperaturintervalls

Eine Ungleichmäßigkeit in der thermischen Behandlung entsteht
meistens dann, wenn größere Mengen eines Stoffes durch von außen
zugeführte Wärme auf die gewünschte Temperatur gebracht werden
sollen. Aus wirtschaftlichen Gründen wird nun eine möglichst kurze
Behandlungsdauer angestrebt und daher oft die Zeit nicht abgewartet,
wo sich durch die ganze Masse hindurch für ausreichend lange Dauer
ein vollständiges Temperaturgleichgewicht eingestellt hat. Zur Ein-
sparung von Zeit muß man entweder die Masse verteilen und beispielsweise im Durchlaufverfahren behandeln oder aber die Wärmezufuhr
(elektrische Heizkörper) oder -erzeugung (Hochfrequenzheizung) in die
Masse selbst hineinverlegen. Bei der Wärmebehandlung von isolierten
Leitern mit stärkeren Isolierschichten oder in größeren Mengen bietet
die elektrische Zusatzheizung der Leiter das beste Mittel zur Erhöhung
der Gleichmäßigkeit.

3. Nebenwirkungen der Temperaturbehandlung

Die dritte Frage, die der Vermeidung unerwünschter Nebenwirkungen der Behandlungstemperatur, ist deshalb in der Kabeltechnik besonders wichtig, weil die Metalle zu ihrer Formung oft

Temperaturen verlangen, die den benachbarten Isolierstoffen schädlich sind. Aber auch für den zu behandelnden Stoff selbst kann die Frage bedeutungsvoll sein. Die Frage, wie eine Überglühung, eine Übervulkanisation oder eine chemische Zersetzung eines Stoffes mit den Mitteln der Temperaturbehandlung vermieden werden kann, hängt mit dem soeben erörterten Problem der Gleichmäßigkeit der Behandlung eng zusammen: Die Erhitzung großer Massen von außen unter dem wirtschaftlichen Druck möglichster Beschleunigung führt leicht zu einer Überhitzung der äußeren Zone oder aber einer zu geringen Wärmebeeinflussung der inneren Teile.

Nach einer allgemeinen Regel kann man *innerhalb eines gewissen Temperaturbereiches* gleiche Zustandsänderungen bei verschiedenen Temperaturen erzielen, wenn man die Behandlungszeiten den Temperaturen anpaßt. Es hat den Anschein, als ob im allgemeinen bei Durchführung einer bestimmten Strukturänderung die Gefahr einer schädlichen Wirkung der Erwärmung auf das Material durch Anwendung höherer Temperaturen und entsprechend kürzere Behandlungszeiten vermindert wird. Voraussetzung für die Durchführung dieses Grundsatzes ist natürlich, daß die erforderlichen kurzen Behandlungszeiten eingehalten werden können, d. h. praktisch, daß das Durchlaufverfahren angewandt wird, bei dem die Verfahrensdauer auf Bruchteile einer Sekunde genau eingestellt werden kann. Bei Anwendung dieser Regel kann auch eine schädigende Beeinflussung der Erwärmung eines Stoffes auf wärmeempfindliche benachbarte Stoffe am sichersten vermieden werden, sofern man nur für sofortige Ableitung der Wärmemengen nach der Beendigung der Behandlung sorgt. Besonders gefährlich kann sich ein unvorhergesehener Halt im Durchlaufverfahren auswirken, weil dann ein Wärmestau auftritt.

Sind derartige Maßnahmen nicht anwendbar oder besteht trotzdem die Gefahr einer Schädigung, gegebenenfalls auch im Betriebe des Kabels, so muß zu dem weniger eleganten Mittel der Schutzschicht zwischen erwärmtem und zu schützendem Stoff gegriffen werden. Solche Schutzschichten können in ihrem Wirkungsprinzip verschiedenartig sein. Man kann z. B.

a) eine wärmeisolierende Schicht einschalten, d. h. eine zur Vermeidung der Wärmeströmung fein unterteilte Luft- oder sonstige Gasschicht, wie z. B. Asbest- oder Glaswollband, oder

b) die sich bildende Wärme absorbieren durch wärmeverbrauchende Prozesse, wie Schmelzen oder Verdampfen von Zwischenschichten, z. B. hochpolymeren Pulvern, oder

c) die Wärme ableiten, z. B. durch Zwischenschalten von Metallfolien, die örtliche Erwärmungen schnell auf eine größere Fläche verteilen und/oder nach außen abführen.

Abschließend soll noch kurz auf den Einfluß höherer Verfahrenstemperaturen auf die Werkzeuge hingewiesen werden. Bei den für organische Werkstoffe in Frage kommenden Temperaturen werden die Werkzeuge temperaturmäßig nicht sehr stark beansprucht. Anders liegen die Verhältnisse bei den für die Verformung von Metallen, wie Kupfer oder Aluminium, erforderlichen Temperaturen, d. h. insbesondere beim Strangpreßverfahren. Die Werkzeuge werden unter den hohen Temperaturen außerordentlich starken mechanischen Beanspruchungen ausgesetzt und überdies dauernden Temperaturwechseln unterworfen. Die gleichzeitig mechanisch und thermisch am meisten beanspruchten Teile einer Presse sind Matrize und Patrize (Dorn)[1]. Bei der Matrize ist eine schnelle Wärmeableitung bereits während des Preßvorgangs und anschließend über die Berührungsflächen mit der Umgebung (Matrizenhaltern) möglich. Vom Preßdorn kann die Wärme jedoch nur am Einspannende abgeleitet werden. Der Preßdorn muß daher nach jeder Pressung gekühlt (und dabei gleichzeitig geschmiert) oder gewechselt und an der Luft abgekühlt werden.

Besondere Kühlmaßnahmen zur Schonung des Werkzeugs sind auch an anderen Warmverformungsvorrichtungen für Metalle, z. B. an Walzanlagen, erforderlich, sowie für Kaltverformungswerkzeuge, z. B. Ziehmatrizen, die sich ohne Kühlung (und Schmierung) zu stark erwärmen würden. Die Temperatur von Ziehmatrizen kann auch durch Wasserkühlung der Matrizenhalter herabgesetzt werden.

In vielen anderen Fällen dienen jedoch *Wasser- oder Ölkühlverfahren* an Werkzeugen und Maschinen nicht zur Schonung der Werkzeuge, sondern zur Beeinflussung der Temperatur der Werkstoffe, z. B. bei der Kühlung der Kokillen in Gießverfahren, der Glühtöpfe nach dem Glühen und der Walzen und Spritzmaschinen für plastische Isolierstoffe. Oft werden auch Werkstücke unmittelbar nach der Wärmebehandlung wassergekühlt, um schädigende Wirkungen der erhöhten Temperatur auf den Werkstoff selbst (Glühen isolierter Metalle im Durchzugverfahren) oder die Umgebung (Aluminium-Mantelpressen, auch Bleipressen) zu verhüten oder um weitere unerwünschte plastische Verformungen (Spritzmaschinen) oder Zusammenkleben der Windungen beim Aufwickeln zu verhindern.

Zur Vermeidung zu plötzlicher Temperaturunterschiede werden die Kühlflüssigkeiten in manchen Fällen vorgewärmt.

b) Zustandsänderungen

Bei der Besprechung der Werkstoffeigenschaften sind die grundlegenden Fragen des Werkstoffzustandes bereits behandelt worden. Demgegenüber soll im folgenden auf die praktische Durchführung der Zustandsbeeinflussung etwas näher eingegangen werden. Bei den Zustandsänderungsverfahren der Kabeltechnik handelt es sich, wie bereits erwähnt, durchweg um Erwärmungsvorgänge.

1. Glühen

Der Ausdruck „Glühen" soll im folgenden im weitesten Sinne gebraucht werden, d. h. für alle, und zwar auch mäßige Temperaturbehandlungen von Metallen und auch von Isolierstoffen und anderen

---

[1] siehe S. 212.

Nichtmetallen, die eine *bleibende* beabsichtigte oder unbeabsichtigte Zustandsänderung hervorrufen. Die Erwärmung von Stoffen lediglich zur Erhöhung ihrer Verformbarkeit (Plastizität, Dünnflüssigkeit, Schmelzen) nur *während* des erwärmten Zustandes ist dagegen eine Temperaturbedingung des Formungsverfahrens, mit dem allerdings ein — oft unerwünschter — Glühvorgang verbunden sein kann, wie z. B. beim Vulkanisieren gummibedeckter harter Kupferdrähte.

Drahtglühen. Für die Durchführung des Glühverfahrens an Drähten sind vier verschiedene Verfahren möglich:

1. Verwendung vollkommen abgeschlossener Glühgefäße (Glühtöpfe), in welchen der zu Ringen oder Spulen aufgewickelte Draht — erforderlichenfalls unter Luft- (Sauerstoff-) Abschluß — geglüht und abgekühlt wird;

2. Verwendung von weiten Durchlauföfen, deren Ein- und Auslauf durch Wasser abgeschlossen ist und durch welche die *Drahtringe als Ganzes* auf Transportketten hindurchwandern:

3. Flüssigkeitsbäder (hochsiedende Öle oder hochpolymere Flüssigkeiten, wie Silikone, Salzschmelzen), in welche die Drahtringe als Ganzes getaucht werden oder durch welche der einzelne Draht od. a. im Durchlaufverfahren geführt wird.

4. Rohr- oder schlitzförmige Öfen, durch die der einzelne, ausgestreckte Draht o. a., vorzugsweise viele Drähte, parallel nebeneinander hindurchlaufen und die erforderlichenfalls sauerstofffrei gehalten werden.

Abb. 144. Glühen von Kupferdraht. — Einsetzen eines Blankglühtopfes in den Ofen (F & G)

Das erste Verfahren wird bei weitem am meisten angewandt. Abb. 144 zeigt derartige Glühtöpfe im Betrieb. Solche Glühanlagen dienen hauptsächlich zum Wiedererweichen hartgezogener Kupfer- oder Aluminiumdrähte. Die üblichen Glühtemperaturen liegen für Kupfer zwischen 250 und 400° C, für Aluminium (Endglühe) bei etwa 400° C.

Kupferdrähte. Wie die Kurve 1 der Abb. 146 zeigt, findet bei stärkeren Werkstücken mäßigen Kaltreckgrades eine vollständige Entfestigung im Temperaturintervall zwischen 300 und 400° C statt[1]. 400° C sind daher auch für geringere Kaltreckgrade ausreichend, falls *alle* Teile des Glühguts wirklich dieser Temperatur genügend *lange* Zeit ausgesetzt werden. Für hartgezogene Kupferfeindrähte liegt der Entfestigungsbereich bei wesentlich tieferen Temperaturen, so daß für sie bei genügend langer Durchglühung des gesamten Glühguts im allgemeinen 300° C ausreichen.

Für Gummileitungen bestimmte hartgezogene Kupferfeindrähte werden schon durch die üblichen Vulkanisationstemperaturen (etwa 135° C), wie aus Kurve 1 der Abb. 145 [6] hervorgeht, in ihrer Festigkeit stark herabgesetzt, und zwar um so mehr, je härter und fester die Drähte vor der Wärmebehandlung waren. Wie aus Kurve 1 der Abb. 145 hervorgeht, verliert ein unverzinnter Kupferfeindraht mit dem üblichen Kaltreckgrad von über 99 % und einer entsprechend hohen Bruchfestigkeit von 56 kg/mm² beim Vulkanisationsverfahren 42 % seiner Bruchfestigkeit. Wird der Draht, wie üblich

---

[1] Womit, wie die Kurve *II* der Abb. 146 zeigt, nicht unbedingt eine vollständige Rekristallisation verbunden zu sein braucht [*213*], [*214*].

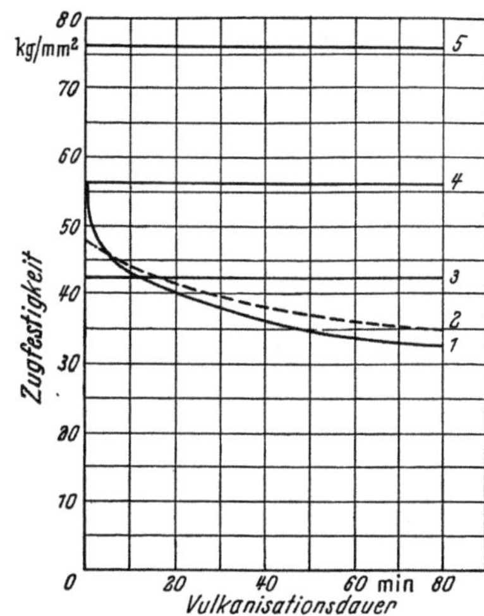

Abb. 145. Einfluß der Vulkanisationsdauer auf die Zugfestigkeit verschiedener Kupferdrähte
(Nach W. EHLERS und F. GLANDER [6])
1 unverzinnter Hartkupfer-Feindraht mit über 99 % Reckgrad; *2* derselbe Draht verzinnt; *3* der gleiche Draht mit nur 60 % Reckgrad; *4* 0,1prozentiges Silberkupfer mit mehr als 99 % Reckgrad; *5* 0,25-prozentiges Cadmiumkupfer mit über 99 % Reckgrad

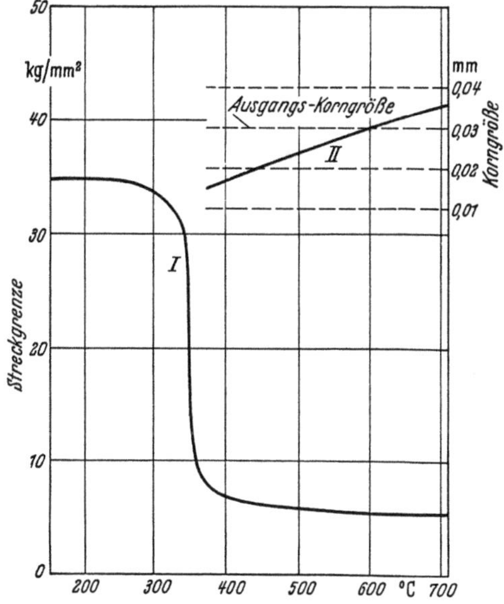

Abb. 146. Die Wirkung einer Glühung auf 0,5%-Streckgrenze und Korngröße einer Elektrolytkupferstange (unter 25 mm Durchmesser) (99,93 % Cu und 0,04 % O) nach einer Kaltziehbeanspruchung um 50 % Querschnittsverminderung von einer Ausgangskorngröße von 0,03 mm
(Nach R. A. WILKENS und E. S. BUNN [68])

und erforderlich, vorher verzinnt, so verliert er, wie Kurve 2 der
Abb. 145 zeigt, bereits durch das Verzinnungsverfahren 14%, durch
die nachträgliche Vulkanisation aber nur noch 23% seiner Anfangs-
festigkeit, so daß der Gesamtverlust an Festigkeit sogar noch geringer
als im Falle der Kurve 1 sein kann.

Wird der Draht dagegen nicht über 99%, sondern nur um beispielsweise 60% kalt gereckt, d. h. wird eine geeignete Zwischenglühung eingeschaltet, so wird zwar nur eine Bruchfestigkeit von $40\cdots45$ kg/mm²
erreicht; dieser Wert bleibt jedoch auch nach dem Verzinnen und
Vulkanisieren voll erhalten. Während also unverzinnte und Vulkanisationstemperaturen nicht unterworfene Drähte um so fester sind, je
höher ihr Reckgrad ist, zeigen die aus hartgezogenen, verzinnten Feindrähten hergestellten Leiterlitzen in Gummikabeln ein Maximum der
Bruchfestigkeit bei einem Reckgrad der Drähte von nur etwa 60%.
Dieses Maximum liegt für Feindrähte bei nur etwa 40 kg/mm² gegenüber etwa 60 kg/mm² vor der Verzinnung und Vulkanisation.

Es ist bereits auf S. 106f. darauf hingewiesen worden, daß durch
Zusatz von etwa 0,1% Silber oder noch besser 0,25% Kadmium zum
Kupfer die durch Kaltreckung um mehr als 99% Reckgrad erzielten
Festigkeitswerte im Gegensatz zum Reinkupfer voll erhalten bleiben,
wenn die Drähte den üblichen Verzinnungs- und Vulkanisations-
temperaturbeanspruchungen unterworfen werden. Diese konstanten
Festigkeitswerte liegen, wie die Kurven 4 bzw. 5 der Abb. 145 zeigen,
bei 0,1% Silberzusatz bei etwa 56 kg/mm² und bei 0,25prozentigem
Kadmiumkupfer bei 75 bis 80 kg/mm². Diese beiden Legierungen entsprechen in ihrer elektrischen Leitfähigkeit noch voll den VDE-Be-
dingungen und unterscheiden sich dadurch grundsätzlich von den
höherprozentigen Bronzen, welche die für Hartkupferfeindrähte vom
VDE vorgeschriebene Leitfähigkeit weit unterschreiten und für Kabel
unbrauchbar sind.

Während also die Eigenschaften des unlegierten, reinen Elektrolyt-
kupfers bereits auf sehr geringe Glühtemperaturen ansprechen können,
ist andererseits die Gefahr eines *Überglühens* gering, d. h. eines übermäßigen Kristallwachstums, das für weitere Ziehvorgänge eine zu
geringe Festigkeit ergeben könnte. Wie die Kurve *II* der Abb. 146 zeigt,
bewirkt die vollständige Rekristallisation nicht viel mehr als eine
Verdopplung der Korngröße vor dem Glühen.

Wie Kurve II der Abb. 146 weiterhin ergibt, sind zur Erzielung einer
vollständigen Rekristallisation im dargestellten Falle Temperaturen
über 400° C erforderlich. Es empfiehlt sich jedoch in keinem Falle,
eine Temperatur von 500° für *lange* Glühzeiten zu überschreiten, da
bei dieser Temperatur bereits eine Oberflächenzerstörung durch Schup-
penbildung merklich werden kann, die um so gefährlicher wird, je
größer das Verhältnis Oberfläche zu Querschnitt ist, d. h. je feiner die
Drähte sind. Für Kupferfeindrähte sollte daher die Glühtemperatur
etwa 300° C nicht überschreiten.

Hinzu kommt ein anderer Oberflächeneffekt, der die Höhe der
Glühtemperatur für Kupferdrähte beschränkt, und zwar wieder be-

sonders für Feindrähte: Während des Glühvorganges findet zwischen den benachbarten Windungen und Lagen eines aufgewickelten Kupferdrahtes eine *Verschweißung durch Diffusion* statt, die um so stärker ist, je fester die benachbarten Oberflächen gegeneinander gepreßt werden und je höher die Temperatur ist. Das hat zur Folge, daß die Windungen überhaupt nicht mehr voneinander getrennt werden können oder nur unter Kraftaufwand und ruckweise, d. h. unter Verformung des glatt gewickelten Drahtes. Daraus ergibt sich außer der Temperaturbegrenzung noch eine andere Regel, nämlich die, das Zusammenpressen der Drahtwindungen möglichst zu vermeiden, dessen Ursachen bei Spulen in dem hohen Windungsdruck (Aufwickelzug an den Ziehmaschinen) und zu dichter Lagenwicklung, bei Ringen in der Übereinanderschichtung zu vieler Ringe ohne Zwischenentlastung liegt.

Kupferdrähte müssen beim Glühen durch *Sauerstoffabschluß* gegen Oxydation geschützt werden. Das geschieht in der Regel durch Einleiten sauerstofffreier Gase in die Glühtöpfe. Dabei hat man jedoch bei nicht desoxydiertem Kupfer darauf zu achten, daß der Wasserstoffgehalt dieser Gase etwa 10 % nicht überschreitet, da der Wasserstoff das Kupfer versprödet (Wasserstoffkrankheit). In Abb. 147 ist ein durch Wasserstoff versprödeter Draht nach einer Biegungsbeanspruchung dargestellt.

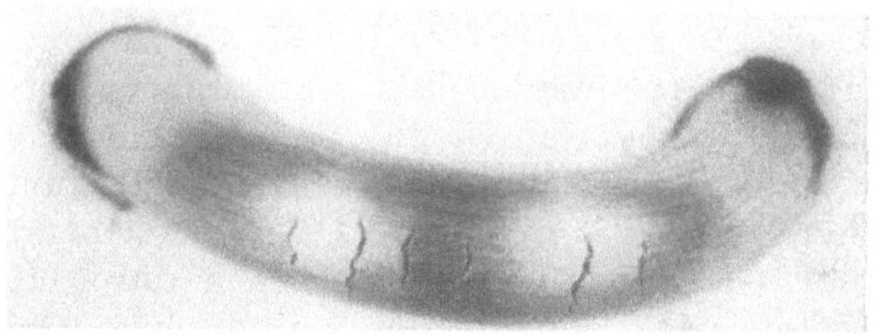

Abb. 147. Wasserstoffkranker Kupferdraht nach einer Biegebeanspruchung

Als *sauerstofffreie Medien* kommen u. a. in Frage: Stickstoff, am besten mit 5 bis 8 % Wasserstoff gemischt, teilweise verbrannte Steinkohlen- oder Braunkohlengase, deren Schwefelgehalt ausgewaschen ist, Naturgase, sauerstofffreier Wasserdampf und in Sonderfällen sehr feiner Drähte und Bänder auch Vakuum (15···20 mm ausreichend). Maßgebend für die Wahl des Glühmediums ist, daß es dem Glühgut nicht schadet, möglichst nicht explosiv und giftig ist und am Verbrauchsort einfach und billig zur Verfügung steht. Man kann auch den Luftsauerstoff vor Beginn des Glühvorganges im geschlossenen Topf selbst durch Verbrennen von Petroleum od. a. unschädlich machen und das eigentliche Glühgut durch Stoffe großer Oberfläche schützen, welche Sauerstoff binden (Feinstdrahtabfälle, Holzkohle).

Der Glühprozeß in Töpfen muß ausreichend lange durchgeführt werden, damit auch die inneren Teile der Ringe und vor allem großer Spulen auf die erforderliche Temperatur kommen. Das gilt, wie bereits erwähnt, vor allem für Fernsprechkabeldrähte, bei welchen besonders hohe Ansprüche an die Gleichmäßigkeit der Streckgrenze gestellt werden. Aluminiumdrähte für Fernsprechkabel sind besonders empfindlich, da nicht nur die Weichheit, sondern auch die elektrische Leitfähigkeit bei ungleichmäßiger Temperaturbehandlung schwankt.

Die modernen *Topfglühöfen* werden meist als Elektroöfen ausgeführt, die eine sehr genaue Temperaturregulierung ermöglichen. Die Gleichmäßigkeit der Temperaturverteilung kann durch Luft- bzw. Gasumwälzung wesentlich gesteigert werden.

Nach Beendigung der eigentlichen Glühperiode wird der Topf aus dem Ofen entfernt (vgl. Abb. 144) bzw. die elektrische Glühhaube vom Topf abgehoben. Der Topf bleibt so lange unter Luftabschluß, bis er an der Luft oder unter Wasserkühlung (Brause) vollständig abgekühlt ist. Unmittelbares Abschrecken des Kupfers erleichtert die Oberflächenreinigung (Schuppen), ist jedoch im Gegensatz zu Eisen ohne merklichen Einfluß auf die mechanischen und elektrischen Eigenschaften[1].

Die Anwendung der unter Punkt 2 aufgeführten unter *Wasserabschluß* stehenden *Durchlauföfen* erlaubt im allgemeinen die Anwendung höherer Temperaturen, da die einzelnen auf der Transportkette liegenden Drahtringe keinem Druck und damit nicht der Gefahr des Klebens der Windungen ausgesetzt sind. Kupferdrähte werden jedoch bei diesem Verfahren nur „blank" geglüht, wenn der Wasserdampf im Ofen völlig sauerstofffrei ist. Ferner besteht die Gefahr von Korrosionsflecken. Für starke Drähte jedoch, die besonders weich sein sollen und im Spinnverfahren isoliert werden, wie vor allem starke Dynamodrähte, ist das Verfahren gut brauchbar.

Die unter Punkt 3 erwähnten *Flüssigkeitsbäder* finden bisher in der Kabeltechnik wenig Anwendung. Das Überziehen von Drähten mit metallischen oder isolierenden Überzügen durch Hindurchleiten des Drahtes durch eine Schmelze des metallischen oder isolierenden Überzugstoffes ergibt grundsätzlich die Möglichkeit gleichzeitigen Glühens des Drahtes. Beim üblichen Verzinnen ist jedoch die Geschwindigkeit zu hoch und die Temperatur noch zu gering, um eine völlige Erweichung von Kupferdrähten zu erzielen (s. Abb. 145, Kurve 2). Welche praktische Bedeutung die Anwendung von Schmelzen hochwärmebeständiger synthetischer Stoffe für diesen Zweck haben wird, muß die weitere Entwicklung zeigen.

Das Glühen im *Durchgangsverfahren* durch rohr- oder schlitzförmige *Öfen* erlaubt — wie alle Durchzugverfahren — eine sehr genaue Einstellung der Glühzeiten und -temperaturen. Nach einem vom Verfasser 1922 in die Fertigung eingeführten Verfahren konnte eisenbesponnener Kupferdraht (Krarupdraht [s. S. 71]) kurzzeitig im Durchlaufverfahren, ohne Schaden zu leiden, auf etwa 850° C erhitzt werden. Der Luftsauerstoff wurde durch einen Ölüberzug unschädlich gemacht, der unter Aufzehrung des Luftsauerstoffs im Ofen verbrannte, bevor die Glühtemperatur erreicht war.

---

[1] Nach Ansicht mancher Fachleute wird durch Abschrecken ein weicheres Kupfer erhalten.

In neuerer Zeit wird das kontinuierliche Glühverfahren in Verbindung mit der Verzinnung und Drahtlackierung durchgeführt [*80*].

Außer bei der Drahtherstellung werden Metallglühungen in der Kabeltechnik noch an *Blöcken* durchgeführt, und zwar an Walzbarren und -knüppeln zum Vorwärmen vor Beginn des Warmwalzverfahrens und an Einsatzblöcken für die Strangpresse, d. h. in der Kabeltechnik vor allem für die Aluminiummantelpresse. Da es sich dabei um Glühgut sehr kleiner spezifischer Oberfläche handelt, ist auch bei Kupfer eine völlig sauerstofffreie Atmosphäre nicht erforderlich und erwünscht. Das Durchlaufverfahren gestaltet sich für diese Blöcke daher einfacher. Allerdings erfordert das große Gewicht der Stücke in Verbindung mit der Weichheit eine sorgfältige Herabsetzung der Reibung (Rollenlager) beim Durchschieben mit dem *Blockdrücker*. Die Walzbarrentemperaturen betragen für Kupfer etwa 800° C und für Aluminium etwa 300° bis 350° C.

Der Vollständigkeit halber sei noch das gemeinschaftliche Glühen von Metallen und Isolierstoffen erwähnt, wie es beim Pyrotenax- und Isotraxverfahren erforderlich ist. Für Kabel mit wärmeempfindlichen Isolierstoffen kommt praktisch nur das Durchlaufverfahren in Frage.

2. Schmelzen

Mit *Schmelzen* bezeichnet man die Überführung der festen Phase eines Stoffes in die flüssige Phase, d. h. in einen Zustand sehr viel höherer atomarer bzw. molekularer und damit auch makroskopischer Beweglichkeit. Der technische Sinn des Schmelzverfahrens ist, entweder nur diese größere Beweglichkeit des Stoffes zur Formung auszunützen oder aber Stoffzusammensetzungen vorzunehmen (z. B. Legieren). Das Formungsverfahren aus dem flüssigen Zustand (Gießen) wird im Rahmen der spanlosen Formung behandelt werden (s. S. 219). Die Herstellung zusammengesetzter Werkstoffe (wie z. B. Legieren) dagegen ist meist noch nicht mit einer Formung verbunden, sondern geht als Werkstoffaufbereitung der Formung voraus. Die hierzu gehörenden Verfahren sind daher in einem besonderen, der Formung vorangehenden Kapitel (s. S. 197) zusammenfassend behandelt worden.

In der Kabeltechnik werden Schmelzverfahren meist nur durchgeführt, um den flüssigen Zustand des Werkstoffs zur leichteren Formung auszunutzen. Hierher gehört das Gießen von Walzbarren und Einsatzblöcken für die Metallstrangpresse (z. B. zur Herstellung von Reinstaluminiummänteln), das Füllen des Aufnehmers der Bleipresse sowie das Anrichten von Bädern zum Verzinnen und Imprägnieren.

Die zur Herstellung von Leiterdrähten in der Regel erforderlichen sehr reinen Walzbarren (Electrolyt Wire Bars) werden allerdings meist von den Kabelwerken fertig bezogen. Die eigenen Gießereien der Kabelwerke befassen sich vorwiegend nur mit der Herstellung von Legierungen und der Verwertung der Drahtabfälle, vorzugsweise für Freileitungen und Nichtleitzwecke.

Beim technischen Schmelzen können bis drei verschiedene Verfahrensstufen in Frage kommen:

1. die eigentliche Verflüssigung des Metalls (oder bei Legierungen wenigstens des Grundmetalls), gegebenenfalls
2. der Legierungsvorgang und
3. die Erhaltung des flüssigen Zustands bis zur Formung.

Diese verschiedenen Verfahrensstufen können in gleichen oder verschiedenen Behältern stattfinden.

Die Metall*schmelzöfen* sind meist öl- oder gasgeheizt oder als elektrische Lichtbogen- oder Niederfrequenzinduktionsöfen ausgebildet. Elektrische Widerstandsheizung kommt seltener für die Schmelzöfen selbst als für die *Warteöfen* zur Erhaltung des flüssigen Zustandes in Frage. In dieser Wartezeit (von beispielsweise einigen Stunden) reinigt sich die Schmelze durch Abgabe von Schlacken und Gasen, vor allem wenn die Temperatur genügend dicht über dem Schmelzpunkt gehalten wird (bei Aluminium etwa 750° C). Eine solche zusätzliche Reinigungsperiode ist besonders bei der Verarbeitung von Abfall von Nutzen.

Da die Gasaufnahme und Oxydierung mit der Temperatur stark ansteigen, sollten auch schon die Schmelztemperaturen selbst nicht höher als nötig gewählt werden (Aluminium 800 bis 820° C).

3. Feuchtigkeitsänderung und Lösungsmittelentzug

Während die Metalle und plastischen Isolierstoffe in ihrem mechanischen Verhalten unmittelbar von der Temperaturbehandlung beeinflußt werden, sind die Eigenschaften der großen Gruppe der natürlichen Faserstoffe bei gleichem Feuchtigkeitsgehalt und innerhalb der Grenzen ihrer chemischen Beständigkeit weitgehend unabhängig von der Temperatur. Das Verhalten dieser Stoffe wird vielmehr überwiegend von ihrem Feuchtigkeitsgehalt bestimmt. Die kabeltechnischen Verfahren zur Beeinflussung ihres Zustandes konzentrieren sich daher in erster Linie auf die Erniedrigung (Trocknung) oder Erhöhung des Feuchtigkeitsgehalts (Befeuchtung). Die Verarbeitung der Faserstoffe erfolgt fast ausschließlich[1] in Form wickelbaren Materials unter hohen mechanischen Spannungs- und vor allem Biegungsbeanspruchungen in schnell umlaufenden Spinnern, Flechtmaschinen usw., die eine hohe Schmiegsamkeit des Faserstoffes bedingen, d. h. aber einen ausreichenden Feuchtigkeitsgehalt. Andererseits erfordern die dielektrischen Anforderungen an die Kabelisolierung einen möglichst geringen Feuchtigkeitsgehalt, d. h. für die meisten praktischen Fälle eine Trocknung der Faserstoffe nach der mechanischen Verarbeitung.

a) **Trocknen.** Unter „Trocknen" versteht man den Entzug von Wasser aus Werkstücken und Werkstoffen. Dem Trocknen nahe ver-

---

[1] Das heißt mit Ausnahme des direkten Aufbringens der Fasern auf den Leiter (Papierbreiverfahren) und Verwendung von Fasern als Füllstoffe.

wandt sind die Verfahren zur Entfernung anderer leichtflüchtiger Bestandteile, wie Lösungs- und Quellmittel, für die die folgenden Überlegungen sinngemäß angewandt werden können.

Ein Körper kann nur dann getrocknet, d. h. das in ihm fein verteilte Wasser nur dann herausgebracht werden, wenn der Dampfdruck im Innern des zu trocknenden Körpers größer ist als außen. Die Trocknung geht dabei um so leichter und schneller vor sich, je höher das *Dampfdruckgefälle* in Richtung von innen nach außen ist. Es kommt bei der Trocknung also darauf an, im Innern des Körpers einen möglichst hohen und außen einen möglichst niedrigen Dampfdruck zu erzeugen.

Im Bereich mikroskopischer oder molekularer Dimensionen wird die Durchführung dieses Verfahrens durch *Sorptionsvorgänge* erschwert, die eine stärkere Bindung des Wassers an den Werkstoff und damit eine Herabsetzung des Dampfdrucks in seinem Innern hervorrufen.

Dabei sind drei Arten von Sorption zu unterscheiden:

1. An der Oberfläche der Isolierstoffe, d. h. bei faserigen oder porösen Stoffen auch an der *inneren* Oberfläche, tritt eine *Adsorption* der Wassermoleküle, d. h. die Bildung von Schichten von der Stärke eines oder mehrerer Moleküle, auf, welche von der Oberfläche des Isolierstoffs außerordentlich festgehalten und verdichtet werden, und zwar besonders, wenn die Oberfläche freie OH-Gruppen enthält.

2. Hat der Werkstoff feinkapillare Kanäle oder Trennflächen, dann tritt, wenn die Kapillaren von nahezu gesättigtem Wasserdampf umgeben sind, eine *Kapillarkondensation* ein, die bei sehr feinen Kapillaren unter 1000 Ångström stark bemerkbar wird. Der Übergang der Adsorption zur Kapillarkondensation ist eine Hauptursache des hygroskopischen Verhaltens der Stoffe.

3. Die dritte Form der Sorption ist die *Absorption*, bei der die Wassermoleküle in das Innere der festen Substanz selbst eindringen und entweder direkt an die Moleküle des festen Stoffes oder an Molekülgruppen (Kristalle, Mizellen usw.) gebunden sind. Durch die Absorption wird das Volumen des festen Stoffes vergrößert (Quellung).

In der Kabeltechnik gibt es vor allem zwei große Stoffgruppen sehr feiner Unterteilung, welche diese Sorptionsvorgänge stark in Erscheinung treten lassen: die *Pulver* und die *Faserstoffe*. Feine Pulver mit beispielsweise $100\ \mu\mu$ (d. h. 10^{-4} mm) mittleren Teilchendurchmessers besitzen je Kubikzentimeter Feststoffvolumen etwa 100 Quadratmeter äußerer Oberfläche. Bei Faserstoffen aus Zellulose oder Stoffen ähnlicher innerer Struktur ist vor allem die außerordentlich große *innere* Oberfläche für die Sorptionsvorgänge entscheidend. Solche Faserstoffe besitzen je Kubikzentimeter Zellulose Feststoff größenordnungsmäßig bis 1000 Quadratmeter innerer Gesamtoberfläche, d. h. einschließlich der Fibrillenoberfläche, aber ausschließlich der Gesamtoberflächen der Mizellen in den Fibrillen (s. S. 135).

Der Feuchtigkeitsentzug von der äußeren Oberfläche der Zellulosefaser, aus dem Hohlraum der Faser und von der Oberfläche der geschlossenen Fibrillenschichten ist reversibel, d. h. die Faser nimmt nach einer Trocknung an diesen Oberflächen neuen Wasserdampf auf, wenn sie einer feuchteren Umgebung ausgesetzt wird. Dagegen sind die Wasserdampfmoleküle zwischen den Mizellen und wahrscheinlich teilweise auch zwischen den Fibrillen zur Aufrechterhaltung der Biegsamkeit der Faser erforderlich. Sie dienen dabei anscheinend als Gleitschicht zwischen den Mizellen- und Fibrillenwänden. Werden auch diese Wasserdampfmoleküle durch Steigerung der Trocknungsintensität oder -dauer entfernt, dann wird die Faser spröde und brüchig, und zwar irreversibel; denn eine Wiederaufnahme von Wasserdampf in feuchterer Umgebung wird dadurch unmöglich gemacht, daß sich beim Entzug dieser Gleitschichten die Mizellen und wohl auch die Fibrillen so eng aneinanderlegen, daß den Wasserdampfmolekülen ein Wiedereintritt versperrt bleibt. Es kommt daher bei der Trocknung solcher Faserstoffe darauf an, die Intensität und Dauer der Trocknung auf ein *Optimum* einzustellen, das bereits genügend hohe elektrische Isolationswerte garantiert, ohne daß der Werkstoff durch *Übertrocknung* eine dauernde mechanische Schädigung erfährt.

Die *Höchsttemperatur*, welche dem wichtigsten faserförmigen Isolierstoff, dem Papier, für längere Trocknungszeiten zugemutet werden kann, ist auf etwa 130° C begrenzt. Die Wärmefestigkeit anderer *Zellulosefaser*stoffe, wie Baumwolle, liegt in derselben Größenordnung, die der meisten Kunstseiden und auch der Seide dagegen erheblich tiefer. Eine Baumwollisolierung läßt sich daher zu höheren Isolationswerten trocknen als Seide. Im raumfeuchten Zustande ist dagegen der Isolationswiderstand der Seide und Kunstseiden ihrer geringeren inneren Oberfläche wegen meist besser.

Mit besonderer Vorsicht sind beim Trocknen und anderen Erwärmungsprozessen (Bleiummantelung) Kunststoffe zu behandeln, bei denen ein innerer Spannungszustand durch Einfrieren (s. S. 89) fixiert ist, d. h. insbesondere *gereckte Folien* (s. S. 301). Die Behandlungstemperatur darf in Gegenwart solcher Stoffe deren Einfriertemperatur nicht überschreiten, da sich sonst die inneren Spannungen auslösen und die Wirkung der Reckung verlorengeht. Durch Recken von Polystyrol hergestelltes Styroflex (s. S. 127) z. B. darf daher nicht über etwa 70 bis 80° C erwärmt werden.

Die Anforderungen an den *Trocknungsgrad* eines zu trocknenden Stoffes können je nach seinem Verwendungszweck sehr verschieden sein. Faserstoffhüllen für *umhüllte Leitungen* oder um *Gummiaderleitungen* (s. Abb. 1 und 2), d. h. Faserstoffe, deren Isolationswert geringere Bedeutung zukommt, werden im allgemeinen nur durch „Auskochen" im Imprägnierbad von der Hauptmasse der Feuchtigkeit befreit. Der Feuchtigkeitsentzug hat hierbei außerdem den Zweck, die Haftfestigkeit der Imprägniermasse an der Faser zu verbessern. Dabei ist aber zu bedenken, daß die Imprägniermasse einen Teil der Feuchtigkeit aufnimmt und in ihren mechanischen und dielektrischen Eigenschaften verschlechtert wird. Eine wesentliche Verbesserung wird bei solchen Leitungen erreicht, wenn die Faserstoffisolierung vor der

Imprägnierung in einer erwärmten, trockenen Atmosphäre, besser noch in einem Vakuumtrockenofen, vorgetrocknet und noch warm imprägniert wird. Für faserstoffumhüllte Gummiaderleitungen hat dieses Verfahren außerdem noch den Vorteil, daß dadurch die eigentliche Isolierschicht, nämlich die Gummihülle, vor Aufbringung der feuchtigkeitsschützenden Imprägnierung ausgetrocknet und in ihrem Isolationswert verbessert wird.

Der Einfluß der Feuchtigkeit auf die *Isolierung von Gummihüllen* wird nämlich oft unterschätzt. Fast alle Kautschukmischungen enthalten große Mengen sehr feiner pulverförmiger Füllstoffe, die, wie erwähnt, eine außerordentlich große, die Feuchtigkeit festhaltende Oberfläche besitzen. Die Feuchtigkeitshäute auf diesen Pulverteilchen setzen nicht nur die dielektrischen Eigenschaften der Mischung herab, sondern erschweren auch den Mischvorgang durch Klümpchenbildung. Beim Erhitzen der Mischungen entweichende Feuchtigkeit kann außerdem zu Blasenbildung und Porosität Anlaß geben. Es ist daher empfehlenswert, pulverförmige Füllstoffe vor dem Einmischen zu trocknen. Da bei einer Vulkanisation unter Dampf unter Umständen jedoch neue Feuchtigkeit wieder aufgenommen wird, sollten Gummiadern für hohe Isolationsanforderungen, wie oben erwähnt, nochmals getrocknet werden, wenn sie unmittelbar darauf mit einem Feuchtigkeitsschutz (Bleimantel, Imprägnierung) versehen werden können. Dasselbe gilt sinngemäß auch für thermoplastische Isolierstoffe.

Bei Anwendung einer reinen *Pulverisolierung* aus glühbeständigem Material, wie in Pyrotenax-Ibrenit-Kabeln (s. S. 25ff.), kann ein erstaunlich guter Isolationswert durch einen Glühprozeß erzielt werden, bei dem auch das chemisch gebundene Wasser entfernt wird. Der Wasserentzug hat hier aber auch außerdem wieder den mechanischen Zweck, die Fließvorgänge im Pulver bei der Verformung zu verbessern.

Die oberflächliche Feuchtigkeit spielt auch bei gröber gekörntem Material eine Rolle, wie z. B. bei *körnigen Kunststoffen*, die daher vor dem Eingeben in die Umpreßmaschine oft vorgetrocknet[1] werden, um eine einwandfreie Verschweißung der Körner zu erzielen und auch um eine Blasenbildung durch Dampfentwicklung zu vermeiden.

Auch Leiter und isolierte Halbzeuge, die als Werkstücke zum Umpressen in den Pressenkopf eingeführt werden, werden oft vorgewärmt und vorgetrocknet; Halbzeuge vor allem, wenn sie Zellulosefaserstoffe enthalten.

Das Hauptanwendungsgebiet der Trocknung liegt jedoch bei den *papierisolierten* Kabeln, die nach der Trocknung mit einem absoluten Feuchtigkeitsschutz versehen werden, d. h. bei denen ein hoher Trocknungsgrad für die Dauer aufrechterhalten werden kann. Die höchsten Anforderungen an den Isolationswert und damit an den Trocknungsgrad werden an Fernsprechfernkabel gestellt. Da es sich bei diesen Kabeln jedoch um eine Papierhohlraumisolierung handelt, so ist der Trockenprozeß leichter und schneller durchzuführen als bei Starkstrom-

---

[1] Zum Beispiel in heißem Luftstrom (70° C) oder mit Infrarotbestrahlung, vorzugsweise kontinuierlich in Kanälen während der Zuführung zur Presse.

und vor allem Hochspannungskabeln, deren fest gewickelte, starke
Isolierschichten einerseits große Mengen Wasser enthalten und andererseits dem Wasserdampftransport großen Widerstand entgegensetzen.
Unzureichende Trocknung hat bei Hochspannungskabeln eine Erhöhung der dielektrischen Verluste zur Folge und ist besonders gefährlich, wenn sich Feuchtigkeitsreste in vereinzelten Punkten konzentrieren.

Die Trocknung aller Papierbleikabel wird in evakuierbaren Behältern vorgenommen, die für Starkstromkabel zur späteren Aufnahme
der Tränkmasse als stehende Kessel ausgebildet sein müssen. Die
Abb. 148 und 149 zeigen solche Anlagen zur Trocknung und Tränkung

Abb. 148. Trocken- und Imprägnier-Anlage für Starkstromkabel (Teilansicht) (F & G)

von Starkstromkabeln und von solchen Fernmeldekabeln, die imprägniert werden. Zum Einsatz in diese Kessel werden die Kabelseelen
in flache, dichte, d. h. nicht durchlochte, ringförmige Gefäße („Pfannen" oder „Teller") eingeschossen (s. Abb. 150). Für nicht zu imprägnierende Fernsprechkabel dagegen werden liegende Trockenkessel entsprechend Abb. 151 und Abb. 152 oder Trockenschränke gemäß Abb. 153
bevorzugt, die leichter zu bedienen sind. Die Fernsprechkabelseelen
werden in die Kessel auf durchlochten Eisentrommeln, in die Schränke
auf durchlochten „Körben" eingesetzt.

Die Beheizung dieser Anlagen erfolgt meist mit Dampf in Heiz-
mänteln oder Heizschlangen. In neuerer Zeit werden Heißwasser
(unter Überdruck) und elektrisch beheiztes Öl bevorzugt, das eine
gleichmäßigere Wärmeverteilung ermöglicht als direkte elektrische
Beheizung der Öfen[1].

Die Trockenbehälter sind über Feuchtigkeitskondensatoren, die
den abgegebenen Wasserdampf kondensieren, durch *Rohrsysteme* an

---

[1] Über direkte Erwärmung des Dielektrikums durch Hochfrequenz s. S. 172.

Pumpenaggregate angeschlossen. Die Hauptfeuchtigkeitsmengen gelangen also nicht in die Pumpen. Trotzdem müssen die Pumpen zur Vermeidung von Störungen so gebaut sein, daß sie Feuchtigkeit, die

Abb. 149. Imprägnier-Anlage für Höchstspannungs-Ölkabel (KWO)
1 Horizontallegen der schweren Trommeln;   *2* Imprägnier-Kessel;   *3* Abzug;   *4* Ölleitung;
5 Ölbehälter für Versandtrommeln

Abb. 150. Einschießen einer metallisierten Hochspannungskabelader in den Imprägnierbottich
(F & G)

nicht im Kondensator abgeschieden wurde, abführen können. Parallelgeschaltete Pumpen ergeben die für den ersten Teil der Trocknung

erforderliche große Leistung bei schwachem Vakuum, hintereinandergeschaltete dagegen das für das Ende der Trocknung nötige höhere
Vakuum bei geringerer Leistung. Meist sind für diese beiden Trock-

Abb. 151. Liegende Vakuum-Trockenkessel für Fernsprechkabel (F & G)

Abb. 152. Einsetzen einer Fernsprechkabelseele in den Trockenkessel (F & G)

nungsperioden zwei verschiedene Pumpenaggregate mit getrennten
Rohrsystemen vorgesehen, an die die Trockenbehälter wahlweise zu
Beginn und für den zweiten Teil der Trocknung geschaltet werden
können. Dadurch wird auch vermieden, daß Feuchtigkeit aus Behältern, die sich erst im Beginn der Trocknung befinden, durch das

ɡleiche Rohrsystem in Behälter gelangt, in denen bereits ein hoher
Trocknungsgrad erreicht wurde.

Der übliche, *praktisch erprobte Trockenvorgang* hat nun etwa den
ʃolgenden Verlauf: Das Trockengut wird zunächst bei Atmosphärendruck auf die zulässige Höchsttemperatur erhitzt (Aufheizperiode). Die
Anwendung von Vakuum in dieser Zeit würde die Wärmeübertragung
auf das Trockengut stark verzögern, d. h. die Aufheizzeit unnötig
verlängern. Eine erhebliche Verkürzung der Aufheizzeit kann dadurch
erreicht werden, daß die Kabel vorher oder gleichzeitig durch elek-

Abb. 153. Stehender Vakuum-Trockenschrank für Fernsprechkabel (SSW)

ʒrische Leiterheizung von *innen heraus* vorsichtig[1] erwärmt werden.
Auch eine dielektrische Trocknung führt zu kurzen Aufheizzeiten
(s. S. 173). Erst nach dieser Aufheizperiode wird der Trockenbehälter
evakuiert, und zwar in möglichst kurzer Zeit, d. h. mit der höchsten
verfügbaren Pumpenleistung, um einmal die mit der plötzlichen
Druckverminderung verbundene Temperaturabsenkung der Umgebung
des Trockengutes zur Steigerung des Dampfdruckgefälles auszunutzen,
vor allem aber auch, um einen starken Evakuierungsstrom zu erzeugen
(Vortrocknungsperiode). Um die Wiedererwärmung des Trockengutes
zu erleichtern (insbesondere, wenn keine zusätzliche elektrische Leiterheizung angewandt wird) und einen erneuten Evakuierungsstrom zu

---

[1] Eine gewisse Vorsicht ist vor allem bei stärkeren Schichten erforderlich.
um das Auftreten zu hoher mechanischer Spannungen in der Isolierung zu vermeiden. Bei der Herstellung der Papierbrei- (Pulp-) Isolierung von Fernsprechkabeladern (s. S. 372) werden die bei plötzlicher Erhitzung auftretenden Dampf-
spannungen bewußt ausgenützt, um das Fasergefüge aufzulockern.

erzeugen, wird durch Einführen getrockneter Luft der Atmosphärendruck im Trockenbehälter wiederhergestellt und nach erfolgter Durchwärmung erneut evakuiert. Dieses Verfahren wird erforderlichenfalls
mehrfach wiederholt, bis zum Schluß in möglichst hohem Vakuum der
endgültige Trocknungsgrad erreicht wird (Endtrocknungsperiode).

Die Aufheizzeit unter Atmosphärendruck beträgt für Fernsprechkabel mit Papierhohlraumisolierung einige Stunden, die Vortrock-
nungszeit etwa einen halben Tag und die Endtrocknungsperiode je
nach dem Kabelaufbau 1 bis 3 Tage. Die entsprechenden Zeiten können
bei Starkstromkabeln, insbesondere Hochspannungskabeln, wegen der
größeren Menge und der dichteren Lage des Papiers erheblich höher
liegen und für Höchstspannungskabel im ganzen 10 bis 14 Tage betragen.

Um sicher zu gehen, daß der gewünschte Trocknungsgrad auch
tatsächlich erreicht wird, und um darüber hinausgehende überflüssige
oder sogar schädliche Trocknungszeiten zu ersparen, empfehlen sich
dielektrische Kontrollmessungen am Trockengut während der Endtrocknungsperiode. Nach L. EMANUELI[1] kann man sich dabei ruhig
auf den Wert *Megohm* $\times$ *Mikrofarad* bei einer Temperatur von 100° C
stützen, da dieses Produkt nicht von den Kabelabmessungen, sondern
nur von der Dielektrizitätskonstante und dem spezifischen Widerstand abhängt.

Bei Kabeln mit einer geschlossenen Metallhülle, d. h. insbesondere
bei Bleikabeln, steht in der *Metallhülle selbst ein Trockenbehälter* zur
Verfügung, der vollständig frei von totem Raum ist und daher ein
Minimum an Energieaufwand erfordert. Es sind daher verschiedene
Vorschläge gemacht worden, die Kabelseele nicht in besonderen Behältern, sondern erst nach der Metallummantelung innerhalb des Mantels zu trocknen. Eine Erschwerung für die Verwendung der Mäntel
als Trockenbehälter bietet die im Verhältnis zum Durchmesser große
Länge der Kabelmäntel, welche der Bewegung von Gasen und Flüssigkeiten einen verhältnismäßig großen Widerstand entgegensetzt, der
jedoch, wie das Beispiel der Gas- und Ölkabel zeigt, häufig überschätzt
wird. Zur Erleichterung des Trocknungsstromes innerhalb des Mantels
kann man überdies — nach einem Vorschlag von E. FISCHER [82] —
Mäntel aus Aluminium oder Aluminiumlegierungen mit einer größeren
lichten Weite herstellen, als es dem Außendurchmesser der Seele entspricht, und nach dem Trocknen auf den passenden Durchmesser
herunterziehen. Dieses Verfahren kann offensichtlich eine besondere
Bedeutung für Seekabel gewinnen, die ihrer großen Länge wegen nicht
mehr in Trockenkesseln untergebracht werden können.

Kabel mit wendelförmigem Mantel, dessen Wendeln ein vom Anfang
bis zum Ende durchgehendes Rohr darstellen — Stahlwellmantel der
Hackethal-Draht- und Kabel-Werke und Aluminiumbalgenmantel des
Osnabrücker Kupfer- und Drahtwerkes —, können über diese Wendeln
getrocknet und getränkt werden (s. S. 248). Der Trocknungsvorgang

---

[1] Nach einer für das vorliegende Buch freundlichst zur Verfügung gestellten
Mitteilung von L. EMANUELI.

beansprucht auch hier verhältnismäßig viel Zeit, da das Vakuum der angeschlossenen Pumpen zunächst nur an den Enden wirksam sein kann.

Ein praktisch angewandter Kompromiß besteht in einer Vortrocknung der Kabelseelen in den üblichen Trockenbehältern und einer nochmaligen Trocknung unter dem Metallmantel, um während des Ummantelungsprozesses oder der Montage der Kabel wieder aufgenommene Feuchtigkeit zu entfernen. Bei Papierhohlraumkabeln genügt das Hindurchdrücken gut vorgetrockneter, erwärmter Luft für die Dauer von ein bis zwei Tagen, je nach Länge des Kabels, erforderlichenfalls in Verbindung mit einer elektrischen Heizung der Leiter und Evakuieren des anderen Endes.

Zur Erzeugung des für die Trocknung erforderlichen Dampfdruckgefälles innerhalb des Metallmantels kann man auch nach H. HEERING [*83*] die Enden des zu trocknenden Kabels gegen die Außenluft abdichten und an mit Kohlensäureschnee beschickten Ausfriertaschen als Feuchtigkeitssammler anschließen und dann im Innern des Kabelmantels ein gutes Vakuum von mindestens 1 mm Quecksilber erzeugen, wobei zur Erhöhung der Wirkung die Kabelseele durch elektrische Heizung der Leiter erwärmt werden kann.

Die Nachtrocknung einer aus mehreren fertig montierten Längen bestehenden Ölkabelanlage vor der Ölfüllung ist von den Süddeutschen Kabelwerken [*84*] durch Stromerwärmung und Evakuierung ausgeführt worden.

Außer der Trocknung von Isolierschichten innerhalb geschlossener Behälter oder Metallmäntel wird in manchen Fällen auch eine bewußt unvollständige Trocknung vorgenommen, und zwar vorzugsweise zur Vornahme *orientierender elektrischer Messungen*, für die entweder eine zeitraubende vollständige Trocknung nicht erforderlich ist oder welche vor oder während weiterer mechanischer Verarbeitungsverfahren vorgenommen werden. Das gilt insbesondere für Fernsprechkabel-Halbzeuge (Adergruppen und Kabelseile zwischen einzelnen Verseilstufen oder nach der Verseilung). Die Trocknung erfolgt dabei meist in besonderen, auf mäßig erhöhte Temperatur (etwa 60° C) gebrachten Räumen. Ein von O. HAUGWITZ [*85*] entwickeltes Verfahren der Hackethal-Draht- und Kabel-Werke A.G. sieht die Messung von Fernsprechadergruppen (DMH-Vierern) während ihrer Herstellung vor (s. Abb. 154 [*86*]). Zu diesem Zweck müssen die Fertigungsräume selbst bei Raumtemperatur durch eine Klimaanlage auf eine genügend niedrige relative Feuchtigkeit (maximal 25%) gebracht werden[1].

Trockenräume *mäßig erhöhter Temperatur* werden auch zum Lagern oder Vortrocknen von feuchteempfindlichen Werkstoffen und pulverförmigen Füllstoffen verwendet.

β) **Verdunsten von Lösungsmitteln.** Den Verfahren und Vorrichtungen zum Verdampfen und Fortführen der Feuchtigkeit sind die entsprechenden Maßnahmen zur Entfernung von Lösungsmitteln in ihren Grundlagen sehr ähnlich. In der Kabeltechnik werden Lösungsmittel vor allem verwendet in Lacken für blanke Drähte (s. S. 235) und isolierte Kabel (s. S. 241) sowie in Mischungen zum „Streichen" von Geweben (s. S. 243).

---

[1] Da die relative Feuchtigkeit nur nach oben begrenzt ist, genügt eine Anlage zum Ausfrieren des Wasserdampfes und Wiedererwärmen der Luft auf Raumtemperatur.

Der Hauptunterschied gegenüber der Trocknung von Faserstoffen besteht darin, daß der Lösungs- und Verdünnungsmittelentzug aus einer Schicht diese Schicht für Lösungsmitteldämpfe praktisch undurchlässig macht. Das heißt, ist die Oberfläche einer Schicht erhärtet, dann ist es für die Lösungsmittel darunterliegender Schichten schwer, zu entweichen. Die Folgen sind nichtausgehärtete Schichten oder Blasen- und Porenbildung[1] durch den Druck des eingeschlossenen Dampfes. Man kann daher nur sehr dünne Schichten auf einmal aufbringen und trocknen. Zur Erzielung einer gewünschten Schichtstärke ist daher meist eine größere Anzahl von Einzelschichten erforderlich . (Drahtlack 4 bis 8, Kabellack 8 bis 20), die einzeln aufgebracht und getrocknet werden müssen. Dabei ist es wesentlich, daß durch das jedesmalige Erhitzen einer neuen Schicht die darunterliegenden Schichten nicht überhitzt werden (Verbrennen von Lackdraht) [*87*].

Abb. 154. Trommel zur Vormessung von Fernsprechadergruppen während der Gruppenverseilung in künstlich trocken gehaltenen Fertigungsräumen [*86*] (HDK)

Ein zweites Problem besteht darin, das aus der Oberfläche verdampfte Lösungsmittel wirklich zu entfernen und nicht auf dem Werkstück oder in der Maschine vorzeitig wieder kondensieren zu lassen. Die Lösungsmitteldämpfe müssen also, bevor sie den für die Kondensation bestimmten Platz erreichen, auf der nötigen Temperatur gehalten werden. Besonders bei der Herstellung von Lackdrähten (s. S. 235) besteht die Gefahr, daß sich die Lösungsmittel- und Verdünnerdämpfe beim Austritt aus dem Brennofen wieder auf der Lackschicht niederschlagen. Man hält deshalb die Temperatur am Austrittsende des Ofens besonders hoch (und schafft dadurch ein Dampfdruckgefälle in den Ofen zurück) und leitet den Dampf in einer davorliegenden Zone geringerer Temperatur durch Absaugleitungen ab bzw. zwingt den Dampf vor Austritt aus dem Ofen in einer Zone genügend geringer Temperatur zur Kondensation.

---

[1] In der kältesten Zone, entsprechend den Ausführungen auf S. 182.

Die Dampfabsaugleitungen müssen entweder auf ihrer ganzen Länge genügend erwärmt oder mit der nötigen Anzahl von Kondenstöpfen versehen werden. Da beim Arbeiten mit Lösungsmitteln praktisch immer Dämpfe in den Raum gelangen, sind besondere Abzugsvorrichtungen für die Raumluft erforderlich.

γ) **Befeuchten.** Wie erwähnt (s. S. 138), erfordern die mechanischen Beanspruchungen bei der Verarbeitung wickelbaren Materials eine hohe *Werkstoffgeschmeidigkeit*. Die natürlichen Faserstoffe müssen daher für ihre Verarbeitung in den Kabelmaschinen einen ausreichenden Feuchtigkeitsgehalt besitzen, der im wesentlichen von der relativen Feuchtigkeit der Lager- und Verarbeitungsräume abhängt.

Im allgemeinen genügt für Papier und gröbere Garne die Raumfeuchtigkeit. Zur gleichmäßigen Herstellung der in ihrer mechanischen Konstruktion sehr empfindlichen Fernsprechkabelhohlraumader (s. S. 52) kann allerdings je nach Klima dauernd oder nur in trockenen Witterungsperioden eine Befeuchtung der Papiere durch Klimatisierung der Lager- oder Fertigungsräume erforderlich werden[1].

Für die störungsfreie Verarbeitung feiner Garne in Spinn- und vor allem Flechtmaschinen ist dagegen eine ausreichende und vor allem immer gleichmäßige relative Raumfeuchtigkeit unentbehrlich, die z. B. durch Einregulieren einer Wassersprühanlage auf konstanter Höhe (registrierendes Hygrometer) gehalten werden kann.

Von einer unmittelbaren Befeuchtung von Faserstoffen mit Wasser ist in allen Fällen abzuraten, da damit niemals die für jede störungsfreie Fertigungsdurchführung erforderliche Gleichmäßigkeit erreicht werden kann.

4. Vulkanisieren[2]

Die Vulkanisation von Kautschukmischungen und anderen vulkanisierbaren Stoffen bezweckt die Überführung des plastisch verformbaren in einen hochelastischen, mechanisch widerstandsfähigen Zustand. Abgesehen von der Kaltvulkanisation, die kabeltechnisch kaum in Frage kommt, erfolgt die Durchführung des Vulkanisationsvorganges ähnlich wie die der meisten anderen Polymerisationsvorgänge unter Anwendung von Wärme und Druck. Für vulkanisierbare Stoffe, d. h. ungesättigte, oxydationsanfällige Kohlenwasserstoffe, ist als drittes neben Wärme und Druck das Fernhalten von Sauerstoff kennzeichnend für die Ausgestaltung der Vulkanisationseinrichtungen.

Die Anwendung von Überdruck bei der Vulkanisation (und anderen Polymerisationsvorgängen) erfordert, wie die Anwendung von Unter-

---

[1] Ob Lager- oder Fertigungsräume oder beide, richtet sich nach der Aufenthaltszeit der Papiere in den Fertigungsräumen bis zur Verarbeitung. Zur Herstellung des für eine hochwertige Fernsprechaderisolierung erforderlichen Feuchtegleichgewichts in einer geschnittenen Papierscheibe bedarf es unter Umständen 24 Stunden und mehr.

[2] Siehe hierzu die Ausführungen über die Grundlagen der Vulkanisation und Depolymerisation, S. 93 bis 96, über vulkanisierbare Kohlenwasserstoffe, S. 128 ff., über Weichmacher, S. 97, und über Faktis, S. 144.

druck beim Trocknen, eine Verfahrensdurchführung in geschlossenen Behältern. Da jedoch kein Materialtransport stattfindet, ist die Verwendung der metallischen Kabelmäntel als Druckbehälter einfacher als bei der Trocknung und daher auch praktisch üblich. Es werden sogar bei vielen starken Gummikabeln Bleimäntel nur zum Zwecke der Vulkanisation aufgepreßt und nach der Vulkanisation wieder abgezogen. Dieses *Vulkanisieren unter Blei* ist die kabeltechnische Art des Vulkanisierens in Vulkanisationsformen, die vor allem zur Erzielung eines dichten Gefüges und einer sauberen, glatten Oberfläche der Werkstücke angewandt wird. Das besondere Ummantelungsverfahren nur zum Zwecke der Vulkanisation ist jedoch nur bei stärkeren Kabeln wirtschaftlich. Sehr große Mengen gleichen Seelendurchmessers werden am besten im kontinuierlichen Verfahren mit der Triebwendelpresse ummantelt (s. S. 281).

Alle anderen Werkstücke, wie gummiisolierte Adern und gummiummantelte Kabel, werden innerhalb eines gut wärmeübertragenden, sauerstofffreien und unter genügendem Druck stehenden Mediums *frei geheizt*, d. h. ohne in eine Metallform eingeschlossen zu sein. Als Übertragungsmedium ist ungesättigter Wasserdampf geeignet und üblich. Entsprechend den allgemeinen Ausführungen auf S. 151 ff. kann das Vulkanisationsverfahren satzweise an zu Ringen oder Spulen aufgewickelten Werkstücken in großen Vulkanisationskesseln oder im kontinuierlichen Durchlaufverfahren durch genügend lange Rohre oder schlitzförmige Behälter durchgeführt werden; denn die allgemein erörterten Vorteile des Durchlaufverfahrens gelten auch für die Vulkanisation.

Die *Vulkanisation in Kesseln* ist die allgemein übliche, während sich die kontinuierliche Vulkanisation erst in neuerer Zeit durchzusetzen beginnt. Vulkanisationskessel ähneln meist den in Abb. 151 und Abb. 152 dargestellten Trockenkesseln. Zum Einsatz in die Kessel werden die Werkstücke ähnlich dem Trockengut entweder auf Trommeln aufgewickelt oder in Pfannen eingeschossen. Da die Windungen infolge der Längenänderungen während der Erwärmung und Wiederabkühlung „arbeiten", besteht beim Aufwickeln auf Trommeln die Gefahr von Beschädigungen der zu Beginn der Vulkanisation sehr weichen Gummischichten, beim losen sorgfältigen Einschießen in Pfannen dagegen nicht, zumal wenn die Werkstücke weich eingebettet werden, z. B. in Talkumpulver, das gleichzeitig Kondenswasser absorbiert.

Wie bei der Trocknung müssen die eingesetzten Werkstücke zunächst auf die Behandlungstemperatur gebracht werden. Die hierfür erforderliche Aufheizzeit beträgt jedoch infolge der gegenüber Luft wesentlich höheren Wärmeleitfähigkeit des unter Druck stehenden Wasserdampfes nur etwa 10 Minuten. Während dieser Aufheizzeit müssen nicht nur die Werkstücke selbst, sondern auch die eisernen Trommeln oder Pfannen durch den Dampf auf die Vulkanisationstemperatur erwärmt werden; d. h. aber der bei der Vulkanisationstemperatur ungesättigte, trockene Wasserdampf kondensiert zunächst an den Werkstücken und Transportvorrichtungen. Es kommt deshalb bei der Durchführung der Freiheizung darauf an, das Kondenswasser möglichst schnell durch strömenden, genügend heißen, trockenen Dampf zu beseitigen. Besonders gefährlich sind Kondenswasseransammlungen am Werkstück, die vor allem an der Unterseite der Trans-

Abb. 155. Querkopf-Gummispritzmaschine mit anschließender
kontinuierlicher Vulkanisation (HDK)
1 einlaufender Draht; *2* Beginn der kontinuierlichen Vulkanisation;
3 Ende der kontinuierlichen Vulkanisation

portvorrichtungen auftreten. Es ist daher üblich, große Aufnahmetrommeln während der Behandlungszeit um ihre horizontale Achse zu drehen.

Die Vulkanisationstemperatur beträgt bei dem üblichen Dampfdruck von etwa $3^1/_2$ Atmosphären etwa 135° C. Es besteht die Tendenz, die Temperatur zu steigern (etwa bis 175° C), um die Vulkanisationszeit zu verkürzen (bis auf $^1/_5$ der Zeit bei 135° C) und die Alterung zu verbessern. Dabei besteht jedoch die Gefahr, daß stärkere Gummischichten innen nicht durchvulkanisiert und außen übervulkanisiert werden. Der Praktiker liebt daher eine genügend langsame *Durch-*

vulkanisation, wobei die Verlagerungen der weichen Kautschukmischungen durch eine schnelle *An*vulkanisation vermieden werden, und erreicht dieses Ziel durch kombinierte Verwendung von mindestens zwei
Beschleunigern, einem schnell und einem langsam wirkenden.

Diese Schwierigkeiten haben auch die Entwicklung der *kontinuierlichen Vulkanisation* verzögert, die praktisch nur durchführbar ist,
wenn die Länge der Vulkanisationskammern durch Abkürzung der

Abb. 156. Preßkopf einer Gummi-Umpreßmaschine mit anschließender
kontinuierlicher Vulkanisation (HDK)
1 Einlaufen des Kabels; *2* Beleuchtungsfenster; *3* Beobachtungsfenster; *4* Lampe

Vulkanisationszeit auf ein vernünftiges Maß beschränkt bleibt. Eine
kontinuierliche Vulkanisation ist besonders verlockend im unmittelbaren Anschluß an die Spritzmaschine, d. h. bevor die gespritzte Hülle
der Gefahr einer Deformation durch den Aufwickelprozeß ausgesetzt
wird (s. Abb. 155 und 156). Dabei kann die Vulkanisationskammer unmittelbar an die Spritzmatrize anschließen, so daß für die Kammer
auf der Eintrittsseite kein besonderer Abschluß für das unter hohem
Druck stehende Vulkanisationsmedium mehr erforderlich ist. Andererseits wird das Einrichten und die Beobachtung des Spritzvorganges
erleichtert, wenn, wie es auf Abb. 156 gezeigt ist, das Werkstück nach
dem Verlassen der Spritze und vor Eintritt in die Vulkanisationskammer eine Beobachtungszone durchläuft.

Im Anschluß an die eigentliche Vulkanisationskammer muß das
Werkstück unter Druck (Wasser) gekühlt werden, ehe es druck-

entlastet wird, da bei Druckentlastung unter hohen Temperaturen auch noch nach dem Vulkanisieren Blasenbildung auftreten kann.

Das kontinuierliche Verfahren hat sich praktisch bisher hauptsächlich bewährt für die ununterbrochene Vulkanisation sehr großer Mengen normalisierter Kabeltypen mit dünnen Gummihüllen, die schnell durchvulkanisiert werden können. Der ununterbrochene, d. h. störungsfreie Durchlauf erfordert bei den hohen Spritzgeschwindigkeiten moderner Maschinen (bis etwa 200 m/min)[1] eine besondere Sauberkeit und Gleichmäßigkeit der Leiter, gleichmäßige Plastizität und Temperatur der Mischung beim kontinuierlichen Füttern der Spritzmaschine, kleine Spritzköpfe sowie besonders gewissenhafte Temperaturkontrolle aller Teile der Spritzmaschine (s. S. 297ff.). Für die kontinuierliche Vulkanisation stärkerer Kabel wird die vertikale Verfahrensrichtung beim Spritzen und Vulkanisieren empfohlen[2], um ein einseitiges Verlagern der Gummihüllen durch die Schwerkraft zu vermeiden. Nach dem oben Gesagten erscheint jedoch für stärkere Kabel ein unmittelbar anschließendes Verbleien zweckmäßiger.

D. Mischung von Werkstoffbestandteilen

Für homogene Werkstoffe sind mit der Besprechung ihrer Eigenschaften und der Verfahren zur Beeinflussung ihres Bearbeitungszustandes die Bedingungen zu ihrer Formung und Verformung zu Kabelelementen und zum Kabel selbst festgelegt. Manche metallische und viele isolierende Kabelelemente werden jedoch aus heterogenen, d. h. aus zwei oder mehreren Komponenten zusammengesetzten Werkstoffen aufgebaut, deren „Aufbereitung" aus den homogenen Grundwerkstoffen häufig ebenfalls in den Kabelwerken vorgenommen wird.

Auf dem *Metall*gebiet handelt es sich dabei vorwiegend um die Herstellung von Legierungen zur Erhöhung der Festigkeit von Leitern (Kadmium-Kupfer), zur Streckung von Sparstoffen (Bleiverzinnung), zur Erhöhung der Schwingungsfestigkeit von Bleimänteln (Zinn- und Antimon-Blei) und zur Herstellung korrosionsfester Armierungen (Bronze). Auf dem *Isolierstoff*gebiet stehen die Herstellung der Kautschukmischungen, die Einmischung von Weichmachern und Stabilisatoren[3] in Thermoplaste sowie die Mischung von Imprägnierstoffen und Lacken an erster Stelle. Grundsätzlich kommen auch Mischstoffe aus metallischen und isolierenden Grundstoffen in Frage, wie das Beispiel der magnetischen Mischkörper [*88*] zeigt, die allerdings für die eigentlichen Kabel (z. B. Krarupierung [s. S. 71]) sich praktisch nicht durchgesetzt, für Belastungsspulen für Fernsprechkabel (s. S. 72) jedoch eine gewisse Bedeutung erlangt haben.

---

[1] Das heißt für vulkanisierbare Stoffe, für Thermoplaste wesentlich höher.
[2] Siehe die allgemeinen Ausführungen über Verfahrensrichtung, S. 153.
[3] Gegebenenfalls auch von Gleitmitteln und Farbstoffen.

In allen Fällen besteht die Aufbereitung solcher zusammengesetzter Werkstoffe aus drei wichtigen Verfahrensgruppen:

1. der Auswahl und Vorbereitung der Grundstoffe,
2. dem Zusammensetzungsverfahren selbst und
3. der Erhaltung des Mischungszustandes.

1. Für die *Grundstoffe* einer Mischung können neben den spezifischen Werkstoffeigenschaften selbst (wie sie im Stoffkapitel besprochen sind) die folgenden allgemeinen Punkte im Hinblick auf die Zusammensetzung mehrerer Stoffe von besonderer Bedeutung sein:

a) Reinheit der Komponenten mit Rücksicht auf eine eventuelle (vorzugsweise katalytische) Wirkung von Spuren von Verunreinigungen auf *andere* Komponenten,

b) Zustand optimaler Mischfähigkeit der Komponenten, d. h.

α) Verträglichkeit,

β) für plastische Stoffe genügende und genügend gleichmäßige Plastizität innerhalb der gesamten Masse des Stoffes und

γ) für Pulver genügende Feinheit und Gleichmäßigkeit im Korn und möglichste Trockenheit zur Vermeidung von Zusammenballungen.

2. Das Kernproblem in dem *Zusammensetzungsverfahren* selbst liegt in der gleichmäßigen feinsten Verteilung aller Mischungsbestandteile durch den ganzen Mischkörper, ebenso wie in der

3. *Erhaltung des Mischungszustandes:* Die Hauptaufgabe liegt in der Erhaltung eben dieser feinsten Verteilung gleichmäßig über die gesamte Werkstoffmasse.

Besondere Schwierigkeiten treten für die gleichmäßige Verteilung dann auf, wenn ein Mischungsbestandteil sehr klein ist, d. h. etwa einige Prozent oder nur einen Bruchteil eines Prozents beträgt. In diesem Falle hilft man sich mit dem Zusatz von *Vormischungen*, welche einen größeren Prozentsatz dieses Stoffes enthalten.

Für die Erzielung und Erhaltung des Mischungszustandes ist es in der Regel wünschenswert, daß die verschiedenen Komponenten miteinander *verträglich* sind, d. h. im wesentlichen, daß die Adhäsionskräfte zwischen diesen Stoffen groß genug sind, um ein nachträgliches *Ausschwitzen* oder *Ausblühen* einzelner Komponenten zu vermeiden.

Die flüssigen Komponenten sollen die festen gut benetzen und untereinander mischbar sein. Es kann jedoch auch vorkommen, daß man zur Erzielung einer guten Verformbarkeit und Durchmischbarkeit eine zu starke Adhäsion durch Nebenvalenzbindungen vermeiden muß.

Große Unterschiede im spezifischen Gewicht der Komponenten erschweren den Mischungsvorgang und — im Falle flüssiger oder pulverförmiger Mischungen — die Erhaltung des Mischungszustandes, bei Pulvern vor allem dann, wenn die Mischung Dauererschütterungen (Transport, schwere Maschinen) ausgesetzt ist.

Die Vorrichtungen zur Herstellung der Mischungen sind verschieden, je nachdem flüssige, pulverförmige oder plastische Komponenten unter sich oder miteinander vermischt werden sollen.

Verhältnismäßig einfach gestaltet sich die Mischung von *Flüssigkeiten* untereinander oder die Auflösung fester Körper in Flüssigkeiten, wie sie bei der Herstellung von Legierungen, Imprägniermassen und Lacken vorkommen. Bei der Einführung spezifisch leichter oder stark oxydationsanfälliger Bestandteile oder Vormischungen in den Grundstoff, wie z. B. in eine Grundmetallschmelze, verwendet man sogenannte Tauchtiegel, d. h. mit einem Stiel versehene umgekehrte Tiegel, mit deren Hilfe die Zusätze unter die Oberfläche gedrückt werden.

Das Rühren geschieht entweder in allgemein technisch üblichen Mischkesseln, die für Masse- und Lackaufbereitung beheizbar sein müssen, oder aber — besonders beim Legieren von Metallen von Hand — gegebenenfalls unter Verwendung von Frischholz- (Birken-) Knüppeln zur Erzeugung einer starken Gasentwicklung, die die in der Schmelze verteilten Schlakken an die Oberfläche reißt.

Auch die *Mischung von Pulvern* unter sich bietet keine grundsätzlichen Schwierigkeiten, wenn die Pulver gut trocken[1] sind und

Abb. 157. Silos zur trockenen Lagerung und sauberen Entnahme pulverförmiger Werkstoffe (HDK)

nicht durch zu starke Adhäsion (auch elektrische Aufladungen) aneinanderkleben. Die Durchmischung erfolgt zweckmäßig in nicht zu großen Einzelchargen in rotierenden, zylindrischen, mit Längsrippen versehenen Trommeln mit diagonalen Achsen, erforderlichenfalls unter Zugabe schwerer, gröberer Hilfsmaterials (Stahl- oder Hartporzellankugeln) [91], das nach der Mischung wieder ausgesiebt wird.

Die Mischung von Pulvern unter sich findet in der eigentlichen Kabeltechnik vorwiegend Anwendung für die Herstellung von Isolierhüllen aus Pulvern synthetischer Stoffe ohne Zusatz flüssiger Weichmacher zur Weiterverarbeitung in der Spritzmaschine oder nach dem Isotraxverfahren. Solche Mischungen enthalten außer dem Grundstoff meist geringe Zusätze (1 bis 3%) pulverförmiger Gleitmittel und Zersetzungsschutzstoffe, Polyvinylchloridpulver beispiels-

---

[1] Zur Vermeidung von Feuchtwerden, Verunreinigung und Verschütten von Pulvern verwendet man dichtverschlossene Silos, in welche die Pulver unmittelbar im Anschluß an die Trockenvorrichtung eingefüllt werden, und aus deren trichterförmigem Boden sie, wie Abb. 157 zeigt, bequem quantitativ entnommen werden können.

weise etwa je 2% Kalziumstearat und basisches Bleikarbonat. Auch
für pulverförmige Weichmacher (Triphenylphosphat) kommen diese Verfahren in Frage.

Mischungen von Metallpulvern finden in der Metallkeramik (Pulvermetallurgie) ausgedehnte Anwendung zur Herstellung von Legierungen
durch Diffusionsglühung der gepreßten Pulvermischungen. Eine kabeltechnische Anwendung der Metallkeramik erscheint jedoch zur Zeit
nur bei einheitlichem Material (körnigem Kathodenkupfer) gegeben.

Schwieriger als das Mischen reiner Pulver ist die Einmischung von
Flüssigkeiten in Pulver, wie sie z. B. beim Zumischen flüssiger Weichmacher zu dem sehr feinen Polyvinylchloridpulver erforderlich ist.

Abb. 158. Rührwerk zur Herstellung von Mischungen von Pulvern (PVC) mit
Flüssigkeiten (Weichmachern) (HDK)

Zur Vermeidung von Klümpchenbildung, d. h. ungleichmäßiger Verteilung der Flüssigkeit, muß die Flüssigkeit unter dauerndem Rühren
des Pulvers stetig in geringen Mengen zugegeben werden. In der Abbildung 158 ist ein für diese Zwecke besonders geeigneter Mischer
dargestellt.

Aufbereitung plastischer Massen. Besonders wichtig ist für die
Kabelherstellung die Aufbereitung plastischer Massen, d. h. besonders
das Einmischen flüssiger und pulverförmiger Stoffe in eine plastische
Grundmasse. Man ist hierbei auf Maschinen angewiesen, die das Material durchkneten. Die klassische Knetmaschine ist die *Mischwalze*,
wie sie auf den Abb. 159 und Abb. 160 wiedergegeben ist. Zur Erzielung
der Knetwirkung (Friktion) laufen die beiden Walzen mit um 10 bis
20% verschiedener Geschwindigkeit. Der Mischvorgang selbst geht
in und über dem Walzenspalt vor sich.

Zur Mischung von Kautschuk und Thermoplasten sind die Walzen
geheizt, und zwar derart, daß die vordere Walze, an der gearbeitet

Abb. 159. Mastizier-Walzwerk mit Abzugvorrichtung (KWO)

Abb. 160. Programmanzeiger am Mischwalzwerk mit aufleuchtenden Tableaufeldern (KWO)

wird, heißer ist, damit der Werkstoff an dieser Walze haftet und einen
geschlossenen Überzug (Fell) um die Walze bildet. Die Felldicke wird
durch die Stärke des Walzenspalts bestimmt. Für eine gute Mischung
ist eine gewisse, aber nicht zu große überschüssige Materialmenge erforderlich, die oberhalb des Spaltes einen Wulst bildet, der bei richtiger
Einstellung des Mischvorganges laufend Material in den Spalt gibt
und neue Zufuhr aus dem Fell erhält. Um eine saubere Durchmischung,
vor allem auch in axialer Richtung, zu erhalten, wird das Fell laufend
von Hand oder automatisch ganz oder in Streifen abgeschnitten, meist
aufgerollt und in axialer Richtung dem Walzenspalt wieder zugeführt.

Abb. 161. Heizbare Misch- und Knetmaschine „Universal"
für PVC-Massen (W & P)

Die Reihenfolge der Zugabe der Mischungs-bestandteile und die Mischzeit in den einzel-nen Stufen erfolgen nach einem genau festgeleg-ten, durch Erfahrung mit der betreffenden Mischung gewonnenen Plan. Um dem Mischer die Einhaltung dieses Planes zu erleichtern, können an den Misch-walzen Programmanzei-ger angebracht werden, wie Abb. 160 zeigt, bei denen in den festgeleg-ten Zeitabständen Schil-der mit Anweisungen für den Mischer auf-leuchten.

Zur Herstellung von Kautschukmischungen und Thermoplasten haben sich bereits seit
längerer Zeit *Innenmischer* durchgesetzt, die aus einer oder meist
zwei Walzen komplizierter Form (s. Abb. 161 und 162) bestehen,
welche in eine starkwandige, geeignet geformte Mischkammer eingeschlossen sind. Der Mischvorgang findet hier zwischen den Walzen
und zwischen Walzen und Kammerwandungen statt.

Unter *Banbury*-Mischer versteht man einen Innenmischer, bei dem
die Mischstoffe mit einem Preßstempel hydraulisch in die Knet-
vorrichtung eingedrückt werden (s. Abb. 163). Der Vorteil des Innen-
mischers besteht vor allem in seinem hohen Wirkungsgrad, der ein
schnelles und wirtschaftliches Mischen ermöglicht, in der Vollautomatik
des Mischvorganges, die nicht von der Geschicklichkeit und Zu-
verlässigkeit des Bedienenden abhängig ist, und in der Möglichkeit,
große Prozentsätze feinpulverigen Materials, wie insbesondere Ruß,
einzumischen, ohne daß das Pulver verstreut wird, zerstäubt und Bedienung und Umgebung verschmutzt.

Der in Abb. 163 dargestellte Banbury-Mischer (Bridge-Banbury-Mischer BBK 11) ler Gruson-Werke[1] ist ein Innenmischer, bei dem sich zwei unrunde Walzen in inem doppelzylindrischen Trog drehen. Infolge der besonderen Form der Walzen ind der Mantelform des Troges ist die Einzugswirkung des durch diese beiden

Abb. 162. Gummi-Innenmischer G. H. 14 ¹/₂ (W & P)

Abb. 163. Banbury-Mischer (Krupp-Gruson)

Teile gebildeten Spaltes sehr groß und die Durchmischung besonders innig. Durch die Umwälzung des Mischgutes zwischen den mit verschiedener Drehzahl laufenden

---

[1] Nach einer für das vorliegende Buch freundlichst zur Verfügung gestellten Originalmitteilung von Herrn Obering. ELLERMANN.

Walzen wird sie wirksam unterstützt. Der Banbury-Mischer wird von oben gefüllt und nach unten entleert. Während des Mischvorganges bilden die Trogwände, der die Austrittsöffnung verschließende, sattelförmige Entleerungsschieber und der die Füllöffnung verschließende Druckstempel eine vollständig geschlossene Kammer.

Die Maschine wird außerordentlich stark und robust gebaut, um die während des Mischvorganges auftretenden hohen Belastungsstöße aufnehmen zu können. Für die Kabelindustrie sind die Größen BBK 9 (90 Liter Nutzinhalt) und BBK 3a (45 Liter Nutzinhalt) besonders geeignet, während der abgebildete große Mischer

Abb. 164. Plastifikator, System Wacker (W & P)

BBK 11 (135 Liter Nutzinhalt) besonders für Autoreifenfabriken bestimmt ist. Die Leistung der Maschine ist im wesentlichen abhängig von der Zusammensetzung der herzustellenden Gummimischung. Bei den in der Kabelindustrie verwendeten Mischungsarten kann mit etwa 10 bis 15 Minuten Mischdauer gerechnet werden. Die Mischung kann in der Maschine vollständig fertiggestellt werden. Es ist jedoch zweckmäßig, bei stark gefüllten Mischungen, die leicht heiß werden, den Beschleuniger erst später auf dem Ausziehwalzwerk beizusetzen. Allgemein üblich ist, zwischen Banbury-Mischer und Ausgleichwalzwerk eine mechanische Fördereinrichtung für das Mischgut anzuordnen, damit dieses nach Entleerung des Mischers sofort auf das Walzwerk kommt, um dort gewalzt und vor allem heruntergekühlt zu werden.

Eine gute Durchmischung plastischer Stoffe findet ferner in der *Triebwendelpresse*[1] statt, insbesondere wenn die Steigung der Triebwendel und Form und Tiefe der Nuten in Wendel und Zylinder stark wechseln und Strainerplatten, Siebe und „Torpedos" nachgeschaltet sind. Wendel und Zylinder können hier ähnlich wie ein Innenmischer wirken. Während für die vorgewärmten Kautschukmischungen dieser Kneteffekt klein gehalten wird, um Überhitzungen durch die innere

---

[1] Einzelheiten s. S. 284ff.

Reibung und damit Anvulkanisation zu vermeiden, nützt man die Misch- und Knetwirkung unter Anwendung besonderer konstruktiver Maßnahmen für thermoplastische Stoffe bewußt aus.

In etwas anderer Art und Weise geht der Misch- und Knetvorgang im Plastifikator, System Wacker [186], vor sich, der in Abb. 164 wiedergegeben ist.

Aus einem seitlich angebrachten Trichter gelangt das Rohmaterial mit Hilfe eines Schneckenpaares in den Spalt zwischen dem konischen, feststehenden Gehäuse und einem ebenfalls konischen Rotor. Durch innere Reibung erwärmt sich das PVC so weit, daß eine Gelierung eintritt. Die gelierte Masse bildet ein zusammenhängendes Stück, das vom Rotor mitgenommen und richtig durchwalkt wird, ehe es in einer Anzahl Rundriemen den Plastifikator verläßt.

E. Die Formungsverfahren der Kabeltechnik

Nachdem die für ihre Auswahl und Verarbeitung grundlegenden Eigenschaften der Werkstoffe sowie die Verfahren erörtert worden sind, Zusammensetzung und Zustand in den für ihre Verarbeitung und ihr Verhalten im fertigen Kabel optimalen Bereich zu bringen, können nunmehr die kabeltechnischen Verfahren zur Formung und Verformung der Werkstoffe und zum Aufbau der Kabel behandelt werden. Dabei sind zwei Haupttypen zu unterscheiden:

1. die Bearbeitung der Werkstoffe und ihre Formung und Verformung zu Kabelelementen und Kabeln im flüssigen oder plastisch verformbaren Zustand, und

2. der Aufbau von Kabelelementen und Kabeln aus wickelbaren, d. h. vorgeformten, Halbzeugen großer Länge.

Die spezifischen Verfahren der klassischen Kabeltechnik, wie Umspinnen, Umflechten und Verseilen, gehören der zweiten Hauptgruppe an. Das Ergebnis ihrer Weiterentwicklung in den letzten 20 Jahren liegt im wesentlichen in einer Verfeinerung der Maschinen und vor allem einer außerordentlichen Leistungssteigerung, weniger dagegen auf grundsätzlichem Gebiet. Im Rahmen der Aufgabe des vorliegenden Buches sollen daher die Grundlagen dieser Verfahren unter Verweis auf zahlreiche zusammenfassende Werke nur kurz behandelt werden zugunsten der Verfahren der Gruppe 1, deren grundsätzliche Entwicklung im genannten Zeitraum zum Teil revolutionäre Formen angenommen hat und auch heute noch in vollem Gange ist.

I. Formungswerkzeuge

Unter Formungswerkzeugen sollen diejenigen Vorrichtungteile verstanden werden, die in einer beliebigen Maschine die Form und Abmessungen des hergestellten Kabelelements oder Halbzeuges end-

gültig bestimmen (ohne notwendigerweise die gleichen Dimensionen
zu besitzen). Die Berechtigung dieser Definition ist ohne weiteres ein-
leuchtend für alle Arten der plastischen Formung, d. h. z. B. für Profilwalzen, Ziehdüsen, Matrize und Dorn an Bleipressen, Mundstück, Dorn
und Nippel an Spritzmaschinen usw. Daß aber auch eine Gießkokille
und der Kern zum Gießen von Hohlkörpern als Formungswerkzeuge
gleicher Art anzusprechen sind, wird ohne weiteres klar, wenn man
das kontinuierliche Rohrgießverfahren mit Kragenkokille (Matrize) und
zentralem Kern (Patrize) betrachtet. Wir wollen aber noch weitergehen
und auch bei der Verarbeitung wickelbaren Materials diejenigen Maschinenteile als Formungswerkzeuge klar herausstellen, die für die letzte
Genauigkeit in Form und Abmessung des Erzeugnisses maßgebend sind,
d. h. vor allem die Spinn-, Verseil- und Flecht-*nippel* in Verbindung
mit eventuell bereits vorhergehenden Führungen, Verseilscheiben
u. ä. Wenn daher auf die gemeinsamen Kennzeichen aller dieser
Formungswerkzeuge vorweg eingegangen wird, so dient das nicht nur
der konsequenten Durchführung des Grundgedankens dieses Buches,
sondern auch der Vereinfachung der Darstellung und der Vermeidung
einer Wiederholung.

a) Matrizen

Mit *Matrize* soll jedes Werkzeug zur Formgebung der Außen-
flächen eines Werkstückes bezeichnet werden. In der Kabeltechnik
handelt es sich dabei — von der Herstellung formfester kleinerer
Stücke, wie Abstandhalter, abgesehen — in der Regel um die Formung
endloser Werkstücke oder von Werkstoffen um *endlose* Werkstücke.

Abb. 165. Ziehmatrize
(Wallram)

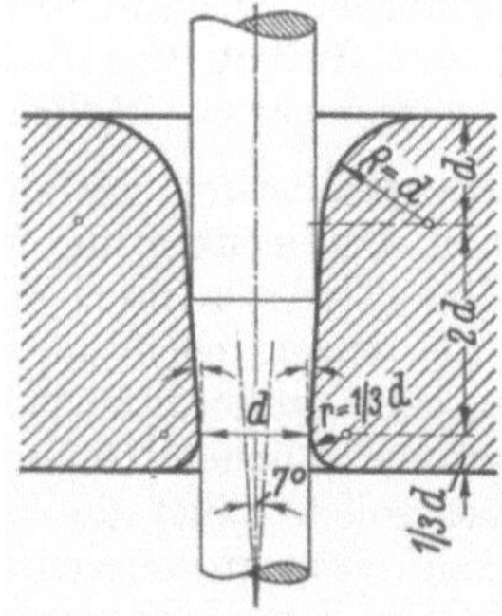

Abb. 166. Axialschnitt durch eine Ziehmatrize nach A. VON ZEERLEDER [*161*]

Matrizen in diesem weiten Sinne sind demnach alle *Lochmatrizen*, wie
Düsen, Mundstücke und Formnippel, ferner Profilwalzen, Formungswerkzeuge zur Bildung von Rohren aus Bändern u. ä.

In den Abb. 165 bis 172 sind einige sehr verschiedenartige *Matrizen*-
formen zusammengestellt: eine Rohrziehmatrize, eine Stahldrahtzieh-
matrize, die Formung einer Würglitze aus den Einzeldrähten, ein

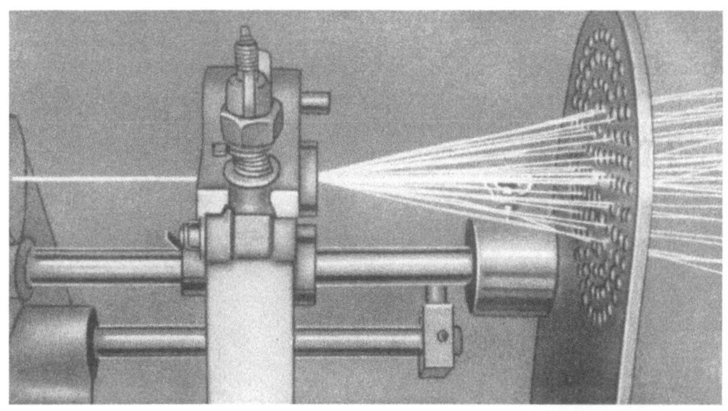

Abb. 167. Würgvorgang bei der Herstellung
einer Litze (F & G)

Rollenziehgerät zur Formung eines
Rohrmantels um Kabelseelen, Profilwalzen zur Formung einer Gummihülle,
ein rotierender Glättungsnippel zur Formung einer Isolierhülle aus Papierbrei,
sowie ein Papierbandwickler zur Formung einer Papierhülle vermittels Band-
führung und Wickelnippel.

Die einfachste Form einer Matrize
ist eine ebene Platte mit einer zylindrischen Bohrung, durch die der zu
formende Stoff hindurchgepreßt oder
-gezogen wird. Mit einer so einfachen
Vorrichtung kann man bereits Metall-
rohre ziehen oder Stränge aus metall-
lischem oder nichtmetallischem Werkstoff pressen. Die Bohrung ist in der
Regel kreiszylindrisch, kann aber auch
jede andere gewünschte Querschnittsform besitzen.

Genügend zähe Werkstoffe füllen
bei ihrem Durchgang die ganze Bohrung voll aus. Die Bohrungswandung
kann dabei für die genaue Kalibrierung
des Werkstückes von Bedeutung sein.
Auf alle Fälle erhöht sie aber auch
die Austrittsreibung. Beim Warmpressen
von Metallen (Strangpressen [s. S. 259])
vermeidet man diese unerwünschte Wirkung durch konische, d. h. sich in der

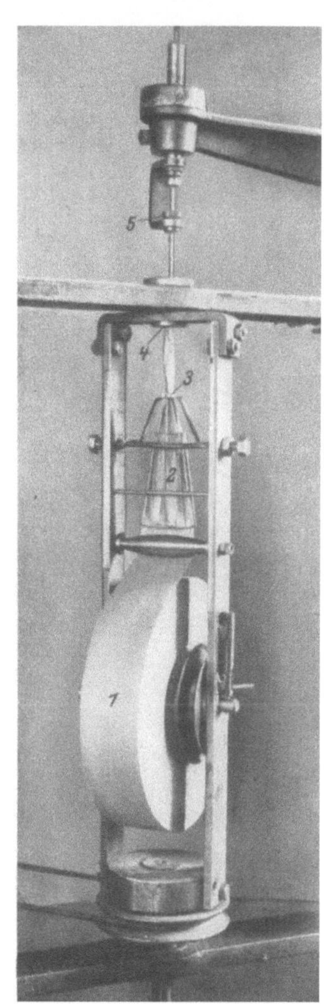

Abb. 168. Herstellung einer Papierkordel (F & G, HDK)
1 Papierbandrolle;   2 Falter;   3, 4, 5 Formnippel
(Matrizen)

Verfahrensrichtung *erweiternde* Ausbildung der Bohrung, so daß das durch die Eintrittskante geformte Material mit der weiteren Bohrungswandung nicht mehr in Berührung kommt.

Abb. 169. Rollenziehgerät zur Formung von Rohren aus Bändern für die Herstellung von Rohrdraht (HDK)

Abb. 170. Profilwalzen an der Längsbedeckungsmaschine für Kautschukmischungen und Kunststoffe (HDK)

Je plastischer das Metall ist (Blei, Aluminium), um so schärfer kann die Kante unter Berücksichtigung der Abnutzung zu scharfer Kanten gewählt werden.

Die Formung der Werkstoffoberfläche durch die Eintrittskante der Matrizenbohrung bietet nun aber praktisch für das Auspressen weicher, nichtmetallischer und das Ziehen metallischer Stoffe große Schwierig-

keiten. Die Kante schiebt das Außenmaterial über den zentralen Teil des Stranges oder Drahtes zurück und wirkt dabei auf zähelastische Werkstücke wie ein Schneidewerkzeug (s. S. 210, Punkt D, sowie „Spanabhebende Formung", S. 329). Man gibt daher Preßmatrizen für organische Stoffe und Ziehdüsen zur Kaltverformung von Metalldrähten und -rohren im allgemeinen eine konische, sich *in* der Verfahrensrichtung allmählich *verjüngende* Bohrung, so daß dann also an Stelle der Kante eine Fläche den formenden Teil der Matrize bildet. Diese Fläche (Arbeitsfläche) kann im einfachsten und allgemeinsten Falle die Form eines exakten Kegelstumpfmantels besitzen oder — seltener — auch Trompetenform. Für die verformende Wirkung einer solchen kegelmantelförmigenArbeitsfläche einer Matrize ist nun in erster Linie der Winkel α der Erzeugenden gegen die Achse, d. h. der *halbe* Scheitelwinkel des Kegels, maßgebend.

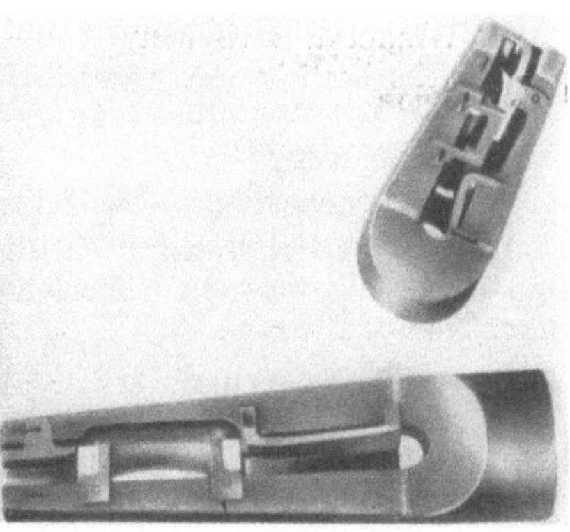

Abb. 171. Rotierender Glättungsnippel für Fernsprechkabeladern mit Papierbreiisolierung nach J. S. LITTLE [*92*]

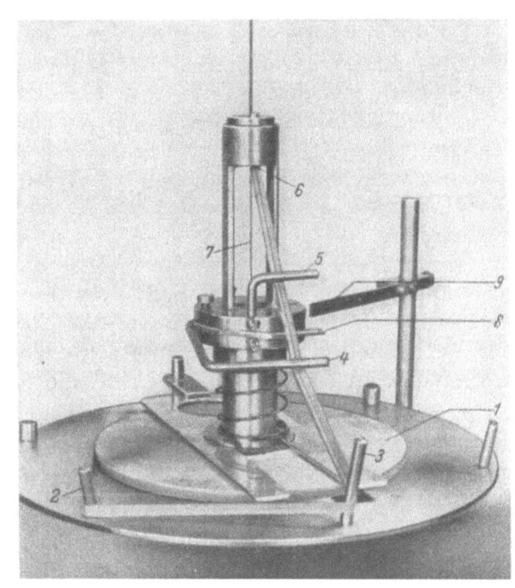

Abb. 172. Papierbandwickler zur Herstellung von Fernsprechkabeladern (F & R)
1 Papierbandscheibe; *2, 3, 4, 5* Führungsfinger; *6* Wickelnippel; *7* zu umwickelnder Draht mit abstandhaltender Kordel; *8* Ausschalthebel, der beim Reißen des Papierbandes gegen *9* anschlägt und damit Maschine ausschaltet

Zur Erörterung der grundsätzlichen Wirkung einer solchen Kegelmatrize kann man die folgenden Fälle unterscheiden:

A. $\alpha = 0°$ oder wenig größer als $0°$, d. h. etwa 0 bis $5°$: Die innere Wirkungsfläche der Matrize ist ein Kreiszylinder oder ein nur sehr schwach konischer Kegelmantel. Die verformende Wirkung dieser inneren Oberfläche ist daher gering. Die Matrize dient in erster Linie dazu, die räumliche Lage sowie die kreisrunde Form und äußeren Dimensionen des Erzeugnisses genau festzulegen (zylindrischer Nippel).

B. Winkel α zwischen 5° und größenordnungsmäßig 30°. Die Kegelfläche bewirkt eine wesentliche Verformung des durchlaufenden Halbzeuges. Die Verformung ist dabei in allen Querschnittszonen praktisch gleichmäßig [93].

C. $\alpha >$, vorzugsweise $\gg 60°$ bis 180°. *Steile Matrize.*

D. Im Grenzfall von 180° ist die wirksame Oberfläche der Matrize eine Ebene mit einer im allgemeinen kreisförmigen Austrittsöffnung. *Scharfkantige Matrize.*

In den Fällen C und D der steilen und scharfkantigen Matrize werden die Außenzonen des Werkstückes vor dem Austritt aus der Austrittsöffnung an der wirksamen Fläche der Matrize mehr oder weniger stark gestaucht (*Knopf*bildung). Die Verformungswege der Elemente dieser Zonen werden daher vergrößert und die Verformungsarbeit dadurch wesentlich erhöht. Diese Wirkung äußert sich in radialen Komponenten des Fließvorganges, erhöhter Erwärmung, Einbruch der Oberfläche in das Innere, Durcharbeitung der äußeren Zonen.

Da die Matrizen — vor allem für hohe Drucke und/oder Temperaturen — aus hochwertigem Material bestehen, führt man sie so klein wie möglich aus und lagert sie in Matrizenhaltern (Mundringen) und diese gegebenenfalls wieder in Matrizenhalterköpfen derart, daß die Matrizen mechanisch durchbiegungsfrei und thermisch gut leitend mit ihrer Unterlage verbunden sind. Die richtige Ausführung der Matrizenhalter ist für die Haltbarkeit der Matrize selbst von großer Bedeutung.

In manchen Fällen wird die wirksame Matrizenoberfläche, seltener eine Patrizenoberfläche (s. S. 212), während des Verfahrens bewegt, und zwar meist, um die Reibung des Werkstückes oder Werkstoffes an der Matrizenoberfläche herabzusetzen oder um die Matrizenoberfläche fortlaufend zu erneuern. Dabei sind die folgenden Fälle möglich:

Fall I: Rotation der Matrize um ihre Achse. Rotierende Matrizen werden z. B. für die Endstufe bei Drahtziehmaschinen angewandt und können auch beim Umpressen eines Werkstückes mit plastischem Material Vorteile bringen. So ist beispielsweise vorgeschlagen worden, die Zentrizität der Lage und die Dichte von aus Gummi oder anderen Isolierstoffen plastisch geformten Hüllen durch rasche Drehung der Matrize zu erhöhen [94]. Der Matrizenkörper soll dabei in seinem Innern mit Schraubenwindungen versehen werden, die das zugeführte Isoliermaterial erfassen und in dem Raum zwischen der feststehenden Patrize und der sich drehenden Matrize verdichten[1].

---

[1] Dieser Vorschlag leitet über zu einer Auspreßmaschine mit rotierender Triebhülse und rotierender, mit der Triebhülse verbundener Matrize (Henley-Presse, S. 281).

Eine rotierende Matrize kann auch mit sich fortlaufend erneuernder Wirkungsfläche durch die Schlinge eines fortlaufenden Drahtes, Fadens oder Bandes gebildet werden, um z. B. eine Anreicherung der Wirkungsfläche mit Verunreinigungen (Reinigung eines Drahtes von Kupferstaub) oder bei heißen Werkstücken oder Werkstoffen ein Verbrennen der Wirkungsfläche zu vermeiden.

Fall II: Bewegung der Matrizenoberfläche in Achsrichtung.

Fall II a: Die praktisch wichtigste Anwendung des Falles II ist eine Bewegung der Oberfläche, die in Richtung und ungefährer Geschwindigkeit der Bewegung des Werkstückes entspricht.

Fall II a$_1$: Wir kommen hier zunächst zu dem Normalfall einer Profilwalzvorrichtung mit zwei, drei oder mehr Walzen oder aber auch

Fall II a$_2$: eben geformter Preßmatrizen, die ein gewisses Stück *mit* dem Werkstück wandern (z. B. Vulkanisationsformen). Grundsätzlich ist auch noch möglich:

Fall II b: bei welchem die Oberfläche der Matrize *gegen* die Richtung des Werkstückes bewegt wird, beispielsweise um eine verstärkte Verzögerung des Flusses der Oberflächenzonen gegenüber dem Kern des Werkstückes zu erreichen oder die Verdichtung beim Durchgang durch die Matrize zu vermindern oder die Oberfläche zu polieren u. a.

Fall III: Ferner kommt noch in Frage: eine Bewegung der Oberfläche in radialer Richtung, d. h. in Richtung auf die Achse bzw. von der Achse fort, und zwar vorzugsweise in Form von Wechselbewegung höherer Frequenz, im

Fall III a: als (Rund-) Hämmervorrichtung und

Fall III b: in Form von Radialschwingungen der Matrizenwandung. Bei solchen Radialschwingungen kann es sich um eine stehende oder — vorzugsweise in Richtung der Werkstückbewegung — fortschreitende Wellenbewegung handeln.

Die Matrize kann aus einem einheitlichen Stück bestehen oder aus mehreren Teilwerkzeugen, z. B. zwei oder mehreren Hohlkegelsegmenten, zusammengesetzt sein. Die Unterteilung der Matrize kann den Zweck haben, die Matrize um das praktisch endlose Werkstück herumlegen zu können. Sie kann aber auch grundsätzlich konstruktiv notwendig sein (Federnippel zum Durchlassen dicker Stellen eines Werkstückes).

Erwähnenswert ist noch die Möglichkeit einer durch Druck und Geschwindigkeit einstellbaren Matrizenwirkung durch *plastische* Körper, Flüssigkeiten und Gase. Die abstreifende Wirkung einer plastischen, sich an ihrer wirksamen Oberfläche stets erneuernden Masse kann z. B. zur Bearbeitung von Drahtoberflächen ausgenützt werden[1].

Die Wirkung eines *flüssigen* oder *gas*förmigen Mediums hoher Geschwindigkeit kann durch Suspension fester bzw. flüssiger Teilchen

---

[1] Reinigen von Draht auf Mischwalzen [*244*].

erhöht werden (z. B. Sandstrahlgebläse). Von der abstreifenden Wirkung von Gasen (Luft) wird bei der Trocknung mit Kunststoff umpreßter und dann im Wasserbad gekühlter Drähte vor dem Aufwickeln Gebrauch gemacht.

b) Patrizen

Soll ein Werkstück oder Werkstoff nicht zu einem Draht oder Strang, sondern zu einem Hohlkörper, insbesondere einem Rohr, verformt werden, dann bedarf es außer der Matrize zur Formung der Außenfläche noch eines Werkzeugs zur Erzeugung der Innenfläche. Dieses Werkzeug, das meist je nach dem Einzelzweck benannt wird (Preßdorn, Ziehdorn, Nippel od. a.), soll im folgenden allgemein mit *Patrize* bezeichnet werden. Matrize und Patrize wirken zusammen zur Formung eines Hohlkörpers. Die Abb. 203 (s. S. 265) stellt das kabeltechnisch wichtigste Beispiel der Bildung eines Bleirohres durch Auspressen dar. Durch die Matrize wird die Außenform und durch die Patrize die innere Oberfläche des Rohres bestimmt.

Rohrdurchmesser und Wandstärke sind nicht nur von den entsprechenden Dimensionen, sondern auch von der gegenseitigen Stellung von Matrize und Patrize abhängig. In der Praxis der Kabelhüllenherstellung erfolgt die Grobeinstellung der Hüllenabmessungen durch geeignete Auswahl der Matrizen- und Patrizendimensionen, die Feineinstellung dagegen meist durch Regulierung der Stellung Matrize gegen Patrize, ferner durch Austrittsdruck, Materialplastizität oder -viskosität (Temperatur) und gegebenenfalls Abzuggeschwindigkeit des Werkstückes aus der Formungsvorrichtung.

Ähnlich der Matrize kommt auch für eine Patrize eine *Bewegung während des Verfahrens* in Frage (s. die Aufstellung auf S. 210ff.). Wichtig ist für Patrizen neben Fall I — Rotation um die Achse — (z. B. im Falle eines mit einer Triebwendel umlaufenden Führungsdorns) der Fall II a 2, bei dem die Patrize ein gewisses Stück mit dem Werkstück wandert. Beim Ziehen von Rohren z. B. werden die Rohre oft auf einem leicht konischen Dorn aufgezogen, der mit dem zunächst viel weiteren Rohr durch die Matrize gezogen und erst nach Beendigung des Ziehvorgangs aus dem nunmehr eng aufgezogenen Rohr herausgezogen wird.

Eine gewisse axiale Bewegungsfreiheit haben ferner die *schwimmenden Dorne* der Rohrziehtechnik. Die Patrize kann nämlich innerhalb des zu verformenden Werkstückes (Rohr) axial frei beweglich ausgeführt und so konstruiert sein, daß nur das Werkstück, nicht aber die Patrize die Matrize durchlaufen kann. Die Patrize wird vielmehr in einem der Werkstückdicke entsprechenden Abstand vor der Patrize gehalten. Dieses Prinzip findet vor allem beim Ziehen und Strangpressen von Rohren oft Anwendung.

Im allgemeinen sind jedoch Matrize und Patrize über Matrizen- und Patrizenhalter mit Maschinenteilen fest verbunden. Bei Strangpressen (Geradeauspressen) ist die Patrize am Preßstempel, bei Querkopf- und

Schrägkopfkabelpressen am Pressenkopf befestigt. Der Fall, daß die Matrize mit dem (hohlen) Preßstempel verbunden ist (umgekehrtes Pressen; s. S. 260), kommt in der Kabeltechnik bisher nicht vor, wohl aber bei der Herstellung hohler Bleirohre.

Die Patrize kann auch vermittels Stegen an der Matrize befestigt und dadurch genau zentrisch in einem gewünschten Abstand von der Matrize gehalten werden (*Brückenmatrize*). Die Vorrichtung muß dann jedoch so gebaut sein, daß die verschiedenen die Stege umfließenden Werkstoffströme nach Passieren der Stege wieder zusammenschwei-ßen[1].

An eine Patrize werden, mehr noch als an eine Matrize, besonders hohe mechanische Anforderungen gestellt, wenn bei *höheren Temperaturen* gearbeitet werden muß. Je höher die Verformungstemperatur gewählt wird, d. h. je plastischer der Werkstoff ist, um so geringer ist zwar die spezifische Beanspruchung, aber auch die Beanspruchbarkeit der Werkzeuge. Die Entwicklung geeigneter Spezialstähle zur Verwendung in einem für das Verhältnis Werkstahlbeanspruchbarkeit zu Werkstoffverformungswiderstand optimalen Temperaturbereich ist ausschlaggebend für die preßtechnische Entwicklung und im besonderen für die Einsatzmöglichkeiten weiterer Metalle außer Blei und Reinstaluminium zur Umpressung von Kabeln.

Während für die Matrize im wesentlichen nur die Warmdruckfestigkeit eine Rolle spielt, wird die Patrize außerdem sehr stark auf Zug und — vor allem bei liegenden Pressen — auf Biegung beansprucht. Da zum Umpressen von Kabeln Hohlpatrizen verwendet werden müssen, durch die das Kabel der Matrize zugeführt wird, so sind die spezifischen mechanischen Beanspruchungen der Patrizen für kabeltechnische Metallpressen besonders groß, da die Wandstärken gering sind und die Zwischenschaltung von Kühlvorrichtungen schwieriger ist[2].

Als *Werkzeugstähle* sind für Metallpressen Chrom-Wolfram-Stähle besonders geeignet, und zwar
1. niedriglegierte Chrom-Wolfram-Stähle (bis 5% Wolfram) für hochbeanspruchte Preßstempel und Matrizenhalter,
2. hochlegierte Chrom-Wolfram-Stähle (bis 10% Wolfram) für hochbeanspruchte Matrizen und Innenbuchsen und höchstbeanspruchte Vorlagscheiben,
3. höchstlegierte Chrom-Wolfram-Stähle (bis 17% Wolfram) für höchstbeanspruchte Patrizen.

Entsprechend der ausschlaggebenden Bedeutung der Maßhaltigkeit und einwandfrei glatten Oberfläche aller Formungswerkzeuge ist ganz besonderer Wert auf ihre Sauberhaltung und dauernde Kontrolle und Registrierung ihrer Abmessungen zu legen. Jedes Formungswerkzeug erhält dafür eine Nummer und Betriebskarte, auf welcher die Geschichte des Werkzeugs genau vermerkt wird. Rechtzeitiges Auswechseln aller Werkzeuge zum Reinigen oder Aufpolieren usw. ist eine der wichtigsten Grundregeln auch in der Kabelfertigung.

---

[1] Siehe z. B. Pirelli-Presse, S. 281 ff. Beim Stranggußverfahren für Rohre befinden sich die Stege noch ganz in der flüssigen Phase, die wieder einheitlich zusammenfließt.

[2] Bei der Schloemann-Aluminiummantelpresse gelöst, s. S. 270.

Anders liegen die Verhältnisse, wo bei der Warmverformung ohne Druck gearbeitet wird, d. h. insbesondere bei der *Formung aus dem flüssigen Zustand*. Beim kontinuierlichen Gießverfahren hat die Matrize, und bei der Rohrherstellung auch die Patrize, ganz ähnliche Aufgaben zu erfüllen wie bei der Formung plastischer Werkstoffe, nur daß ohne Drucke und deshalb mit anderen Werkzeugmaterialien gearbeitet werden kann.

So verwendet z. B. das Asarco-Verfahren [96] zum Strangguß selbstschmierende Matrizen (Kragenkokillen), die aus sehr dichtem Graphit gearbeitet sind und nur einmal gebraucht werden, bzw. für Rohre durch sehr kurze Stege fest verbundene Matrizen-Patrizen-Kombinationen (Brückenmatrizen).

Wo die Matrize den Werkstoff nur quantitativ begrenzt, aber nicht endgültig formt, wie z. B. bei der Verzinnung oder der Draht- oder Kabellackierung, können oft einfache elastische Abstreifer (Gummiplatten, Gumminippel u. ä.) ohne genaue Form verwendet werden[1].

c) Aufpolieren von Formungswerkzeugen

Wie erwähnt, ist das regelmäßige Aufpolieren der Formungswerkzeuge von grundsätzlicher Bedeutung. Die polierten Flächen müssen bis zur Wiederbenutzung korrosionssicher in trockenen Räumen aufbewahrt oder mit völlig neutralen Fetten geschmiert werden, da gerade polierte Flächen besonders korrosionsanfällig[2] sind.

Besonders schwierig gestaltet sich das Wiederausschleifen und Polieren von Diamant- und Wolframkarbid-Ziehmatrizen, einmal ihrer Eigenhärte wegen, und überdies, weil es sich — vor allem bei den Diamanten — meist um enge Bohrungen handelt, von deren genauer Formgebung und glatter schrammenloser Arbeitsfläche die Güte des Erzeugnisses weitgehend abhängt. In beiden Fällen benutzt man Diamantstaub (z. B. zerpulverte alte Diamantsteine oder Bruchstücke) in Öl als Schleifmittel und Metallkonen, -nadeln oder -drähte als Träger.

Der Diamantstaub wird in sorgfältig abgestuften Korngrößen[3] verwendet, in jedem Polierschritt feiner werdend, bis zur Endpolierung mit nur einigen μ Teilchendurchmesser.

Die Metallträger besitzen entweder — wie in Abb. 174 ersichtlich — konische Spitzen, die in automatischen Maschinen im richtigen Winkel geschliffen worden sind, oder man verwendet Nadeln oder Drähte, die im gewünschten Winkel gegen die Achse des schnell rotierenden Ziehwerkzeugs eingeführt werden und auf diese Weise einen Konus erzeugen. Für Mittel- und Feindrahtmatrizen kommen des engen Bohrungsdurchmessers wegen vorwiegend Nadel- und Drahtpoliermaschinen in Frage. In Abb. 173 bis 175 sind eine Nadelpolier-

---

[1] Siehe auch S. 211.

[2] Infolge des durch die mechanische Polierbeanspruchung hervorgerufenen Spannungszustandes der Oberflächenschicht (s. S. 99ff.).

[3] Die durch Dekantieren, d. h. entsprechend ihrer Sedimentationsgeschwindigkeit, in einer Flüssigkeit aussortiert werden.

maschine, eine schwere Handpoliermaschine sowie eine liegende, nach Art einer kleinen Drehbank arbeitende Poliermaschine dargestellt. In allen Fällen wird der Träger zur Erneuerung der Diamantstaubauflage laufend in axialer Richtung hin- und herbewegt.

Abb. 173. Fünfspindlige Nadelpoliermaschine SU 27 (Berkenhoff & Drebes)

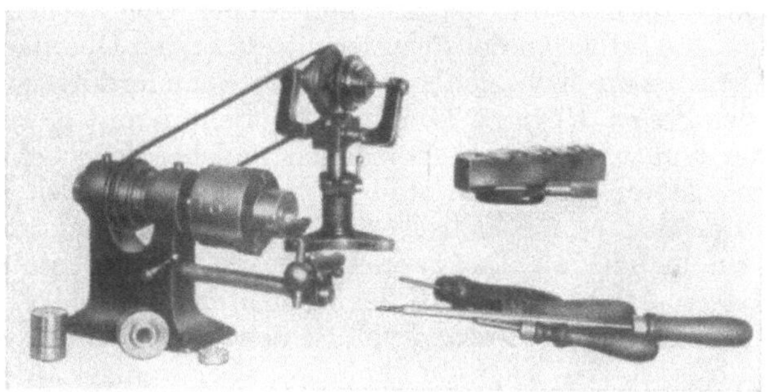

Abb. 174. Schwere Handpoliermaschine (Berkenhoff & Drebes)

Abb. 175. Einspindlig liegende Poliermaschine „Universal" Modell 36 (Berkenhoff & Drebes)

Abb. 173 bis 175. Poliermaschinen für Ziehmatrizen

d) Schmierung der Formungswerkzeuge

Die Wirksamkeit der Formungswerkzeuge ist weitgehend abhängig von ihrer Schmierung, d. h. von dem Zustand der Grenzflächen Werkzeug—Werkstoff. Das für jede Fertigung entscheidend wichtige Gebiet der Schmierung der Maschinen und Formungswerkzeuge ist so umfangreich und kann auch als allgemein so bekannt vorausgesetzt werden, daß im folgenden nur auf die Schmierung der das Verfahren selbst durchführenden Werkzeuge (d. h. eben im wesentlichen Matrizen und Patrizen) eingegangen werden soll. Im gleichen Zusammenhange muß auch kurz auf das kabeltechnisch wichtige Gebiet der Schmierung der Werk*stoff*elemente unter sich (Herabsetzung der *inneren* Reibung) eingegangen werden, da es vielfach mit der Werk*zeug*schmierung (Herabsetzung der „äußeren" Reibung) unlösbar zusammenhängt.

Grundsätzlich handelt es sich bei beiden Schmierungsarten um den gleichen Vorgang: An Stelle der Reibung zwischen zwei (festen oder zähplastischen) Oberflächen tritt die „innere" Reibung des dazwischengeschalteten, im allgemeinen flüssigen Schmiermittels. Das wird dadurch erreicht, daß das Schmiermittel an den zu schmierenden Oberflächen so fest haftet, daß an diesen Grenzflächen Schmiermittel—zu schmierende Oberflächen *keine* wesentlichen Gleitvorgänge stattfinden. Das Schmiermittel muß also die zu schmierenden Oberflächen sehr gut *benetzen*, d. h. die Adhäsion des Schmiermittels zu den Oberflächen muß viel größer sein als die Kohäsion zwischen den Schmiermittelmolekülen.

Unter den *festen Körpern* kommen als Schmiermittel solche mit Schichtgitterstruktur in Frage, bei denen moleküldicke Schichten in sich sehr viel fester verbunden sind als mit den parallelen Nachbarschichten. Bei starker mechanischer Scherbeanspruchung gleiten die Schichten aufeinander ab. Das typische Beispiel solcher Stoffe ist der Graphit, dessen Atome innerhalb der Schichten nur 1,44 Å Abstand besitzen gegenüber einem Abstand von Schicht zu Schicht von 3,38 Å[1]. Auch Talkum (s. S. 116) zeigt ein ähnliches, aber weniger ausgeprägtes Verhalten.

Die notwendige feste Verankerung des Graphits mit den zu schmierenden Oberflächen wird entweder dadurch erreicht, daß der Graphit in feiner Form schmierenden Flüssigkeiten großer Benetzungsfähigkeit untermischt wird (Graphit-Öl-Mischung, vor allem für hohe Temperaturen, z. B. bei Metallstrangpressen) oder aber als Material für das Werkzeug selbst genommen wird, das dadurch eine selbstschmierende Oberfläche erhält (wie z. B. bei den soeben besprochenen Graphitmatrizen für das kontinuierliche Gießverfahren).

Die besonders gute Schmierwirkung von *Flüssigkeiten* beruht darauf, daß Flüssigkeiten inkompressibel sind, d. h. ihre innere Reibung praktisch unabhängig von Druck ist, außerdem darauf, daß diese innere Reibung mit der durch die Beanspruchung steigenden Temperatur abnimmt.

---

[1] In dem Raum zwischen den Schichten haben freie Elektronen eine begrenzte Beweglichkeit. Dadurch erhält Graphit die Eigenschaft eines Elektronenhalbleiters.

Unter den flüssigen Schmiermitteln nehmen die *Öle*, die bekanntlich eine besonders geringe Kohäsion (daher geringe Oberflächenspannung) besitzen, eine vorherrschende Stellung ein. Die Benetzungsfähigkeit und damit der *Schmierwert* sind besonders gut bei fetten Ölen (d. h. pflanzlichen oder tierischen Ursprungs). Da alle Fette und fetten Öle freie Fettsäuren enthalten, erklärt man sich ihre starke Haftung an metallischen Oberflächen mit der großen Affinität des die Carboxylgruppe ($COOH$) enthaltenden Endes der Fettsäuremoleküle zu Metallen. Man nimmt dabei eine dichte Packung paralleler Moleküle an, die in einer Moleküllage senkrecht zur Metalloberfläche wie die Borsten einer Bürste angeordnet sind, d. h. die $COOH$-Enden dem Metall zugewandt und auf der Metalloberfläche verankert. Kabeltechnisch vielseitig verwendet wird die Stearinsäure ($C_{17}H_{35} \cdot COOH$), die, z. B. in feinster Schicht auf heiße Walzen gebracht, das lästige Kleben mancher Kautschukmischungen u. ä. auf Mischwalzen und Kalandern mit Sicherheit aufhebt.

Zum *Schmieren der Ziehmatrizen* beim Drahtziehen im Mehrfachzug werden Baumwollsamenöl und in Deutschland vor allem Rüböl, zum Teil auch geblasen[1] verwendet, und zwar in Wasser emulgiert, um neben dem Schmiereffekt eine erhöhte Kühlwirkung zu erzielen und gleichzeitig das gegen Oxydation empfindliche fette Öl gegen den Luftsauerstoff abzuschließen.

Wesentlich oxydationsbeständiger als fette Öle sind Mineralöle, aber ihr Schmierwert ist geringer. Der innere Zusammenhang des Schmierfilms ist bei Mineralölen besser infolge der für mineralische Schmieröle gewählten höheren Viskosität.

Mineralische Schmieröle werden nämlich durch Raffinade (Ausscheidung verharzungsfähiger, saurer und basischer Bestandteile) aus dem über 350° C siedenden Destillationsrückstand des Erdöls (oder auch aus Braunkohle, Steinkohle, Schiefer) gewonnen.

Nach dem immer wiederkehrenden Grundsatz: Optimale Wirkung durch Werkstoffkombination, werden Mineralöle durch Zusatz von Fetten oder fetten Ölen zu besonders guten Schmiermitteln („gefettete" oder „compoundierte" Öle).

Die *Einführung des Schmiermittels* zwischen die zu schmierenden Oberflächen kann während des ganzen Verfahrens laufend erfolgen, wie z. B. beim Drahtziehen, wo bei Einzelzügen das Ziehfett (Talg, Wollfett) oder Seife ununterbrochen in den Ziehkonus eingezogen, bei Mehrfachziehmaschinen dagegen Ziehemulsionen mit großer Gewalt eingespritzt werden.

Die Ziehemulsionen in Mehrfachziehmaschinen müssen daher in dauerndem Umlauf gehalten werden. Sie werden dabei von Ziehstaub und anderen Verunreinigungen, die den Ziehvorgang beeinträchtigen, gereinigt und auf einer für ihre Wirkung optimalen Temperatur gehalten, die für eine Seifen-, Fett- und Ölemulsion etwa 50 bis 60° C beträgt.

---

[1] Siehe auch: geblasenes Bitumen, S. 149.

Zur Reinigung von Ziehemulsionen verwendet man große Tanks, in denen sich der Ziehstaub am Boden absetzt, während leichte Verunreinigungen an die Oberfläche steigen und abgeschäumt und fortgeleitet werden.

Bei Metallstrangpressen dagegen wird die Schmierung vor allem der Patrize (Preßdorn) im diskontinuierlichen Verfahren vor jeder neuen Auspressung (meist nach jedesmaliger Kühlung) vorgenommen.

Daß gute Schmiermittel aber auch unter mittleren Drucken und Erwärmungen, wie sie bei Kunststoffumpreßmaschinen auftreten, mehrere Stunden in ihrer Wirkung vorhalten, ist eine in der Kabeltechnik noch verhältnismäßig wenig beachtete Tatsache, deren Auswertung nicht nur ein Verbrennen der Massen durch Ansetzen verhindern, sondern auch die Reinigungszeiten von Siebplatte, Pressenkopf und Matrize erheblich abkürzen kann.

Üblich ist dagegen die Herabsetzung der Reibung in der Umpreßmaschine und Vermeidung von Verbrennen von Kunststoffen bzw. Anvulkanisieren von Kautschukmischungen durch Hinzufügen von fetten Ölen zu Kautschukmischungen bzw. von anderen geeigneten Gleitmitteln, wie verschiedenen Stearaten zu Kunststoffen.

Solche Gleitmittel setzen gleichzeitig die *innere Reibung* in einer Mischung *verschiedenster* Stoffe herab, erleichtern z. B. das Einmischen pulverförmiger Füllstoffe in Kautschuk, und zwar durch den gleichen Vorgang wie bei der Herabsetzung der „äußeren" Reibung, nämlich durch die Benetzung der Pulverteilchen durch das Schmiermittel, wobei dann die Reibung Pulver—Kautschuk ersetzt wird durch die wesentlich geringere Reibung Schmiermittel—Kautschuk. Da die Stoffe also die Verteilung der Füllmittel im Grundstoff erleichtern, bezeichnet man sie mit *Verteiler* [98] im Gegensatz zu *echten Weichmachern* (s. S. 97ff.), die *zwischen* die Makromoleküle eines einheitlichen Stoffes, wie Kautschuk oder Thermoplasten, eintreten unter Aufhebung (Lösung) oder teilweiser Aufhebung (Quellung, Gelatinierung) der den festen Zustand des einheitlichen Stoffes hervorrufenden sekundären Bindungskräfte zwischen seinen Makromolekülen. Für *Verteiler* findet man auch die (meines Erachtens in sich widerspruchsvolle) Bezeichnung *indifferenter Weichmacher*.

II. Die Formung aus dem flüssigen Zustand

a) Allgemeines

Die hauptsächlichen kabeltechnischen Formungsverfahren, bei denen der Werkstoff im flüssigen Zustand verarbeitet wird, sind das Gießen, Umgießen (Umhüllen) und Vergießen (Imprägnieren), Schweißen, Löten, Kleben u. a. mit metallischem oder isolierendem Material. Der flüssige Zustand der Werkstoffe kann dabei bereits bei Raumtemperatur dem Werkstoff eigen sein (z. B. Öl) oder durch Erwärmen (Schmelzen) oder Lösung erreicht werden. Diese verschiedenen Verfahrensarten und Werkstoffzustände sind einander in ihren Verfahrensgrundlagen ähnlich, die sich im wesentlichen auf die Fragen der Eigenschaften von Flüssigkeiten, ihr Verhalten zu angrenzenden Gasen und Festkörpern und auf die Vorgänge bei ihrer Verfestigung beziehen.

Da bei vielen thermoplastischen Stoffen der Übergang flüssig-fest sich in einem weiten Temperaturintervall mit zähflüssigen und plastischen Zwischenstufen vollzieht, ändern sich auch ihre Eigenschaften stetig innerhalb dieses Intervalls.

Schwindung. Unter *Schwindung* versteht man die meist erhebliche Volumverminderung eines Stoffes beim Übergang von der flüssigen zur festen Phase. Wird ein Hohlraum, d. h. etwa eine Gießform oder die Zwischenräume in einer Faserstoffschicht, mit einer Flüssigkeit ausgegossen, dann erstarrt die Flüssigkeit dort zuerst, wo sie am schnellsten abkühlt, d. h. vor allem an den Wandungen des Hohlraums, und sehr viel langsamer an der mit der Luft in Berührung stehenden Oberfläche. Ist der erstarrte Werkstoff formfest genug, oder haftet er fest genug an den Wandungen des ausgegossenen Körpers, dann entstehen infolge der Schwindung Hohlräume in seinem Innern in Form von Lunkern, Blasen, Rissen u. a. Ist die Kohäsion[1] des erstarrenden Stoffes größer als die Adhäsion[2] zur umgebenden Wandung, so löst er sich teilweise von den Wandungen unter Bildung von Hohlräumen an den Wandungen. Wenn die mit der Luft in Berührung stehende Oberfläche nicht so schnell abkühlt wie die Wandungen (metallische Kokillen), so gibt sie der Volumschwindung nach und bricht mulden- oder trichterförmig ein. Zur Vermeidung aller dieser Hohlraumbildungen ist es erforderlich, die Abkühlung so zu steuern, daß die Schwindung sich nur an einer zugängigen Oberfläche auswirken und erforderlichenfalls durch Nachschub weiterer flüssiger Materials ausgeglichen werden kann.

b) Gießen

Unter Gießen versteht man die Formung eines Werkstoffes durch Einführen des flüssigen Stoffes in eine Matrize (s. S. 206), deren Form er beim Erstarren annimmt. Gleichzeitig kann zur Formung von Hohlkörpern (Herstellung von Rohren) eine Patrize (Kern; s. S. 212) verwendet werden. Das Gießverfahren kann satzweise in abgeschlossenen Kokillen oder kontinuierlich (Stranggußverfahren) vorgenommen werden.

Das Gießen wird hauptsächlich zur Herstellung von Metall*halbzeugen* angewandt, die dann durch plastische Verformung (Walzen, Strangpressen) weiterverarbeitet werden. Das Gießen *fertiger* metallischer Kabelelemente ist im allgemeinen (Kupfer, Aluminium, Zink und Legierungen) wegen der Sprödigkeit gegossener Metalle nicht möglich. Die Herstellung von Bleimänteln durch direktes Gießen ist oft, aber ohne praktischen Dauererfolg, versucht worden. Wieweit das

---

[1] Kohäsionskräfte sind primäre oder sekundäre Valenzkräfte, die die Teile eines einzigen Stoffes zusammenhalten.

[2] Adhäsionskräfte halten die Oberflächen zweier verschiedener Körper zusammen und bestehen entweder in Valenzkräften oder mechanischer Verzahnung.

Stranggußverfahren dafür (und vielleicht auch für Aluminiummäntel mit anschließender plastischer Warmverformung) erfolgreich und wirtschaftlich angewandt werden kann, muß die weitere Entwicklung lehren.

Grundsätzlich erscheint auch das Gießen und plastische Weiterverformen (z. B. gemeinschaftlich mit Metallen im Isotraxverfahren) *hochpolymerer Stoffe* kabeltechnisch anwendbar. Ein dem Gießen von Folien aus Hochpolymeren analoges kabeltechnisches Verfahren ist die Herstellung dünner nahtloser Überzüge auf Drähten und Kabeln im Durchlaufverfahren durch eine Schmelze oder Lösung des Hochpolymeren oder durch das flüssige Monomere mit anschließendem Abkühlen, Verdampfen oder Polymerisieren.

Für das *Gießen von Metallen* sind folgende Punkte (s. auch Gasaufnahme in Schmelzen, S. 182) von allgemeiner Bedeutung:

1. Verunreinigungen

Im Metallkristall unlösliche Verunreinigungen, die metallischer oder nichtmetallischer Natur sein können, konzentrieren sich während der Kristallbildung

a) in der zwischen den wachsenden Kristallen verbleibenden flüssigen Phase und

b) in der *Restschmelze* (s. Punkt 2).

Aus a) ist zu erklären, daß selbst sehr geringe Mengen von Verunreinigungen spröde Filme um die Kristalle bilden und damit den Guß spröde machen. Diese Verunreinigungen können zwar durch Desoxydations- und Verschlackungsmittel weitgehend beseitigt werden. Trotzdem sind in einem Gußstück immer noch feine versprödende Trennschichten zwischen den Kristallen vorhanden, die erst durch eine nachfolgende, plastische Warmverformung, wie Walzen, Strangpressen oder andere, zerrissen werden müssen, um die Metallkristalle in unmittelbare Berührung zu bringen und damit Festigkeit und Zähigkeit so weit zu erhöhen, daß das Werkstück Kaltverformungen aushält.

Eine weitere Verunreinigung bilden die Gußhäute, d. h. die an den Begrenzungsflächen des Gußstückes gegen die Kokillenwände entstehenden dünnen, aus Oxyden, ausgeschiedenen Gasen und Resten von Schmier- und Anstreichmitteln bestehenden Schichten. Sie werden, falls erforderlich, durch spanabhebende Formung (Drehen, Fräsen) beseitigt.

2. Seigerung

Wenn die Kristallisation nicht gleichzeitig in der ganzen Schmelze erfolgt, besteht beim Gießen von Legierungen oder Metallen mit einem hohen Gehalt an metallischen Verunreinigungen die Gefahr, daß sich Legierungsbestandteile oder Verunreinigungen entweder durch ihr abweichendes spezifisches Gewicht von der Hauptmasse trennen oder zunächst nicht von den wachsenden Kristallen aufgenommen werden. Sie reichern sich dann in dem zuletzt erstarrenden Teil der Schmelze, der *Restschmelze*, an.

Die Seigerung kann vermieden werden, wenn die Erstarrung der Schmelze nach dem Gießen schnell genug erfolgt, d. h. besonders durch Kühlen der Matrize (Kühlkokille), vorzugsweise mit Wasser (erforderlichenfalls Heißwasser unter 2···3 atü). Gleichzeitig erreicht man dadurch eine feinere Kristallstruktur, die bei manchen Metallen (vor allem Zink) für die weitere Bearbeitung durch plastische Verformung wichtig ist.

3. Schwindung beim Gießen

Infolge der bereits allgemein beschriebenen Schwindung bildet sich beim Gießen in Kokillen in dem Gebiet, in dem die Schmelze zuletzt erstarrt, d. h. im Zentrum und an der durch die Luft oder Schutzstoffe isolierten Oberfläche, ein trichterförmiger Hohlraum (*Lunker*; s. Abb. 176). Da der Trichter beim Walzen in das Zentrum des Drahtendes einwalzt oder beim Strangpressen in den Kabelmantel usw. gelangen würde, muß für seine Vermeidung oder Entfernung gesorgt werden:

Der Trichter kann vermieden werden, wenn der Kopf der Kokille während der Abkühlung der übrigen Teile heiß gehalten wird, d. h. z. B. bei einer Kühlkokille nicht oder erst zuletzt gekühlt wird. Dabei kühlt man die in leeren Wasserbehältern stehenden Kokillen am besten langsam von unten durch Einlaufenlassen von Wasser (*steigende Kühlung*). Ferner kann sich kein Trichter bilden, wenn man die erstarrende Masse zusammenpreßt (z. B. beim Erstarren des Bleis im Aufnehmer der Bleipresse).

Das meist geübte Verfahren ist, die Schwindung der erstarrenden Masse durch laufendes Nachgießen zu kompensieren. Dabei besteht jedoch die Gefahr, daß an der alten Oberfläche angesammelte Schlacken wieder ins Innere des Gußstücks befördert werden, wenn auf diese Oberfläche gegossen wird. Man läßt daher zweckmäßigerweise die Schmelze durch ein Rohr einlaufen, das stets unter die Oberfläche, z. B. bis auf den Boden der Kokille, reicht (*steigender Guß*, z. B. Bleipresse; s. S. 270). Bei Anwendung der beschriebenen steigenden Kühlung muß dann jedoch das Einlaufrohr während des Gießprozesses im gleichen Tempo gehoben bzw. die Kokille gesenkt werden.

Abb. 176. Barrenlängsschnitt mit Lunker nach A. VON ZEERLEDER [161]

4. Die Herstellung von Kupferwalzbarren

Von besonderem Interesse ist natürlich für die Kabeltechnik die Herstellung der Kupferwalzbarren (Electrolyt Wire Bars). Wenn auch die meisten Kabelwerke ihre Walzbarren nicht selbst herstellen, sondern von den Raffinerien beziehen, so ist doch das Herstellungsverfahren für die Walzbarren von so einschneidendem Einfluß auf die weitere Verarbeitung, insbesondere das Walzverfahren, daß die Kenntnis des von der Raffinerie angewandten Gießverfahrens zum Verständnis der beim Walzen auftretenden Fehler notwendig ist.

Die Schmelze wird im Gegensatz zu den oben beschriebenen Grundsätzen in flache, liegende Kokillen gegossen, in denen sie während des Erstarrens mit ihrer großen freien Oberfläche mit der Luft in Berührung ist. Die Abb. 177 zeigt eine Gießanlage für Walzbarren, bei welcher, wie üblich, eine große Zahl Einzelkokillen für jeweils mehrere (in der Abbildung drei) Gußstücke auf dem Umfang einer großen rad-

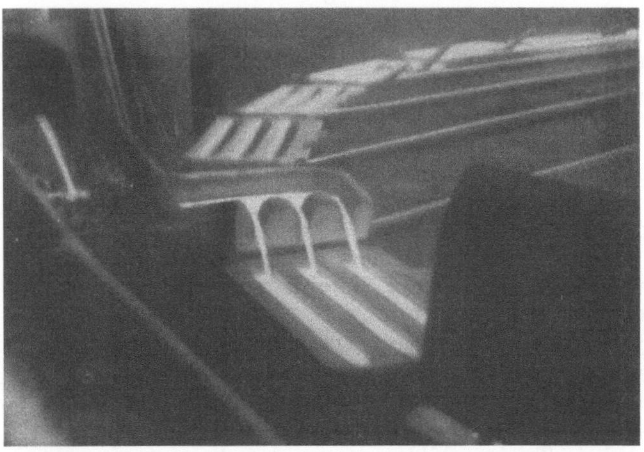

Abb. 177. Gießanlage für Kupfer-Walzbarren. Ein großes karussellartiges Rad trägt einen Kranz von Kokillen mit je drei Formen für je einen Walzbarren. Links oben kommt das flüssige Kupfer aus dem Schmelz- (oder Warte-) Ofen und fließt durch Holzkohle in die Gießpfanne, aus welcher drei Ströme kontinuierlich die Kokillen auf dem sich langsam drehenden Radkranz füllen

förmigen, *endlosen* Umlaufvorrichtung montiert sind. Das Gießen erfolgt mit großer Geschwindigkeit, bei der die Einhaltung einer immer gleichmäßigen Gußhöhe nicht möglich ist. Der Querschnitt der Gießform ist trapezförmig, um ein leichtes Auskippen des Walzbarrens aus der umgekippten Kokille zu ermöglichen. Solche Kokillen sind besonders billig herzustellen. Da ferner diese Art des Gießens in Fließfertigung wenig Zeit und Arbeitslohn erfordert (weniger als eine Arbeiterstunde je Tonne![1]), so arbeitet das Verfahren so wirtschaftlich, daß für normale Elektrolytbarren andere Herstellungsverfahren nicht konkurrenzfähig zu sein scheinen.

R. H. BAULD faßt die Nachteile des beschriebenen, allgemein üblichen Gießverfahrens für Walzbarren wie folgt zusammen:

1. Hohe Sauerstoffkonzentration an der großen Oberfläche der Barren; Bildung eines Kupfer-Kupferoxyd-Eutektikums, dessen

2. nachteilige Eigenschaften auch beim Walzen nicht ganz zum Verschwinden gebracht werden;

---

[1] Diese und die folgenden Angaben sind einer kritischen Betrachtung des angelsächsischen Raffinadesachverständigen R. H. BAULD [99] entnommen.

3. Falten und Runzeln auf dieser Oberfläche (überhöhter Rand)
führen zu Falten, Rissen, Überlappungen und Absplitterungen im Walzdraht. In den Falten können sich Schuppen ansammeln und zu Bruch
von Feindrähten führen (s. Abb. 178);

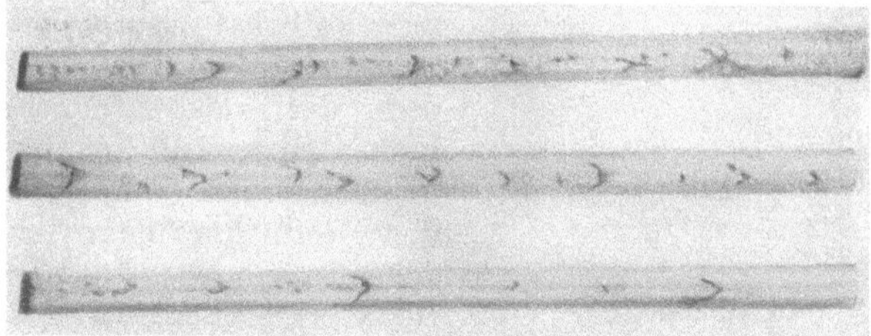

Abb. 178. „Krähenfüße" auf Kupferdraht

4. ungleichmäßiger Querschnitt. Zu große Tiefe des Gußstückes
führt zu Überfüllung der Walzenprofile und damit zu Walzgrat („Hai-
fischflossen") und Absplitterungen;

5. niedrige Dichte durch Gasblasen (8,5 gegenüber 8,9 des Walzdrahtes; wirkt sich nicht wesentlich nachteilig aus);

6. unregelmäßige Kristallisation (unwesentlich, da das Gußgefüge
bei den ersten Walzstichen zusammenbricht);

7. eingeschlossene und beginnende Sprünge, die beim Walzen geöffnet werden (schwerwiegender Nachteil).

Zur Behebung der Schwierigkeiten wird empfohlen:

a) Abfräsen der Oberflächenschicht und Abschrägen der Kanten oder
b) Abschaben des gewalzten oder vorgezogenen Drahtes[1], ferner
c) *vertikale* Kokillenanordnung in Form

α) einer einfachen Kühlkokille (meist heute üblich) oder
β) der Anwendung des Stranggußverfahrens, das jedoch heute großtechnisch nur für oxydfreies Kupfer entwickelt ist (Schwierigkeiten der
Kokillenschmierungen).

5. Kontinuierliches Gießen

Die Gefahren der Seigerung und Schwindung werden durch Anwendung des kontinuierlichen Gießverfahrens (Strangguß) vollständig
vermieden.

Das Stranggußverfahren ist in Deutschland entwickelt worden, und
zwar von SIEGFRIED JUNGHANS [100] der Wieland-Werke AG. und
B. ZUNCKEL der Vereinigte Leichtmetallwerke G. m. b. H. [101]. Die
technische Durchführung kann hier nur kurz beschrieben werden:

Auf dem unter neutralem Gasdruck stehenden Warteofen fließt die
Schmelze aus einer unterhalb des Metallspiegels befindlichen Austritts-
vorrichtung durch ein Zuführungsrohr in eine wassergekühlte Kragen-

---

[1] Siehe: Spanabhebende Formung, S. 329.

kokille[1] (Abb. 179), die oben *und unten* offen ist, und deren Querschnittsform dem Querschnitt des herzustellenden Gußstückes entspricht. Das erstarrte Material senkt sich — durch einen absenkbaren Gießtisch[2] oder Führungsrollen[3] gehalten — mit einer dem Metallzufluß angepaßten Geschwindigkeit, und zwar so, daß die Ausfluß-

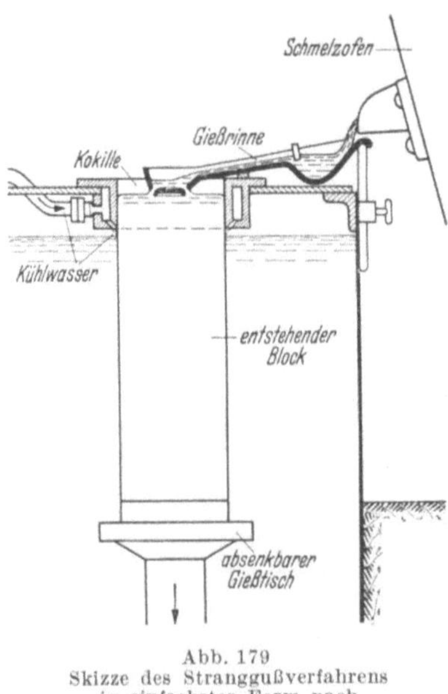

Abb. 179
Skizze des Stranggußverfahrens
in einfachster Form nach
W. PATTERSON [*102*]

öffnung des Zuführungsrohres[4] immer unterhalb der Oberfläche des ruhenden Metallspiegels mündet, d. h. daß das zufließende Metall keinen Sauerstoff aus der Luft aufnehmen kann. Man kann überdies den Raum über dem freien Metallspiegel noch mit neutralem Gas anfüllen.

Durch das Abkühlen schwindet das Gußstück etwas, so daß zwischen ihm und der Kokillenwand ein kleiner Zwischenraum entsteht, der ein ungehindertes Absenken des Gußstückes ermöglicht. Erforderlichenfalls kann die Kragenkokille mit dem Gußstück ein kurzes Stück gesenkt und ruckartig zurückgeholt werden. Bei zweiteiliger, geteilter Kokille kann das Anhaften des Gusses an der Kokillenwand durch hochfrequente Quervibrationen verhindert werden.

Beim Verlassen des Kragens muß bereits Erstarrung eingetreten und der Guß so weit abgekühlt sein, daß durch das anschließende Abschrecken mit starkem Wasserstrahl und darauffolgendem Wasserbad keine Sprünge im Gußstück auftreten. Bei Kupfer muß etwa ein Drittel des Wärmeinhalts des geschmolzenen Metalls bereits im Kragen abgeführt werden. Da aber zu schnelles Kühlen in der Kragenkokille zu Falten im Guß führt, sind der Stranggußgeschwindigkeit durch diese Abkühlungsvorgänge Grenzen gesetzt.

Beim vollkontinuierlichen Verfahren verläßt das Gußstück das Wasserbad durch eine Gummiabdichtung im Boden und wird darunter von den erwähnten Führungsrollen gefaßt und im Gießtempo nach unten geführt. Durch eine im Absenktempo mitwandernde Säge werden die gewünschten Stücke laufend abgeschnitten, d. h. falls man nicht *endlose Rohre oder Stangen für die Kabelherstellung* wünscht. Darüber fehlen jedoch noch veröffentlichte Erfahrungen.

---

[1] Siehe: Matrizen und Patrizen für Flüssigkeiten, S. 214.

[2] Das heißt halbkontinuierlich entsprechend Abb. 179.

[3] Vollkontinuierlich, für kabeltechnische Zwecke am besten geeignet.

[4] Beim *Asarco-Verfahren* [*96*] ist die Stranggußvorrichtung unmittelbar in den Boden des Warteofens eingesetzt, so daß das flüssige Metall keine andere freie Oberfläche besitzt als die unter Stickstoffüberdruck stehende Oberfläche im Warteofen.

Halb- und vollkontinuierliche Gießverfahren werden heute technisch zur Herstellung von Preßblöcken, Walzbarren und Rohren aus Messing, Aluminium, Zink, Blei und deren Legierungen sowie oxydfreiem Kupfer und versuchsweise Eisen und Stahl angewandt.

In neuerer Zeit wird bei manchen Werkstoffen das Gießen durch pulvermetallurgische Verfahren ersetzt, insbesondere zur Verformung sehr schwer schmelzbarer Metalle (Wolfram) oder zur Herstellung besonders reiner Metallformstücke (Kupfer; s. S. 106). Auf die Verfahrenstechnik selbst wird bei der Besprechung der quasiplastischen Verformung von Pulvern eingegangen werden (s. S. 325).

c) Umhüllen aus dem flüssigen Zustand
1. Allgemeines

Unter dieser Bezeichnung sollen alle Verfahren zur Herstellung nicht selbsttragender Schichten aus Flüssigkeiten zusammengefaßt werden, d. h. Verfahren, die man nicht eigentlich mit Gießen bezeichnen kann. Das grundsätzlich mögliche Umgießen von Kabeln mit selbsttragenden Mänteln nach einem kontinuierlichen Gießverfahren zum Beispiel würde nicht Gegenstand der folgenden Betrachtungen sein. Vielmehr handelt es sich bei den folgenden Verfahren um die Nutzbarmachung von primären oder sekundären Valenzkräften (Grenzflächenkräften) zur Bindung einer geschmolzenen oder (atomar, molekular oder kolloidal) gelösten Substanz an einen Träger, nämlich an das Werkstück.

Metallische Werkstoffe z. B. können sich dabei in Form einer metallischen Schmelze oder einer elektrolytischen Lösung befinden (Zinnbäder). Grundsätzlich sind auch Schmelzen der Metallsalze sowie kolloidale Suspensionen fester oder flüssiger Metall- oder Metallsalzteilchen in Flüssigkeiten (Sole, Emulsionen) oder Gasen (Rauch, Nebel) denkbar. Auf dem Gebiet der Isolierstoffe kommt in erster Linie die Verwendung natürlicher oder künstlicher Hochpolymerer in Lösungen (Lacke) in Frage. In neuerer Zeit finden auch kolloidale Suspensionen thermoplastischer Stoffe, wie z. B. von Polytetrafluoräthylen, in Wasser (*Organsole*) wachsende Anwendung zur Herstellung von Lackdrähten, wobei die kolloidalen Teilchen nach Verdampfung des Wassers[1] durch weitere Wärmeeinwirkung zu einer zusammenhängenden Isolierschicht verschweißt werden[2, 3].

---

[1] Nach Ansicht des Verfassers kann dabei zur Vereinfachung des Verfahrens sowie zur Verbesserung der Eigenschaften der Isolierschicht auf die Verwendung flüssiger Dispersionsmittel ganz verzichtet werden (Schutzrechte angem.).

[2] In ähnlicher Weise arbeitet das Wirbelsinterverfahren der Griesheim-Elektron A.G. [210], bei dem feinstes Polyäthylenpulver durch Preßluft u. a. aufgewirbelt wird und an einem hindurchgezogenen heißen Kupferdraht als dünne Haut hängenbleibt.

[3] Grundsätzlich ähnlich ist auch die Verwendung wäßriger Faseraufschwemmungen (z. B. Zellstoffpulpe) zur Herstellung isolierender Überzüge auf Leitern. Der Zusammenhang zwischen den Fasern wird dabei durch die gegenseitige Verflechtung bewirkt („Mikroverflechtung"; s. S. 371. Siehe hierzu auch den Hinweis auf die vielleicht mögliche künstliche „Makromolekülverflechtung".)

Soweit der Werkstoff das Werkstück nicht umhüllt, sondern in das Werkstück eindringt, handelt es sich um eine Imprägnierung, die anschließend besprochen werden soll. Es kommen jedoch auch Imprägnierungen mit einer nach Sättigung des Trägerstoffes folgenden Umhüllung vor, wie z. B. beim Kabellackieren.

Die chemischen, mechanischen, thermischen und elektrischen Eigenschaften aller dieser nicht selbsttragenden dünnen Schichten sind nun weitgehend davon abhängig, daß sie in ganz gleichmäßiger Stärke, ohne Poren, Risse oder Fremdkörpereinschlüsse und so fest auf den Träger aufgebracht werden, daß sie auch bei den stärksten bei der Weiterverarbeitung und im Betrieb vorkommenden chemischen (korrodierenden), mechanischen (Biegungen) und thermischen Beanspruchungen sich nicht von der Unterlage lösen, d. h. nicht abblättern, Falten bilden, aufplatzen usw. Das setzt voraus, daß die Unterlage eine von Verunreinigungen und groben mechanischen Fehlern (Schuppen, Löcher, Risse und Poren) freie Oberfläche besitzt.

Die feste Verbindung dieser dünnen Oberflächenschichten mit dem Träger ist durch molekulare Bindungskräfte (primäre und sekundäre Valenzkräfte) oder durch mechanische Verzahnung möglich bzw. durch Kombination verschiedener Kräfte. Es liegen hier die gleichen Bedingungen vor wie beim Schweißen, Löten und Kleben. Besondere Schwierigkeiten entstehen, wenn metallische und nichtmetallische Stoffoberflächen miteinander verbunden werden sollen, wie z. B. beim Lackieren von Metalldrähten oder -mänteln oder beim Metallisieren nichtmetallischer Hüllen zur Feuchtigkeitsabdichtung oder elektrischen Abschirmung. In einem solchen Falle verwendet man eine Trägerhülle, welche mit dem Überzug so fest verbunden ist, daß sich der Überzug nur gleichzeitig in enger Verbindung mit der Trägerhülle deformieren kann, daß also, mechanisch gesehen, Träger und Überzug als einheitliche Schicht aufgefaßt werden können. Es liegt auf der Hand, daß diese Bedingung im vollen Umfang nur erfüllt werden kann, wenn die für den Biegeprozeß maßgeblichen mechanischen Eigenschaften der Werkstoffe für Träger und Hülle aufeinander abgestimmt sind. Im besonderen darf das Trägermaterial sich unter Betriebsbeanspruchungen nicht so stark dehnen, daß dabei die Dehnungsfähigkeit des mit ihm verbundenen Hüllenmaterials überschritten wird. Genügend fest mit einer geeigneten Unterlage verbundene Überzüge zeigen allerdings eine viel größere Dehnbarkeit, als sie beim Zerreißversuch an dem Überzugsmaterial allein gemessen wird. Der Grund liegt darin, daß das Überzugsmaterial an allen Punkten gleichmäßig gedehnt wird und sich kein Fließkegel ausbilden kann.

In allen Fällen ist es zur Erzielung einer guten Haftung erforderlich, die Atome oder Moleküle der zu verbindenden Flächen so nahe aneinanderzubringen, daß die Valenzkräfte in Wirksamkeit treten können. Alle Abstand haltenden Zwischenschichten, wie Gas-, Feuchtigkeits- und Fetthäute, müssen daher sorgfältig beseitigt werden, desgleichen Oxydhäute, sofern sie nicht in besonderen Fällen selbst als verbindende Zwischenschicht zwischen dem Metall und einer nichtmetallischen Hülle

(Lack) dienen sollen. Überzugsflüssigkeiten müssen die Unterlage gut benetzen, zu verbindende feste oder plastische Körper unter Druck aufeinander gepreßt werden. Zur Erzielung oder Unterstützung einer Haftung durch Verankerung ist es empfehlenswert, die Oberfläche des Trägers aufzurauhen, und zwar möglichst in kolloidaler oder mikroskopischer Feinheit, da makroskopische Unstetigkeiten der Trägeroberfläche bei mechanischen Beanspruchungen zu ungleichmäßiger Spannungsverteilung und Rissen im Überzugstoff führen.

Bei der Besprechung der technisch üblichen und möglichen Verfahren zur Herstellung sehr dünner Überzüge auf sehr langen, biegsamen Unterlagen wollen wir unterscheiden:

metallische Überzüge auf Metallen (z. B. Verzinnen),

metallische Überzüge auf Nichtmetallen (elektrische Schirme und Feuchteschutzmäntel),

nichtmetallische Überzüge auf Metallen (z. B. Drahtlackieren),

nichtmetallische Überzüge auf Nichtmetallen (z. B. Kabellackieren).

Tauchverfahren. Praktisch werden heute dünne Überzüge aus Flüssigkeiten fast ausschließlich nach dem Tauchverfahren hergestellt, dessen allgemeine Grundlagen deshalb kurz vorwegbehandelt werden sollen. Wird ein Werkstück in eine Flüssigkeit getaucht und wieder herausgezogen, so verbleibt, falls die Flüssigkeit das Werkstück überhaupt benetzt, eine Flüssigkeitsschicht auf der Werkstückoberfläche. Für die Stärke dieser Schicht sind nun u. a. die folgenden Faktoren maßgebend:

1. die Adhäsion der Flüssigkeit am Werkstück, d. h. resultierende, molekulare Oberflächenkräfte (Benetzung) und mechanische Verzahnungen,

2. Kohäsionskräfte, die die Flüssigkeitselemente durch primäre oder sekundäre Valenzkräfte zusammenhalten und deren Größe sich in dem inneren Widerstand der Flüssigkeit gegen das Fließen, d. h. in der Viskosität, äußert,

3. die Massenträgheit der Flüssigkeitsteilchen sowie

4. die Wirkung der Schwerkraft auf die Flüssigkeitsteilchen.

Daraus ergibt sich, daß das Aufbringen einer gleichmäßigen Überzugschicht vermittels einfachen Durchführens des Werkstückes durch die Flüssigkeit eine genaue Abstimmung aller dieser Faktoren aufeinander bedingt. Tatsächlich werden analog anderen Gebieten auch für Drähte Lacküberzüge nach diesem Verfahren hergestellt. Die Hauptschwierigkeit bildet dabei zweifellos die starke Temperaturabhängigkeit der Viskosität, die eine genaue Temperaturregulierung erforderlich macht, sowie bei Lacken außerdem das Eindicken des Lackes durch Reifungsprozesse und durch Verdampfung flüchtiger Bestandteile während des Lackierungsverfahrens.

Bei Metallschmelzen (Verzinnung) ist man zur Vermeidung übermäßiger Oxydation oder Legierungsbildung mit dem Werkstück an so niedrige Badtemperaturen gebunden, daß die aus dem Bad herausgeführte Metallmenge die gewünschte Schichtstärke wohl meist über-

15*

schreitet. Aus allen diesen Gründen verwendet man praktisch heute durchweg Matrizen (Abstreifer), die die Auftragsmenge begrenzen und die damit diesen Formungsvorgang eines Kabelelements aus einer Flüssigkeit dem der plastischen Formung so ähnlich machen, daß beispielsweise zwischen der Bildung einer Lackschicht aus hochviskosem synthetischem Lack im Drahtlackierungsverfahren und dem Umpressen einer hauchdünnen Nylonhülle (s. S. 298) in der Triebwendelpresse kein grundsätzlicher Unterschied besteht; denn das in der Spritzmaschine plastische Nylon ist im Augenblick der Formung, d. h. des Durchtritts durch die Matrize, ebenfalls flüssig (s. hierzu die Abb. 236) und die Formungsmatrize im wesentlichen die gleiche (s. Abb. 183) [*97*].

2. Metallische Überzüge auf Metallen

a) **Metallüberzüge aus Schmelzen.** Zur Herstellung von metallischen Überzügen aus einer Schmelze eignen sich besonders Zinn, Blei, Zink und Aluminium. Zink, Aluminium und auch Blei dienen vorwiegend als Korrosionsschutzüberzüge auf Eisenbändern und -drähten und werden im allgemeinen fertig mit den Eisenhalbzeugen angeliefert. Dagegen ist das Verzinnen von Kupferdrähten ein wichtiges Verfahren der Kabelherstellung selbst.

Der Zweck des Verzinnens ist meist der Schutz der Kupferdrähte gegen den Einfluß des Schwefels und der Schutz des Kautschuks gegen den Einfluß des Kupfers bei der Vulkanisation von Gummihüllen. Außerdem dient die Verzinnung zur Erleichterung des Lötens. Sie wird daher auch gelegentlich an nicht mit Gummi isolierten Leitungen[1] angewandt.

Die Verzinnung wird in der Regel nach dem Heiß- oder Tauchverfahren (Feuerverzinnung), d. h. in einer Zinnschmelze (Zinnbad), vorgenommen. Das Verfahren kann einfach und mit wirtschaftlicher Geschwindigkeit im Durchlauf ausgeführt werden. Die Überzüge lassen sich jedoch nicht absolut porenfrei herstellen. Ein anderes sehr verlockendes Verfahren ist die elektrolytische Verzinnung, weil sie bei richtiger Einstellung der Herstellungsbedingungen vollständig dichte, fest haftende und vor allem sehr gleichmäßige Überzugsschichten ergibt.

Feuerverzinnung. Die technische Durchführung der Feuerverzinnung ist in Abb. 180 dargestellt. Sie besteht aus drei wichtigen Schritten: der Vorbehandlung des blanken Drahtes, dem eigentlichen Verzinnungsvorgang und der Nachbehandlung des verzinnten Drahtes.

Die Vorbehandlung des blanken Drahtes umfaßt das Glühen, Reinigen und Benetzen mit einem Flußmittel (*Lötwasser*). Harte Kupferdrähte hohen Reckgrades werden bereits durch die Temperaturbehandlung beim Durchlaufen des Zinnbades etwas wiedererweicht, entsprechend der Kurve 2 in Abb. 145 [*6*] (s. S. 177). Das kann für feine Drähte (unter 0,4 mm Durchmesser) ausreichen, wenn die Zinnbadtemperatur hoch genug ist (350° C). Für dickere Drähte, niedrigere Badtempera-

---

[1] Gelegentlich verwendet man eine Verzinnung auch als Schutz des Kupferleiters gegen eventuelle Zersetzungsprodukte des PVC (**HCl**).

turen oder höchste Ansprüche an Weichheit muß dem Verzinnen ein besonderer Glühprozeß vorgeschaltet werden. Das geschieht in der Regel mit dem üblichen satzweisen Glühverfahren in Töpfen, wird jedoch in neuerer Zeit auch in Kombination mit der Verzinnung im Durchlauf ausgeführt[1].

Zur *Reinigung* werden Kupferdrähte durch ein Schwefelsäure- oder Salzsäurebad (etwa 10prozentig) und anschließend zur Entfernung der

Abb. 180. Feuerverzinnung (HDK)

Beizsäurereste durch ein Wasserbad geführt. Für stärkere Drähte ist eine Reinigung durch Elektrolyse (Draht als Anode oder Wechselstrom) empfehlenswert. Zuletzt durchläuft der Draht ein Bad mit einem *Flußmittel*, das entweder aus einer gesättigten Lösung oder einer Schmelze von Zinkchlorid besteht oder besser aus einer Mischung von Zinkchlorid und Ammoniumchlorid in Wasser, am besten unter Zusatz von Glyzerin.

Die Schmelze selbst besteht entweder aus ganz reinem Zinn (Bankazinn), das zur Erleichterung des Verzinnungsvorganges mit 3 bis 5% Antimon oder Kadmium und zur Verbesserung des Aussehens mit Wismut oder Nickel versetzt sein kann. Je häufiger das Zinn erneuert wird, um so leichter und besser wird die Verzinnung.

---

[1] Siehe Glühen im Durchlaufverfahren, S. 180.

Zur Ersparnis von Zinn werden Zinn-Blei-Legierungen verwendet mit bis zu 75 % Bleizusatz[1].

Zwei Erscheinungen tragen besonders zur Verunreinigung des Zinnbades, Erhöhung des Zinnverbrauches und Herabsetzung der Qualität des hergestellten Zinnüberzuges bei: die Oxydation des Zinns an der Badoberfläche und die Lösung des Kupfers im Zinn.

Die *Oxydation* kann vermindert werden durch Herabsetzung der Badtemperatur, durch Verringerung der freien Oberfläche oder Überdecken mit einer neutralen Gasschicht, die allerdings eine Erschwerung der Bedienung mit sich bringt, oder durch Abdecken mit flüssigen oder festen (körnigen) Schutzstoffen, wie Asbest, Holzkohle, hochsiedende Öle oder Fette oder Hochpolymere (Silikoneöl), Chlorzink-Kochsalz-Mischung u. a. Dabei ist zu beachten, daß die Stoffe keine staubförmigen oder andere Bestandteile enthalten dürfen, die in die Überzüge aufgenommen werden und Poren verursachen können. Da die Streckgrenze des Drahtes im heißen Zinnbad geringer ist als bei Raumtemperatur, sind die Bedingungen zur Vermeidung von Streckungen (s. S. 162) beim Durchlauf durch das Bad besonders sorgfältig zu beachten.

Das an der Grenzfläche Kupfer—Zinn *in Lösung gehende Kupfer* wird vor allem durch den Abstreifprozeß in das Zinnbad befördert. Es ist daher zweckmäßig, das abgestreifte kupferreiche Zinn überhaupt nicht ins Bad zurücklaufen zu lassen oder aber es zur Herabsetzung der Konzentration gründlich im Bad zu verteilen, damit sich das Kupfer nicht gerade an der Austrittstelle des Drahtes aus dem Bad konzentriert.

Beide Vorgänge, Oxydation und Anreicherung mit Kupfer, steigen natürlich stark mit der *Temperatur*. Die Schmelztemperatur des reinen Zinns beträgt 232° C. Zur Erzielung einer ausreichenden und gleichmäßigen Dünnflüssigkeit ist ihre Überschreitung um etwa 30° C erforderlich; bei zu tiefer Temperatur wird der Überzug rauh und porös. 260 bis 290° C sind als optimale Badtemperatur für reines Zinn anzusehen, falls nicht eine Glühwirkung des Zinnbades auf das Kupfer beabsichtigt ist. Dabei ist zu beachten, daß an der Grenzfläche Kupfer—Zinn eine Zwischenschicht aus einer verhältnismäßig spröden, weniger korrosionsbeständigen Legierung gebildet wird, deren Stärke mit der Temperatur zunimmt und die gegebenenfalls bis zur äußeren Oberfläche durchtreten kann.

Die sich beim Eintritt des Drahtes entwickelnden Flußmitteldämpfe, sowie vor allem auch die Zinndämpfe, werden zweckmäßigerweise durch eine Abzughaube abgesogen, die sich dicht über der Eintrittstelle der Drähte befindet und über genügend weite, korrosionsfeste Rohre an den Schornstein angeschlossen ist.

Der Draht verläßt das Bad mit einem flüssigen Zinnüberzug, dessen Stärke sich nach der Temperatur des Zinnbades (Viskosität des Zinns)

---

[1] Reine Bleiüberzüge sind weniger dehnbar und korrosionsbeständig. Die Haftung reiner Bleiüberzüge auf dem Grundmetall (z. B. Eisen) kann durch Zusatz von Antimon zum Bad oder durch eine äußerst dünne Zwischenschicht aus Zinn verbessert werden.

richtet. Im allgemeinen wird die endgültige Schichtstärke durch eine *Matrize* (Abstreifer) eingestellt. Dabei ist allerdings zu beachten, daß die Matrizeneinstellung in diesem Fall, ebenso wie beim Lackieren, nur die Menge des durchlaufenden, noch flüssigen Überzugsmaterials bestimmt, während Form und zentrische Lage des Überzuges sich erst hinter der Matrize durch die Oberflächenspannung einregulieren und beim Verzinnen durch Abkühlen mit strömendem Wasser, beim Lackieren durch Verdampfen des Lösungsmittels (Brennen) fixiert werden, ehe der Überzug irgendwelche festen Vorrichtungsteile berührt.

Die *Abstreifer* sind aus Platten, Garnen oder Geweben genügend wärmebeständigen Materials so konstruiert, daß sie sich mit einstellbarem Druck der Oberfläche des verzinnten Drahtes anpassen. Üblich sind u. a. zwei asbestdurchsetzte, hochabriebfeste, hitzebeständige Kunstkautschukplatten, die mit Federdruck zusammengepreßt werden.

Nach der Verzinnung können die Drähte durch einen hauchdünnen Überzug eines Öles oder Wachses geschützt werden[1].

Metallspritzverfahren. Ein anderes Verfahren, dünne Überzüge aus geschmolzenem Metall herzustellen, ist das in seiner Anwendung für kabeltechnische Zwecke oft erörterte Metallspritzverfahren. Dabei wird ein Metalldraht elektrisch oder durch Gase in einer Spritzpistole geschmolzen und durch Druckluft auf das Werkstück gespritzt. Abgesehen davon, daß solche Überzüge nur auf aufgerauhten Unterlagen haften, erscheint das Verfahren vor allem deshalb nicht verlockend, weil die aufgespritzten, schuppenförmigen Teilchen feine kapillare Risse frei lassen und zur Abdichtung einer besonderen Nachbehandlung bedürfen (plastische Warmverformung, Imprägnieren). Die Haftfähigkeit kann durch Abdichten mit Wasserglas und anschließende Diffusionsglühung erhöht werden.

β) Galvanische Überzüge. Galvanische Überzüge haben den besonderen Vorteil eines geringen Materialaufwandes und Materialabfalls, da sie bei richtiger Einstellung der Herstellungsbedingungen auch in dünnen Schichten genügend fest und porenfrei sind. Für die Kabeltechnik sind jedoch zwei Schwierigkeiten des galvanischen Verfahrens zu beachten:

1. Die Überzüge besitzen im allgemeinen keine große Dehnungsfähigkeit und werden dann beim Biegen der galvanisch behandelten Drähte oder Mäntel rissig. SSW [*103*] schlagen vor, zur Erhöhung der Geschmeidigkeit einer Zinnschicht die Zinnanode mit etwa 5% Kadmium zu legieren und dem Elektrolyten Schutzkolloide zuzusetzen.

2. Die zweite Schwierigkeit besteht darin, daß das galvanische Verfahren in den erforderlichen Längen kaum satzweise durchführbar ist. Dem kontinuierlichen Verfahren steht jedoch entgegen, daß die galvanische Abscheidung nennenswerter Schichtstärken zumal dann eine erhebliche Zeit benötigt, wenn gleichmäßige und dichte Schichten er-

---

[1] Die Erhaltung des guten Aussehens der Zinnoberflächen nach der Vulkanisation der Gummihüllen ist nicht nur vom Verzinnungsverfahren, sondern auch von der Zusammensetzung der Kautschukmischungen und den Vulkanisationsbedingungen abhängig.

Abb. 181. Gesamtansicht bei gesenkten Elektrolytbehältern (F & R)

Abb. 182. Teilansicht der Hebevorrichtung und des Antriebmechanismus für die sich drehenden Glaszylinder. *1* Glaszylinder mit umlaufenden Drähten *2* kammartige Drahtführungen (F&R)

Abb. 181 u. 182. Elektrolytische Verzinnung von Kupferdrähten

halten werden sollen. Die Abb. 181 und 182 zeigen eine Konstruktion einer kontinuierlich arbeitenden galvanischen Verzinnungsvorrichtung der Maschinenfabrik Froitzheim und Rudert, bei der eine große Drahtlänge kompendiös in einem elektrolytischen Bad untergebracht ist. Der zu verzinnende Draht läuft in vielen Windungen um Glaszylinder. Der Abstand der Windungen wird durch kammartige Vorrichtungen bewirkt.

Eine Elektroplattierung von Leitern kommt ferner noch in Frage zur Herstellung hochleitender *Silberschichten* auf Kupfer- und Aluminiumdrähten (Flugzeuge) für Hochfrequenz, die gegebenenfalls gegen Schwefeleinwirkung noch mit einem Rhodiumüberzug versehen werden können.

Da mit dem galvanischen Verfahren außerordentlich dünne Schichten aufgebracht werden können, eignet es sich auch besonders zur Herstellung von Verbindungsschichten zwischen metallischen Stoffen unter sich, die direkt nicht ausreichend fest zusammenhaften würden. So bildet z. B. Zinn gute Verbindung zwischen Eisen und Blei und nach den Erfahrungen des Verfassers Messing ein ausgezeichnetes Bindemittel zwischen zwei Bleioberflächen.

γ) **Mechanische Verankerungen.** Das Aufbringen dünner Metallfolienüberzüge auf Drähte ist ferner durch reine mechanische Verankerung möglich. Je größer dabei der Härteunterschied zwischen den beiden Metallen und je rauher die Trägeroberflächen sind, um so besser ist das Haftvermögen der Plattierungsschicht [*104*]. Aus der Stahlplattierungstechnik (Trierer Walzwerk) ist z. B. bekannt, daß weiche Aluminiumfolien auf durch Sandstrahlen aufgerauhte Stahlbänder so fest aufgewalzt werden können, daß die erzielte mechanische Verankerung an Festigkeit einer Valenzbindung gleichkommt. Genau so werden die kupferplattierten Stahlbänder hergestellt, die es ermöglichen, den Stahlwellmantel auch für Hochfrequenzkabel zu benutzen, bei denen die Kupferschicht als Rückleiter dient (s. S. 84).

Ähnliche Verankerungserscheinungen treten auf bei der Herstellung *kupferplattierter Stahldrähte* (Stakudraht [*105*]) oder *Aluminiumdrähte* (Cupaldraht). In diesen Fällen sind jedoch die Auflageschichten im Vergleich zum Drahtdurchmesser stärker als bei den bisher besprochenen Fällen sehr dünner, nicht selbsttragender Überzüge. Bei der mechanischen Deformation (Walzen und Ziehen) der mit einem Kupferrohr umgebenen Stahl- oder Aluminiumkerne werden die Oxydschichten zwischen Kern und Rohr zerstört und die frischen Oberflächen unter Luftabschluß durch den hohen Verformungsdruck in so engen Kontakt gebracht, daß nicht nur eine mechanische Verzahnung, sondern auch eine Bindung durch Nebenvalenzen auftritt (s. S. 252).

3. Metallische Überzüge auf Nichtmetallen

Für die Herstellung metallischer Überzüge auf Nichtmetallen ist es erschwerend, daß die Trägeroberflächen von Metallschmelzen benetzbar und für galvanische Verfahren leitend oder halbleitend gemacht werden müssen (z. B. durch Graphit).

Ein allgemein bewährtes Verfahren, metallische Überzüge auf- und in einer isolierenden Unterlage galvanisch niederzuschlagen, besteht darin, die Oberflächenschicht des Trägers mit Silbersalzen zu tränken und das Silber durch Reduktion auszufüllen. Damit wird die Oberfläche der Trägerschicht in einer gewissen Tiefe für die Vornahme der Elektrolyse genügend leitend gemacht und andererseits die Elektrolytschicht in der Oberflächenschicht des Trägers außerordentlich fest verankert.

Die Langbein-Pfannhauser-Werke, Leipzig, haben auf Anregung des Verfassers dünne, sehr fest haftende Bleiüberzüge auf Polyvinylchloridhüllen galvanisch hergestellt, die auch nach einer mäßigen Biegebeanspruchung des Trägers absolut feuchtigkeitsdicht blieben. Wenn auch noch keine Erfahrungen vorliegen, wieweit solche dünnen Metallüberzüge bzw. Imprägnierungen in großen Längen absolut porenfrei hergestellt werden können, so kann doch mit diesem Verfahren auf alle Fälle eine größenordnungsmäßige Verbesserung der Undurchlässigkeit nichtmetallischer Mäntel für Gase und Dämpfe erreicht werden.

Wirtschaftlich wird die Anwendung des elektrolytischen Verfahrens auch in diesem Falle beeinträchtigt durch die verhältnismäßig geringe Fertigungsgeschwindigkeit der elektrolytischen Abscheidung. Da praktisch wohl nur im Durchlaufverfahren gearbeitet werden kann, wird das Verfahren nur dann wirtschaftlich sein, wenn man eine große Zahl elektrolytisch zu behandelnder Einzellängen gleichzeitig durch ein Bad laufen läßt oder eine den Abb. 181 und 182 entsprechende Vorrichtung verwendet.

Gewisse kabeltechnische Möglichkeiten scheinen sich auch aus den Versuchen von R. VIEWEG und H. KLINGELHÖFFER [*106*] für die gegenseitige Verankerung von Metallen und Kunststoffen und die Feuchtigkeitsabdichtung von Kunststoffmänteln zu ergeben. Danach kann z. B. ein sehr dünner, nahtloser Metallmantel eines Kabels mit einem darüber aufgebrachten Trägermantel aus Kunststoff dadurch mit diesem Träger fest verankert werden, daß man das Kabel mit dem Metallmantel als Kathode in einem elektrolytischen Bad behandelt, wobei ein Metallniederschlag vom Metallmantel her in den Kunststoff hineinwächst.

4. Nichtmetallische Überzüge auf Metallen

α) **Oxydieren.** Die einfachste Art, einen isolierenden Überzug auf Leiterdrähten herzustellen, ist die Oxydation der Leiteroberfläche. Solche Oxydschichten sind aber nur geringen elektrischen Anforderungen gewachsen. Sie können jedoch als bindende Zwischenschichten zwischen dem Metall und einem Lacküberzug wertvoll sein, da vor allem Öllacke rein metallische Oberflächen nicht benetzen. So erhöht z. B. eine dünne, festhaftende Oxydschicht die Haftung von Lacken auf Kupferdrähten (s. S. 236).

Technisch wichtiger sind die oxydischen Überzüge von *Aluminium*, die im wesentlichen nach zwei verschiedenen Verfahren auch im Durchlauf hergestellt werden können:

Bei der *chemischen Oxydation* (MBV-Verfahren = modifiziertes Bauer-Vogel-Verfahren) werden Schichtdicken von 1 bis $2 \cdot 10^{-4}$ cm (d. i. das 10- bis 20fache der natürlichen Oxydstärke) durch 5 bis 10 Minuten lange Behandlung der Aluminiumoberfläche in heißer, wäßriger Lösung von 5% kalzinierter Soda und 1,5% Natriumchromat, anschließendem Abspülen, Trocknen und 10 bis 15 Minuten langem Nachbehandeln mit 2prozentiger Wasserglaslösung von 90 bis 100° C hergestellt.

Bei der elektrischen **Oxydation** des **Aluminiums** (**Eloxal-***Verfahren*) erzielt man größere Härte, aber auch größere kabeltechnisch unerwünschte Sprödigkeit, höheres Isoliervermögen und besseren Korrosionsschutz, unbegrenzte Wärmebeständigkeit und gute Wärmeleitfähigkeit. Die Sprödigkeit der Schicht führt zu Rissen, wenn der Draht um weniger als seinen 10fachen Durchmesser gebogen wird. Bei vorsichtiger Behandlung lassen sich Durchschlagsfestigkeiten von einigen hundert Volt erzielen [*107*].

Man unterscheidet verschiedene Verfahrensarten, je nachdem, ob mit Gleich- oder Wechselstrom und in Schwefelsäure oder Oxalsäure gearbeitet wird. Bei Anwendung von Gleichstrom wird das Werkstück als Anode geschaltet.

β) **Lackieren.** In der Kabeltechnik kommen Lackierungsverfahren vorzugsweise in zwei ganz verschiedenen Fertigungsstufen vor: bei der Drahtlackierung (auch „Emaillierung" genannt), d. h. beim Bedecken von Metallen mit einer Lackschicht, und beim Überziehen eines beflochtenen (meist gummiisolierten) Kabels mit einer Lackhülle.

Zur Herstellung von *Lackdrähten* können mechanisch sehr widerstandsfähige, wasserfeste und gut isolierende Einbrennlacke verwendet werden, da hohe Temperaturen (250° bis 450° C) angewandt werden können. Bei der *Kabellackierung* kann dagegen mit Rücksicht auf die wärmeempfindlichen Isolierstoffe im Kabel nur bei mäßigen Temperaturen (40 bis 80° C) gearbeitet werden. Die Kabellacke dienen auch nicht zur Isolierung, sondern nur zur Abschirmung der Kabelseele (Gummi) gegen atmosphärische und sonstige korrodierende Einflüsse, und vor allem zur Erzielung eines glatten, gefälligen Aussehens. Für Drähte werden daher Öl- oder Kunstharz-Einbrennlacke verwendet, für Kabel dagegen Zellulosederivate (Zelluloseazetat, seltener noch Zellulosenitrat), kurz Zelluloselacke genannt[1].

Es gibt noch eine andere, kabeltechnisch übliche Art zum Überziehen einer Faserstoffunterlage mit einem Überzug aus einer Lösung, und zwar das *Bestreichen* von ganzen Gewebebahnen mit einer hochviskosen Lösung von Kautschuk oder synthetischen Stoffen, wie Polyisobutylen u. a., vorzugsweise zur Herstellung von Schutzhüllen um gummiisolierte Adern oder Kabel. Dieses mit *Streichen* bezeichnete Verfahren ist der Kabellackierung grundsätzlich ähnlich und wird daher im Anschluß an das Kabellackierungsverfahren besprochen werden.

Drahtlackierung[2]. Wie bei der Verzinnung kommt es auch bei der Herstellung von Lackdrähten besonders darauf an, die Verbindung des Überzuges mit der Unterlage so fest zu machen, daß beim Biegen des Drahtes die Überzugschicht an jeder einzelnen Stelle der Oberfläche fest haftet. Nur dann wird der Überzug auf der ganzen Fläche so gleich-

---

[1] Es gibt noch eine dritte Art von Lacken, die Imprägnierlacke, die jedoch weniger im Kabelwerk selbst als in den Elektromaschinenfabriken zur Imprägnierung faserstoffisolierter Drähte (Dynamodrähte) verwendet werden (s. hierzu S. 243 ff.).

[2] Das gleiche Verfahren kann auch zum Überziehen anderer Metallteile eines Kabels angewandt werden, z. B. für Metallhüllen aus Aluminium, Zink, Stahl u. a., die einen Korrosionsschutz erhalten sollen.

mäßig gedehnt bzw. gestaucht, daß keine örtlich überhöhten Spannungen und kein Reißen auftreten. Im Gegensatz zur Verzinnung wird jedoch, wie erwähnt, eine gute Verankerung der Lackschicht mit der metallischen Unterlage durch eine festhaftende Oxydzwischenschicht gefördert. Bei Kupferdrähten hat sich eine einfache, im Lackdrahtofen gebildete Anlaßhaut bewährt. Es genügt zu diesem Zweck, den gut gereinigten Kupferdraht zunächst einmal ohne Lack durch den Ofen laufen zu lassen, wobei gleichzeitig eine gute Trocknung und eine Vorwärmung der Drahtoberfläche stattfindet. Aluminiumdrähte können vor der Lackierung mit einer sehr dünnen Eloxalschicht bedeckt werden. Im allgemeinen genügt jedoch die natürliche, gut gereinigte Oxydhaut. Bei Verwendung ölfreier Lacke muß die Drahtoberfläche sauber entfettet werden.

Der so vorbereitete Leiter läuft entweder direkt durch das eigentliche Lackbad oder meist über in den Lack eingetauchte Benetzungsrollen oder Filze und wird dann durch oder über eine Abstreifvorrichtung geführt, die nur eine sehr dünne Lackschicht auf dem Draht beläßt. Die Abstreifer selbst bestehen im allgemeinen aus Filz, der jedoch sehr bald durch den einziehenden und trocknenden Lack erhärtet und unbrauchbar wird. Man verwendet daher als Lackabstreifer besser weiche, dicke Wildledersorten.

Auch *Metallabstreifer* sind anwendbar, da der Abstreifer die flüssige Lackschicht nur quantitativ begrenzt, nicht aber formt. Der Draht kann sogar durch Ziehmatrizen geführt werden, in welchen die Leiter gestreckt werden, ohne daß die Lacklösungsschicht ganz abgestreift

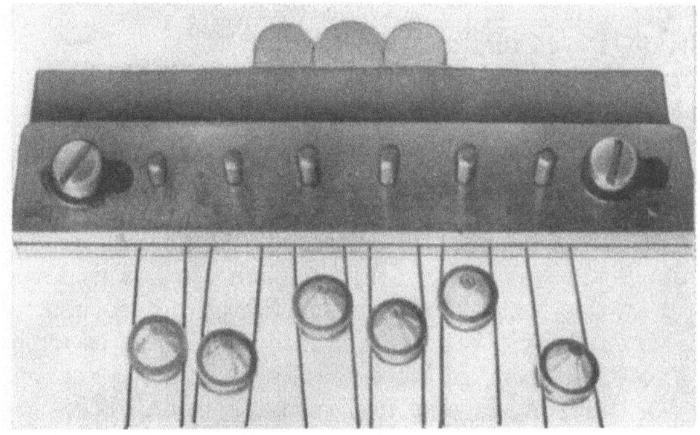

Abb. 183. Halter für in der Horizontalebene frei bewegliche Lackabstreif-Matrizen nach F. J. EMIG [*109*]

wird. Voraussetzung hierfür ist ein genügend kleiner Winkel des Ziehkonus und ein stetiger Übergang zum zylindrischen Teil der Ziehmatrize.

Ein Vorschlag des Kabelwerks Oberspree [*97*] behandelt die Verwendung von *Ziehsteinen als Lackabstreicher*, die jedoch so groß dimensioniert sind, daß eine Deformation des Leiterdrahtes nicht stattfindet. Die Auslaufkanten des Ziehsteines müssen scharf sein, damit an dieser Stelle keine Ansammmlung von Lack stattfinden kann.

Diese Art des Abstreifens hat sich in USA [109] besonders für dickflüssige Kunstharzlacke bewährt. Die Matrizen werden dabei so auf-

Abb. 184. Lackdrahtofen (AMA)
1 Drahtreinigungsvorrichtung; *2* Lackauftragungsvorrichtung (s. Abb. 185); *3* Einbrennofen; *4* Abzug für Lösungsmitteldämpfe; *5* Kühlvorrichtung; *6* und *7* Umlenkrollen; *8* Lacktank; *9* Lackumlaufpumpe

Abb. 185. Teilansicht der Lackauftragsvorrichtung (AMA)
1 Umlenkrolle; *2* Lackbehälter; *3* Lackauftragsrollen; *4* Lackabstreifer

Abb. 184 u. 185. Horizontaler Lackdrahtofen mit elektrischer Beheizung

gebracht, daß sie in der Ebene senkrecht zur Drahtachse frei und leicht beweglich sind und sich automatisch zentrisch zur Drahtachse einstellen können (s. Abb. 183).

Nach dem Bedecken mit Lack wird der Draht in den *Brennofen* eingeführt und gebrannt. Dabei muß darauf geachtet werden, daß bei der Einbrenntemperatur (von etwa 350° C) die Streckgrenze des Drahtes, vor allem eines Aluminiumdrahtes, nur noch einen Bruchteil

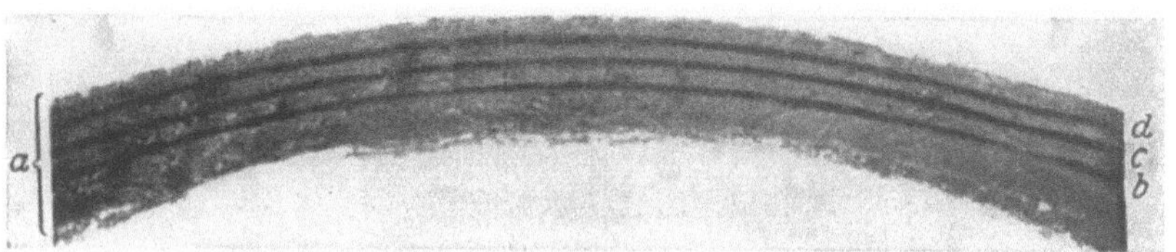

Abb. 186. Schichtenbildung im Öl-Lackdraht (250fache Vergrößerung) nach W. WOLFF und G. POHLER [*87*]

des Wertes bei Raumtemperatur beträgt, daß also der durch die Abzugscheibe auf den Draht ausgeübte Zug möglichst gering gehalten

Abb. 187. Lackflaschen (Schneller)

wird. Es ist daher vorgeschlagen worden, nicht nur die Abzugscheibe, sondern auch die Umlenkrolle als Zwischenabzüge[1] anzutreiben.

Die ganze Anlage kann so aufgebaut werden, daß die Drähte *horizontal oder vertikal* benetzt und durch den Ofen gezogen werden. Die vertikale Anordnung bietet bei starken Drähten den Vorteil, daß ein exzentrisches Abfließen der Lackschicht durch die Schwerkraft nicht zu befürchten ist. Für Drähte mit über etwa 1,5 ··· 2 mm Durchmesser werden daher am besten vertikale Öfen verwendet. Der Hauptnachteil der vertikalen Öfen ist die starke Kaminwirkung.

Für schwächere Drähte wird die horizontale Anordnung meist bevorzugt, da sie leichter zu bedienen, zu beobachten und im Betrieb wirtschaftlicher ist. Meist sind diese horizontalen Öfen leicht geneigt, um eine gewisse Schornsteinwirkung zur Entfernung der Lösungsmitteldämpfe (s. S. 192/193) und, soweit erforderlich, zur Einführung von Frischluft (Sauerstoff) auszuüben.

In Abb. 184 und 185 ist ein *horizontaler Lackdrahtofen* dargestellt. Der Draht durchläuft, von links kommend, zunächst die Benetzungsvorrichtung, dann den horizontalen Heizkanal und (bei stärkeren Drähten) anschließend eine Wasserkühlvorrichtung. Er wird dann außerhalb des Heizkanals zurückgeführt zur Aufbringung einer neuen

---

[1] Bezüglich der Vor- und Nachteile von Zwischenabzügen s. S. 161.

Schicht. Im ganzen werden je nach Anforderungen meist 4 bis 8 Schichten aufgebracht (s. Abb. 186). Für stärkere Drähte wird der Lack in dauerndem Umlauf durch eine Pumpvorrichtung gehalten, die für eine stets gleichmäßige Füllung der Auftragsgefäße sorgt, örtliches Eindicken des Lacks verhindert und den Lack zur laufenden Reinigung durch ein feines Sieb drückt. Für schwächere Drähte sind die in

Abb. 188. Vertikaler Lackdrahtofen (Lackturm [AIMCO])

Abb. 187 dargestellten Lackflaschen zweckmäßig, in denen der Lackvorrat vor Lösungsmittelverdunstung bewahrt wird. Der Lack kann aus den Flaschen unten nur ausfließen, wenn oben durch vertikale Rohre Luft eingelassen wird. Die untere Öffnung dieser Rohre befindet sich in Höhe des gewünschten Flüssigkeitsspiegels im Lackauftragsgefäß und wird zum Lufteintritt nur frei gegeben, sobald der Spiegel durch Lackverbrauch unter das Normalniveau sinkt. Solche Horizontalmaschinen sind meist elektrisch, für stärkere Drähte manchmal auch mit Gas beheizt und in Deutschland überwiegend üblich. Für Drähte über etwa 1,5 mm, unbedingt aber über 2 mm Durchmesser, muß jedoch der vertikalen Anordnung der Vorzug gegeben werden[1].

Abb. 188 zeigt eine Maschine vertikaler Bauart, wie sie in Amerika bevorzugt wird.

---

[1] Siehe S. 153, Verfahrensrichtung.

Die Vor- und Nachteile der Vertikal- und Horizontalmaschinen können nach K. KELLER[1] wie folgt kurz zusammenfassend charakterisiert werden:

Gegenüberstellung der Vor- und Nachteile der vertikalen und horizontalen Anordnung von Drahtlackierungsmaschinen

	Vertikalmaschine gasbeheizt	*Horizontalmaschine* elektrisch beheizt

1. Platzbedarf
  a) Bauhöhe
  b) Grundflächen-
    bedarf[2]
	erheblich (bis 12 m)
	gering
		gering
		größer

2. Anschaffungskosten	geringer als Horizontalmaschine, da keine elektrische Ausrüstung erforderlich	

3. Verwendungs-
    bereich
  a) starke Drähte
	einwandfreie Lackierung	nicht ganz einwandfrei über 2 mm

b) schwache Drähte	unter 0,08 mm nicht zu empfehlen	einwandfrei
c) verschiedene Stärken gleichzeitig	nicht möglich	innerhalb mäßiger Grenzen (z. B. 0,10 mit 0,11 oder 0,12 mm) durch Regulierung der Abzugsgeschwindigkeit durch die auf der Abzugscheibe befindlichen verschiedenen Stufen möglich
4. Abzuggeschwindigkeit	geringer	hoch
5. Auf- und Abspulung	übersichtlich	
6. Einfädelung	schwierig, besonders während des Betriebes	bequem
7. Drahtbruch	Stillstand der ganzen Maschine	Ausfall von nur einem oder zwei Gängen
8. Lackauftrag	bequem	übersichtlich und gut regulierbar (Lackflaschen)
9. Lackverbrauch	groß infolge stärkerer Verdunstung und Eindickung (Kaminwirkung)	
10. Temperaturregulierung	schwierig wegen Bauhöhe (Kaminwirkung)	einwandfrei
11. Kühlung		bequeme Anbringung einer Kühlvorrichtung für starke Drähte
12. Dunstabsaugung		bequem nach oben oder nach unten

[1] Aus einer mir von Herrn K. KELLER der Maschinenfabrik Keller & Prahl, Eschwege, für das vorliegende Buch freundlichst zur Verfügung gestellten Originalmitteilung. — [2] Siehe S. 153.

Bei richtiger Anwendung ist es für die Qualität des Lackdrahtes unwesentlich, ob horizontale oder vertikale, elektrisch oder mit Gas beheizte Öfen benutzt werden. Ausschlaggebend sind zwei Faktoren:

die Qualität des Lackes und die *Oberflächenbeschaffenheit des blanken Drahtes.*

Die Bedeutung einer gut haftenden Oxydhaut wurde bereits erwähnt. Alle Vertiefungen auf der Oberfläche führen an diesen Punkten zu Verstärkungen des ersten Lackauftrages und infolgedessen zu unvollkommener Verdunstung des Lösungsmittels, das später unterhalb der obersten Schichten nicht mehr entweichen kann und dann Blasen und Poren verursacht. Ebenso führen alle staubförmigen Oberflächenverunreinigungen zu kapillaren Fehlern. Der Lackdraht muß daher frei von Schuppen, Ziehstaub und Raumstaub sein.

Ungleichmäßige und schuppige Drahtoberflächen lassen sich u. a. durch Abfräsen des Walzbarrens (s. S. 329), Abschaben des gewalzten oder vorgezogenen Drahtes (s. S. 329), sachgemäßes Zwischenglühen (s. S. 176) und Verzicht auf eine Endglühe (s. S. 180) vermeiden. Zur Entfernung von Zieh- und Raumstaub kann der blanke Draht durch Filzabstreifvorrichtungen (s. S. 211, 1. Absatz u. S. 214) geführt werden, die jedoch so konstruiert sein oder so oft erneuert werden müssen, daß sich der Staub nicht örtlich stark anreichert und dann sogar verstärkt mitgeführt wird. Wirksamer ist, vor allem für stärkere Drähte, den Draht im ersten Gang nicht zu brennen, sondern nur vorzulackieren oder mit einer anderen geeigneten Flüssigkeit zu bedecken und dann naß abzustreifen, bevor die endgültige erste Lackschicht aufgebracht wird. Zur Vermeidung von Raumstaub müssen Fußboden und alle Maschinenteile äußerst saubergehalten werden (gekachelte Fußböden und Wände, Reinigung der Maschinen mit Toluol-Spiritus-Gemisch).

Zur Erzielung einer glatten, gut rutschenden Oberfläche (s. S. 217) (*Spulenfüllfaktor*) ist es zweckmäßig, lackierte Feindrähte zum Schluß mit einem feinen Hauch von Petroleum oder anderem zu überziehen (Wildlederabstreifer).

5. Nichtmetallische Überzüge auf Nichtmetallen

α) **Kabellackierung**[1]. Bei der Lackierung von isolierten und mit einer Beflechtung umgebenen Kabeln kommen des größeren Durchmessers des Werkstückes wegen nach dem oben Gesagten nur stehende Maschinen in Frage; in der Abb. 189 ist der untere Teil eines solchen Lackturms dargestellt:

Das beflochtene Kabel (links im Hintergrunde) durchläuft den Turm etwa 8- bis 20 mal und wird dabei jedesmal zunächst unten durch eine Lackauftragsvorrichtung und dann durch die lange, vertikale Trockenkammer geführt und im fertiglackierten Zustand wieder aufgetrommelt (im Vordergrunde rechts). Ähnlich der Drahtlack-

---

[1] Siehe auch Lackimprägnierung, S. 244.

flaschenanordnung wird auch hier zur Vermeidung von Lösungsmittel-
verlusten und vorzeitiger Eindickung des Lacks das Werkstück
nicht direkt durch das Lackgefäß geführt, sondern durch vertikale Rohrstücke geringen Durchmessers, die unten mit einem Dichtungsnippel und oben mit dem Abstreifer abgeschlossen sind, und in die der Lack aus den abgeschlossenen Vorratsgefäßen im Tempo des Lackverbrauches nachfließt. Als Abstreifer werden oft kautschukelastische Stöpsel mit einer zentralen Bohrung verwendet, deren Durchmesser und Matrizenwirkung durch vertikales Zusammenpressen in einer Schraubvorrichtung fein einstellbar reguliert werden kann. Abbildung 190 zeigt einen Satz solcher Lackauftragszylinder, in die das von oben zurückgeführte und durch Leitrollen umgelenkte Kabel von unten einläuft.

Die Vorrichtung ist während des Betriebes durch Bedienungstüren gegen die Außenluft abgeschlossen. Die Frischluftzuführung erfolgt durch einstellbare Luftklappen, wie sie auf den Abb. 189 und 190 erkennbar sind. Besonders bei den Kabellacken ist besondere Vorsicht zur Vermeidung von Explosionen von Luft-Lösungsmittel-Gemischen geboten. Kabellackanlagen werden daher ebenso wie die im folgenden erwähnten Streichmaschinen in der Regel in besonderen für sich gelegenen Gebäuden untergebracht.

Abb. 189. Gesamtansicht
(ohne oberen Teil des Turmes) (KMN)
links: einlaufendes Kabel;
rechts: fertig lackiertes Kabel

Abb. 190. Teilansicht der Auftragsvorrichtung (KMN)
Abb. 189 u. 190. Kabellackieranlage

In modernen Anlagen werden die Lösungsmitteldämpfe meist abgesaugt und in besonderen Kondensieranlagen wiedergewonnen.

β) **Streichmaschinen.** Das Aufbringen einer Lackschicht auf die Beflechtung eines Kabels hat den Vorteil, daß um das Werkstück eine nahtlos geschlossene Hülle gebildet wird. Das Verfahren ist jedoch verhältnismäßig zeitraubend und kostspielig, da der Beflechtungsvorgang nur langsam läuft und für Lackkabel eine besonders saubere, gleichmäßige Beflechtung erforderlich ist.

Es wird daher nur für Außenhüllen und nur in Fällen angewandt, bei denen es auf einen geschlossenen und gefällig aussehenden Überzug ankommt. Zur Herstellung von mit Überzügen versehenen Gewebehüllen *innerhalb* des Kabels ist es daher wirtschaftlicher, ganze Gewebebahnen in Streichmaschinen mit dem gewünschten Überzug zu versehen, dann in Bänder aufzuteilen und mit schnellaufenden Umwickelmaschinen (s. Abb. 269) auf das Werkstück aufzubringen. Dieses Verfahren wird vor allem zur Herstellung gummierter Gewebebänder angewandt, die um noch unvulkanisierte Gummihüllen von Adern oder Kabeln gewickelt werden, um den Gummihüllen bei der späteren Vulkanisation einen mechanischen Halt gegen Verlagerung und Beschädigung zu verleihen und sie bei der weiteren Verarbeitung und im fertigen Kabel gegen den Einfluß von Imprägniermassen und Feuchtigkeit zu schützen[1].

In den Streichmaschinen werden die Gewebebahnen im kontinuierlichen Durchlauf mit einer sehr hochviskosen Lösung des Streichmittels (Kautschuk, synthetische Stoffe wie Polyisobutylen) einseitig (in der Regel von Hand) bedeckt und an feststehenden, messerartigen Stahlschneiden vorbeigeführt, die — ähnlich den Lacknippeln als Matrize wirkend — nur eine dünne Überzugschicht auf der Gewebebahn belassen. Anschließend durchläuft die Bahn eine geschlossene — zur Beobachtung meist verglaste — Verdunstungskammer, aus der das Lösungsmittel abgesaugt und in der Regel in Kondensationsanlagen wiedergewonnen wird.

d) Imprägnieren

Mit Imprägnieren (Tränken) bezeichnet man Verfahren, bei welchen ein Stoff *in* ein Werkstück eindringt. Bei der Erörterung der bisher besprochenen Verfahren zur Herstellung von Überzügen wurde bereits darauf hingewiesen, daß eine ausreichende Haftung der Überzugschichten auf der Unterlage nur durch eine feste molekulare oder mikromechanische Verankerung in der Oberflächenschicht des Trägers erzielt werden kann. Bei der Verzinnung z. B. treten Zinnatome in das Gitter der Oberflächenkristalle eines Kupferdrahtes unter Legierungsbildung ein, d. h. die Kupferoberflächenschicht wird mit Zinn *imprägniert*. Die

---

[1] Wenn es jedoch nur darauf ankommt, beim Schneiden von Gewebebändern aus Bahnen ein Ausfasern der Gewebe zu vermeiden und eine glatte Schnittkante zu erzielen, kann das Streichverfahren durch eine (billigere) Appretur ersetzt werden.

auf S. 234 erwähnte elektrolytische Einlagerung von Metallatomen in Kunststoffe ist ein Beispiel einer *Imprägnierung* von Nichtmetallen mit Metallen, mit der nichtmetallische Hüllen feuchtigkeitsdicht gemacht werden können. Die Moleküle organischer Isolierstoffe sind jedoch viel zu groß, um in Metalle eindringen zu können. Erst die Überführung der äußersten Metalloberflächenschicht in eine auf dem Metall festhaftende Oxydhaut oder eine mikromechanische Aufrauhung der Metalloberfläche geben den organischen Molekülen die Möglichkeit einer Verankerung mit dem Träger. Beim Lackieren und Streichen

Abb. 191. Anlage zum Imprägnieren von Leitungen im Durchzugsverfahren (HDK)

von Geweben dringt die erste Flüssigkeitsschicht teilweise in die Unterlage ein und schafft damit eine feste Verankerung der folgenden Schichten mit den Oberflächenschichten des Trägers (s. Abb. 191).

1. Imprägnierung mit Lösungen

Man kann nun aber auch einen Kabellack, z. B. eine Zelluloseazetatlösung in Azeton, direkt zum Imprägnieren von Faserstoffhüllen um Kabel verwenden. Zur Vermeidung von Blasenbildung muß das Verdampfen des Lösungsmittels in diesem Falle besonders vorsichtig bei mäßiger Wärme (zirkulierende Luft) erfolgen. Da bei diesem Verfahren feste Abstreifmatrizen durch Fasern und halbtrockene Zelluloselösung verklebt werden, sind zum Abstreifen überschüssigen Lackes und zum Glätten der imprägnierten Faserhülle Abstreifmatrizen mit in Richtung der Kabelbewegung rotierenden Arbeitsflächen [*108*] entwickelt worden, die aus zwei profilierten Rollen — ähnlich einer Profilwalzvorrichtung — bestehen. Die Rollenprofile bewegen sich jedoch nicht mit der Geschwindigkeit des Werkstückes, sondern mit nur einem Bruchteil ($^{1}/_{3}$) dieser Geschwindigkeit. Eine der Rollen eines Paares ist überdies an einem federnden Arm derart angebracht, daß sich das Profil·unter dem Druck von Spleißstellen und sonstigen Kabelverdickungen vorübergehend erweitern kann.

In neuerer Zeit sind mit Silikonen imprägnierte Glasfaserisolierungen außerordentlicher Wärmebeständigkeit entwickelt worden, die auch höhere Strombelastung und infolgedessen kleinere Abmessungen der Leiter ermöglichen.

2. Imprägnierung mit heißen Massen

Bei diesen eigentlichen Imprägnierverfahren handelt es sich darum, kapillare wasser-, luft-, wasserdampf- oder gashaltige Zwischenräume in einem Körper mit einem Werkstoff auszufüllen. Das hat zur Voraussetzung, daß der Inhalt dieser kapillaren Räume entfernt wird. Die Beseitigung der Feuchtigkeit ist bereits behandelt worden (s. S. 182 ff.). Sofern dabei die Trocknung unter Vakuum ausgeführt wird, sind gleichzeitig die Bedingungen für die Beseitigung von Luft und anderen Gasen erfüllt. Die Imprägnierung von unter Vakuum getrockneten Kabelseelen erfolgt daher in unmittelbarem Anschluß an die Trocknung unter Vakuum durch Einführen entgaster Imprägnierflüssigkeiten in den Trockenkessel. Wie bereits erwähnt (s. S. 186), sind diese kombinierten Trocken- und Tränkkessel für die Aufnahme der Imprägniermasse als stehende Kessel ausgebildet und mit Pfannen ausgerüstet, in welche die Kabelseelen eingeschossen werden (s. die Abb. 150). Der Tränkvorgang kann theoretisch dadurch beschleunigt und verbessert werden, daß die Masse unter Luft- oder Gasdruck (3 ··· 6 atü) gesetzt wird, nachdem die Kabelseelen überflutet sind. Praktisch scheint jedoch dieses Verfahren keine fühlbare Verbesserung zu bringen, die den zusätzlichen Aufwand lohnen würde. Das erscheint verständlich, wenn man bedenkt, daß es sich bei der hauptsächlich in Frage kommenden Starkstrom-, insbesondere Hochspannungs-Kabelisolierung um dichte, sehr sauber und fest in vielen Lagen aufgewickelte Papiere handelt, d. h. um sehr feine und sehr lange kapillare Wege für die Imprägnierflüssigkeit. Einerseits ist daher der Widerstand der Kapillarwandungen so groß, daß selbst hohe äußere Drucke nur auf kurze Strecken wirksam sein könnten; andererseits entwickelt das kapillare Saugvermögen bei richtiger Einstellung der Papierporosität und der Viskosität der Imprägnierflüssigkeit größenordnungsmäßig stärkere spezifische Bewegungskräfte auf die Flüssigkeit, als ein äußerer Druck es könnte.

Aus diesem Grunde ist es auch möglich und für geringere Ansprüche an das Isoliervermögen und bei nichtisolierenden Schichten praktisch zulässig (s. S. 184), die *Imprägnierung ohne Vakuum* auszuführen. Ein Vortrocknen des Werkstückes ist jedoch auch in diesem Falle ratsam, wenn eine gute Isolation erreicht werden soll. Außerdem wirkt der Feuchtigkeitsgehalt des Werkstückes mechanisch hindernd auf den Tränkvorgang infolge der Schaumbildung durch die plötzliche, starke Verdampfung in den meist etwa 120 bis 130° C heißen Imprägnierbädern. Das *Auskochen* hochwertiger Papierkabel wird daher heute nur noch gelegentlich zur Verbesserung der Isolierung fehlerhafter, bereits imprägnierter Kabel oder Kabelenden angewandt.

Eine *Schaumbildung* kann in Vakuumkesseln jedoch selbst noch dann merklich und störend sein, wenn die Kabelseelen gut getrocknet sind. Es handelt sich dabei allerdings mehr um eine Gasabgabe der in den Vakuumkessel eintretenden Imprägniermasse. Auch wenn die Tränkmasse vor der Tränkung in einem besonderen Gefäß entgast worden ist, läßt sich ein Nachlassen des Vakuums und eine geringe Schaumbildung beim Eintritt der Tränkmasse in das Trockengefäß schwer vermeiden. Zur Beseitigung dieses Übelstandes hat Pfannkuch [110] vorgeschlagen, die Tränkmasse bereits während der Trocknung im Trockengefäß unterzubringen und sie nach vollendeter Trocknung im Tränkgefäß so zu verlagern, daß sie an das Trockengefäß gelangt.

Um bei der Entgasung und Tränkung die Gasblasen- und Gasfilmbildung zu verhindern, kann man nach L. Emanueli[1] außer der Anwendung eines sehr weit getriebenen Evakuierungsgrades und anderer Verfahren auch die Gaslöslichkeit in Öl benutzen, indem man die wenig lösliche Luft durch ein besser lösliches Gas ersetzt.

Um die Verwendung *unnötiger Mengen von Tränkmasse* zu vermeiden, sind die neueren Kabeltränkkessel so konstruiert, daß sie möglichst vollständig von dem zu tränkenden Kabel ausgefüllt sind, d. h. keine *toten* Räume enthalten. Man verwendet daher ringförmige Kessel und eine solche Ausbildung der Kabelkörper, daß der Kessel möglichst vollständig mit ihnen ausgefüllt ist. Werden Tränkkessel oder einzelne Körbe nicht voll mit Kabeln beschickt, so kann man zur Vermeidung eines unnötigen Masseaufwandes die restlichen Räume mit Verdrängungskörpern ausfüllen. Auf diese Weise läßt sich die Menge der benötigten Tränkmasse und damit der Aufwand für die Masseaufbereitung, Entgasung und Reinigung auf ein Mindestmaß herabsetzen.

Ein anderer Vorschlag [111] zur Herabsetzung der erforderlichen Mengen an Tränkmasse besteht darin, in dem Trockengefäß nur die Kabelpfannen mit Tränkmasse zu beschicken. Die Pfannen dürfen in diesem Falle also keine durchlöcherten Wandungen besitzen. Diese geschlossene Ausführung der Kabelpfannen hat noch den Vorteil, daß man die einzelnen Pfannen mit den Kabeln zur Abkühlung im freien Raum oder in besonderen Kühlräumen oder Kühlgefäßen aufstellen kann.

Diese *Abkühlung des Werkstückes* nach dem Imprägnieren in einer heißen Masse ist ein besonderes Problem. Ein Papierkabel kann im tränkheißen Zustand nicht ohne weiteres mit Blei umpreßt werden, weil die Masse vor der Umpressung teilweise auslaufen und vor allem auch die Volumabnahme beim Abkühlen unter Blei eine sehr schädliche Hohlraumbildung verursachen würde. Die Abkühlung einer Starkstromkabelseele nach der Imprägnierung wird praktisch daher auf einem der folgenden Wege durchgeführt:

1. Die Imprägniermasse durchläuft eine Kühlvorrichtung: Nur bis zu einer gewissen Höchstgrenze der Viskosität durchführbar.

2. Die Masse wird durch Wasser gekühlt, welches das Rohrsystem, den Heizmantel oder den zentralen Kern (Dorn) des Kessels durchströmt: Abkühlende Masse hoher Viskosität setzt sich auf den Rohr- oder Kesselwandungen fest und beeinträchtigt die Wärmeableitung.

3. Das Kabel wird aus der heißen in kalte Tränkmasse befördert.

4. Das Kabel wird zum Abkühlen in der Pfanne aus dem Kessel gehoben und in freiem Raum beiseite gesetzt (s. Abb. 148).

---

[1] Nach einer Originalmitteilung des Herrn L. Emanueli für das vorliegende Buch.

5. Das Kabel wird zum Abkühlen in der Pfanne in einen besonderen Kühlbehälter gestellt.

Diese verschiedenen Verfahren können auch kombiniert angewandt werden. So kann man z. B. die Masse im Tränkkessel durch Kühlwasser auf etwa 50° C abkühlen lassen und dann die Pfannen im freien Raum oder besonderen Kühlbehältern abstellen.

Imprägnierungszeit von Hochspannungskabeln. Von besonderem Interesse für den Kabeltechniker ist die Frage der Imprägnierungszeit von Hochspannungskabeln. Einerseits ist eine vollkommene Imprägnierung gerade bei diesen Kabeln besonders wichtig, andererseits muß jedoch aus fertigungstechnischen und wirtschaftlichen Rücksichten der Vorgang nach Erreichung der vollkommenen Imprägnierung baldmöglichst abgebrochen werden.

Zur näherungsweisen Berechnung dieser Tränkzeiten gibt L. EMANUELI den folgenden Beitrag:

Das Eindringen der Isoliermasse in das Dielektrikum eines Kabels während des Tränkprozesses ist eine sehr komplexe Erscheinung, die vom Ölaufsaugungsvermögen und der Porosität des Papiers, von der Zähigkeit der Masse, vom im Kabel vorhandenen Gasdruck zu Beginn der Tränkung (d. h. vom vorher erzielten Vakuumgrad), vom Außendruck, von der Temperatur, der Zeit usw., abhängt. Es ist äußerst wichtig, die Dauer des Tränkprozesses, d. h. die Zeitdauer, feststellen zu können, während der das Kabel in der Masse bei verschiedenen Temperaturen liegen muß, um vollständig durchtränkt zu werden.

Eine einfache Theorie, die u. a. das Aufsaugvermögen nicht berücksichtigt, läßt die Verhältnisse bei einem Einleiterkabel erkennen:

Wir nehmen an, daß in einem gewissen Augenblick t die mit einem konstanten Druck P in den Kabelquerschnitt von außen eindringende Masse bis zu einem Kreis vom Radius x_1 in die Isolierung gelangt sei. In dem nachfolgenden kleinen Zeitraum dt wird eine Volummenge dv durchdringen und eine weitere Isolierschicht von der Dicke dx tränken. Der Druckabfall in der fließenden Masse vom Außenrand des Kabels ($x = R$) bis zum Radius x_1 ergibt sich nach dem Gesetz von POISEUILLE zu

$$\frac{dp}{dx} = -\frac{dv}{dt}\frac{A\,\eta}{S},$$

wenn $S (= 2\pi x)$ die Schichtoberfläche je Längeneinheit des Kabels, A die Undurchlässigkeit (reziproker Wert der Porosität) des Papiers und η die Zähigkeit der Masse bezeichnen.

Integriert man diese Gleichung von $x = x_1$ bis $x = R$ in einem bestimmten Zeitaugenblick (für den überall dv/dt konstant ist), so erhält man auf der linken Seite der Gleichung die Druckdifferenz zwischen dem Außendruck P und dem Innendruck p des in der Isolierung übriggebliebenen vom Anfangsvolumen v_0 (beim Druck p_0) auf das Volumen v zusammengedrückten Gases. Die Zeitdauer, die notwendig ist, um das Kabel soweit zu tränken, daß das Gasvolumen auf $v = y\,v_0$ zusammengedrückt wird, ergibt sich daraus unter Vernachlässigung der Leiterdicke zu

$$t = \frac{A\,\eta\,v_0}{4\pi\,P}\int\limits_{1}^{y}\frac{\ln y}{1 - \dfrac{p_0}{P}\dfrac{1}{y}}\,dy,$$

wobei wegen der konstanten Temperatur $p\,v = p_0\,v_0$ gesetzt wurde.

Kabel mit einem wendelförmigen Mantel, der nur innen auf der Isolation aufsitzt und in den eigentlichen Wendeln ein von Anfang zum Ende durchgehendes Rohr besitzt — wie z. B. die Stahlwellmäntel der Hackethal-Draht- und Kabelwerke und die Aluminiumbalgenmäntel (Alplastkabel) des Osnabrücker Kupfer- und Drahtwerkes —, können über diese Wendeln getrocknet und getränkt werden (s. S. 190).

Bei der üblichen Imprägnierung[1] von Papierkabelseelen wird in einem Vakuumkessel zunächst das Wasser entfernt und dann die Tränkmasse in diesen Kessel eingelassen. Sie tränkt die Papierschichten also radial von außen nach innen durch und drückt die Gasreste am Leiter zusammen, wo sie am störendsten sind. Bei der frontalen Tränkung innerhalb des Aluminiumbalgenmantels wird der ganze Kabelquerschnitt gleichmäßig getränkt. Die Kabelseele kommt nach der Tränkung nicht mehr mit der Atmosphäre in Berührung, behält also ihre guten dielektrischen Eigenschaften.

Stahlwellmantel-Starkstromkabel, die schon vor der Ummantelung getrocknet und getränkt wurden, erhalten nach der Dichtigkeitsprüfung der Mäntel mittels Druckluft eine Tränkung der Wendelhohlräume mit einer Isoliermasse, die bei der Betriebstemperatur des Kabels salbenartig fest ist (z. B. Petrolatum).

Das Durchdrücken der Imprägniermassen bei den üblichen Tränktemperaturen von $100 \cdots 120°$ C erfordert bei den ummantelten Wendel- und Balgenkabeln erhebliche Drücke (etwa 10 bis 30 atü), um in einigen Stunden durch das Kabel hindurchzukommen. Eine Tränkung von Papierkabeln mit fest aufgepreßten Bleimänteln ist auf diese Weise unmöglich, es sei denn, es handele sich um Tränkung mit dünnflüssigen Ölen für Ölkabel, die Ölkanäle besitzen.

Ein von der üblichen Imprägnierungsart für Hochspannungskabel völlig abweichender Herstellungsgang ist von der W. T. Glover & Co., Ltd., entwickelt worden[2]: Danach werden vorgetrocknete und vorgetränkte Papierbänder innerhalb einer heißen Imprägniermasse in der Weise auf den Leiter aufgebracht, daß sich der um seine Achse rotierende Leiter in die Papierbänder einwickelt.

Zum *Vorimprägnieren* wird das Papier in voller Breite vom Ballen über erhitzte Trockenwalzen und dann durch eng schließende Spalte in einen Vakuumkessel und unmittelbar anschließend durch ein luftabgeschlossenes Tränkgefäß geführt. Die überschüssige Masse wird dann in einer erhitzten Kammer durch zwei Messerpaare abgeschabt und die Papierbahn nach einer längeren Abkühlungsstrecke wieder zum Ballen aufgewickelt und später in Bänder aufgeschnitten.

---

[1] Die folgenden Ausführungen entstammen einer für das vorliegende Buch freundlichst zur Verfügung gestellten Mitteilung von Dr.-Ing. K. H. Hahne (Osnabrücker Kupfer- und Drahtwerk).

[2] Nach einem dem Verfasser von der W. T. Glover & Co., Ltd., Manchester, freundlichst überreichten Sonderdruck „The Manufacture and Behaviour of the Glover pre-impregnated Solid Type Super Tension Cable" (s. auch S. 38).

Der *endgültige Imprägnierungsvorgang ist mit dem Papierwickel-prozeß kombiniert* und in Abb. 295 (S. 351) dargestellt[1].

Der während der Verseilung vorimprägnierte, d. h. in seinen Hohl-räumen mit zäher Masse angefüllte Leiter wird in Pfeilrichtung (*1*) durch das Masse-gefäß hindurchgeführt, in das die Tränk-masse von unten bei (*3*) einströmt, und aus dem sie unter Atmosphärendruck bei (*4*) oben überläuft. Die vorimprä-gnierten Papiere (*2*) werden innerhalb der Masse gegen die Richtung des Masse-stroms an den um seine Achse (*1*) rotie-renden Leiter herangeführt und von ihm aufgewickelt. Genau einregulierte Füh-rungen (*5*) garantieren die gesetzmäßige Verteilung der Stoßstellen benachbarter Bandlagen, und Abstreifmesser (*6*) ent-fernen alle Luftblasen von der Papier-bandoberfläche.

Die Imprägnierung von Leitungs- und Kabelschutzhüllen mit *Bitumen* setzt Heizeinrichtungen für verhältnis-

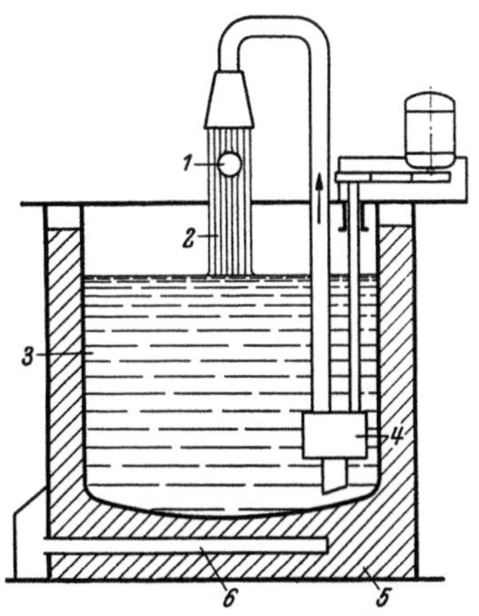

Abb. 192. Bitumenspülgefäß mit elektrischer Heizung und Öl als Wärmeübertrager (HDK)
1 Durchlaufendes Kabel; *2* Bitu-menstrahl; *3* Bitumenfüllung; *4* Pumpe; *5* Öl als Wärmeüber-trager; *6* Elektrischer Heizkörper

---

[1] Siehe auch Beschreibung S. 350.

Abb. 193. Jutespinner und Bitumenspülgefäß (HDK)

Abb. 193 u. 192. Vorrichtungen zum Imprägnieren von Kabelumhüllungen in der Kabelarmiermaschine

mäßig hohe Temperaturen voraus. Eine direkte elektrische Beheizung birgt die Gefahr in sich, daß das Bitumen an den Heizflächen überhitzt wird. Man wendet deshalb gern ölelektrische Asphaltkästen, bei denen der Asphalt durch elektrisch beheiztes Öl erwärmt wird, an. Die Abb. 192 und 193 zeigen einen derartigen „Asphaltierungs"-Kasten für eine Kabelarmiermaschine. Das Bitumen kann den verschiedenen Imprägniergefäßen auch aus einem zentralen Tank- und Heizsystem zugeführt werden. In Abb. 192 sind der Boden und die Seitenwände des Massebehälters doppelwandig. Der Raum zwischen Innen- und Außenwand ist mit Öl gefüllt, das durch elektrische Heizpatronen erwärmt wird, die in Rohren unten angeordnet sind.

e) Materialverbindungsverfahren

Die im folgenden beschriebene Verfahrensgruppe betrifft die kabeltechnisch angewandten Verfahren zum Verbinden *zweier fester* Oberflächen durch einen sich während des Verfahrens in flüssigem Zustand befindlichen Werkstoff. Dieser Verbindungsstoff kann sich materialmäßig von denen der festen Oberflächen unterscheiden oder nicht, d. h. z. B. aus den zu verbindenden Oberflächen selbst entnommen werden. Im ersten Falle handelt es sich um ein Verlöten oder Verkleben, im zweiten um ein Verschweißen. Dem Verlöten und Verkleben ähnliche Vorgänge hatten wir bereits beim Verzinnen und Lackieren vorliegen, nur daß es sich dabei um das Aufbringen des Verbindungsstoffes auf nur *eine* feste Oberfläche handelte[1].

Kabeltechnisch liegt der Hauptwert der Verbindungsverfahren in der Verbindung von Drähten oder Isolierstoffen sowie in der Herstellung geschlossener Hüllen um Drähte, Adern oder Kabel durch Verschweißen oder Verlöten von Bändern zu geschlossenen Rohren (Verschweißen der Nähte in durch Längsbedeckung aufgebrachten Gummihüllen, Verschweißen gewickelter Bandlagen aus Gummi oder Verschweißen von synthetischen Stoffen [s. S. 338ff.], Aluminium- [*112*] und Stahl- [s. S. 364] Bändern zu Feuchtigkeits- und mechanischen Schutzhüllen, Verkleben von Aluminiumbandlagen nach dem Bital-Verfahren [s. S. 355ff.]).

Bei Metallen werden die geschweißten oder gelöteten Oberflächen durch intermetallische Bindung der Atome an den gegenüberliegenden Punkten der Oberflächen zusammengehalten, wobei meist eine Bildung neuer Kristalle über die Schweißnaht hinweg erfolgt. Beim Verschweißen von Hochpolymeren wird eine Bindung dadurch erreicht, daß die Fadenmoleküle der verschweißenden Oberflächen ineinanderfließen, d. h. nach dem Schweißen über die Schweißnaht hinweggehen.

Beim Lötvorgang wird eine besondere Substanz verwendet, deren Atome oder Moleküle mit den Oberflächenatomen oder -molekülen der beiden zu verbindenden Körper chemische Verbindungen eingehen. Bei Metallen bewirkt diese die Bildung von Legierungen aus den Stoffen des Lötmittels und der zu verbindenden Körperoberflächen.

---

[1] Beim Verzinnen von Kupferlitzen würde eine echte Verlötung der benachbarten Drähte miteinander stattfinden.

Auch beim Verkleben wird als verbindendes Klebemittel ein besonderer Stoff verwendet, der jedoch im Gegensatz zur Verlötung an den zu verbindenden Oberflächen nicht durch Hauptvalenzbindungen, sondern durch Nebenvalenzkräfte oder durch rein mechanische Verankerung haftet, die jedoch sehr fest und dicht sein kann.

1. Schweißen

Die Verbindung von Drähten (Leitern, Armierungsdrähten u. a.) im Laufe der Fertigung erfolgt heute bei Kupfer, Aluminium und Stahl fast ausschließlich durch elektrische Widerstandsschweißung (*Stumpfschweißung*), bei der die Schnittflächen der beiden Drahtenden stumpf zusammengeschweißt werden. Stumpf geschweißte Drähte können weitergezogen werden. (Für fertiggezogene Kupferdrähte kommt auch das Hartlötverfahren [Silberlot] in Frage [s. S. 254ff.]).

Auch für die Herstellung geschlossener Rohre aus Metallbändern wird vorzugsweise elektrische Widerstandsschweißung in der Form der „Nahtschweißung" angewandt, wenn auch gelegentlich das Lichtbogenschweißverfahren für diesen Zweck vorgeschlagen worden ist.

Das *Widerstandsschweißverfahren* wird in der Form durchgeführt, daß die zu verschweißenden Metallteile vermittels zweier Elektroden mechanisch fest zusammengepreßt und auf eine elektrische Spannungsdifferenz gebracht werden, die ausreicht, den Übergangswiderstand zwischen den beiden Metallteilen zu überwinden und das Metall durch die Stromwärme in der Übergangsschicht zum Schmelzen zu bringen. Die zu verschweißenden Bandränder können dabei, wenn sie eine genügende Stärke besitzen, stumpf gegeneinandergesetzt (Stumpfschweißung) oder bei dünnen Bändern ein wenig überlappt werden, wobei die Kanten durch den Elektrodendruck meist so ineinandergepreßt werden, daß eine Stumpfschweißung vorgetäuscht wird (*imitierte Stumpfschweißung*).

Bei allen Schweißverfahren ist metallische *Reinheit* der Verbindungsflächen Bedingung für die Erzielung einer einwandfreien Schweißnaht ohne Poren, Risse, Oxydeinschlüsse usw. Für die elektrische Widerstandsschweißung liegt die besondere Bedeutung der Reinheit der zu verbindenden Oberflächen darin, daß alle Verunreinigungen den Übergangswiderstand erhöhen und damit Stromstärke und entwickelte Temperatur ungleichmäßig herabsetzen. Man kann zur Reinigung die Verbindungsflächen abschleifen oder abbeizen (*antiseptische Methode*) oder aber, besser, bei der Herstellung der Bänder usw. die Ausbildung unsauberer Oberflächen von vornherein vermeiden (*aseptische Methode*).

Die fortlaufende Herstellung von Schweißnähten zur Herstellung von Schutzhüllen an Kabellängen von mehreren hundert Metern geschieht am besten mit einem sogenannten *Rollenschweißgerät*, bei dem eine oder beide Elektroden scheibenförmig ausgebildet sind und mit Druck auf der zu verschweißenden Unterlage abrollen.

Man kann dabei die beiden Ränder des um die Seele gelegten Bandes auf zwei verschiedene Weisen verschweißen:

1. Nach A. WESTLINNING [*113*] werden die Bandränder so zusammengebogen, daß sie sich außerhalb des eigentlichen Mantelumfanges und von der Kabelseele entfernt befinden, und dann durch *zwei Rollenelektroden*, deren Ebene tangential zum Kabelumfang liegt, zusammengeschweißt. Überstehendes, für die Nahtbindung nicht erforderliches Material der Bandkanten wird entfernt. Die ausgebogenen Bandkanten werden entweder an den Kabelumfang gebogen oder aber durch Walzen oder Ziehen schrittweise gegen einen innen befindlichen Hohldorn in den Kabelumfang hineingearbeitet. Der innerhalb des geschweißten Rohres befindliche Hohldorn ist in diesem Falle also lediglich ein mechanisches Gegenlager und keine elektrische Elektrode.

2. Die zweite Form der Ausführung einer Schweißung [*114*] nach dem elektrischen Rollenschweißverfahren verwendet nur *eine* äußere wassergekühlte Rollenelektrode und als zweite *innere Elektrode* ein über der Kabelseele liegendes wassergekühltes *Rohr*, über welches das Metallband mit geringer Überlappung herumgebogen und mit einer Matrize fest angedrückt wird. Bei dem Hackethal-Stahlmantelverfahren läuft die genügend lang ausgebildete rohrförmige Innenelektrode eine gewisse Strecke (einige Meter) mit der Kabelseele und dem herumgelegten Band unter der Rollenelektrode mit, so daß also dauernd frische Umfangstellen der Rohrelektrode am Schweißvorgang beteiligt sind. Von Zeit zu Zeit wird der Schweißvorgang unterbrochen und die Rohrelektrode zurückgezogen. Diese Schweißvorrichtung ist in Abb. 317 dargestellt. Die spätere Querwellung des zunächst zu weiten, geschweißten Rohres ermöglicht die Anpassung seiner lichten Weite an den Kabelkern.

Besonderes Interesse für Kabelmäntel hat seines geringen Gewichts wegen das *Aluminium*, dessen hohe Wärmeleitfähigkeit jedoch jede Form von Schweißen gegenüber dem Eisen erschwert. Die elektrische Widerstandsschweißung wird außerdem noch durch die gute Isolierfähigkeit der Aluminiumoxydhäute beeinträchtigt. Nahtgeschweißte Aluminiumkabelmäntel sind von SSW [*112*] hergestellt worden, bevor das Strangpreßverfahren für Reinstaluminium (s. S. 270ff.) entwickelt wurde.

Ganz frisch gebildete, d. h. noch *oxydfreie Aluminiumoberflächen* haften bereits bei Temperaturen von 400° bis 500 C, d. h. weit unterhalb des Schmelzpunktes, infolge der chemischen Aktivität des Aluminiums, d. h. durch primäre Valenzkräfte, stark aneinander und an anderen Metallen, vor allem an Eisen, nicht dagegen an Zink. Die Ränder frisch in der Strangpresse hergestellter Aluminiumbänder können daher unmittelbar danach lediglich durch Druck zu einem eine Kabelseele umgebenden Rohr verschweißt werden [*115*].

Die leichte Verschweißbarkeit des Aluminiums im gleichen Temperaturbereich und unter Druck wird auch bei der Herstellung von Reinstaluminiumkabelmänteln ausgenützt, und zwar sowohl zur Verschweißung aufeinanderfolgender Preßblöcke (s. S. 273) wie auch zur Verschweißung um die Patrize herumgelegter Halbhohlzylinder zu einheitlichen Vollzylindern (s. S. 269).

Unangenehm macht sich das große *Haftbestreben* frisch gebildeter heißer Aluminiumoberflächen an Stahl bei Verwendung von Stahlführungen für Aluminiumwarmwalzen bemerkbar. Es können dabei am Stahl haftende Teile der Walzdrahtoberfläche herausgerissen und von einem anderen Walzdrahtstück wieder mitgenommen und in ihn eingewalzt werden, ohne dabei mit dem neuen Walzdraht vollkommen zu verschweißen. Das eingewalzte Stück kann unbemerkt alle darauffolgenden Ziehvorgänge mitmachen und erst durch Ausbrechen während der Kabelherstellung oder im fertigen Kabel Drahtrisse verursachen.

Bemerkenswert ist ferner, daß, wie der Verfasser nachgewiesen hat, auch bereits bei *Raumtemperatur* dünne Bänder aus Reinstaluminium durch die Stege der Profilwalzen im Längsbedeckungsverfahren an ihren Rändern feuchtigkeitsdicht verschweißt werden können, wenn bei dem Verfahren für eine Zerstörung der Oxydhäute der zu verbindenden Oberflächen gesorgt wird. (Kaltschweißverfahren [245], [246].)

Ein besonderes Anwendungsgebiet des Schweißens ist die Mikroverschweißung stark zusammengepreßter *Pulver* zu einer einheitlichen zusammenhängenden Masse unter Anwendung von Temperaturen, welche die Pulverteilchen entweder gar nicht (Fritten) oder nur an ihrer Oberfläche (Sintern) zum Schmelzen bringen. Beim Fritten von Metallpulvern erfolgt die Verschweißung durch Diffusion der in höherem Energiezustand befindlichen Oberflächenatome (Diffusionsglühung), ähnlich dem Verkleben von Kupferdrähten beim Glühen unter zu hohen Temperaturen oder zu hohem Druck (s. S. 179). Hierher gehören metallseitig die Verfahren der Metallkeramik (Pulvermetallurgie), und die Herstellung sauerstofffreien Kupfers aus körnigem Kathodenkupfer (s. S. 105). Auf dem Gebiet der Nichtmetalle interessiert kabeltechnisch die Herstellung zusammenhängender, biegsamer, zäher Isolier- und Schutzschichten durch Sintern einheitlicher oder gemischter Pulver im Isotrax-Verfahren (s. S. 125, 326).

2. Löten

Das *Weichlöten* mit Zinnlegierungen wird kabeltechnisch in erster Linie zum feuchtigkeitsdichten Verbinden und Abschließen von Kabelmänteln aus Blei, Bleilegierungen, Stahl und Aluminium angewendet (s. Abb. 194, 195 und 196). Kupferleiter und -bänder werden in der Fabrik nach Möglichkeit geschweißt, sonst hart gelötet, Aluminiumleiter und Bänder durchweg geschweißt. Am Verlegungsort werden Kupferleiterverbindungen und -abschlüsse, insbesondere an Fernmeldekabeln, auch durch Weichlöten hergestellt.

Ebenso wie beim Schweißen sind auch beim Löten metallisch *reine Oberflächen* Vorbedingung für eine einwandfreie Verbindung. Da sich Aluminium unmittelbar nach einer Reinigung wieder mit einer Oxydhaut überzieht, muß für *Aluminium*-Lötverbindungen ein Reinigungsverfahren unter Luftabschluß angewandt werden. Praktisch am besten bewährt hat sich ein Verfahren, bei dem die mit dem Weichlot (z. B. Zinn mit einigen % Zink) zu überziehenden Oberflächen zunächst an

Luft durch Bürsten oder Feilen von der Hauptmasse des Oxyds befreit und mit Lötmasse überzogen werden. Durch weiteres Bürsten unterhalb der heißen, flüssigen Lötmasse wird dann die restliche und neu gebildete Oxydhaut endgültig entfernt.

Das *Hartlöten* erfolgt mit Messingloten, bei denen durch Silberzusatz (Silberlote) der Schmelzpunkt herabgesetzt und die Fließfähigkeit verbessert ist. Gegenüber dem Schweißen hat das Hartlöten den Vorteil niedrigerer Verfahrenstemperaturen und damit geringerer Gefährdung angrenzender Teile des Werkstückes selbst und benachbarter Werkstoffe.

Beim Schweißen und Hartlöten von Kupfer werden boraxartige Flußmittel verwendet, die vor allem bei den hohen Schweißtemperaturen eine Gasabsorption verhindern.

Abb. 194. Auflöten einer Bleiverschlußkappe auf das Kabelende (KWO)

3. Kleben

Ein Verkleben kommt kabeltechnisch vor allem in Frage, wenn zwei Metalloberflächen durch elastische oder plastische organische Stoffe miteinander so verbunden werden sollen, daß sie eine entsprechende elastische oder plastische Verschiebungsmöglichkeit gegeneinander besitzen. Die Klebfähigkeit vulkanisierbarer Stoffe ist auf Kupfer und Kupferlegierungen besonders groß[1]. Festhaftende korrosionsschützende Überzüge aus Gummi können auf Stahl-, Aluminium- und Bleimänteln daher durch Zwischenschalten einer dünnen (elektrolytisch hergestellten) Verbindungsschicht aus Messing erhalten werden.

Das beste plastische Universalklebemittel der Kabeltechnik ist Bitumen, insbesondere geblasenes Bitumen mit weitem Plastizitätsbereich (s. S. 149). Sein ausgezeichnetes Haftvermögen auch an Metallen wird z. B. beim *Bital-* (Bitumen-Aluminium-) Verfahren (s. S. 355ff.)

---

[1] Es kann sich dabei auch um einen echten Lötvorgang durch hauptvalenzmäßige Bindung der ungesättigten Kohlenwasserstoffe handeln.

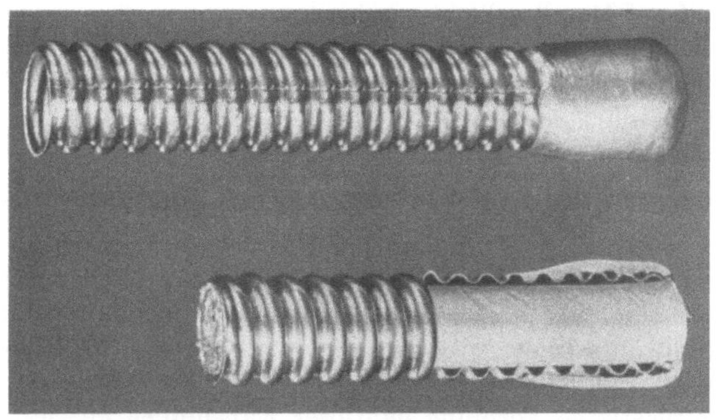

Abb. 195. Aufgelötete Bleikappe [Das obere Bild zeigt die Schweißnaht (HDK)]

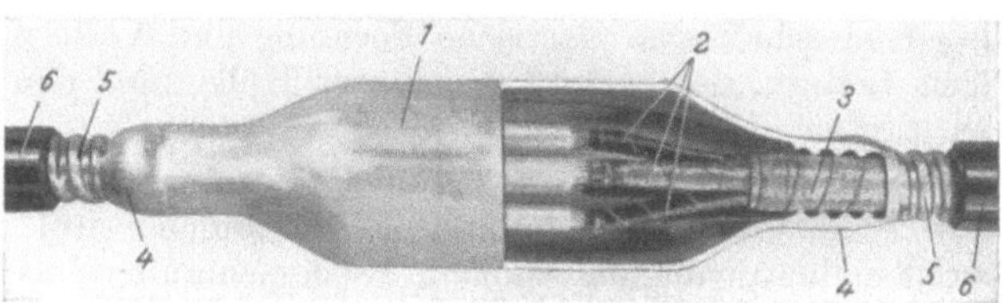

Abb. 196. Bleimuffe-Starkstromkabel (HDK)
1 Bleimuffe;   *2* Isolierte Einzelader;   *3* Gürtelisolierung;   *4* Muffenhals (Verlötung zwischen
Blei- und Stahlwellmantel);   *5* Stahlwellmantel;   *6* Äußere Umhüllung

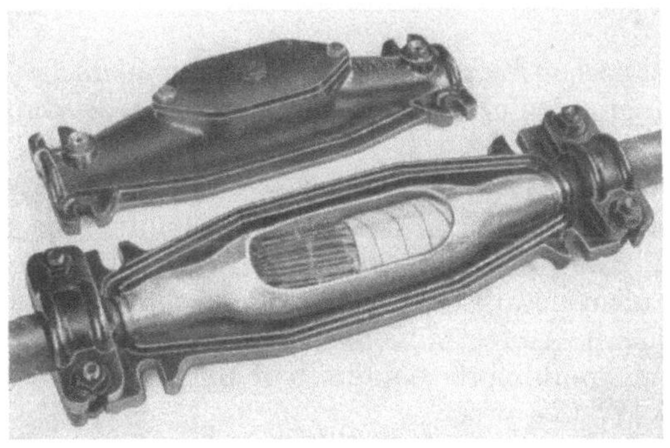

Abb. 197. Außenmuffe über Bleimuffe (HDK)

Abb. 195 bis 197. Endabschlüsse und Verbindungsmuffen an Stahlwellmantelkabeln

kabeltechnisch ausgenützt. Hervorragende Klebeigenschaften besitzen auch einige Gießharze (s. S. 144), mit denen Metall auf Metall und Kunststoff auf Metall geklebt werden kann.

Zur *Verhinderung* jeglicher Klebwirkung eignen sich besonders Silikone und Tetrafluoräthylen, auch in Form sehr stark verdünnter Suspensionen oder Emulsionen.

III. Die Formung und Verformung im plastischen Zustand

Die Verfahren zur Formung von Kabelelementen aus dem plastischen Zustand der Werkstoffe haben auf drei verschiedenen Gebieten in neuerer Zeit eine starke Belebung erfahren, deren technische Bedeutung und praktische Auswirkung sich heute noch nicht ganz übersehen lassen. Die neuen Verfahren betreffen

1. die plastische Formung nahtloser Kabelhüllen aus festeren und leichteren Metallen als Blei und Bleilegierungen,

2. die plastische Formung nahtloser nichtmetallischer Hüllen aus synthetischen Werkstoffen, die den klassischen Kautschukmischungen in mancher Hinsicht überlegen sind.

3. die gemeinschaftliche plastische Formung und Verformung von metallischen Leitern, den unter 1. genannten Hüllen *und* den unter 2. erwähnten Stoffen gleichzeitig in einem Arbeitsgang.

Gegenüber diesen neuen Entwicklungen werden sich jedoch die klassischen Bleimäntel und Gummiisoliermischungen auf Gebieten (z. B. Starkstromleitungen und -kabel in Niederspannungsanlagen u. a.) auch weiter bewähren, bei welchen es nicht auf die Erfüllung besonderer neuer technischer Anforderungen, sondern vor allem auf die Billigkeit ankommt. Für dauernd bewegte Leitungen und Kabel ist überdies die Verwendung kautschukelastischer Natur- oder Kunststoffe unentbehrlich.

Wir wollen im folgenden zwischen zwei Verfahrensgebieten unterscheiden:

A. der plastischen *Formung* metallischer und nichtmetallischer Werkstoffe aus einer ungeformten oder nur roh vorgeformten Werkstoffmasse und

B. der plastischen *Verformung* vorgeformter Halbzeuge.

Die Gruppe A umfaßt in der Kabelherstellung vor allem das Auspreßverfahren zur Herstellung metallischer Drähte und Rohre (Kabelmäntel) und nichtmetallischer Isolier- und Schutzhüllen. Die Gruppe B betrifft dagegen in erster Linie die Walz- und Ziehverfahren an metallischen, sowie kombiniert metallischen und nichtmetallischen Werkstücken oder Werkstoffen.

a) Allgemeines

Eine Kraftwirkung führt bei einem Stoff zunächst zu elastischen, reversiblen Verformungen und bei weiterer Steigerung entweder zu Bruch oder zu einer plastischen, bleibenden Verformung. Die Durchführung jeder Verformung erfordert einen Energieaufwand zur Überwindung der inneren Reibung (*Verformungswiderstand*, Fließwiderstand) des zu verformenden Materials und in der Regel, d. h. bei Verwendung von Formungswerkzeugen, Energie zur Überwindung der „äußeren Reibung" zwischen Werkstück oder Werkstoff und Werkzeug. Der Verformungswiderstand des Materials ist u. a. eine stark temperaturabhängige Funktion des allgemeinen Spannungszustandes, der Verformungswege und der Verformungsgeschwindigkeiten.

Je nachdem ob die *Verformungstemperatur* ·verhältnismäßig hoch oder niedrig zum Schmelzpunkt bzw. zum Fließbereich des betreffenden Materials liegt, spricht man von Warmverformung oder Kaltverformung. Die Verformungsgeschwindigkeit hat bei der Warmverformung (Warmwalzen, Strangpressen) einen maßgeblichen Einfluß auf den Verformungswiderstand, bei der Kaltverformung dagegen nicht. Dabei ist natürlich zu berücksichtigen, daß allgemein der absolute Wert des Verformungswiderstandes mit steigender Temperatur abnimmt.

Unter *Formänderungsvermögen* versteht man nach G. SACHS [116] die Grenze, bis zu welcher die Gestaltsänderung eines Körpers möglich ist, ohne daß Materialtrennungen, also Riß oder Bruch, auftreten. Dieses Formänderungsvermögen beruht auf plastischer Dehn- und Stauchbarkeit in Verbindung mit genügender Kerbzähigkeit. Höhere Festigkeit (Modulus) und Härte erhöhen die zur Verformung erforderlichen Kräfte, setzen jedoch nicht ohne weiteres das Formänderungsvermögen herab. Ein weicher Kupferdraht z. B. wird nach wenigen Ziehstufen hart, läßt sich aber trotzdem mit gleicher Querschnittsabnahme je Zug weiterziehen. Da das Formänderungsvermögen mit dem mittleren Druck zunimmt, werden schwer verarbeitbare Werkstoffe zweckmäßigerweise durch Formungsverfahren verarbeitet, bei denen der Stoff möglichst allseitig umschlossen ist, wie insbesondere durch Strangpressen, Kaliberwalzen und Hämmern. Das Ziehen solcher Stoffe ist möglich, wenn sie in einen gut verarbeitbaren, duktilen (Metall-) Mantel eingeschlossen sind.

Unter *Umformungsfähigkeit* versteht man im Gegensatz zu „Formänderungsvermögen" diejenige Grenze, bis zu der bei einem bestimmten Material und einem bestimmten Formungsvermögen die Gestaltsänderung durch eine *einzige* Formungsstufe vorgenommen werden kann. Diese Umformungsfähigkeit ist von der Gestaltung des Werkzeugs abhängig und kann daher zur Charakterisierung des Formungs*verfahrens* herangezogen werden.

Spezielle *Grenzbegriffe* sind für das Ziehen die *Ziehfestigkeit*, die definiert wird durch die Zerreißfestigkeit des Werkstückes als Grenze der verformenden Gesamtkraft, und die *Walzfähigkeit*, die durch den Grenzwert des *Greifwinkels* (s. S. 309 ff.) definiert werden kann. Wichtig ist nun, daß einerseits im praktischen Betrieb diese Grenzwerte nach Möglichkeit niemals erreicht werden dürfen, daß aber andererseits zur Erzielung größter Wirtschaftlichkeit ein bestimmtes, notwendiges Sicherheitsmaß nicht überschritten werden sollte. G. SACHS [116] empfiehlt, das Verhältnis der tatsächlichen Ziehkraft zur Ziehfähigkeit, das er mit

Anstrengungsgrad bezeichnet, für alle Fälle festzulegen und nicht zu unterschreiten. Dabei ist allerdings zu beachten, daß beim Anfahren und Anhalten der Maschinen erhöhte Beanspruchungen des Werkstückes auftreten können. Moderne Ziehmaschinen beherrschen diese Schwierigkeiten jedoch durch *weiches* Anfahren und Anhalten.

Für die Kabelherstellung kommen vorzugsweise die folgenden Arten plastischer Formung und Verformung in Frage:

1. *Pressen*. Auspressen (Strangpressen), d. h. Herstellung von Preßdraht, metallischen Schutzhüllen, sowie nichtmetallischen Isolier- und Schutzhüllen.

2. *Walzen*. Drahtwalzen (Profilwalzen) und Kalandrieren Hochpolymerer; sowie

3. *Ziehen*. Draht- und Stangenziehen, Rohrziehen, zur Herstellung vorgeformter Metallhüllen (s. S. 259), Tiefziehen, z. B. beim Wellen von Metallmänteln (s. S. 320), sowie das Ziehen von Nichtmetallen.

Da es sich nur beim Auspressen um eine plastische Formung, bei allen übrigen dagegen um plastische *Ver*formungsverfahren handelt, soll zunächst das Auspressen behandelt werden.

b) Auspressen

Das Auspreßverfahren besteht darin, daß eine ganz ungeformte oder zum Einsatz in den Werkstoffbehälter (Aufnehmer) roh vorgeformte Masse mit Druck durch eine Matrize oder durch den Zwischenraum zwischen einer Matrize und Patrize gepreßt und dabei zu einem langen massiven oder rohrförmigen Strang geformt wird. Als Werkstoffe sind grundsätzlich alle Werkstoffe verwendbar, die unter Druck plastisch oder quasiplastisch (s. S. 325) verformbar sind. Da der Verformungswiderstand und damit der für eine bestimmte Verformung erforderliche Druck mit steigender Temperatur abnehmen, werden die meisten Auspreßverfahren bei erhöhter Temperatur vorgenommen, d. h. vor allem im Gebiet der Warmverformung des betreffenden Werkstoffes.

Für die Ausführungsformen der praktisch angewandten Auspreßverfahren und -vorrichtung sind in erster Linie entscheidend

A. die Art der Druckerzeugung, d. h. praktisch

1. hydraulischer Druck (diskontinuierliches Verfahren) oder

2. Triebwendel (kontinuierliches Verfahren);

B. die Frage, ob das Erzeugnis

1. nur einfach ausgepreßt oder

2. *um* einen Draht, isolierte Leiter oder eine Kabelseele gepreßt werden soll, und

C. ob der Materialfluß

1. in Richtung des Preßdrucks geradeaus (längs) durch die Matrize geleitet oder

2. mit Rücksicht auf die Einführung und Durchleitung eines zu umpressenden Werkstückes aus der ursprünglichen Preßdruckrichtung umgelenkt wird, und zwar

a) um 90° oder

b) um 45°.

Der grundsätzlich einfachste Fall ist das diskontinuierliche, einfache Geradeaus-Auspreßverfahren für Drähte und Rohre u. ä. an der Metallpresse (Strangpresse).

1. Metallstrangpressen

Die Abb. 198 [*117*] zeigt schematisch den Auspreßvorgang bei Herstellung eines Metallrohres. Der meist kreiszylindrische, gegossene Metallblock wird vorgewärmt in einen Aufnehmer (Rezipient, Container) eingesetzt und aus diesem vermittels eines hydraulischen Preßstempels durch die Matrize ausgepreßt. Zur Schonung des Preßstempels und zur genauen Dimensionierung der gewünschten Druckfläche wird zwischen Stempel und Block eine meist lose Vorlegescheibe geschaltet.

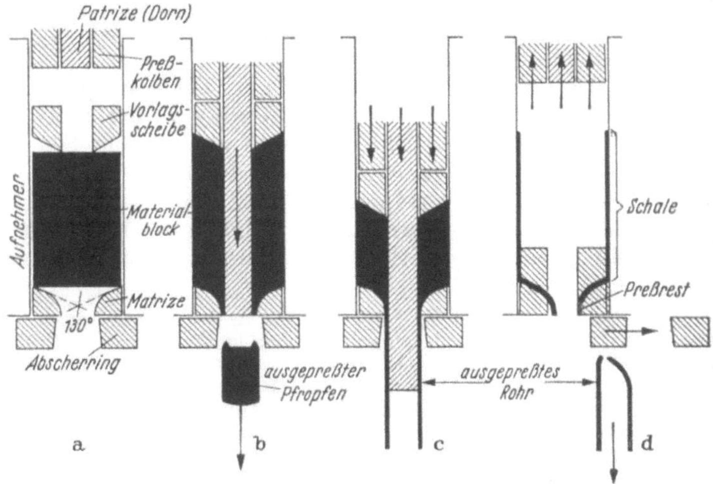

Abb. 198 a—d. Schematische Darstellung des Rohrpreßvorganges nach C. BLAZEY [*117*]

Zur Herstellung von Rohren wird (Abb. 198b) zunächst der vollzylindrische Block durch hydraulisches Vortreiben der zentral angebrachten Patrize (Preßdorn) in einen Hohlzylinder verformt[1], wobei der zentrale Teil des Blockes bei flacher Ausbildung der Frontfläche der Patrize zum größten Teil ausgepreßt, bei angespitzter Frontfläche dagegen mehr zur Seite gedrückt wird. Da, wie auf S. 221 beschrieben, die Gefahr der Hohlraumbildung im Zentrum eines Gußstückes besonders groß ist, kann die ebene Ausbildung der Patrizenfrontfläche vorteilhafter sein [*117*].

---

[1] Falls nicht — nach älteren Verfahren — von vornherein durch Gießen mit Kern oder durch Ausbohren hergestellte Hohlzylinder in den Aufnehmer eingesetzt werden.

Anschließend wird, wie Abb. 198c zeigt, durch Anfahren des Preßstempels der hohlzylindrische Block ausgepreßt und dabei durch Matrize und Patrize zum Rohr geformt. Dabei verbleibt im Aufnehmer ein gewisser Blockrest (Preßrest), von dem das Rohr abgeschert wird (Abb. 198d).

Wie auf S. 220 erwähnt, ist die Begrenzungsfläche eines Gußstückes gegen die Kokille meist verunreinigt und blasig. Diese Oberflächenschicht kann beim Strangpressen dadurch unschädlich gemacht werden, daß, ebenso wie der Stempel, auch die Vorlegscheibe einen etwas kleineren Durchmesser als der Aufnehmer besitzt und beim Auspressen im Aufnehmer eine dünne Außenschicht (*Schale*) des Blocks stehenläßt, die mit dem Preßrest zusammenhängt und nach dem Auspressen des Rohres unter Anwendung einer zweiten, genau passenden Vorlegescheibe durch den Stempel ausgeworfen werden kann.

Die Schale wird jedoch nur dann von der Blockoberfläche gebildet, wenn die Blockoberfläche durch einen genügenden Reibungswiderstand an der Aufnehmerwandung festgehalten wird, d. h. wenn der Aufnehmer nicht geschmiert oder die innere Aufnehmerwandung nicht poliert ist. Andernfalls wird die Schale durch zwischen Vorlegscheide und Aufnehmerwandung nach rückwärts ausgepreßtes Material gebildet, das nur teilweise die Blockoberflächenschicht enthält. Wie C. Blazey [117] überzeugend nachgewiesen hat, wirkt die Oxydhaut einer Kupferoberfläche als Schmierung in dem angegebenen Sinne (d. h. wenn der Aufnehmer, wie üblich, innen poliert ist).

Im Laufe des Auspreßvorganges wird im Falle einer Schmierung des Aufnehmers die äußere Reibung des Blockes an der Aufnehmerwandung und im Falle des Auspressens mit feststehender Schale die innere Reibung des ausfließenden Materials gegen die Schale mit abnehmender Blocklänge immer geringer; d. h. bei gleichbleibendem Druck steigt die Auspreßgeschwindigkeit während des Preßvorganges. Eine gleichmäßige *Auspreßgeschwindigkeit* erfordert daher eine dauernde Nachregulierung des Druckes.

Dieser Nachteil kann vermieden werden durch Anwendung des umgekehrten (*indirekten*) *Preßverfahrens*, bei dem der Preßblock im Aufnehmer festliegt und die Matrize vermittels des hohl ausgebildeten Preßstempels gegen den Preßblock gedrückt wird[1]. Hierbei werden nur die an der Matrize liegenden Blockteile verformt, und die Reibung des Werkstoffes an der Aufnehmerwandung fällt fort.

Die geringere Verformungsarbeit beim umgekehrten Preßverfahren kann jedoch eine nur unvollständige Zerstörung des Gußgefüges und damit möglicherweise eine ungenügende Festigkeit für die anschließende Kaltverformung (Ziehen) zur Folge haben. Außerdem ist die Beobachtung des aus der Matrize austretenden Materials nicht möglich.

Für die Herstellung von hohlen Rohren ist auch im umgekehrten Preßverfahren ein zylindrischer Dorn gleichmäßigen Durchmessers verwendbar, der jedoch in diesem Falle feststeht. Das indirekte Preßverfahren wird u. a. zur Herstellung hohler Bleirohre angewandt. Da der Abstand zwischen Matrize und Patrizenspitze offenbar nicht unveränderlich gemacht werden kann, erscheint eine Umpressung von Kabelseelen nach diesem Prinzip nur möglich beim (veralteten) Pressen ohne besondere Patrize (s. Borel-Presse, S. 266 und Abb. 204).

---

[1] Das indirekte Preßverfahren ist also keine reine Vertauschung der Rollen der bewegten und feststehenden Teile der Presse bei gleichbleibender, relativer Bewegung der Teile gegeneinander; vielmehr ist in beiden Fällen der Aufnehmer feststehend und der Preßstempel bewegt, und nur die relative Bewegung des Preßblocks gegen die Matrize ist vertauscht.

Abb. 199. Schwere Strangpresse zur Herstellung von Metallrohren, -stangen und -profilen (F & G)

Die auszupressenden Metallblöcke werden auf eine die Einsatztemperatur etwas übersteigende Höhe vorgewärmt und erforderlichenfalls, d. h. bei längeren Auspreßzeiten, durch Heizung des Aufnehmers
auf der Solltemperatur gehalten. Dabei ist jedoch zu bedenken, daß
bei allen Auspreßverfahren die zur Überwindung der äußeren und
inneren Reibung angewandte
Energie sich in Wärme um-
setzt und die Temperatur des
Materials *im Augenblick der
Formung* gegenüber seiner
Einsatztemperatur und auch
der Aufnehmertemperatur erhöht, und zwar um so mehr,
je geringer die Einsatztemperatur, d. h. die Plastizität, des·
Materials beim Einbringen ist,
d. h. je mehr Energie für die
Verformung aufgewandt werden muß. Die Auspreßtemperatur eines Werkstoffes kann
daher steigen, wenn man seine
Einsatztemperatur herab-
setzt, und zwar ohne daß
dem Werkstoff in der Presse
von außen Wärme zugeführt
wird (s. auch S. 284).

Abb. 199 stellt die Her-
stellung eines Metallrohres
in einer liegenden, schweren
Metallpresse dar. Man erkennt
u. a. die vor der Matrizenöffnung angebrachte hydraulische Vorrichtung zum *Abscheren des Preßrohres* von
Preßrest und Schale.

Abb. 200. Herstellung von Preßdraht durch Strangpressen (KWO)

Ein besonderes Problem sind
bei schweren liegenden Metallpressen infolge der Temperaturschwankungen auftretende Mitten-
verlagerungen des Aufnehmers.
Eine Neukonstruktion des Grusonwerks beseitigt diese Gefahr durch
Auflagerung einerseits des Auf-
nehmerheizmantels auf Schrägflächen eines einstellbaren Untersatzes, die sich in
der Mittenachse des Aufnehmers schneiden, und andererseits Lagerung des Aufnehmers im Heizmantel auf Pendelstützen. Es ist vorgesehen, die Lagerung des
Aufnehmers im Heizmantel so auszubilden, daß die Pendelstützen nicht unmittelbar den Aufnehmer abstützen, sondern daß der Aufnehmer bei zweiteiliger
Ausführung des Heizmantels in zweiteiligen Ringen ruht, die ihrerseits durch
Pendelstützen mit dem Heizmantel verbunden sind. Diese Ausführung erleichtert das Auswechseln des Aufnehmers.

Die Metallstrangpresse wird in der beschriebenen Form für kabeltechnische Zwecke zur Herstellung von *Metall*halbzeugen angewandt, und zwar u. a. als

A. Stangenpresse ohne Patrize zum Auspressen von Draht (Preßdraht), insbesondere aus Leitaluminium, an Stelle von Walzdraht für die Weiterverarbeitung in Ziehmaschinen. Abb. 200 zeigt die Herstellung von Preßdraht im Kabelwerk Oberspree. Grundsätzlich möglich, aber bisher offenbar nicht wirtschaftlich durchführbar, ist die Herstellung auch feinerer und feinster Drähte nach dem Auspreßverfahren [118], etwa nach Art der Erzeugung von Kunstfasern[1] unter Verwendung von Matrizen mit einer Vielzahl von Bohrungen.

B. Rohrpresse mit Patrize zum Auspressen von Kupfer-, Aluminium- oder Zinkrohren

1. zur späteren Herstellung völlig nahtloser Kabelmäntel nach dem Pyrotenax-Ibrenit- (s. S. 326) oder dem Isotrax-Verfahren (s. S. 125 und 322) oder

2. zum Einziehen fertiger Kabelseelen mit darauffolgender Durchmesserverringerung des Rohres[2].

Auch *nichtmetallische* Stangen und Rohre können nach dem gleichen Verfahren hergestellt werden, insbesondere aus weichmacherfreien Thermoplasten, wie Polyvinylchlorid, bei denen die Anwendung der Triebwendelpresse (s. S. 281) Schwierigkeiten bereitet [119][3].

2. Kabelpressen

α) Allgemeines. Unter *Kabelpressen* sollen alle Auspreßvorrichtungen verstanden werden, die eigens für die Kabelherstellung so konstruiert sind, daß der ausgepreßte metallische oder nichtmetallische Werkstoff als fugenlos geschlossene[4] Hülle *um* einen Kern, d. h. einen oder mehrere Drähte, eine oder mehrere isolierte Adern oder eine Kabelseele gepreßt werden kann. Dieses Auspressen aus der Kabelpresse ist eine der beiden wichtigen Verfahrensgruppen[5] zur Herstellung fugenlos geschlossener

---

[1] Zum Beispiel entsprechend der Herstellung von Nylon- oder Glasfasern.

[2] Vor Erfindung der Kabel-Bleipresse wurden die Kabelseelen in vorfabrizierte, etwas weitere Bleirohre eingezogen und die Rohre dann auf den passenden Durchmesser gebracht [16]. Das gleiche Verfahren wird heute für Aluminiumkabelmäntel von der Johnson & Phillips, Ltd. [238], von Felten & Guilleaume (für Hochfrequenz-Energiekabel [218]; Abb. 113, 201 und 291) und von dem Osnabrücker Kupfer- u. Drahtwerk (für das Alplast-Kabel; Abb. 202 u. 258) angewandt [221].

[3] Zu erwähnen ist hier die Herstellung von weichmacherfreien Polyvinylchlorid- („Trovidur"-) Stangen und Rohren durch die Dynamit-AG., Troisdorf.

[4] Der sonst übliche Ausdruck „nahtlose" Hülle wird bewußt vermieden, da die meisten dieser Hüllen, wie im folgenden beschrieben, Schweißnähte besitzen.

[5] Im Gegensatz dazu wird bei der zweiten wichtigen Verfahrensgruppe die fugenlos geschlossene Hülle durch *vorgeformtes*, endloses, wickelbares, vorzugsweise bandförmiges *Halbzeug* gebildet, das um den zu umhüllenden Kern gebogen und dann an seinen Rändern zu einer fugenlos geschlossenen Hülle verschweißt, seltener verlötet wird. Die verschiedenen Verfahren zum Einhüllen von Werkstücken in wickelbare Halbzeuge sollen im folgenden Buchteil besprochen werden. Die Verbindungsverfahren für die Ränder zur Formung von Rohren sind bereits bei der Besprechung der Verarbeitung von Werkstoffen im flüssigen Zustande behandelt worden.

metallischer oder nichtmetallischer Hüllen um beliebig lange, von den
Enden aus nicht zugängige Kabelseelen oder Kabelelemente. Wie im
folgenden beschrieben wird, kann dabei entweder eine völlig nahtlose

Abb. 201. Einziehbahn für Bandwendelkabel (400 m-Bahn [F & G])

Abb. 202. Einziehstrecke für Aluminiummantelkabel (OKD)

oder eine (in einer, zwei oder vier Nähten) geschweißte Hülle gebildet
werden. Gemeinsam kennzeichnend für diese Verfahrensgruppe ist, daß
eine *ungeformte* (oder nur zum Einsatz in den Aufnehmer roh vor-

geformte) Werkstoffmasse plastisch *geformt* wird, wobei der Werkstoffstrom entweder von vornherein als Hohlzylinder fließt oder aber vor dem Austreten aus der Matrize zu einem geschlossenen Hohlkörper zusammenschweißt.

Die besonderen Kennzeichen der Kabelpressen gegenüber der Metallpresse bestehen darin, daß

1. die Patrize durchbohrt ist, um den Kabelkern in das Innere der zu bildenden geschlossenen Hülle bringen zu können, und daß

2. Matrize und Patrize so eingestellt werden, daß die gebildete Hülle das Werkstück eng umschließt, d. h. in ihren inneren Abmessungen nicht nur die äußeren, sondern meist auch die inneren Patrizenabmessungen unterschreitet.

Werkzeugeinstellung. Diese für alle Kabelpressen, d. h. für Metalle und Nichtmetalle, typische Werkzeugeinstellung ist am Beispiel der Bleipresse in Abb. 203 erläutert.

Die Patrize besteht aus einem konischen, im spitzen Winkel beispielsweise von etwa 20° auslaufenden Dorn. Die *axiale* Stellung der Dornspitze zur Matrize kann durch verschieden weites axiales Einschrauben des Patrizenhalters oder — seltener — auch der Matrize fein eingestellt werden. Die *Zentrierung* von Patrize und Matrize auf genau gleiche Lage der Achsen erfolgt meist durch Einstellvorrichtungen am Matrizenhalter (siehe Abb. 214). Abweichend von den Verhältnissen bei der Metallpresse entsprechend Abb. 198 werden bei der Kabelpresse die Abmessungen der ausgepreßten Hülle nicht nur durch die Abmessungen von Matrize und Patrize, sondern auch von ihrer gegenseitigen Stellung in Achsrichtung bestimmt. Je weiter zurück die Dornspitze liegt, um so mehr unterschreiten die Abmessungen der Hülle die von Matrize und Patrize, d. h. mit um so größerem Druck kann die Hülle auf die Kabelseele gepreßt werden.

Bei der Bleipresse ist je nach Kabeldurchmesser der Durchmesser der Dornspitze etwa 0,5 bis 4 mm größer als der Kabelseelendurchmesser. Der Dorn wird zur Matrize nun so eingestellt, daß der Bleimantel auf Starkstromkabel, bei denen es auf festes zwischenraumfreies Aufliegen ankommt, mit großem Druck aufgepreßt wird, d. h. mit zurückgestelltem Dorn; während Fernsprechkabel, deren hohl isolierte Seele nicht deformiert werden darf, ohne Druck bebleit werden, d. h. mit weiter vorgestelltem Dorn. Die Matrizenöffnung kann dabei bis etwa

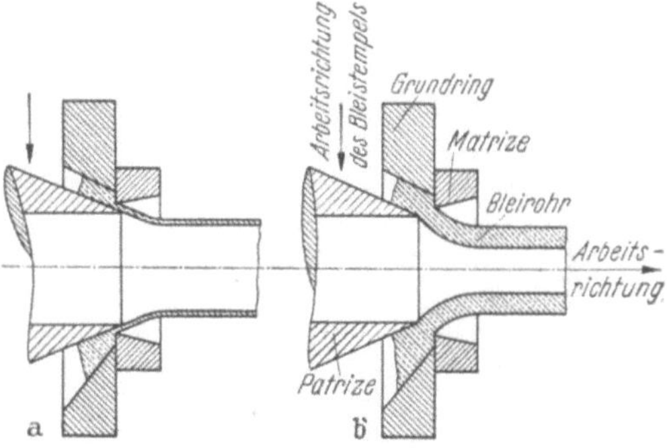

Abb. 203 a u. b. Schematische Darstellung des Preßvorgangs in einer Bleimantelpresse mit Matrize und Patrize (Dorn) nach H. MÜLLER [4]

10 % größer im Durchmesser sein als der gewünschte Bleimanteldurch-
messer[1].

Zur Herstellung genauer und über den ganzen Umfang gleichmäßiger
Wandstärken, d. h. zentrischer Hüllen, muß der Abstand Matrize—Patrize sehr sorgfältig und vor allem zentrisch eingestellt werden. Es liegt
auf der Hand, daß sich bei den großen Temperatur- und Druckschwan-
kungen bei einer Geschwindigkeitsänderung oder einer Unterbrechung
des Preßverfahrens die *Feineinstellung* ändert und sogar zum Bruch
der Dornspitze führen kann, wenn diese sich innerhalb der Matrizenöffnung befindet. Die Gefahr ist besonders groß bei den langen Dornen
der Geradeaus- (Längs-) Pressen, wenn die Dorne und Dornhalter nur
am rückwärtigen Ende gehalten werden.

Beim Auspressen von Metallen (Blei, Aluminium) ist das ausgepreßte Rohr im allgemeinen steif genug und genügend fest auf die
Kabelseele aufgepreßt, um die Seele durch die Presse hindurchziehen
zu können. Solche Pressen bedürfen daher nur für sehr dünne Kabel
oder für sehr schwache Wandstärken der gepreßten Hülle einer besonderen *Abzugsvorrichtung*.

β) **Preßverfahren ohne Nahtbildung.** Betrachten wir zunächst die
Auspreßverfahren für Hüllen, bei denen jede Schweißung des plastischen Werkstoffs und damit jede dimensions- und strukturmäßige
Ungleichmäßigkeit in der gebildeten Hülle dadurch vermieden wird,
daß der Werkstoff zu Beginn seiner *plastischen* Formung bereits die
Form eines Hohlzylinders besitzt. In diesem Falle muß die Formung
des Hohlzylinders offenbar schon *vorher im flüssigen* Zustand erfolgt
sein, d. h. praktisch durch Gießen.

In diesem Falle sind wieder zwei grundsätzlich verschiedene Möglichkeiten gegeben:

Entweder wird der Werkstoffhohlzylinder in einem *gesonderten
Gießverfahren* für sich hergestellt und dann von einem Ende der Kabellänge aus über den Kabelkern gebracht, oder aber der Werkstoff wird
um die *endlose* Länge, d. h. ohne Benutzung der Kabelenden, flüssig
herumgegossen.

Der erste Fall ist zu Beginn der *Bleimantel*-Preßtechnik praktisch
ausgeführt worden, und zwar bei der 1879 von F. BOREL konstruierten
Kabelbleipresse, die in Abb. 204 [*16*] dargestellt und vereinzelt auch
heute noch in Betrieb ist. Diese Presse wird mit einem vorher fertig
gegossenen, festen hohlzylindrischen Bleiblock beschickt, der Kabelkern

---

[1] Diese Durchmesserverminderung des Bleimantels gegenüber der Matrizenöffnung ermöglicht es, in Verbindung mit der Schrumpfung des Bleimantels beim
Abkühlen, mit einer kreisförmigen Matrizenöffnung eine dreiadrige Starkstromkabelseele mit einem eng anliegenden Mantel mit drei flachen Seiten zu umpressen. Um die Aderisolierung an den Auflagestellen des Mantels von dem
Schrumpfungsdruck zu entlasten, kann man dabei die Ausbildung der flachen
Seiten unterstützen mit Hilfe entsprechend geformter sogenannter „Nach-
matrizen", die — dem Drall des Kabels folgend — rotieren (HUGO SONNENFELD).

Einen (unerwünscht) enganliegenden Mantel erhält man unter ähnlichen
Bedingungen auch beim Auspressen von Gummihüllen um verseilte Adern, die
sich dann durch den Mantel hindurch markieren.

(getränktes Starkstrompapierkabel) axial durch den Block eingezogen und der erhitzte Block hydraulisch als Rohr über die als Patrize dienende Kabelseele nach dem umgekehrten Preßverfahren mit gleichbleibendem Druck ausgepreßt. Da für die Durchführung dieses Verfahrens ein Kabelende zugängig sein und in den heißen Block eingefädelt werden muß, kommt praktisch nur die Verwendung *eines* Blocks für eine Länge in Frage, d. h. aber die Herstellung nur kürzerer oder dünner Kabel, wenn man nicht den Block und damit Pressenkonstruktion und Kraftverbrauch unwirtschaftlich groß wählen will[1].

Die praktische Schwierigkeit bei der Durchführung des zweiten Falles — Umgießen — liegt für Metalle darin, daß das Werkstück, d. h. die Kabelseele, auf der ganzen Länge der Gieß- und Verformungszone allseitig von dem heißen Material umgeben und der Gefahr der Überhitzung ausgesetzt ist. Tatsächlich ist aus diesem Grunde den seit Beginn der Bleimanteltechnik immer wieder unternommenen Versuchen, die Kabelseele in einer stehenden *hydraulischen* Presse mit Blei zu *um*gießen und das erstarrte Blei dann plastisch zum Mantel zu verformen, kein praktischer Dauererfolg beschieden gewesen.

Abb. 204. Bleimantelpresse ohne Patrize (Pirelli-M) nach F. BOREL

Bei Verwendung von (Reinst-) *Aluminium* an Stelle des Bleis ergibt sich außerdem noch die Schwierigkeit, daß das flüssige Aluminium die Aufnehmerwandungen sehr stark angreift[2], d. h. die Gefahr der Verunreinigung des Aluminiums und der Zerstörung der glatten inneren Oberfläche des Aufnehmers.

---

[1] Außerdem würde bei festen Bleiblöcken das Verschweißen aufeinanderfolgender Blöcke selbst unter hohen Drucken und erhöhten Temperaturen Schwierigkeiten bereiten, d. h. im Gegensatz zum Aluminium, das zwar schwerer verformbar, aber aktiver ist als Blei.

[2] Die Entwicklung von durch Aluminium nicht angreifbaren Stählen ist im Gange.

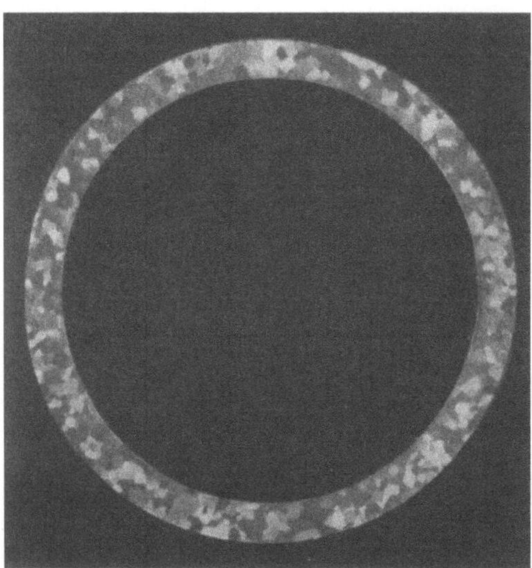

Abb. 205. Querschnitt durch einen mit der kontinuierlich arbeitenden Pirelli-General-Bleipresse hergestellten Reinblei-Mantel (Vergrößerung 1:4 [Pirelli-G])

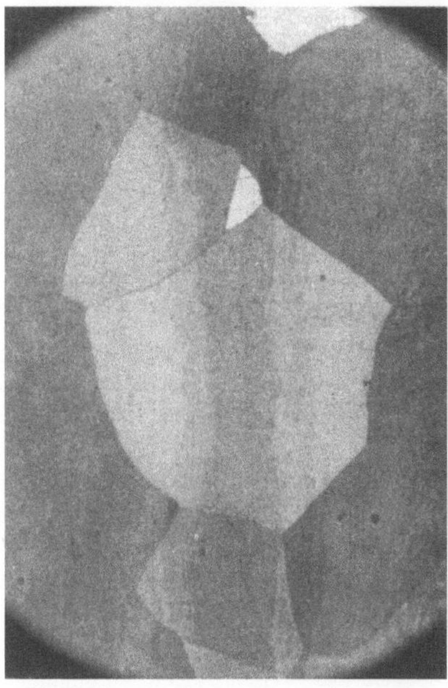

Abb. 206. Querschnitt durch einen kontinuierlich gepreßten Bleimantel an der Stelle der Verschweißung hinter einem der Abstandhalter der Patrizenzentriervorrichtung. (Vergrößerung 1:110). Die Schweißnaht ist durch Rekristallisation vollkommen überbrückt (Pirelli-G)

Bei der bisher beschriebenen einfachen Ausführungsform des Auspreßverfahrens mit einer hydraulischen Presse ist die Wärmeeinwirkung flüssigen Metalls deshalb besonders groß, weil das Auspreßverfahren während der ganzen Zeit der Erstarrung und weiteren Abkühlung des Werkstoffs auf die Auspreßtemperatur unterbrochen werden muß. Während dieser *Rastzeit* bewegt sich die Kabelseele also nicht weiter. Das gerade in der Achse des Aufnehmers befindliche Kabelstück ist daher der Wärmeeinwirkung besonders lange ausgesetzt.

Es ist nun naheliegend, die Patrizenwandung, die die Kabelseele von dem heißen Werkstoff trennt, mit einer wirksamen *Wasserkühlung* zu versehen. Dabei ist jedoch zu bedenken, daß der Aufnehmer und damit die Patrize eine gewisse Mindestlänge haben müssen, wenn die Preßblöcke nicht zu klein und die Zahl der Rastzeiten nicht noch größer werden sollen. Wenn nun noch die Wandungen der an sich schon überaus stark beanspruchten Patrize[1] zur Durchführung einer Wasserkühlung hohl ausgeführt werden sollen, dann wird die Konstruktion einer ausreichenden zug-, druck- und biegefesten Patrize zu einem außerordentlich schwierigen maschinenbautechnischen Problem.

―――――――

[1] Siehe auch Patrizen allgemein, S. 212.

Nun läßt sich allerdings der Hauptnachteil der hydraulischen Pressen, die Rastzeiten, und damit auch eine Wasserkühlung der Patrize durch Übergang auf *kontinuierlich arbeitende Druckwendelpressen* (s. S. 281) vermeiden. Es verbleibt aber trotzdem die große Länge der Patrize einerseits sowie die Aufgabe, ihr freies, der Matrize zugekehrtes Ende selbst unter den starken Temperaturschwankungen und Drucken gegenüber der Matrizenöffnung auf hundertstel Millimeter genau zu zentrieren. Nun kann man allerdings bei einer Triebwendelpresse Patrize und Patrizenhalter konisch ausbilden (s. z. B. Abb. 224) und damit ihre Biegefestigkeit erheblich steigern. Damit dürfte auch eine ausreichende Zentrierung der Patrize beim Auspressen nichtmetallischer Thermoplasten erzielbar sein [120]. Bei Metallpressen im Geradeaus- (Längs-) Preßverfahren nimmt man jedoch praktisch immer zwischen Patrize und Matrize *abstandhaltende Stege* zur Hilfe, die den Werkstoffstrom teilen. Die Vorrichtungen müssen dann so konstruiert sein, daß das Material hinter den Stegen wieder einwandfrei verschweißt. Dieses Ziel wird bei den Triebwendelpressen für Blei auch tatsächlich erreicht, wie das in Abb. 205 und 206 dargestellte Schliffbild nachweist.

Die Aufgabe, völlig nahtlose Metallmäntel um eine „endlose" Kabelseele zu pressen, hat also offenbar bis heute noch keine Lösung gefunden, die sich in der Praxis auf die Dauer durchgesetzt hätte.

γ) Hydraulische Kabelpreßverfahren mit Nahtbildung. Auf die praktische Ausführung der Geradeauspressen nach dem Triebwendelprinzip wird später noch näher eingegangen werden, wobei die Frage offengelassen werden kann, ob im Zuge einer Weiterentwicklung eine Nahtbildung vermieden werden kann oder nicht. Im folgenden sollen jedoch zunächst die beiden hydraulischen Auspreßverfahren erörtert werden, bei denen von vornherein bewußt eine Verschweißung des Materials im plastischen Zustande in Kauf genommen wird, nämlich das Auspressen mit Pressenkopf, bei dem die Masse *im plastischen Zustand* das Werkstück umfließt und dann rohrförmig zusammenschweißt, oder die Zusammensetzung eines hohlzylindrischen Preßblocks aus Halbschalen, die im festen Zustand *vor* der plastischen Verformung um das Werkstück herumgelegt werden und *während* der plastischen Verformung verschweißen.

Geradeauspressen mit Halbschalenfüllung. Der grundsätzlich einfachere, aber in der Praxis neuere Weg ist die Beibehaltung des Geradeauspreßprinzips der beschriebenen hydraulischen Metallpresse unter Verwendung eines feststehenden Hohldorns für die Hindurchführung des Werkstückes durch die Achse des Aufnehmers. An Stelle eines ganzen, bei „endlosen" Werkstücklängen nicht nachfüllbaren Werkstoffhohlzylinders werden in zwei Halbschalen lange, geteilte Hohlzylinder verwendet, die um das ungeschnittene Werkstück herumgelegt werden können. Dieses Verfahren ist von Schloemann zur Herstellung von Aluminiummänteln entwickelt, in der Erkenntnis, daß Temperaturen von 300 bis 400° C und Drucke von 3000 bis 4000 kg/cm² ausreichen, um eine vollständige Verschweißung sowohl der einander gegenüberliegenden wie auch der axial aufeinanderfolgenden Halbschalen zu erzielen, d. h. um ein metallisch völlig geschlossenes, mechanisch ausreichend widerstandsfähiges (biegsames) und wasserdampfdichtes *endloses* Rohr auszupressen (s. auch [*179*]).

Wenn auch hier, wie oben allgemein erörtert, die ausreichend zug-, druck- und biegefeste Konstruktion der langen, gekühlten Patrize ein maschinenbautechnisches Kernproblem darstellt, so ist doch die Zentrierung durch die selbstzentrierende Wirkung der vorgeformten festen Werkstoffhohlkörper vereinfacht.

Das SCHLOEMANN-Verfahren ist offenbar *nur für Aluminium* und Werkstoffe ähnlicher Verschweißfreudigkeit im ausreichend festen Zustand anwendbar. Im Gegensatz zu den im folgenden beschriebenen Verfahren dürften jedoch nicht nur Reinstaluminium (99,99 % Al), sondern auch Aluminium geringerer Reinheitsgrade (99,95 % bis herunter zu 99,5 % Al) verwendbar sein, wobei bei gleicher Auspreßtemperatur entsprechend höhere Drucke erforderlich sind.

Zur Erzielung einer guten Verschweißung der gegenüberliegenden und aufeinanderfolgenden Halbschalen ist es zweckmäßig, diese Halbschalen nicht zu gießen (Gußhaut!), sondern in einem gesonderten reinen Metallstrangpreßverfahren vorzuformen. Die zu verschweißenden Flächen der Halbschalen müssen natürlich in der Kabelpresse saubergehalten werden, d. h. aber, daß auch die dem Preßstempel mit Vorlegscheibe zugekehrten Stirnflächen der beiden letzten Halbschalen mit Rücksicht auf die Verschweißung mit der nächsten Charge nicht geschmiert werden dürfen, und daß die Halbschalen infolge des starken Haftbestrebens von heißem Aluminium an Stahl nicht nur untereinander, sondern auch mit der Vorlegscheibe zu verschweißen trachten.

Kabelpressen mit Pressenkopf und Werkstoffablenkung. Die Anwendung des Pressenkopfes ermöglicht es, das Werkstück ganz aus dem Bereich der Druckanlage (Triebwendel oder hydraulische, Stempel, Zylinder und Kolben) und gegebenenfalls des Aufnehmers herauszunehmen und dadurch diese Teile der Presse einfacher und wirkungsvoller zu gestalten. Der Werkstoffstrom trifft erst nach Verlassen des Aufnehmers oder der Triebwendelanlage auf die Patrize bzw. den Patrizenhalter, umfließt diese und damit das Werkstück, verschweißt zu einer geschlossenen Hülle und wird dann zwischen Patrize und Matrize ausgepreßt. Das hat zur Voraussetzung, daß entweder die Richtung des Werkstückverlaufs oder des Werkstoffflusses während des Umpreßvorganges geändert werden. Praktisch wird sowohl bei Metall- wie auch bei Kautschuk- und Kunststoffpressen fast immer der Werk*stoff*fluß in seiner Richtung abgelenkt, und zwar meist um 90° (Querkopfpresse), seltener nur um 45° (Schrägkopfpresse für Kautschuk und Thermoplaste). Die grundsätzlich ebenfalls mögliche Ablenkung des Werk*stück*verlaufs ist anscheinend nur bei der Umpressung dünner Werkstücke mit sehr plastischem Werkstoff praktisch durchführbar [*120*].

Druckvorrichtung. Die üblichen Bleipressen werden in zwei verschiedenen Anordnungen gebaut. Da mit Rücksicht auf das Gießverfahren für Bleifüllungen die modernen Bleipressen stehend ausgebildet sind, erfordert die bei der Metallpresse (Abb. 198) beschriebene Anordnung: hydraulischer Zylinder — Preßstempel — Aufnehmer —

Abb. 207. Hydraulische Bleimantelpresse mit bewegtem Aufnehmer und Pressenkopf und festem Preßstempel (F & G)

1 Bleischmelzanlage (im Hintergrund);
2 Aufnehmer (Container);
3 Preßstempel;
4 hydraulischer Kolben;
5 hydraulischerDruckzylinder;
6 hydraulischer Zylinder zum Zurückdrücken von Aufnehmer, Pressenkopf und hydraulischem Kolben,
7 Wasserkühlung;
8 Pressenkopf;
9 Wasserbrause;
12 Ventilsteuerung;
18 Bleibeschickungsanlage

Abb. 208. Hydraulische Kabelpresse Krupp-Gruson, Typ WK 3
zur Herstellung von Blei- und Reinstaluminiummänteln (KWO)

1 Bleischmelzanlage; *2* Aufnehmer; *3* Preßstempel; *4* Arbeitskolben; *5* Arbeitszylinder;
6 hydraulischer Zylinder zum Zurückziehen des Preßstempels; *7* Kühl- bzw. Heizmantel;
8 Pressenkopf; *9* Wasserbrause; *10* und *11* Hydraulische Anlage zum Abheben des Aufnehmers vom Pressenkopf; *12* Ventilsteuerung (vgl. Abb. 210); *13* Pumpenanlage; *14* Heizungsregulierung der Bleischmelzanlage (vgl. Abb. 211); *15* Heizungsregulierung für Aufnehmer und
Pressenkopf; (verdeckt durch Pumpe) (vgl. Abb. 212); *16* Pumpenschaltpult (verdeckt durch
Pumpe) (vgl. Abb. 210); *17* Kessel für die Kabelseele

Pressenkopf eine erhebliche Bauhöhe über dem in Arbeitshöhe liegenden Pressenkopf. Die Abb. 208 zeigt eine moderne Presse solcher Anordnung, die sich über zwei Stockwerke erstreckt.

Nach dem Prinzip der Umkehrung relativer Bewegungen (s. S. 153) hat man nun zur Verminderung der Bauhöhe auch Pressen gebaut, bei denen, wie aus Abb. 207 ersichtlich ist, die unter Flur liegenden hydraulischen Zylinder *5* und Kolben *4* den in Arbeitshöhe liegenden

Abb. 209. Beschicken des Aufnehmers einer Aluminiummantelpresse mit induktiv vorgewärmten Aluminiumbolzen (SSW)

Pressenkopf *8* und den darüber in noch handlicher Füllhöhe liegenden Aufnehmer *2* gegen den feststehenden Preßstempel *3* drückt.

Aufnehmer. Die Anwendung der herkömmlichen Bauweise der Kabelmantelpresse gestaltet sich unterschiedlich für das Auspressen von Blei und Bleilegierungen einerseits und Reinstaluminium andererseits [*177*]. Wie erwähnt, verschweißen Bleiblöcke im festen Zustand auch durch Druck und Wärme nicht genügend zusammen. Eine neue *Bleicharge* muß daher *flüssig* in den Aufnehmer gegossen werden, damit sie mit dem Preßrest der alten Charge so fest verschweißt, daß aus beiden ein einheitlicher, mechanisch widerstandsfähiger und wasserdampfdichter Kabelmantel entsteht.

*Aluminium*blöcke verschweißen dagegen — wie erwähnt — unter geeigneten Druck- und Temperaturbedingungen einwandfrei miteinander[1] (s. Abb. 209).

---

[1] Aluminium braucht also nicht in die Presse gegossen zu werden. Das Einbringen des Aluminiums im flüssigen Zustand in den Aufnehmer bereitet überdies besondere, praktisch wohl noch nicht überwundene Schwierigkeiten, da, wie bereits erwähnt, das flüssige Aluminium die Aufnehmerwandungen stark angreift.

Zur Erleichterung dieser Verschweißung ist allerdings vorgeschlagen worden, die Oberfläche des Preßrestes und die Unterfläche des neuen Blocks durch Absägen unmittelbar vor dem Zusammenpressen metal-

Abb. 210. Ventilsteuereinrichtung und Pumpenschalter zur Bleipresse WK 3 der Krupp-Grusonwerke (vgl. Abb. 208 [KWO])

Abb. 211. Heizungsregulierung der Bleischmelzanlage zur Bleipresse WK 3 der Krupp-Grusonwerke (vgl. Abb. 208 [KWO])

lisch rein zu machen. Zum Absägen des Preßrestes muß der Aufnehmer vom Pressenkopf abhebbar ausgebildet sein. Praktisch hat sich das

Absägen jedoch als hierfür nicht erforderlich erwiesen. Den abhebbaren
Aufnehmer hat man trotzdem beibehalten, da dadurch das Einsetzen
eines neuen Blocks erheblich vereinfacht und infolgedessen die Rastzeiten verkürzt werden. Außerdem kann beim Pressen mit Schale das Abheben des Aufnehmers zur Entfernung der Schale erforderlich werden.

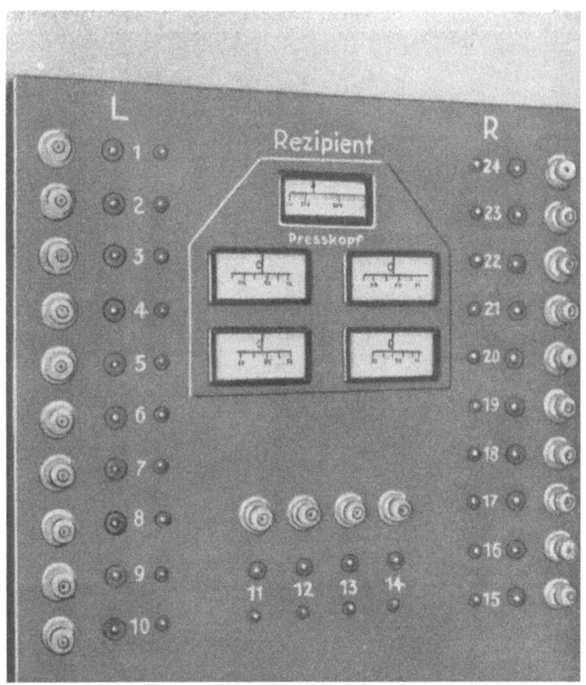

Abb. 212. Heizungsregulierung für Aufnehmer und Pressenkopf zur Bleipresse WK 3
der Krupp-Grusonwerke (vgl. Abb. 208 [KWO])

Die in Abb. 208 dargestellte Presse des Grusonwerks ist eine
stehende Presse. Oberhalb des Aufnehmers befindet sich die Auspreß-
einrichtung. Der Aufnehmer ist vom Pressenkopf *8* abhebbar. Die Aus-
preßeinrichtung besteht aus dem am oberen Holm des Pressenrahmens
befestigten Arbeitszylinder *5*, dem Arbeitskolben *4*, einer — an den
Schenkeln des Pressenrahmens geführten — Kolbentraverse und dem
Preßstempel *3*. Die Vorrichtung zum Heben und Senken des Kühl- und
Heizmantels *7*, in dem der Aufnehmer *2* angeordnet ist, besteht aus
zwei Zylindern *10* und *11* mit Kolben.

Die Presse erhält eine Füllung von 900 kg Blei oder 120 kg Aluminium. Der Aluminiumaufnehmer hat des höheren spezifischen Drucks
wegen einen kleineren Durchmesser. Der Bleiaufnehmer wird zur Fort-
führung der Erstarrungswärme und weiterer Abkühlung des Bleis auf
etwa 180° C mit Heißwasser gekühlt, der Aluminiumaufnehmer dagegen

geheizt (elektrische Widerstandsheizung), um den auf etwa 470° C vorgewärmten Aluminiumblock auf etwa 450° C zu halten. Die Bedienungs-
tafeln sind in Abb. 210 bis 212 wiedergegeben. Abb. 213 zeigt eine
3800 t-Spezialpresse der Hydraulik in Duisburg.

Bleischmelz- und -gießanlage. Man kann einen besonderen *Schmelzkessel* für jede Presse vorsehen oder — für Anlagen mit vielen Pressen —

Abb. 213. 3800 t-Spezialpressenanlage, Bauart Hydraulik, zum Umpressen von Kabelseelen
mit Aluminiummänteln (SSW)

besser für Reinblei und für die am meisten vorkommende Legierung je
einen zentralen Kessel, von dem aus alle Pressen nach Wahl gefüllt
werden können.

Für das *Gießen* des Bleis in den Aufnehmer finden die besprochenen
allgemeinen Schmelz- und Gießregeln (s. S. 219) weitgehend Anwendung; außerdem muß besonders darauf geachtet werden, daß die neue
flüssige Charge mit dem Preßrest der alten Charge einwandfrei zusam-
menschmilzt.

Schmelzkessel, Zuleitungsrohre zur Presse und der Aufnehmer können mit *inaktivem Gas* (CO_2) gefüllt werden, um Oxydbildung möglichst

zu vermeiden. Die auf der Bleioberfläche im Aufnehmer gebildete Krätze kann man vor Erstarrung des Bleis mit dem Preßstempel zur Seite in einen ringförmigen Auffangbehälter (Füllaufsatz) drücken, wenn der Preßstempel eine stumpf konische Spitze besitzt. Es ist auf alle Fälle zweckmäßig und üblich, den Stempel nach dem Füllen und Entfernen der Krätze möglichst bald zu senken, um die Bleioberfläche vom Luftzutritt abzuschneiden und durch Nachdrücken Lunkerbildungen durch die Schwindung beim Erstarren zu verhindern.

Man kann auch den Füllaufsatz mit einer hydraulischen Vorrichtung versehen, die den *Gußkopf* mit der Krätze nach dem Erstarren in ähnlicher Form *abschert*, wie es in Abb. 198 für das Abscheren des Preßrohres vom Preßrest gezeigt ist.

Zur Erzielung einer sauberen Verschweißung mit der neuen Beschickung muß die oxydhaltige *Oberfläche der alten Charge*, d. h. des Preßrestes, beseitigt werden. Im allgemeinen genügt es, wenn man das flüssige Blei der neuen Charge mit einem Gießrohr auf die verschiedenen Stellen der Oberfläche des Preßrestes leitet und das Rohr mit zunehmender Aufschmelzung tiefer in den Preßrest einsenkt.

Es wird ferner vorgeschlagen, die lösende und reinigende Wirkung des flüssigen Bleistroms auf die Oberfläche des Preßrestes zu erhöhen [*121*], indem man den flüssigen Bleistrom den Aufnehmer nur durchspülen läßt und aus einer seitlichen Öffnung im Aufnehmer wieder ableitet, bis er die Oberfläche des Preßrestes sauber abgespült hat, und erst dann den Aufnehmer schließt und füllt.

Andere Vorschläge betreffen das Aufschmelzen des Preßrestes mit einer besonderen Wärmequelle (Gasgebläseflamme, elektrischer Lichtbogen, elektrische Heizelemente [*122*]) oder eine mechanische Entfernung (Abschaben) der Oxydteilchen, die vor der Neufüllung abgesaugt werden [*123*] oder beim Einbringen der neuen Charge flüssigen Bleis an die Oberfläche steigen. Vor Anwendung solcher Maßnahmen ist jedoch zu bedenken, daß die Rastzeiten kurz gehalten werden müssen und es daher oft besser und schneller ist, Oxydbildungen durch Verwendung inaktiver Gase von vornherein zu vermeiden, als gebildete Oxyde nachträglich zu entfernen (*aseptische* statt *antiseptische* Methode).

Pressenkopf. Zur Erzielung einer gleichmäßigen, faltenfreien Hülle ist es erforderlich, daß der Werkstoffstrom beim Eintritt in den formbildenden Ring zwischen Matrize und Patrize an allen Stellen des Ringumfangs gleiche Plastizität (Temperatur) und Durchtrittsgeschwindigkeit besitzt, d. h. überall unter gleichem Auspreßdruck steht. Nun sind aber die Wege, welche die verschiedenen Teile des Werkstoffstromes durchfließen, verschieden lang, je nachdem der Werkstoff direkt vom Abnehmer zur Matrize fließen kann oder erst die Patrize in zwei Teilströmen umfließen muß, die an der gegenüberliegenden Seite der Patrize wieder verschweißen und erst dann zur Matrize fließen. Aus diesem Grunde müssen die Fließwiderstände der kürzeren Wege so erhöht werden, daß alle Teilströme *gleiche Austrittsgeschwindigkeit* erhalten.

Der endgültige Geschwindigkeitsfeinausgleich erfolgt meist durch einen *ovalen Grundring*, welcher den Zufluß des Werkstoffes unmittelbar vor der Matrize an der Stelle des kürzesten Weges am stärksten und an der Stelle des längsten Weges am wenigsten drosselt.

Bei dem in Abb. 214 im Längsschnitt dargestellten Pressenkopf[1] wird der Druckausgleich dadurch erzielt, daß das Blei zwischen dem Dornhalter *1* und dem — nach der Mitte abfallenden — Sattel *2a* des Sattelstückes *2* und dem Grundring *3* und dem Dorn *4* oben stärker gedrosselt wird als an anderen Stellen.

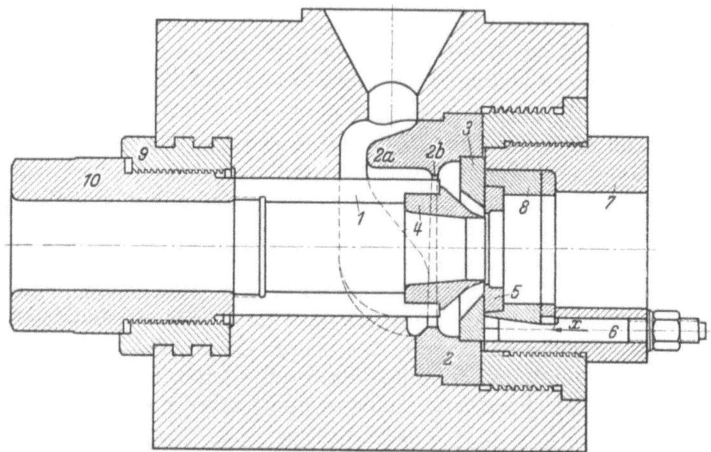

Abb. 214. Axialschnitt durch den Pressenkopf einer hydraulischen Bleimantelpresse zum Pressen mit einer Naht (Krupp-Gruson)
1 Patrizen- (Dorn-) Halter; *2* Sattelstück; *2a* Sattel; *2b* Drosselkragen; *3* Grundring; *4* Patrize (Dorn); *5* Matrize; *6* Stellschraube; *7* Matrizenhalter; *8* Einsatzstück; *9* Gewindebüchse; *10* Druckschraube

Da das in den Pressenkopf eintretende Blei durch den Sattel *2a* nur umgelenkt, aber nicht geteilt wird, haben die auf diesem Pressenkopf gepreßten Kabelmäntel keine obere Längsschweißnaht. Durch entsprechende Gestaltung der Kammer des Pressenkopfes sind die Voraussetzungen für eine gute Verschweißung der unterhalb des Dornhalters *1* zusammentreffenden beiden Bleiströme gegeben.

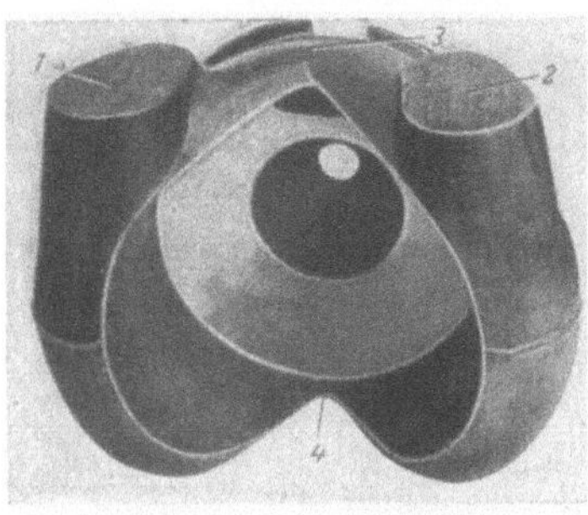

Abb. 215. Ansicht von der Einlaufseite
1 u. *2* getrennte Bleiströme aus dem Aufnehmer; *3* obere Schweißnaht;
4 untere Schweißnaht

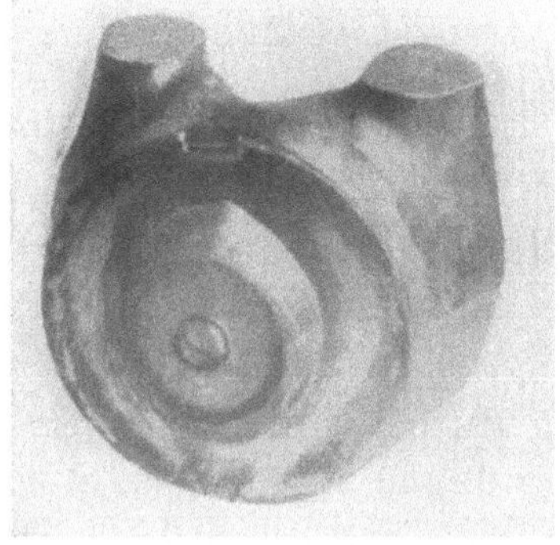

Abb. 216. Ansicht von der Auspreßseite

Abb. 215 u. 216. Preßkörperrest aus einer Bleimantelpresse nach G. SACHS [*162*]

---

[1] Das Grusonwerk weist darauf hin, daß das Bild des Pressenkopfes nicht maßstäblich ist.

Die Matrize *5* wird mittels der vier gegeneinander um 90° versetzten Stellschrauben *6* des Matrizenhalters *7* in der Weise nach dem Dorn *4* ausgerichtet, daß nach Lösen der Mutter einer Schraube und Verschieben der Schraube in der Pfeilrichtung *x* die Mutter der um 180° versetzten Schraube angezogen wird. Durch eine Verschiebung dieser Schraube entgegen der Pfeilrichtung *x* erfolgt eine Verschiebung des Einsatzstückes *8* mit der Matrize *5* in Richtung nach der gelösten Schraube. Durch axiale Verschiebung des Dornes *4* gegenüber der Matrize *5* wird die Wandstärke des Kabelmantels eingestellt. Soll die Wandstärke verringert werden, so wird durch Anziehen der in der Gewindebüchse *9* angeordneten Druckschraube *10* der Dornhalter *1* mit Dorn *4* vorgetrieben. Wird die Druckschraube *10* gelöst, so wird durch den Druck des Bleies der Dornhalter mit Dorn in entgegengesetzter Richtung verschoben, bis er wieder an die Druckschraube anliegt.

Im Gegensatz zu der auf Abb. 214 dargestellten Konstruktion entsteht auch eine obere Schweißnaht, d. h. zwei Nähte, wenn an Stelle des Sattels eine durchgehende Brücke den gesamten Bleifluß aus dem Aufnehmer in zwei Ströme aufteilt, wie die in Abb. 215, 216 dargestellten Preßrestaufnahmen anschaulich zeigen.

In neuerer Zeit ist man jedoch im Interesse eines ganz gleichmäßigen Werkstoffzuflusses davon abgekommen, Vorrichtungen zum Druckausgleich unmittelbar vor die Matrize zu setzen. Die Geschwindigkeitsregulierung erfolgt vielmehr nicht mehr durch den Grundring, sondern ausschließlich durch konstruktive Maßnahmen an weiter zurückliegenden Punkten des Pressenkopfes. So kann z. B. bereits durch ringförmige Vorsprünge an Dorn oder Dornhalter einerseits und den Drosselkragen an der inneren Pressenkopfwandung andererseits ein ebenfalls exzentrischer Ringspalt gebildet werden, der den Bleifluß einreguliert und die Wiederverschweißung der Teilströme zum Abschluß bringt.

Bei dieser Ausführung wird also bereits am Drosselkragen ein gleichmäßiger Hohlzylinder größerer Querschnitts- und Wanddimensionen gebildet, der mit an allen Umfangstellen gleicher Geschwindigkeit zur endgültigen Formung durch den Ringspalt zwischen Matrize und Patrize gepreßt wird.

Das moderne hydraulische Bleipreßverfahren mit Pressenkopf setzt sich also aus 6 verschiedenen Grundverfahren zusammen, die noch einmal in ihrer zeitlichen Aufeinanderfolge kurz zusammengefaßt werden sollen:

1. Herstellung einer *Schmelze* aus Blei oder fertig angelieferten Bleilegierungen in besonderen Schmelzöfen, gegebenenfalls Zulegieren der Zusätze gemäß den für das Schmelzen und Legieren geschilderten Grundsätzen, wie niedrige Schmelztemperaturen, neutrale Atmosphäre, ausreichende Durchmischung von Legierungen;

2. *Gießen* der Schmelze in den Aufnehmer nach gießtechnischen Regeln, wie Anzapfen des Schmelzkessels am Boden, neutrale Atmosphäre in den Zuleitungen und der Aufnehmerkokille, steigender Guß, Wasserkühlung, Entfernung der Krätze, Nachgießen des Kokillenkopfes, Vermeidung von Hohlraumbildung durch Schwindung vermittels Druck (Preßguß) und Beseitigung des Gußkopfes durch Abscheren;

3. Auspressen eines oder zweier massiver, starker, annähernd zylindrischer Bleistränge nach dem *Strangpreßverfahren* (gegebenenfalls mit Schale, besondere Maßnahmen zur Entfernung der Schale);

4. *Verformen* des massiven Stranges (bzw. der massiven Stränge) zu einem (oder zwei) die Kabelseele umschließenden hohlzylinderartigen, aber zunächst noch flächenförmigen Gebilde(n);

5. *Verschweißen* der Ränder dieser Hohlzylinderflächen zu einem metallisch geschlossenen, aber zunächst noch dickwandigen Rohr größeren Durchmessers;

6. Hindurchpressen und endgültige plastische Verformung dieses Rohres durch den *Ringspalt* zwischen Matrize und Patrize.

Bambusringe. Zum Schluß der Besprechung hydraulischer Pressen mit Pressenkopf soll noch auf eine wichtige Erscheinung hingewiesen werden, die die Verwendung des hydraulischen Querkopfprinzips vor allem für Aluminium und sehr dünne Mäntel erschwert.

Durch den hohen Druck wird bei stehenden Pressen der Pressenkopf elastisch verformt. Bei den regelmäßigen Unterbrechungen des Preß-drucks zur Neufüllung des Aufnehmers (Rastzeiten) formt sich der Pressenkopf wieder elastisch zurück und verursacht dabei eine Schwä-chung (*Bambusring*) der Wandstärke an derjenigen Stelle des gebildeten Rohres, die sich gerade im Ringspalt zwischen Matrize und Patrize be-findet. Das kann schon bei Bleimänteln zu Fehlern führen, wenn sie, wie bei Hochspannungskabeln, besonders starken mechanischen Be-anspruchungen ausgesetzt sind. Außerdem ist durch die Bambusringe auch die Möglichkeit der Herstellung sehr geringer Bleimäntelwand-stärken auf Einzellängen aus einer einzigen Aufnehmerfüllung begrenzt.

Beim Pressen von *Aluminium* erhöhen sich diese Schwierigkeiten erheblich, und zwar sowohl der höheren erforderlichen Drucke als auch der geringeren Wandstärken wegen, die beim Aluminium zur Aus-nützung seiner höheren Festigkeit wegen angestrebt werden.

δ) **Triebwendelpressen.** Die Preßdruckerzeugung durch eine (oder mehrere) Triebwendeln hat gegenüber dem hydraulischen Druck den zur Herstellung größerer Kabellängen unschätzbaren Vorteil, daß sie ein *kontinuierliches* Arbeiten er-laubt. Die bei den praktisch aus-geführten hydraulischen Verfahren immer erforderlichen Rastzeiten ergeben nicht nur die mechanisch schwächeren Unstetigkeiten (Bam-busringe), sondern sie erschweren auch die Aufrechterhaltung eines im ganzen Verfahrensverlauf steti-gen Temperaturgleichgewichts, das für die Gleichmäßigkeit der herzu-stellenden Hüllen von besonderer Bedeutung ist.

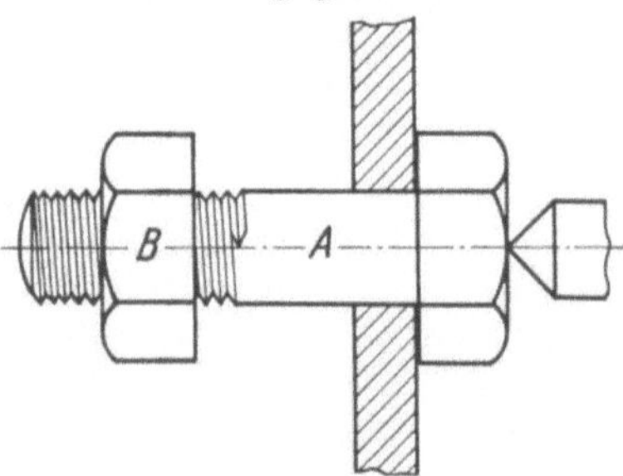

Abb. 217. Schraubenmodell zur Erläuterung der Pirelli-General-Blei-Umpreßmaschine (Pirelli-G)

Das Wirkungsprinzip einer Triebwendelpresse ist in Abb. 217 sche-matisch erläutert: Wird eine Schraube (Spindel) *A* um ihre Achse gedreht und in axialer Richtung festgehalten, dann treibt sie eine Schraubenmutter *B* mit großer Kraft in axialer Richtung, wenn die Mutter daran gehindert wird, sich mit der Schraube zu drehen. In gleicher Weise wirkt eine um ihre Achse angetriebene, mit Schraubengängen (Wendel) versehene Spindel A auf einen Werkstoff B, wenn der Werkstoff an einer Drehung mit der Triebspindel durch das den Werkstoff umgebende Gehäuse (Triebhülse) gehindert wird, und zwar entweder nur durch molekulare Haftung[1] oder aber durch makroskopische Verankerung in eine in axialer Richtung oder in Gegenrichtung zur Wendel verlaufende Profilierung des Gehäuses (Längsrippen oder Nuten), in welche sich der Werkstoff eindrückt.

Nach dem Prinzip der Umkehrbarkeit relativer Bewegung (s. S. 153) kann nun auch die Spindel feststehen und die Triebhülse angetrieben werden. Außerdem kommt praktisch noch ein dritter Fall vor, bei dem eine beiderseitig mit einem Schraubengewinde (Wendel) versehene Triebhülse sich zwischen einer inneren feststehenden Spindel und einem äußeren, ebenfalls feststehenden Zylinder dreht.

Das erste Prinzip: rotierende, gewendelte Spindel und feststehende, oft mit Längsnuten oder Längsrippen versehene Hülse, wird in der Regel bei *Kautschuk- und Kunststoffpressen* angewandt, und zwar entweder in der Form der Geradeaus- (Längs-) Pressen *ohne* Ablenkung des Werkstoffstromes oder (bei der großen Mehrzahl der im Betrieb befindlichen Pressen) bei Pressen mit Pressenkopf, d. h. *mit* Ablenkung des Werkstoffstromes entweder um 90°, wie bei den beschriebenen hydraulischen Bleipressen, oder um 45°. Für die Wirkungsweise und Konstruktion des Pressenkopfes ist es grundsätzlich unwesentlich, ob der Werkstoff hydraulisch oder mit Triebwendel in den Kopf hineingedrückt wird. Die größere Plastizität der meist weichmacherhaltigen, nichtmetallischen Stoffe und ihre leichte Verschweißbarkeit ermöglichen jedoch eine einfachere Formgebung des Pressenkopfes, wie es aus der Abb. 233 zu ersehen ist.

Triebwendelpressen für Metalle. Das zweite Prinzip: feststehende Spindel und angetriebene Hülse, ist von HENLEY [*124*], und das dritte, doppelseitige Wendel zwischen Spindel und einem feststehenden äußeren Zylinder, von PIRELLI [*125*] zum kontinuierlichen Pressen von Bleimänteln — und zwar nur im Längspreßverfahren — entwickelt worden.

Bei der PIRELLI-Konstruktion ist es möglich, sowohl Matrize als auch Patrize am äußeren Zylinder bzw. an der Spindel feststehend anzuordnen.

Die HENLEY-Presse ist in Abb. 218 dargestellt.

Abb. 219 gibt eine Zeichnung der PIRELLI-Presse, Abb. 220 und 221 zeigen Aufnahmen der Pressen, wie sie von PIRELLI-General in Southampton und PIRELLI-Mailand entwickelt worden sind.

Wie bereits auf S. 269 erwähnt wurde, bietet das Triebwendelprinzip grundsätzlich die Möglichkeit, wirklich nahtlose Bleimäntel herzustellen. Tatsächlich wurden mit der PIRELLI-Presse anfänglich solche Mäntel hergestellt, während die HENLEY-Presse von vornherein zur Erzielung einer besseren Zentrierung der Patrize in der Matrize eine

---

[1] Haftung heißen Werkstoffes an heißen Metallen, und zwar um so mehr, je heißer die Metalle sind.

vordere Lagerung der die Patrize tragenden, feststehenden, inneren Spindel, d. h. eine Teilung des Bleistroms und Wiederverschweißung, d. h. Nahtbildung, in Kauf nahm. Die moderneren PIRELLI-Pressen arbeiten jedoch ebenfalls mit Patrizenzentrierung und ermöglichen damit die Herstellung sehr dünner Bleimäntel, auch mit verhältnismäßig hochlegiertem Blei (z. B. mit über 1,5 % Antimonzusatz).

Abb. 218. Henley-Bleipresse nach dem Triebwendelprinzip mit automatischer Bleibeschickung (Henley)

Die Vorteile der Triebwendelbleipressen gegenüber den hydraulischen Pressen — höhere Leistung und Fortfall der Haltestellen (Bambusringe) durch den kontinuierlichen Betrieb, Vermeidung jeglicher Oxydbildung durch völligen Luftabschluß — werden durch längere Anlaufzeiten zur Erzielung des thermischen Gleichgewichts (Bleimantelpressen im Vorlauf, d. h. ohne Kabelkern) und kompliziertere Wartung und Instandhaltung erkauft. Zur Herstellung von Bleikabelmänteln lohnt sich das Triebwendelprinzip daher — nach dem heutigen Stand der Technik wenigstens — nur, wenn sehr große Mengen gleicher Abmessung pausenlos gepreßt werden können, oder wenn große Einzellängen von Hochspannungs- oder Seekabeln ohne Haltestellen hergestellt werden sollen.

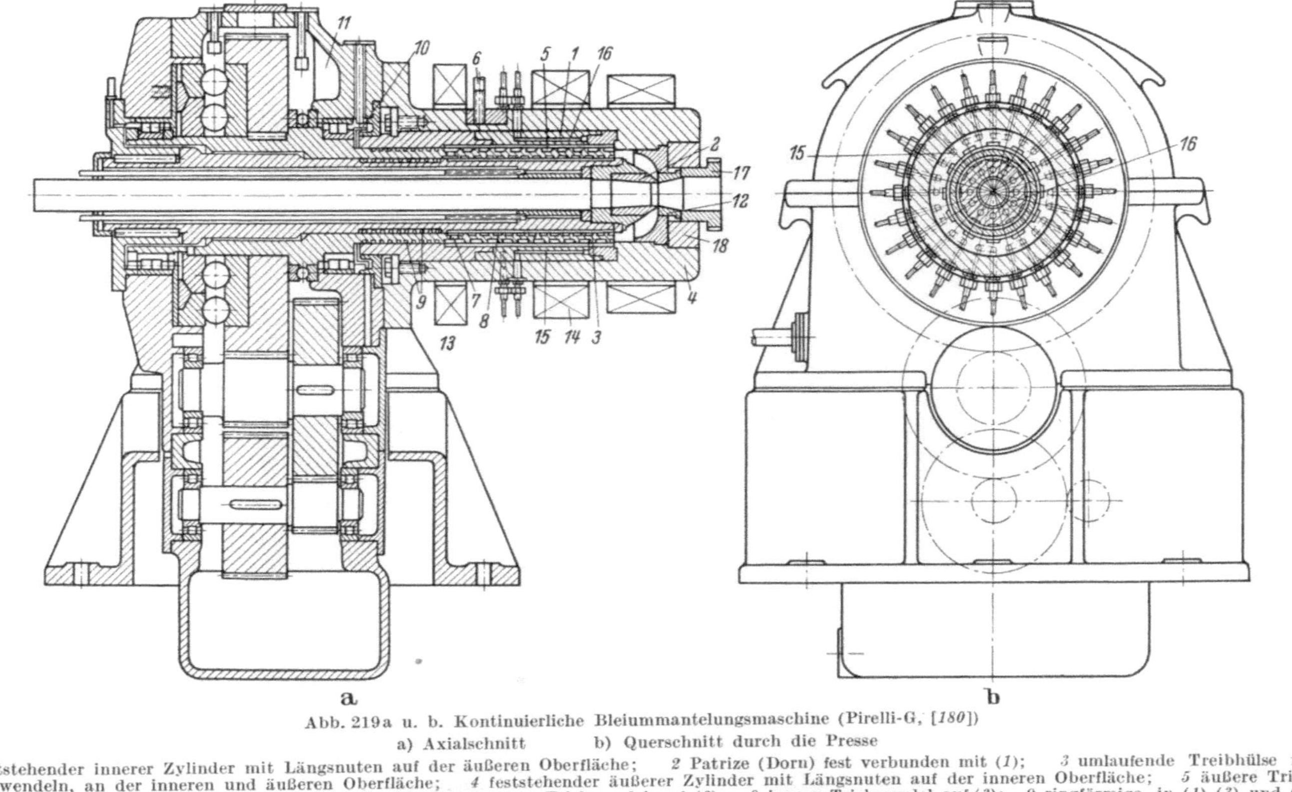

Abb. 219a u. b. Kontinuierliche Bleiummantelungsmaschine (Pirelli-G, [180])

a) Axialschnitt   b) Querschnitt durch die Presse

1 feststehender innerer Zylinder mit Längsnuten auf der äußeren Oberfläche;   2 Patrize (Dorn) fest verbunden mit (1);   3 umlaufende Treibhülse mit Triebwendeln, an der inneren und äußeren Oberfläche;   4 feststehender äußerer Zylinder mit Längsnuten auf der inneren Oberfläche;   5 äußere Triebwendel auf (3);   6 Bleieinlauf;   7 Durchlaß für Blei zur inneren Triebwendel auf (3);   8 innere Triebwendel auf (3);   9 ringförmige, in (1) (3) und (4), eingeschnittene Bleiabschlußnuten;   10 Bleiabschreckung durch Lagerschmiermittel;   11 Reduktionsgetriebe-Gehäuse, trägt Außenzylinder (4);   12 Matrize, fest verbunden mit (4);   13 u. 14 Induktions-Heizspulen, verbunden mit Temperaturregelungseinrichtung;   15 Kühlkanäle in (4);   16 Kühlkanäle in (1);   17 Einstellschraube für Matrize 12;   18 Matrizenhalter

Triebwendelpressen[1] *für plastische Nichtmetalle. Unterschiede im Verarbeiten von vulkanisierbaren Stoffen und Thermoplasten.* Im Gegensatz zu dem Triebwendelpreßverfahren für Metalle werden Temperatur und Plastizität bei Kautschukmischungen und Kunststoffen beim Durchlauf durch die Presse gesteigert[2].

Abb. 220. Kontinuierlich arbeitende Bleiummantelungsmaschine (Pirelli-G)

Zwischen der Durchführung des Verfahrens für Kautschukmischungen einerseits und Thermoplaste andererseits besteht wiederum ein wesentlicher Unterschied, der darauf beruht, daß

---

[1] Der für Kautschuk- und Kunststoffpressen übliche Ausdruck *Spritzen* ist bewußt vermieden worden, da unter Spritzen allgemein das Ausstoßen flüssigen, nichtplastischen Werkstoffs verstanden wird.

[2] Grundsätzlich wäre auch das Eingießen flüssiger Thermoplaste, z. B. im Falle hochpolymerer Amide, möglich, aber offenbar umständlicher, ohne Vorteile zu bringen.

1. Thermoplaste bei höheren Temperaturen als vulkanisierbare Stoffe geformt werden *müssen*, da ihre Formfestigkeit im Gebrauch des Kabels nicht wie die der Vulkanisate auf einer verfestigenden Strukturänderung (Vulkanisation), sondern nur auf der Plastizitäts*differenz* zwischen den Zuständen bei Formungs- und Gebrauchstemperaturen beruht, und daß

2. Thermoplaste auch bei höheren Temperaturen geformt werden *können*, da bei ihnen bei höheren Temperaturen nicht wie bei vulkanisierbaren Mischungen die Gefahr einer vorzeitigen Plastizitätsverminderung in der Umpreßmaschine durch Vernetzung der Makromoleküle (Anvulkanisieren) besteht. Die obere Grenze der Erwärmbarkeit der Thermoplaste wird vielmehr lediglich durch die Wärmebeständigkeit des einzelnen Makromoleküls selbst bestimmt.

Daraus ergibt sich, daß — wie bereits auf S. 262 erwähnt — *vulkanisierbare Werkstoffe* bei verhältnismäßig hohen Temperaturen (60 bis 70° C) eingesetzt werden *müssen*, um die weitere Erwärmung durch den Triebwendelprozeß möglichst klein

Abb. 221. Triebwendel-Bleipresse (Pirelli-M)

zu halten, und daß die entstehende innere und äußere Reibungswärme ebenfalls gering gehalten und durch Kühlung abgeführt werden muß, und zwar um so sorgfältiger, je stärker sich die Mischungen beim Auspreßvorgang erhitzen, d. h. vor allem bei Kunstkautschukarten, insbesondere Perbunan.

Aus diesem Grunde werden Triebwendel und Triebhülse für das Auspressen von vulkanisierbaren Mischungen nicht länger gehalten, als es zur Erzielung des erforderlichen Auspreßdrucks unbedingt notwendig ist. Das Verhältnis von Wendellänge zu Wendeldurchmesser beträgt für Gummipreßmaschinen nur etwa 5:1.

Im Gegensatz dazu wird bei *Thermoplasten* das Auspreßverfahren dazu benutzt, die wesentlich höhere Auspreßtemperatur in der Presse selbst zu erreichen, und zwar sowohl durch Wärmezuführung von außen wie auch durch Erhöhung der inneren und äußeren Reibung über das zur Erzielung des Auspreßdrucks notwendige Maß hinaus. Bei Thermoplastenpressen wird zu diesem Zweck das Verhältnis von Wendellänge zu Wendeldurchmesser wesentlich höher gewählt (etwa 8 bis 20:1).

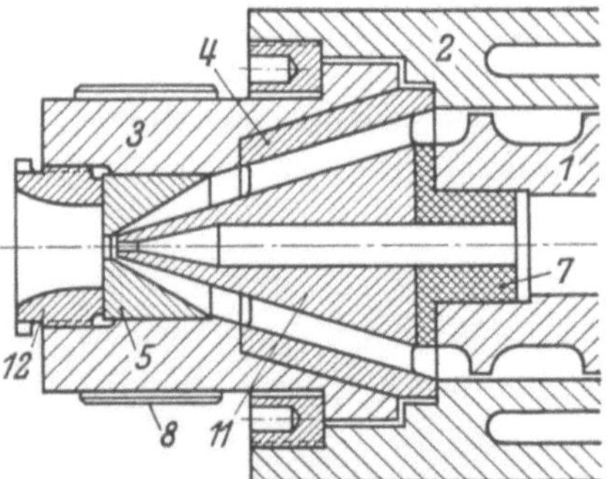

Abb. 222. Achsschnitt durch den Kopf einer Längskopf-Umpreßmaschine für Kautschukmischungen nach A. G. SCHÄFER [120]
1 umlaufende Triebhülse (Förderschnecke), hohl für die Zuführung des zu umpressenden Werkstücks; *2* feststehender äußerer Zylinder, üblicherweise mit flachen Längsnuten auf der inneren Arbeitsfläche; *3* Matrizenhalter (Spritzkopf); *4* Patrizenhalter, feststehend; *5* Matrize (Mundstück), durch Einstellschraube *12* in gewünschtem Abstand von Patrize *11* gehalten; *7* Dichtung zwischen feststehender Patrize *11* und umlaufender Triebhülse *1*; *8* elektrische Heizmanschette für Pressenkopfheizung; *11* feststehende Hohlpatrize (Dorn), durch abstandhaltende Rippen mit Patrizenhalter *4* fest verbunden und zentriert; *12* Einstellschraube für Matrize (Mundstück)

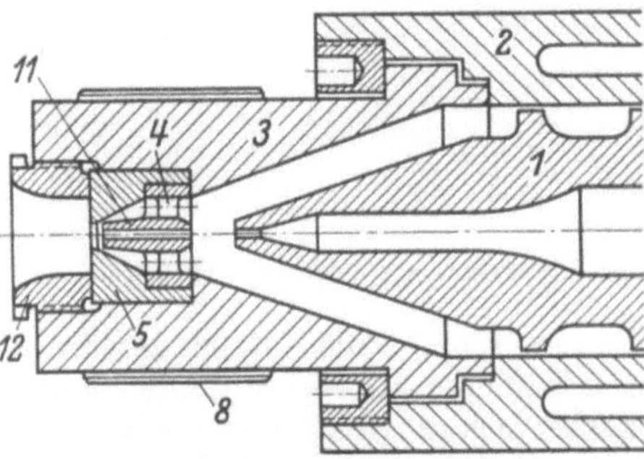

Abb. 223. Achsschnitt durch den Kopf einer Längskopf-Umpreßmaschine für hohe Abzugsgeschwindigkeit für Thermoplaste (PVC) konstruiert von H. BECK und A. REHBOCK [126] nach A. G. SCHÄFER [120]
1 umlaufende, hohle Triebhülse (Förderschnecke); *2* feststehender äußerer Zylinder; *3* Spritzkopf; *4* feststehender Patrizenhalter; *5* Matrize (Mundstück); *8* Heizmanschette; *11* feststehende Patrize (Dorn); *12* Einstellschraube

Pressentypen. Ähnlich den Triebwendelpressen für Metalle können Kautschuk- und Kunststoffpressen nach dem *Geradeaus- (Längs-) Auspreßprinzip* gebaut werden. Diese bei Kautschukpressen früher häufiger verwendete Konstruktion hat man später zugunsten der Querkopfpressen verlassen, vor allem wegen der leichteren Bedienung der Querkopfpressen, sowie wegen der Schwierigkeit, den rückwärtigen Ausfluß des Werkstoffs zu vermeiden. In neuerer Zeit ist das Längspreßprinzip wieder aufgegriffen worden, und zwar für Kunststoffpressen, bei denen der höheren Auspreßgeschwindigkeit wegen die Gefahr des rückwärtigen Auspressens geringer ist [126].

Längspreßmaschinen besitzen im allgemeinen längere Wendeln, tiefere Wendelgänge und kleinere Steigung der Wendel als Querkopfpressen.

Die Abb. 222, 223, 224 und 225 zeigen verschiedene Formen von Längspressen in Zeichnung und Ansicht.

Eine Zwischenform zwischen Längspresse und Querkopfpresse ist die *Schrägkopfpresse*, die ebenso wie die Vorstufe, die V-Presse, von der Kabel- und Metallwerke Neumeyer AG. entwickelt worden ist und in gewissem Grade

die Vorteile beider Pressentypen in sich vereinigt: geringe Ablenkung (35 bis 60° C) des Werkstoffflusses und trotzdem keine Hindurchführung des Werkstücks durch die Wendel, d. h. keine Ab-

dichtungs- und Bedienungsschwierigkeiten. Die Abb. 226 zeigt eine
V-Presse der Firma Reifenhäuser, bei der zwei Triebwendeln, die in
V-Form angeordnet sind, den Werkstoff beiderseitig in spitzem Winkel

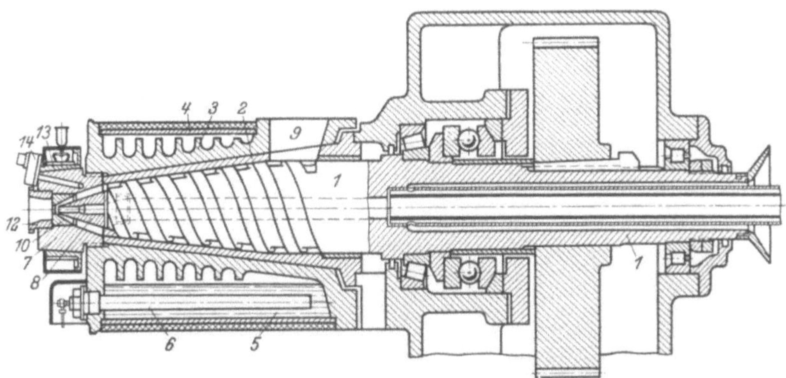

Abb. 224. Längsumpreßmaschine (Axialschnitt) für Thermoplaste, entwickelt
von A. G. SCHÄFER nach A. G. SCHÄFER [120]
1 umlaufende, konische Triebhülse (Förderschnecke);   *2* Laufbuchse;   *3* Zylinder;   *4* Heizmantel;   *5* Heizflüssigkeit;   *6* Heizkörper (Patrone);   *7* Matrizenhalter (Spritzkopf);   *8* umlaufende Hohlpatrize, fest verbunden mit Triebhülse *1*;   *9* Werkstoff-Einlauf;   *10* Matrize
(Mundstück);   *12* Einstellschraube für Matrize;   *13* Heizmanschette;   *14* Temperaturregler

Abb. 225. Längskopf-Umpreßmaschine für Kunststoff (Berstorff)

lem Werkstück zuführen, welches durch die Mittellinie des V geführt
wird. Es hat sich jedoch gezeigt, daß eine ähnlich günstige Wirkung
bereits mit *einer* Triebwendel unter Beibehaltung der Schrägstellung
des Kopfes erzielt werden kann. Solche Schrägkopfpressen sind in
Abb. 227 und 228 dargestellt. Einen geöffneten Kopf zeigt Abb. 229.

Ein besonderer Vorteil der Längspressen und in gewissem Grade auch der Schrägkopfpressen ist eine bessere *Selbstzentrierung* der Patrize in der Matrize durch den allseitig gleichmäßigen Massenfluß.

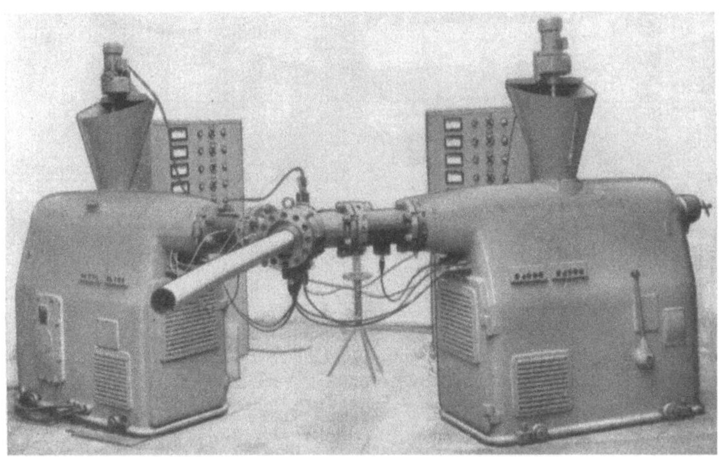

Abb. 226. V-Spritze für Kunststoffe (Reifenhäuser)

Abb. 227. Schrägkopfpresse für Kautschukmischungen (Berstorff)

Diese Selbstzentrierungswirkung ist um so stärker, je weiter die Patrize an die Matrize heran-, in die Matrize hinein- oder sogar durch die Matrizenöffnung hindurchgeführt wird. Das Erzeugnis wird dann

aber immer mehr schlauchähnlich, d. h. ohne Ausfüllung der Zwischenräume (Zwickel) im umpreßten Werkstück (Kabelseele).

Selbstverständlich muß dabei der Ringspalt zwischen Patrize und Matrize
groß genug bleiben, um eine genügende Werkstoffzufuhr unter ausreichendem
Druck zu gewährleisten, da sonst eine diskontinuierlich unterdimensionierte Hülle
ausgepreßt wird.

Abb. 228. Schrägkopfpresse für Kunststoffmischungen (Berstorff)

Als Vorteile des *Querkopf*prinzips (s. Abb. 230 und 231) werden demgegenüber angeführt, daß bei der Querkopfpresse die Wendelbohrung
zum Kühlen der Triebwendel ausgenützt werden kann oder daß man zugunsten tiefer geschnittener
Züge, d. h. erhöhter Ausstoß-
kapazität, auf eine Bohrung
ganz verzichten und mit *tempe-
ratur-neutraler* Wendel arbeiten
kann. Der Tiefe der Wendelgänge sind allerdings durch die
Rücksicht auf eine gleichmäßige
Durcharbeitung des Werkstoffs
Grenzen gesetzt.

Eine Kombination von
3 Querkopfpressen (s. Abb. 232)
ermöglicht die Herstellung
dreifarbiger Isolationshüllen.

Der Verwendungsbereich für
verschiedene Durchmesser-
größenordnungen von Werk-
stücken ist bei Querkopf- und
V-Pressen größer als bei Längspressen[1].

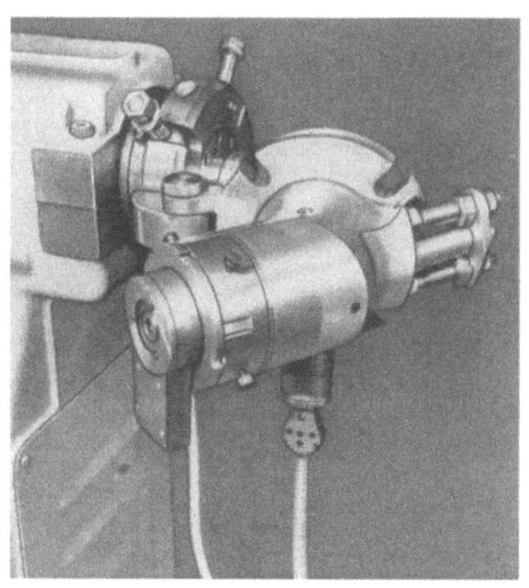

Abb. 229. Kopf einer Schrägkopf-
Kunststoff-Presse (Berstorff)

---

[1] Dieser Vorteil trifft in gleicher Weise auch für hydraulische Querkopf-
*Blei*pressen zu, verglichen mit Triebwendel-*Längs*pressen.

Abb. 230. Querkopf-Umpreß-
maschine für Kautschuk-
mischungen (Krupp-Gruson)

Abb. 231. NRM-Quer-
kopf-Umspritzmaschine
(3¹/₂ Zoll) mit aus-
schwenkbarem Kopf.
direkter elektrischer Be-
heizung und Pyrometer-
kontrolle der verschie-
denen Zonen (NRM)

Von diesen beschriebenen Unterschieden abgesehen, ergeben sich für alle Thermoplastenpressen einheitliche Verfahrens- und Vorrichtungsgrundlagen, auf die im Hinblick auf die überragende Bedeutung des Umpreßverfahrens mit Thermoplasten etwas näher eingegangen werden soll.

Triebwendel. Von besonderer Bedeutung ist zunächst die Triebwendel selbst:

Vergegenwärtigen wir uns wieder das Schraubenmodell in Abb. 217 und nehmen wir an, daß der Werkstoff (Schraubenmutter) in axialer

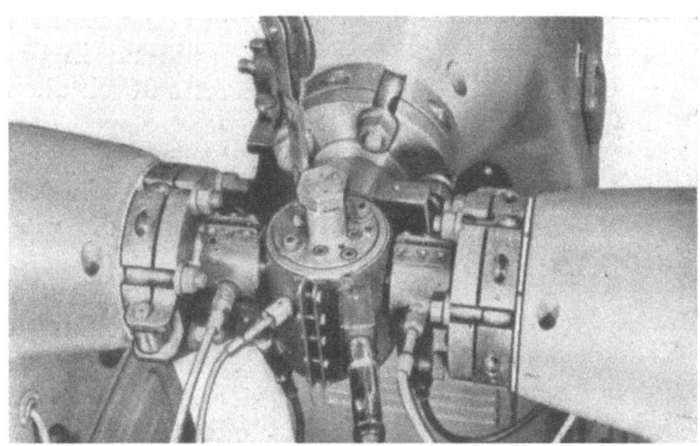

Abb. 232. Kombinationskopf einer Dreifarben-Kunststoff-Presse (Reifenhäuser)

Richtung, und nur in dieser Richtung, frei gleiten kann, und der Abstand Schraube—Hülse sehr klein ist, dann erhalten wir einen wendelförmigen Strang, ähnlich einer Drahtspirale, der, ohne wesentlich deformiert zu werden, einfach durch die Rotation der Triebwendel vorgeschoben wird — wenn die Triebwendel auf ihrer ganzen Länge gleiche Steigung, Tiefe und Form besitzt. Eine solche Konstruktion ist also günstig, wenn man lediglich einen Werkstoff vortreiben, aber nicht durch Verformen erhitzen will, d. h. im Falle des Auspressens von vulkanisierbaren[1] Mischungen.

Je mehr die Wendel in *Form und Steigung variiert*, um so stärker ist die Durcharbeitung und Temperaturerhöhung des Werkstoffs. Ältere Kunststoffpressen arbeiten mit stark abnehmender Steigung bei gleicher Tiefe der Gänge, neuere dagegen oft mit gleichbleibender Steigung und abnehmender Gangtiefe. Diese Konstruktion ist vor allem für größere Wendelabmessungen deshalb vorteilhaft, weil dadurch alle, d. h. auch die in der Tiefe der Gänge befindlichen Werkstoffteile dem plastizierenden Zusammenwirken von Triebwendel und Hülse besser ausgesetzt sind.

---

[1] Allerdings wird auch bei Kautschukpressen die Steigung der Wendel bei gleichbleibender Tiefe allmählich etwas verringert, um den Auspreßdruck zu erhöhen. Außerdem wählt man für Kautschuk gern eine doppelgängige Wendel, da der geringen Durcharbeitung wegen ein einzelner Strang sich auf der ausgepreßten Hülle markieren kann.

Für die Wahl der Wendelform ist es allerdings noch wesentlich, in welchem Zustand sich der *Werkstoff beim Eingeben* in die Presse befindet; d. h. entweder

1. kalt in Pulverform, z. B. weichmacherfreies PVC-Pulver [*119*] oder

2. kalt in grober Körnung mit einigen Millimetern Korndurchmesser, z. B. Polyäthylen und weichgemachtes PVC, oder

3. vorgewärmt in Bandform (fertig geliert) oder

4. vorplastiziert und noch heiß in Bandform direkt von der Walze.

In den Fällen 1 und 2 muß die Wendelform eine starke *Verdichtung* des eingegebenen Werkstoffs garantieren, während in den Fällen 3 und 4[1] Verdichtung und Durcharbeitung bereits durch die Vorbehandlung teilweise vorweggenommen sind.

Zur Erhöhung der gleichmäßigen Durcharbeitung und Mischung, vor allem pulvrigen oder körnigen Materials[2], verwendet man auch Wendeln mit *torpedoförmigen* Enden („Torpedo"[3]), die wie eine Walze mit starker Friktion und engem Spalt wirken.

Es soll noch kurz erwähnt werden, daß die für Kautschukpressen bekannte *Mehrwendelkonstruktion* durch die Entwicklung des Kunststoffpressens neuen Auftrieb erfahren hat. Hierbei werden zwei oder mehr (bis zehn) nebeneinanderliegende Triebwendeln verwendet, deren *Gänge ineinander*greifen und bei gleich- oder gegensinniger Rotation das Material in der Nachbarwendel in Richtung zum Spritzkopf vorschieben. Auf diese Weise wird ein Festhaften des Werkstoffs an den Wendeln und ein Zurückdrücken gegen die Flußrichtung verhindert. Außerdem sollen die Pressen weniger Antriebsenergie benötigen als Einwendelpressen und daher bei gleicher Leistung leichter gebaut werden können. Bei gleicher Drehrichtung besitzen die Wendeln gleichen Schraubensinn, bei entgegengesetzter entgegengesetzten Sinn. Die WINDSOR-Pressen z. B. besitzen zwei oder drei Wendeln gleicher Länge mit gleichem Schraubensinn und gleicher Drehrichtung.

Z y l i n d e r. Die die Triebwendel umgebende Zylinderhülse (bei Einwendelpressen kreiszylindrisch) muß mechanisch fest genug sein, um den starken Massedruck sowie die Abriebbeanspruchungen durch die Triebwendel auszuhalten. Größere Maschinen besitzen zu diesem Zweck ein Innenfutter, das korrosionsfest sein muß (bei PVC gegen HCl) und außerdem nicht als *Katalysator* eine Zersetzung des Werkstoffs fördern darf.

---

[1] In diesen Fällen können zur Erhöhung der Leistung auch zweigängige Wendeln entsprechend größerer Ganghöhe verwendet werden. Die Wendel ähnelt in diesem Falle der Kautschukpressenwendel (s. Fußn. 1, S. 229), mit dem Unterschied, daß die Kunststoffpressenwendel zur Wärmeübertragung von außen meist länger gewählt wird.

[2] Besonders wichtig für Zellulosederivate und Polystyrol.

[3] Diese Wirkung der Torpedos kann noch verstärkt werden, wenn man die Torpedo-Oberfläche nicht glatt ausführt, sondern mit flachen, unterbrochenen Schraubengängen versieht, die das Material im Spalt vortreiben und mischen („Dulmage"-Torpedo der National Rubber Co.).

Thermisch besteht die Aufgabe der Hülse in der Zuführung der Wärme zur *Aufheizung des Werkstoffs* von außen[1]. Da diese Wärmesteigerung allmählich erfolgen soll, ist der Heizmantel in der Regel in mehrere Abschnitte unterteilt, welche von der Fütteröffnung bis zum Pressenkopf in zunehmendem Maße geheizt werden. Der der Fütteröffnung benachbarte Abschnitt bleibt oft unbeheizt oder wird sogar gekühlt, um bei pulvrigem oder körnigem Werkstoff eine Zuflußstauung durch Brückenbildung vorzeitig erweichter Teilchen zu vermeiden.

Die Heizung erfolgt meist indirekt über ein umlaufendes Heizmedium, wie Öl, Diphenyl, Heißwasser oder Dampf, das in besonderen, automatischen Vorrichtungen außerhalb der Presse auf eine in weiten Grenzen regelbare Temperatur konstant einstellbar ist.

Bei Materialien, Pressenkonstruktionen und Umdrehungsgeschwindigkeiten, bei denen die Reibungswärme den Hauptanteil der Erwärmung ausmacht, dient die Wärmezufuhr von außen lediglich zur Aufheizung der Presse vor und beim Beginn des Betriebes. Es ist in solchen Fällen daher meist üblich, die Hülsen-(Mantel-) Heizung während des Betriebes abzuschalten. Es kann sogar zweckmäßiger sein, die Temperatur des *Heiz*mediums so einzustellen, daß es im Betriebe die durch die Reibung entwickelte Temperatur nach oben begrenzt, um Verdampfen des Weichmachers, Zersetzungen und Anbrennen des Werkstoffs zu vermeiden. In diesem Falle dient also das *Heiz*medium zur Wärme*ableitung*[2].

Bei der in neuerer Zeit sehr propagierten *direkten* elektrischen Heizung fehlt dagegen die Möglichkeit dieser Kühlwirkung. Man kann dabei entweder durch Verzicht auf eine Wärmeisolierung der Heizmanschetten dafür sorgen, daß die Wicklungen sofort nach Abschalten des Stromes abkühlen, d. h. daß die Trägheit der Regulierung auf ein Minimum herabgedrückt wird, oder aber besondere Wasser- oder Kaltluft-Kühlung vorsehen.

Sehr elastisch im anwendbaren Temperaturbereich sind Pressen mit Heizung durch Heizmedium *und* zusätzlicher direkter elektrischer Heizung, insbesondere für den Pressenkopf und vor allem für die Matrize.

Während es bei Metallpressen einer Profilierung (Nuten) auch der nichtrotierenden Teile bedarf, um den Werkstoff an einer nur rotierenden Bewegung zu hindern, ist es bei Kautschuk und Thermoplasten möglich, diese *Haftung nur*[3] *durch Wärmeklebwirkung* zu erzielen, d. h. durch genügende Erwärmung des nichtprofilierten Teils. Man kann also in diesem Falle durch geeignete Einstellung des Temperaturverhältnisses der gegeneinander bewegten Vorrichtungsteile das Maß der Haftung des Werkstoffs an jedem der Vorrichtungsteile unabhängig von der Formgebung dieser Vorrichtungsteile einregulieren.

Für die übliche Form — rotierende Triebspindel mit Wendel und feststehende Hülse (Zylinder) — heißt das:

Allgemein muß die Hülse (Zylinder, Mantel) heißer sein als die Triebwendel, um überhaupt einen guten Vortrieb des Werkstoffs zu erzielen. Je heißer die Hülsenwand im Vergleich zur Triebwendel, um

---

[1] Über dielektrische Aufheizung s. S. 172.

[2] Außerdem kann man in Fällen akuter Zersetzungsgefahr den Umlauf auf kaltes Öl usw. umschalten.

[3] Einige Kunststoffpressen besitzen trotzdem eine Profilierung der Zylinderarbeitsflächen, vorzugsweise in Form achsparalleler Nuten, von einigen Zehnteln bis einem Millimeter Tiefe.

so stärker wird der Werkstoff von der Hülse zurückgehalten, d. h. um so stärker ist der Gegendruck des Werkstoffs gegen die Wendel und damit die Reibungsarbeit und damit um so höher die Temperatursteigerung durch innere und äußere Reibung und um so besser die für Thermoplaste wichtige homogene Durcharbeitung. Andererseits verringert sich aber die Auspreßgeschwindigkeit. Eine Erhöhung der Temperatur der Triebwendel (Erwärmung oder Fortlassen der Kühlflüssigkeit in der Wendel) kann daher zu einer Beschleunigung des Preßvorganges führen, gegebenenfalls allerdings auch zu ungenügender Durcharbeitung der Masse und rauher Oberfläche der ausgepreßten Hülle.

Im Zusammenwirken Triebwendel—Hülse ist nun noch ein anderer Faktor maßgebend: der freie *Zwischenraum* (Luft) zwischen Wendel und Hülse. Ein zu kleiner Zwischenraum birgt die Gefahr des Anfressens in sich, d. h. daß die — wertvollere — Wendel meist härter gewählt wird und die Hülse in der Regel mit einem auswechselbaren Futter versehen wird. Ein zu großer Zwischenraum dagegen führt zur Wirkungsminderung, d. h. zum Zurückgleiten des Werkstoffs. Etwa ein Zehntelmillimeter Luft hat sich als zweckmäßig erwiesen.

Die *Fütteröffnung* im Zylinder für den Werkstoff ist hochglanzpoliert und meist chromplattiert, um hier Anhaften und Brückenbildung und damit Zuflußstockungen zu vermeiden. Die Fütteröffnung ist, wie bei Gummipressen, rechteckig und „unterschnitten", wenn vorplastizierter Werkstoff in Streifen gefüttert wird; dagegen besser rund zur Einführung von körnigem oder pulvrigem Stoff, um Haften in den Ecken zu vermeiden.

Weitere Maßnahmen zur Beeinflussung des Masseflusses. Die Druckverhältnisse in einer Triebwendelpresse können wesentlich durch *Lochscheiben* (Strainerplatten) beeinflußt werden, welche zwischen Wendelende und Matrize meist unmittelbar hinter der Wendel bzw. dem Wendeltorpedo in den Massefluß eingeschaltet werden, um den Gegendruck der Masse gegen die Wendel und damit Reibung und Durchmischung zu steigern und die Druckverteilung im Flußquerschnitt gleichmäßig zu machen. Durch Vorschalten von *Sieben*, welche durch die Lochplatte abgestützt werden, kann diese Wirkung weiter stark erhöht werden. Außerdem fangen die Siebe Fremdkörper und nichtplastizierte Teilchen ab. Diese an sich auch für vulkanisierbare Mischungen wünschenswerte Einrichtung läßt sich der Reibungserhöhung wegen bei Gummipressen nicht durchführen[1]. Außerdem wird in allen Fällen die Leistung herabgesetzt. Man beschränkt sich daher auch bei Thermoplastenpressen möglichst in der Feinheit der Siebe, insbesondere bei Verwendung eingängiger Triebwendeln abnehmbarer Steigung, die an sich bereits einen hohen Gegendruck des Werkstoffs aufbauen.

Anders liegen die Verhältnisse bei Werkstoffen, welche bei den Preßtemperaturen sehr *kleine Viskosität* besitzen, wie vor allem bei hochpolymeren Amiden (Nylon). Hinzu kommt, daß bei Nylon der Übergang von hoher zu niedriger Vis-

---

[1] Zur Entfernung von Fremdkörpern und anvulkanisierten Teilchen verwendet man bei Kautschukmischungen gesonderte Siebpressen (s. S. 132).

kosität im Vergleich zu anderen Thermoplasten sehr plötzlich ist [*239*]. Bei solchen
Stoffen ist ein Druckaufbau durch Wendelkonstruktionen kaum möglich. Man
verwendet dazu Siebe vor der Schnecke oder enge Spalte im Mundstück des
Pressenkopfes.

Die Druckverhältnisse im *Pressenkopf* können im Falle einer Quer-
oder Schrägkopfpresse durch einen weiten, genügend erwärmten *Aus-
flußhahn* (*Überlauf*) an der dem Triebwendelende gegenüberliegenden
Seite des Pressenkopfes (*6* in Abb. 233) fein einstellbar beeinflußt werden. Bei Kautschukpressen wird heute dieser früher allgemein übliche
Hahn zugunsten einer vollständigen Stromlinienform meist fortgelassen,
bei vielen Thermoplastenpressen dagegen wieder angewandt, um beim
Betriebsbeginn und nach längeren Haltezeiten noch nicht genügend
plastizierten oder überhitzten Werkstoff ungehindert ausfließen lassen
zu können und damit Überbeanspruchungen der Presse, Verstopfungen
in der Matrize sowie rückwärtiges Ausdrücken des Thermoplasten aus
der Patrize zu vermeiden. Außerdem kann ein Überlauf bei Anwendung
zweier oder mehrerer Matrizen zur gleichmäßigen Flußverteilung in den
verschiedenen Matrizen dienen.

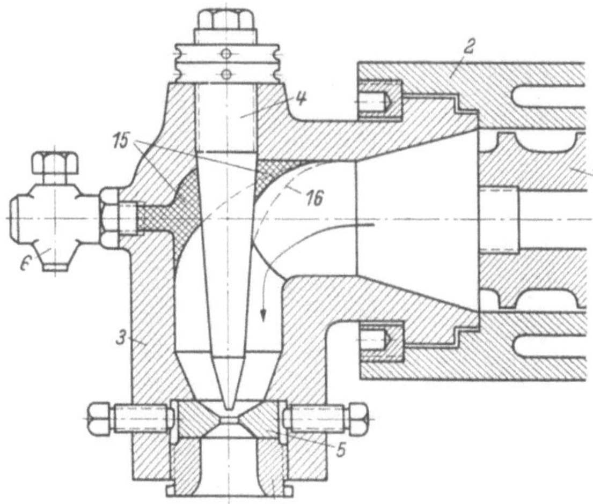

Abb. 233. Achsschnitt durch eine Kautschuk-Querkopf-Umpreß-maschine nach A. G. SCHÄFER [*120*] *1* Triebhülse (Förderschnecke); *2* Zylinder; *3* Spritzkopf (Querkopf); *4* Hohlpatrize (Hohldorn); *5* Matrize (Mundstück); *6* Überlauf, fehlt bei neueren Kautschuk-Maschinen; *12* Einstellschraube; *15* Toter Raum, fehlt bei neueren Kautschuk und Kunststoff-Maschinen. Bei Kunststoffmaschinen mit Überlauf ist dann der Überlauf weiter nach der Matrize zu — etwa bei (*3*) — gelegen

Es empfiehlt sich, den nach der Triebwendel zu gelegenen schraffierten Teil
des früheren toten Raumes in noch weitergehendem Maße durch den Pressenkopf selbst auszufüllen (etwa wie die gestrichelte Linie *16* andeutet), damit der
Druck der von der Wendel ausgestoßenen Masse gegen diesen nach innen vor-
stehenden Teil des Preßkopfes und nicht gegen die Patrize bzw. den Patrizenhalter gerichtet ist und nicht durch elastische Verbiegung dieser Teile die Zentrierung Patrize—Matrize verdirbt.

Formungswerkzeuge. Über die *Form* der Matrize und Patrize
und die Einstellung der Erzeugnisabmessungen ist auf S. 209 ff. bereits
einiges gesagt worden. Meist werden *Matrizen* mit einer sich konisch
zur zylindrischen Austrittsöffnung verjüngenden Form benutzt. Der
Konuswinkel hat auf den Aufpreßdruck des Werkstoffs auf das Werkstück einen Einfluß, der allerdings geringer ist als bei festen Körpern

(s. S. 312). Der Gesamtscheitelwinkel beträgt etwa 45 bis 90°. Auch trompetenförmig sich stark zuspitzende Formen können vorteilhaft sein.

Von großer Bedeutung ist die Länge des zylindrischen Ausflußteils, die selten kürzer gewählt wird als der Durchmesser des auszupressenden Werkstückes, in manchen Fällen (z. B. Auspressen von Polyisobutylen oder unzylindrischen Kabelkernen) sehr viel länger, um eine gleichmäßige und glattzylindrische Form zu erzielen und pulsierende Förderung zu vermeiden (Polyäthylen).

Die *Patrize* soll möglichst spitz auslaufen und aus sehr abriebfestem Material bestehen, um ein Ausschleifen durch die eingeführte Seele zu vermeiden, das bei harten Drähten bereits während einer Betriebsperiode zu Exzentrizitäten führen kann.

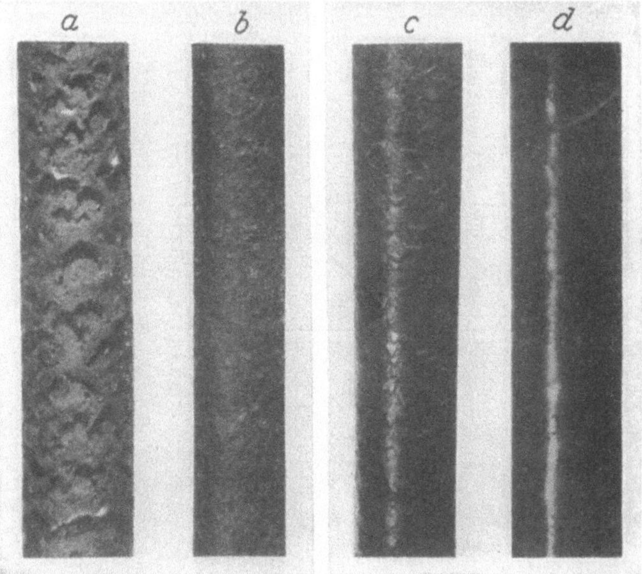

Abb. 234a—d. Fehlerursachen beim Auspressen von Rohren aus weichmacherfreiem Polyvinylchlorid nach A. Burness, I. R. Cann und P. Ions [*119*]
a sehr rauhe Oberfläche; Temperaturen allgemein zu niedrig;   *b* leicht rauhe Oberfläche: Matrizentemperatur zu niedrig;   *c* rauhe Oberfläche mit Hochglanz: Temperatur zu hoch; *d* guter Oberflächenglanz: Temperatur in Ordnung, aber pulsierendes Auspressen (oft durch Überlastung der Maschine)

Die gesamte Anlage: Zylinder — Pressenkopf — Patrizenhalter und Patrize, sowie Matrizenhalter und Matrize, muß so ausgeführt sein, daß sich der Werkstoffffluß allmählich verjüngt, niemals erweitert (Wirbelbildung und Flußverzögerung), und daß alle Arbeitsflächen Stromlinienform ohne Ecken und Kanten besitzen, damit sich keine Werkstoffteile festsetzen und verbrennen können. Aus dem gleichen Grunde sollen alle Arbeitsflächen (mit Ausnahme gegebenenfalls der Hülseninnenfläche) hochglanzpoliert sein. Das gilt ganz besonders für die Patrize und

Matrize, die nach jedem Gebrauch überpoliert und geschmiert werden sollten (hochwärmebeständige Mineralöle oder Silikoneöle, s. S. 216).

Eine Schmierung auch des Pressenkopfes und der Siebplatte erleichtert die Reinigung nach dem Betriebe.

Temperatureinstellung. *Erwärmung des Werkstoffs.* Bei Einstellung der Temperaturen ist es wesentlich, daß auf dem Wege vom Einlaß des Werkstoffs bis zur Lochscheibe eine allmähliche und stetige Temperatursteigerung stattfindet. Moderne Kunststoffpressen besitzen daher eine größere Anzahl über den ganzen Weg des Werkstoffs verteilter Thermoelemente zum Einstellen und zur Kontrolle der Temperaturen. Dabei ist jedoch zu bedenken, daß bei den üblichen Anordnungen die Instrumente *nicht* die Temperatur des Werkstoffs, sondern bestenfalls die der Arbeitsflächen anzeigen. Der Werkstoff ist oft heißer.

Zu beachten ist ferner, daß die Auspreßgeschwindigkeit nur begrenzt durch Steigerung der *Umdrehungszahl der Triebwendel* hochgetrieben werden kann. Der Ausstoß ist bei hohen Umdrehungszahlen nicht mehr proportional der Tourenzahl. Energieaufwand und Erwärmung des Werkstoffs durch Reibung dagegen steigen bei den üblichen Pressenkonstruktionen wesentlich stärker als proportional mit der Umdrehungszahl an.

Einige durch unrichtige Wärmeeinstellung beim Auspressen von weichmacher*freiem* PVC [*119*] auftretende Fehler sind in Abb. 234, 235 dargestellt.

Auch für weichmacherhaltiges PVC gelten ähnliche Regeln, insbesondere, daß Rauheit der Oberfläche — vor allem an der dem Triebwendelende gegenüberliegenden „Naht" — auf zu kaltes Auspressen

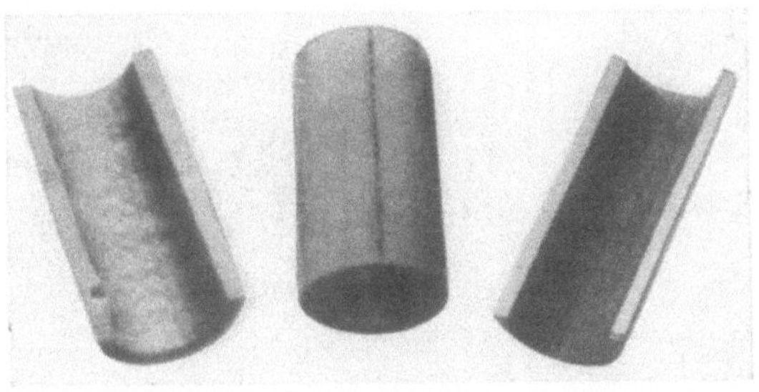

Abb. 235a—c. Fehlerursachen beim Auspressen von Rohren aus weichmacherfreiem Polyvinylchlorid nach A. BURNESS, I. R. CANN und P. IONS [*119*]
a rauhe Oberfläche: Temperatur zu niedrig; *b* Beginn des Abbaus in schmaler Längszone durch toten Raum bedingt; *c* Beginn des allgemeinen Abbaus infolge Überhitzung am Schraubenende

hindeutet, wenn die Oberfläche matt ist. Dagegen läßt Rauheit einer hochglänzenden Oberfläche — vor allem an der dem Triebwendelende zugewandten (inneren) Seite — auf zu hohe Temperaturen schließen.

Abkühlung des Erzeugnisses. Nach Austritt aus der Matrize muß der Werkstoff gekühlt werden, da er sich sonst beim Aufhaspeln verformen würde. Meist wird das umpreßte Werkstück daher einige

Meter durch Luft geführt, um neben der Beobachtungsmöglichkeit auch eine langsam einsetzende Abkühlung zu erzielen[1]. Anschließend führt man das Werkstück in der Regel durch ein langes Wasserbad, das bei stark schrumpfenden oder schwindenden Werkstoffen (Polyäthylen) in den ersten Abschnitten erwärmt sein muß, um eine vorzeitige Oberflächenerhärtung und bei weiterem Abkühlen Blasenbildung im Innern zu vermeiden. Zellulosederivate und Polystyrol werden zur Vermeidung von Blasenbildung am besten zuerst im Wassersprühregen gekühlt.

Abzug. Meist wird der Abzug des Werkstückes so eingestellt, daß er die Auspreßgeschwindigkeit des Werkstoffs übersteigt. Das heißt, der umpreßte Werkstoff wird in der Matrize und unmittelbar beim Verlassen der Matrize gedehnt, und zwar beim Pressen von PVC um etwa 0,5 bis 10 %. Die Dehnung ermöglicht eine ausgezeichnete, vom Betrieb der Presse selbst unabhängige Durchmesser-Feineinstellbarkeit und bewirkt außerdem eine Glättung der Oberfläche.

Noch stärker werden ausgepreßte Polyamide (Nylon) gedehnt. Man preßt hier nicht einen Mantel auf das Werkstück, sondern einen zunächst weiteren und stärkeren Schlauch[2] frei um den Kern und zieht den noch heißen Schlauch durch starke Dehnung und Anwendung von Vakuum auf die Seele (siehe Abb. 236).

Die *Dehnung* bewirkt unter geeigneten Temperaturbedingungen eine Erhöhung der Festigkeit in der Dehnungsrichtung. Im Falle des Polystyrol wird durch eine solche Dehnung überhaupt erst eine Biegsamkeit der gepreßten Hülle erzielt. Bei der Herstellung von Polystyrolfäden erfolgt diese Dehnung in der

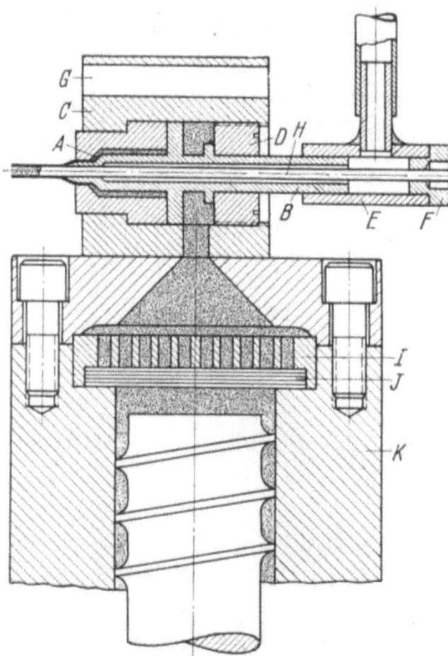

Abb. 236. Drahtumspritzungsmaschine mit Nylon unter Anwendung von Vakuum nach C. P. PORTNER [*127*] (E. I. du Pont de Nemours & Co. Inc.)
A Matrize (Mundstück); *B* Patrize; *C* Querkopf; *D* Patrizenhalter; *E* Vakuumanschlußstück; *F* Vakuumdichte Drahteinführung; *G* Heizpatrone; *H* Draht; *I* Strainerplatte; *J* Siebsatz; *K* Heizzylinder

---

[1] Falls auch eine genügend hohe Matrizentemperatur (bei PVC ohne Bedenken bis 190° C) keinen Hochglanz auf dem umpreßten Werkstück erzeugt (Bügelwirkung), kann man durch nochmaliges kurzes Aufheizen der Oberfläche in einer Gasflamme oder einem elektrischen Durchlaufofen, feine noch verbliebene oder durch die Matrize verursachte Ungleichmäßigkeiten verlaufen lassen und dadurch einen starken Glanz erzeugen.

[2] Das heißt mit weit in die Matrize oder sogar darüber hinaus vorgeschobener Patrize. Diese Stellung hat eine besonders große Selbstzentrierungswirkung, welche gerade für die Herstellung sehr dünner Hüllen wertvoll ist, wie sie im Falle des Nylon üblich sind.

Abb. 237. Spritzmaschine mit 40-Düsenkopf zur Herstellung von Styroflexfäden (NSW)

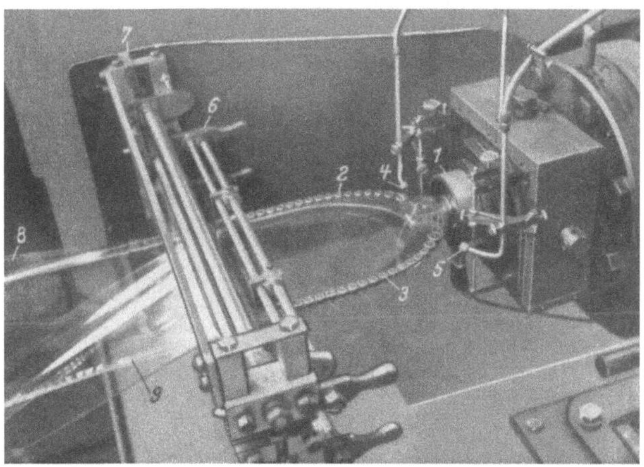

Abb. 238. Spritzmaschine mit Spreizvorrichtung zur gleichzeitigen Herstellung von zwei
Styroflex-Folien-Bahnen (NSW)
1 Spritzdüse; 2 u. 3 federnde Spreizarme; 4 u. 5 Heißluftdüsen; 6 Schneidevorrichtung;
7 Abzugsvorrichtung; 8 u. 9 Folien fertig zum Aufrollen

Abb. 239. NRM-Folien-Spritzmaschine (3$^1/_2$ Zoll) mit Spreizvorrichtung zu einer Folienbahn, sowie Kühl-, Abzug-, automatischer Abschneide- und kontinuierlicher Aufwickelvorrichtung (NRM)

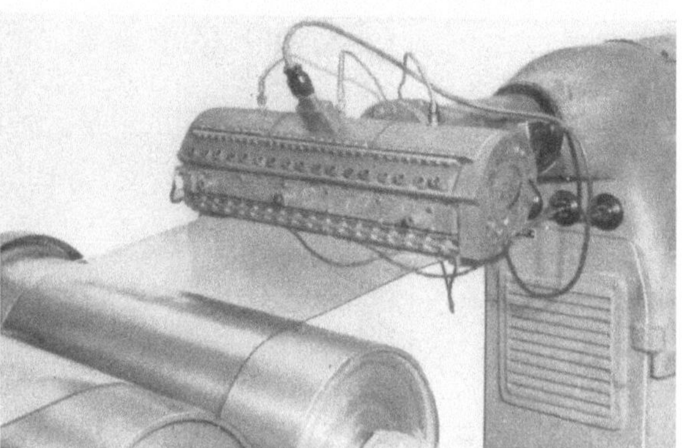

Abb. 240. Breitkopf einer Kunststoffolien-Presse (Reifenhäuser)

Fadenrichtung (s. Abb. 237), bei der Herstellung von Folien auch in der Querrichtung mit Hilfe einer mit Führungsröllchen versehenen gabelförmigen Spreizvorrichtung, wie sie in Abb. 238 dargestellt ist. Man erhält durch dieses Ausweiten des gepreßten Schlauches eine Doppelfolie, die in zwei Bahnen aufgetrennt wird.

Abb. 239 zeigt eine Folienpreßmaschine ohne Dehnungseinrichtung, beispielsweise für PVC-Folien, die als Schlauch gepreßt, einseitig aufgeschnitten und zu einer Folie gespreizt, geglättet und aufgewickelt werden. Bei der Presse in Abb. 240 kommt die Folie unmittelbar aus dem breiten Pressenkopf.

Die Aufstellung auf S. 302 u. 303 enthält die besonderen Vorteile und bemerkenswerte Nachteile einer Reihe von Kautschukarten und Thermoplasten, die zur Kabelherstellung verwendet werden.

c) Walzen

Das Walzen ist ein Verformungs- (seltener Formungs-) Vorgang, bei dem das Werkstück ähnlich wie beim Auspressen durch das Werkzeug hindurchgedrückt wird, und zwar im Gegensatz zum Auspressen praktisch in der Regel[1] ohne zusätzliche Druckvorrichtungen, d. h. nur durch die sich in der Verfahrensrichtung bewegenden Matrizenflächen selbst.

Die Ähnlichkeit des Walzverfahrens mit dem Auspressen erhellt aus der Abb. 241.

1. Bandwalzen (Kalander)

Die Abb. 241 zeigt einen schematischen Schnitt durch ein Bandwalzwerk. Das Werkstück *1* wird durch die beiden zylindrischen Walzen *2* und *3* in seiner Dicke von Punkt *A* über Punkt *B* bis zum Austritt aus dem Walzenspalt bei Punkt *C* vermindert. Diese Dickenverminderung hat nun neben einer nicht so sehr ins Gewicht fallenden Verbreiterung (Breitung) vor allem eine Verlängerung des Werkstückes zur Folge. Das heißt aber, das Werkstück muß seine Geschwindigkeit von Punkt *A* über Punkt *B* bis Punkt *C* dauernd steigern. Nur an *einem* Punkte kann aber die Werkstückgeschwindigkeit gleich der Oberflächengeschwindigkeit der Walzen sein; an allen anderen Punkten muß zwischen Walzenoberflächen und Werkstück eine Relativbewegung stattfinden (die mit Reibung verbunden ist, d. h. Schmierung benötigt).

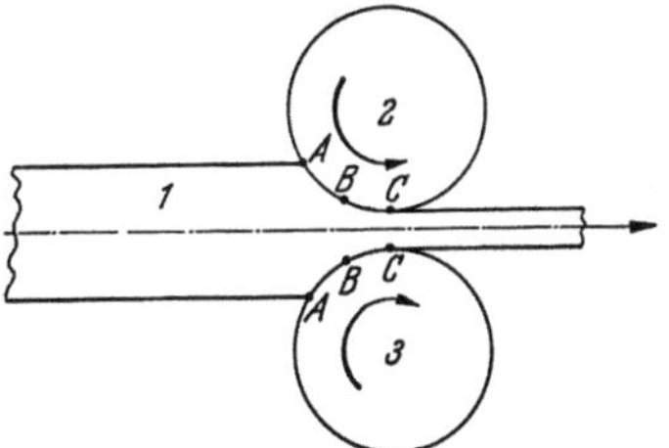

Abb. 241. Verformung in einer Bandwalze nach G. E. Doan und B. M. Mahla [*128*]
1 Werkstück; *2* u. *3* zylindrische Walzen; *A* Eintrittspunkt des Werkstückes; *B* Punkt gleicher Geschwindigkeit von Walzenoberfläche und Werkstück; *C* Austrittspunkt des Werkstückes

---

[1] Grundsätzlich erscheint auch die Kombination von Pressen mit Walzen durchführbar (Fütterwalzen am Kalander).

Tabelle 4. *Auspreßbare (spritzbare) Kautschukarten und Thermoplaste, welche in der Kabelindustrie verwendet werden*[1]

Typ	Zusammensetzung	Spez. Gewicht[2]	Besondere Vorteile	Bemerkenswerte Nachteile	Typische Anwendung	Handelsbezeichnung
Kunstkautschuk						
Butadien-Misch-polymerisat	Butadien + Sty-rol	0,94	steht in vieler Beziehung dem Naturkautschuk am nächsten	geringe Elastizität und Klebrigkeit	Isolierung, Mäntel	Buna S, Butapren GR-S, Polysar S
Polymeres Chloropren	Chloropren	1,15···1,24	ausgezeichnete Flammen-, Wärme- und Wasserbeständigkeit; gute Ölbeständigkeit und Abriebfestigkeit	dielektrischeEigenschaften und Kältebiegsamkeit schlechter als die des Buna S	Mäntel	Neopren
Butadien-Misch-polymerisat	Butadien + Akrylnitril	0,96···0,98	ausgezeichnete Öl-,Wärme- und Wasserbeständigkeit, guteAbriebfestigkeit, ausgezeichnete Kältebiegsamkeit	elektrisch: Halbleiter, etwas schwierig zu verarbeiten	Mäntel	Perbunan, Nitril-Rubber, Butapren
Isobutylen-Mischpolymeri-sat	Isobutylen + Isopren	0,92	hitzefest, ölfest, ozonfest, gute Isolation	schwer zu verarbeiten	Isolierung	Butylkautschuk, GR-J, Polysar-Butyl
Organisches Polysulfit	Äthylendichlorid + Natriumsulfit	1,27···1,60	ausgezeichnete Beständigkeit gegen Erdölprodukte	schlechte Wärmebeständigkeit und physikalische Eigenschaften	Mäntel	Thiokol
Thermoplaste						
Polyvinylchlorid	Vinylchlorid	1,41	ausgezeichnete chemische Öl- und Flammenbeständigkeit; gute Abrieb-, Wärme- und Wasserfestigkeit	thermoplastisch, mit Weichmachern höhere dielektrische Verluste	Isolierung, Mäntel	Vinnol, Vestolit, PVC, Corvic PVC

[1] Ergänzter Auszug aus einer Aufstellung in der Modern Plastics Encyclopedia, Ausgabe 1949 [*71*]. — [2] ohne Füllstoffe.

Tabelle 4 (Fortsetzung)

Type	Zusammensetzung	Spez. Gewicht	Besondere Vorteile	Bemerkenswerte Nachteile	Typische Anwendung	Handelsbezeichnung
Thermoplaste						
Vinylchloridazetat-Mischpolymer	Vinylchlorid + Vinylazetat	1,39	wie Vinylchlorid	wie Vinylchlorid	Isolierung, Mäntel	Vinylite
Polyäthylen	Äthylen	0,92	ausgezeichnete dielektrische Eigenschaften über einen weiten Frequenzbereich, geringe Wasserdampfaufnahme, ausgezeichnete chemische Beständigkeit	Brennbarkeit, Schwindung und Schwund außerordentlich stark	Isolierung, Mäntel	Lupolen H, Polythene, Alkathene, Hostalen
Polytetrafluoräthylen	Fluor, Äthylen	2,2	ungewöhnlich gute elektrische Eigenschaften, beständig gegen hohe Temperaturen und chemische Angriffe	hohe Kosten, sehr schwierig zu verarbeiten	Isolierung, Mäntel	Teflon
Halogenierte Äthylenpolymere	Äthylen, Fluor, Chlor	2,12	hohe Temperaturbeständigkeit, chemische Beständigkeit	sehr hohe Kosten, geringere Eignung für Hochfrequenz als Polytetrafluoräthylen	Isolierung, Mäntel	Kel-F (Polymonochlortrifluoräthylen), Hostaflon
Silikone	Siliziumtetrachlorid +Methylmagnesiumhalogenid	2,0	ausgezeichnete Wärmebeständigkeit, gute elektrische Eigenschaften	hohe Kosten, schwierig zu verarbeiten, schlechte mechanische Eigenschaften	nur Isolierung	Silelastic, Silicone Rubber

Nehmen wir an, daß der Punkt gleicher Geschwindigkeit von Walzen und Werkstück der Punkt B ist, dann bewegt sich das Werkstück vor Erreichung von Punkt B langsamer als die Walzenoberflächen, wird also von den Walzen zurückgedrückt. Nach Durchlauf durch Punkt B jedoch fließt das Werkstück in steigendem Maße schneller als die Walzenoberflächen, d. h. aber, die Walzen „pressen" das Werkstück mit einer ihre eigene Geschwindigkeit übersteigenden Geschwindigkeit

Abb. 242. Vierwalzenkalander mit Kühlwalzen, Pudervorrichtung und Nachlauf (Krupp-Gruson)

durch den formenden Walzspalt (Matrize). Das Werkstück erhält eine *Voreilung*, die stark von den Reibungsverhältnissen zwischen Walzen und Werkstück abhängt und für Metalle bei guter Schmierung und glatter Walzenoberfläche gering ist (einige Prozente).

In der Kabeltechnik kommen Bandwalzen für Metalle allerdings kaum in Frage, wohl aber Walzen für Hochpolymere, d. h. *Kautschukmischungen und Kunststoffe, im Kalandrierverfahren.* Der höheren Reibung an den Walzen und der größeren Plastizität wegen ist hierbei der Auspreßcharakter offenbar ausgeprägter als bei Metallen.

Ein solcher Kalander ist in Abb. 242 dargestellt. Der auf einem Vorwärmwalzwerk erwärmte und frisch durchplastizierte Werkstoff wird

— meist zu *Puppen* aufgerollt — in den Spalt zwischen den beiden obersten Walzen „gestopft", d. h. mit einem gewissen Druck — in der Regel von Hand[1] eingepreßt. Diese beiden oberen Walzen pressen ein Fell durch den Spalt, das an der unteren — heißeren — Walze haftenbleibt und in den Spalt zwischen den darunterliegenden Walzen gedrückt wird. Dieser Spalt ist ein wenig enger als der obere und besorgt die eigentliche Kalibrierung der hergestellten *gezogenen*[2] Kalanderplatte. Eine genaue Stärkeneinstellung bereits in *einem* Spalt ist vor allem dann nicht möglich, wenn — wie üblich — das Stopfen von Hand erfolgt und Werkstoffmenge und Druck quer über den Spalt und in der Länge der herzustellenden Bahn schwanken.

Von den auf S. 199 ff. beschriebenen Mischwalzen (und Vorwärmwalzen) unterscheiden sich die Kalander wesentlich noch dadurch, daß sie mit gleicher Oberflächengeschwindigkeit benachbarter Walzen, d. h. ohne „Friktion" arbeiten, da im Gegensatz zu den Misch- und Vorwärmwalzen keine Durcharbeitung (Durchknetung oder Vorwärmung), sondern eine *Formung* beabsichtigt ist.

Die im Kalander hergestellten breiten Gummi- oder Kunststoffbänder (Bahnen, Platten) werden auf Schneidemaschinen (ähnlich der für Papier in Abb. 266 dargestellten) in schmälere Streifen (Bänder) geschnitten und entweder im Längsbedeckungs- oder Umwicklungsverfahren zur Herstellung von isolierenden oder schützenden Hüllen verwendet.

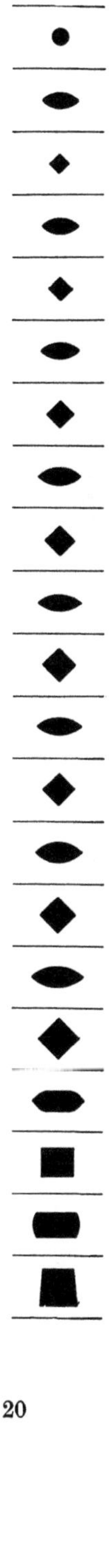

2. Profilwalzen (Drahtwalzen)

Metallseitig ist das Walzen in der Kabeltechnik meist auf die Herstellung von Drähten, d. h. auf Profilwalzen, beschränkt. Die Abb. 243 zeigt ein Beispiel der bei der Herstellung von Kupferwalzdraht aus *Wire bars* üblichen Walzenprofile. Man erkennt daraus, daß nicht nur die Querschnittsabmessungen allmählich abnehmen, sondern daß auch die Querschnittsform nach jedem einzelnen Walzvorgang (Stich) stark geändert wird, und zwar in der Regel, wie abgebildet, von Vierkant auf Oval, dann wieder auf Vierkant, Oval usw., bis zum Schluß aus dem letzten Oval der zum Weiterziehen erforderliche Kreisquerschnitt gewalzt wird.

Abb. 243. Beispiel der Walzenprofile von Walzbarren zum Walzdraht (KWO)

---

[1] Siehe hierzu gleichfalls Fußn. 1 auf S. 301.
[2] Leicht irreführende Bezeichnung. Die ausgepreßte Platte darf bei zu vulkanisierenden Stoffen keinesfalls durch Ziehen gedehnt werden.

Der primäre Grund dafür ist, daß es gar nicht möglich wäre, bei gleichbleibender, d. h. vorzugsweise kreisrunder Querschnittsform und -lage eine Abmessungsverminderung nur durch Verringerung des Durchmessers des Walzenprofils zu erzwingen; denn bei den Walzen handelt es sich nicht wie beim Auspressen oder Ziehen um eine allseitig geschlossene Matrize. Vielmehr ist ein *Trennspalt* zwischen den Walzen unvermeidlich, in welchen der Werkstoff unter den hohen Walzdrucken einfließt, unter Bildung sogar von Grat oder starken Seiten „flossen" am Draht. Läßt man dagegen ein Vierkant einlaufen, dann wird der Walzenspalt vom Werkstoff erst erreicht, wenn der Verformungsvorgang im wesentlichen beendet ist. Zum Hochstellen der einlaufenden Profile beim Einlaufen in die Walzen bedarf es besonderer, entsprechend geformter Führungen (*Walzführungen*).

Die Folge dieser starken Änderung der Querschnittsform von Stich zu Stich ergibt nun die dem Walzverfahren besonders eigene, insbesondere für *Warm*verformung günstige Wirkung: das Durchkneten. Wie auf S. 219 ff. beschrieben, ist diese *Knetwirkung* erforderlich, um versprödende Trennschichten zwischen den Kristallen eines Gußstückes zu zerreißen, die Kristalle in unmittelbare Berührung zu bringen und Festigkeit und Zähigkeit so weit zu erhöhen, daß eine anschließende Kaltverformung (Ziehen) möglich ist.

In Abb. 244 ist ein *Durchlaufschema* und in Abb. 245 die *Ansicht* eines Drahtwalzwerks innerhalb eines größeren Kabelwerks wiedergegeben. Diese zwei verschiedenen Werken entstammenden Abbildungen zeigen beide gleichermaßen die allgemein übliche Einteilung eines Walzwerks in zwei „Walzstraßen", eine Vorstraße mit den Stichen 1 bis 7 zum Auswalzen des Drahtbarrens zu einer langen dünnen Stange und den Stichen 8 bis 11, bei denen bereits ein langer Walzdraht vorliegt, der über automatische Umführungen (*U* in Abb. 244, rechts vorn in Abb. 245) von einem Profil in das nächste geführt wird. Gesondert davon die „Fertigstraße" (in Abb. 245 im Hintergrund), in deren Verlauf das Werkstück in der Regel in zwei parallel verarbeitete Stücke aufgeteilt wird, so daß aus einem Walzbarren zwei Walzdrahtringe entstehen, die der großen Geschwindigkeit wegen auf besonders konstruierte, automatische Aufwickelvorrichtungen (EDENBORN-Haspel) aufgehaspelt werden.

Die Führung des Walzdrahtes von der Vorstraße zur Fertigstraße und von der Fertigstraße zu den Haspeln erfolgt durch besondere Leitrinnen (s. Abb. 244).

Das Auswalzen des noch kurzen Walzbarrens in der ersten Walze (Blockwalze) kann ebenfalls, wie in Abb. 244 angedeutet, automatisch dadurch erfolgen, daß die aus drei Walzen bestehende Vorrichtung in den oberen Profilen hin- und den unteren Profilen zurückwalzt und die Werkstücke auf dem Hebetisch zu den oberen Profilen gehoben werden, während man sie im Rutschkasten zu den unteren Profilen gleiten läßt.

Ebenfalls allgemein üblich ist, daß in der Fertigstraße die Vierkantprofile und ovalen Profile jeweils alle nach einer Seite (Quadrat- bzw. Ovalseite) laufen und daß die einfachere Einführung der Vierkantdrähte in die Ovalwalzenprofile automatisch durch Umführungen erfolgt, während das Aufrichten der Ovaldrähte und Einführen in die Vierkantwalzen meist durch die Walzmannschaft von Hand vorgenommen wird. Die Schlingenkanäle dienen dabei zur Aufnahme der zum Geschwindigkeitsausgleich erforderlichen Pufferzwischenlängen.

Das Walzen hat gegenüber dem Ziehen den verfahrenstechnischen Vorteil, daß das Werkstück nicht angespitzt, d. h. mit seinem vorderen Ende nicht bereits auf die Abmessungen der Matrize zugerichtet zu sein

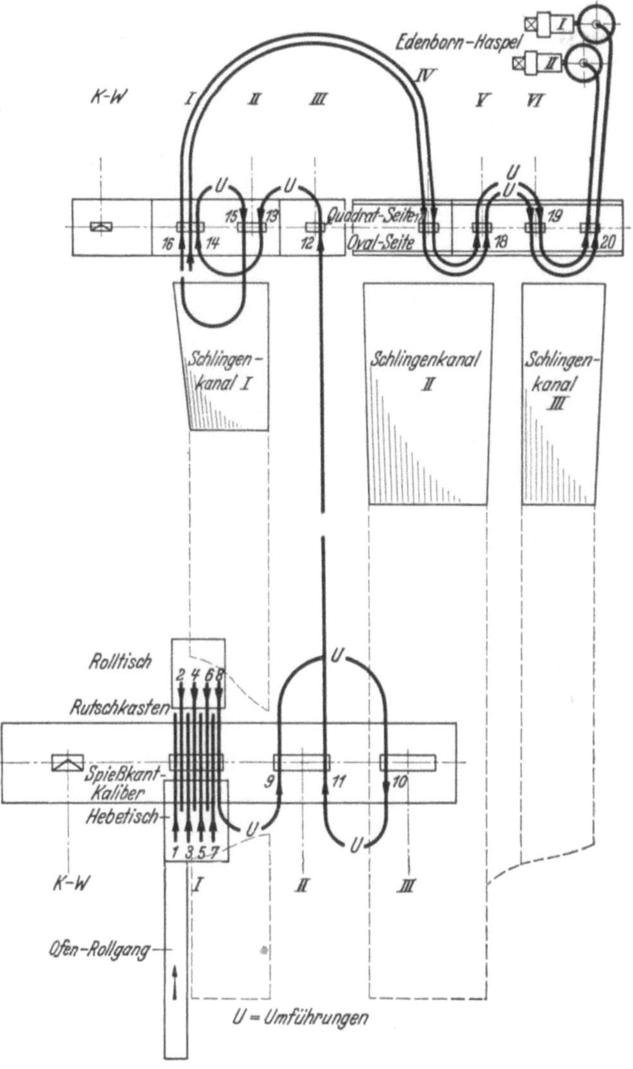

Abb. 244. Durchlaufschema eines Drahtwalzwerks, ———— Rinnen (KWO)

braucht. Vielmehr preßt das Walzwerk innerhalb gewisser Grenzen das Werkstück auf die Matrizenabmessungen selbst zusammen. Diese Grenzen nun sind dadurch gesetzt, daß eine Walze ein Werkstück nur dann zu „fassen" und mit der erforderlichen Kraft durch den Walzspalt oder das Walzprofil auszupressen vermag, wenn der Winkel, den

Abb. 245. Gesamtansicht eines Drahtwalzwerks (SSW)

die Walzgutoberfläche beim Einlaufen in den Walzspalt mit der Walzenoberfläche einschließt, einen gewissen Betrag nicht überschreitet. Andernfalls wird das Walzgut nicht von den Walzen *eingezogen*, sondern zurückgestoßen. Der Grenzwinkel, bis zu dem die Walzen ein Werkstück noch gerade einziehen, nennt man den *Greifwinkel*. Der Greifwinkel ist nicht nur abhängig von Form und Oberfläche von Walzen und Werkstück und den Schmierungsverhältnissen, sondern auch davon, ob das Werkstück erst in die Walze eingeführt werden soll oder sich bereits im Walzvorgang befindet[1].

Eine weitere Begrenzung der Höhe der Stichabnahme liegt in der *Festigkeit der Walzen*, genauer in der Wechselbiegefestigkeit. Die Walzen werden durch das Werkstück auseinandergebogen, d. h. jeder Punkt der Walzen, insbesondere der Walzenoberflächen, ist im Rhythmus der Walzenumdrehungen abwechselnd Dehnungen und Stauchungen unterworfen. Diese Wechselbeanspruchungen führen zu Ermüdungserscheinungen, die sich in Oberflächenungleichmäßigkeiten besonders konzentrieren (Kerbwirkung). Die Abnützung der Walzenoberfläche ist nun ihrerseits wieder um so größer, je größer mit der Stichabnahme der Geschwindigkeitsunterschied des Werkstückes an der Walzenoberfläche (entsprechend Abb. 241) wird. Die Reibung zwischen Werkstück und Walzen wird bei Profilwalzen gegenüber den in Abb. 241 für Bandwalzen skizzierten Verhältnissen noch erhöht, weil in einem Werkstückquerschnitt die angreifenden Teile des Walzenprofils bei gleicher Winkelgeschwindigkeit entsprechend ihrem verschiedenen Abstand von den Walzenachsen ganz verschiedene Oberflächengeschwindigkeit besitzen.

Im allgemeinen sind beide Walzen, seltener nur eine angetrieben. Man kann aber bei sehr zugfesten Werkstücken oder beim Kaltwalzen auch unangetriebene Walzen benutzen (*Rollenziehgeräte*), durch die das Werkstück hindurchgezogen wird. Der Gegendruck des Werkstückes an den Walzen erhöht in diesem Falle den Greifwinkel und ermöglicht daher die Verwendung kleiner Walzendurchmesser, welche an sich eine bessere Streckwirkung auf das Werkstück ausüben.

Die *Vorwärmtemperatur* der Drahtbarren wird im allgemeinen bei Kupfer auf 800° C, d. h. so eingestellt, daß der ganze Walzvorgang im Bereich der Warmverformung erfolgt, d. h. daß keine wesentliche Härtung des Werkstoffs eintritt. Nur wenn aus dem Walzdraht harte Drähte stärkerer Endabmessungen (im wesentlichen für Freileitungen) gezogen werden sollen, wird durch eine kurze Abkühlungszeit zwischen den beiden Walzenstraßen die Temperatur so weit gesenkt, daß bereits der gewalzte Draht eine gewisse Härte erhält.

Kupferlegierungen (Leitungsbronzen) werden bei etwas höheren Temperaturen gewalzt.

---

[1] *Stationärer Greifwinkel*, etwa das Doppelte des anfänglichen Greifwinkels im Falle eines Werkstückes mit *stumpf* abgeschnittenem Anfang. Zur Erzielung eines genügend großen Greifwinkels, d. h. starker Querschnitts- (Stich-) Abnahme, zu Beginn einer Warmwalzung werden jedoch die Walzbarren meist an den Enden abgeschrägt.

Bei der für Leitaluminium üblichen Walzbarrentemperatur von etwa
350 bis 400° tritt in der Regel gegen Ende des Drahtwalzverfahrens
bereits eine so starke Abkühlung ein (unter 200° C), daß schon eine
Kaltverformung und damit bemerkenswerte Härtung auftritt. Zur Erzielung besonders weicher Aluminiumwalzdrähte müssen die Walz-
barren- (Block- oder Knüppel-) Temperaturen daher auf etwa 460° C
erhöht werden. Umgekehrt kann man wie bei Kupfer zur Herstellung
harter, starker Freileitungsdrähte u. ä. noch eine besondere Abkühlungszeit in den Walzvorgang einlegen.

Beim Walzen von Barren unterhalb der angegebenen Temperaturen
treten hohe Spannungen und demzufolge Risse, vor allem an den
Kanten auf.

Über *Fehler* an *Walzdrähten*, die auf das Gießverfahren zurückzuführen sind, ist bereits auf S. 222ff. gesprochen worden. Das Einwalzen
von Falten, vor allem durch Überfüllung der Walzenprofile, kann auch
bei einwandfreien Walzbarren durch falsche Profilierung verursacht
werden. Beim späteren Ziehen reißen die scharfen Kanten der Falten
ein und führen zu „Krähenfüßen", wie sie in Abb. 178 gezeigt sind.

Über einen weiteren häufig vorkommenden Fehler, das Einwalzen
von Fremdkörpern und an eisernen Walzführungen herausgerissenen
Walzdrahtteilchen, ist bereits im Zusammenhang mit der Oberflächen-
aktivität des Aluminiums auf S. 253 berichtet worden. Schadhafte
Führungen können ebenfalls durch Oberflächenbeschädigungen am
Walzdraht und darauffolgendes Einwalzen zu Überlappungen Anlaß

Abb. 246. Kontinuierliche Beizanlage für Kupferdrähte (KWO)

geben. Kupferwalzdrähte werden immer nach der Fertigstellung gebeizt, Aluminiumwalzdrähte nur dann, wenn sie auf dem gleichen Walzwerk wie Kupferdrähte hergestellt werden. Eine automatische Beizanlage für Kupferwalzdrähte ist in Abb. 246 gezeigt.

Oberflächliche Oxydeinschlüsse, Falten und Einwalzungen können durch Abschaben des Walzdrahtes oder — einfacher — während oder zwischen den ersten Grobzügen beseitigt werden (s. S. 329 und Abb. 247).

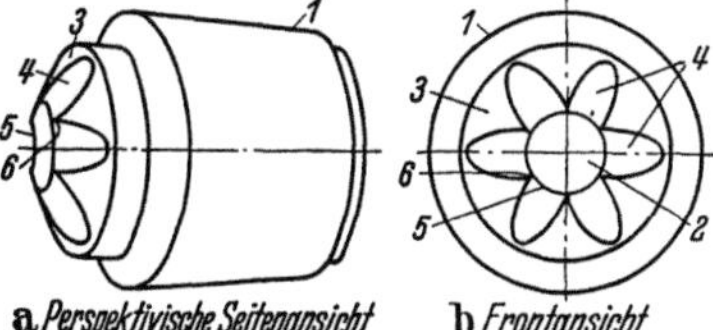

Abb. 247 a u. b. Drahtschabematrize nach C. E. WEAVER [135]
a Perspektivische Seitenansicht b Frontansicht
1 Matrizenkörper; *2* kegelige Bohrung, Scheitelwinkel 6°; *3* kegelige Frontfläche, Scheitelwinkel 70°; *4* auf dem Frontkegel angeschliffene ebene Flächen; *5* Schabeschneide; *6* Trennschneiden

d) Ziehen

1. Allgemeines und Drahtziehen

Während es sich beim Pressen und Walzen um plastische Formungen oder Verformungen des Werkstückes oder Werkstoffs durch reine Stauchvorgänge handelt, versteht man unter *Ziehen* im allgemeinen eine Dehnung des Werkstückes unter dem direkten Einfluß einer Zugbeanspruchung (s. Abb. 248). Das trifft für das freie Ausziehen, z. B. eines Drahtes, und auch im gewissen Grade für das Tiefziehen ohne weiteres zu. Beim *Ziehen* eines Drahtes oder anderem durch eine Ziehmatrize (*Matrizenzug*) jedoch ist diese Vorstellung leicht irreführend: Normalerweise soll sich in diesem Falle der Draht unter dem unmittelbaren Einfluß der Zugbeanspruchung *nicht* dehnen. Vielmehr soll die Höhe der Zugbeanspruchung *unterhalb* der Streckgrenze des Werkstückes liegen. Innerhalb der im spitzen Winkel zulaufenden Ziehmatrize jedoch erzeugt der Zug im Werkstück an den

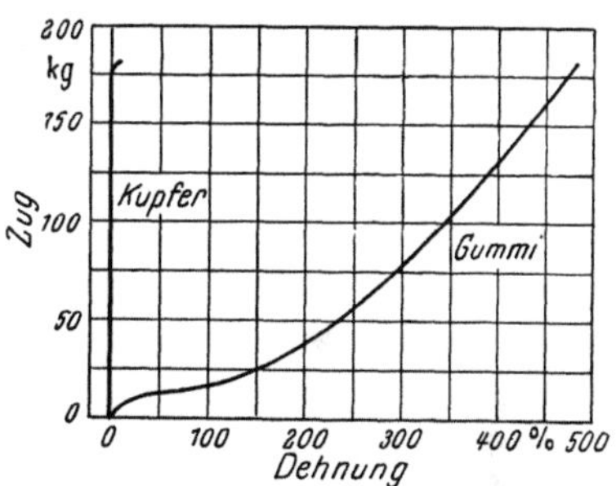

Abb. 248. Zug-Dehnungs-Kurve eines gummiisolierten 3 adrigen Kabels von 4,5 mm² Kupferquerschnitt und 90 mm² Querschnitt der gesamten Gummiisolierung nach W. EHLERS und F. GLANDER [6]

Arbeitsflächen der Matrize Gegendrucke, welche im Zusammenwirken mit den Zugspannungen innerhalb der Matrize für eine Verformung ausreichen. Dabei spielt natürlich die Größe dieses *Winkels* eine maßgebende Rolle, wie in Abb. 249 gezeigt wird. Je spitzer der Winkel ist, um so größer ist die den Gegendruck ausübende Arbeitsfläche der Matrize im Vergleich zum Werkstücksquerschnitt, d. h. um so gleichmäßiger durchdringt die Druckbeanspruchung den ganzen Querschnitt. Man ist daher meist bestrebt, mit Rücksicht auf die Qualität des Drahtes usw., mit dem Ziehwinkel so weit herunterzugehen, wie es wirtschaftlich verantwortlich ist.

Aus wirtschaftlichen Gründen nützt man dagegen die zur Verfügung stehende Verformungskraft, die durch die Zerreißfestigkeit des bereits durch die Matrize gezogenen Stückes des Drahtes usw. begrenzt ist, zu einer möglichst großen Querschnittsverminderung aus (s. S. 257), um die Anzahl der für die gewünschte Gesamtverformung notwendigen Ziehstufen und damit die Kosten herabzudrücken. Im Interesse der Erzielung eines großen Formänderungsgrades dieser begrenzten Zugkraft ist es erforderlich, den Formänderungswiderstand soweit wie möglich herabzusetzen.

Der theoretische Mindestaufwand für eine bestimmte Verformung (Nutzarbeit bei der Formänderung) ergibt sich für den Idealfall, daß der erforderliche Werkstofffluß auf kürzestem Wege erfolgt und daß keine Reibungsverluste zwischen Werkstoff und Werkzeug auftreten. Praktisch ist jedoch immer ein zusätzlicher Energieaufwand dadurch erforderlich, daß der Werkstofffluß nicht auf dem theoretisch kürzesten Wege erfolgt, d. h. daß *zusätzliche* innere Reibungs*verluste* neben der für die Formgebung unbedingt erforderlichen inneren Reibung sowie eine äußere Reibung zwischen Werkstück und Werkzeug, d. h. äußere Formgebungsverluste, auftreten.

Abb. 249 a—c. Einfluß des Ziehwinkels auf Festigkeit, Härte und bleibende Spannungen im Draht nach G. SACHS [93]
a großer Ziehwinkel; b kleiner Ziehwinkel; c freie Streckung

Die Abb. 250 zeigt nun, wie im Falle des Drahtziehens durch eine Ziehmatrize die Größe dieser inneren und äußeren Verluste vom *Scheitelwinkel* einer konischen Arbeitsfläche der Matrize (Düse) abhängt. Man erhält bei einem bestimmten Winkel ein *Maximum* des Anteils der Gesamtenergie an *Nutzarbeit*. Dieses Maximum liegt im allgemeinen höher als der für beste Qualität eines Fertigdrahtes wünschenswerte Verformungswinkel. Man geht daher auch aus diesem Grunde praktisch so vor, daß man zu Beginn des Ziehens, wo es nur auf möglichst große Querschnittsabnahme ankommt, mit verhältnismäßig großen Ziehwinkeln arbeitet und zum Schluß zur Erzielung gleichmäßiger Spannungsverhältnisse und glatter Oberfläche mit dem Ziehwinkel schrittweise von Zug zu Zug heruntergeht.

Die Abb. 250 zeigt ferner, daß die *Größe der Querschnittsabnahme* je
Ziehstufe einen maßgebenden Einfluß auf den Anteil der Gesamtarbeit
an Nutzarbeit ausübt, und zwar in dem Sinne, daß mit wachsender
Querschnittsabnahme der Verlustarbeitsanteil sinkt. Da die inneren
und äußeren Reibungsverluste immer die Güte eines Drahtes herabsetzen, ist eine möglichst große Querschnittsabnahme nicht nur aus
wirtschaftlichen, sondern auch aus Qualitätsgründen vorzuziehen, ein
Grundsatz, der zunächst über-
raschend erscheint, aber außerordentlich wichtig ist. Man kann
einen Draht durch zu *vorsichti-
ges Ziehen,* d. h. mit zu kleinen
Ziehstufen, direkt verderben.

Wie aus Abb. 250 weiterhin
hervorgeht, steigen die inneren
Verformungsverluste mit zunehmendem Ziehwinkel stark
an, während die äußeren Reibungsverluste abnehmen. Berücksichtigt man ferner, daß
der Anteil der äußeren Verluste
im Verhältnis zu den inneren
um so größer wird, je größer
das Verhältnis Drahtoberfläche
zu Drahtvolumen wird, und
daß die Drähte in dem üblichen

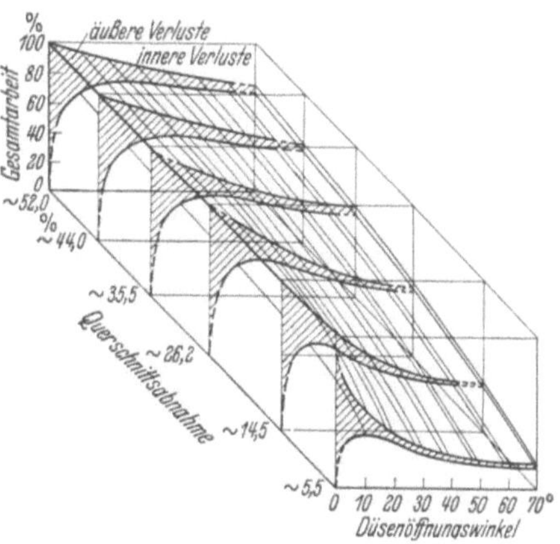

Abb. 250. Räumliches Diagramm der Nutzarbeit
und Formgebungsverluste beim Drahtziehen nach
E. SIEBEL [*129*]

Kaltverformungsverfahren während des Ziehens härter werden, dann
ergeben sich zwei Hauptregeln für das Ziehen von Metalldrähten:

1. Je härter ein Werkstoff ist, um so größer ist sein innerer Verformungswiderstand und um so kleiner seine Reibung an den Arbeitsflächen der Ziehmatrize, d. h. um so kleiner ist der Verformungswinkel
zu wählen. Stahl wird daher mit geringeren Winkeln verformt als
Kupfer und Aluminium.

2. Je geringer der Durchmesser, auf den ein Draht heruntergezogen
ist, um so kleiner der Ziehwinkel zur weiteren Verformung.

Die Ziehkonuswinkel von Wolframkarbidmatrizen für Kupferdrähte
betragen dementsprechend etwa

 25 bis 20° Gesamtwinkel für 12 bis 7 mm Drahtdurchmesser[1],
 18 bis 16° Gesamtwinkel für 6 bis 3 mm Drahtdurchmesser,
 15 bis 13° Gesamtwinkel für 3 bis 1 mm Drahtdurchmesser,
 12 bis 10° Gesamtwinkel unter   1 mm Drahtdurchmesser.

Die je Stufe mögliche Querschnittsabnahme beim Ziehen ist außer
von der Formgebung der Matrize (Ziehwinkel) vor allem von der
äußeren Reibung am Werkzeug, d. h. — abgesehen von der Härte des
Werkstückes — von der *Härte und Politur* des Werkzeugs, d. h. der
Ziehmatrize, abhängig. — Praktisch wird heute für die mittleren Ab-

---

[1] Diese Durchmesser werden bei Kupfer meist noch gewalzt.

messungen im Kupferdrahtzug nur noch Wolframkarbid und für den Feinzug Diamant als Werkzeugmaterial verwendet.

Für Kupferdrähte liegt die Querschnittsabnahme je Ziehstufe in der Größenordnung von 20 %. Im Gegensatz zur freien Dehnung (Zerreißdehnung), die mit zunehmender Härte stark abnimmt, ist der *Einfluß der Härte* auf die mögliche Querschnittsabnahme beim Matrizenzug gering. Der Grund liegt darin, daß — wie beschrieben — das Ziehen durch eine Matrize weniger ein Dehnungs- als ein Stauchvorgang ist, für den der Zug im Draht nur als Kraftübertragungsmittel anzusehen ist. Diese zur Verfügung stehende Kraft (*Ziehfähigkeit*) steigt (s. S. 257) aber mit der im Laufe des Ziehverfahrens zunehmenden Härte ebenfalls an, so daß sich das Verhältnis von Verformungskraft zu Verformungswiderstand nicht wesentlich ändert.

Eine zu starke Beanspruchung des Drahtes beim Ziehen (*Überziehen*) kann durch eine zu große Gesamtquerschnittsverminderung oder durch eine zu starke Beanspruchung in der einzelnen Ziehstufe verursacht werden, d. h. durch zu große Querschnittsabnahme, zu großen Ziehwinkel, zu große Ziehgeschwindigkeit oder ungeeignete Schmiermittel, welche alle zu einer Zerstörung des Schmierfilms führen und daher einen besonders starken Metallglanz der Drahtoberfläche zur Folge haben.

Ein Überziehen führt meist zu Oberflächenrissen infolge Überhärtung der Oberfläche.

Abb. 251 zeigt die *Formgebung einer Diamant-Ziehmatrize* für Kupferdraht nach den Britischen Normalien. Die eigentliche Arbeitsfläche für die plastische Verformung ist der Ziehkonus C, dessen Scheitelgesamtwinkel in diesem Falle 18° beträgt. Die trompetenförmige Erweiterung des Einlaufs ist in ihrer Formgebung maßgebend für den Zufluß des Schmiermittel.

Der zylindrische Teil D hat die Aufgaben, die Arbeitsflächen abzustützen (zu tragen) und dem Werkstück eine gleichmäßige, kreiszylindrische, maßhaltige und glatte Oberfläche zu erteilen. Da jedoch dieser zylindrische Teil die äußere Reibung stark erhöht, wird er in seiner Länge soweit wie möglich beschränkt, d. h. für den Kupferdrahtzug auf $^1/_5$ bis $^1/_3$ des Zylinderdurchmessers. Harte Werkstoffe (Bronze, Stahl) erfordern etwas längere Stützzylinder. Die Erhöhung des Kraftbedarfs ist hier der geringeren äußeren Reibung wegen nicht so stark.

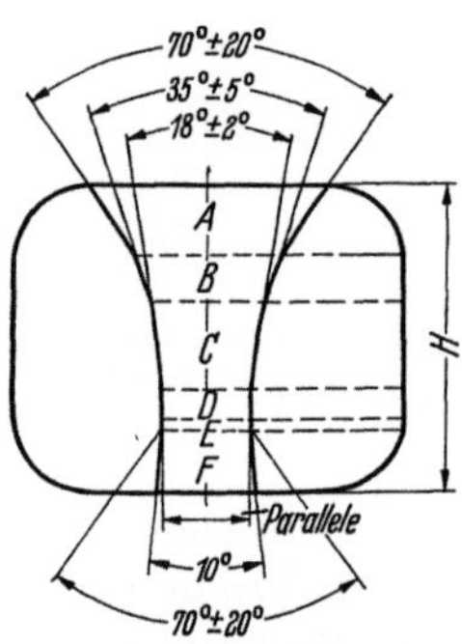

Abb. 251. Maße einer Diamant-Ziehmatrize für Kupferdraht gemäß British Standard 1393, 1947; Reinforced Diamond Dies for Wire Drawing
A Öffnungswinkel; B Schmiertrichter; C Ziehkonus; D zylindrischer Teil; E Auslauf; F Gegenarbeitsteil; H Gesamtlänge der Bohrung
Ungefähre axiale Abmessungen:
$A + B + C + D + E + F = H$
$A + B + C = {}^2/_3 H$
$D + E + F = {}^1/_3 H$
$C =$ Durchmesser bei D
$D = 30\%$ des Durchmessers bei D
$E = 10\%$ des Durchmessers bei D
Alle Übergänge abgerundet

Die Abb. 252 zeigt, wie ein starker Draht von einer Abzugscheibe durch eine Stahlziehmatrize gezogen und an eine Aufwickelvorrichtung weitergegeben wird.

Wird in diesem Falle eine scharfkantige Matrize (s. S. 210 ff.) verwendet, dann werden die Außenzonen des Drahtes durch die Matrize *abgeschabt*. Es findet dann also keine Verlängerung durch plastische Verformung, sondern eine spanabhebende Formung statt, die — wie auf S. 311 und 329 beschrieben — zur Entfernung oxydhaltiger und faltiger oder sonst ungleichmäßiger Drahtoberflächen praktisch in steigendem Maße angewandt wird.

Mehrfachzüge. Die Mehrzahl der Kupferdrähte für Kabel werden jedoch in Mehrfachzügen gezogen, d. h. in einem Arbeitsgang durch eine

Abb. 252. Einzelzug für Grobdrähte (Scheibenzug) (F & G)

größere Anzahl (bis etwa 25) einzelner Ziehmatrizen. Da der Draht dabei durch jeden einzelnen Zug verlängert wird, muß seine Geschwindigkeit von Stufe zu Stufe entsprechend gesteigert werden.

Da es nun aber, abgesehen von dem letzten Zug (Endzug), nicht auf genaue Dimensionierung in jedem einzelnen Zug ankommt, dürfen die Matrizendurchmesser in den einzelnen Zwischenstufen entsprechend der Abnutzung etwas schwanken. Eine genaue Vorberechnung und vorherige Einstellung der einzelnen Abzugsgeschwindigkeiten ist dann aber nicht möglich. Praktisch wird diese Schwierigkeit auf zwei verschiedene Weisen umgangen:

1. Man verwendet Zwischenabzüge, deren Geschwindigkeit größer ist als die höchste in Frage kommende Ziehgeschwindigkeit für die betreffende Stufe, und läßt den Draht auf der Abzugscheibe *gleiten*, wie es auf S. 161 allgemein beschrieben wurde. Dieses Gleiten hat nun aber erhöhte Wärmeentwicklung und starke Abnutzung der Abzugscheiben — bei Aluminium auch des gezogenen Drahtes — zur Folge. Der Draht schneidet sich in die Abzugscheiben ein, wenn nicht durch besondere Maßnahmen (sehr harte Stähle, Politur, Hin- und Herbewegen der Zieh-

matrizenhalter) eine konzentrierte Abnutzung an einzelnen Stellen vermieden wird.

2. Man verwendet *gleitlose* Abzüge und stellt die Abzugsgeschwindigkeiten der einzelnen Scheiben ebenfalls so ein, daß sie etwas zu schnell

Abb. 253. Mehrfachzug für Grobdrähte — Naßzug — (mit geöffnetem Deckel [F & G])

Abb. 254. 15zügige Feindrahtziehmaschine für Naßzug (HDK)

laufen. Dadurch, daß der Draht von der Abzugscheibe „über Kopf"
abgenommen wird, ist es möglich, einen gewissen Vorrat auf den trom-

melartig ausgebildeten Abzugscheiben anzusammeln. Von Zeit zu Zeit werden dann die Zwischenabzüge — einschließlich der vorhergehenden — stillgesetzt, bis die weiterlaufenden, nachfolgenden Abzüge den angesammelten Drahtvorrat abgezogen haben.

Abb. 255. Mehrfach-Trockenzug (HDK)

Abb. 256. Schwerer Mehrfach-Scheibenzug mit wassergekühlten Scheiben (KWO)

Eine andere Ausführungsform verwendet für jede Abzugscheibe einen gesonderten fein einstellbaren Motor oder ein stufenloses Getriebe und stimmt die Geschwindigkeiten während des Betriebes aufeinander ab.

Die Abb. 253 und 254 zeigen die übliche Ausführungsform der Maschinen mit Schlupf des Drahtes auf den Abzugscheiben, Abb. 255 dagegen eine gleitlose Maschine, die sich besonders für Aluminiumdrähte eignet, die, wie erwähnt, durch das Gleiten mehr leiden als Kupferdrähte.

Abb. 256 stellt eine schwere Mehrfachziehmaschine für sehr starke Drähte, z. B. Oberleitungen für Straßenbahnen, dar.

Für Kupferdrähte wird im allgemeinen der Naßzug angewandt, bei dem die Ziehdüsen ganz in einer Ziehemulsion (s. S. 217) liegen oder nur von einer Ziehflüssigkeit bespült werden, die gleichzeitig durch die mechanische Wirkung des Flüssigkeitsstrahls den Ziehmatrizeneingang von Ziehschlamm reinigt [*130*]. Das zweite Verfahren wird meist angewandt, wenn man nur die Ziehmatrizen, nicht aber die Abzugscheiben mit der Ziehemulsion benetzen will, d. h. im Falle sehr feiner Drähte, die an nassen Ziehscheiben leicht kleben.

Wie bereits auf S. 257 erwähnt, hat bei der Kaltverformung, wie sie beim Drahtziehen vorliegt, die *Verformungsgeschwindigkeit* keinen maßgeblichen Einfluß auf den Verformungswiderstand. Daraus erklärt es sich, daß — auf gleiche Länge des gezogenen Drahtes berechnet — in neuerer Zeit beträchtliche Erhöhungen der Ziehgeschwindigkeit ohne wesentliche Vergrößerung des Abriebs der Ziehmatrize möglich waren. Voraussetzung hierfür sind aber günstige Ziehbedingungen, wie vor allem richtige Formgebung und Instandhaltung der Ziehmatrizen und ihre gute Kühlung im Betrieb, laufende Reinigung der Ziehemulsion von Ziehschlamm und Fremdkörpern, genau zentrales und schwingungsfreies Einführen der Drähte in die Ziehmatrizen, weiches Anziehen der Ziehscheiben und Beschränkung des Gleitens des Drahtes auf den Ziehscheiben auf ein Minimum im Betrieb.

Besondere Sorgfalt beim Drahtziehen erfordert die *Endstufe*, welche dem Draht die endgültige Abmessung und Oberflächenbeschaffenheit erteilt. Die Ziehmatrizen für die Endstufen müssen daher besonders genau in der Formgebung, Abmessung und Politur sein. Zur Erzielung eines genau kreisförmigen Querschnitts muß der Draht in die Matrize genau axial einlaufen und genau axial herausgezogen werden. Dieser Grundsatz gilt auch allgemein für alle Ziehstufen, ist aber für die Endstufe besonders wichtig.

Einen ganz kreisrunden Querschnitt und eine besonders saubere glatte Oberfläche erhält man mit einer Endmatrize, die um ihre Achse rotiert. Gleichzeitig erreicht man mit dieser Maßnahme eine Herabsetzung des Zugaufwandes unter sonst gleichen Bedingungen, da ein Teil der Verformungsarbeit durch die Rotationsenergie geliefert wird.

Umgekehrt kann man bei gleichem Zugaufwand zur Qualitätsverbesserung den Ziehwinkel herabsetzen und den zylindrischen Bohrungsteil verlängern.

Die Drehbewegung einer rotierenden Matrize wirkt auf den Stauchvorgang innerhalb der Matrize ähnlich wie eine Walzbewegung.

Gegenzug. Wird der Draht vor Eintritt in die Ziehmatrize gebremst, d. h. unter eine bestimmte Gegenzugspannung gesetzt, dann sinkt die für eine bestimmte Verformung erforderliche Arbeit *in* der Ziehmatrize um einen gewissen Betrag. Das ist leicht erklärlich, wenn man bedenkt, daß es nur geringerer, zusätzlicher Kräfte bedarf, um die durch den Gegenzug bereits bestehende Spannung über die Streckgrenze zu bringen. Der zur Überwindung der Bremsung *und* Verformung in der Ziehmatrize erforderliche Gesamtzug ist aber immer größer als die Ziehkraft, die ohne Gegenzug benötigt würde.

Bei Mehrfachziehmaschinen ist immer ein gewisser Zug in dem von einer Zwischenabzugscheibe ablaufenden Draht notwendig, um diesen Abzug wirksam werden zu lassen (s. hierzu S. 155). Die nachfolgende Abzugscheibe hat daher nicht nur den Zug in der dazwischenliegenden Ziehmatrize, sondern auch noch den als Gegenzug wirkenden Abzug von der vorhergehenden Scheibe zu überwinden.

Bei Werkstoffen, die genügend Spielraum zwischen Streckgrenze und Zerreißfestigkeit besitzen, d. h. vor allem bei weichgeglühten Metallen, kann man mit der Gegenzugspannung auch die Streckgrenze überschreiten, d. h. den Draht bereits vor dem Eintritt in die Ziehmatrize frei dehnen und durch die Ziehmatrize nur die restliche Querschnittsabnahme und die genaue Maßhaltigkeit bewirken.

Zu Beginn des Ziehens muß der Draht zunächst in die Bohrung der Matrize oder bei Mehrfachziehmaschinen aller Matrizen eingefädelt und zu diesem Zweck zuerst angespitzt werden. Das geschieht in der Regel mit Hilfe von Anspitzwalzen, d. h. von Profilwalzen mit sich längs der Walzenumfangs stetig verändernden Profildurchmessern, in die das Werkstück ein gewisses anzuspitzendes Stück lang entgegen der Walzrichtung in dem Moment eingeschoben wird, in dem das Profil einen Durchmesser erreicht hat, der den Durchmesser des Werkstückes überschreitet. Die Walzen drücken das Werkstückende wieder heraus, wobei sich gleichzeitig das Profil verjüngt und dadurch das Werkstück nach dem Ende zu mehr und mehr zusammengestaucht wird.

Starke Drähte (über 8 bis 10 mm), Stangen und Rohre werden auch mit der Rundhämmermaschine angespitzt. Die Rundhämmermaschine besteht aus einer um ihre Achse rotierenden Matrize, die in zwei achsparallele Sektoren aufgeteilt ist. Bei der Rotation werden diese Sektoren in schnellem Wechsel entweder durch die Zentrifugalkraft auseinandergetrieben oder durch als Gleitrollen ausgebildete Vorsprünge im Matrizenhalter zusammengepreßt. Die beiden Halbkreissektoren üben also schnelle Hämmerbewegungen auf das Werkstück von zwei diametral gegenüberliegenden Seiten aus, deren Lage auf dem Werkstückumfang jedoch durch die rotierende Bewegung dauernd wechselt.

2. Nachziehen und Wellen von Kabelmänteln

Nachziehen. Dem Drahtziehen sehr ähnlich ist das Nachziehen von Kabelmänteln, die man — um die Kabelseele vor den zu hohen Preßtemperaturen zu schützen — zunächst mit größerer Weite um die Seele gepreßt hat oder gesondert preßte, um nachträglich die Kabelseele einzuziehen [*238*] (s. auch Abb. 201 und 202).

Wellen. Auf eine ganz andere Art und Weise ist es möglich, den zunächst weiteren Mantel zum Aufsitzen auf der Kabelseele zu bringen. Beim Stahlwellmantelkabel [*163*] der Hackethal-Draht- und Kabel-Werke wird der vorher geschweißte Mantel (s. S. 252) durch ein Wellwerkzeug, das in seiner Wirkung einem Gewindeschneider mit abgerundeten Kanten ähnelt, so weit eingewellt, daß die im Kabellängsschnitt sinusförmig aussehenden Wellen (s. Abb. 257) mit den Tälern auf der Seele aufliegen. Die Materialbeanspruchung ist derjenigen verwandt, die beim Tiefziehen auftritt. Das Material für die Wellen wird zum größten Teil aus dem nachfolgenden Rohr herausgeholt, so daß die verbrauchte glatte Rohrlänge größer ist als die Kabellänge. Der gewellte Mantel hat gegenüber dem glatten Mantel den Vorteil einer größeren Biegefähigkeit bei einer durch die gewölbeartige Wirkung der einzelnen Wellen erhöhten Querdruckfestigkeit.

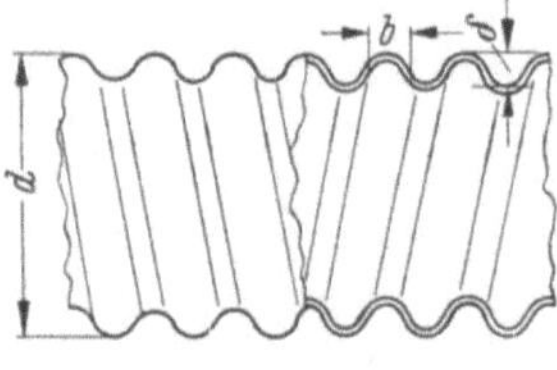

Abb 257. Form des Stahlwellmantels (HDK)

$$d \approx (6 \cdots 9) \cdot b$$
$$d \approx (0{,}6 \cdots 0{,}8) \cdot b$$

Beim Aluminiumbalgenmantel (Alplastkabel) [*221*] des Osnabrücker Kupfer- und Drahtwerks (s. S. 263) ist die Form der Wellung so gewählt, daß ein kurzes, zylindrisches Stück auf der Kabelseele fest aufsitzt (s. Abb. 258). Es kann dann nicht in die Kabelseele eingedrückt werden, besitzt allerdings damit eine geringere — aber meist ausreichende — Biegefähigkeit[1].

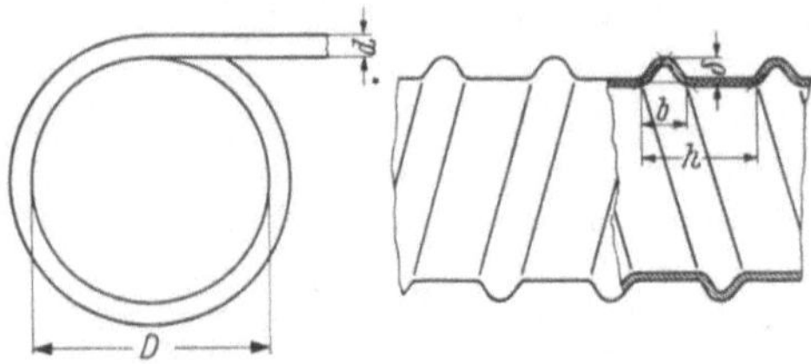

Abb. 258. Form des Aluminiumbalgenmantels (OKD)

d = Kabeldurchmesser ⎫
D = Biegedurchmesser ⎬ $k = \dfrac{D}{d}$
h = Ganghöhe der Balgenwendel, abhängig vom Kabeldurchmesser unter Mantel
b = Balgenbreite
$$v = \frac{b}{h-b} = \frac{h-b}{h}$$
Balgenhöhe $\delta = h \sqrt{\dfrac{1}{4\,(k+1)^2} + \dfrac{v}{2\,(k+1)\,(v+1)}}$
für $k = 10$ ist beispielweise $\delta = 0{,}14\,h$

Bei der Formung des Aluminiumbalgenmantels werden nur die zylindrischen Teile verfestigt, während die Dehnungselemente praktisch die Weichheit des warmgepreßten Rohres behalten. Der Balgenmantel erfüllt seine Aufgabe am günstigsten, wenn das Verhältnis von Balgenbreite zur Breite der zylindrischen Teile gleich der Breite der zylindrischen Teile zur Summe beider Breiten ist. Will man ein bestimmtes Verhältnis des zulässigen Biegedurchmessers zum Kabeldurchmesser erreichen, so ergibt sich jeweils eine bestimmte Höhe der Balgenwendel nach der Formel unter Abb. 258.

In den Abb. 259 und 260 sind die gesamten Wellvorrichtungen dargestellt, mit denen Stahlwellmäntel bzw. Aluminiumbalgenmäntel gewellt werden.

---

[1] Die folgenden Ausführungen entstammen einer für das vorliegende Buch freundlichst zur Verfügung gestellten Mitteilung von Dr.-Ing. K. H. Hahne (Osnabrücker Kupfer- und Drahtwerk).

Abb. 259. Wellvorrichtung an Stahlwellmantelmaschinen (HDK)

Abb. 260. Wellvorrichtung für ein Aluminiumbalgenkabel (OKD)

3. Ziehen von Nichtmetallen

Ähnlich dem Auspressen und Walzen (Kalandrieren) ist auch das
Ziehen plastisch verformbarer Nichtmetalle, d. h. hauptsächlich hochpolymerer Werkstoffe, möglich.

Bereits bei der Besprechung des Auspreßverfahrens wurde darauf hingewiesen, daß bei Hochpolymeren, d. h. Kautschukmischungen und Thermoplasten, unmittelbar nach Verlassen der Matrize oder bereits in der Matrize ein Ausziehen des Werkstoffs stattfinden kann, das bei Kautschukmischungen und Polyvinylchlorid meist nur einige Prozent (0,5 bis etwa 10%) beträgt, bei polymeren Amiden (Nylon) dagegen sehr erhebliche Beträge annehmen kann. Es handelt sich dabei in der Regel um *freie Dehnungs*vorgänge im noch warmen, sehr plastischen Stoff. Meist ist mit der Dehnung eine Ausrichtung der Makromoleküle verbunden, welche die Festigkeit des Werkstoffs in der Dehnungsrichtung stark erhöht, eine weitere Dehnungsfähigkeit jedoch herabsetzt.

Auch das *Ziehen in Ziehmatrizen* ist bei manchen Thermoplasten, wie z. B. Polyäthylen und polymeren Amiden, möglich, und zwar auch bei Raumtemperaturen.

Isotraxverfahren. Eine besondere Bedeutung für die Kabelherstellung hat das gemeinschaftliche Ziehen von Hochpolymeren mit Metallen in Ziehmatrizen in neuerer Zeit erlangt. Diese als „Isotraxverfahren" [*131*] bekanntgewordene Herstellungsart besteht im wesentlichen darin, daß ein oder mehrere Leiter aus *Kupfer oder Aluminium innerhalb* einer Isolierung aus *Hochpolymeren* durch Ziehmatrizen oder auch durch Walzen um ein Vielfaches ihrer ursprünglichen Länge gestreckt und im Querschnitt entsprechend reduziert werden. Das neue Verfahren erlaubt also, isolierte Leiter ähnlich zu behandeln, wie es bisher nur bei blanken Metalldrähten üblich war und für praktisch durchführbar gehalten wurde.

Die gemeinschaftliche, plastische Verformung von Metallen und Hochpolymeren setzt natürlich voraus, daß die Verformungseigenschaften beider Werkstoffgruppen aufeinander abgestimmt sind. Vorzugsweise werden daher zur Isolierung von Leitern, welche innerhalb dieser Isolierung kalt verformt, d. h. meist gezogen werden sollen, hochpolymere Werkstoffe gewählt, die sich ebenfalls bei Raumtemperatur im Zustand der *Kaltverformbarkeit*, d. h. aber, im eingefrorenen Zustand befinden. Da nun Durchschlagsfestigkeit und dielektrische Verluste von Hochpolymeren unterhalb des Einfrierbereiches besonders günstig sind, erhält man mit dem Isotraxverfahren dielektrisch hochwertige Kabel.

Das Verfahren ermöglicht ferner die Herstellung von Kabeln mit *völlig nahtlosen* Mänteln oder (koaxialen) Rohrleitern aus Kupfer, Aluminium, Zink oder anderen Metallen oder Metallegierungen, die im Auspreßverfahren nicht um eine Kabelseele herumgebracht werden können, und zwar dadurch, daß die zunächst verhältnismäßig kurzen Ausgangslängen (*Rohkabel*) mit vorher hergestellten nahtlosen Metallrohren umgeben und in diesen Rohren gezogen oder auf andere Weise gestreckt werden.

In den Abb. 261 bis 263 sind Isotraxleitungen in den verschiedenen Phasen der Herstellung wiedergegeben. Bei Abb. 261 handelt es sich um ein 19 adriges Kabel mit Metallmänteln um die einzelnen Adern.

Man geht von 19 runden Elementen aus, die durch das mehrfache
Ziehen eine derartige Form annehmen, daß sie den Gesamtquerschnitt
möglichst gut ausfüllen. In Abb. 261d ist der äußere Mantel abgenommen. Die einzelnen Adern sind auseinandergespreizt.

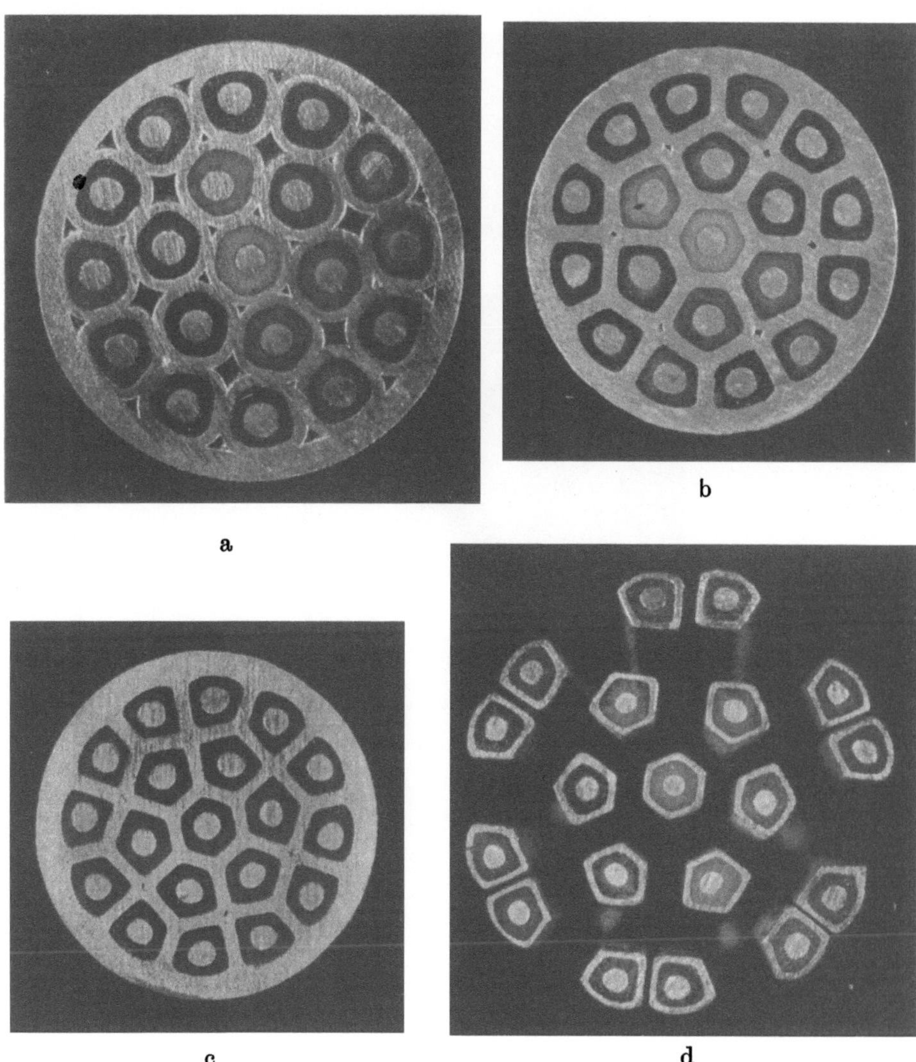

Abb. 261 a—d. Fertigungsstufen eines 19 adrigen Isotraxkabels (OKD)

Abb. 262 zeigt die verschiedenen Herstellungsstufen bei einem
3 adrigen konzentrischen Kabel. In Abb. 263 ist eine Seitenansicht des
gleichen Kabels zu sehen, das stufenweise abgesetzt wurde. Im Gegen-

satz zum Pyrotenaxkabel (s. S. 326) bleibt hier die Isolierschicht auch nach Entfernung des Metallmantels zusammenhängend.

Die Verformung beim Isotraxverfahren bringt, wie erwähnt, eine Ausrichtung der Makromoleküle[1] des Hochpolymeren mit sich, die mit

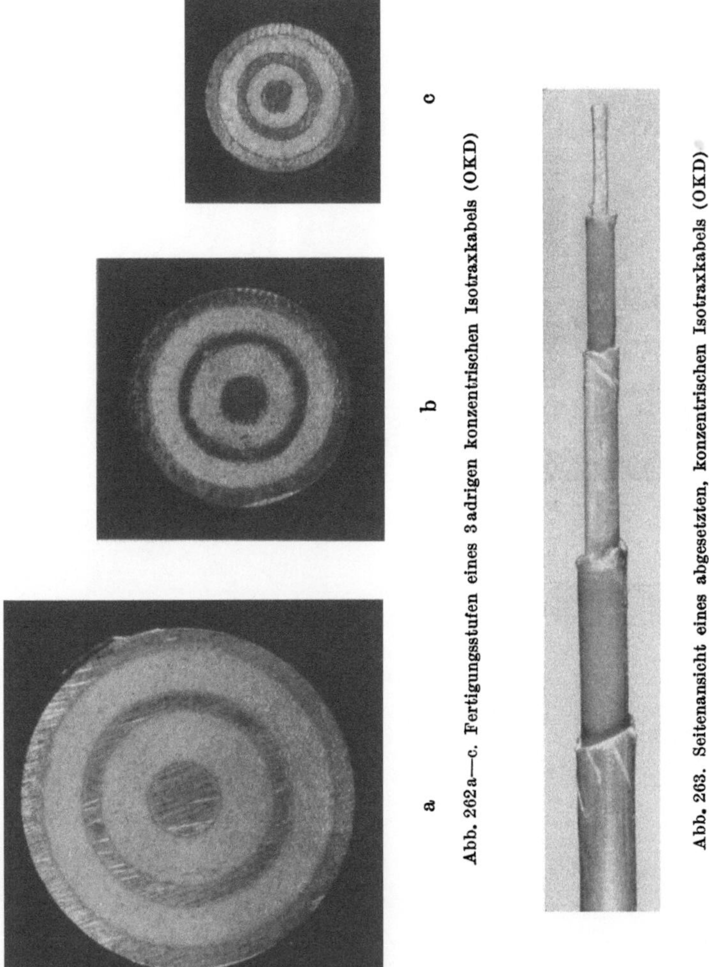

Abb. 262 a—c. Fertigungsstufen eines 3adrigen konzentrischen Isotraxkabels (OKD)

Abb. 263. Seitenansicht eines abgesetzten, konzentrischen Isotraxkabels (OKD)

einer Härtung und Herabsetzung der weiteren Verformungsfähigkeit verbunden ist. Ähnlich wie bei Metallen kann man dann durch einen Glühprozeß die ursprüngliche Verformungsfähigkeit wiederherstellen.

---

[1] Wenn es sich nicht um eine quasiplastische Pulververformung handelt.

Bei Anwendung sehr kurzer Glühzeiten sind auch bei Werkstoffen, die zur Zersetzung neigen (Polyvinylchlorid), ungewöhnlich hohe Glühtemperaturen (über 300° C) zulässig.

e) Die quasiplastische Formung und Verformung von Pulvern

Wird ein pulverförmiger fester Körper innerhalb einer geschlossenen Umhüllung verformenden Kräften ausgesetzt, dann verhält er sich ähnlich wie ein plastischer Werkstoff. Wenn es sich dabei nicht oder nicht nur um eine Verformung der Pulverteilchen selbst handelt, sondern um eine gegenseitige Verschiebung, so spricht man von einer *quasiplastischen* Formung bzw. Verformung.

Die Frage, ob dabei gleichzeitig eine Formänderung der Einzelteilchen stattfindet, hängt in erster Linie von der Feinheit des Pulvers ab, erst in zweiter Linie vom Werkstoff. Je feiner ein Pulver ist, um so größer ist die formerhaltende Wirkung der Oberflächenspannung und um so wirksamer die schmierende Wirkung der fest auf der Oberfläche verankerten Gas- und Feuchtigkeitsschichten. Wie in Abb. 264 bis 265 am Beispiel des Ruß gezeigt wird, liegt die Korngröße sehr feiner Pulver in der Größenordnung von $^1/_{1000}$ mm und darunter.

Der Verformungsvorgang derartiger feiner Pulver, auch unter hohen

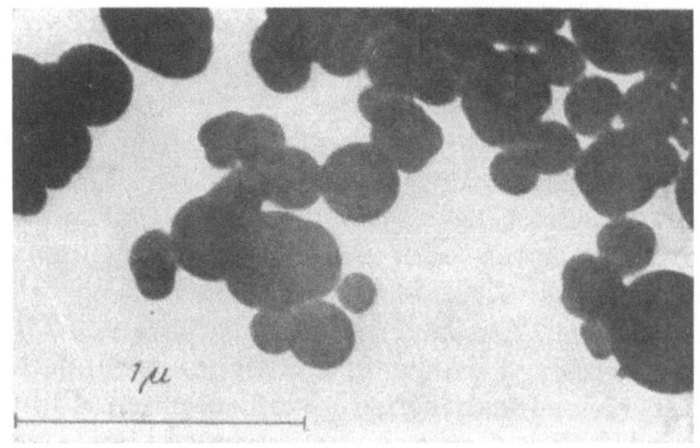

Abb. 264. Inaktiver Ruß Luv. 36. Elektronenkopie 29 000:1

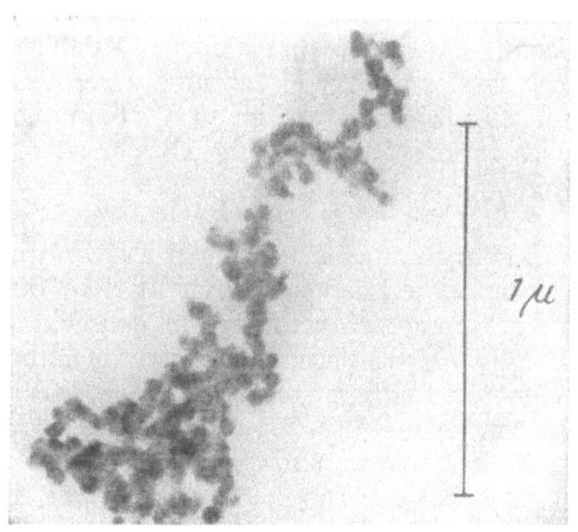

Abb. 265. Aktiver Ruß CK 3. Elektronenkopie 41 000:1

Abb. 264 u. 265. Teilchengröße verschiedener Rußsorten nach HEERING, GIZYCKI und KIRSECK [61]

Drucken in geschlossenen Behältern, unterscheidet sich also grundsätzlich von der Verformung einer zusammenhängenden Metallmasse, bei der im allgemeinen kein Gleiten der Kristalle aneinander, sondern eine Verschiebung innerhalb des Einzelkristalls stattfindet, d. h. eine dauernde Trennung und Neuschaffung von Hauptvalenzbindungen zwischen den Atomen eines Kristalls.

Metalle mit sehr festen Atombindungen innerhalb des Kristalls sind dagegen nicht plastisch, sondern nur quasiplastisch verformbar (Wolfram). Dasselbe gilt in noch höherem Maße für anorganische Isolierstoffe, deren Kristalle durch die sehr starke Si-O-Bindung zusammengehalten werden.

Pyrotenax-Ibrenit-Verfahren. Diese quasiplastische Verformung solcher Isolierstoffe findet nun bei der Herstellung der Pyrotenaxkabel [*132*] oder Ibrenitkabel [*133*], wie sie von den Süddeutschen Kabelwerken bezeichnet werden, eine kabeltechnische Anwendung: Dabei wird das Pulver (meist Magnesia) auf keramische Weise, d. h. feucht, in Preßformen quasiplastisch zu zylindrischen Körpern geformt, die mit Aussparungen zum späteren Einziehen der Leiter versehen sind. Nach vollständiger Entfernung des Wassers bei Glühtemperaturen werden diese zylindrischen Preßkörper in wenig weitere, nahtlos gepreßte Kupfer- oder Aluminiumrohre eingebracht und die Leiter aus Kupfer oder Aluminium eingezogen. Nach Abschließen der Enden wird das Ganze (*Rohkabel*) durch eine Serie von Ziehmatrizen gezogen, wobei die Preßlinge wieder in Pulver umgewandelt und die Leiter innerhalb des sich quasiplastisch verformenden Pulvers plastisch ausgezogèn werden. Das fertige Kabel enthält einen, zwei oder mehrere Leiter, die voneinander und von dem umgebenden, nahtlosen Metallmantel durch fest zusammengepreßtes Mineralpulver isoliert sind. Die Quasiplastizität des Pulvers innerhalb der Hülle erlaubt eine ziemlich weitgehende Biegung des Kabels (um weniger als den fünffachen Kabeldurchmesser). Nach Entfernen der Metallhülle wird die Isolierung jedoch spröde und bröckelig. Sie muß daher an Verbindungsstellen und Endabschlüssen durch formfeste keramische Körper (s. Abb. 33) und biegsame Isolierschläuche ersetzt werden.

Auch Werkstoffe, die einer echten, plastischen Verformung fähig sind, können zunächst in feiner Pulverform quasiplastisch geformt und verformt, anschließend durch Fritten, Sintern oder Gelieren u. a. in eine zusammenhängende Form gebracht und dann erforderlichenfalls einer echten plastischen Weiterverformung unterworfen werden. Unter geeigneten Bedingungen ist der *Arbeitsaufwand* für die quasiplastische Verformung metallischer und nichtmetallischer Stoffe *geringer* als für die plastische Verformung zusammenhängender Werkstücke gleicher Größe.

Auch bei der Durchführung des auf S. 322 beschriebenen Isotraxverfahrens können quasiplastische Verformungsmethoden für die hochpolymeren Isolierstoffe mit Vorteil angewandt werden.

Die physikalischen Grundlagen zur quasiplastischen Formung von Magnetkörpern für Schwachstromzwecke (Magnetkerne für Pupinspulen; s. S. 71) aus Eisenpulver in Mischung mit einem geringen Prozentsatz sehr feinen, trockenen, keramischen Pulvers, wie sie vom Verfasser 1924 eingehend beschrieben worden sind [*88*], sind auch für die magnetische *Belastung von Kabeladern* (Krarupkabel; s. S. 71) anwendbar.

Darüber hinaus kann die allgemeine Regel daraus abgeleitet werden, daß sehr geringe Beimischungen artfremden Pulvers zur Vermeidung von Verschweißungen, d. h. zur Aufrechterhaltung des quasiplastischen Verformungszustandes ausreichen.

f) Das Aufschäumen

Als eine besondere Art der plastischen Verformung kann man das Aufschäumen ansehen. Kunststoffe (z. B. Polyvinylchlorid [s. Abb. 66] oder Polystyrol [s. Abb. 67 a—d]) werden mit Treibmitteln gemischt, die sich bei Erhöhung der Temperatur des Gemisches über einen bestimmten Wert zersetzen und Gase abgeben. Die Gase schäumen den Kunststoff auf und bilden eine große Zahl von Poren. Der mittlere Durchmesser der Poren hängt von dem Treibmittel ab. Rückstände der Treibmittel können — insbesondere, wenn sie hygroskopisch sind — die elektrischen Verluste der hochwertigen Kunststoffe erheblich verschlechtern (s. S. 128). Gute Schaumpolystyrole haben den Vorteil sehr geringer Dielektrizitätskonstanten und gleichzeitig geringer dielektrischer Verluste [227].

IV. Materialtrennende Formung

Unter diesem Begriff soll im folgenden kurz auf die Verfahren der Kabeltechnik hingewiesen werden, die entweder eine Materialtrennung als Werk*stoff*vorbereitungsverfahren oder eine spanabhebende Formung von Kabelelementen selbst betreffen[1].

a) Schneiden

Das wichtigste Gebiet der Materialtrennung ist auf dem Kabelgebiet das Aufteilen breiter, endloser gewalzter (kalandrierter) Bahnen aus Papier, Gummimischungen, Kunststoffen u. a. in schmale, endlose Streifen für das Umwickeln oder Längsbedecken von Drähten und Kabeln. Die hierfür verwendeten Schneidemaschinen arbeiten meist mit einem Satz scheibenförmiger Messer, die gegen eine feste Kante rotieren, d. h. als Scheren wirken, wenn festes Material, wie Papier, geschnitten werden soll. Für plastische Stoffe (Gummi) eignen sich „Druckmesser", die gegen eine flächenförmige Unterlage (Walze) arbeiten.

Die Abb. 266 zeigt eine Papierschneidemaschine. Die Papierstreifen für Fernsprech- und Hochspannungskabel müssen besonders sauber und glatt und ohne Umbiegen der Kanten geschnitten werden, um ein Einreißen (Kerbwirkung) beim Umwickeln zu verhindern und bei Hochspannungskabeln eine glatte, gleichmäßig breite Stoßfuge zwischen benachbarten Windungen der Papierumwicklung zu ermöglichen.

---

[1] Das Ausschleifen und Polieren der Formungswerkzeuge ist auf S. 214 kurz besprochen.

Ähnliche Schneidrollen werden an Kalandern auf der letzten Walze benutzt, um eine saubere Kante und genaue Bahnbreite herzustellen. Der Werkstoff wird hier von den mit der Walzenoberfläche umlaufenden Messerscheiben gegen die Walze als Unterlage abgedrückt.

Schwere Trennvorrichtungen werden bei Metallpressen angewandt, um den Preßling vom Preßrest zu trennen (s. S. 260 und Abb. 199, Vordergrund), bei Bleipressen, um den verkrätzten Kopf der in den Auf-

Abb. 266. Papierschneidemaschine (F & G)
1 Papierballen; *2* gebremste Walzen; *3* Spannvorrichtung; *4* Schneidrollen

nehmer eingegossenen Bleifüllung abzuscheren (s. S. 277), sowie zur Aufteilung zähelastischer Werkstoffballen (Natur- und Kunstkautschuk) in kleinere, verarbeitbare Stücke (s. Abb. 121).

Am Kabel selbst kommt ein Zerteilen von Elementen praktisch vor, wenn es sich darum handelt, *bereits aufgebrachte Elemente* wieder zu entfernen. Das entweder durch Umpressen oder Umwickeln aufgebrachte Material wird dabei meist durch zwei diametral gegenüberliegende Schneiden aufgeschnitten, die in oder an einem Führungsnippel für das Werkstück angebracht sind. Die Tiefe der Schnitte ist fein einstellbar und wird im allgemeinen so ausgeführt, daß — mit Rücksicht auf darunter liegende, nicht zu trennende Teile des Werkstückes — die zu schneidende Schicht nicht durchschnitten, sondern nur angeschnitten und anschließend aufgerissen wird.

Kabeltechnisch am wichtigsten ist dieses Verfahren für das *Wiederabmanteln* eines Bleimantels, und zwar nicht nur in Fällen, in denen ein undichter oder sonst fehlerhafter Mantel durch einen neuen ersetzt werden soll oder sich nachträgliche Änderungen an der Kabelseele (s. S. 404) erforderlich erweisen, sondern vor allem auch, wenn der

Bleimantel — oder ein anderer Metallmantel — lediglich eine Hilfskonstruktion für die Durchführung eines Regelverfahrens ist, beispielsweise zur Vulkanisation eines Gummikabels unter Blei (s. S. 194) oder zur elektrischen Vormessung von Fernsprechkabel-Einzellängen, die auf Grund dieser Messungen in bestimmter Reihenfolge gruppiert, unter Anwendung von Kreuzungen zusammengespleißt und dann mit einem zusammenhängenden endgültigen Mantel versehen werden sollen.

Man kann die zu trennende Schicht auch mit einem wendelförmig um den Umfang herumgeführten Schnitt versehen und dann das Material als Band abwickeln. Bei dünnen Schichten gelingt das auch ohne vorheriges Einschneiden.

b) Reißen

Verhältnismäßig dünne metallische oder isolierende Schichten können auch mit Hilfe eines oder mehrerer Schneiddrähte aufgerissen werden, die unterhalb der aufzureißenden Schicht angebracht sind [*134*].

c) Oberflächenentfernung

Eine andere Gruppe kabeltechnischer Materialtrennungsverfahren betrifft die Entfernung schadhafter oder oxydhaltiger Oberflächen von Werkstücken, vor allem zur Erzielung einwandfreier Leiteroberflächen.

Eine solche Oberflächenentfernung kann *chemisch* durch Beizen oder Elektrolyse oder mechanisch durch spanabhebende Werkzeuge vorgenommen werden.

Die Beseitigung der beim Warmwalzen auf dem *Walzdraht* entstandenen Oxydschicht (Walzzunder) erfolgt meist chemisch durch Beizen. Die Abb. 246 zeigt eine kontinuierlich arbeitende Beiz- und Spülanlage für Kupferwalzdrähte. Das Beizen kann in 10prozentiger, leicht erwärmter Schwefelsäure erfolgen.

Durch diesen Beizvorgang wird nicht nur der Walzzunder beseitigt, sondern auch die reine Kupferoberfläche fein aufgerauht und dadurch die Haftung des Schmiermittels (s. S. 217 f.) bei dem darauffolgenden Ziehvorgang verbessert.

Eine *elektrolytische Reinigung* (s. S. 229) von stärkeren, fertig gezogenen Kupferdrähten kann vor dem Verzinnungsvorgang zweckmäßig sein.

Von *mechanischen*, spanabhebenden Verfahren sind kabeltechnisch bedeutungsvoll

1. das *Abfräsen* der oxyd- und faltenreichen Gießoberfläche horizontal gegossener Wire Bars (*Walzbarren*), bzw. das Absägen der Enden und Abdrehen der zylindrischen Oberfläche vertikal gegossener Gußblöcke, und

2. das *Abschaben* einer *Drahtoberfläche* in der Ziehmaschine, meist hinter einer Ziehmatrize oder zwischen zwei Ziehmatrizen, um ein einwandfrei geradegestrecktes Werkstück für den Schabevorgang vorliegen zu haben.

Als Schabewerkzeug dient eine scharfkantige Matrize (s. S. 210) mit einer sich in Durchzugrichtung meist schwach konisch erweiternden Bohrung (verkehrtes Zieheisen). — Eine Schneiddüse mit zugespitzter Frontfläche und angeschliffenen radialen Hilfsschneiden (gem. Abb. 247) [*135*] teilt das abgenommene Metall in mehrere Späne auf und erleichtert dadurch seinen Abgang.

F. Die Zusammensetzung von Kabelelementen und Kabeln aus vorgeformten Halbzeugen

Wie auf S. 205 erörtert wurde, steht den eigentlichen Formungsverfahren vom systematischen Gesichtspunkt aus der Aufbau, d. h. die Zusammensetzung von Kabelelementen und Kabeln aus *vorgeformten Halbzeugen*, gegenüber.

Die Herstellung *endloser* Kabel erfolgt dabei in der Regel mit Hilfe ebenfalls *endloser* Halbzeuge, d. h. praktisch mit Hilfe wickelbaren Materials, wie Drähten, Fäden, Bändern, isolierten Adern, Adergruppen usw. Vereinzelt kommt jedoch auch die Verwendung von Elementen mit begrenzten räumlichen Abmessungen vor, vor allem in Form isolierender Abstandhalter für Hochfrequenzkabel. Dem kontinuierlichen Aufbau aus endlosen, *wickelbaren* Elementen steht hierbei der diskontinuierliche Aufbau meist unter Verwendung starrer Teile gegenüber.

I. Der diskontinuierliche Aufbau

Die Aufbringung einzelner vorgeformter abstandhaltender Isolierteile auf lange Drähte oder andere Kabelelemente bereitet gegenüber dem stetigen Verfahren besondere Schwierigkeiten. Das Aufreihen *perlartiger* Isolierkörper mit zentrischer Bohrung z. B. ist nur an begrenzten Längen praktisch möglich und wirtschaftlich durchführbar.

Zur Herstellung „endloser" Längen und zur Erzielung wirtschaftlicher Arbeitsgeschwindigkeiten müssen solche *Abstandhalter* entweder mit *Schlitzen* versehen oder zweiteilig ausgeführt werden. Nach dem Aufbringen werden dann die Schlitze geschlossen bzw. die beiden Teile miteinander verbunden.

C. Kreisher [*136*] beschreibt eine Vorrichtung zum Aufbringen zentral durchbohrter, 1,8 mm starker *Polyäthylenscheiben* als Abstandhalter auf einen Hochfrequenzleiter (Breitbandkabel).

Das Polyäthylen ist nicht formfest genug, um mit einem vorgeformten Schlitz in den Scheiben arbeiten zu können. Man führt daher die gelochten, aber noch ungeschlitzten Scheiben in Nuten auf dem Umfang zweier Transporträder an den Leiter heran, schlitzt die Scheiben radial unmittelbar vor dem Aufsetzen auf den Leiter durch Messer und schließt den Schlitz thermoplastisch unmittelbar nach dem Aufsetzen. Zur Aufrechterhaltung einer bestimmten Temperatur sowie zur Fernhaltung von Feuchtigkeit und Schmutz ist die Vorrichtung in einen Glaskasten eingebaut. Die Bedienung arbeitet mit Handschuhen.

In der Abb. 267[1] ist nach LANCOUD [240] der schematische Aufbau einer Maschine zur Herstellung koaxialer Adern dargestellt. Der Innenleiter wird von der Haspel A über die Reinigung B zur Scheibenaufsetzeinrichtung D geführt, die in Abb. 268 wiedergegeben ist. Nach Durchlaufen einer Hochspannungskontrollein-

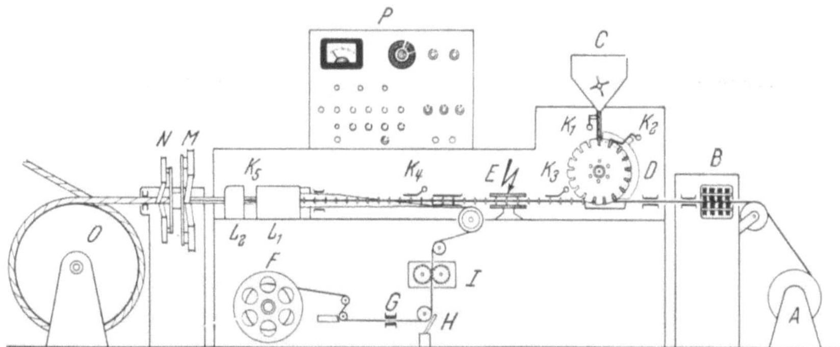

Abb. 267. Koaxialkabelmaschine Schemazeichnung nach LANCOUD [240]
A Zentralleiterhaspel; B Reinigen des Zentralleiters C Scheibenbehälter; D Aufschneiden und Aufsetzen der Scheiben; E Hochspannungskontrolle, 3 kV; F Kupferbandhaspel; G Reinigen des Bandes; H Spankontrolle; I Randrieren des Kupferbandes; K_1—K_5 Kontrolle der fehlenden Scheiben; $L_1 + L_2$ Werkzeuge zum Formen des Rohres; M Wickelkopf für Stahlbänder; N Wickelkopf für Papierbänder; O Abzuggrad; P Kontrolltafel

richtung E wird bei $L\,1$ und $L\,2$ das Kupferband über den Isolierscheiben zum Rohr geformt. Es erhält bei M eine Stahlband- und bei N eine Papierbandbewicklung und wird dann über dem Abzugsrad O einer Aufwickeltrommel bzw. der weiteren Verarbeitung zugeführt.

Zur Vermeidung von Feldverzerrungen verwenden die Norddeutschen Kabelwerke A.G. für konzentrische Hochfrequenzleiter Abstandscheiben, die nur an den Rändern verstärkt, im übrigen aber so dünn wie möglich gehalten werden. Als mechanisch sehr steifes Material geringer dielektrischer Verluste kommt für diese Zwecke vor allem Polystyrol in Frage.

---

[1] Die Bildvorlagen stellte die Redaktion der Techn. Mitt. der schweiz. Post-, Telegr.- und Telephonverwaltung freundlichst zur Verfügung.

Abb. 268. Maschine zum Aufsetzen der Abstandhalter für Koaxialkabel nach LANCOUD [240]

Die Aufbringung diskontinuierlicher Abstandhalter auf endlose Leiter u. ä. ist grundsätzlich auch durch *plastische Formung* aus einer sehr schwach gefütterten Umpreßmaschine oder im *Spritzguß*verfahren [137] u. ä. möglich.

Eine interessante Lösung für die Herstellung einer unstetigen Isolierung unter Anwendung eines stetigen Verfahrens ist von M. MALTZAHN [138] angegeben worden. MALTZAHN benutzt dazu das Längsbedeckungsverfahren (s. S. 359) unter Verwendung zweier Bänder in Form von *Leitern*, deren Sprossen in der Maschine einander genau gegenüberliegen. Je zwei einander gegenüberliegende Sprossen werden dann durch die Stege der Kaliberwalzen miteinander zu Ringen verschweißt, während die außenliegenden Holme abgeschert werden.

Hierbei sind also die Holme lediglich die nur für das Auftragsverfahren benötigten Träger[1] des diskontinuierlichen eigentlichen Werkstoffes. (Über flüssige Träger [Wasser] ähnlicher Funktion s. S. 372.)

II. Der kontinuierliche Aufbau von Kabelelementen und Kabeln aus wickelbaren Halbzeugen

Wie bereits erwähnt, umfassen die im folgenden beschriebenen Verfahren die althergebrachten Kabelherstellungsarten. So bedeutet auch das Wort *Kabel* ursprünglich ein aus Faserstoffen oder Metalldrähten zusammengedrehtes Seil und das Wort *Verkabeln* das Zusammendrehen mehrerer blanker oder isolierter Drähte zu einem Seil.

Beim Aufbau von Kabeln oder Kabelelementen (wie Leitern, Adern oder Adergruppen) aus endlosem, wickelbarem Material unterscheidet man im allgemeinen drei verschiedene Verfahrensgruppen:

1. das Umspinnen von Werkstücken mit Fäden, das Bewickeln mit Bändern sowie das Längsbedecken mit Bändern als Grenzfall der Bewicklung;

2. das Verseilen, Verdrillen, „Zusammenschlagen" und das „Verwürgen" gleichartiger Elemente, d. h. das eigentliche „Verkabeln" im engsten Sinne; sowie ferner

3. das Umflechten, Umstricken oder Umweben von Werkstücken mit wickelbarem, metallischem oder isolierendem Material.

a) Allgemeines
1. Größe und Wirkung von verwindenden Kräften

Grundsätzlich besteht zwischen den beiden Gruppen 1 und 2 kein Unterschied. Sie sind beide Formen eines *Verwindungsverfahrens* zweier oder mehrerer Elemente miteinander, bei dem alle Elemente Zug-, Biegungs- und Torsionsbeanspruchungen ausgesetzt sind. Die *Größe* der deformierenden Kräfte hängt in erster Linie von den Spannungen ab, unter denen Werkstücke und Halbzeuge stehen, d. h. aber von der

---

[1] Vergleiche hiermit das wesentlich andersartige Prinzip der Verwendung von Leitern aus Faserstoffen zur Herstellung von Fadenkabeln, S. 344.

Bremsung von Werkstück und Halbzeugen. So kann z. B. die Umspinnung eines Drahtes mit Garn durch zu starke Bremsung des Garns zur Verseilung von Draht und Garn miteinander und die Verdrillung zweier Adern durch ungleichmäßige Bremsung zur Umwicklung einer Ader um die andere führen.

Die *Wirkung* der deformierenden Kräfte auf Werkstücke und Halbzeuge ist, abgesehen von den Abmessungen und der Zug-, Biege- und Torsionsfestigkeit der Elemente, von dem *Winkel* abhängig, in dem die Elemente miteinander verwunden werden, d. h. vor allem von dem Winkel, den sie im Augenblick des Verwindens mit der Verfahrensachse bilden. Durch abstützende Lagerung im Augenblick der Verwindung kann die Deformation eines Elementes, z. B. das Verbiegen eines Drahtes beim Bespinnen, vermieden oder gemildert werden.

Vom Standpunkt der deformierenden Kräfte und ihrer Wirkungen aus betrachtet, stellen die obengenannten Gruppen 1 und 2 Grenzfälle dar, und zwar die unter 1 genannten Verfahren den Fall, daß eines der Elemente (das Werkstück) *keine* Deformationen erleidet, und die unter 2 genannten Verfahren den Fall, daß zwei oder mehrere Elemente *genau gleiche* Deformationen erleiden. Die Einhaltung dieser Bedingungen ist grundlegend für die erfolgreiche praktische Druchführung dieser beiden Verfahrensarten.

Werden zwei oder mehrere Elemente von getrennten Vorratsspulen oder dergleichen über getrennte Führungen zu einer offenen oder geschlossenen Lage um ein Werkstück gewickelt, dann gilt für diese Elemente untereinander ebenfalls die Forderung gleicher Spannungen und gleicher Deformationen. Tatsächlich handelt es sich dabei um das gleiche wie eine Lagenverseilung.

Unter diesem Gesichtspunkt betrachtet, ist eine *Umflechtung* eine besondere Form der Lagenverseilung, bei der zwei Lagen gleichzeitig in entgegengesetzter Richtung um das Werkstück derart verseilt werden, daß die Elemente beider Lagen sich gegenseitig überkreuzen.

2. Zug, Biegung und Torsion als Grundbeanspruchungen bei der Verarbeitung wickelbarer Halbzeuge

Zugbeanspruchungen. Die Verarbeitung wickelbaren Materials wird in Kabelmaschinen durchweg so durchgeführt, daß das Fertigerzeugnis von einer Abzugvorrichtung (s. S. 155ff.) abgezogen und an eine Aufwickelvorrichtung (s. S. 165) weitergegeben wird. Der Antrieb zum Abwickeln der (gebremsten) Spulen, Haspeln, Scheiben usw. mit dem Vorrat an wickelbaren Elementen, die Überwindung der Reibung in den verschiedenen Umlenkungen (s. S. 161) und die für ein sauberes und gleichmäßiges Aufwickeln oder Verseilen u. ä. erforderliche Spannung in den wickelbaren Elementen wird also ausschließlich durch eine von der Abzugvorrichtung über das Fertigerzeugnis an die wickelbaren Elemente übertragene Zugspannung ausgeübt. Da zur Erzielung eines gleichmäßigen Ablaufes der Elemente von den Vorratsvorrichtungen, insbesondere zur Vermeidung von Voreilungen und damit

Lockerung, Verschieben und Verhaspeln von Windungen, sowie Stillstehen und ruckweises Wiederanziehen der Vorratsvorrichtungen eine
Bremsung der Vorratsvorrichtungen oder der wickelbaren Elemente
selbst erforderlich ist, nehmen die notwendigen Zugspannungen in den
wickelbaren Elementen oft erhebliche Beträge an.

Zur Erzielung der erforderlichen *Gleichmäßigkeit der Zugspannung
verschiedener Elemente* am *Arbeitspunkt* (Spinn-, Verseil- oder Flechtpunkt oder ähnliches) müssen daher entweder Bremsung, Umlenkwider-
stände usw. für alle Elemente gleich sein, oder wo das wegen der konstruktiv bedingten Verschiedenheit von Umlenkwiderständen (z. B. in
Schnellverseilmaschinen) nicht möglich ist, aufeinander so abgestimmt
werden, daß alle Elemente am Arbeitspunkt die gleiche Spannung
besitzen. Durch Maschinenkonstruktionen bedingte Verschiedenheiten
im Arbeits*winkel* der einzelnen Elemente müssen dagegen durch Zug-
*spannungs*unterschiede so ausgeglichen werden, daß eine gleichmäßige
Verarbeitung aller gleichgeordneten Elemente erfolgt.

Die physikalischen Bedingungen zur Erzielung einer gleichmäßigen
Umhüllung durch Lagenverseilung oder Umflechtung sind also denen
zum Auspressen einer gleichmäßigen Hülle aus plastischem Material
ähnlich, d. h. die Vorgänge beim allseitigen Heranführen plastischer
Massen an das Werkstück lassen sich mit denen des Heranführens vorgeformter, zusammenhängender Stränge wickelbarer Werkstoffe ver-
gleichen.

Die kabeltechnischen Verarbeitungsverfahren für wickelbare Halbzeuge setzen, wie erwähnt, eine hohe Zugbeanspruchbarkeit voraus.
Es muß daher darauf geachtet werden, daß die zu verarbeitenden
Elemente keine *Lockerstellen* aufweisen, welche die Zugfestigkeit herabsetzen. Bereits im atomaren Aufbau und Kristallgefüge der Metalle,
viel mehr noch in der Struktur der aus Makromolekülen zusammengesetzten organischen Stoffe sind immer Unregelmäßigkeiten vorhanden, welche den Zusammenhang schwächen und die Zerreißfestigkeit des Materials selbst herabsetzen. In viel höherem Maße gilt das für
Fäden, Drähte, Bänder usw., welche aus Fasern, Kristallen usw. verschiedener Zusammensetzung, Form und Oberfläche bestehen und
welche immer durch Herstellung oder Vorbehandlung geschwächte
Stellen, wie Verunreinigungen, Hohlräume u. a., enthalten.

Besonders gefährlich sind Unregelmäßigkeiten an der Oberfläche
des unter Spannung stehenden Elements, wie kleine Druckstellen, Risse,
Rauhigkeiten u. a. An diesen Stellen konzentriert sich die Spannungsbeanspruchung (Kerbwirkung) und führt zu vorzeitigem Bruch oder
wenigstens zu unerwünschten Deformationen.

Der Kerbwirkung besonders stark ausgesetzt sind Unregelmäßigkeiten an den Kanten von Bändern, insbesondere Papierbändern.

Biegung. Um die Elemente in genügend kompendiösen Vorratsvorrichtungen in der Maschine unterbringen zu können, und vor allem zur
Durchführung des Verwindungsvorganges selbst, müssen die Elemente
ausreichend biegsam sein. Mit der Biegung ist, wie später (s. S. 379)
genauer besprochen werden soll, meist auch eine *Torsion* verbunden.

Es muß nun Wert darauf gelegt werden, daß die Elemente nach dem Arbeitsvorgang der Verwindung so liegenbleiben, wie sie im Arbeitspunkt geformt wurden. Der Werkstoff im Falle eines nicht unterteilten Elements muß also weich genug sein, d. h. seine Streckgrenze muß niedrig genug liegen, um ein elastisches Wiederzurückspringen nach der Formung zu vermeiden. Diese Forderung ist der einer hohen Zugfestigkeit und Formfestigkeit unter Zug gerade entgegengesetzt. In der Praxis muß man daher einen optimalen Kompromiß ausfindig machen.

Anders liegen die Verhältnisse bei aus Einzelteilen zusammengesetzten Elementen, wie Litzen aus Metalldrähten und vor allem Fäden, Garnen und Geweben aus Faserstoffen, die grundstoffmäßig eine hohe Festigkeit und konstruktiv eine große Biegsamkeit und Schmiegsamkeit besitzen und sich daher für die Verwindungsverfahren besonders eignen.

b) Umspinnen, Bewickeln und Längsbedecken
1. Allgemeines

α) **Definition.** Das Umgeben eines Werkstückes mit Fäden u. ä. in dichter, dünner Schicht wird kabeltechnisch mit *Umspinnen* bezeichnet und die Vorrichtung zur Durchführung dieses Verfahrens mit Spinner. Das Aufbringen bandförmiger Elemente bezeichnet man dagegen mit *Wickeln*, die Vorrichtungen mit Wickler, wenn das Band wendelförmig um das Werkstück gewunden, und mit *Längsbedeckung*, wenn es achsparallel um das Werkstück gelegt wird. Beispiele einer Umspinnung sind in den Abb. 278 und 279 für Seidenfäden, in Abb. 280 für Baumwolle, in Abb. 287 für Aluminiumdraht dargestellt. In den Fällen der Aufbringung von Papiergarn wird jedoch meist der Ausdruck „Wickeln" gebraucht, weil es sich nicht, wie in den übrigen Fällen, um eine geschlossene Umhüllung mit Fäden, sondern um eine offene Wendel als Abstandhalter handelt (s. Abb. 273, 274 und 276, 277).

Beispiele einer wendelförmigen Umwicklung mit bandförmigen Halbzeugen sind aus den Abb. 273, 275 und 269, 270, 272, 290 sowie 292 bis 294 zu ersehen. Ferner ist ein Eisenbandwickler für Armiermaschinen in Abb. 271 und 302 dargestellt.

β) **Die Leistung als Funktion von Halbzeugbreite und Tourenzahl der Umspinn- bzw. Umwickelvorrichtung.** Die Leistung eines Umspinnungs- oder Umwicklungsverfahrens hängt von der Breite des aufgebrachten Halbzeuges und der Tourenzahl der Wickelvorrichtung ab.

Breite. Seiden- und Baumwollfäden werden meist zu etwa 6 bis 20 gleichzeitig parallel, in Form eines bandförmigen *Flors gefacht*, von der gleichen Spule und über die gleichen Führungen auf das Werkstück aufgebracht, um die Leistung zu erhöhen. Der Fachung sind dadurch Grenzen gesetzt, daß bei zu starker Fachung die Einzelfäden mit zu hoher Steigung auf die Unterlage gewickelt werden, daher nicht mehr genügend fest um die Unterlage gewickelt werden können und infolge ihrer großen axialen Komponente beim Biegen des umsponnenen Werk-

Abb. 269. Bandwickler für Fernsprechkabel aus einer Kombinationsmaschine für gleichzeitige Umwicklung der Adern mit 2 Papierbändern oder Kordel und Papierband und Verseilung der Adern zum Sternvierer (HDK)

Abb. 270. Kombinierter Band- und Garnwickler für Fernsprechadergruppen (F & R)
1 Garnrolle; 2 Führungsöse; 3 Ausschalthebel bei Fadenriß; 4 Umfangs-Federbremse; 5 Bandwickler

Abb. 271. Zweifacher Eisenbandwickler für Armiermaschinen (HDK)

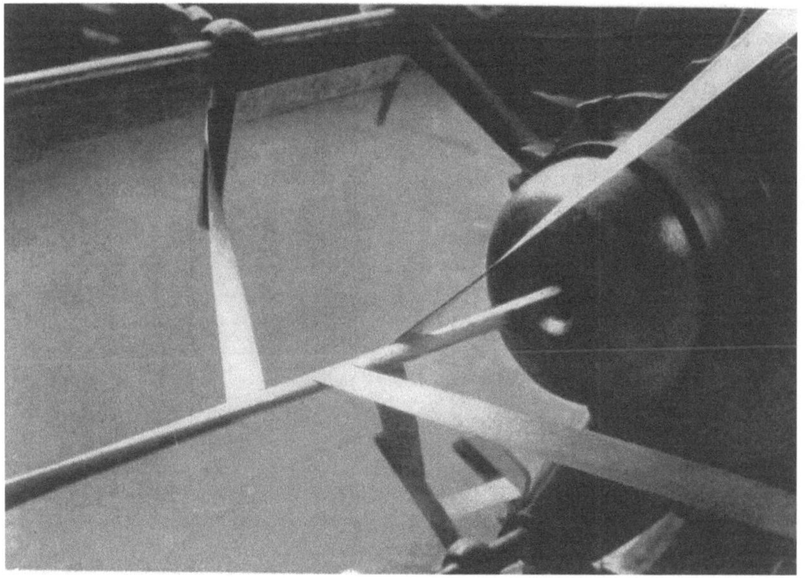

Abb. 272. Papierumwickelung eines vorgeformten Sektorleiters (F & G)

stückes reißen oder sich verschieben. Eine Umspinnung mit gefachten Fäden ist auf den Abb. 278 und 280 deutlich zu erkennen.

Bei einer Umwicklung mit Band wird die Leistung mit zunehmender *Bandbreite* größer, einmal des höheren Steigungswinkels wegen, und außerdem, weil die größere Gesamtfestigkeit des Bandes eine höhere Tourenzahl der Umwickelvorrichtung erlaubt. Dem Steigungswinkel sind jedoch mit Rücksicht auf ein festes, sauberes Aufliegen die gleichen Grenzen gesetzt wie der Fachung.

Bei Bändern aus *steifem Material*, wie Papier oder Metallen, kommt hinzu, daß die Bandbreiten selbst sich bei Biegungen des umwickelten Werkstückes nicht verändern können. Die Biegsamkeit des Werkstückes beruht in diesen Fällen nur auf der *Verschiebbarkeit benachbarter Bandwindungen gegeneinander*. Bei überlappt gewickelten Bändern nimmt der Grad der Überlappung in der gedehnten Zone ab und in der gestauchten Zone zu. Bei nebeneinander auf Stoß gewickelten Bandwindungen nimmt der Zwischenraum zwischen benachbarten Kanten in der gedehnten Zone zu und in der gestauchten Zone ab. Um zu vermeiden, daß Überlappungen beim Biegen aufspringen oder die Kanten stumpf nebeneinander verlegter Windungen gegeneinandergepreßt und deformiert werden, muß also bei Berechnung von Bandbreite und Überlappung bzw. Windungsabstand nicht nur auf die Abmessungen des Werkstückes, sondern auch auf den kleinsten Biegeradius Rücksicht genommen werden, der voraussichtlich bei der weiteren Verarbeitung, bei der Verlegung und im Gebrauch auftreten kann.

Anders liegen die Verhältnisse bei Bändern aus *elastischen oder plastischen Stoffen*, wie Kautschukmischungen, Thermoplasten, Geweben u. ä. Solche Bänder können in ihren Abmessungen den Dehnungs- und Stauchungsbeanspruchungen beim Biegen des umwickelten Werkstückes folgen, ohne zu reißen, einzuknicken oder Falten zu bilden. Da in diesen Fällen die gegenseitige Verschiebbarkeit benachbarter Bandwindungen nicht mehr erforderlich ist, können die Windungen miteinander zu einem einheitlichen elastischen oder plastischen Rohr verklebt oder verschweißt werden.

Tourenzahl. Von ausschlaggebender Bedeutung für die Leistung und damit die Wettbewerbsfähigkeit der Spinn- und Wickelverfahren mit den Verfahren der plastischen oder flüssigen Formung ist die erzielbare Umdrehungszahl der Spinn- oder Wickelköpfe. Auf diesem Gebiet sind in neuerer Zeit außerordentliche Fortschritte erzielt worden.

Voraussetzung für die Anwendung hoher Umdrehungszahlen ist eine äußerst sorgfältige *Auswuchtung* der Spinn- und Wickelköpfe. Die Umwickelanordnung wird daher möglichst rotationssymmetrisch ausgeführt.

Am leichtesten ist dieser Grundsatz bei den sogenannten *Zentralspinnern* und -wicklern durchführbar, bei denen, wie die Abb. 273 bis 275, 278, 280, 287 und 297 zeigen, der Schwerpunkt des Spinn- bzw. Wickelguts in die Rotationsachse fällt. Das ist aber nur möglich, wenn das zu umspinnende oder zu umwickelnde Werkstück, d. h. meist der Leiter, durch die zentrale Öffnung des zur Spule, Scheibe oder anderem aufgewickelten Werkstoffs (wickelbaren Halbzeugs) hindurchgeführt wird. Der Einsatz neuer Mengen wickelbaren Werkstoffs in die Maschine erfordert daher ein Schneiden des zu umwickelnden Werkstückes. Um ein zu häufiges Schneiden zu vermeiden, wird das Werkstück beim Einrichten der Maschine gleichzeitig durch eine Anzahl von Vorratsspulen bzw. -scheiben des wickelbaren Materials mit hindurchgezogen, wie es z. B. in den Abb. 279 und 275 (für Papierband) dargestellt ist.

Eine weitgehende rotationssymmetrische Anordnung

Abb. 273. Kordel- und Papierbandwickler
zur Herstellung von Fernsprechkabeladern
(Kraft)

Abb. 274. Kordelwickler zur
Herstellung von Fernsprechkabeladern
(SSW)

ist bei den in Abb. 276, 277 und vor allem 280 wiedergegebenen Spinnern erreicht.

Aber auch bei schwereren Wickelvorrichtungen, bei denen eine zentrale Einfädelung des Leiters durch die meist größere Anzahl von Wickelgutscheiben nicht möglich ist, wird zur Erreichung möglichst großer Umdrehungszahlen eine genaue symmetrische Anordnung und möglichste *Annäherung der rotierenden Massen an die Rotationsachse* erstrebt, wie es z. B. aus den Abb. 290, 292 und vor allem 293, und 282 sowie 344 ersichtlich ist.

Abb. 275. Papierbandwickler zur Herstellung von Fernsprechkabeladern (SSW)

Abb. 276. Papiergarnwickler für Fernsprechkabeladern (F & G)

1 Garnspule; *2* Umlenkrolle; *3* und *4* Führungsnippel aus Porzellan; *5* Spinnrolle; *6* umwickelter Draht; *7* Bremsscheibe; *8* Bremsschnur; *9* Bremsfeder; *10* Spannrad für Bremse

Abb. 277. Papiergarnwickler für Fernsprechkabel (Kraft)

2. Umspinn- und Umwickelvorrichtungen für Fäden und Drähte

Die gebräuchlichsten Halbzeuge zum isolierenden Umspinnen oder Umflechten von Drähten und Kabeln sind Baumwolle und Zellwolle für mittlere und stärkere Abmessungen und Seide oder Kunstseide für feine Abmessungen.

Baumwollspinner. Ein gut ausgewuchteter *Topfspinner* für Baumwolle ist in Abb. 280 dargestellt. Dabei wird das aus den gefachten Einzelfäden bestehende Florband sauber und ohne Überbeanspruchung der Kanten an den Leiter herangeführt.

Seidenspinner. Besonders hohe Tourenzahlen (6000 U/min und

Abb. 278. Spinner mit Spinnkrone (Kraft)

mehr) werden bei Seidenspinnern erzielt, wie einer in Abb. 278 dargestellt ist. Wie aus Abb. 279 ersichtlich, handelt es sich dabei meist um sehr dünne Leiter und feinen Seidenflor, d. h. um kleine Seidenspulen geringer rotierender Masse.

Die in Abb. 278 wiedergegebene

Abb. 279. Spinnmaschine für zweifache Seidenbespinnung (F & R)
1 Lackdrahtspule; *2* erster Seidenspinner; *3* Vorratspule für den ersten Seidenspinner; *4* zweiter Seidenspinner; *5* Vorratspule für den zweiten Seidenspinner; *6* Abzugscheibe; *7* Aufnahmespule

Spinnkrone ist von J. A. KRAFT besonders für das Verspinnen gefachten Kunstseidenflors (Triazetatseide) entwickelt worden. Zur Erzielung einer gleichmäßigen Abbremsung des zu verarbeitenden Fadens wird dieser um eine oder mehrere Zacken der Krone geschlungen. Dabei wird das Spinngut in seinem Gefüge aufgelockert und als Flor um den zu bespinnenden Leiter gelegt, ohne daß die äußeren Kanten des Bandes sich längen. Durch Anziehen der gerändelten Spinnkrone wird der Spinnwinkel durch einen Spannkonus in die günstigste Lage eingestellt und festgehalten.

Papiergarnwickler. Wie erwähnt, bezeichnet man das Aufbringen offener Papiergarnwendeln auf Fernsprechkabelleitern mit Wickeln, weil es sich hier nicht um die Herstellung geschlossener Isolierschichten, sondern um die Schaffung von Abstandhaltern zur Erzeugung einer Hohlraumisolierung handelt. Wie Abb. 273 zeigt, erfolgt das Aufbringen der Papierkordel in der Regel in einem Arbeitsgang mit der Papierbandbedeckung. Die Geschwindigkeitsbegrenzung der Kombination liegt in der Umdrehungszahl des Papierkordelwicklers, d. h. vor allem in der beschränkten Zerreißfestigkeit der feinen Kordel.

Abb. 280. Topfspinner für Baumwollumspinnung (F & R)

Man hat versucht, durch gleichzeitiges Umwickeln zweier Kordeln doppelter Ganghöhe bei gleicher Umdrehungszahl des Wicklers die Abzuggeschwindigkeit zu verdoppeln. Die bereits auf S. 338 erwähnte geringere mechanische Stabilität größerer Ganghöhen ist jedoch gerade bei Fernsprechkabeladern besonders gefährlich. Außerdem sind der Aufwand an Kordelmaterial für einen bestimmten Kordelwindungsabstand und damit die wirksame Dielektrizitätskonstante der Aderisolierung bei Verwendung zweier oder mehrerer Kordeln größer als bei einer Kordel.

Wie bereits auf S. 59 erwähnt, kommt es bei der Herstellung von Fernsprechadergruppen, vor allem von Sternvierern, darauf an, daß die Abmessungen und der Gehalt an dielektrischem Material für alle Adern einer Gruppe *genau gleich* sind. Die abstandhaltenden Kordeln müssen daher sehr gleichmäßig im Durchmesser sein und mit einer für alle Adern der Gruppe genau gleichen Bremsung aufgebracht werden. Diese Bremsung muß stark genug sein, um ein festes, d. h. unveränderliches Anliegen der Kordel zu gewährleisten, andererseits führt eine zu starke

Bremsung zu einer Deformation des Leiters und damit zu einer Erhöhung der Einzeladerkapazität.

Unterschiede in der Einzeladerkapazität entstehen auch durch ungleiche Papierbandstärken. Um den Einfluß von Papierstärkeschwankungen nach Möglichkeit auszuschalten, wählt man für alle Adern einer

Abb. 281. Maschine zur Herstellung einer Aderisolation aus Styroflexkordeln und -bändern (HDK)
1 Spule mit Styroflexkordel; 2 Styroflexkordel; 3 Kupferdraht mit aufgebrachter Kordel; 4 Spule mit Styroflexband; 5 Styroflexband; 6 Ader mit Kordel und Band

Abb. 282. Umspinnmaschine für Schaumpolystyrol-Band (Südkabel)

Gruppe nebeneinander aus der gleichen Papierbahn geschnittene Streifen, die beim Schneiden mit verschiedenen Zeichen gleicher Farbe bedruckt werden. Dadurch wird auch der Einfluß des Farbstoffes auf die wirksame Dielektrizitätskonstante der Papierbandierung ausgeschaltet.

Polystyrol- (Styroflex-) Isolierung. Die Wendeln und Folien aus Styroflex werden auf gleichartigen Maschinen aufgebracht wie die Papierisolation. Der eigentliche Wickelvorgang wird aber besser in besonders (etwa auf 60° C) vorgewärmten Kästen vorgenommen (s. Abb. 281), weil die Styroflexkordeln bei niedrigeren Temperaturen zu spröde sind.

Bei der Schaumstoff-Polystyrol-Isolation wird im allgemeinen auf eine abstandhaltende Kordel verzichtet und der Schaumstoff in offenen Wendeln aufgewickelt (s. Abb. 282), da seine Dielektrizitätskonstante schon klein genug ist (s. S. 54 u. 128).

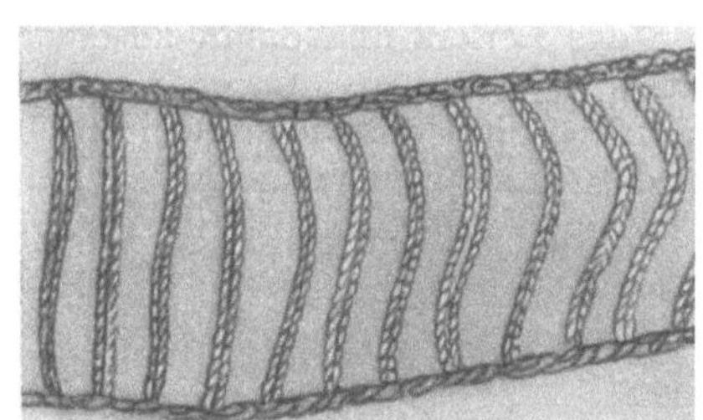

Abb. 283. Aus Seide geflochtene Leiter (Nordkabel)

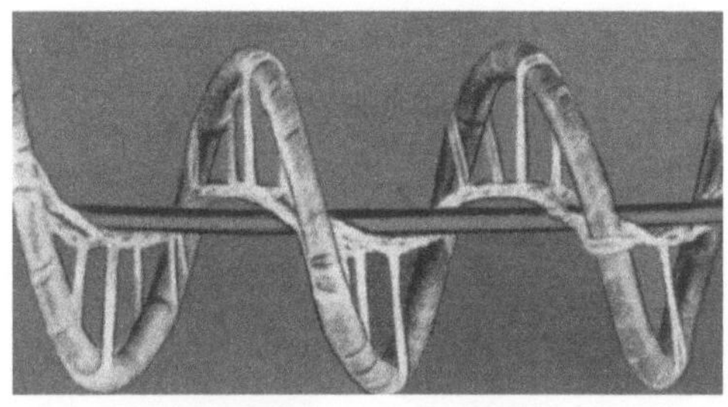

Abb. 284. Lackierter Leiter in der Achse der Tragwendel aufgehängt (Nordkabel)

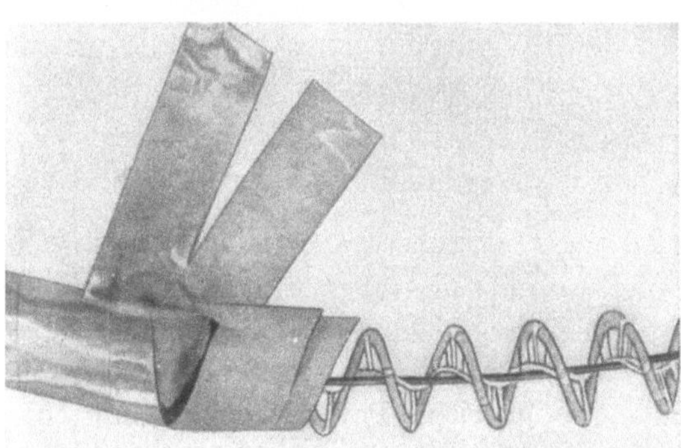

Abb. 285. Bewicklung mit Papier und Metallband (Nordkabel)

Fadenleiterumwicklung. Eine besonders interessante Art des Aufbringens fadenförmiger Abstandhalter zur Herstellung einer Hohlraumisolierung [*139* und *140*] ist in Abb. 283 bis 285 gezeigt. Eine aus Seide geknüpfte Leiter (Abb. 283) wird um eine Tragwendel (z. B. papierbandumwickelte Kupferdrahtwendel) so herumgewickelt, daß, wie Abb. 284 zeigt, die Leiterholme den axialen (lackierten) Kupferleiter wendelförmig umfassen und mit den Sprossen an der Tragwendel in der Tragwendelachse zentriert sind. Die Herstellungsvorrichtung ist in Abb. 286 dargestellt.

Abb. 283—285 (nebenstehend). Umwicklung einer Fadenleiter um eine Tragwendel zur Herstellung eines Fadenkabels

Abb. 286 (unten). Fadenkabelmaschine (Nordkabel)
1 Lackierter Leiter; *2* u. *3* Tragwendelwickler; *4* Fadenleiterwickler; *5* Papierbandwickler; *6* Metallbandwickler; *7* Kabel hier ohne Bandbewicklung; *8* Abzug; *9* Aufwickeltrommel

Jutespinner. Ein Sonderbeispiel des Aufbringens einer geschlossenen Umhüllung aus Fäden zeigt die Abb. 193 des „Jutespinners" für Kabelarmierungen. Tatsächlich handelt es sich hierbei mehr um die Herstellung einer geschlossenen Verseillage aus einer großen Anzahl von

Abb. 287. Spinner für Aluminiumprofildraht (F & R)

Einzelfäden. Interessant ist hierbei die für deutsche Verseilmaschinen sonst ungewöhnliche Lage der Jutespulenachsen parallel zur Verseilachse sowie die Fadenführung durch trompetenförmige Gleitflächen anstatt Rollen. Beide Vorrichtungen werden im Ausland jedoch auch bei der Verseilung von Fernsprechkabeln angewandt. Zweifellos deformiert eine Gleitfläche von genügend großem Krümmungsradius eine Fernsprechadergruppe weniger als eine Umlenkrolle zu kleinen Durchmessers (s. S. 162ff.).

Bei der *Juteumspinnung* ist zu beachten, daß nur durch eine genügend große Zahl von sehr straff gespannten Fäden und durch Verwendung einer engen Verseilmatrize eine wirklich geschlossene, nicht verschiebbare „harte" Hülle erzielt werden kann.

Metalldrahtspinner. Dem Bespinnen eines Werkstückes mit Fäden oder Garnen aus Faserstoffen ist das Umwickeln

Abb. 288. Vorschubspinner für Krarupbespinnung nach LAPKAMP [*142*] (HDK)

einer geschlossenen Lage aus Metalldraht grundsätzlich sehr ähnlich.

Das Aufbringen eines *Aluminium-Profildrahtes* als mechanischer Schutz über einem mit einer lackierten Beflechtung versehenen Auto-Gummikabel ist in Abb. 127 und 287 dargestellt.

Für die kontinuierliche, magnetische Belastung (Krarupierung) (s. S. 71 ff.) von Fernsprechkabelleitern hat die *Umspinnung mit Eisendrähten* gegenüber der Umwicklung mit magnetischen Bändern an Bedeutung verloren, weil die größere Breite der Bänder eine höhere Leistung und die geringere Dicke eine Herabsetzung der Wirbelstromverluste und der Verformung beim Umwicklungsvorgang ermöglicht (Härtung, Herabsetzung der Anfangspermeabilität) [141]. Seiner grundsätzlichen verfahrenstechnischen Bedeutung wegen soll hier jedoch ein Krarupspinner für Draht erwähnt werden, bei dem *kein Abzug* verwendet wird, weil der rotierende Spinnkopf selbst den besponnenen Leiter verschiebt (*Vorschubspinner*) [142] (s. Abb. 288).

Für die magnetische Belastung hat dieses Prinzip den Vorteil, daß die benachbarten Windungen der Bespinnung eng aneinandergepreßt, d. h. die *Trennfugen* auf ein Minimum herabgesetzt werden, so daß sich die den Leiter umgebenden magnetischen Feldlinien ringförmig schließen können und kein schädliches magnetisches Längsfeld aufbauen, auf das wohl zuerst U. MEYER [143] hingewiesen hat:

Umgeben die magnetischen Kraftlinien die Leiter nicht als geschlossene Kreise, sondern folgen sie in gewissem Ausmaße den Schraubenlinien mehrerer oder vieler Eisendraht- oder -bandwindungen, dann müssen sie sich in Längsrichtung der Leiter und des Kabels durch die Luft schließen und im Bleimantel und in der Bewehrung zusätzliche Verluste erzeugen. Solche Längsfelder lassen sich auch dadurch vermeiden, daß um jeden einzelnen Leiter zwei Lagen Eisenbewicklung im entgegengesetzten Wicklungssinn aufgebracht werden.

3. Bandbewicklung

Wie bereits erwähnt, kann eine Umwicklung eines Werkstückes mit Band entweder so erfolgen, daß benachbarte Windungen sich überlappen (s. z. B. Abb. 289) und damit jede Lage eine geschlossene Hülle bildet, oder so, daß benachbarte Windungen mit ihren Kanten stumpf aneinanderstoßen, d. h. mehr oder weniger schmale Trennspalte zwischen den Windungen ein und derselben Lage übriglassen.

Abb. 289. Einwickelmaschine
für Ringe (F & R)

Für eine Bewicklung mit einer oder wenigen Lagen wird daher immer *Überlappung* gewählt, und zwar meist mit 20 bis 30% der Bandbreite. Das praktische Minimum sind 10%, das Maximum für einfache Überlappung 50% der Bandbreite, für mehrfache Überlappung, die bisher praktisch wenig vorkommt, auch mehr [141][1].

Bei Werkstoffen, die nicht, wie Kautschuk- und Thermoplastenbänder, werkstoffmäßig dehn- und stauchbar sind, d. h. vor allem bei

---

[1] Siehe auch Breitbandumwicklung, S. 357.

Papier- und auch Metallbändern, müssen die sich überlappenden, benachbarten Windungen auch in den überlappten Stellen gegeneinander verschiebbar sein, um die umwickelte Ader ohne Reißen an der gedehnten Zone und ohne Faltenbildung in der gestauchten Zone biegen zu können.

a) **Isolierwicklungen.** Bei einer größeren Anzahl aufeinanderfolgender Lagen, d. h. vor allem bei Papierhochspannungsadern, ist jedoch der Druck der oberen Lagen auf die unteren so groß, daß die Verschiebbarkeit in den Überlappungen leidet und Biegungen zum mindesten zu Faltenbildungen in der gestauchten Zone führen. Da ferner die überlappt gewickelte Bandlage keine gleichmäßige Dicke, sondern doppelte Stärke an den überlappten Stellen besitzt, müssen zwischen benachbarten Lagen Hohlräume frei bleiben, die ebenso wie die durch die Faltenbildung verursachten Hohlräume besonders für Hochspannungskabel schädlich sind.

Für solche Isolierungen wird daher heute durchweg eine Bandbewicklung *ohne Überlappung* gewählt, wobei die Stoßfugen von Lage zu Lage nach einem genau berechneten Plan, nicht nach Zufall, gegeneinander versetzt werden müssen. Das setzt voraus, daß die Bandwickler genau einstellbar sein müssen und in den Nippeln keine axialen Verschiebungen der Windungen auftreten dürfen. Die Stoßfugen zwischen benachbarten Windungen müssen so breit sein, daß die benachbarten Kanten in der gestauchten Faser bei Biegungen nicht ineinandergestaucht werden. Für einen minimalen Krümmungsradius vom 125fachen des Aderdurchmessers ergibt sich z. B. rechnungsmäßig eine Stoßfugenbreite von 3% der Bandbreite. Die praktisch angewandten Stoßfugenbreiten sind meist etwas geringer (in der Größenordnung von 0,5 mm), falls man nicht, wie beim GLOVER-Kabel (s. S. 38), künstlich Lufträume schaffen will.

Die genaue Einhaltung der berechneten Versetzungen der Stoßfugen in verschiedenen Lagen gegeneinander erfordert sehr sorgfältig

Abb. 290. Zehnfach-Bandwickler für schwächere Starkstromkabeladern (F & R)

durchkonstruierte *Bandwickler*. Der ältere Korbspinnertyp wird heute
nur noch zur Herstellung geringerer Lagenzahlen, d. h. nicht mehr für
Hochspannungskabel, verwendet. Für Niederspannungsadern jedoch
besitzt er gegenüber den im folgenden beschriebenen Bandwicklern den
Vorteil kleineren Durchmessers und hoher mechanischer Stabilität,
d. h. der Anwendbarkeit größerer Tourenzahlen. Abb. 290 zeigt einen
modernen 10fach-Korb-Bandwickler für schwächere Starkstromadern.

Abb. 291. 210spulige Korbverseilmaschine für Styroflexbandwendel (F & G)

Das Korbspinnerprinzip ist bei Felten & Guilleaume [*218*] weiterentwickelt worden, um eine Wendel aus einer sehr großen Zahl von
Styroflexfolien aufzubauen (s. Abb. 291).

Zur Herstellung von *Hochspannungskabeln* werden heute vor allem
zwei Wicklertypen verwendet, die in Abb. 292 und 293 dargestellt sind, d. h.
der Tangentialbandwickler und der Flachbandwickler. Mit dem Flachbandwickler lassen sich etwas höhere Tourenzahlen (etwa 300 U/min)
erzielen als beim Tangentialwickler. Dafür hat der Tangentialwickler
den Vorteil, daß er leichter zu bedienen ist, insbesondere die Spulen
leichter auszuwechseln sind.

Der abgebildete Tangentialwickler besitzt 8 Bandrollen, deren
Achsen in einer zur Kabelachse senkrechten Ebene liegen. Die Bandrollen können mittels einer Einstellvorrichtung so eingestellt werden,
daß ihre Mittenebene das Kabel an der Auflaufstelle des von der Bandrolle ablaufenden Bandes berührt, d. h. die Mittenebene der Papierscheiben fällt mit der Tangentialebene des Wicklungszylinders zusammen. Ablauf- und Auflaufkanten sind also um 90° verdreht. Diese
Anordnung gewährleistet eine gleichmäßige Beanspruchung der Papierbänder. Die einstellbaren Bandführungen ermöglichen eine dem Auf-

Abb. 292
Tangentialband-
wickler mit
8 Bandrollen
(HDK)

Abb. 293
Flachbandwickler
mit 8 Bandrollen
(HDK)

Abb. 292. u. 293
Papierband-
wickler für Hoch-
spannungskabel

laufwinkel und der Bandbreite angepaßte Versetzung der Auflauf-
stellen. Abb. 294 zeigt eine Bandwickelmaschine mit einer großen Zahl
von Tagentialbandwicklern.

Der in Abb. 293 abgebildete Flachbandwickler besitzt 8 Bandrollen, von denen je zwei auf einem zur Kabelachse parallelen Bolzen
angeordnet sind. Die Führungsstifte zur Führung der Papierbänder
sind so einstellbar, daß die Bänder durch die Abbremsung der Bandrollen in ihrer ganzen Breite gleichmäßig gespannt werden.

Abb. 294. Bandwickelmaschine für 144 Papiere zur Herstellung von Hochspannungskabel
(KWO)

Die Bandwickler werden in der Regel so ausgeführt, daß man durch
Auswechseln eines im Antrieb angeordneten Zahnräderpaares die Drehzahl und durch Umsetzen eines der beiden Räder die Drehrichtung
ändern kann. Der Antrieb der Wickler kann aber auch so ausgebildet
werden, daß man die Drehzahl stufenlos mittels eines PIV-Getriebes
und die Drehrichtung durch Schwenken des Getriebes ändern kann.
Diese stufenlose Regelung der Drehzahl ermöglicht die Anpassung der
(auf eine Drehzahl bezogenen) Abzuglänge (-steigung der Wicklung)
an die Bandbreite. Der stufenlos regelbare Antrieb bietet also den Vorteil, daß man durch Feinanpassung der Abzuglänge an die effektive
Bandbreite eine vollkommen geschlossene Bewicklung auch dann erzielen kann, wenn die berechnete Bandbreite beim Schneiden der Bandrollen nicht genau eingehalten wurde.

Eine sehr genaue Festlegung der Lage jedes einzelnen Bandes innerhalb einer viellagigen Isolierung ist auch möglich, wenn man die Bänder aus im Raume feststehenden Führungen auf das um seine
Achse rotierende und sich dabei in Achsrichtung — wie üblich — fort-
bewegende Werkstück auflaufen läßt, d. h. also die *Wickler fest und das
Kabel rotierend* anordnet, wie es im Prinzip aus Abb. 295 und in der

praktischen Ausführung aus Abb. 296 zu ersehen ist. Anlaß zu dieser
Umkehrung der Rollen der bewegten und feststehenden Teile gab die
Aufgabe, die Umwicklung innerhalb der Tränkmasse (s. hierzu auch
S. 38 und S. 248) durchzuführen, was mit rotierenden
Wicklern kaum denkbar wäre.

**β) Mechanische Schutz- und
Stützwicklungen.** Außer zur Isolierung von Adern wird eine
Bandumwicklung häufig zur Herstellung von Schutz- und Stützhüllen, d. h. aus mechanischen
Gründen, angewandt.

Zum Schutz unvulkanisierter
Gummi-Isolier- und -Schutzschichten gegen Deformation bei der
weiteren Verarbeitung und der
Vulkanisation, sowie gegebenenfalls auch zum Schutz gegen Imprägniermassen bei der Imprägnierung von Leitungsbeflechtungen, wird — vor allem bei stärkeren Adern und Kabeln — oft
gummiertes Nesselband über die
noch unvulkanisierte Gummihülle gewickelt. Einen hierfür
gebräuchlichen einfachen Wickler

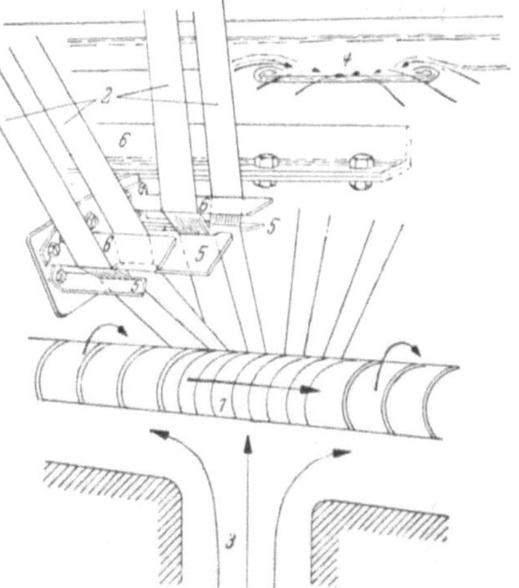

Abb. 295. Prinzipskizze des Sich-Einwickelns
eines axial rotierenden Hochspannungskabelleiters in seine Papierisolierung innerhalb eines
Tränkmassebehälters (Glover)
1 Fortbewegungsrichtung und Rotationsachse
des Leiterseils; *2* von oben in den Massebehälter einlaufende Papierbänder; *3* Einlauf
der Tränkmasse; *4* Überlauf für Tränkmasse;
5 Papierbandführung und Abstreifmesser

zeigt die Abb. 297. Bei der darauffolgenden Vulkanisation vulkanisiert
das Band fest auf die Gummiisolierung.

Abb. 296. Einwickelmaschine für Hochspannungskabeladern (Glover)

*Fernsprechkabel*seelen werden vor der Bebleiung mit einem Polster (*Plattierung*) aus Papierband in mehreren Lagen versehen. Das Polster dient zum mechanischen Schutz der Seele, vor allem der äußeren Adergruppenlage, gegen Beschädigungen in der Bleipresse und später beim Biegen des Bleimantels, außerdem auch zur Erhöhung der Durchschlagfestigkeit und Herabsetzung der Kapazität zwischen der äußeren Adergruppenlage und dem Bleimantel.

Abb. 297. Einfacher Bandwickler zum Umwickeln von Gummiadern mit gummiertem Gewebeband (HDK)

Da sich beim Biegen einer papierbandplattierten Seele die Bandbreite nicht ändert, sondern nur Verschiebungen der Bandränder gegen die benachbarten Bänder auftreten können, wird ein sehr dünner, d. h. nicht selbsttragender, weicher Bleimantel, wie die Abb. 298 und 299 an einigen Beispielen zeigen, an diesen Kanten besonders stark gedehnt und gestaucht, bei wiederholten Biegungen gefaltet und schließlich eingebrochen. Eine wirksame Abhilfe kann durch Verstärkung des Papierbandpolsters selbst, d. h. durch Aufbringen einer größeren Zahl von Bandlagen, oder durch besondere Stützkonstruktionen geschaffen werden.

Bleimantel-Stützwendel. Eine praktisch bewährte Lösung, die von dem Osnabrücker Kupfer- und Drahtwerk[1] entwickelt worden ist, besteht in der Bewicklung der Kabelseele mit einer offenen Bandwendel aus einem mechanisch widerstandsfähigen Material, wie Metall oder isolierenden Hartstoffen. Für Fernsprechkabel mit Trägerfrequenz-

---

[1] Nach einer Mitteilung des Herrn E. MARDERWALD, Osnabrücker Kupfer- und Drahtwerk AG.

betrieb kommen nur unmagnetische Metalle, wie z. B. Aluminiumlegierungen, in Frage.

Wie die Abb. 300 zeigt, verteilt eine solche, unterhalb des Polsters angebrachte Stützwendel die beim Biegen des Kabels auftretenden Dehnungs- und Stauchbeanspruchungen des Bleimantels gleichmäßig über die ganze Biege-

stelle. Abb. 301 gibt eine schematische Skizze einer Vorrichtung wieder, die das Umwickeln eines starken Metallbandes um eine Fernsprechkabelseele ermöglicht, ohne daß die Seele einer für die elektrischen Werte schädlichen Druckbeanspruchung ausgesetzt wird.

Das feststehende Rohr *a* besitzt eine den Seelendurchmesser des Kabels etwas überschreitende lichte Weite. Die Stützwendelmutter *b* mit dem Bandeisenteller *c* rotiert um das Rohr *a*. Dadurch wird das vom Bandeisenteller ablaufende Band auf das Rohr *a* gewickelt. Durch die Stützwendelmutter *b* vorgeschoben, legt sich die Bandwendel auf die durch das Rohr *a* geführte Kabelseele.

Bandarmierung. Die allgemeinste Anwendung findet die Metallband-

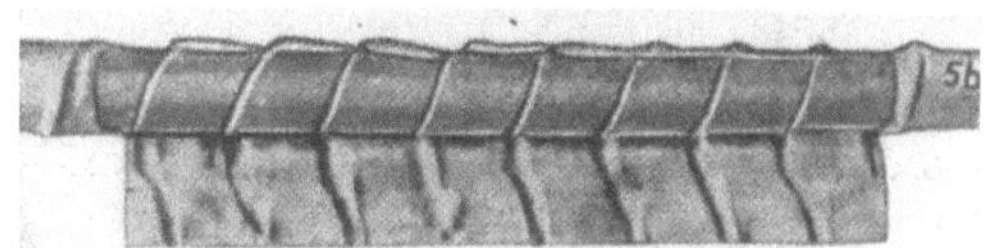

Abb. 298. Dünner Bleimantel auf überlappt gewickelter Bandunterlage, geöffnet nach häufigen Biegebeanspruchungen (F & G)

Abb. 299. Wirkung von Stützunterlagen unter einem schwachen Bleimantel auf die Faltenbildung bei häufigen Biegebeanspruchungen (F & G)

1 sechs zusätzliche Papierlagen über der Kabelseele; *2* Stützwendel aus einem dünnen mit Papierband umwickelten Aluminiumband; *3* einfache Stützwendel aus Preßspan mit einem darüberliegenden Deckpapier; *4* Stützwendel aus Preßspan (mit breiterer Lücke als bei den Kabeln 1—3), darüber Deckwendel aus dünnerem Papier und 1 Deckpapier

Abb. 298 u. 299. Faltenbildung in dünneren Bleimänteln bei Biegebeanspruchungen

umwicklung für die Armierung von Kabeln, vor allem von Bleikabeln (s. Abb. 271). Jedoch werden auch manche Kabel ohne Bleimantel, insbesondere Gummi- und Kunststoffkabel, bandarmiert, wie z. B. die Abb. 12 zeigt. Das Umwickeln eines flachdrahtarmierten Kabels mit einer Lage *Bandeisen* mittels eines schweren Bandeisenwicklers innerhalb einer großen, kombinierten Armiermaschine ist in Abb. 302 dargestellt. Hier dient die Bandeisenbewicklung dazu, die aus Ersparnisgründen offen, d. h. mit Zwischenraum zwischen den einzelnen Drähten, aufgebrachte Drahtarmierung fest zusammenzuhalten und beim Biegen ein Aufweiten (*Korbbildung*) zu verhindern. Zu diesem

Zweck muß diese „Bandeisengegenspirale" im entgegengesetzten Sinne wie die Drahtarmierung aufgebracht werden. Sie kann auch wesentlich größere Steigung als in Abb. 302 besitzen.

In der Regel wird jedoch eine Bandeisenarmierung allein für sich aufgebracht, und dann in zwei in gleichem Wicklungssinn aufeinanderfolgenden Lagen, wobei die obere Lage über die Windungslücken der unteren gewickelt wird. Genügend große Lücken müssen sein, um das Kabel biegsam zu erhalten. Da sich das starke Eisenband beim Biegen des Kabels in seiner Breite nicht biegt, wird nach dem auf S. 338 Gesagten die Biegefähigkeit des bandarmierten Kabels durch die Bandbreite begrenzt.

In Fällen, in denen ein unmagnetischer Werkstoff für die Bandarmierung erforderlich ist, wie z. B. bei flach parallel nebeneinanderliegenden Phasen eines Drei-Einleiter-Kabels, oder wo mit Rücksicht auf eine besondere, für den Betrieb des Kabels dauernd lebenswichtige Funktion der Bandarmierung ein unbedingt korrosionsfester Werkstoff gewählt werden muß, wie bei Innendruck-Hochspannungskabeln, wird die Bewicklung in der Regel mit *Bronzebändern* vorgenommen.

In allen Fällen, in denen das Kabel auf Zug beansprucht wird,

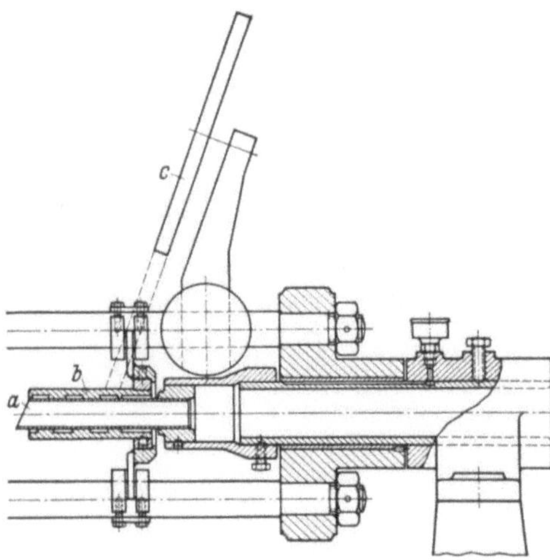

Abb. 300. Längsschnitt durch Bleimäntel mit Stützwendel (OKD)

Abb. 301. Vorrichtung zum Aufbringen einer Stützwendel auf druckempfindliche Fernsprechkabelseelen (OKD) *a* feststehende Rohrpatrize; *b* Stützwendelmutter mit *c* Bandeisenteller

Abb. 300 u. 301. Bleimantelabstützung durch Stützwendeln

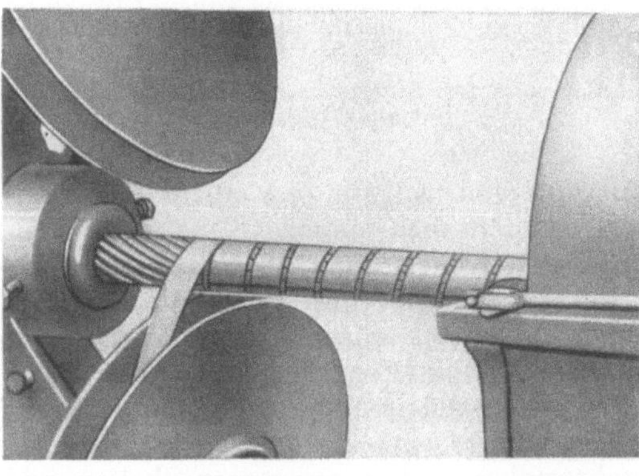

Abb. 302. Kombinierte Flachdraht-Bandeisen-Bewehrung nach ZAPF (F & G)

bedarf eine Bandarmierung eines Zusatzes durch Drahtarmierung.

γ) Labyrinthdichtungen für Feuchteschutzhüllen. Die Umhüllung einer Kabelseele mit Metallbändern wird auch als Feuchteschutz an Stelle eines Bleimantels angewandt. In diesem Falle können die Metallbänder so dünn gewählt werden, wie es mit Rücksicht auf die Porenfreiheit der Bänder angängig ist. Die nötige mechanische Festigkeit für Herstellung und Betrieb kann den Metallbändern durch Kombination mit nichtmetallischen Trägerbändern verliehen werden. Dieser Weg ist in Zeiten akuter Bleiknappheit vor allem von der Felten & Guilleaume Carlswerk A.G., mit Erfolg begangen worden[1]. Der leitende Gedanke war dabei der folgende: Die Metallbänder selbst bieten einen vollkommenen Schutz gegen die Feuchtigkeit, schwache Stellen sind nur an den Stoßstellen der Bänder vorhanden. Um auch hier den Durchtritt der Feuchtigkeit möglichst zu erschweren, muß man

1. den Querschnitt dieses Weges möglichst klein halten,
2. seine Länge möglichst groß machen und
3. als Ausfüllstoff einen Werkstoff mit möglichst geringer Feuchtigkeitsdurchlässigkeit wählen.

Die beiden ersten Forderungen werden erfüllt, wenn man die Metallbänder überlappt wickelt und mehrere Bänder übereinander anordnet. Als Ausfüllstoff ist Bitumen besonders geeignet, da es einmal eine sehr geringe Feuchtedurchlässigkeit besitzt und außerdem sehr fest an den Metallbändern klebt. Auch Kunststoffe sind verwendet worden, insbesondere PVC, das jedoch eine etwas größere Durchlässigkeit für Feuchtigkeit besitzt (Einfluß der hierfür unbedingt erforderlichen Weichmacher). Als Metallband wird entweder Aluminiumband oder metallkaschiertes Papierband verwendet, bei dem die Metallplattierungen benachbarter Lagen aneinanderliegen und mit Bitumen verklebt sind.

Ein solcher aus Metallbändern gewickelter Feuchteschutzmantel ist gegen Biegungen noch empfindlicher als ein dünner Bleimantel und erfordert daher dieselben Stützmaßnahmen, d. h. eine verstärkte Papier-

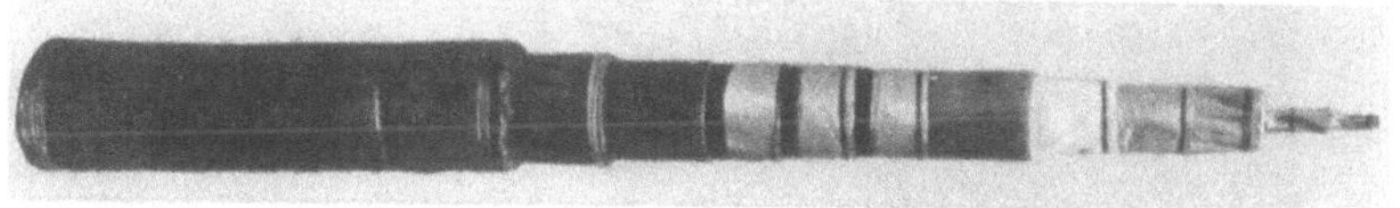

Abb. 303. Fernsprechkabel mit Feuchteschutzhülle aus abwechselnden Lagen von Metall und Kunststoffen (Labyrinth-Dichtung [F & G])

bandumwicklung der Seele, Stützwendeln der oben beschriebenen Art oder einen Kunststoffträgermantel, der einen zusätzlichen Feuchteschutz abgibt und bei imprägnierten Starkstromkabeln eine Ver-

---

[1] Nach einer Mitteilung der Felten & Guilleaume Carlswerk, A.G., Köln-Mülheim.

mischung der Imprägniermasse mit dem Bitumen unter dem Einfluß der Wärmezyklen vermindert.

Ein Fernsprechkabel mit einer Feuchteschutzhülle aus abwechselnden Lagen Metall und Kunststoffen ist in Abb. 303 wiedergegeben.

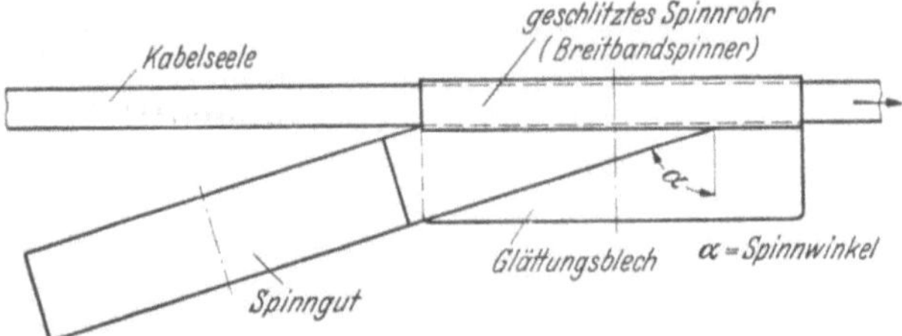

Abb. 304. Schematische Darstellung des Längsspinnverfahrens mit Breitbandspinner (OKD)

Eine besonders wirksame Lösung der bereits von Felten & Guilleaume für eine Labyrinthdichtung aufgestellten Forderung mehrerer überlappter Metallschichten ist im Kriege von dem Osnabrücker Kupfer- und Drahtwerk entwickelt worden.

Das Osnabrücker Kupfer- und Drahtwerk[1] verwendete breite Bänder mit so großer Steigung, daß die Bänder mit ihrer Breite die zu umwickelnde Seele mehr als zweimal umschlingen. Die oben erörterten Nachteile dieser beiden Maßnahmen,

Abb. 305. Breitbandspinner (OKD)

1. mangelnde Biegsamkeit des Erzeugnisses und
2. zu loses Aufliegen des Bandes,

---

[1] Nach einer Mitteilung von E. MARDERWALD der Osnabrücker Kupfer- und Drahtwerk A.G.

sind dadurch vermieden, daß

zu 1) die breiten Bänder nach dem Aufbringen mit einer im wesentlichen senkrecht zur Kabelachse verlaufenden *Kreppung* versehen werden (Abb. 306),

zu 2) ein besonderer *Breitbandspinner* verwendet wird, der aus einem geschlitzten Rohr besteht, bei dem das Band durch den Schlitz an den Kabelkern angelegt und durch dessen Rotation um den Kabelkern herumgeschlungen wird (Abb. 304 und 305).

Das grundsätzlich allgemein anwendbare Verfahren ist von F. WERNICKE zur Herstellung von Feuchtigkeitsschutzschichten um Kabelseelen entwickelt worden. Zu diesem Zweck werden breite, dünne Metall- (Zink-) Folien einseitig mit zähflüssigem Bitumen bestrichen

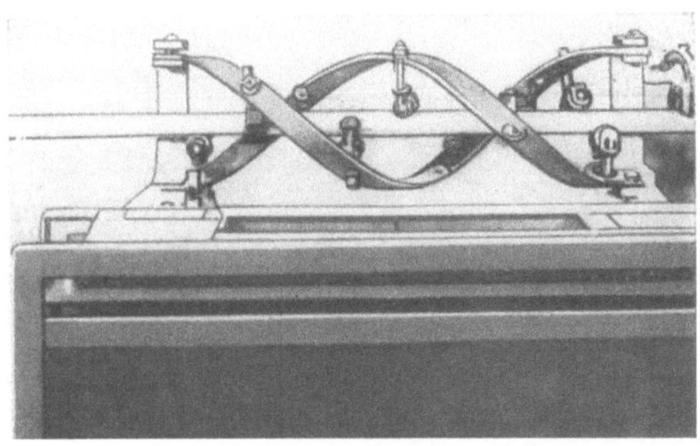

Abb. 306. Kreppvorrichtung für mit dem Breitbandspinner aufgebrachte Zinkbandumhüllung (OKD)

und mit dem Breitbandspinner auf die Kabelseele aufgebracht. Die anlaufende Kante des Bandes wird durch das Spinnrohr allein fest an das Kabel angedrückt, ohne daß hierfür das nur etwa 0,04 mm starke Band eine ungewöhnliche Bremsung erfahren müßte. Unmittelbar anschließend werden die aufgebrachten Metallfolienlagen mit dem in Abb. 306 dargestellten Krepper senkrecht zur Kabelachse gefaltet.

Wird das Kabel gebogen, so ist durch die Kreppung in der gedehnten Zone des Kabelmantels genügend Material vorhanden, ohne daß die Kreppung vollständig ausgezogen wird. In der gedrückten Zone erfolgt keine willkürliche Faltenbildung, sondern die Kreppung wird lediglich verstärkt.

Als Träger- und Schutzschichten können unterhalb und über diesem Metallmantel auf die gleiche Weise hergestellte bituminierte Krepppapierlagen auf das Kabel aufgebracht werden.

Durch ein am Spinnrohr angebrachtes, beheiztes Führungs- und Glättungsblech wird ein faltenfreier Einlauf der breiten Bänder in den Schlitz des Spinnrohres gewährleistet; gleichzeitig werden alle bituminierten Bänder so vorgewärmt, daß sie auf dem Kabel zu einer einheitlichen, durch starke Labyrinthwirkung sehr feuchtedichten Hülle verkleben.

Eine andere Lösung, die ebenfalls mit Querfaltung gewickelter Papier- und Metallbandlagen arbeitet, ist das *Kopex-Verfahren* (Abb. 308 und 309), das schematisch in Abb. 307 erläutert ist. Die Querfaltung wird dabei durch eine Rillung mit anschließender Längsstauchung des gewickelten Rohres erreicht, das zu diesem Zweck etwas weiter gewickelt werden muß als der äußere Durchmesser der Kabelseele.

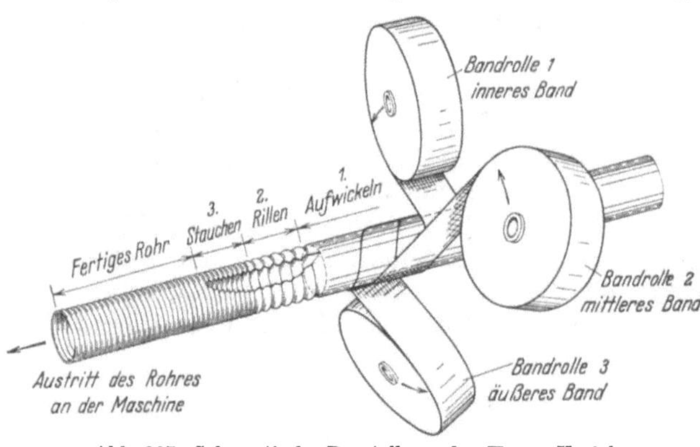

Abb. 307. Schematische Darstellung des Kopex-Verfahrens
(Kopex)

4. Längsbedeckung

a) **Mit plastisch-elastischen Stoffen.** Im Gegensatz zu den beschriebenen Wickelverfahren mit Papier- und Metallbändern können Bänder aus elastischem oder plastischem Stoff ohne Bedenken für die Biegsamkeit des Erzeugnisses auch längs aufgebracht werden, d. h. mit einem Steigungswinkel von 90° oder annähernd 90°.

Die Abb. 170 und 310 zeigen Vorrichtungen zum Längsbedecken mit Kautschuk- oder Kunststoffbändern. Die Bänder werden durch Profilwalzen um das Werkstück oder jedes einer Anzahl parallel nebeneinander ausgespannten Werkstücke herumgeformt und zu rohrförmig geschlossenen Hüllen zusammengeschweißt.

Abb. 308. Kopex-Rohrautomat (Kopex)

Längsbedeckung mit Kautschuk- und Kunststoffbändern. Zur *Längsbedeckung* mit Kautschukmischungen werden im Kalander auf sehr gleichmäßige Stärke und faltenfrei gezogene Platten (s. S. 305 und

Abb. 242) in einer Schneidevorrichtung zu endlosen Streifen geschnitten. Bei der meist üblichen Ausführungsform werden zwei solche Streifen jeweils von einer Seite den parallel in einer Ebene ausgespannten Werkstücken (meist verzinnten Drähten oder Litzen) zugeführt und durch die Kaliberwalzen um jedes Werkstück herumgelegt und lediglich durch Druck verschweißt. Bei stärkeren Werkstücken wird auch ein einziges Band ganz um das Werkstück herumgelegt und in nur einer Naht zum Rohr verschweißt.

Meist enthält eine Längsbedeckungsmaschine zwei oder drei Profilwalzenpaare, um in einem Arbeitsgang zwei oder drei Hüllen nacheinander aufbringen zu können, wie es in Abb. 170 dargestellt ist. Maschinen zur Herstellung dünnerer Gummiadern können bis zu 36 nebeneinander in notwendigem Abstand parallel geführte Leiter in 36 Profilen gleichzeitig bedecken.

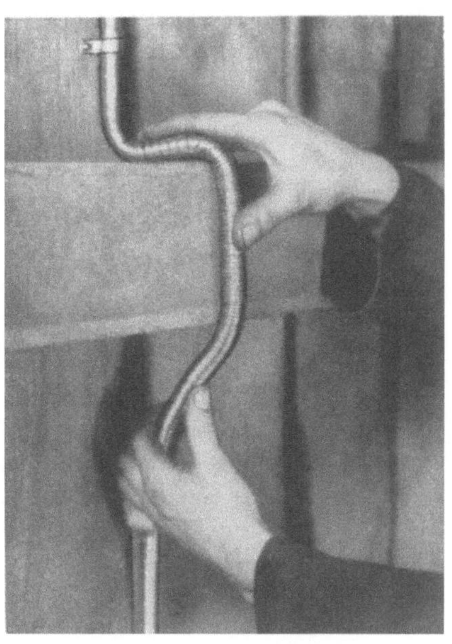

Abb. 309. Montage eines mit Kopex-Mantel versehenen Kabels (Kopex)

Abb. 310. Längsbedeckungsmaschine (SSW)
1 Band aus parallelen Adern; 2 u. 3 Gummibänder; 4 u. 5 Glättungsrollen;
u. 7 Profilwalzen; 8 Kreismesser zum Trennen der Adern; 9 fertig bedeckte Adern;
610 Druckregulierung für die Profilwalzen; 11 Abzugvorrichtung für die Randstreifen

Auch Bänder aus Thermoplasten können unverschweißt oder verschweißt längsbedeckt werden. Eine Schweißnahtbildung zu geschlossenen Hüllen ist dabei jedoch schwieriger als bei unvulkanisierten Kautschukmischungen und meist nur unter erhöhten Temperaturen oder durch Klebwirkung (Anlösen der Kantenoberflächen) möglich. Infolge der weniger festen Nahtbindung unter den Walzen und des meist geringeren Formänderungsvermögens der Thermoplaste werden die Bänder oft vor Eintritt in die Profilwalzen vorgeformt.

Dekafol-Verfahren. Eine andere Art einer Längsbedeckung mit elastischem oder plastischem Stoff ist in den Abbildungen 311 bis 313 gezeigt. Hierbei wird [*145*][1] ein isolierendes Band, beispielsweise aus einer thermoplastischen Folie (PVC, Zellulosetriazetat), von der Breite eines Mehrfachen des Werkstück- (Kabelseelen-, Massivdraht- oder Litzen- u. a.) Umfangs, an das Werkstück längs angeheftet, so daß es zunächst auf einer Linie mit der Oberfläche des Werkstückes fest verbunden ist. Zu diesem Zweck wird eine Oberfläche des längs aufzubringenden Bandes mit einem Klebstoff (z. B. Bitumen) versehen und, in der Nähe der Bandkante laufend, längs an das Werkstück geklebt.

Abb. 311. Benetzung des Films mit Klebmasse (KWO)

Abb. 312. Aufbringen des Films auf den Draht (KWO)
1 blanker Draht;   *2* Umlenkrolle für Filmband;   *3* Wickelstab
Abb. 311 u. 312. Längsbedeckung von Drähten mit Folien

Das mehrfache Umlegen der nicht angehefteten Teile des breiten Bandes um den Umfang des Werkstückes geschieht nun dadurch, daß das Werkstück um einen langen Dorn in langer, steiler Schraubenlinie herumgeführt wird und sich dabei selbsttätig in das Isolierband einwickelt. Voraussetzung dafür ist, daß sich der Querschnitt des Werkstückes bei der Schraubenbewegung nicht mitdreht, sondern im Raume

---

[1] Nach einer Mitteilung der Deutschen Kabelwerke AG. über das *Dekafol*-Verfahren.

feststeht, d. h. daß das Werkstück eine Schraubenbewegung mit Rückdrehung (s. S. 379/380 und Abb. 335a) ausführt.

Bei der ursprünglichen Ausführungsart nach K. und W. FISCHER [145]
wird die schraubenförmige Bewegung des Werkstückes durch schraubenförmige Nuten im Führungsdorn, der *Schraubenrinne*, erzwungen.
Die in Abb. 311 bis 313 dargestellten Ausführungsformen jedoch
arbeiten mit glattem,
sich in Verfahrensrich-
tung allmählich verjün-
gendem Dorn. Für eine
dreifache Umschlingung
des Werkstückes mit
dem Band ist nach
W. FISCHER bei einem
Werkstückdurchmesser
von 1 mm (dünner Draht)
eine Dornlänge von etwa
2 m, bei einem Werk-
stückdurchmesser von
30 mm (Kabelseele) eine
Dornlänge von etwa
12 m erforderlich.

Bei der durch die
Maschinenfabrik J. A.
Kraft verbesserten, in
Abb. 313 dargestellten

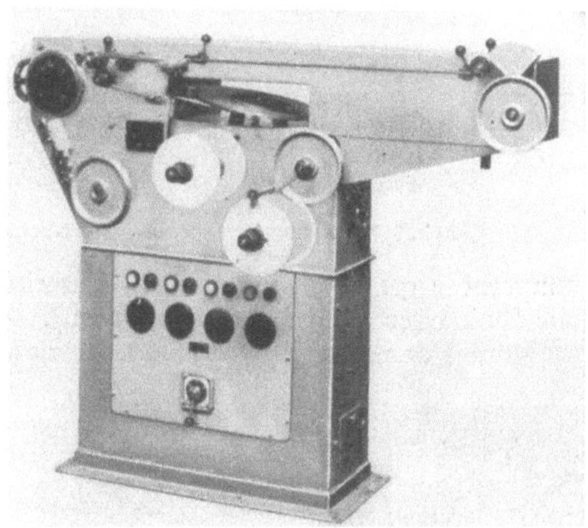

Abb. 313. Dekafol-Maschine (Kraft)

Ausführungsform dieser sogenannten *Dekafol-* (**D**eutsche **Ka**belwerke
Folien-) Maschine besteht der Dorn aus einem glatten, von innen elektrisch beheizten Rohr, welches die Folie an die Ader anbügelt. Dadurch
ist es möglich, die Folie ganz glatt ohne Zwischenraum um das Werkstück herumzulegen. Die Verfahrensgeschwindigkeit beträgt je nach
Durchmesser etwa 15 bis 50 m je Min.

β) **Längsbedeckte Metallhüllen mit Fugen.** Das Dekafol-Verfahren
kann auch mit Metallfolien ausgeführt werden. Eine einwandfreie Biegsamkeit ist dabei aber offenbar nur möglich, wenn die Metallfolien sehr
fest mit einem Träger verbunden sind[1], und auch dann wohl nur bei
dünnen Kabeln.

Rohrdrahtherstellung. Ein besonders in
Deutschland übliches Verfahren der Längsbedeckung einer Kabelseele mit einem
stärkeren, mechanisch festen Metallband
ist das Rohrdrahtverfahren. Hierbei wird
ein Metallband durch ein Rollenformungs-
gerät (s. Abb. 169) rohrförmig um die Kabelseele gebogen und mit den Kanten zu-
sammengefalzt, wie es der Rohrdrahtquer-

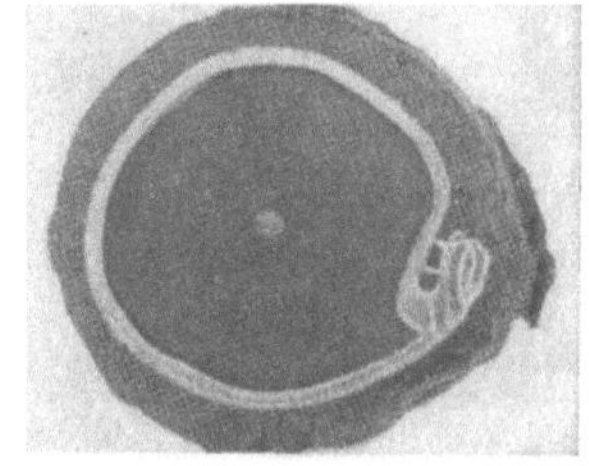

Abb. 314. Querschnitt durch eine
Hochfrequenzleitung mit Massiv-
isolierung und gefalztem Mantel [8]
(Nordkabel)

---

[1] Siehe hierzu auch die Ausführungen auf
S. 13ff.

schnitt in Abb. 314 zeigt. Für die Verlegung ist ein solcher Metallmantel — wie erwähnt — nur biegsam genug, wenn er aus bei Raum-

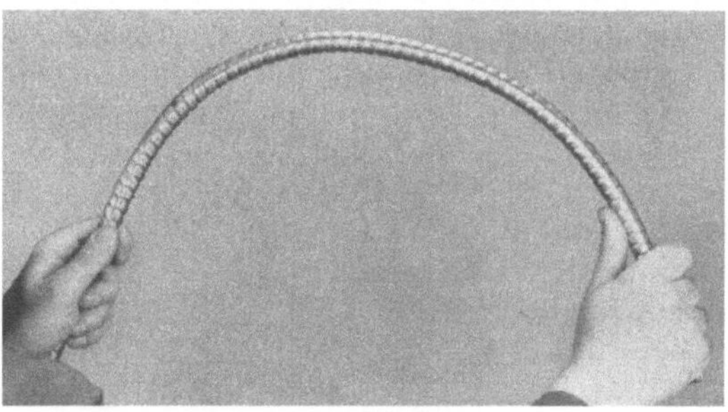

Abb. 315. Biegung eines gerillten Rohrdrahts (Postrohrdraht) (HDK)

temperatur genügend plastischem Material besteht, d. h. insbesondere aus Zink oder auch Reinstaluminium[1].

Mäntel aus Eisen (oft verbleit oder aluminiumplattiert) oder Aluminium geringeren Reinheitsgrades bedürfen zur Verlegung entweder besonderer Verlegungsgeräte, welche die Falten in der gestauchten Biegezone gleichmäßig verteilen, oder aber einer Querwellung oder -rillung. (Für Faltungen sind die Wandstärken in der Größenordnung von 0,2 bis 0,4 mm zu stark.) Die Abb. 315 zeigt einen Rohrdraht mit quergerilltem Mantel für Fernsprechzwecke (Hausinstallation). Man erkennt, daß sich der gegenüber dem übrigen Mantel sehr viel steifere Falz bei der Biegung automatisch in die neutrale Zone legt.

In ähnlicher Weise bedürfen Kupferhalbrohre, die zur Bildung des Rückleiters einer konzentrischen Hochfrequenzleitung (vgl. Abb. 110 und 111) zu einem geschlossenen Kupferrohr

Abb. 316. Stanzmaschine für Sickenleiter in konzentrischen Hochfrequenzkabeln (F & G)

---

[1] Vgl. Fußnote 1, S. 361.

zusammengesetzt werden sollen, einer Querrillung durch Einstanzen von Sicken, wie es in Abb. 316 gezeigt ist.

γ) Fugenlose Metallhüllen. Alle bisher beschriebenen, im Längsbedeckungs- oder Umwicklungsverfahren aufgebrachten *Metallhüllen* sind nicht absolut feuchtigkeitsdicht, weil sie nur mit *nicht*metallischen Stoffen angefüllte Fugen enthalten. Durch breite und vielfache Überlappungen der Metallbänder kann die Weglänge der Feuchtigkeit, die durch diese Fugen eindringen kann, allerdings sehr lang gemacht werden (*Labyrinthdichtung*). Solange die Fugen einwandfrei mit feuchteabweisenden, zähflüssigen Materialien, wie Bitumen, vollständig abgedichtet sind, kann man solche Kabel als feuchtigkeitsfest ansprechen. Bei Biegungen des Kabels (Umwickeln im Betrieb, Verlegung u. a.) arbeiten die Windungen der Metallbänder jedoch gegeneinander und verursachen — vor allem bei niedrigen Temperaturen (Verlegung im Freien) — die Bildung feiner kapillarer Spalte, welche im Laufe genügend langer Zeiten Feuchtigkeit eindringen lassen. Bei Starkstromkabeln kommt außerdem das Arbeiten des Kabelmantels unter dem Einfluß der täglichen Wärmezyklen hinzu.

Unter allen Bedingungen feuchtigkeitsfeste Mäntel lassen sich aus Bändern im Längsbedeckungs- oder Umwicklungsverfahren nur herstellen, wenn genügend starke Metallbänder verwendet, zu rohrförmigen Hüllen geformt und mit ihren Rändern *verlötet* oder, besser, *verschweißt* werden.

Abb. 317. Umlege- und Schweißvorrichtung für des Stahlband
an einer Stahlwellmantel-Maschine (HDK)

Auch Metallbänder sind nämlich nur von einer gewissen Mindeststärke an, die stark vom Werkstoff und dem Herstellungsverfahren abhängt, als feuchtigkeitssicher anzusehen. Metallbänder in Folienstärke besitzen meist vereinzelte Poren, oft nur mikroskopischer Größe, die jedoch völlig ausreichen, um z. B. ein hochwertiges Fernsprechkabel in seinen Isolationswerten zu verderben.

Die auch auf große Längen völlig porenfreie Verlötung oder Verschweißung (s. S. 250 ff.) bietet große verfahrenstechnische Schwierigkeiten, die jedoch bei dem nach einer Anregung des Verfassers, nach Vorversuchen von H. HIMBERT von H. BRANDES und K. ANDRESEN [*163*] bei den Hackethal-Draht- und Kabel-Werken entwickelten Verfahren zur Herstellung des Stahlwellmantelkabels auch in der Massenfertigung überwunden werden konnten.

Stahlwellmantelkabel. Der Grundgedanke des Stahlwellmantelkabels besteht darin, die für ein armiertes Bleikabel erforderliche Stahlmenge zur Herstellung eines biegsamen und der Armierung an Festigkeit gleichwertigen, unbedingt feuchtigkeitsdichten Mantels zu verwenden und dadurch den für Fernsprech- und Starkstrom-Papierkabel sonst erforderlichen Bleiaufwand hundertprozentig einzusparen.

Die Abb. 317 zeigt das Verschweißen eines um die Kabelseele gelegten Stahlbandes (Tiefziehstahl) mit einem elektrischen Widerstandsschweißgerät, dessen eine Elektrode aus einem zwischen Kabelseele und Stahlband liegenden, wassergekühlten Kupferrohr besteht, während die andere, äußere Elektrode als wassergekühlte Rollenelektrode ausgebildet ist.

Abb. 318. Skizze verschiedener Geflechte (Zwei-über-Zwei-Bindung und Zwei-und-Zwei-Bindung) nach [*150*]

c) Flechten und ähnliche Verfahren

Die Abb. 318 zeigt verschiedene Arten von Geflechten, während in Abb. 319 Geflechte aus verschiedenem Material, nämlich aus Baumwollgarn, Isolierfolie, Metalldraht und Metallband, dargestellt sind

Zur Herstellung von Fernsprecherschnüren werden mehrere isolierte Litzen *miteinander* verflochten.

Durch *Um*flechten und gleichzeitig abstandhaltendes und verbindendes *Zusammen*flechten von vier blanken oder vorisolierten Leitern mittels einer oder mehrerer Papier- oder Kunststoff- (z. B. Styroflex-) Kordeln läßt sich nach dem Vorschlag des Verfassers [*147*] ein sehr luftraumhaltiger Sternvierer herstellen, wobei die Viererverseilung gleichzeitig oder nachträglich vorgenommen werden kann.

Zum üblichen *Um*flechten von Kabelelementen und Kabeln sind zwei verschiedene Maschinenarten im Gebrauch, die älteren Figurenflechter oder Klöppelmaschinen und die moderneren Schnellflechter.

1. Klöppelmaschinen (Umflechten)

Bei der Klöppelmaschine, wie sie in den Abb. 320 und 321 dargestellt ist, laufen die Spulenträger (*Figuren*) jeder der beiden Umlaufrichtungen, durch geeignete Zahnradkombinationen angetrieben, in je einer von zwei schlitzförmigen Bahnen, die sich in regelmäßigen Abständen überschneiden, und zwar derart, daß nicht zwei Träger verschiedener Bahnen an einem Kreuzungspunkt zusammenstoßen. Der Abstand der Spulen vom Flechtpunkt ist auf der inneren Seite der Bahnen geringer als auf der äußeren. Der Fadenweg von der Spule zum Flechtpunkt wird daher im Rhythmus der Überkreuzungen dauernd verkürzt und verlängert. Um trotzdem die zur Erzielung eines sauberen Geflechtes erforderlichen gleichmäßigen Zugspannungen in den Fäden

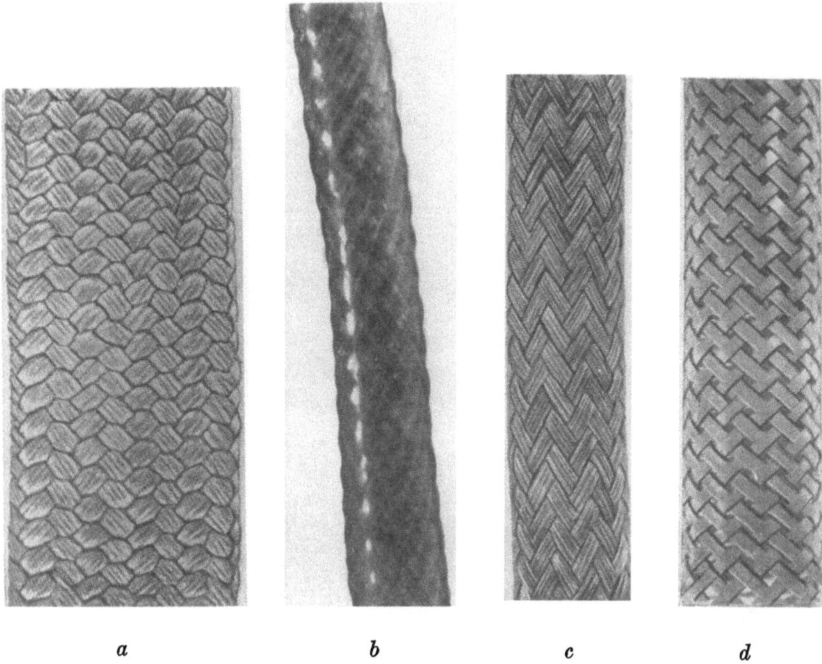

a   b   c   d

Abb. 319a—d. Photos verschiedener Geflechte
a Baumwollgeflecht; b Folienbandgeflecht; c Metalldrahtgeflecht; d Metallbandgeflecht

am Flechtpunkt zu erhalten, müssen diese Abstandsänderungen durch Fadenspanngewichte oder Federn ausgeglichen werden. Die Massenträgheit der dauernd in ihrer Richtung veränderten Spulenträger und Spulen sowie der Fadenspanner läßt nur eine begrenzte Arbeitsgeschwindigkeit der Klöppelmaschinen zu.

Trotzdem haben sich die Klöppelmaschinen für manche Anwendungsgebiete gegenüber den schneller arbeitenden Schnellflechtern behaupten können, da sie ihres einfachen Aufbaus wegen weniger störanfällig und leichter mechanisch zu überwachen und zu bedienen sind. Außerdem lassen sich mit schweren Klöppelmaschinen moderner Ausführung nach Art der in Abb. 320 dargestellten sehr feste, gleichmäßige Geflechte herstellen.

Abb. 320
Gesamtansicht einer
36 spuligen Klöppel-
maschine (HDK)

Abb. 321
Teilansicht einiger Figuren
der 36 spuligen
Klöppelmaschine (HDK)

2. Schnellflechter (Umweben)

Von den Klöppelmaschinen unterscheiden sich die Schnellflechter besonders in zwei wesentlichen Punkten:

1. Die Bewegungen der Fäden beider Richtungen sind bei der Klöppelmaschine völlig gleichartig: Durch die gleichartigen Umlauf-

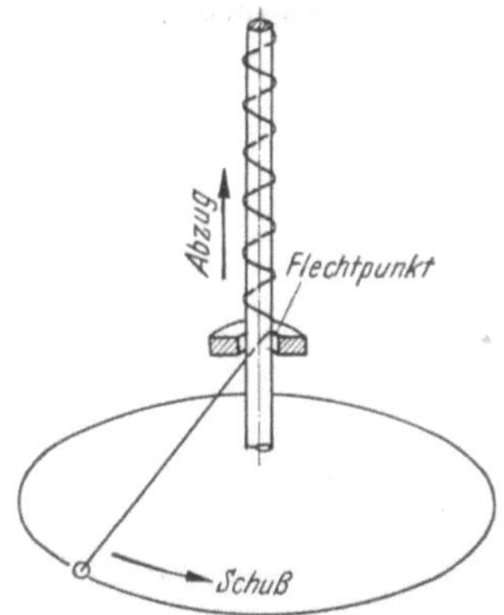

Abb. 322. Bahn und Bewegungsrichtung
des Schußfadens im Schnellflechter
nach C. RUPPEL [*150*]

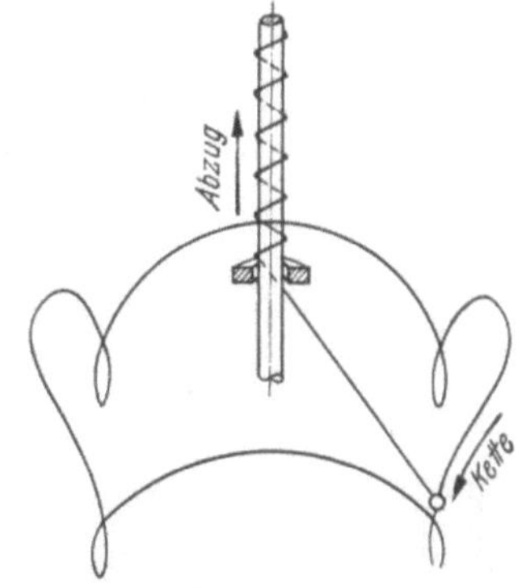

Abb. 323. Bahn und Bewegungsrichtung
des Kettfadens im Schnellflechter
nach C. RUPPEL [*150*]

bahnen beider Richtungen kreuzen sich die Fäden (bzw. Drähte) *gegenseitig*. Sie werden also im üblichen Sinne miteinander *verflochten*. Der Schnellflechtvorgang ist dagegen ein *Webe*prozeß mit unterschiedlich geführten Kettfäden in einer und Schußfäden in der anderen Richtung. Gegenüber dem normalen Webeablauf in einer Ebene ergibt sich beim Schnellflechten ein in sich ringförmig geschlossenes, d. h. hohlzylindrisches Gewebe, welches das Werkstück einhüllt.

2. Die Anordnung der Spulen und die Führung der Fäden sind beim Schnellflechter derart, daß, bezogen auf den Flechtpunkt, *keine*

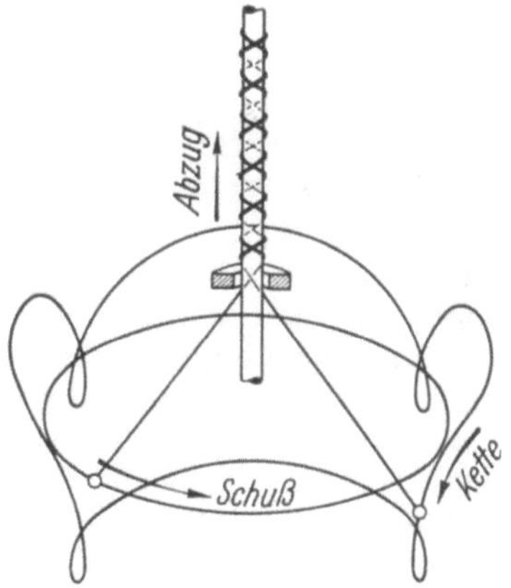

Abb. 324. Bahnen und Bewegungsrichtungen
von Schuß- und Kettfäden zusammen
nach C. RUPPEL [*150*]

Verlängerungen und Verkürzungen der Fäden im Rhythmus der Umdrehungen auftreten.

Nach C. RUPPEL [*150*] ist in den Abb. 322 bis 324 zunächst rein schematisch der einfachste Schnellflechtvorgang für die „Eins über Eins-Flechtung" dargestellt. Abb. 322 zeigt perspektivisch Bahn und Bewegungsrichtung des Schußfadens und Abb. 323 die entsprechenden Vorgänge beim Kettfaden. In Abb. 324 sind beide Vorgänge gemeinsam dargestellt.

Sowohl die Spulen für die Schußfäden wie auch für die Kettfäden laufen nun in einfachen kreisförmigen Bahnen, welche eine viel höhere Geschwindigkeit zulassen als die Schlangenkurven der Klöppelbahnen. Die Verflechtung der Fäden beider Richtungen miteinander erfolgt dabei durch geeignete Führungen der Kettfäden.

Abb. 325
Schnellflechtmaschine
mit zahnradgesteuerten
Fadenführungsarmen
(Horn)

Im einfachsten Fall bestehen diese Führungen in kurvenförmigen Kanten, über welche die Fäden von der direkten Richtung auf den Flechtpunkt zu abgelenkt werden, und zwar abwechselnd unter und über die einzelnen Schußfäden.

In Deutschland üblicher sind jedoch geschlossene, nippelförmige Fadenführungen, welchen durch Hebel die erforderliche Kurvenbewegung erteilt wird. In beiden Fällen verlaufen die Kurven auf einer Kugelfläche mit dem Flechtpunkt als Kugelmittelpunkt.

Die Fadenführungshebel oder -arme können nun entweder, wie aus Abb. 325 ersichtlich, zahnradgesteuert oder, entsprechend Abb. 326, kurvengesteuert werden.

Ist bei der Zahnradsteuerung, wie auf Abb. 327 skizziert, der Fadenführer mit dem auf dem äußeren Zahnkranz laufenden, die Kettenspule bewegenden Zahnrad fest verbunden, so beschreibt die Führungsöse die auf Abb. 328 dargestellte einfache Zykloidenkurve. Durch besondere Konstruktionsmaßnahmen kann jedoch die Bewegung der Führungsöse im oberen Teil der Kurve beschleunigt und im unteren verzögert werden.

Die Schußspulen sind auf Spulenschlitten montiert, die auf einem inneren ringförmigen Zahnkranz in entgegengesetzter Richtung wie die Kettspulen ablaufen, und zwar über Zwischenräder in zwangsläufiger Kupplung mit dem Antrieb der Kettspulen. Bei bestimmten Stellungen der Schußspulenschlitten können nun die Kettfäden zwischen zwei Schußspulenschlitten und durch Schlitze im Antriebsmechanismus der Schlitten je nach dem Maße der Verzögerung der Kettfadenführung im unteren Teil der Führungskurve unter einem oder mehreren Schußspulenschlitten hindurchgeführt werden.

Wie bei allen Verarbeitungsverfahren wickelbarer Elemente ist es auch beim Flechten zur Herstellung eines gleichmäßigen Erzeugnisses von besonderer Bedeutung, daß alle Fäden, Drähte usw. mit *gleicher Spannung* in den Flechtpunkt einlaufen. Die Fäden oder Drähte, die zur Verwendung in der Flechtmaschine vorher mit Hilfe besonderer Spulmaschinen auf die Flechtspulen aufgebracht worden sind, werden in ihrem Ablauf durch sinnreiche Spannvorrichtungen auf einer bestimmten gewünschten Spannung automatisch gehalten. Zu hohe Spannungen verursachen ein Reißen des Flechtgutes, aber auch zu niedrige Spannungen sind gefährlich, weil dadurch nicht nur ein zu locker sitzendes Ge-

Abb. 326. Schnellflechtmaschine mit kurvengesteuerten Fadenführungsarmen (F & G)
1 Schußspulen; *2* Kettspulen; *3* Schlitten für Schußspulen; *4* Antriebsräder für Schußspulen mit Aussparungen für den Durchgang der Kettfäden; *5* Kettfäden; *6* Führungshebel für Kettfäden; *7* Steuerrolle; für Fadenführungsarm; *8* Kurvenschiene

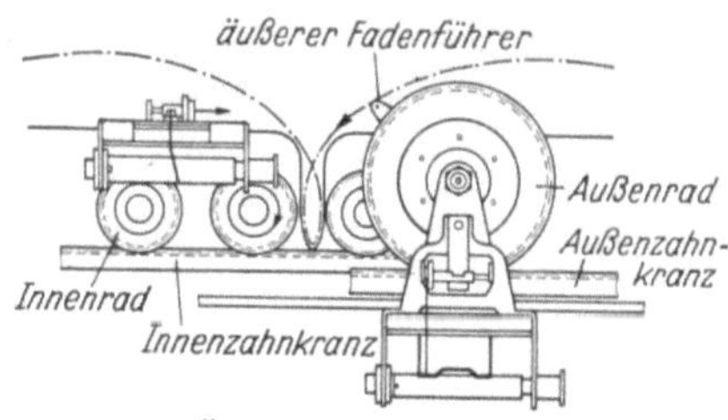

Abb. 327. Überquerung des Kettfadens durch den Schußfaden im Schnellflechter nach C. Ruppel [150]

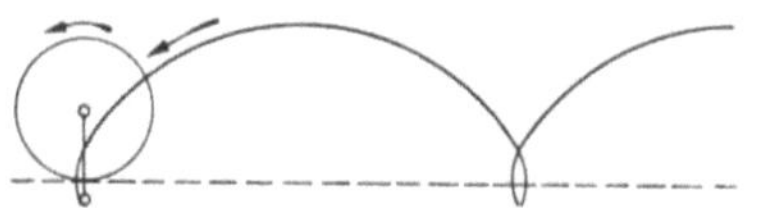

Abb. 328. Zykloidenkurve des äußeren Fadenführers in einem Schnellflechter nach C. Ruppel [150]

flecht entsteht, sondern auch die durch die Zentrifugalkraft aus ihrer geraden Bahn geschleuderten Fäden von benachbarten Maschinenteilen erfaßt und zerrissen werden.

Mit dem Fadenspannwerk steht ein „Fadenwächter" derart in zwangsläufiger Verbindung, daß die Maschine sich selbsttätig ausrückt, wenn ein Faden oder Draht abgelaufen ist oder reißt.

3. Stricken

Dem Umflechten grundsätzlich verwandt ist das Umstricken von Leitungen mit Faserstoffgarnen. Zum Unterschied von den Flechtmaschinen brauchen die Garnspulen bei den Strickmaschinen nicht umzulaufen. Das Garn kann daher im Anlieferungszustand, d. h. in großen, konischen Wikkelkörpern, wie sie in Abb. 329 zu erkennen sind, in die Maschine eingesetzt werden; d. h. es braucht nicht auf besonderen Spulmaschinen, wie für Flechtmaschinen, umgespult zu werden.

Als Vorteile der Strickmaschinen gegenüber den Flechtmaschinen werden geltend gemacht[1]:

a) Leistung beträchtlich größer (bis etwa 400 m je Std.).

b) Wenig oder keine Wartung. Eine große Zahl von Maschinen kann durch eine weibliche Bedienung versorgt werden.

c) Das Garn ist billiger, da es im Anlieferungszustand verwendet werden kann.

Abb. 329. 2 köpfige Kabel-Umstrickmaschine (Carter)

d) Die Maschinen benötigen nur wenig Raum, da sie Rücken an Rücken aufgestellt werden können.

e) Betriebs- und Instandhaltungskosten sind praktisch vernachlässigbar.

f) Die Maschine arbeitet fast lautlos (ein gegenüber den Flechtern sehr auffallender Vorteil).

---

[1] Nach einer für das vorliegende Buch von der Firma B. & F. Carter & Co., Ltd., freundlichst zur Verfügung gestellten Originalmitteilung.

Der Einführung der Strickmaschinen für Kabel standen im wesentlichen zwei Schwierigkeiten entgegen:

1. Bei mit der üblichen Rundstrickmaschine hergestellten Hüllen verlaufen die Fäden im wesentlichen achsparallel, d. h. aber, beim Biegen eines Kabels neigen die Fäden der gedehnten Faser zum Reißen.

2. Beim Reißen eines Fadens in der fertigen Umstrickung besteht die Gefahr, daß die ganze Umstrickung aufgeht, falls die gestrickte Hülle nicht schon imprägniert ist.

Die in den Abb. 329 und 330 gezeigte Umstrickmaschine der B. & F. Carter & Co., Ltd., vermeidet jedoch diese Nachteile dadurch, daß die Maschen wendelförmig um die Leiterachse verlaufen (s. Abb. 331).

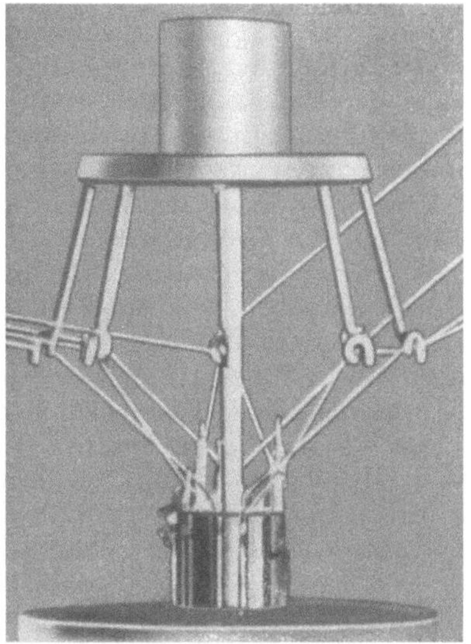

Abb. 330. Teilansicht eines der beiden Strickköpfe der in Abb. 329 dargestellten Maschine (Carter)

Abb. 331. Umstrickte Gummiaderleitung nach Herauslösen der Imprägnierung (Carter)

4. Mikroverflechtung von Einzelfasern

Wie bereits erwähnt (s. S. 136), kann auch die Bildung zusammenhängender Schichten aus Zellulosefasern als eine Art Verflechtung angesehen werden. Das gilt grundsätzlich natürlich auch für alle anderen Faserarten, wobei sich je nach den Werkstoffeigenschaften verschiedenartige Wirkungen erzielen lassen, wie es für den Fall der hochelastischen Wollfaser bereits angedeutet wurde (s. S. 143). Die konsequente Weiterführung dieses Gedankenganges läßt dieses Verfahren auch für makromolekulare Größenordnungen anwendbar erscheinen, d. h. auf lange Fadenmoleküle, und zwar zur Herstellung lockerer, lufthaltiger papierähnlicher Erzeugnisse, jedoch mit sehr viel feinerer Struktur als Papier. Von dem erwähnten Organosolverfahren (s. S. 225) würde sich dieses Prinzip also grundsätzlich dadurch unterscheiden, daß die dort erstrebte Verschweißung der Makromolekülhaufen (Pulverteilchen) hierbei bewußt vermieden wird[1].

---

[1] Schutzrechte angemeldet.

Bei der *Papierblattbildung* handelt es sich um den eigenartigen Fall der Verarbeitung im Mikrobereich wickelbaren, makroskopisch jedoch diskontinuierlichen Rohstoffes (d. h. also nicht Halbzeuges) mit Hilfe eines Trägers (in diesem Falle Wasser), der schrittweise durch Absieben, Kalandrieren und Verdampfen wieder entfernt wird. Die Verflechtung der einzelnen, biegsamen Faser kommt dadurch zustande, daß die in räumlicher Anordnung im Wasser regellos, d. h. nach dem Gesetz der Wahrscheinlichkeit in allen Richtungen kreuz und quer liegenden Fasern durch Entzug des Wassers auf ein fast flächenförmiges Gebilde reduziert werden. Die Lage der Fasern in der Fläche entspricht dann im wesentlichen der Projektion der noch im Raum suspendierten Fasern auf die Grundfläche.

Die Zerreißfestigkeit des flächenförmigen Gebildes hängt, wie auf S. 138 beschrieben, von der Festigkeit der verflochtenen Einzelfasern ab und von ihrer Reibung aneinander, d. h. ihrer Oberflächenbeschaffenheit und eventueller Schmierwirkung dazwischenliegender Schichten, wie vor allem Wasserhäutchen.

Das Verfahren einer Mikroverflechtung von Fasern hat, abgesehen von der Papierherstellung, für die Kabeltechnik besondere Bedeutung zur Herstellung sehr lufthaltiger *Isolierschichten unmittelbar aus dem Faserrohstoff* (Zellstoffaser, Pulp oder Pulpe). Nach der Beschreibung von J. S. LITTLE [*92, 75*] bedarf es zur Herstellung einer für Fernsprechaderisolierung geeigneten, sehr lockeren Schicht genügend kleiner resultierender Dielektrizitätskonstanten eines besonders rösch gemahlenen Zellstoffes (s. hierzu S. 136ff.), zu dessen Herstellung eine besondere Mahltechnik entwickelt werden mußte. Der Faserstoffgehalt im Siebtrog, d. h. in der oben erwähnten räumlichen Anordnung, beträgt nur 0,05 %.

Der zu umflechtende Draht wird sehr genau derart auf eine zylindrische Siebtrommel geführt, daß ein Teil der sich beim Wasserentzug auf dem Sieb absetzenden Pulpemasse unter und ein anderer Teil über dem Draht liegt.

Die Pulpe wird dann mit dem eingebetteten Draht durch Gummiwalzen vom Siebzylinder abgehoben und auf ein endloses Filzband gebracht. Das Ganze wandert durch Preßwalzen, bis der Draht mit der umhüllenden Pulpe in feiner Bandform abgehoben werden kann.

Die Verformung dieser Bänder in zylindrische Adern erfolgt mit Hilfe von Poliermatrizen, die um den pulpebedeckten Draht mit der Drahtachse als Rotationsachse schnell umlaufen. Drei derartige Matrizen sind in einem Polierblock derart zusammengebaut, daß die Ader leicht abgebogen wird, wenn sie die Matrizen nacheinander durchläuft. Ein solcher Polierblock mit den drei Matrizen ist — wie Abb. 171 (S. 209) zeigt — längs geteilt, um ihn über einen ungeschnittenen Draht aufbringen zu können. Bei einer Durchlaufgeschwindigkeit der Ader von etwa 50 m je Minute macht der Polierblock 5000 Umdrehungen je Minute.

Die soweit hergestellte Ader bedarf nun noch einer Trocknung, die — wie der ganze Vorgang — kontinuierlich bei der gleichen hohen

Geschwindigkeit und so hohen Temperaturen[1] vorgenommen wird, daß die Isolierschicht in 11 Sekunden Durchlaufzeit trocken ist. Dadurch wird erreicht, daß die Fasermasse während des Wasserentzugs nicht schrumpft, sondern locker und porös bleibt. Die Dampfdruckwirkung des bei den hohen Temperaturen spontan verdampfenden Wassers trägt dabei wesentlich zur Lockerung des Fasergefüges bei.

d) Verseilen

1. Allgemeines

Mit *Verseilen* bezeichnet man, wie bereits auf S. 332 und ff. erwähnt, die Vereinigung zweier oder mehrerer *gleichartiger* Elemente durch gemeinschaftliches Zusammendrehen zur Kabelseele oder zu einem Kabelelement.

Die kabeltechnisch wichtigsten Beispiele sind:

1. Die Zusammensetzung eines *Leiters* aus Einzeldrähten, die im Falle

a) eines gleichzeitigen Zusammendrehens aller meist feinen Drähte zu einem Bündel (Litze) mit *Verwürgen* oder *Verlitzen* (Litze),

b) eines geordneten lagenweisen Aufbaus des Leiterquerschnittes aus meist stärkeren Drähten mit *Verseilen* im engeren Sinne

bezeichnet wird.

2. Die Zusammensetzung einer *Adergruppe* aus isolierten Einzeladern. Für Starkstromkabel, die nur eine Adergruppe besitzen, ist dieser Fall identisch mit Fall 3, Zusammensetzung der Kabelseele. Fernsprechkabel werden jedoch, wie auf S. 52 ff. erwähnt, meist aus einer Vielzahl von einzelnen Adergruppen aufgebaut, die jede für sich eine geschlossene Übertragungseinheit bilden und die jede für sich aus Einzeladern durch „Gruppenverseilung" (wie Paarverseilung, Viererverseilung usw.) oder „Zusammenschlagen" hergestellt werden.

3. Der Aufbau einer *Kabelseele* aus Einzeladern oder Adergruppen. Der einfachste Fall ist die „Verdrillung" zweier isolierter Adern zu einem Zweileiterkabel, beispielsweise einer Gummiaderschnur, wie sie in Abb. 22 wiedergegeben ist. Ist ein Null- oder Erdleiter erforderlich, dann werden drei isolierte Adern miteinander verdrillt. Für Drehstromübertragung werden drei isolierte Leiter, im Falle eines besonderen Nulleiters vier, zur Kabelseele vereinigt, wie z. B. bei vielen schweren Gummischlauchleitungen und den meisten Starkstromkabeln (s. z. B. die Abb. 13, 35 bis 42, 50 bis 53, 57, 58 u. a.). Da es sich hierbei meist um stärkere Adern handelt, spricht man kabeltechnisch von „Verseilung" im engeren Sinne.

Die Verseilung von mehr als vier isolierten *Einzel*adern kommt praktisch nur in der Fernmelde- und Fernwirktechnik vor, wie z. B. bei Eisenbahnsicherungskabeln, entsprechend den Abb. 11 und 12.

---

[1] Durchlaufheizkammern mit bis 800° C heißen Wärmestrahlen.

Jede einzelne Ader stellt hier bereits ein Übertragungssystem für sich dar (in der Regel in Verbindung mit Erdrückleitung), d. h. eine einadrige Adergruppe.

Der Aufbau einer Fernmelde-, insbesondere Fernsprechkabelseele aus einer größeren Zahl von Ader*gruppen* erfolgt durchweg in einer oder mehreren zur Kabelachse konzentrischen Lagen um einen Kern und wird daher mit „Lagenverseilung" bezeichnet. Der Kern kann dabei aus gleichen oder ähnlichen Adergruppen oder aber auch aus ganz anderen Kabelelementen bestehen.

4. Der Aufbau der *Kabelschutzhülle* aus einer Lage (seltener mehreren Lagen) runder oder profilierter Stahl- (seltener Bronze-) Drähte, d. h. ebenfalls durch „Lagenverseilung".

Will man zwei oder mehrere wickelbare Elemente zu einer Einheit fassen, so ist das mit Verseilen, Verwürgen usw. bezeichnete Verwinden der Elemente miteinander *mechanisch* aus zwei Gründen erforderlich:

1. Sofern die Elemente nicht durch Materialverbindungsverfahren (Verkleben, Verschweißen u. ä.) oder durch gemeinsame Umhüllungen (Umspinnen, Umflechten, Umpressen einer Hülle) genügend eng zusammengehalten werden, bedarf es der gegenseitigen Verwindung (zu der auch eine Verflechtung gehört; s. S. 364 ff.), um ein Wiederauseinanderfallen der zusammengefaßten Einheit zu verhindern. Je stärker die Spannung in den Einzelelementen beim Verwindungsvorgang wird, und je häufiger eine volle Verwindung um 360° je Längeneinheit erfolgt, um so stärker ist die die Elemente zusammenhaltende Verwindungsspannung.

2. Würde man die Einzelelemente parallel nebeneinander zur Einheit zusammenlegen (d. h. etwa nur durch Materialverbindungsverfahren oder Umhüllungen zusammenhalten), dann würden beim Biegen eines solchen Bündels die an der Außenseite des Bogens liegenden Elemente nur einer starken Dehnungsbeanspruchung und die an der Innenseite liegenden einer starken Stauchungsbeanspruchung unterworfen werden. Der Widerstand der Elemente gegen Biegung oder Stauchung würde bewirken, daß die äußeren Elemente entweder reißen oder sich in das Bündel eindrücken und sich selbst und die Nachbarelemente deformieren, und daß die inneren Elemente sich nach außen drücken und einknicken würden[1].

Wird dagegen ein verseiltes, verwürgtes oder ein verflochtenes Werkstück oder Kabel gebogen, dann befinden sich alle Einzelelemente innerhalb der Länge einer vollständigen Verwindung um 360° zum Teil an der inneren und zum Teil an der äußeren Seite des Bogens. Sind nun die Verwindungsabschnitte von je 360° kleiner als die Bogenlänge der Biegung, dann gleichen sich bei einer Biegung die Zugbeanspruchungen an der Außenseite und die Stauchungsbeanspruchungen an der Innenseite aus; d. h. die Elemente verschieben sich

---

[1] Bei genügender freier Beweglichkeit verwindet sich ein solches Bündel selbsttätig beim Biegen.

bei einer Biegung derart, daß sie nach der Außenseite des Bogens wandern und benachbarte Elemente sich an der Außenseite der Biegung voneinander entfernen.

Dazu ist es erforderlich, daß die Elemente im Seil (oder Geflecht) wenigstens um einen gewissen kleinen Betrag in ihrer Längsrichtung und ihrem Abstand gegeneinander verschiebbar sind. Ein Seil mit Elementen, die stoffmäßig miteinander verbunden sind, ist nur dann biegsamer als ein Bündel aus parallel nebeneinandergelegten Elementen, wenn eine gewisse elastische oder plastische Verschiebung der Elemente gegeneinander möglich ist.

3. *Elektrisch* ist eine Verseilung vor allem für Adergruppen von Fernsprechkabeln wichtig, zur Vermeidung von Kopplungen der Sprechkreise unter sich und mit benachbarten Starkstromkreisen (s. S. 65 ff.).

Die Verseilung, Verdrillung oder Verflechtung hat zur Folge, daß die Einzelelemente im ausgestreckten Kabel in einer Schraubenlinie (Wendel) liegen und daher eine größere Länge besitzen als die Kabelachse. Die Vorteile der Verseilung usw. werden also durch einen der Verlängerung entsprechenden erhöhten Materialaufwand erkauft sowie durch eine entsprechende Widerstandserhöhung der Leiter, die durch Querschnittsvergrößerung, d. h. weiteren zusätzlichen Materialaufwand ausgeglichen werden muß.

Es kommt bei der Kabelherstellung daher darauf an, die Anzahl der Verwindungen je Längeneinheit beim Verseilen, Verflechten usw. nicht größer zu wählen, als es mit Rücksicht auf die mechanischen und gegebenenfalls elektrischen Erfordernisse unbedingt notwendig ist. Bei Litzen, für deren weitere Verarbeitung in der Gummilängsbedeckungsmaschine, Umpreßmaschine u. a. es besonders auf Formfestigkeit und Vermeidung des Heraustretens von Einzeldrähten aus der Litze ankommt, werden praktisch die meisten Verwindungen je Längeneinheit vorgenommen, d. h. etwa eine volle Verdrehung um 360° auf eine Länge bis herunter zum 10 fachen des Litzendurchmessers. Auch hochflexible Leitungen aus zwei oder mehreren Adern werden manchmal mit sehr kurzer Drallänge verseilt. Bei verseilten Leitern rechnet man mit dem 15- bis 20fachen, bei der Kabelverseilung auch noch mit etwas höheren Werten des Verhältnisses der Drallänge (Werkstücklänge je volle 360° Verdrehung der Elemente) zum mittleren Durchmesser der verseilten Lage.

2. Litzenherstellung im Würgverfahren

Die üblichen Litzenleiter enthalten 10 bis 60 einzelne Feindrähte von 0,1 bis 0,4 mm Durchmesser, in einzelnen Fällen (s. S. 10) bis herunter zu 0,05 mm. Ein genauer, lagenweiser Aufbau solcher Litzen ist nur in Sonderfällen erforderlich, in denen hohe mechanische Anforderungen an den Leiter gestellt werden (Feldkabel). Im allgemeinen genügt es, *alle* Drähte einer Litze gemeinsam zu einem Bündel zusammenzudrehen, zu „verwürgen", wobei sich trotz einer gewissen

Zwanglosigkeit in der gegenseitigen Anordnung der Drähte sehr kompendiöse und gleichmäßige, gut kreisförmige Querschnittsanordnungen erzielen lassen. Das Einsetzen dieser großen Zahl von Drahtspulen in einen rotierenden Korb und die für so feine, leicht reißende Drähte besonders wichtige Beobachtung des Ablaufs von den Spulen während der Rotation würde sehr große Schwierigkeiten verursachen. Alle Würgmaschinen für Feindrähte arbeiten daher mit einem feststehenden Ablaufgestell für die Drahtspulen und einem rotierenden Korb für die Abzug- und Aufwickelvorrichtung.

Die Abb. 167 zeigt die Zuführung der Feindrähte über eine feststehende Verteilerscheibe zum feststehenden Nippel, der die Drähte zusammenfaßt und das Bündel geschlossen an die rotierende Abzug- und Aufwickelvorrichtung (links außerhalb des Bildes) weitergibt.

Entsprechend den allgemeinen Ausführungen über Einlaufbremsung und -winkel zu verwindender Elemente kommt es zur Erzielung guter Würglitzen mit kreisförmigem Querschnitt darauf an, daß diese Verteilerscheibe die einzelnen Drähte bereits in diejenige relative Lage zueinander bringt, welche sie in der Würglitze erhalten sollen. Drähte gleichen radialen Abstands von der Achse müssen mit gleicher Spannung in den Würgnippel einlaufen. Dabei dürfen Drähte äußerer Lagen keinesfalls eine höhere Spannung besitzen als die innerer oder des Kerns, damit sie nicht infolge ihrer höheren Spannung in die innenliegenden hineingedrückt werden.

Zu diesem Zweck müssen die Spannungen in allen Ablaufspulen auch bei feinen Drähten durch Bremsvorrichtungen einreguliert werden, die natürlich mit Rücksicht auf die geringe Festigkeit (Streckgrenze) feiner Drähte sehr weich arbeiten müssen, etwa unter Verwendung der in Abb. 138 für den Spulenantrieb dargestellten Friktionsscheiben aus Filz.

Der Vielzahl feiner, d. h. wenig übersichtlicher Drähte wegen sind gerade bei Würgmaschinen automatische Kontaktvorrichtungen besonders wichtig, welche die Maschine bei Bruch eines Drahtes sofort stillsetzen, d. h. ehe das Ende des gebrochenen Drahtes in den Würgnippel einläuft. Diese Enden sind sorgfältig sauber zu verlöten und vor dem Würgnippel in das Innere der Litze zu drücken, damit sie bei der weiteren Verarbeitung der Litze in den Längsbedeckungs-, Umpreß- u. a. Maschinen keine Störungen verursachen können.

Besonders bei verzinnten, mehr noch bei mit Zinn-Blei-Legierungen hohen Bleigehalts überzogenen Feindrähten besteht infolge der rauheren und weichen Oberflächen die Gefahr großer Reibung zwischen den Drahtoberflächen untereinander und mit der Matrizen- (Nippel-) Arbeitsfläche und demzufolge nicht genügender gegenseitiger Beweglichkeit zur optimalen Gruppierung im Litzenquerschnitt sowie des Abstreifens von Zinn oder Zinnblei, Verstopfens der Matrize und Bruch einzelner oder aller Drähte. Es ist daher zweckmäßig, die Einzeldrähte bereits im Anschluß an den Verzinnungsprozeß mit einem dünnen Schmierfilm zu versehen.

Bei sehr feinen Blankdrähten empfiehlt sich ein Verwürgen im harten Zustand, da einmal der höheren Zerreißfestigkeit und glatteren Oberfläche wegen weniger Drahtbrüche beim Verwürgen vorkommen, und überdies, weil ein Glühen nach der mechanischen Beanspruchung bei der Verlitzung eine weichere Litze ergibt und natürlich wirtschaftlicher ist.

3. Verseilen im engeren Sinne

Für das Verseilen im engeren Sinne, d. h. für den lagenweisen Aufbau eines Seils, wird die Anordnung bevorzugt, bei der die Spulen mit den zu verseilenden Elementen in einem rotierenden Verseilkorb bzw. mehreren hintereinandergeschalteten rotierenden Verseilkörben untergebracht sind und Abzug- und Aufwickelvorrichtung feststehen. Dasselbe gilt für die Verseilung isolierter Adern oder Adergruppen.

Abb. 332. Große Dreileiter-Verseilmaschine. Gesamtansicht des Verseilkorbes (F & G)

a) Rückdrehung. Solche rotierenden Verseilkörbe sind in den Abb. 132 für blanke Drähte, 332 bis 334 für isolierte Starkstromkabeladern, 344 bis 346 für Fernsprechadergruppen, 349 für Fernsprechkabellagenverseilung und 353 für das Aufbringen einer Flachdraht- (Profildraht-) Bewehrung dargestellt. Man erkennt leicht, daß die Spulen oder Ablauftrommeln für die zu verseilenden Elemente in den Abb. 344 und 353 mit ihren Achsen sämtlich senkrecht zur Verseilachse liegen, während die Ablaufhaspeln in den Abb. 132, 332 bis 334, 345, 346 und 349 sämtlich in derselben Richtung im Raume liegen, d. h. ihre Lage zur Verseilachse und zueinander dauernd ändern.

Die maschinell einfachere Verseilart ist die erstgenannte, da hierbei die Ablaufhaspelachsen fest in die Verseilkörbe eingesetzt werden können. Sind Elemente mit nichtkreisförmigem Querschnitt glatt, d. h. ohne Verdrehung um ihre Achse auf die Ablaufhaspeln aufge-

wickelt, dann behalten nicht nur die Haspeln, sondern auch die Element-
querschnitte ihre gegenseitige Lage und ihre Lage zur Verseilachse,

Abb. 333. Große Dreileiter-Verseilmaschine, Teilansicht der eingesetzten Riesentrommel (F & G)

Abb. 334. Große Dreileiter-Verseilmaschine, Vorderansicht des Verseilkorbes
mit Verseilscheibe und -nippel (F & G)

d. h. Kabelachse, dauernd bei. Das ist wichtig für die Verseilung von
Adern mit sektorförmigen Leitern zur Kabelseele, wie sie z. B. in
Abb. 36 dargestellt ist, sowie zur Herstellung einer druckfesten, selbst-

tragenden Armierung aus Flachdrähten mit trapezförmigem Querschnitt analog der Type 130a3 in Abb. 86 oder einem als Kupferhohlseil ausgeführten Rückleiter in einem konzentrischen Kabel entsprechend Abb. 111.

Werden Fernsprechadergruppen auf diese Weise zum Kabel verseilt, so behalten sie ebenfalls ihre gegenseitige Lage im Kabel bei, d. h. die Verseilung ändert nichts an ihrer gegenseitigen, durch die Drallverhältnisse innerhalb der Gruppen bedingten Beeinflussung.

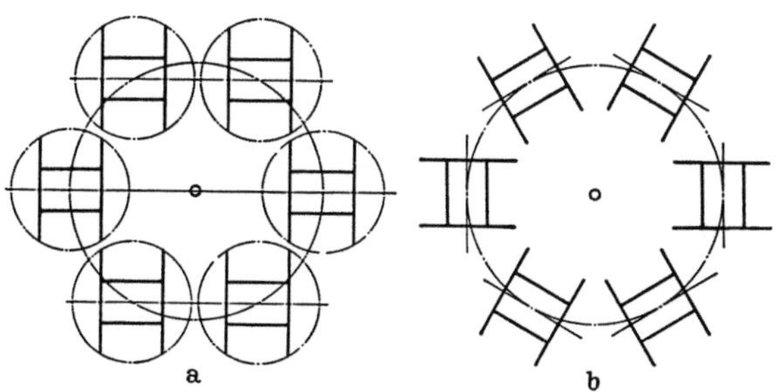

<table>
<tr><td>a</td><td>b</td></tr>
<tr><td>Abb. 335a. Lagenverseilung
mit Rückdrehung (HDK)</td><td>Abb. 335 b. Lagenverseilung
ohne Rückdrehung (HDK)</td></tr>
</table>

Vom maschinentechnischen Standpunkt aus bezeichnet man diese Verseilart als die *natürliche*[1]. Zum Unterschied von der im folgenden beschriebenen Verseilung „mit Rückdrehung" wird sie auch „Verseilung ohne Rückdrehung" genannt (s. Abb. 335).

Physikalisch gesehen, möchte ich mit „natürlich" eine Lage des Verseilelements bezeichnen, in die sich das Element beim Verwindungsprozeß ohne jede zwangsläufige Führung legen würde, d. h. bei dem die nach der Verwindung gewünschte Lage mit einem Minimum an Energieaufwand erzielt wird. Es ist dabei gleichgültig, ob es sich bei der Verwindung um ein Umwickeln eines Elements um ein Werkstück, ein Aufwickeln auf eine Haspel oder ein Verseilen oder Verflechten u. a. handelt:

Wird ein gestrecktes Element kreisrunden und rotationssymmetrischen Querschnittes, wie z. B. ein blanker oder mit einer gleichmäßig starken Isolierschicht umpreßter, runder Draht, auf seinem Umfang längs einer Parallelen zur Achse, d. h. einer Erzeugenden des Oberflächenzylinders, gekennzeichnet, etwa durch einen Farbstrich, und wird dann dieses Element frei schwebend aufgehängt und — vom oberen Aufhängepunkt angefangen — mit beliebiger Steigung auf einen Zylinder gewickelt, dann zeigt es sich, daß die gezeichnete Kennlinie auf der Wicklung nicht mehr parallel zur Achse, sondern wendelförmig um das Element verläuft.

---

[1] Die in Abb. 353 ersichtlichen Joche sind bei der dargestellten Verseilung einer Profildrahtlage festgestellt. Sie dienen dazu, die Maschine auch für Runddrahtbewehrung *mit* Rückdrehung verwenden zu können.

Das Element hat sich bei jeder Umwicklung um 360° um den gleichen Winkel um seine eigene Achse „zurückgedreht", da in diesem Falle die aus Biegung und Torsion bestehende Gesamtverformung einen Mindestanteil an Torsion besitzt.

Abb. 336. 48spulige Korbverseilmaschine, Rückdrehung der Spulen regelbar von 75—100% durch Planeten und Wechselräder (Kraft)

Abb. 337. 36spulige Korbverseilmaschine mit Rückdrehung durch Exzenterring (Kraft)

Verseiltechnisch gesehen, heißt das:

Die geringste mechanische Beanspruchung eines Verseilelements wird erreicht, wenn man das Element bei je 360° Verwindung, auf die Kabelachse bezogen, in sich um 360° zurückdreht, d. h. aber, wie die Abb. 335a zeigt, im Raume seine Richtung beibehalten läßt. Da die Bewegung der Planeten um die Sonne ähnlich erfolgt, nennt man diese

Verseilung auch Planetenverseilung und die dafür erforderlichen Zahnradgetriebe Planetengetriebe (s. Abb. 336). Eine Rückdrehung ist auch mit Hilfe eines Exzenterringes möglich, der, wie die Abb. 337 zeigt, exzentrisch zur Verseilachse gelagert ist und die Joche für die Ablaufhaspeln dauernd in der gleichen Stellung im Raume hält. In beiden Fällen ist — im Gegensatz zur Verseilung ohne Rückdrehung — eine Lagerung der Ablaufhaspeln in Jochen[1] erforderlich, deren Achsen parallel der Verseilachse verlaufen.

Die maschinell einfachere Rückdrehung durch Kurbel- und Exzenterring erlaubt offensichtlich nur eine volle Rückdrehung der Verseilelemente um 360° je Umdrehung des Verseilkorbes. Sie wird für Verseilmaschinen angewandt[2], auf denen nur Adern verseilt werden sollen. Die Rückdrehung durch Planetenräder, welche im Maße der Rückdrehung regelbar ist, kommt dagegen dann zur Anwendung, wenn auf den Verseilmaschinen nicht nur Adern, sondern auch Runddrähte verseilt werden sollen, was meistens nur bei schweren Armiermaschinen der Fall ist. Durch die Regelung der Spulenrückdrehung, d. h. dadurch, daß man den Spulen eine größere oder kleinere Vor- oder Rückdrehung geben kann, wird erreicht, daß die Armierung des Kabels weniger Drall bekommt, also weniger das Bestreben hat, sich aufzudrehen. Die Verwindung mit Rückdrehung bewirkt, wie erwähnt, nicht nur eine dauernde Lageänderung des Elementquerschnitts zur Kabelachse, sondern auch zu den Nachbarelementen. Das heißt aber, der Aufbau eines gleichmäßigen Kabelquerschnitts längs des ganzen Kabels ist dann nur möglich, wenn die Elemente entweder annähernd kreisförmigen Querschnitt besitzen, wie z. B. runde Kupferleiter oder Fernsprechadergruppen, oder wenn Elemente stark unrunder Querschnitte, wie z. B. sektorförmige Leiter oder bandförmige Elemente, mit gleicher Schlaglänge und Schlagrichtung vorverwunden sind.

β) **Schnellverseilmaschinen.** Außer den auf S. 377 ff. besprochenen Verseilmaschinen mit und ohne Rückdrehung gibt es nun noch eine Verseilart, die in ihrer Wirkung zwischen beiden liegt: die Schnellverseilung. Hierbei sind die Ablaufspulen, wie bei der besprochenen Verseilung mit Rückdrehung, in drehbaren Jochen gelagert, deren Achse in der Verseilachse liegt. Infolge ihrer Massenträgheit werden die Spulen bei der Drehung des Verseilkorbes nicht mitgedreht; eine besondere Vorrichtung für eine Rückdrehung (Exzenterring, Planetengetriebe) ist daher nicht mehr erforderlich. Es handelt sich bei der Schnellverseilmaschine also grundsätzlich um eine Verseilung mit Rückdrehung. Nun müssen aber die Drähte oder Adern von ihren Haspeln zum Verseilpunkt über ein fest mit dem Verseilkorb verbundenes Rollen- oder Rohrführungssystem geleitet werden, das die auf der Spule rückgedrehten Elemente auf dem Wege zum Verseilpunkt im Sinne einer Verseilung ohne Rückdrehung zu verdrehen sucht. Was dabei von der ursprünglichen Rückdrehung noch übrigbleibt,

---

[1] Siehe hierzu auch Fußn. 1 auf S. 379.

[2] Nach einer Originalmitteilung der Maschinenfabrik J. A. Kraft, Olpe (Westf.).

hängt ganz von den Reibungsverhältnissen dieser Verseilelementführung
ab, d. h. von der Länge der Führungen, dem Durchmesser der Umlenkrollen, dem Winkel der Umlenkungen, der Glätte der Elementober-
flächen, der Zugspannung, unter welcher die Elemente stehen, usw.
Praktisch rechnet man meist (wie z. B. in der Aufstellung zu Abb. 342c
bis e) mit einer Verseilung ohne Rückdrehung. Die verbreitetste Anwendung hat daher die Schnellverseilmaschine für die Herstellung von
Seilen aus blanken Drähten, bei welchen der Einfluß der ohne Rückdrehung auftretenden Torsionsbeanspruchungen nicht so sehr ins Gewicht fällt. Abb. 338 zeigt eine solche Schnellverseilmaschine für Leiterseile.

Abb. 338. 18spulige Schnellverseilmaschine für Leiterseile (Krupp-Gruson)

Bei solchen Schnellverseilmaschinen kann man nicht — wie bei den
früher besprochenen Korbverseilmaschinen — einen Kern durch eine
Verseilachse einführen und darüber eine oder mehrere Lagen verseilen,
weil eben die Ablaufhaspeln in der Verseilachse liegen und daher eine
zentrale Durchführung des Verseilkernes unmöglich machen. Eine
Durchleitung am Umfang des Rotationskörpers ist aber der soeben
besprochenen Reibungs- und Torsionsbeanspruchung wegen nicht möglich. Die einzige praktisch anwendbare Form einer Lagenverseilung
über einen Kern mit einer Schnellverseilmaschine besteht darin, daß
man den Kern auf einer Haspel in derselben Weise frei drehbar in der
Maschine aufhängt wie die Ablaufspulen, und zwar dem Verseilpunkt
am nächsten, um den Kern dem Verseilnippel unmittelbar axial zuführen zu können. Aber selbst wenn man diesen vordersten Teil der
Maschine zur Aufnahme der Kerntrommel im Durchmesser stark vergrößert (Dickkopfmaschine), bleibt die Aufnahmefähigkeit einer Schnellverseilmaschine für einzuführende Kerne auf kleine Kerndurchmesser
oder kürzere Längen beschränkt.

Da die schweren Massen der Ablaufhaspeln bei der Schnellverseilmaschine nicht mitrotieren, ergeben sich gegenüber den Korbverseilmaschinen geringerer Energieverbrauch und höhere Leistung, insbesondere bei den Typen nach Art der Abb. 342d und e, bei denen jede
Umdrehung des Rotationskörpers zwei volle Verseildralle erzeugt. Man
wendet daher das Schnellverseilprinzip, soweit möglich, auch für isolierte Adern an, d. h. in Fällen, in denen die starke Torsionsbeanspru-

chung sich nicht sehr schädigend auf die Elemente auswirkt, wie z. B. bei der Gruppenverseilung von Fernsprechortskabeln und bei der Bündelung von Teilkabeln zum Gesamtkabel bei sehr hochpaarigen Fernsprechortskabeln.

γ) Starkstromkabelleiter- und Kabelverseilung. Die Abb. 132 zeigt die *Herstellung eines Kupferseils* aus blanken Drähten. Die Spulen für die drei aufeinanderfolgenden Lagen des Seils sind für jede Lage getrennt in drei verschiedenen, hintereinandergeschalteten Verseilkörben untergebracht. Da aufeinanderfolgende Körbe in entgegengesetzter Richtung und mit verschiedener Tourenzahl umlaufen, werden gleichzeitig drei Lagen mit abwechselnder Verseilrichtung und verschiedener Dralllänge hergestellt.

Zur Herstellung der üblichen Starkstromkabelleiter mit sektorförmigem Querschnitt (s. S. 26 ff.) läßt man durch die hohlen Achsen der Verseilkörbe einen Verseilkern einlaufen, der aus einem oder mehreren unverseilten Drähten besteht und dessen Querschnittsform dem gewünschten Profil bereits ähnlich, in den Abmessungen jedoch kleiner ist. Dieser Kern besteht entweder — für geringere Leiterquerschnitte — aus einem einzigen, massiven Draht sektorförmigen Querschnittes oder aus drei oder mehreren, meist ebenfalls profilierten Drähten, die parallel zusammengebündelt die gewünschte Kernquerschnittsform ergeben. Um diesen Kern herum werden dann eine oder mehrere Lagen Runddrähte mit Rückdrehung verseilt. Es ergibt sich dann ein im Querschnitt sektorförmiges Seil, dessen äußere Drahtlagen zwar einen Drall besitzen, dessen Sektorform jedoch gerade, unverdrallt verläuft entsprechend dem Verlauf des Verseilkerns.

Um einen solchen sauber sektorförmig hergestellten Leiter nicht durch Umwickeln u. a. wieder zu deformieren, wird er in der Regel — wie Abb. 132 zeigt — unmittelbar anschließend an die Verseilung mit der Papierbandisolierung bewickelt.

Sektorvordrallierung. Bei der *Verseilung* der so isolierten Einzeladern mit sektorförmigem Querschnitt *zur Kabelseele* mit Vollkreisquerschnitt müssen die Adern so gelegt werden, daß ihre gegenseitige Lage immer die gleiche bleibt, d. h. also, daß die Sektorspitzen im Kreismittelpunkt liegen bzw. nach dem Kreismittelpunkt zeigen. Das heißt aber, es muß eine Verseilung ohne Rückdrehung angewandt werden. Damit ist aber nach dem oben Gesagten eine starke Torsionsbeanspruchung nicht nur des Kupferseils, sondern auch der darüberliegenden Papierschichten verbunden, die zum Reißen der Papierbänder führen kann, wenn die Kabelverseilung in gleicher Richtung erfolgt wie die Papierbewicklung, d. h. wenn die Papierwendeln weiter zugedreht werden. Umgekehrt entsteht eine Lockerung der Papierbewicklung und daraus Falten- und Hohlraumbildung, wenn die Kabelverseilung in entgegengesetzter Richtung erfolgt wie die Papierbewicklung, d. h. wenn die Papierwendeln aufgedreht werden.

Bei der Herstellung von sektorförmigen Hochspannungskabeladern, bei denen der vielen Papierlagen wegen die auftretenden mechanischen Deformationsspannungen besonders groß und eine Hohlraumbildung besonders schädlich ist, verwendet man daher heute meist „vor-drallierte" Sektorleiter, bei denen der die Sektorform aufbauende Kern und damit auch die äußere Querschnittsform bereits mit gleicher Schlagrichtung und gleicher Schlaglänge (Drallänge) vor-verseilt sind.

Das bei der *Herstellung vorgeformter Sektorleiter* und der Verseilung der vorgeformten Leiter zur Anwendung kommende Verfahren wird am besten verständlich, wenn man aus dem Verbande eines aus drei Sektor-leitern bestehenden Kabels durch Umkehrung des Verseilvorganges einen der Leiter herauslöst, ohne ihn zu verdrehen, und ihn dann wieder einfügt. Wenn man Sektorleiter herstellt, die dem aus dem Verband des Kabels ohne Verdrehung herausgelösten Sektorleiter in ihrer Form entsprechen, so kann man offenbar drei derartige Leiter auf einer Ver-seilmaschine *mit* Rückdrehung der Trommelrahmen verseilen, ohne sie zu verdrehen. Die Verseilung mit Rückdrehung hat zur Voraussetzung, daß mit $A =$ Abzuglänge des Kabels, $W =$ Windungslänge der vor-geformten Leiter, $D =$ Durchmesser des Mittelkreises der drei Leiter: $A = \sqrt{W^2 - (D)^2}$ bzw. $W = \sqrt{A^2 + (D)^2}$ ist. Es hat sich als zweck-mäßig erwiesen, die Windungslänge annähernd der vorgesehenen Ab-zugslänge anzupassen und noch bestehende Abweichungen von der richtigen Windungslänge durch Anpassung der Abzuglänge an die tat-sächlich vorliegende Windungslänge auszugleichen.

Wenn man einen aus dem Kabelverband herausgelösten Sektorleiter in seine Bestandteile auflöst, indem man nach Entfernung der Papier-isolierung die Drähte der äußeren — und bei zwei Lagen auch der inneren — Drahtlage (*Decklage*) entfernt, so verbleibt eine aus mehreren Drähten bestehende Seele („Kern") von der Windungslänge W. Es liegt auf der Hand, daß die Verseilung der Decklagendrähte um eine derartige Seele einen Preßbackenhalter bedingt, der bei jeder Abzuglänge W eine Umdrehung macht.

Die Herstellung der Seele mit der Windungslänge W kann auf jeder beliebigen Verseilmaschine erfolgen; es hat sich aber gezeigt, daß man die Verseilung der Kerndrähte und die Verseilung der Deckdrähte um den Kern in *einem* Arbeitsgang durchführen kann. Der Verseilkorb für die Verseilung der Kerndrähte kann hierbei einfacher ausgeführt werden als der Verseilkorb für die Verseilung der Deckdrähte, da die Verseilung der Kerndrähte im Hinblick auf die große Windungslänge W ohne Rückdrehung vorgenommen werden kann.

Die von der Maschinenfabrik J. A. Kraft in Olpe hergestellte Verseil-maschine für vorgeformte Sektorleiter besteht aus einem 14spuligen Verseilkorb mit Rückdrehung der Spulenrahmen, einem hinter diesem angeordneten Verseilkorb für acht Spulen gleicher Größe und einer größeren Spule ohne Rückdrehung, sowie der in Abb. 339 und 340 dar-gestellten Verseilvorrichtung. Hinter den Preßbacken, in denen sich die Verseildrähte vereinigen, sind zwei Rollen angeordnet. Sollen die Drähte nicht nur fest zusammengefügt, sondern unter Verformung zusammen-gedrückt werden, so werden die Rollen angetrieben.

Abb. 339. 14spuliger Verseilkorb und Verseilscheibe einer Maschine zur Herstellung vorgeformter Sektoradern (HDK)

Abb. 340. Verseilscheibe und Walzen zur Vorformung von Sektorleitern (HDK)

Abb. 341 zeigt eine Vorrichtung, die dazu dient, bei der *Verseilung der drei vorgeformten Sektorleiter zur Kabelseele* die Abzugslänge der Dreileiter-Verseilmaschine der Windungslänge der vorverseilten Adern anpassen zu können. Die Vorrichtung besteht aus einem Kegelrädergetriebe und einem stufenlos regelbaren PIV-Getriebe. Dieses ist als Steuergetriebe so an das Kegelrädergetriebe angeschlossen, daß sich bei Änderung der Drehzahl der Abtriebswelle des *PIV*-Getriebes im Verhältnis 1 : 4 die Drehzahl der Abtriebswelle des *Kegelräder*getriebes nur im Verhältnis von etwa 1 : 1,1 ändert. Die Vorrichtung kann im Antrieb des Abzuges oder des Verseilkorbes angeordnet werden.

Bei Unterschieden in der Windungslänge der drei Leiter unter sich muß eine Angleichung der abweichenden Windungslängen erfolgen, sobald die Unterschiede den Verseilvorgang ungünstig beeinflussen. Die Angleichung erfolgt durch Drehen des betreffenden Trommelrahmens

Abb. 341. Vorrichtung zur Anpassung der Abzugslänge der Dreileiter-Maschine an die Windungslänge der vorgeformten Sektorleiter (Krupp-Gruson)

um seine Längsachse in der einen oder anderen Drehrichtung. Die Dreileitermaschinen sind entsprechend eingerichtet. Bei sorgfältiger Herstellung der vorgeformten Sektorleiter lassen sich die Unterschiede in der Windungslänge der Leiter aber vermeiden.

ϭ) Fernsprechader-Gruppenverseilung. Wie auf S. 54ff. erörtert wurde, ist die Verseilung der Adern zu Adergruppen ein für die elektrischen Eigenschaften der Gruppen entscheidend wichtiger Vorgang. Zwei Faktoren sind dabei von besonderem Einfluß auf die Lage der Adern zueinander: die Bremsung der Adern auf der Ablaufhaspel und dem Weg zum Verseilpunkt, d. h. die *Spannung* der Adern im Augenblick der Verseilung, sowie der *Winkel*, welchen die Adern im Verseilpunkt mit der Verseilachse bilden. Ideal sind dauernd genau gleiche Spannung und genau gleiche Winkel aller Adern. Bis zu einer gewissen Grenze zulässig sind noch sich im Rhythmus der Verseilung, d. h. bei jeder Umdrehung des Verseilkorbes ändernde, aber im Mittel gleiche Spannungen bzw. Winkel. Dauernd grundsätzlich verschiedene Spannungen bzw. Winkel können zwar bis zu einem gewissen Grade, aber nur in groben, für höhere Ansprüche nicht ausreichenden Grenzen durch die Gegenwirkung ungleicher Winkel bzw. Spannungen ausgeglichen werden.

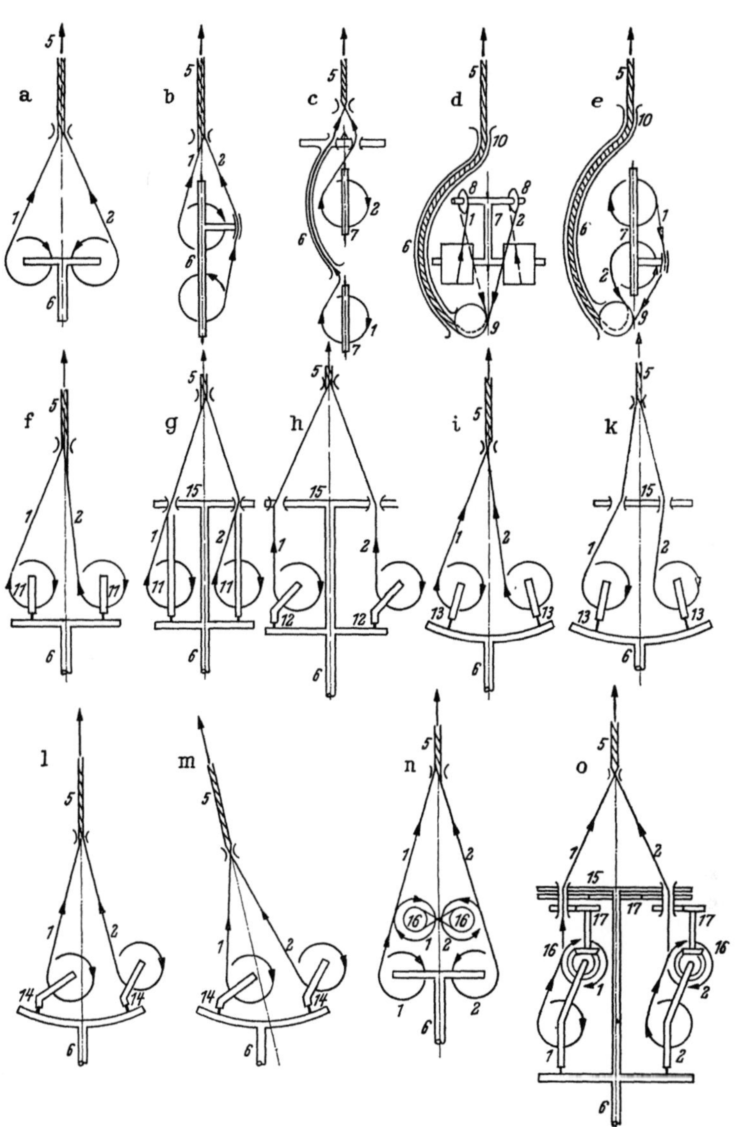

Abb. 342. Schematische Zusammenstellung der üblichen Verseilmaschinen zur Herstellung von Fernsprechader-Einfachgruppen nach einem von O. HAUGWITZ[1] zur Verfügung gestellten Originalbeitrag.

1 u. *2* Fernsprechkabeladern eines Paares (für Sternviererverseilung hat man sich die Adern *3* und *4* vor bzw. hinter der Papierebene vorzustellen); *5* fertiges Gruppenseil; *6* rotierender Verseilkorb; *7* ruhender Spulenrahmen beim Schnellverseilprinzip; *8* Einzelader-Umlenkrollen; *9* 1. Verseilpunkt und Umlenkung für Gruppen; *10* 2. Verseilpunkt bei Doppelschlagmaschinen; *11* Spulenjoche mit Achsen parallel zur Verseilungsachse (strichpunktiert); *12* Spulenjoche mit Achsen parallel zur Verseilachse, Lage der Ader bei halbgefüllten Spulen in der Richtung der Jochachse; *13* Spulenjochachsen nach Verseilpunkt gerichtet; *14* Spulenjochachsen nach Verseilpunkt gerichtet, Lage der Ader bei halbgefüllten Spulen in der Richtung der Jochachsen; *15* Aderführungskreuz; *16* gekuppelte Hilfsscheiben; *17* Kupplungs- und gegebenenfalls Antriebsgetriebe

[1] Vgl. Tabelle 5 auf S. 388.

25*

Praktisch ist dieses Verfahren jedoch zu kompliziert und für Fernkabelgruppen zu ungenau.

Abb. 342 zeigt eine Zusammenstellung der am meisten gebräuchlichen Gruppenverseilmaschinen in ihrem grundsätzlichen Aufbau. Die Vielfältigkeit der versuchten Lösungswege beweist am besten die Schwierigkeit in der praktischen Verwirklichung der gestellten Forderungen. Die Vorteile und Nachteile der einzelnen Typen sind von O. HAUGWITZ in einer für das vorliegende Buch ausgearbeiteten Aufstellung (Tab. 5) einander gegenübergestellt.

Tabelle 5. *Eigenschaften der verschiedenen Verseilarten für Fernsprechadergruppen (gemäß Abb. 342) nach* O. HAUGWITZ

Es bedeuten: + auf die Verseilart zutreffender Vorteil,
− auf die Verseilart zutreffender Nachteil

	Verseilart													
---	a	b	c	d	e[1]	f	g	h	i	k	l	m	n	o
Vorteile (Abb. 342):														
Gleichbleibende Winkelgeschwindigkeit der Trommeln	+	+	+	+	+		+	+				+	+	+
Automatischer Bremsausgleich													+	+
Gleichbleibende und gleiche Verseilwinkel	+	+	+	+	+		+	+		+	+	+	+	+
Aderrückdrehung						+	+	+	+	+	+	+		+
Geradlinige Aderführung	+					+			+		+	+	+	
Keine seitliche Schüttelbewegung	+	+	+	+	+								+	
Hohe Drehzahl möglich		+	+	+	+									
Bremsung an der Trommel gleichbleibend	+	+	+	+	+		+	+				+	+	+
Nachteile (Abb. 342):														
Periodisch sich ändernde Winkelgeschwindigkeit der Trommeln (nur sehr geringe Drehzahl möglich)						−			−	−	−			
Einzeladerbremsung	−	−	−	−	−	−	−	−	−	−	−	−		
Keine Aderrückdrehung	−	−	−	−	−								−	
Periodisch sich ändernde Verseilwinkel						−			−					
Unsymmetrisch geknickte Aderführung[2]		−	−		−		−							
Symmetrisch geknickte Aderführung				−				−		−				−
Seitliche Schüttelbewegung vorhanden							−	−	−	−	−	−		−
Keine hohe Drehzahl möglich	−					−	−	−	−	−	−	−	−	−
Periodisch sich ändernde Bremsung an den Trommeln						−			−	−	−			−

---

[1] Die Verseilung *e* ist eine andere Form der Verseilart *d,* der gegenüber sie jedoch den Nachteil der unsymmetrisch geknickten Aderführung besitzt. Die Abbildung ist einer Arbeit von K. J. KIRKPATRIK und C. F. BENNETT [149] über die Herstellung von Fernsprechkabeln entnommen.

[2] Die ungleichmäßige Bremsung, welche durch unsymmetrisch geknickte Aderführung verursacht wird, ist vom Verfasser [148] ausgenützt worden, um die

Bei den Skizzen der Abb. 342 ist zu beachten, daß sich der Windungsdurchmesser der Adern auf den Ablaufhaspeln (Trommeln) während des Verseilvorganges laufend verringert. Die gezeichneten Kreise stellen die mittlere Aderlage auf den Haspeln dar.

Die Typen c, d und e arbeiten nach dem obenerwähnten Schnellverseilprinzip, d. h. mit im Raum feststehender Ablaufhaspel 1 und 2 und rotierenden Aderführungsbügeln (*Flügeln*) 6. Bei den Arten d und e werden mit einer Flügeldrehung zwei volle Verdrallungen (*Schläge*) hergestellt, je eine bei 9 und bei 10.

Der Übersichtlichkeit halber sind in allen Skizzen nur die beiden extremen Lagen zweier einander diagonal gegenüberliegenden, in einer Ebene ablaufenden Adern dargestellt. Meist handelt es sich bei den abgebildeten Typen (mit Ausnahme von b bis e) um Sternviererverseilungen, wobei die beiden anderen Ablaufhaspeln vor und hinter der Bildebene liegen.

Die in den Abbildungen n und o gezeichneten Aderführungsrollen 16 sind Hilfsscheiben zur Regulierung der Aderspannung. Nach einem Vor-

Spannung von an der Trommel zu schwach gebremsten Adern durch Knickung in der Aderführung der Spannung der übrigen Adern automatisch anzupassen.

Die Abb. 343 ist eine schematische Skizze einer Ausführungsform einer solchen Differenzspannungsregulierung. Die Ablauftrommeln 1 bis 4 rotieren im Verseilkorb 5 mit der ebenfalls rotierenden Achse 6. Die Adern 7 bis 10 werden im Nippel 11 zum Viererseil zusammengeschlagen, welches über die Abzugscheibe 12 zur Aufnahmetrommel 13 läuft.

Die Regulierungsvorrichtung besteht nun in vier Körpern 14 bis 17, welche mit den Adern durch Führungen verbunden sind, und zwar im vorliegenden Falle einfach dadurch, daß die Adern durch Bohrungen in den Körpern hindurchgeführt werden. Diese Körper können horizontal auf den beispielsweise radial zur vertikalen Verseilachse angebrachten Schienen 18 bis 21 gleiten. Die Adern werden durch die gleitenden Massen nach außen gedrückt und erleiden dadurch eine zusätzliche Bremsung, und zwar um so mehr, je größer die Masse der gleitenden Körper ist und je geringer die ursprüngliche Aderspannung war. In der Abbildung hat die mit 9 bezeichnete Ader ursprünglich die geringste Spannung. Sie wird daher am meisten abgelenkt.

Bei passender Wahl der Masse der gleitenden Körper und der Dimensionierung und Form der mit ihnen verbundenen Aderdurchführungen können die zusätzlichen Bremskräfte die ursprünglichen Spannungsdifferenzen aufheben.

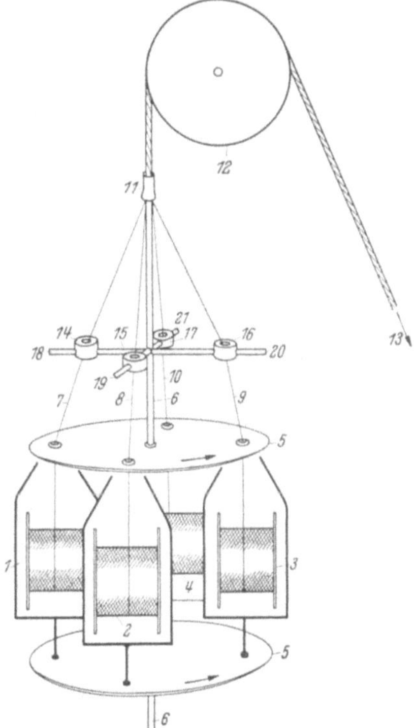

Abb. 343. Bremsausgleich bei der Viererverseilung nach W. EHLERS [148]

schlag von M. KLEIN sind die miteinander gekuppelten Hilfsscheiben und der Hauptabzug starr angetrieben. Die dabei bestehende Gefahr einer Überbeanspruchung der Adern wird gemildert durch die Vorschläge von O. HAUGWITZ, entweder nur untereinander gekuppelte, im übrigen aber lose laufende Hilfsscheiben [155] zu verwenden, oder aber nur die Hilfsscheiben starr anzutreiben und den Hauptabzug mit einem gleitenden Friktionsantrieb. Einige Beispiele für verschiedenartige Verseilung zeigen die Abb. 344 bis 346.

Eine interessante Lösung zur Herstellung eines DM-Vierers, d.h. einer Mehrfachgruppe, in einem einzigen Verseilvorgang ist von O. HAUGWITZ[153] bei der Hackethal-Draht- und Kabel-Werke A.G. entwickelt worden. Die Viererverseilung erfolgt dabei mit Hilfe eines normalen Sternviererverseilkorbes, in dem jedoch die für einen Stamm bestimmten Adern nicht, wie bei der Sternverseilung, diagonal, sondern nebeneinander angeordnet sind. Die Verseilung dieser Paare in sich wird nun durch einen Kunstgriff ohne Anwendung zusätzlicher, fortlaufend rotierender Maschinenelemente ermöglicht, und zwar dadurch, daß — wie die Abb. 347 und 348 zeigen, — je zwei zu einem Paar gehörige Adern unmittelbar vor dem Viererverseilnippel miteinander um nur 360° hin- und wieder

Abb. 344. Verseilmaschine für Fernsprechkabel gemäß Verfahren der Abb. 342a kombiniert mit Papierbandwicklern (HDK)

zurückverdrallt werden (*DMH-Verseilung*).

Dieser Drallrichtungswechsel der Paare hat überdies noch den Vorteil eines theoretisch günstigsten *Verhältnisses von Paar- zu Viererkapazitäten* des Vierers. Sind die Paardralle dem Viererdrall dauernd entgegengesetzt gerichtet, dann ergibt sich bei der Viererverseilung eines normalen DM-Vierers ein sperriges Gebilde mit großem mittlerem Abstand der Paare voneinander, d. h. mit verhältnismäßig kleiner Kapazität der Paare gegeneinander (Viererkapazität). Umgekehrt legen sich die Paare enger ineinander, wenn sie die gleiche Drallrichtung wie der Vierer besitzen. In diesem Falle ist die Viererkapazität größer im Verhältnis zu den Stammkapazitäten. Im ersteren Falle beträgt das Verhältnis Vierer- zu

Abb. 345
Verseilmaschine
für Fernsprech-
gruppen gemäß
Verfahren der
Abb. 342g
(SSW)

Abb. 346
Verseilmaschine
für Fernsprech-
adergruppen
gemäß Ver-
fahren der
Abb. 342i
(F & R)

Abb..347. Verseilkopf für DMH-Verseilung und H-Ausgleich an der Versuchsmaschine (HDK)

Abb. 348. Verseilkopf und Schaltgetriebe der DMH-Verseilmaschine zur Herstellung von
DM-Vierern nach O. HAUGWITZ mit Vorrichtung zum Ausgleich der Kopplung
während der Herstellung (HDK)

Stammkapazität etwa $1,5 \cdots 1,6$, im zweiten etwa $1,7 \cdots 1,8$, beim DMH-Vierer daher etwa $1,6 \cdots 1,7$ [1].

Abb. 349.
Gesamtansicht
der Fernsprech-
kabel-Verseil-
maschine (F & G)

Abb. 350.
Verseilkopf
(F & G)
1 Verseilscheibe
für mehrlagige
Verseilung;
2 Verseilnippel
(Matrize);
3 Meßrad

Abb. 349 u. 350. Fernsprechkabel-Verseilmaschine Verseilkorb mit großem Verteilerrahmen
für mehrlagige Verseilung in gleicher Richtung

---

[1] Das Verhältnis der Vierer- zur Stammkapazität ist überdies noch von der Drallänge im Stamm abhängig, die für beide Stämme mit Rücksicht auf das Übersprechen verschieden gewählt werden muß (sofern man nicht die praktisch schwierige Phasenverschiebung von $90°$ vornimmt). Je kürzer der Paardrall gewählt wird, um so größer ist die „Einseilung", d. h. die Verlängerung der Ader gegenüber der Gruppenachse, und um so fester werden die Adern mechanisch beim Verwindungsvorgang aneinandergepreßt. Beide Erscheinungen bewirken, daß bei gleicher Aderstärke die Betriebskapazität einer Gruppe um so größer ist, je kürzer der Drall gewählt wird. Um nun trotzdem gleiche Betriebskapazitäten beider Paare im DM- oder DMH-Vierer zu erhalten, werden nach einem Vorschlag von O. Haugwitz [154] die Drallängen der Paare in bestimmten Abständen untereinander vertauscht.

Die DMH-Verseilung ermöglicht ferner, falls erwünscht, einen Ausgleich der Kopplungen im Vierer und der voraussichtlichen Kapazitätsdifferenzen gegen die Umgebung auf einfache Weise während der Herstellung des Vierers auf Grund von Messungen dadurch vorzunehmen,

Abb. 351. Verseilkopf einer Fernsprechkabel-Verseilmaschine mit 2 Verseilscheiben für mehrlagige Verseilung mit metallisierten Einlagen (F & G)
1 u. *2* metallisierte Papiere;   *3* mit Korb rotierender Nippel;   *4* fester Nippel

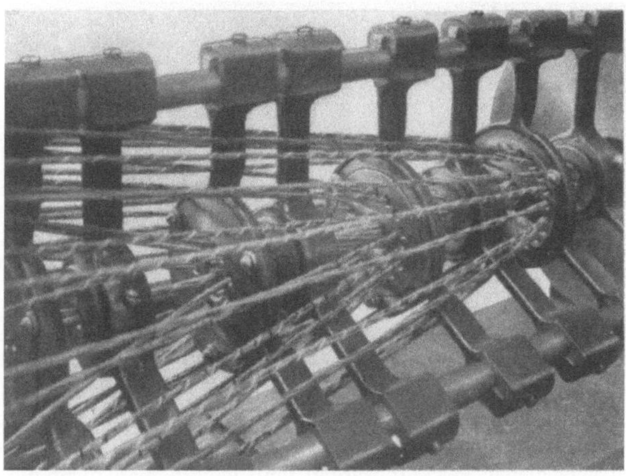

Abb. 352. EH-Verseilmaschine für Verseilung aller Lagen (100 Vierer) in gleicher Richtung nach W. Ehlers und O. Haugwitz (HDK)

daß man den Richtungswechsel in einem der beiden Paare bereits nach einer halben Drallänge vornimmt und die Stärke der Isolierschichten einzelner Adern oder eines Paares mit Hilfe abstandhaltender Papierkordeln oder -bänder wahlweise vergrößert [*85*].

ε) **Lagenverseilung.** In Deutschland erfolgt die Lagenverseilung der Fernsprechgruppen zum Kabel im allgemeinen mit Rückdrehung. Die Gruppentrommeln sind daher, wie Abb. 349 zeigt, in rückdrehbaren Jochen gelagert. Von ganz besonderer Bedeutung für die Herstellung von Fernsprechkabeln mit gleichmäßigen Betriebskapazitäten in allen Vierern ist eine gleiche und gleichbleibende Bremsung der Vierertrommeln im Verseilkorb. Abb. 135 zeigt eine für diesen Zweck von Krupp-Gruson entwickelte, fein einstellbare Bandbremse.

Abb. 350 und 351 zeigen den hier grundsätzlich besonders interessierenden Vorgang der Vereinigung der Gruppen zum Seil. Die Verseilelemente müssen in gleichem gegenseitigen Abstand, mit gleicher Geschwindigkeit und Spannung unter einem bestimmten, für alle Elemente genau gleichen Winkel in die Matrize (Verseilnippel) einlaufen.

Wie bereits erwähnt (s. S. 65), werden bei der EH-Verseilung alle Gruppen eines Fernsprechkabels mit gleicher Schlagrichtung und Schlaglänge verseilt. Abb. 352 zeigt, wie trotzdem eine gute lagenweise Verseilung erzielbar ist.

4. Armierung von Kabeln

Die Bewehrung von Kabeln mit Draht (Rund-, Profil-, Z-Draht u. a.) erfolgt nach dem gleichen Grundsatz wie die Verseilung. Runddrähte werden im allgemeinen mit Rückdrehung verseilt, um die Bewehrung spannungsfrei zu machen und Korbbildung zu verhüten. Profil- (Flach-) Drähte, Z-Drähte und andere Drähte nichtkreisförmigen Querschnitts müssen dagegen ohne Rückdrehung verseilt werden[1].

Abb. 353. Verseilkorb ohne Rückdrehung für Flachdrahtbewehrung (F & G)

---

[1] Das heißt wenn sie nicht, wie Sektorleiter, vorverdrallt sind, was aber praktisch zu kompliziert erscheint.

Bei der vor allem bei Starkstromkabeln, seltener bei Fernsprechkabeln (bei Erdverlegung oder zum Starkstromstörungsschutz) angewandten Bandarmierung werden zwei aufeinanderfolgende Bandlagen in gleicher Richtung derart gewickelt, daß die zweite Lage die Fugen der ersten überdeckt und daß die Fugenbreite zwischen benachbarten Windungen einer Lage groß genug ist, um eine ausreichende Biegefähigkeit des Kabels zu gewährleisten.

Normalerweise werden für Drahtarmierung legierter (verzinkter) Stahl, für Bandarmierung dagegen weicheres, d. h. schmiegsameres (asphaltiertes) Stahlband genommen. Wo es dagegen auf besondere Korrosionsfestigkeit oder unmagnetisches Verhalten ankommt, verwendet man NE-Metalle, vor allem Bronze.

Abb. 353 zeigt die Herstellung einer Flachdrahtarmierung ohne Rückdrehung. Zu beachten ist der in diesem Falle wesentlich kleinere Lagenverseilwinkel als bei der Adergruppenverseilung in Abb. 349.

Ein Eisenbandwickler ist in den Abb. 271 und 302 dargestellt.

Der Bleimantel muß gegen mechanische Beschädigungen durch die Bewehrung beim Aufbringen, Umtrommeln und Verlegen durch ein Polster geschützt werden, das ebenso wie die über der Bewehrung angebrachten Korrosionsschutzlagen meist aus einer Jutebespinnung oder Papierbandbewicklung (Kreppapier) besteht und mit korrosionsfesten Tränkmassen (Bitumen) satt durchtränkt ist.

Anhang

Der Faktor „Zeit" in der Kabelfertigung

a) Allgemeines

Wie beschrieben, gibt es für die Herstellung der meisten kabeltechnischen Erzeugnisse eine ganze Reihe verschiedenartiger Herstellungsmöglichkeiten. Die Entscheidung, welches Verfahren den Vorzug verdient, wird selten vom rein technischen Standpunkt, sondern in der Regel von wirtschaftlichen Erwägungen aus gefällt.

Allgemeingültige Regeln lassen sich hierzu nicht aufstellen, da ein Verfahren, das sich in einem Land bewährt hat, in einem anderen durchaus unwirtschaftlich sein kann. Abgesehen von unterschiedlichen Wirtschaftssystemen, sind vor allem maßgebend:

1. *Rohstoff*vorkommen und -preise. In einem Lande, in dem Kupfer-, Zink- und Bleipreise einen Bruchteil der Weltmarktpreise betragen, oder in einem Lande, das große Zinngruben und Naturkautschukplantagen besitzt, werden Konstruktion und Verfahren sich unterscheiden von einem Lande, das nicht diese Vorzüge, dagegen aber eine leistungsfähige und billige Kunststofferzeugung zur Verfügung hat.

2. *Vorrichtungen* zur Durchführung der Verfahren. Die Ausgestaltung der Vorrichtungen hängt wesentlich davon ab, welche Umsätze für ein bestimmtes Erzeugnis in Frage kommen, d. h. ob die Maschine

dauernd und vielleicht sogar im kontinuierlichen Betrieb für einen Kabeltyp verwendet wird, oder ob ein dauernder Wechsel kleinerer Aufträge eine weitgehende Allgemeinverwendbarkeit und Elastizität des Maschinenparks erforderlich macht. Aus den gleichen Gründen ist es unterschiedlich, ob die Entscheidung zwischen verschiedenen Verfahren und Vorrichtungen von einer großen Kabelfabrik oder einem kleineren Hersteller bestimmter Typen einerseits oder einem kleineren allgemeinen Kabelwerk andererseits zu treffen ist. Insbesondere lassen sich Erfahrungen, die in den Vereinigten Staaten von Amerika gemacht wurden, nicht ohne weiteres auf andere Länder übertragen.

Hinzu kommt die Frage, ob in einem Lande eine leistungsfähige Kabelmaschinenindustrie vorhanden ist, oder ob alle neuen Spezialmaschinen aus entfernt liegenden Industrieländern mit hohen Kosten- und vor allem Zeitopfern beschafft werden müssen.

3. *Arbeitskräfte*. Von entscheidender Bedeutung für die Verfahrenswahl ist ferner, ob geschulte oder leicht anzulernende Arbeiter verfügbar sind, und wie das Verhältnis der Löhne zu Werkstoff- und Betriebskosten steht.

4. *Erzeugnisgüte*. Bessere Qualität erfordert bessere, d. h. neuere Maschinen, besser geschultes Personal und bessere Werkstoffe. Auf den ersten Blick gesehen, geht also die Qualität auf Kosten der Wirtschaftlichkeit. Da jedoch diese drei Maßnahmen gleichzeitig fast immer eine Erhöhung der Leistung und Herabsetzung der Ausschußmengen bedeuten, so liegt auch in einer zunächst durch Qualitätsanforderungen (freier Wettbewerb, Rüstung) bedingten Entwicklung meist auch eine Verbesserung der Wirtschaftlichkeit, zumindest auf längere Sicht.

Die Frage, welchen *Zeitraum* man für wirtschaftliche Überlegungen bei der Wahl technischer Verfahren in Betracht zieht, ist ganz besonders entscheidend für die Durchführung ganz neuer Ideen über die Laboratoriumsentwicklung bis zur Fabrikationsreife und großtechnischen Anwendung, für die von kapitalkräftigen Firmen, vor allem in den Vereinigten Staaten, Zeiträume bis zu 25 Jahren von vornherein bewußt in Kauf genommen werden.

b) Verfahrensgeschwindigkeit

Betrachtet man nun ein bestimmtes Verfahren, so interessiert vom wirtschaftlichen Standpunkt aus vor allem die in der Zeiteinheit hergestellte Erzeugnismenge je Maschineneinheit. Bei der vergleichenden Betrachtung verschiedener Verfahren ist u. a. zu bedenken, daß oft langsamer laufende Maschinen in größerer Anzahl oder größerer Zahl paralleler Gänge von einer Bedienungseinheit überwacht und von einer Werkstatteinheit instand gehalten werden können als schnellere.

Die *Leistung* einer Maschineneinheit, d. h. der Ausstoß je Zeiteinheit, ist eine Funktion der Verfahrensgeschwindigkeit sowie des Prozentsatzes an der betrachteten Gesamtzeit, während deren diese Geschwindigkeit wirklich produktiv aufrechterhalten wird. Man ist daher zur Erhöhung der Leistung bestrebt,

1. die Verfahrensgeschwindigkeit selbst zu steigern und

2. die Haltezeiten, während welcher das Verfahren unterbrochen wird, möglichst kurz zu halten.

Auf dem Gebiet der *Verfahrensgeschwindigkeit* sind in neuerer Zeit außerordentliche Fortschritte erzielt worden durch

1a. Änderung oder Verbesserung der Herstellungsgrundsätze,

1b. Verbesserung der Konstruktion und vor allem der Werkstoffe (Stähle) für Maschinen und Verfahrenswerkzeuge und

1c. Verbesserung der Verarbeitungseigenschaften der Kabelwerkstoffe.

Die Begrenzung der Verfahrensgeschwindigkeiten liegt heute weniger in dem Verfahren selbst als in der Schwierigkeit des Anfahrens und Anhaltens, sowie der Beobachtung des Erzeugnisses. Ehe Fehler entdeckt werden, können leicht große Mengen Fehlfabrikat hergestellt sein. Beim ununterbrochenen (kontinuierlichen) Verfahren liegt die Hauptschwierigkeit in der Auswechselung der Werkstück- und Erzeugnishaspeln ohne Herabsetzung der Geschwindigkeit. Ablaufhaspeln für Drähte u. ä. werden meist über Kopf abgezogen, d. h. bleiben selbst in Ruhe, so daß das Ende des Drahtes usw. mit dem Anfang des nächsten Haspels durch Schweißen, Spleißen oder anderem verbunden werden kann, während die Maschine läuft (s. Abb. 137).

Der Übergang von einer Erzeugnistrommel auf die folgende erfolgt durch mechanische Umschalt- und Schneidevorrichtungen entweder unmittelbar oder über eine Zwischenhaspel zur Aufnahme des Erzeugnisses in der für das Umwechseln der Haupttrommel erforderlichen Zeit.

Die *Haltezeiten* einer Maschine bestehen im wesentlichen aus

2a. Einrichte- und Reinigungszeit,

2b. Einsetzen neuer Werkstück- und Werkstoffeinheiten,

2c. unbeabsichtigten Stockungen durch Fehler in Werkstoff, Werkstück, Vorrichtung oder Bedienung und

2d. Maschinenreparaturen.

Zu 2a) Leichte Auswechselbarkeit der Werkzeuge (Matrizen, Patrizen u. a.), bequemes Einsetzen von Spulen und Trommeln für Werkstoffe, Halbzeuge und Werkstoffe und genau definierte leichte Einstellbarkeit der Bremsen sind erste Voraussetzung zur *Abkürzung der Einrichtezeit* und Einsatzzeit neuer Werkstücke und Werkstoffe usw. Für die Reinigung müssen alle Arbeitsflächen der Maschine leicht zugängig sein.

Zur Einrichtezeit gehört auch die Einstellung des thermischen Gleichgewichts aller Warmverformungs- und Warmbehandlungsvorrichtungen. Sie kann durch automatische Schaltvorrichtungen, welche die Heizung einige Stunden vor Betriebsanfang einschalten, wirksam verkürzt werden.

Je größer die von dem gleichen Erzeugnis herzustellende Menge ist, um so geringer wird der Anteil der Einrichtezeit an der Gesamtzeit.

Zu 2b) Die Haltezeiten durch *Einsetzen neuer Werkstück- und Werkstoff*einheiten können herabgesetzt werden durch

2b I. Vergrößerung der einmaligen Einsatzmengen, wie Kupferwalzbarren, Bleipressenfüllungen, Vorratshaspeln für blanke und isolierte Drähte, Isoliermaterial u. a., sowie durch

2b II. kontinuierliche Zuführung von Werkstück und Werkstoff, verbunden mit einer kontinuierlichen Abnahme des Erzeugnisses.

Auf keinen Fall sollten die Einsetzzeiten für Werkstücke und Werkstoffe dadurch verlängert werden, daß die Maschinenbedienung sich selbst um die Herbeischaffung der Werkstücke und Werkstoffe bekümmern muß.

2c. Unbeabsichtigte Stockungen durch Werkstück- oder Halbzeugfehler sind oft die Folge von Fehlern oder Unachtsamkeiten in den vorhergehenden Fertigungsstufen. Der Maschinenführer im Drahtzug, an den Umwickelvorrichtungen, den Würg- und Verseilmaschinen, in der Glüherei und Verzinnerei u. a. weiß oft nicht, wie sich gering erscheinende Unachtsamkeiten in der späteren Fertigung auswirken können. Hier hilft nur immer wiederholte, geduldige Schulung an Hand der sorgfältig gesammelten und auf ihren Ursprung zurückgeführten Fehler.

2d Maschinen- und Werkzeug*reparaturen* können oft erheblich abgekürzt werden, wenn die dem Verschleiß besonders unterworfenen oder erfahrungsgemäß oft zu Bruch gehenden Teile auf Vorrat gehalten werden. Erleichtert wird diese Maßnahme, wenn man sich in der Typenzahl für jede Maschinenart beschränkt, d. h. nach Möglichkeit für den gleichen Zweck gleiche Maschinen und Vorrichtungen verwendet. Geringfügige Verbesserungen bei Neuanschaffungen werden oft durch schwerer wiegende Nachteile bei Instandhaltung und Bedienung erkauft.

c) Der Zeitpunkt der Verfahrensdurchführung

Der Zeitpunkt, *wann* ein bestimmtes Verfahren durchzuführen ist, liegt keineswegs so eindeutig fest, wie es oft auf den ersten Blick erscheint. Bei der Betrachtung der Patentliteratur ist man immer wieder überrascht, zu sehen, daß die Durchführung eines an sich durchaus bekannten Verfahrens *während* eines anderen, *vor* oder *nach* einem anderen, oder *gleichzeitig* mit einem anderen Fertigungsgang als patentbegründender Erfindungsgedanke angesehen wird. Bei neuen Verfahren empfiehlt es sich daher, die Möglichkeiten ihrer zeitlichen Durchführung nach den folgenden vier Gesichtspunkten hin zu prüfen:

1. *der Gleichzeitigkeit* (Parallelität, Überlagerung, Kombination, Nebenwirkung u. a.), welche am besten mit dem Wörtchen *während* gekennzeichnet wird;

2. *der Vorzeitlichkeit* (Vorgeschichte, Vorbehandlung, Vorverlegung u. a.), gekennzeichnet durch das Wörtchen *vor*,

3. *der Zwischenzeitlichkeit* (Unterbrechung, Zwischenschaltung, Hintereinanderschaltung), gekennzeichnet durch das Wörtchen *zwischen*, und

4. *der Nachzeitlichkeit* (Nachbehandlung, Nachwirkung, Erinnerungsvermögen, Alterung, Korrosion, Reifung, Zurückverlegung u. ä.), gekennzeichnet durch das Wörtchen *nach*.

1. Gleichzeitige Verfahren

α) **Nebenverfahren.** Bei der Beurteilung der Frage, ob es zweckmäßig ist, zwei verschiedene, für die Herstellung eines Kabels notwendige Verfahren gleichzeitig durchzuführen, ist zwischen der Miterledigung eines Nebenverfahrens während eines Hauptverfahrens und der Kombination zweier gleichwertiger Hauptverfahren zu unterscheiden. Solche Nebenverfahren sind z. B. das Glühen von Drähten beim Verzinnen oder Drahtlackieren oder das Imprägnieren von Leitungen beim Umspinnen oder Umflechten. Eine nachteilige Rückwirkung des Nebenverfahrens auf das Hauptverfahren ist dabei kaum zu erwarten.

Ferner gehören hierher reine Vorbereitungsverfahren, wie z. B. die Reinigung von Drähten vor der Verzinnung durch Säuren, Elektrolyse u. ä., die Reinigung eines Drahtes von Kupferstaub beim Eintritt in eine Drahtlackiermaschine u. a. durch Abstreifer, sowie das Geraderichten, Anwärmen oder Oxydieren von Drähten vor dem Aufbringen flüssiger oder plastischer Isolierstoffe.

In dieselbe Gruppe fallen Meßverfahren, die gleichzeitig mit dem Herstellungsverfahren durchgeführt werden, wie z. B. Durchmessermessungen oder Spannungsprüfungen mit dem Trockenprüfer.

β) **Kombination zweier gleichwertiger Verfahren.** Anders liegen die Verhältnisse bei der Kombination zweier oder mehrerer gleichwertiger Verfahren in einem Arbeitsgang, wie z. B. das Isolieren von Fernsprechkabeladern und Verseilen zu Sternvierern (s. Abb. 344), das Verseilen von Blankdrähten zu Sektorleitern und anschließender Isolierung mit Papierbändern (s. Abb. 132), das Verseilen dreier isolierter Starkstromadern mit anschließender Papierbandierung (s. S. 374ff. und Abb. 131) oder die Längsbedeckung von Leitern mit Gummi und anschließender Bandierung mit Gewebeband (s. Abb. 297 und 310).

Die bekannteste Vorrichtungskombination ist die Armiermaschine (s. Abb. 193, 302 und 353), bei der oft ein Verseilkorb für Flachdrähte, zwei Eisenbandwickler, mehrere Jutespinner, Papierbandwickler mit Bitumenspülvorrichtungen und Kalkwasserbespülung kombiniert sind. Für Seekabelarmierungen kommen noch Verseilkörbe für starke Rund- und Z-Drähte hinzu.

Der „Erfinder" ist gar zu leicht geneigt, zwei oder mehrere Verfahren in einem Arbeitsgang durchführen zu wollen. Der extremste Vorschlag wäre eine Maschine, in die Kupferbarren, Papierballen, Bleibarren usw. an einem Ende hineingesteckt werden, während am anderen Ende das fertige Kabel herauskommt. Der Betriebsmann dagegen hat in der Regel viel Kummer mit allen Arten von Kombinationsmaschinen. Er liebt — mit vollem Recht — einfache, leicht zu bedienende und instand zu haltende, übersichtliche Maschinen mit wenig Fehlerquellen und großem Verwendungsbereich.

Für die Beantwortung der Frage, ob eine Zusammenfassung zweier oder mehrerer Verfahren in einen Arbeitsgang zweckmäßig ist oder nicht, sind u. a. die folgenden Gesichtspunkte entscheidend:

1. Die Leistung einer Kombinationsmaschine wird bestimmt durch das langsamste der gleichzeitig angewendeten Verfahren. Die Leistung einer Verseilmaschine z. B. wird durch Kombination mit einem Umwickelverfahren stark herabgesetzt.

2. Der Stillstand einer Maschine während Materialersatz oder Fehlerbeseitigung hat auch den Stillstand der anderen Verfahrensteile zur Folge, falls nicht besondere Puffervorrichtungen vorgesehen sind, welche das Erzeugnis der vorhergehenden Verfahren stapeln. Das bedeutet aber wieder eine Komplikation, die dem gesonderten Auf- und Abtrommeln bei getrennten Verfahren nahekommt.

3. Werden zwei oder mehrere in einer Kombinationsmaschine vereinigte Vorrichtungen immer gleichzeitig benutzt, wie z. B. bei den meisten Armiermaschinen, dann ist eine solche Kombination zweckmäßig und üblich, zumal wenn es sich um starke Werkstücke (bebleite Kabel) handelt, die durch ein häufiges Umtrommeln leiden. Sollen dagegen einzelne Vorrichtungen auch allein für sich benutzt werden, so kann die Anwesenheit der anderen Vorrichtungen nicht nur überflüssig, sondern sogar störend sein. So wird von manchen Betriebsfachleuten z. B. die Kombination einer schweren Drei-Einleiter-Verseilmaschine mit einer Armiermaschine abgelehnt, weil die Verseilmaschine dadurch zum Einsatz für eine Verseilung nichtbebleiter Adern unbrauchbar wird (Verschmutzung des Seils durch die Armiermaschine).

Wo mit Hilfe von Kombinationen besondere technische Wirkungen erzielt werden sollen, versucht man daher die Geschwindigkeit der langsameren Verfahren zu steigern (z. B. Schnellvulkanisation durch Ultrabeschleuniger im Anschluß an Gummipreßmaschinen; s. S. 196 und Abb. 155, 156), Stillstände ganz zu vermeiden (kontinuierliche Verfahren mit laufendem Werkstück- und Werkstoffnachschub) und Fehlerquellen durch automatische Kontroll- und Regelvorrichtungen auszuschalten.

γ) Parallel- und Hintereinanderschaltung gleicher Verfahren. Eine *Parallelschaltung* mehrerer oder vieler Werkstücke in der gleichen Vorrichtung finden wir z. B. bei der Verzinnungsmaschine, bei der eine größere Anzahl (z. B. 12) Drähte das Zinnbad nebeneinander durchlaufen (s. S. 228ff. und Abb. 180).

Ähnlich liegen die Verhältnisse bei der Bedeckung von bis zu 36 parallel ausgespannten Drähten in einer Längsbedeckungsmaschine (s. Abb. 310) mit den gleichen Gummibändern in den gleichen Profilwalzen oder beim Umpressen mehrerer Werkstücke im gleichen Pressenkopf.

Dagegen stellt die parallele Anordnung mehrerer Kabel in einer Kabellackiermaschine (s. S. 241 und Abb. 189, 190) nur eine serienmäßige Aufstellung mehrerer gleichartiger Vorrichtungen dar, wie etwa die Zusammenfassung mehrerer Spinnergänge in einem Gestell (s. Abb. 279).

In allen genannten Fällen sind allerdings die formgebenden Werkzeuge (Matrizen) getrennt (Abstreifer, Walzenprofile, Preßmundstücke).

Die Formgebung mehrerer Werkstücke gleichzeitig durch ein und dieselbe Matrize ist z. B. denkbar, aber praktisch in der Kabeltechnik nicht üblich, beim Ziehen gebündelter (etwa in ein umhüllendes Rohr eingeschlossener) Drähte durch eine Ziehmatrize. Bei der Verformung mehrerer runder Drähte innerhalb eines Seils zu nichtkreisförmigen Querschnitten (s. S. 384 und Abb. 40) liegt ein ähnliches Parallelverfahren vor; nur handelt es sich hier nur um ein einziges Werkstück, das später nicht mehr in seine Elemente aufgeteilt werden soll.

Ein Beispiel der gleichzeitigen Durchführung mehrerer gleicher Verfahren in *Hintereinanderschaltung* ist die Mehrfachziehmaschine (s. S. 315). Auch hier kommt bei manchen Maschinen (s. Abb. 255) das Prinzip zur Anwendung, Puffer zum Auffangen von Leistungsdifferenzen zwischen aufeinanderfolgenden Vorrichtungsstufen einzuschalten.

δ) Gleichzeitige Formung verschiedener Kabelelemente im gleichen Verfahren mit ein und demselben Werkzeug. Hierher gehört z. B. die Formung aus runden Einzeldrähten zusammengesetzter, runder Leiterseile mit einer kreiszylinderförmigen Papierbandisolierung zu sektorförmigen oder ovalen Adern mit Hilfe von Formwalzen.

Besonders typisch für dieses Prinzip zeitlicher Parallelität ist das Isotrax-Verfahren (s. S. 125 und 322), bei dem das Ziehen der Leiter, die Formung der Isolierung, die Herstellung des Feuchteschutzmantels, der Armierung und des Korrosionsschutzes in einem einzigen Verfahren, d. h. dem Strecken der Rohlinge durch Ziehen oder Walzen u. ä., erfolgt.

ε) Gleichzeitige, maschinell nichtgekuppelte Verfahren. Es gibt nun auch Verfahren, die gleichzeitig oder unmittelbar hintereinander durchgeführt werden, ohne daß die Vorrichtungen miteinander gekuppelt sind.

Dabei handelt es sich meist darum, den Zustand, in dem sich ein Werkstück oder Werkstoff bei Beendigung oder während des einen Verfahrens befindet, für das andere Verfahren auszunützen, ehe sich dieser Zustand ändert.

Bekannte Beispiele sind die Ausnützung der guten plastischen Verformbarkeit frisch auf Walzwerken durchgekneteter, noch heißer Gummimischungen und gelatinierter Kunststoffmassen für den Umpreßvorgang. Auf derselben Linie liegen Vorschläge, Walzbarren sofort nach dem Gießen auszuwalzen und auch frisch aus der Strangpresse ausgepreßtes Aluminiumband unmittelbar danach als Mantel um eine Kabelseele herum zu verschweißen. Im letzten Falle spielt allerdings die Vermeidung einer Oxydation der Oberflächen die Hauptrolle.

2. Vorzeitliche Verfahren

Im allgemeinen Sinne gehören in diese Gruppe auch Verfahren, die vor den eigentlichen kabeltechnischen Verfahren angewandt werden, wie insbesondere die Vorbehandlung und *Aufbereitung* von Werkstoffen und Halbzeugen zur Erzielung bestimmter, für die kabeltechnische Verarbeitung erwünschter struktureller oder Verformungseigenschaften u. ä.

Eine andere Art zeitlich vorgeschalteter Verfahren sind die *Leerlauf-* oder *Vorlaufverfahren*, welche an denselben Maschinen vor Beginn der eigentlichen Fertigung mit dem Werkstoff, aber ohne das Werkstück durchgeführt werden, vorzugsweise, um das thermische Gleichgewicht der Maschine einzustellen. Die Vorlaufverfahren werden regelmäßig angewandt, wenn der Werkstofffluß einen wesentlichen Einfluß auf die Temperaturverhältnisse in der Maschine hat, wie z. B. bei Umpreßmaschinen für Kautschuk, Kunststoffe und Blei, insbesondere bei Triebwendelpressen. Der hierfür verwendete Werkstoff kann in der Regel für die Produktion wiederverwendet werden.

Im besonderen wollen wir hier jedoch die Gründe betrachten, die dazu führen können, ein kabeltechnisches Verfahren aus der üblichen oder zunächst logisch erscheinenden Reihenfolge der Verfahren zur Herstellung eines Kabels herauszunehmen und *vor-* oder *zurück*zuverlegen.

Soweit überhaupt die Möglichkeit solcher zeitlichen Verschiebungen besteht, bedeutet eine Vorverlegung meist eine Vereinfachung des Verfahrens, da der Gegenstand weniger kompliziert ist, und eine Zurückverlegung eine gewisse Erschwerung im Hinblick auf die bereits vorgeschrittene Zusammensetzung des Werkstückes aus verschiedenen Elementen, insbesondere auch aus verschiedenen Werkstoffen. Andererseits ist jedoch die Wirkung eines vorverlegten Verfahrens oft weniger nachhaltig und endgültig als die eines im späteren Zeitpunkt durchgeführten Verfahrens. Jede Vorverlegung muß daher daraufhin geprüft werden, ob die beabsichtigte Wirkung auch noch für das fertige Kabel oder die fertige Kabelanlage anhält.

Die Wiedererweichung eines Leitermetalls nach dem Ziehen ist z. B. üblich und einfach unmittelbar nach dem Ziehvorgang. Fehlerhafte Stücke können nachbehandelt oder ausgemerzt werden, ohne daß andere Elemente in Mitleidenschaft gezogen werden. Bei der weiteren Verarbeitung zu Litzen oder Seilen, in Isolierprozessen usw. treten jedoch wieder Härtungen infolge der mechanischen Beanspruchung auf. Es ist daher mit Rücksicht auf den Endzustand im Kabel zweckmäßiger, das Erweichungsverfahren zurückzuverlegen, z. B. nach der Litzenherstellung, oder, falls angängig, auch erst nach der Isolierung vorzunehmen. Eine Fehlerbeseitigung oder Auswechseln zieht dann jedoch den Verlust auch nichtfehlerhafter Elemente mit sich.

Ein anderes Beispiel ist die Beseitigung oder Korrektur fehlerhafter Elemente in Fernsprechkabeln. Wie erwähnt (s. S. 55 ff. und 386), ist z. B. der vollständig gleichmäßige Aufbau aller vier Adern eines Sternvierers von entscheidendem Einfluß auf die Nebensprechfreiheit im Kabel. Man kann nun bereits jede einzelne Ader nach ihrer Fertigstellung durch Kapazitätsmessungen daraufhin prüfen, ob ihr Aufbau innerhalb eines gewünschten Toleranzbereiches liegt, oder man kann auf Grund der Messungen Adern gleicher Einzeladerkapazität zu Vierern zusammenstellen [*151*]. Die Mühe und der Ausschuß in Fehlerfällen sind gering. Andererseits ist jedoch auch der Erfolg gering, weil die Nebensprechwerte des Vierers im fertigen Kabel noch durch weitere, von den späteren Fertigungsstufen abhängenden Faktoren bedingt sind, wie vor allem der Gruppen- und Lagenverseilung.

Etwas weiter kommt man schon, wenn man die Kontroll-, Korrektur- oder Gruppierungsmessungen nach der Gruppenverseilung vornimmt und den Einfluß der die Umgebung des betreffenden Vierers im Kabel bildenden Nachbarvierer durch eine leitende Belegung der Meßtrommel (s. Abb. 154) ersetzt, wie es O. HAUGWITZ [*152*] mit Erfolg bei der Herstellung der DMH-Viererkabel (s. S. 391) [*153*] durchgeführt hat.

Mit solchen und ähnlichen Vierervormessungen, -vorsortierungen und -korrekturen wird in der Praxis vielfach gearbeitet, vorzugsweise unter Anwendung einer mäßigen Vortrocknung, die das Papier für die mechanischen Beanspruchungen der weiteren Verarbeitung nicht verdirbt (s. S. 182ff.), und zwar auch zur Vormessung der Betriebskapazitäten des Vierers. Die Mühe ist ebenfalls gering, da der Vierer noch für sich allein aufgetrommelt ist. Fehler, die bei *einer* Ader infolge falscher Abmessungen oder Werkstoffungenauigkeiten entstanden sind, haben aber schon Ausschuß, Umsortierung oder Korrektur des *ganzen* Vierers zur Folge. Außerdem sind die Ergebnisse für das fertige Kabel und mehr noch für die fertige Anlage sehr unsicher infolge des Einflusses der weiteren Fertigungsstufen.

Wirksamer und weitgehend üblich ist die Vornahme der Messung und Korrektur nach der Verseilung jeder einzelnen Lage im Kabel selbst. Das bedingt jedoch eine Vortrocknung nach Herstellung jeder Lage und Herausnahme des Vierers aus der Lage, falls Auswechselung vorgenommen werden soll. Außerdem können sich auch jetzt noch die Verhältnisse durch den anschließend erfolgenden endgültigen Trockenvorgang sowie die Verfahren des Umpressens mit dem Bleimantel und des Aufbringens der schweren Armierung wesentlich ändern. Den Bleimantel kann man noch wieder abziehen, aber nach der Armierung ist es endgültig vorbei mit durch mechanische Verfahren ausführbaren Korrekturen im Kabel selbst[1].

Da sich die Werte auch nach der Armierung durch Auftrommeln, Versand und Verlegung noch ändern können, werden hochwertige Fernkabel praktisch ausnahmslos erst nach der Verlegung endgültig zur Beseitigung der Nebensprechkopplungen ausgeglichen, und zwar entweder durch Ausgleichkondensatoren [*156*] oder durch Über-Kreuz-Verbinden (Auskreuzen) aufeinanderfolgender Kabellängen [*157*] oder durch Kombination beider Maßnahmen.

3. Zwischenzeitliche Verfahren

Hiermit sind vor allem Verfahren gemeint, die in ein anderes Verfahren eingeschaltet werden, d. h. zu deren Durchführung das andere

---

[1] Siehe dazu jedoch das *elektrische* Ausgleichsverfahren, S. 405.

Verfahren unterbrochen wird. Das bekannteste Beispiel sind die Zwischenglühungen im Drahtzug.

Auch das Gießverfahren zum Füllen des Aufnehmers einer hydraulischen Bleipresse kann als Zwischenverfahren angesehen werden. Es ist zwar in der Wirkung nicht sehr verschieden von anderen diskontinuierlichen Nachschubmaßnahmen für Werkstoffe, wie z. B. das Neueinsetzen von Papierbandscheiben in Umwickelmaschinen, aber immerhin im Gegensatz dazu ein selbständiges Formungsverfahren. Demgegenüber ist das Einsetzen eines Aluminiumblocks in eine Umpreßmaschine kein zwischenzeitliches Verfahren.

4. Nachzeitliche Verfahren

Auf den Wert der zeitlichen Zurückverlegung von Verfahren ist bereits auf S. 401 ff. einiges gesagt worden.

Als Beispiele sollen zwei Verfahren an bereits fertig bebleiten und armierten Kabeln erwähnt werden:

Die Imprägnierung gewöhnlicher Starkstrom-Masse-Kabel (s. S. 245 und Abb. 148) wird nach der Trocknung der Papierisolierung vor der Bebleiung vorgenommen. Bei Ölkabeln kann die endgültige Ölfüllung (s. Abb. 149) jedoch frühestens nach dem Aufbringen des Bleimantels erfolgen, da das dünnflüssige Öl aus der noch nicht ummantelten Seele zum Teil wieder ausläuft. Wie erwähnt (s. S. 190), kann es daher zweckmäßig sein, die endgültige Ölfüllung erst vorzunehmen, nachdem die Kabel verlegt und verbunden sind, oder die Kabel erst in diesem Stadium erst- und einmalig mit Öl zu füllen.

Ein anderer Fall ist die Änderung der Lage der Isolierung einzelner Leiter in fertig bebleiten und gegebenenfalls armierten Fernsprechkabeln, vorzugsweise zum Zweck der Korrektur von kapazitiven Nebensprechkopplungen und Betriebskapazitäten, auf die bereits auf S. 403 f. allgemein eingegangen wurde. Nach einem vom Verfasser [158] entwickelten und in Deutschland und im Ausland vielfach angewandten Verfahren kann man die Lage eines Leiters gegenüber den anderen Leitern derselben Adergruppe und gegenüber der Umgebung der Gruppe durch elektrische Erwärmung dieses Leiters verändern, wenn die Temperaturerhöhung des betreffenden Leiters gegenüber den anderen Leitern genügend groß gewählt wird, um eine merkliche Verlängerung des Leiters zu erzielen, und wenn die aufgewandte Gesamtenergiemenge klein genug ist, um ein Verbrennen oder Übertrocknen der Papierisolierung zu vermeiden. Das heißt aber, es sind genügend hohe Spannungen (500 V halten auch Hohlraum-Papier-Isolierschichten ohne weiteres aus) und damit genügend große Stromstärken (in der Größenordnung von 100 A je mm² Kupferquerschnitt) auf sehr geringe Dauer (5 bis 15 Sekunden) anzuwenden.

Die Wirkung ist rein mechanisch infolge der Längenänderung des oder der Leiter:

Beim aufgetrommelten Kabel kann eine Längsverschiebung des sich erwärmenden Leiters nicht eintreten. Vielmehr vergrößert der im

Gruppenseil wendelförmig verlaufende Leiter seinen Windungsdurchmesser, drängt aus dem Gruppenseil heraus und drückt die Isolierung
an seiner Außenseite fort. Infolge der Gruppenseilspannung schließen
die restlichen Adern der Gruppe die durch das Heraustreten der strom-
belasteten Ader entstehende kleine Lücke. Beim Wiederabkühlen zieht
sich der vorher strombelastete Leiter wieder auf seine alte Länge zusammen und verdichtet die Hohlraumisolierung zwischen sich und den
inzwischen enger herangerückten Nachbaradern. Das hat zur Folge,
daß die Teilkapazitäten des behandelten oder der behandelten Leiter
gegen die Umgebung verringert und gegen die Nachbaradern derselben
Gruppe — in geringerem Maße — vergrößert werden.

Durch geeignete Bemessung von Stromstärke und Belastungszeit für
eine, zwei oder drei Adern eines Vierers lassen sich kapazitive Kopplungen und Kapazitätsdifferenzen gegen die Umgebung weitgehend
quantitativ herabsetzen. Durch gleichzeitige Belastung aller vier Adern
lassen sich die Betriebskapazitäten so weit erhöhen (1 bis 3%), daß
z. B. durch Behandlung der Vierer geringster Kapazitäten innerhalb
einer Lage die maximalen Abweichungen vom Lagenmittelwert vermindert werden können.

Literaturverzeichnis

[1] Klein, M.: Kabeltechnik. Berlin: Springer 1929.

[2] Droste, H. W.: Das Neumeyer-Hilfsbuch für Kabel und Leitungen. Kabel- und Metallwerke Neumeyer AG. 1929.

[3] Droste, H. W.: Das Neumeyer-Buch, I. Band. Die Übertragung von Schwachströmen durch Kabel, deren Bau und Eigenschaften. 2. Aufl. 1934.

[4] Müller, H.: Die Herstellung papierisolierter Starkstromkabel. Berlin: Springer 1931.

[5] Barnes, C. C.: Power Cables, Their Design and Installation. Chapman & Hall, Ltd. London 1953.

[6] Ehlers, W., u. F. Glander: Über die Zerreißfestigkeit gummiisolierter Leitungen. Mitt. Forsch.-Anst. Gutehoffn., Nürnberg Bd. 7 (1939) H. 9, S. 211/214.

[7] Apt, R.: Isolierte Leitungen und Kabel, Erläuterungen zu den für isolierte Leitungen und Kabel geltenden Vorschriften und Normen des VDE. Berlin: Springer 1928.

[8] Rohde, L.: Der Rohrdraht als Hochfrequenzleitung. Z. Hochfrequenztechn. Bd. 62 (1943) S. 1.

[9] Breitenstein, Ch.: Marine-Kunststoffkabel. Kunststoffe Bd. 30 (1940) H. 2, S. 29/34.

[10] Weiset, M.: Hochspannungskabel mit getränkter Papierisolation. DRP 579204 Vogel (1928); DRP 583980 Vogel (1929). — Cremer, C.: Geschichteter Isolierstoff mit leitenden, zur Tränkung des Isolierstoffes durchlässigen Einlagen, insbesondere zum Aufbau der Isolierung von Kabeln. DRP 532960 Vogel (1927).

[11] Marderwald, E.: Vorausberechnung der Betriebskapazität von Starkstromkabeln. Mitt. Forsch.-Anst. Gutehoffn., Nürnberg Bd. 8 (1940) H. 8, S. 188 bis 190.

[12] Wallraff, A.: Die Isolierstoffe der Höchstspannungskabeltechnik. ETZ Bd. 63 (1942) S. 539/544.

[13] Höchstädter, M.: Glimm- und strahlungsfreies Hochspannungskabel mit geschichteter Isolation. DRP 288446 (1913); DRP 374409 (1920); DRP 412611 (1923).

[14] Beaver, C. J.: Insulated Electric Cables, I. Materials and Design, S. 68. London: Ernest Benn Ltd. 1926.

[15] Vogel, W.: Einige Grundprinzipien der Hochspannungskabeltechnik. Arch. Elektrotechn. Bd. 28 (1934) H. 7, S. 391/410.

[16] Emanueli, L.: Evolutione dei cavi per trasporto di energie nell' ultimo cinquantennio. Sonderdruck Pirelli-Mailand.

[17] Møllerhøj, J.: Elektriske Kabler til høje spaendinger. Ingeniøren Bd. 52 (1943) H. 23, S. 57/66.

[18] Höchstädter, M., W. Vogel u. E. Bowden: Das Druckkabel, ein Fortschritt im Bau von Hochspannungskabelanlagen. ETZ Bd. 53 (1932) S. 145 bis 150 u. S. 169/174.

[19] Brazier, L. G.: High Voltage Pressure Type Cables. Electrotechniek Bd. 17 (1939) S. 61/65 und 79/83.

[20] Kirch, E.: Stand der Hochspannungskabeltechnik. AEG-Mitt. 1938, H. 11, S. 540/546.

[21] Dunsheath, P., The Gas-Cushion Cable. CIGRE 1935, Bericht 247.

[22] Müller, P.: Die Möglichkeiten der Fernübertragung großer Leistungen durch Kabel. Bull. schweiz. elektrotechn. Ver. Bd. 33 (1942) S. 237.

[23] Dörfel, E.: Kabel mit Druckgasfüllung. Z. VDI Bd. 85 (1941) H. 20, S. 463.

[24] Cords, O.: Die dielektrischen Eigenschaften einer Fadenaufhängung des Leiters bei Hochfrequenzkabeln. VDE-Fachberichte Bd. 10 (1938) S. 132/134

[25] DIESELHORST, W.: Verfahren zur Herstellung von Vielfachkabeln für Schwachstrom. DRP 153162 (1903).

[26] FISCHER, E.: Leitungsanordnung für Fernmeldenetze von verhältnismäßig geringer örtlicher Ausdehnung. DRP 379113, SSW (1920).

[27] JORDAN, H.: Zur Einführung der Sternverseilung im Fernkabelbau. Fernkabel Bd. 10 (1926) S. 23. — JORDAN, H., u. W. WOLFF: Das erste Fernkabel in Sternverseilung. ENT Bd. 2 (1925) H. 12, S. 445ff.

[28] BECKER, F. A.: Verfahren zur Herstellung von induktionsfreien Kabeln. DRP 438964, 613454; Fernmeldekabel zum Doppelsprechen. DRP 614512; Konzentrische einadrige Schichten. DRP 670203 (1931).

[29] JORDAN, H., u. O. HAUGWITZ: Vorrichtung zur Herstellung von Kabelviererleitungen für Fernsprechzwecke. DRP 466265, KWO (1923).

[30] LÜSCHEN, F.: Fernkabel-DM-Kabel. Fernkabel Bd. 10 (1926) S. 29.

[31] FISCHER, K.: Doppelsternkabel. EFD 1929, H. 11, S. 50 — Übersicht über die Ergebnisse der Reichweitenversuche am Doppelsternkabel München-Augsburg und deren Bedeutung für den Fernsprechweitverkehr im internat. Netz. EFD 1930, H. 19, S. 317.

[32] SIEBER, K., u. K. SCHLUMP: Verfahren zur Herstellung von Fernsprechkabeln mit verminderten Nebensprechkopplungen. DRP 658637, 676168, KMN (1930) — Verfahren zur Herstellung von Fernsprechkabeln mit verminderten Nebensprechkopplungen und mit Sprechkreisen besonders hoher Nebensprechdämpfung. DRP 679756, KMN (1931).

[33] SCHILLER, H.: Über Nebensprechstörungen in Fernsprechkabeln. ENT Bd. 8 (1931), H. 3, S. 114; Bd. 9 (1932) H. 3, S. 81.

[34] DEERING, J. E.: The Manufacture of Star-Quad Telephone Cable. Post Off. electr. Engrs. J. Bd. 40 (1947), Part 3, S. 97/101; Part 4, S. 170/174; Bd. 41 (1948), Part 1, S. 29/33.

[35] HEAVISIDE, O.: Electromagnetic Theory. London 1893.

[36] KRARUP, C. E.: Unterseeisches Fernsprechkabel mit erhöhter Selbstinduktion. ETZ Bd. 23 (1902) S. 344.

[37] PUPIN, M. I.: Wave Transmission over Non-Uniform Cables and Long — Distance Air-Lines. Trans. Amer. Inst. electr. Engrs. Bd. 17 (1900) S. 445/507.

[38] SPEED, B., u. C. W. ELMEN: Magnetic Properties of Compressed Powdered Iron. J. Amer. Inst. electr. Engrs. Bd. 40 (1921) S. 596.

[39] HÖRNING, F.: Die Entwicklung der Pupinspulen. Siemens-Z. Bd. 4 (1924) S. 274/278.

[40] DEUTSCHMANN, W.: Über die günstigsten Ausmaße von Pupinspulenkernen. TFT Bd. 20 (1931) H. 6, S. 171.

[41] DOHMEN, K.: Fernkabel und Spulen im deutschen Fernkabelnetz. Fernkabel 1924, H. 7, S. 28; EFD 1941, H. 57, S. 11.

[42] RIHL, W.: Die Entwicklung der Fernsprech-Fernkabeltechnik. Siemens-Z. Bd. 20 (1940) H. 4, S. 129/137.

[43] ANDERSON, A. R., u. A. M. MINCHELL: Flexible Wave Guides. Electronics Bd. 19 (1946) H. 8, S. 104/109.

[44] WUCKEL, G.: Physik der Fernkabel bei höheren Frequenzen. EFD 1937, H. 47, S. 209/224.

[45] FISCHER, E.: Verfahren zur Herstellung von Fernmeldekabeln mit vermindertem Nebensprechen. DRP 522036, SSW (1926).

[46] MEYER, K. H.: Die Hochpolymeren Verbindungen, Bd. II von MEYER und H. MARK: Hochpolymere Chemie. Leipzig: Akadem. Verlagsgesellschaft 1940.

[47] JENKEL, E.: Vom Wesen des festen und erweichten Zustandes der Kunststoffe. Kunststoffe Bd. 31 (1941) H. 6, S. 209/214.

[48] WÜRSTLIN, F.: Dielektrische Messungen an weichgemachtem Polyvinylchlorid mit äußerem und innerem Weichmacher. Z. Elektrochem. Bd. 48 (1942) S. 311/314.

[49] WÜRSTLIN, F.: Zur elektrischen Leitfähigkeit weichgemachter Polyvinylchloridmassen. Kunststoff-Technik Bd. 11 (1941) H. 10, S. 269.

[50] ÜBERREITER, K.: Aktive Füllstoffe in mikro- und makromolekularen Flüssigkeiten. Angew. Chem. Bd. 54 (1941) S. 508/512.

[51] „Stoffhütte". Berlin: Ernst & Sohn 1941.

[52] Blom, A. V.: Korrosion der Kunststoffe. Kunststoffe Bd. 30 (1940) H. 8, S. 221/223.

[53] Buchmann, W.: Die Angriffsbeständigkeit von Kunststoffen. Kunststoffe Bd. 30 (1940) H. 12, S. 357/366.

[54] Blazey, C.: Achievements and Trends in the Copper and Brass Industry. Vortrag Australien Inst. Met., Nov. 26th, 1946.

[55] Burkhardt, A.: Zink und seine Legierungen. Beiträge zur Wirtschaft, Wissenschaft und Technik der Metalle und ihrer Legierungen. Berlin: NEM-Verlag 1937.

[56] Czempiel, A., u. C. Haase: Zur Frage der Verwendung des Aluminiums als Kabelmantelwerkstoff. AEG-Mitt. 1937, H. 7, S. 347/353.

[57] Deisinger, W., u. R. Reinbach: Eigenschaften und Verarbeitbarkeit der neuen Zinkleitlegierung Zn-Fe. Metallwirtsch. Bd. 25 (1944) H. 5/8, S. 56.

[58] Droste, H. W.: Aluminium als Leitungsstoff für Kabel. Neumeyer-Mitt. Dezember 1935, H. 4, S. 4/16.

[59] Haase, C.: Kabelkorrosion. AEG-Mitt. 1943, H. 9/12, S. 48/56.

[60] Hansen, H.: Über die Verwendung von Zink in der Niederspannungsinstallation. Metallwirtsch. Bd. 21 (1942) H. 51/52, S. 787/790.

[61] Heering, H., I. v. Gizydki u. A. Kirsek: Rußuntersuchungen mit dem Übermikroskop. Kautschuk Bd. 17 (1941) H. 5, S. 55/62.

[62] Heering, H.: Isolierstoffe in der Kabel- und Leitungstechnik. ETZ Bd. 63 (1942) H. 37/38, S. 439/443.

[63] Nowak, P.: Hochpolymere Kunststoffe in der Kabel- und Leitungsindustrie. Kunststoffe Bd. 31 (1941) H. 8, S. 281.

[64] Zöhrer, K.: Kunststoffe bei der Herstellung elektrischer Kabel und Leitungen. Kunststoffe Bd. 36 (1946) H. 3, S. 55.

[65] Unterbusch, F.: Luftraumisoliertes Hochfrequenzkabel. DRP 654719. Felten & Guillaume 1935.

[66] Pfestorf, G.: Molekülstruktur und dielektrische Eigenschaften von Kunststoffen. Kunststoffe Bd. 33 (1943) H. 7, S. 177/182.

[67] Pfestorf, G.: Kunstharzlacke und Lackdrähte. ETZ Bd. 65 (1944) H. 27/40, S. 277/284.

[68] Wilkens, R. A., u. E. S. Bunn: Copper and Copper Base Alloys. New York und London: McGraw-Hill 1943.

[69] Back, L. H.: The Hot Working of Lead and Lead-Rich Alloys. J. Inst. Met. Bd. 76 (1949/50) S. 541/556.

[70] Kröner, E.: Der Ersatz von Zinn in Bleikabelmänteln durch geringe Mengen Tellur. ENT Bd. 12 (1935) S. 4.

[71] Modern Plastics Encyclopedia. 1949, Bristol (Conn.) USA., S. 566.

[72] Davies, J. M., R. F. Miller u. W. F. Busse: Dielectric Properties of Plasticized Polyvinyl Chloride. J. Amer. chem. Soc. Bd. 63 (1941) S. 361/369.

[73] Horn, H.: Herstellung und Anwendung des elektrischen Isolierstoffs Styroflex. Kunststoffe Bd. 30 (1940) S. 53/57; s. auch DRP 653250, 654757 und 655014. Norddeutsche Seekabelwerke AG. (1932/34).

[74] Hauck, K. H.: Eigenschaften und Vorbereitung von Neopren. Kunststoffe Bd. 30 (1940) H. 3, S. 71.

[75] Shea, J. R.: Development in the Manufacture of Lead-Covered Paper-Insulated Telephone Cables, Bell System. Techn. J. Bd. 10 (1931) H. 3, S. 432.

[76] Hackethal, L.: Isolationsmaterial für elektrische Apparate und Leitungsdrähte. 1900. DRP 113520.

[77] Emanueli, L.: The Emanueli Porosity Tester. Paper Trade J. September 1927, S. 8.

[78] Beyer, H.: Geblasenes Bitumen. Bitumen Bd. 11 (1941) H. 9/10, S. 102/104.

[79] Ehlers, W., u. A. Steinmeyer: Verfahren zum Trocknen von oxydierbarem Material mit großer Oberfläche. DRP 410593, AEG (1924).

[80] Clark, E. W.: New Methods of Continuous Annealing. Gen. Electr. Rev. Bd. 105 (1939, Okt./Dez.) S. 142ff.

[81] Haugwitz, O.: Vorrichtung zum Aufwickeln von Drähten, Feldkabeln oder ähnlichem Wickelgut. DRP 622295, HDK (1932).

[82] Fischer, E.: Verfahren zum Umpressen elektrischer Kabel mit end- und nahtlosen Mänteln aus Aluminium mittels einer Strangpresse. DRP 704539 (SSW).

[83] HEERING, H.: Verfahren zum Trocknen von bereits ummantelten Seelen elektrischer Kabel. DRP 738375, SSW (1939).

[84] Süddeutsche Kabelwerke. Verfahren zur Herstellung einer Ölkabelanlage. DRP. 716741 (1931).

[85] HAUGWITZ, O.: Verfahren zur gleichzeitigen Verminderung von Kopplungen und Erdkapazitätsunterschieden in Fernsprechkabeln. DRP 583628, Hackethal (1930).

[86] HAUGWITZ, O.: Über die Beeinflussung von Kopplungen in Fernsprechkabeln während der Herstellung. ENT Bd. 8 (1931) H. 2, S. 49.

[87] WOLFF, W., u. G. POHLER: Über Untersuchungen an Lackdrähten für die Fernmeldetechnik. ENT Bd. 18 (1941) H. 7, S. 156/171.

[88] EHLERS, W.: Verlustfreies und magnetisch stabiles Eisen für Ton- und Hochfrequenztechnik. Z. techn. Phys. Bd. 5 (1924) H. 12, S. 589/591 — Pupinspulen mit Massekernen. ENT Bd. 2 (1925) H. 5, S. 121/132 — Der Massekern, der moderne Magnetkörper für die Schwachstromtechnik. Z. Schwachstrom- und Hochfrequenztechnik Bd. 1 (1926) H. 1, S. 6/10 — AEG-Mitt. 1925, H. 8, S. 240/245. — EHLERS, W., u. W. FALKENBERG: Über die Wirkung des Preßdrucks auf die Eigenschaften von Massekernen für Pupinspulen. ENT Bd. 3 (1926) H. 8, S. 281/284.

[89] EHLERS, W.: Aus Adern aufgebauter Sternvierer für Fernmeldekabel. DRP 622406, Hackethal (1932).

[90] EHLERS, W.: Verfahren zum thermischen Abbau von künstlichem Kautschuk aus Butadienemulsionsmischpolymerisaten. DRP 731722, HDK (1939).

[91] EHLERS, W., u. K. GROHMANN: Verfahren zum Mischen von pulverförmigen Bestandteilen zur Herstellung von Magnetkörpern. DRP 430738, AEG (1925).

[92] LITTLE, J. S.: Insulation of Telephone Wire with Paper Pulp. Bell Syst. techn. J. Bd. 20 (1941) H. 1, S. 82/94.

[93] SACHS, G.: Some Fundamentals of the Flow and Rupture of Metals. Metals Techn. Juni 1941 T. P. S. 1335.

[94] SSW. Verfahren zum gleichmäßigen Bedecken von elektrischen Leitern mit Isolierstoff. DRP 316809 (1916).

[96] SMART, J. S., u. A. A. SMITH: The Asarco Process. Iron Age Bd. 162, H. 9, 26. August 1948, S. 72/80.

[97] AEG. Verfahren zum Isolieren von Drähten. DRP 457722 (1924).

[98] BEHRE, J.: Über Verteiler und Weichmacher. Kautschuk Bd. 13 (1937) H. 4, S. 49/60.

[99] BAULD, R. H.: Trends in Methods of Melting and Casting for High Conductivity Copper Wire Bars. Inst. Mining and Metallurgy. — Prepint — Paper No. 7 of the Symposium on the Refining of Non-Ferrous Metals, London, Juli 1949.

[100] JUNGHANS, S.: Verfahren und Vorrichtung zum Gießen von Metallsträngen. DRP 750301 (1933).

[101] ZUNCKEL, B.: Vereinigte Leichtmetallwerke GmbH. Gießvorrichtung zum ununterbrochenen Gießen von Blöcken und ähnlichen Werkstücken aus Leichtmetall oder Leichtmetall-Legierungen. DRP 678534 (1939).

[102] PATTERSON, W.: Metallurgisch-metallkundliche Beobachtungen beim Stranggießen von Leichtmetallen. Aluminium, Berl. Bd. 25 (1943) S. 76/78.

[103] SSW. Elektrische Leiter aus Cu oder Al für gummiisolierte Adern. DRP 700539 (1931).

[104] RÄDEKER, W., u. E. SCHÖNE: Technologische Eigenschaften großer plattierter Bleche. Z. VDI Bd. 80 (1936) S. 1163/1165.

[105] KLEIN, W.: Stahlkupferdraht für Trägerfrequenzfreileitungen. TFT Bd. 31 (1942) H. 8, S. 210/212.

[106] VIEWEG, R., u. H. KLINGELHÖFFER: Vorgänge an inneren und äußeren Grenzflächen von Kunststoffen. Kunststoffe Bd. 33 (1943) H. 7, S. 173/176.

[107] STENDER, K.: Anwendung eloxierter Drähte in der Elektrotechnik. Aluminium, Berlin: Bd. 24 (1942) H. 4, S. 147/150.

[108] WOOD, E. B., u. D. R. BROBST: Cellulose Acetate. Treatment for Textile. Insulation. Bell Syst. techn. J. Bd. 11 (1932) H. 2, S. 213ff.

[109] EMIG, F. J.: Coating Nylon, Formvar Etc. on Wire. Wire & W. Prod. Bd. 17 (1942) S. 716 u. 730.

[110] PFANNKUCH, W.: Einrichtung zum elektrischen Trocknen von Kabeln oder anderen mit Faserstoff isolierten elektrischen Leitern. DRP 540783, AEG (1928).

[111] ROTH, A.: Verfahren zum Trocknen und Tränken elektr. Kabel. DRP 618545, KDAG, Wien (1928).

[112] DEISINGER, W., F. HANFF u. G. HOSSE: Aluminium als Baustoff für Kabelmäntel. Siemens-Z. Bd. 19 (1939), H. 8, S. 357/368.

[113] WESTLINNING, A.: Verfahren zur Herstellung der Metallummantelung von Kabeln. DRP 713003, Lautawerk (1934).

[114] DREYER, A.: Einrichtung zur Herstellung langer, insbesondere dünnwandiger Rohre in ununterbrochenem Arbeitsgang aus einem Metallband. DRP 715129, Metallschlauchfabrik Pforzheim 1938.

[115] EMMERICH, E.: Verfahren zum Ummanteln eines Kabels mit Aluminium durch Herumbiegen eines erwärmten Aluminiumbandes um das Kabel. DRP 729843, Felten & Guilleaume 1940.

[116] SACHS, G.: Spanlose Formung der Metalle. Handbuch der Metallphysik (G. MASING). Leipzig: Akadem. Verl.-Ges. 1937.

[117] BLAZEY, C.: The Flow of Metal in Tube Extrusion. J. Inst. Met. Bd. 75 (1948), Part 4, S. 163/184.

[118] DAVIDSON, N.: Wire Drawing Machines-Past, present and future. Wire & Wire Prod. Bd. 21 (1946) S. 676/678 u. 690/698.

[119] BURNESS, A., J. R. CANN u. P. IONS: The Extrusion of Unplasticized Polyvinyl Chloride. Brit. Plastics Bd. 21 (1949) S. 472/480 u. 565/574.

[120] SCHÄFER, A. G.: Spritzköpfe und Schneckenspritzmaschinen für thermoplastische Kunststoffe. Kunststoffe Bd. 33 (1943) H. 11, S. 273/275.

[121] Callenders's Cable and Construction Co., Ltd.: Verfahren zum Einfüllen von Blei und anderen Metallen in den Aufnehmer von stehenden Metallstrangpressen. DRP 606430 (1932).

[122] SPIESS, O.: Verfahren zum Herstellen von Bleirohren. DRP 540980, SSW, (1929).

[123] SPIESS, O.: Verfahren zum Herstellen von Bleirohren. DRP 538193, SSW, (1930).

[124] (Anonym.) The Straight-through Press for Lead-Sheathing Cables. Engineering Bd. 131 (1931) S. 568/570. — SCHMITZDORFF, W.: Vorrichtung zum ununterbrochenen Pressen von Metallrohren oder Kabelmänteln. DRP 542690, Henley (1930).

[125] PIRELLI: Einrichtung zum Auspressen von Rohren, Kabelmänteln u. dgl. DRP 620396, Pirelli-General (1933).

[126] BECK, H., u. A. REHBOCK: Fortschritte bei der Ummantelung elektrischer Leitungen, insbesondere mit Polyvinylchloriden. Mitt. der IG. Farben, Ludwigshafen. Z. VDI Bd. 86 (1942) H. 41/42, S. 629/632.

[127] PORTNER, C. P.: Druckschrift der E. I. Du Pont de Nemours & Co. Wilmington (Delaware) USA (etwa 1945).

[128] DOAN, G. E., u. E. M. MAHLA: The Principles of Physical Metallurgy, New York and London: McGraw-Hill Book Co. 1941.

[129] SIEBEL, E.: Zur mechanischen Technologie der Formgebungsverfahren Metallwirtsch. Bd. 22 (1943) H. 30/32, S. 423/434.

[130] Kratos-Werke (West), W. Nacken GmbH. Berlin-Wittenau. Herstellung von Drahtziehmaschinen. Druckschriften.

[131] EHLERS, W.: Rohling für die Herstellung von Kabeln nach dem Längsstreckverfahren und Vorrichtungen zu seiner Herstellung und weiteren Verarbeitung. DBP 851079, HDK (1948).

[132] Pyrotenax-Kabel. ETZ Bd. 58 (1937) S. 408; s. auch DRP 347781 (1921), DRP. 474439 (1926), DRP 664935 (1938).

[133] Ibrenit-Kabel. Südkabel VDM-Kabelwerke GmbH., Mannheim, Druckschrift K 415 (1941).

[134] RIST, H.: Anordnung von Reißdrähten, die zum Entfernen des provisorischen Bleimantels von Kabeln dienen. DRP 586090, AEG. (1931).

[135] WEAVER, C. E.: Vorrichtung zur Glättung der Oberfläche von gewalzten Stangen und Drähten. DRP 740235 (1940).
[136] KREISHER, C.: Bell. Labor. Rec. XXIII (1945) H. 9, S. 321/324.
[137] GITTS, J.P., Method of and Means for Making Coaxial Cables. USA-P 2288899.
[138] MALTZAHN, M.: Verfahren zur Herstellung von Luftraumhochfrequenzleitungen. DRP 706061, Vacha (1939).
[139] BRÜGGEMANN, F.: Elektrische Luftraumader. DRP 358210 (1920).
[140] CORDS, O.: Das „Fadenkabel" als neuste Bauform einer Hochfrequenzleitung. Hochfrequenztechn. Bd. 50 (1937) S. 105/107.
[141] EHLERS, W.: Krarupader mit bandförmig um den Kupferleiter herumgewickeltem Material. DRP 489000, AEG (1926).
[142] LAPKAMP, K.: Verbesserungen in der Herstellung von Krarupadern. TFT Bd. 18 (1929) S. 231/235.
[143] MEYER, U.: Messungen an Krarupleitungen. ENT Bd. 1 (1924), H. 5, S. 169.
[145] FISCHER, W.: Folienisolation für elektrische Leiter. ETZ Bd. 61 (1940) H. 8, S. 163/165.
[147] EHLERS, W., u. H. TENTRUP: Verfahren zur Herstellung von Fernsprechadergruppen. DRP 628718, HDK (1931).
[148] EHLERS, W.: Verfahren zum Verseilen von Fernsprechkabeladern zu Einfachgruppen bzw. von Gruppen zu Mehrfachgruppen. DRP 589432, KMN (1928).
[149] KIRKPATRICK, K. J., u. C. F. BENNETT: Telephone Cable Manufacture. The Telecommunication J. Australia Bd. 5 (1945) H. 5, S. 253/263 u. H. 6, S. 335/342.
[150] RUPPEL, C.: Kinematische Betrachtungen über die Hornschen Flechtmaschinen. Wirtschl. Techn. Bd. 7/16 (1926) S. 111/116.
[151] HAUGWITZ, O.: (Adervormessung) Verfahren zur Erhöhung der Gleichmäßigkeit in Fernmeldekabeln. DRP 463176, AEG. 1924.
[152] HAUGWITZ, O.: Verfahren und Einrichtung zum Vormessen von Adergruppen. DRP 530229, Hackethal (1929); ferner DRP 531165 u. DRP 532669, Hackethal (1930).
[153] HAUGWITZ, O.: Verfahren zur Herstellung von Adergruppen für Fernmeldekabel. DRP 558622 u. 574142, Hackethal (1928), sowie DRP 632414, Hackethal (1929).
[154] HAUGWITZ, O.: Fernmeldekabel. DRP 558301, Hackethal (1929).
[155] HAUGWITZ, O.: Verfahren und Vorrichtung zur Regelung der Ablaufgeschwindigkeit der einzelnen Verseilelemente in Verseilmaschinen, insbesondere solchen für Fernsprechkabel. DRP 584113, Hackethal (1930).
[156] HERZ, K., u. G. PLEUGER: Bau der Fernkabellinien. EFD 1941, H. 57, S. 34/56.
[157] BLACKWELL, O. B., u. G. A. ANDEREGG: Method of Reducing Telephonic Disturbances. Western-Kreuzungsausgleich. Brit. Patentschrift 2508 (1913).
[158] EHLERS, W.: Verfahren zur Änderung der elektrischen Eigenschaften von Fernsprechkabeln. DRP 497730, 498669, 502245 und 531522, Weitverkehrskabel G.m.b.H. (1927).
[159] KIESER, W.: Hochfrequenzkabel. EFD 1936, H. 43, S. 85.
[160] KEUTNER, E.: Neuere Entwicklungen der Breitbandkabeltechnik. EFD 1940, H. 56, S. 181/186.
[161] ZEERLEDER, A. v.: Technologie des Aluminiums und seiner Leichtlegierungen, 5. Aufl. Leipzig: Akad. Verl. Ges. Geest & Portig KG. 1947.
[162] SACHS, G.: Praktische Metallkunde. II. Teil: Spanlose Formung. Berlin: Springer 1934.
[163] ANDRESEN, K., u. H. BRANDES: Über einen bleilosen Kabelmantel. VDE Fachberichte Bd. 15 (1951) S. 58.
[164] BUSS, G.: Über das Betriebsverhalten von Kabeln in Abhängigkeit von Aufbau und Legungsart. Elektrizitätswirtsch. Bd. 52 (1953) S. 428.
[165] DROSTE, H. W.: Die historische Entwicklung der Energiekabel im Lichte neuerer Erkenntnisse. K. D. (Kabelwerk Duisburg) — Berichte über Energiekabel I (Mai 1950).
[166] HEUMANN, H., u. W. OCHEL: Über die Durchschlagsfestigkeit von polyäthylenisolierten Kabeln und Leitungen. Felten & Guilleaume-Rdsch. Dez. 1952, H. 36, S. 162/170.

[167] ROBINSON, D. M.: Dielectric Phenomena in High Voltage Cables. London: Chapman & Hall, Ltd. 1936.

[168] GUTZMANN, F.: Zur Wahl des richtigen Wellenwiderstandes von Hochfrequenzkabeln. Fernmeldetechn. Z. Bd. 7 (1954) S. 136/139.

[169] LAU, H.: Die Beeinflussung von Fernmeldekabeln durch Starkstromleitungen und der Kabelreduktionsfaktor von Blei- und Wellmantelkabeln. Fernmeldetechn. Z. Bd. 8 (1955) S. 153/162.

[170] KING, A., u. V. H. WENTWORTH: Raw Materials for Electric Cables. London: Ernest Benn Ltd. 1954.

[171] VOGEL, W.: Zur Physik der Hochspannungskabel. Felten & Guilleaume-Rdsch. 1950, H. 29, S. 78/88.

[172] BUSS, G., u. H. HEUMANN: Übersicht über den derzeitigen Stand der Höchstspannungs-Kabeltechnik im In- und Ausland. VDE-Fachberichte Bd. 13 (1949) S. 65/72.

[173] BREMICKER, H.: Über die Amplitude der drallabhängigen elektromagnetischen Kopplungen in symmetrischen Fernmeldekabeln. Dissertation Darmstadt 1953.

[174] SCHLEGEL, H. R., u. A. NOWAK: Impulstechnik. S. 593. Hannover: S. Schütz 1955.

[175] SCHEFFLER, E.: Aufbau und Eigenschaften von Verzögerungsleitungen (erscheint demnächst in ETZ-A).

[176] LAU, H.: Die Kapazität von Gürtelkabeln (erscheint demnächst in ETZ-A).

[177] BORCHARDT, H., u. G. HOSSE: Kabel mit gepreßten Aluminiummänteln. Siemens-Z. Bd. 27 (1953) H. 4, S. 203/211.

[178] HELD, CH.: 25 Jahre Siemens Ölkabel. Siemens-Z. Bd. 27 (1953) H. 5, S. 231/246.

[179] Anonym. Continuous Extrusion Press for Aluminium Sheathing of Cables. Engineer Bd. 147 (1954) S. 855/856.

[180] DAY, J.: Continuous Lead Extrusion Equipment. Wire & Wire Prod. Bd. 14 (1939) S. 418/423 u. 446.

[181] BARNES, C. C.: Sheathing of Paper Insulated Power Cables. Electrician Bd. 145 (1950) S. 1435/1440.

[182] HARRISON, T. R. P.: The Development of the Gas Cushion Cable for the highest Voltages. J. Inst. electr. Engrs. Bd. 94 II (1947) S. 233.

[183] WHITEHEAD, J. B.: The Dielectric Strength and Life of Impregnated Paper Insulation. Electr. Engng. Teil I: Bd. 59 (1940) S. 715/720; Teil II: Bd. 59 (1940) S. 660/663; Teil III: Bd. 61 (1942) S. 618/622; Teil IV: Bd. 64 (1945) S. 171/177.

[184] BECKINSALE, S.: Insulating Oils for Cables. J. Inst. electr. Engrs. Bd. 90 II (1943) S. 3.

[185] WHITEHEAD, S.: Note on Armour Loss in Multicore Cables. J. Inst. electr. Engrs. Bd. 88 II (1941) S. 64.

[186] VOGT, A.: Der Plastifikator, eine neue Geliermaschine für PVC. Kunststoffe Bd. 44 (1954) S. 151/153.

[187] HARTMANN, A., u. F. GLANDER: Zur Kenntnis des Geliervorganges von Polyvinylchlorid mit Weichmachern. Kolloid-Z. Bd. 137 (1954) S. 79/86.

[188] SCHULZ, G. V.: Gute und schlechte Lösungsmittel für hochpolymere Stoffe. Angew. Chem. Bd. 64 (1952) S. 553.

[189] FUCHS, O.: Modellbetrachtungen zur Löslichkeit von Hochpolymeren. Kunststoffe Bd. 43 (1953) S. 409.

[190] WALLDER, V. T.: Polyethylene for Wire and Cable. Electr. Engng. Bd. 71 (1952) S. 59/64.

[191] HÄHNEL, O.: Korrosionen an Anlagen und Geräten für die Nachrichtenübermittlung. ETZ Bd. 60 (1939) S. 713 — Korrosionen an Fernmeldekabeln. Korrosion u. Metallsch. Bd. 18 (1942) S. 297/307.

[192] GERTSCH, R., u. H. KOELLIKER: Zwanzig Jahre Kabelfehlerstatistik. Techn. Mitt. schweiz. Telegr.-, Telephon-Verw. Bd. 28 (1950) S. 50/79.

[193] BIRNTHALER, W.: Kabel mit Polyvinylchlorid-Isolierung für Betriebsspannungen über 1 kV. Kunststoffe Bd. 43 (1953) S. 517/524.

[194] ENSLIN, O.: Untersuchungen an ölplastiziertem Buna S 3. Kautschuk u. Gummi Bd. 6 (1953) WT S. 106.

[195] ADAMS, R. J., u. E. J. BUCKLER: Entwicklung und Anwendung von Butylkautschuk. Kautschuk u. Gummi Bd. 6 (1953) WT 225.

[196] ORTH, PH., Tieftemperatur-Kautschuk (Cold-Rubber). Kautschuk u. Gummi Bd. 8 (1955) WT 9; WT 40/44; WT 69/75.

[197] HOFMANN, W.: Blei und Bleilegierungen. Berlin: Springer 1941, S. 219.

[198] FORETAY, E.: Bleikabelkorrosion. Bull. schweiz. elektrotechn. Ver. Bd. 41 (1950) S. 433/441.

[199] KLUCKOW, P.: Die Praxis des Gummichemikers. Stuttgart: Berliner Union 1954.

[200] PLOI, W.: Buna OP. Gummi u. Asbest Bd. 7 (1954) S. 112/118.

[201] DE PUY, R. E., u. P. OTTENHOFF: Mischtechnik beim festen Neopren, bekannte und neue Entwicklungen. Kautschuk u. Gummi Bd. 6 (1953) WT 241/249.

[202] CATTON, N. L.: The Neoprene. Wilmington (Delaware): Du Pont de Nemours & Co. 1949.

[203] LEILICH, K., u. K. DITGENS: Verhalten von Leitungen mit Kunststoffisolation (PVC) bei Gleichspannung. Elektrizitätswirtsch. Bd. 11 (1949) S. 264/267. — LEILICH, K: Das Verhalten von Leitungen mit Kunststoffisolation (PVC) bei Gleichspannung. VDE-Fachberichte Bd. 13 (1949) S. 272/279.

[204] LEUCHS, O.: Über die Gleichstromfestigkeit polyvinylchloridisolierter Leitungen. Felten & Guilleaume-Rdsch. 1950, H. 30, S. 133/141.

[205] BIRNTHALER, W.: Weichgemachtes Polyvinylchlorid als Leitungsisolierstoff. Kunststoffe Bd. 39 (1949) S. 301/328.

[206] HARTMANN, A.: Über die Abspaltung von Chlorwasserstoff aus Polyvinylchlorid bei erhöhter Temperatur. Kolloid-Z. Bd. 139 (1954) S. 146/150.

[207] HARTMANN, A.: Über die Wechselwirkung von Polyvinylchlorid mit Weichmachern. Kolloid-Z. Bd. 142 (1955) S. 123/131.

[208] KRUG, D.: Neuere Untersuchungsmethoden für Kautschuk-Füllstoffgemische. Kautschuk u. Gummi Bd. 5 (1952) WT 72.

[209] FROMANDI, G., u. R. ECKER: Anwendungstechnische Versuche zur Charakterisierung des aktiven Verhaltens von Füllstoffen im Kautschuk. Kautschuk u. Gummi Bd. 5 (1952) WT 191.

[210] GEMMER, E.: Verfahren und Vorrichtung zur Herstellung von Schutzüberzügen aus pulverförmigen thermoplastischen Kunststoffen. Deutsche Patentanmeldg. K 18002 Knapsack-Griesheim AG. 1953/55.

[211] THOMAS, P.: Koaxiales Hochfrequenzkabel mit einem mit kleiner Steigung um einen Träger gewickelten Innenleiter. DBP 874475 S. & H. 1949/53.

[212] TAWNEY, G. L.: Transmission-Line. USA-P 2387783 Sperry-Gyroscope Co. New York 1945.

[213] WALLBAUM, H. J.: Über die Rekristallisationstexturen von Kupferdrähten. Z. Metallkde. Bd. 42 (1951) S. 207/210.

[214] FELDMANN, H.: Kupferdraht. Draht Bd. 5 (1954) S. 167.

[215] SONNENFELD, H.: Elektrisches Mehrleiterkabel. DRP 461765 (1926/1928).

[216] HEITZMANN, F.: Neuartige Isolierung für Fernsprech-, Tf- und Hf-Kabel und -leitungen. VDE-Fachberichte Bd. 15 (1951) S. 199/205.

[217] HEITZMANN, F.: Die Isolierstoffe elektrischer Kabel und Leitungen unter besonderer Berücksichtigung von Polystyrolschaumstoff. Kunststoffe Bd. 42 (1952) S. 29/34.

[218] SCHMIDT, K.: Die Herstellung des Styroflex-Bandwendelkabels. Felten & Guilleaume-Rdsch. 1952, H. 36, S. 125/134.

[219] BEINDORF, W.: Die resultierende Dielektrizitätskonstante eines Koaxialkabels mit Bandwendelisolation. Felten & Guilleaume-Rdsch. 1952, H. 35, S. 86/91.

[220] WYATT, K. S.: The Sheathing of Cables with Aluminium. Wire Ind. Bd. 20 (1953) S. 1062/1068.

[221] HAHNE, K. H.: Neue Wege in der Herstellung und Verwendung von Aluminiummantelkabeln. Aluminium Bd. 28 (1952) S. 230/237.

[222] BADUM, E., u. K. E. BÜSCHER: Über den chemischen Aufbau von Isolier-
      ölen. Felten & Guilleaume-Rdsch. 1952, H. 36, S. 170/183.
[223] VEITH, H.: Verhalten der elektrischen Größen von Papier bei Feuchtigkeit
      und Temperatur. Frequenz Bd. 3 (1949) S. 165/173 u. S. 216/223.
[224] HOWARD, P. R.: The Effect of Electric Stress on the Life of Cables In-
      corporating a Polythene Dielectric. Proc. Instn. electr. Engrs. Bd. 98 II
      (1951) S. 365/370.
[225] DÜLL, H.: Die Technik der deutschen Trägerfrequenzkabel. Fernmelde-
      Ingenieur Bd. 6 (1952) S. 1/31.
[226] DÜLL, H.: Das neue Trägerfrequenz-Fernkabel der Deutschen Bundespost.
      Fernmeldetechn. Z. Bd. 5 (1952) S. 341/348.
[227] KRÜGEL, L.: Über die Verwendung von Schaumstoffen für die Isolierung
      von koaxialen Hochfrequenzkabeln. Fernmeldetechn. Z. Bd. 7 (1954) S. 221
      bis 226.
[228] HATCHER, C. T.: Das Verhalten von Gas-Innendruckkabeln unter wechseln-
      den Betriebsbedingungen. CIGRE-Bericht 219 (1952).
[229] STÄGER, H.: Werkstoffkunde der elektrotechnischen Isolierstoffe, 2. Aufl.
      Berlin: Gebr. Borntraeger 1955.
[230] RATHSMAN, B. G.: Die Gleichstromkraftübertragung nach Gotland (schwe-
      disch). Tekn. T. Bd. 84 (1954) S. 1/8.
[231] EMMERICH, E., u. J. BECKMANN: Der Einfluß kleiner Beimengungen in
      Hüttenweichblei auf das Korngefüge und das Erschütterungsverhalten von
      Bleikabelmänteln. Felten & Guilleaume-Rdsch. 1951, H. 33, S. 294/306.
[232] FELDMANN, H. D., u. R. PLÜSCHKE: Schäden an Bleikabelmänteln und ihre
      Vermeidung durch richtige Wahl geeigneter Bleisorten. Signal u. Draht
      Bd. 43 (1951) S. 65/69.
[233] HICKERNELL, L. F., u. C. J. SNYDER: F-3 Alloy — An Improved Cable
      Sheathing. Electr. Engng. Bd. 65 (1946) Trans. 563/569.
[234] HALPERIN, H, u. C. E. BETZER: Lead-Alloy — Power-Cable Sheath. Electr.
      Engng. Bd. 70 (1951) S. 415/420.
[235] THOMPSON, A. W., u. J. C. WOOD-MALLOCK: The Manufacture and Testing
      of Oils and Oil Resin Saturants for use in Electrical Equipment. J. Inst.
      electr. Engrs. Bd. 90 II (1943) S. 35/53, Discussion bis 64.
[236] KIRCH, E.: „Mineralöle in der Kabeltechnik" in: Isolieröle. Berlin: Sprin-
      ger 1938.
[237] BRINKMANN, K., u. E. MARDERWALD: Dielektrische Trocknung der Papier-
      isolation von Hochspannungskabeln. ETZ-A Bd. 73 (1952) S. 449/450.
[238] HOLLINGWORTH, P. M., u. P. A. RAINE: Aluminium-Sheathed Cables. Proc.
      Instn. electr. Engrs. Bd. 101 II (1954) S. 603/628.
[239] KOHLWEY, J. F.: Polyamidverarbeitung auf der Strangpresse. Kunststoffe
      Bd. 44 (1954) S. 3/5.
[240] LANCOUD, CH.: La fabrication, la pose et le raccordement du cable à paires
      coaxiales. Techn. Mitt. schweiz. Telegr.-, Teleph.-Verw. Bd. 31 (1953) S. 361
      bis 371.
[241] ONDREJCIN, J. J.: Wire Insulated with „Teflon" Tetrafluoroethylene Resin
      for High Temperature Uses. Wire & Wire Prod. Bd. 30 (1955) Heft 7,
      S. 776, 778, 780, 815 und 816.
[242] Anonym. Preforming Polytetrafluoroethylene. Mod. Plastics Bd. 32 (1955)
      S. 120 u. 122.
[243] JUPA, J. A.: „Kel-F" Plastic for the Wire and Cable Industry. Wire & Wire
      Prod. Bd. 30 (1955) H. 7, S. 772/775 u. 814.
[244] EHLERS, W.: Verfahren und Vorrichtung zur Oberflächenbehandlung von
      wickelbarem Gut mit plastischen Massen. DRP 743528, HDK (1938).
[245] JENSEN, O.: Novel Trends in European Cable Design. Electrical World,
      Bd. 125, H. 19 (11. Mai 1946) S. 76/77.
[246] EHLERS, W.: Kabel, vorzugsweise Fernmeldekabel. DBP 911277, Hacke-
      thal (1944).
[247] HÄSSLER, G.: Sprachübertragung mit Dynamikkompression. Fernmelde-
      techn. Z. Bd. 7 (1954) S. 659/664.

Namenverzeichnis

Die in eckigen Klammern kursiv gesetzten Ziffern verweisen auf das Literaturverzeichnis, die ohne Klammern kursiv gesetzten Ziffern auf die Abbildungen,
alle anderen auf Seitenzahlen.

Sachverzeichnis

Die kursiv gesetzten Zahlen verweisen auf Seiten, auf denen das Thema hauptsächlich abgehandelt worden ist.

Misch-polymerisat 126, 134
— polymerisation 92, 127
— stoffe 197
— vorgang 202
— walze 123, 202, 217, 301
— zustand 198
Mischung *197*
Mörtel 111
Molekül 86, 88
Monomere 91
Monostyrol 127
Montanwachs 148
Motorwicklung 121
Mundstück 206

Nachgießen 221
Nachtrocknung 191
Nachzeitlichkeit 400, 405
Nachziehen 319
Nadelpoliermaschine 214
Nahtschweißen 251, 252
Naphthalin 147
Naphthenkohlenwasserstoffe 147
Naßfestigkeit 140
Natriumchromat 234
Natronzellstoff 137
Natur-harz 147, 148
— asphalt 149
— kautschuk 119, *129*
— kautschuk-Derivate *132*
— seide 8, 142
Neben-sprechen 404
— sprechfreiheit 57
— valenzkräfte 88
— verfahren *400*
Neopren 120, *134*, 302
Nesselband, gummiertes 351
NGA-Leitung 11
Nickel 229
Nippel *206*
Nubilosa-Verfahren 126
NYA-Leitung 12
Nylon *144*, 298, 322
Nylon-hülle 228
— spritze 294

Oberflächen-glanz 297
— risse 314
— schicht 226, 244
Öl 150
Öl-aufsaugvermögen 247
— ausdehnung 45
— beständigkeit 98
— druckkabel 47, 48
Öle 143, 146
Öl-festigkeit 23, 132, 135
— füllung 405
— gewebe 143
— Imprägnierung 31
— isolierung 31

Öl-kabel *39*, 40, 45, 46, 47, 48, 146, 190
— kanal 40
— kühlung 175
— lack 150
— prüfgerät 147
Ofen 170, 171
Oilostatic Cable 47, 48
Oppanol 79, 117, 122, 123, 146
Organosole 225
Ortskabel 60, 79, 383
Oxalsäure 235
Oxydation 147, 234
Oxyd-bildung 402
— haut 111, 241, 244
— schicht 329
— zwischenschicht 234
Oxysäure 147
Ozon 94
Ozonfest 122, 123, 134
Ozokerit 148

Paar 1, 9, 55
Paarkapazität 390
Paarverseilung 373
Panzerader 12
Papier 7, 136, 137/138, 139, 149, 184, 327
—, acetylisiertes 141, 142
— band 334
— — bedeckung 342
— — isolierung 383
— — stärke 343
— — wickler 207
— bänder, vorimprägnierte 38
— bewicklung 383
— blattbildung 372
— brei 207
— garn 335
— garnwickler 342
— -Gas-Kabel ohne Imprägnierung *49*
—, graphitiertes 28
— hohlraum-bewicklung 53
— — isolation 185
— isolierung 30, 53, 185
— kordel 54, 342
— — wickler 342
—, metallisiertes 28
— porosität 245
—, verdichtetes 138
Paraffin 117/118, 122, 148
Paraffin-kohlenwasserstoffe 147
— wachs 148
Parlon 132
Patrize 175, 206, 210, *212*, 213, 214, 218, 219, 224, 258, 259, 265, 266, 268, 269, 277, 279, 280, 288, 295
Patrizenhalter 212
Pendel-litze 19
— schnur 19
Perbunan 95, 119, 127, 133, 134, 285, 302

If you have any concerns about our products,
you can contact us on
ProductSafety@springernature.com

In case Publisher is established outside the EU,
the EU authorized representative is:
Springer Nature Customer Service Center GmbH
Europaplatz 3, 69115 Heidelberg, Germany

Printed by Libri Plureos GmbH
in Hamburg, Germany